新工科暨卓越工程师教育培养计划集成电路科学与工程学科系列教材

数字逻辑与Verilog HDL设计

游龙　木昌洪　宋敏 ◎主　编
叶炯耀 ◎副主编

华中科技大学出版社
http://press.hust.edu.cn
中国·武汉

内容简介

本书从理论教学和实际应用出发，结合现代数字系统设计技术的发展现状，在系统介绍数字逻辑电路的分析设计的基本理论、基本方法的基础上，重点介绍了采用 Verilog HDL 进行数字系统设计和实现的方法。本书的主要内容包括数字系统设计概述、数字逻辑基础、逻辑代数基础、逻辑门电路、Verilog HDL 语法基础、组合逻辑电路、触发器、时序逻辑电路、半导体存储器与可编程逻辑器件、数/模及模/数转换器、Vivado 集成开发环境介绍、Verilog HDL 设计实例等，并将 Verilog HDL 的介绍渗透于数字逻辑电路的设计的各章节。本书既有数字逻辑的系统理论，又有 Verilog HDL 设计实现，在内容上由浅入深，实用性强，既可以作为高等院校通信与电子类、计算机类专业本科生的教材或参考书，也可以作为各类电子系统设计科研人员和硬件工程师的参考书。

图书在版编目(CIP)数据

数字逻辑与 Verilog HDL 设计/游龙，木昌洪，宋敏主编. —武汉：华中科技大学出版社，2023.9
ISBN 978-7-5772-0059-0

Ⅰ.①数… Ⅱ.①游… ②木… ③宋… Ⅲ.①数字逻辑-高等学校-教材 ②VHDL 语言-程序设计-高等学校-教材 Ⅳ.①TP302.2 ②TP312

中国国家版本馆 CIP 数据核字(2023)第 183434 号

数字逻辑与 Verilog HDL 设计 游　龙　木昌洪　宋　敏　主编
Shuzi Luoji yu Verilog HDL Sheji

策划编辑：杜　雄　汪　粲
责任编辑：李　露
封面设计：廖亚萍
责任校对：张会军
责任监印：周治超
出版发行：华中科技大学出版社(中国·武汉)　电话：(027)81321913
武汉市东湖新技术开发区华工科技园　邮编：430223
录　排：武汉市洪山区佳年华文印部
印　刷：武汉科源印刷设计有限公司
开　本：787mm×1092mm　1/16
印　张：29
字　数：718 千字
版　次：2023 年 9 月第 1 版第 1 次印刷
定　价：78.00 元

前　　言

在教学中能够将最新的专业理论和技术讲授给学生一直都是笔者的愿望，作为一名长期从事数字逻辑电路教学的教师，切身感受到了教材滞后的事实。在进行传统的数字逻辑设计课程讲解后，学生只能用传统电路设计方法实现系统，而不会使用现代的 EDA 工具和硬件描述语言来进行数字系统设计。在电子设计大赛、课程设计、毕业设计等教学环节又会涉及硬件描述语言、EDA 和可编程逻辑器件等问题，这时往往需要进行额外的教学或者让学生自学，学生毕业后在实际工作中也经常面临同样的问题。因此，笔者希望编写一本融合现代数字系统设计方法、硬件描述语言、EDA 技术、可编程逻辑器件等内容的教材。

硬件描述语言是一种用形式化方法来描述数字电路和数字逻辑系统的语言。数字逻辑电路设计者可利用这种语言来描述自己的设计思想，然后利用 EDA 工具进行仿真，再自动综合到门级电路，最后用 ASIC 或 FPGA 实现其功能。到 20 世纪 80 年代，先后出现了上百种硬件描述语言，最终 VHDL 和 Verilog 两种硬件描述语言先后被 IEEE 采纳，成为了标准的硬件描述语言。目前，国内有许多关于硬件描述语言的教材，其中大部分都是用 VHDL 语言来实现的。本书选用 Verilog 硬件编程语言有两方面的原因，一方面是 Verilog HDL 的使用者众多；另一方面是 Verilog 与 C 语言有很多的相同点，这给教学带来很大方便。

本书以数字电路系统的设计原理为主线，同时也系统地阐述了采用 Verilog 作为硬件编程语言进行 EDA 设计的方法，保持了数字逻辑电路理论的系统性和内容的完整性。本书包括数制与编码、逻辑代数基础、逻辑门电路、组合逻辑电路、触发器、时序逻辑电路等基本内容。为了使读者掌握 EDA 技术，书中增加了 Verilog 语言基础、可编程逻辑电路等有关内容，同时以 Xilinx 公司的 Vivado 开发环境为例，详细说明了进行 EDA 开发的流程和编程方法。为了使读者全面系统地掌握 VerilogHDL 设计方法，书中最后两章介绍了 Vivado 工程设计流程和 Verilog HDL 的实例，详细说明了 EDA 设计实现的全过程。

本书共由 12 章组成。

第 1 章介绍了数字系统的基本概念和数字系统的设计方法，并对电子设计自动化（EDA）技术做了简要说明。

第 2 章介绍了数制和编码，不同进制的转换方法，数值型数据在计算机中的表示方法及常用的几种编码。

第 3 章介绍了数字电路分析和设计的数学基础——逻辑代数，介绍了逻辑代数的基本定理、公式、逻辑函数及逻辑函数的化简。

第 4 章介绍了逻辑门电路，讲解了基本逻辑门电路的组成、逻辑符号，以及由基本门电路构成的复合门电路，最后介绍了集成逻辑门电路的工作原理和外部特性。

第 5 章介绍了硬件描述语言 Verilog 的基本概念，语法规则，模块结构，并对结构建模、数据流建模、行为建模，函数和任务等进行了说明。

第 6 章详细阐述了组合逻辑电路的分析、设计方法，对常用组合逻辑单元电路的功能和应用进行了说明，并且给出了每种单元电路的 Verilog 描述和仿真结果。

第 7 章详细阐述了常用的触发器的电路结构与特点、不同触发器的转换，并给出了触发器电路的 Verilog 描述和仿真结果。

第 8 章详细阐述了时序逻辑电路的基本理论、分析和设计方法，并且给出了运用 Verilog HDL 实现典型单元电路的例子。

第 9 章介绍了半导体存储器和可编程逻辑器件，存储器的分类、特点，存储器的扩展，存储器的 Verilog HDL 实现，可编程门阵列 FPGA 的原理与结构，并对可编程逻辑器件的编程方法进行了简要说明。

第 10 章 介绍了 D/A、A/D 转换器的工作原理和性能指标。

第 11 章 介绍了 Vivado 集成开发环境，包括 Vivado 的安装、Vivado 工程设计基本流程等方面的内容。

第 12 章 介绍了 Verilog HDL 设计实例，包括分频器、按键防抖电路、串行乘法器、串口通信、安全散列算法等实例。

本书由游龙、木昌洪、宋敏、叶炯耀、合作编写。游龙和木昌洪负责第 1、2、10 章的编写，木昌洪负责第 3、4、5、6、7 章的编写，宋敏负责第 8、9 章的编写，叶炯耀负责第 11、12 章的编写。另外，博士生侯金成参与第 10 章的编写、硕士生王楷元参与第 11 章的编写、博士生段威和硕士生杨砚祺参与第 12 章的编写；同时，博士生周晨希、曹真、侯金成和段威，以及硕士生王楷元、林捷、占炜参与部分章节的修订和画图工作；段威和杨杨砚祺参与全书的程序验证、编写及仿真。书中所有的 Verilog 源代码都经过调试。

本书从教学和工程的两个方面出发，努力做到理论严谨、理论和实践结合，将 EDA 工具和 Verilog HDL 应用于数字逻辑系统设计和教学中，缩短了高校教学与实际应用的距离，为学生今后进行项目开发打下良好的基础。同时也希望此书能够对电子工程人员和高校相关专业师生有所帮助。

由于作者水平有限，加之时间仓促，本书可能有疏漏和不足之处，敬请广大读者批评指正。作者的电子邮箱为：lyou@ hust. edu. cn。

作　者

2023 年 9 月

目　　录

第 1 章　数字系统设计概述

21 世纪是信息化、网络化、智能化的时代,如何对信息进行描述、传输、处理和存储呢?迄今为止,在所有表达信息的方式里,人类所找到的最佳方式就是“数字”。数字系统已经融入我们的日常生活,如其已应用于手机、数码相机、数字电视、互联网等。除了应用于日常生活,数字系统也广泛应用于航空航天、通信、自动化控制、医疗卫生、教育、气象、科学研究等诸多领域。

本章主要介绍数字系统的基本概念、数字系统的设计方法和电子设计自动化(EDA)技术的相关基础知识。

1.1　数字系统的基本概念

1.1.1　模拟量与数字量

在客观世界中,存在着各种各样的物理量,按照变化的规律,可以将这些物理量分为两大类:一类是连续量,另一类是数字量。连续量是指在时间和数值上均作连续变化的物理量,如压力、温度等。在工程应用中,为了方便处理和传输某些连续量,通常用一种连续的量去模拟另一种连续的量。例如在温度传感器中,用电压的变化来模拟温度的变化。因此,人们也将连续量称为模拟量,表示模拟量的信号称为模拟信号。

除了连续量,自然界中还存在另外一种物理量,如班级中学生的人数、超市中商品的价格、10 个阿拉伯数字、26 个英文字母等,这类物理量的变化可以用分离的不同数字来表示,因而被称为数字量。数字量在时间和数值上都是离散的。

1.1.2　数字信号

数字信号是指表示数字量的信号。能够表述和处理数字信号,是数字系统的典型特征。在数字系统中,数字量只采用 0、1 两种数码表示。这种只包含两个数码的数制称为二进制。二进制是构成数字信息的基本元素。数值信息、存储器的地址、计算机指令、图像、视频、声音等,均可用二进制代码来表示。采用二进制的主要原因是只需要两种不同的电路状态就可以表示出“0”和“1”,容易实现和分辨。

表示数码的“0”和“1”两种状态,可以是开关的开和关、电平的高和低、脉冲的有和无等。

这类用于表示数字量，且参数具有离散特征的电信号称为数字信号。图 1.1.1 给出了 110100010 的两种数字信号的波形图。其中，图 1.1.1(a)中用高电平表示“1”，用低电平表示“0”；图 1.1.1(b)中用有脉冲表示“1”，用无脉冲表示“0”。

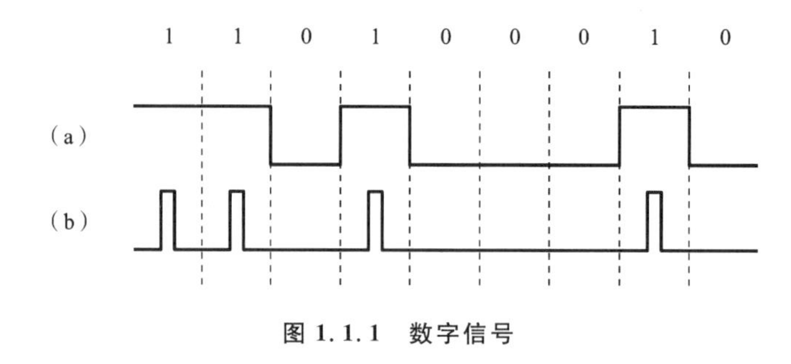

图 1.1.1 数字信号

数字系统处理的是数字信号，但人们也可能会面对一些模拟信号，模拟信号不能直接送进数字系统，必须经过采样、量化、编码转换为数字量后才可以由数字系统表示并处理。为处理模拟量，需要在数字系统中加入模/数(Analog/Digital，A/D)转换器来完成从模拟量到数字量的转化。

1.1.3 数字逻辑电路

用来处理数字信号的电子线路称为数字电路。由于数字电路的各种功能是通过逻辑运算和逻辑判断来实现的，因此数字电路又称为数字逻辑电路或逻辑电路。

数字逻辑电路的主要研究对象是电路的输入和输出之间的逻辑关系，采用的主要分析工具是逻辑代数。逻辑代数是描述客观事物逻辑关系的数学方法，由英国数学家乔治·布尔(George Boole)于 1849 年创立，所以逻辑代数也称为布尔代数。逻辑代数是分析和设计数字逻辑电路的数学基础。通常用逻辑表达式、真值表、逻辑电路图、波形图、状态转换图等对数字电路的功能进行描述。目前，使用硬件描述语言(HDL)以文本的方式描述电路的结构和功能，逐步成为设计复杂数字逻辑电路的主要手段。

数字逻辑电路与模拟电路相比，有以下特点。

(1) 电路的基本工作信号是二值信号。表现为电路中电压的“高”或“低”，半导体晶体管的“导通”或“截止”。

(2) 电路中的半导体器件一般工作在开、关状态。在研究数字电路时主要关心的是输出与输入之间的关系。

(3) 电路结构简单、功耗低，便于集成制造和系列化生产。使用方便，通用性好。

(4) 由数字电路构成的数字系统工作速度快、精度高、功能强、可靠性好。

因为数字逻辑电路具有上述特点，数字逻辑电路的应用几乎遍及所有的领域。随着半导体技术和工艺的发展，数字电路的发展经历了电子管，晶体管分离器件，直到现在广泛使用的数字集成电路。人们不再用分立的元件去构造实现各种逻辑功能的部件，而是采用标准的集成电路进行设计。因此，数字集成电路是数字系统实现各种功能的物理基础。

数字集成电路的基本逻辑单元是逻辑门，任何一个复杂的数字部件都是由逻辑门构成的。集成度是集成电路的一个重要指标，集成度是指每个芯片或芯片每单位面积中包含的晶体管数量，通常用于表示集成电路的规模。数字集成电路的集成度越高，单个数字集成电路所能实现的逻辑功能就越强。通常按照单个芯片集成的逻辑门的数量将数字集成电路分为小规模集成电路（Small Scale Integration，SSI）、中规模集成电路（Middle Scale Integration，MSI）、大规模集成电路（Large Scale Integration，LSI）和超大规模集成电路（Very Large Scale Integration，VLSI）等几种类型。

1.1.4　数字系统及层次结构

数字电路的一项主要研究内容就是如何实现对数字信息进行可靠存储、方便快速运算及满足应用需求的各种操作处理。为达到这一目标，通常需要将多个数字电路功能模块有机地组织成一个电子系统，在控制电路的统一协调指挥下，完成对数字信息的存储、传输和处理等操作，这样的系统称为数字系统。数字系统的实现基于数字电路技术，处理的是以二进制形式表示的具有离散特征的数据。从这个角度看，数字系统就是能够存储、传输、处理以二进制形式表示的离散数据的逻辑电路模块/子系统的集合。

数字系统的组成框图如图1.1.2所示，数字系统通常由控制电路、输入电路、输出电路、功能单元电路和时基电路组成。输入电路用来接入外部信号，如开关、按键的状态等。输出电路输出数字系统的处理结果，如将处理结果在发光二极管、七段数码管或液晶显示器上输出显示。功能单元电路按系统设计要求完成对数据信息的加工处理，通常包括存储电路和运算电路。不同应用目的的数字系统对数据有不同的处理操作要求，对应的功能单元电路的结构与功能不尽相同，复杂程度也可能有较大差异。有些系统的功能单元电路本身可能又由多个电路模块构成，因此在图中用虚线框表示。输入电路、输出电路和功能单元电路在数字信息的处理过程中执行具体的任务，它们需要在控制电路的统一调度指挥下，协调有序地动作，才能保证处理任务的正确执行。时基电路为所有的电路模块提供所需的定时信号。

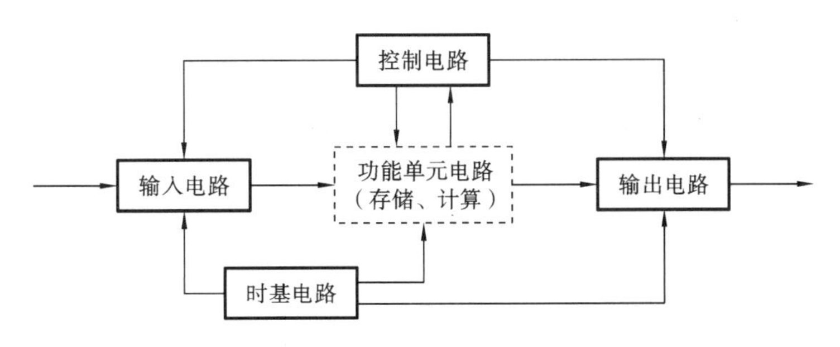

图1.1.2　数字系统的组成框图

数字系统区别于功能模块电路的一个典型特点就是在其组成结构中包含了控制电路。控制电路在时基电路产生的定时信号的作用下，按照数字系统设计的算法流程进行状态转移，在不同的状态条件下产生不同的用于控制其他各部件的控制信号，协调各部件动作，实现自动连续的处理过程。

任何复杂的数字系统都是从最底层的基本电路开始逐步向上构建起来的。从底向上，复杂度逐层增加，功能不断增强。图 1.1.3 所示的为数字系统的层次结构。

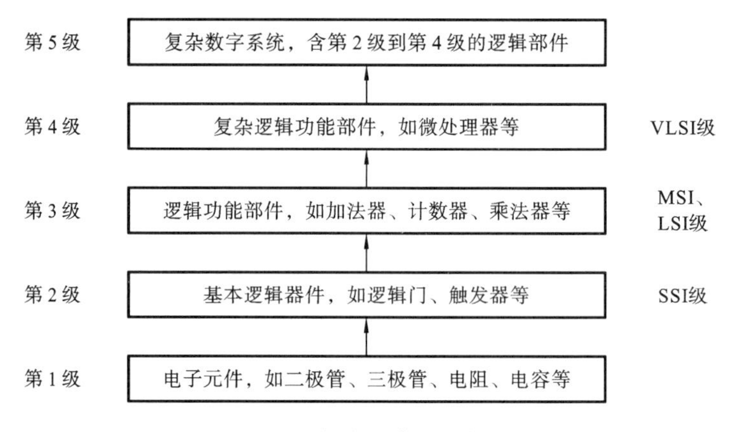

图 1.1.3 数字系统的层次结构

如上所述，集成电路是构成数字系统的物质基础。设计数字系统时考虑的基本逻辑单元为逻辑门，一旦理解了基本逻辑门的工作原理，便不必过于关心门电路内部电子线路的细节，而是应更多地关注它们的外部特性及用途，以便实现更高一级的逻辑功能。

数字计算机是一种能够自动、高速、精确地实现数值计算、数据加工和控制、管理等功能的数字系统。它是数字系统的一个最典型例子，也是一个复杂的例子，它的一个组成模块往往比一些简单数字系统的规模更大。数字计算机由存储器、运算器、控制器、输入设备、输出设备及适配器等主要部分组成，各部分通过总线连成一个整体。图 1.1.4 所示的为数字计算机的一般结构。

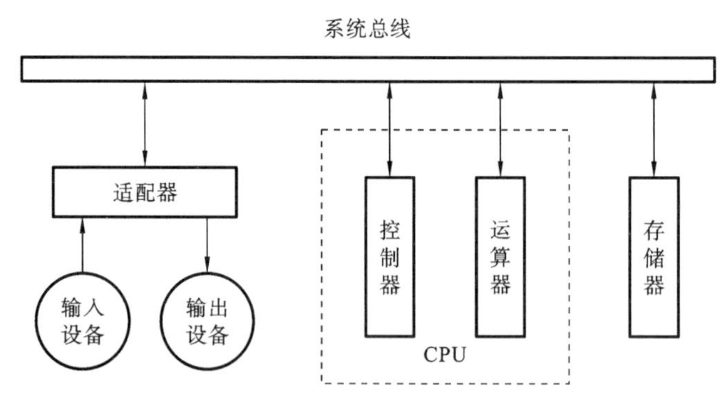

图 1.1.4 数字计算机的一般结构

在计算机的组成部分中，运算器负责对数据进行算术和逻辑运算；存储器负责存储程序和数据；输入设备负责接收外部信息，并将其转换为二进制代码存入存储器；输出设备负责将计算机处理的结果以人能识别、理解的形式表现出来；控制器负责按照存储的程序，自动连续地逐条解释程序的每条指令，产生相应的控制命令以控制其他各个部件协调工作，实现复杂任务的处理。

下面介绍数字系统的设计方法及相关知识，目的是使读者学习完本书后，掌握与数字电路有关的基础知识，具备数字系统设计的基本技能。本书中作为辅助说明而选用的例子，都是一些简单且易于实现的电路。关于数字计算机的组成结构、工作原理及实现，则需要在掌握了数字电路基础知识之后，通过专门的学习深入了解。

1.2　数字系统的设计方法

1.2.1　常用芯片

数字系统设计是把思想（即算法）转化为实际数字逻辑电路的过程。我们都知道同一个算法可以用不同结构的数字逻辑电路来实现，从运算结果来看可能是完全一致的，但不同结构的运算速度和性能价格比可以有很大的差别。在选择不同集成电路器件进行数字系统的设计时，所用的设计方法和流程也是不同的，下面介绍三类常用的实现数字系统的集成电路芯片。

1. 标准集成电路芯片

设计数字系统可以选用具有通用、固定逻辑功能的集成电路器件，如集成门电路、集成触发器、加法器、译码器、计数器等。有大量的电路产品可供选择使用，虽然具体产品可能来自不同的厂商，但一般都遵循统一的命名规则，相同编号的芯片具有相同的逻辑功能和引脚排列，这一类集成电路器件称为标准集成电路芯片（简称标准芯片）。

标准芯片的集成度通常都较低（一般低于100晶体管/片），只能实现一些简单、固定的逻辑功能。使用标准芯片设计数字系统时，需要先选择合适的芯片，利用芯片实现基本的逻辑功能模块，然后再根据系统逻辑功能需求，确定各模块之间的连接方式。多个具有逻辑功能的模块之间相互连接，可搭建构成更大的逻辑电路。

20世纪80年代之前，主要采用标准芯片的设计方法，其缺点如下。

（1）所需要的芯片个数多、占用电路板体积大、功耗大、可靠性差，难以实现复杂的逻辑功能。

（2）逻辑功能固定，一旦完成设计，就很难再进行更改。

2. 可编程逻辑器件

可编程逻辑器件（Programmable Logic Device，PLD）是20世纪70年代开始发展起来的一类集成电路器件。与标准芯片类似，PLD具有通用的逻辑结构，可以按通用的集成电路器件进行批量生产。不同的是，PLD内部包含大量的可编程资源，用户通过编程配置就能实现不同的逻辑功能。PLD的优点主要表现在以下几个方面：

（1）PLD作为通用芯片，可批量生产，成本低，可编程配置实现不同的电路，通过设计能实现专用集成电路（Application Specific Integrated Circuit，ASIC）的功能。

（2）大多数PLD允许多次编程，便于系统的修改、维护和升级。

(3) PLD 的集成度高,与标准芯片相比,可以实现更复杂的逻辑电路。应用最广泛的一类 PLD 器件是现场可编程门阵列(Field Programmable Gate Array,FPGA),其集成度为几万门到数百万门,并可集成存储器、ARM、DSP 等不同功能器件,可用于芯片级集成系统(SoC)的设计。由于大部分电路都可以在芯片内实现,因此,相对于标准芯片,使用 PLD 设计的电路具有功耗低、体积小、可靠性高的优点。

基于以上优势,PLD 获得了广泛的应用,其是用于设计数字系统的主流器件。

3. 定制集成电路芯片

使用 PLD 设计数字系统,能够满足大多数应用的需求,但是 PLD 是一种通用的器件,对于某些特殊应用,其不如定制集成电路芯片(简称定制芯片)。PLD 内部的可编程资源在带来可编程定制、便于修改升级等优势的同时,也带来了一些缺点。例如,可编程开关耗费了芯片空间,限制了可实现电路的规模,增加了器件的成本,降低了运行速度,增大了功耗等。

对于一些对集成度、速度、功耗等性能要求较高的系统,可以将设计好的电路交付给半导体器件制造厂商,由厂商选择合适的技术来生产满足特定性能指标的芯片。这样的芯片可依据用户的要求定制生产,因此称为定制芯片。由于该类芯片主要用于一些特定的应用场合,因此也称为专用集成电路(Application Specific Integrated Circuit,ASIC)。

定制芯片按照其设计与生产的方式,可以分为全定制芯片和半定制芯片两类。全定制芯片由设计者完全决定芯片内的晶体管数量、晶体管的放置位置、连接方式等。半定制芯片是在厂商预构建的一些电路的基础上由用户设计版图,再交付生产厂家进行生产的。比如厂商可预构建一些标准单元或门阵列,用户基于这些标准单元或门阵列设计电路,然后由厂商根据用户的需求布线连接各单元,生产出满足功能与性能需求的芯片。相对于全定制芯片,半定制芯片可以减少设计的复杂性,缩短设计开发周期,但性能要差一些。

无论是全定制芯片还是半定制芯片,它们的主要优点在于:针对特定的应用需求生产,能够根据特定的任务进行优化。相对于标准芯片和 PLD,定制芯片具有更好的性能,能够实现更大规模的系统,是集成电路发展的一个重要方向。

定制芯片的缺点如下。

(1) 设计和开发周期长,产品投放市场时间长。

(2) 生产过程中可能要经过反复的尝试,成本高,风险大。为降低成本,通常需要生产足够的数量,以降低芯片的平均价格。

(3) 定制芯片通常用于微处理器、信号处理器等大规模专用集成电路。

1.2.2 数字系统的设计过程

1. 数字系统设计方法

数字系统的设计通常有两种方法:一种是自底向上(Bottom-Up)的设计方法,另一种是自顶向下(Top-Down)的设计方法。

自底向上的设计方法是使用标准芯片设计数字系统时所采用的主要方法,设计从底层开始。首先根据需求选择元器件，然后依据各个元器件的功能设计实现各个独立的电路模块，最后将各个模块连接起来，组成完整的数字系统。

这种设计方法的优点是符合硬件工程师的设计习惯，缺点是，由于设计从底层独立模块开始，系统的整体性能不易把握，而且只有在系统设计完成后，才能进行整体测试。一旦发现错误或系统不能满足某些指标要求，修改起来就比较困难。

传统的自底向上的设计方法主要用于数字系统的手工设计阶段。设计调试、错误排查、系统测试和修改都比较困难，难以实现大规模的复杂电路，已不能满足设计者的要求。近些年来，EDA(Electronic Design Automation)技术以计算机为工作平台，以EDA软件工具为开发环境，在多种不同的设计环境中都极大地影响着数字系统的设计过程，使得数字系统自顶向下的设计方法成为可能。

随着现代集成电路制造工艺技术的改进和发展，在一个芯片上集成数十个乃至数百万个器件成为可能，但我们很难设想仅由一个设计师独立设计如此大规模的电路而不出现错误。设计时采用层次化、结构化的方法，首先由总设计师将一个完整的硬件设计任务划分为若干个可操作的模块，并编制出相应的模型(行为的或结构的)，通过仿真加以验证后，再把这些模块分配给下一层的设计师(设计者)，这就允许多个设计师同时设计一个硬件系统中的不同模块，其中每个设计师负责自己所承担的部分，上层设计师用行为级上层模块对其下层设计师完成的设计进行验证。

自顶向下的设计过程从系统的概念设计开始，描述并定义系统的行为特性，并在系统级进行仿真测试。然后，依据系统的功能需求，将整个系统划分为若干个相对独立的子系统。若子系统规模较大，还可以继续划分，直至划分为便于逻辑设计和实现的基本模块。这一划分过程不必考虑硬件的功能特性，完全可以依据系统的功能需求进行，但划分应遵循使各模块相对独立、功能集中、易于实现，模块间逻辑关系明确，接口简单，连线少的基本原则。

划分后的每个子系统/模块可独立进行设计、仿真及测试，设计完成后并入系统整体框架中，构成一个完整的系统。

自顶向下的设计方法从系统的整体结构开始向下逐步求精，由高层模块定义低层模块的功能和接口，易于对系统的整体结构和行为特性进行控制。另外，划分后的每个子系统/模块相互独立，一方面便于多个设计者同时进行设计，对设计任务进行合理分配，用系统工程的方法对设计进行管理；另一方面，当设计不能满足某一方面的要求时，也便于将修改过程定位于某些具体的模块，若保持模块间的接口方式不变，则这种修改不会影响到其他电路模块的设计与实现，因此能够大大地缩短系统设计周期。模块的合理划分是设计的核心所在。

自顶向下的设计方法的缺点是划分后的基本模块往往不够标准，制造成本可能很高；而自底向上的设计方法采用标准单元，较为经济，但可能无法满足一些特定指标。进行复杂数字系统的设计时常将两种方法结合，以综合平衡多个目标。

2. 数字系统设计流程

数字系统产品通常由一块或多块印刷电路板(Printed Circuit Board，PCB)构成。一个典型例子是微型计算机的主机板，它将多个用于实现逻辑功能的集成电路芯片及其他一些部件安装于电路板上，通过电路板的布线构成一个完整的系统。

自顶向下的数字系统产品设计的一般流程如下。

(1) 明确设计要求，确定系统的整体设计方案。

(2) 将系统划分为多个功能相互独立的子系统/模块。

(3) 选择芯片，独立设计各个子系统/模块。

(4) 定义各子系统/模块间的互连线路，将所有模块组合成完整系统。

(5) 对电路进行功能仿真，检测其逻辑功能是否正确。早期，只有实际搭建完成电路后，才能验证设计是否正确。现在，大多数计算机辅助分析软件都提供仿真功能，可以先对设计进行仿真模拟，尽早发现逻辑设计上的错误，避免不必要的时间和资金的浪费，待仿真正确后再进行实际电路的测试。

(6) 进行理论设计确定电路板上每个芯片的物理位置、芯片之间的相互连接模式等。随着芯片规模不断扩大，器件外围引脚越来越密集，电路板正确合理的布局布线成为一项繁重且复杂的工作，手工操作难以实现。目前，这一阶段的工作多采用 PCB 计算机辅助设计工具软件完成，如 CadenceAllegro、Altium Designer 等。

(7) 对物理映射后的电路进行时序仿真。(5)中的仿真过程主要用于检测电路的逻辑设计，确定其是否具有与设计预期相同的功能行为，称为功能仿真。一个功能仿真正确的电路，在物理映射之后，可能会由于电路板物理布线时产生的各种干扰等而导致速度过慢，甚至不能正确操作，因此需要对综合了实际物理特性的电路进一步进行仿真检测。区别于功能仿真，这一时期的仿真称为时序仿真。时序仿真能够反映电路板的一些实质性的功能问题，若时序仿真不正确，则需要返回电路板的物理设计阶段进行修正，若问题不能通过修改电路板的物理设计解决，就需要返回之前的设计过程进行修改，甚至是重新进行设计。

(8) 制作原型板、测试及投产。

在上述的数字系统设计过程中，如果选择的芯片是 PLD 或定制芯片，那么在进行电路板设计之前，必须首先完成这些芯片的设计。随着集成电路集成度的提高，单个芯片内可以实现越来越多的电路、系统，大部分的电路结构都可以移至芯片内实现，甚至可以将一个系统的所有核心电路都集成于一个芯片内(称为片上系统或 SoC)，而只在电路板上布局一些输入、输出等外围电路模块。因此，可以说数字系统的主要设计任务转移到了芯片设计方面。本书在后续章节中主要使用 PLD 器件阐述数字电路和数字系统的设计方法与过程。采用 PLD 的原因有两个，一是它在成本、研发周期、多次编程及便于修改升级等方面具有优势；另一是它具有用户可编程特性。终端用户可以自己设计电路和系统，编程下载后即可实现一个集成电子系统或形成一个专用集成芯片，可方便地对所完成的系统进行测试与验证。

对于基于 PLD 的集成电子系统或专用集成芯片的设计，复杂的系统通常也需要被划分为若干个功能相互独立的子系统/模块分别进行设计。EDA 技术的发展为芯片的设计与开发提供了许多便利的工具与手段，整个设计与开发过程几乎都可以在 EDA 软件工具的支持下自动完成。下面就 EDA 技术的基本概念、主要内容及 EDA 技术支持下的集成电路芯片设计流程进行简单介绍。

1.3　EDA技术

EDA技术是一种汇集了计算机图形学、拓扑逻辑学、微电子工艺与结构学、计算数学等多种应用学科最新成果的先进技术，其研究对象是电子设计的全过程，涵盖的范畴相当广泛。目前，EDA还没有一个统一的定义。从集成电子系统/专用集成电路芯片设计的角度看，EDA技术以大规模可编程逻辑器件为设计载体，以硬件描述语言为系统逻辑描述的主要表达方式，以计算机、大规模可编程逻辑器件的开发软件及实验开发系统为设计工具。通过有关的开发软件，自动完成用软件方式设计的电子系统到硬件系统的逻辑编译、逻辑化简、逻辑分割、逻辑综合及优化、逻辑布局布线、逻辑仿真，以及对特定目标芯片的适配编译、逻辑映射、编程下载等，最终形成集成电子系统或专用集成芯片。

按这一定义，EDA技术要用到大规模可编程逻辑器件、硬件描述语言、EDA软件开发工具和实验开发系统。前文对可编程逻辑器件进行了简单介绍，这些器件的具体原理及结构将在后续的章节中详细介绍。实验开发系统通常用于电路或系统设计的测试与验证，面向特定应用的设计可能需要选择一些能够满足其需求的实验开发系统。但通常情况下，用于一般电路系统测试的实验开发系统都会包含这样一些电路块：可编程逻辑器件；编程/下载电路；常用的输入/输出电路，如按键、开关、发光管、七段数码管、液晶显示屏等；各种信号，如时钟、脉冲、高低电平等产生电路；用于连接其他电路模块的接口电路，以及开发系统的扩展接口等。不同的实验开发系统有不同的配置与结构，具体使用方法需要参考相关的数据文档。下面对硬件描述语言和EDA软件开发工具进行简要介绍。

1.3.1　硬件描述语言

1. 硬件描述语言的概念

硬件描述语言（Hardware Description Language，HDL）是一种用形式化方法来描述数字电路和系统的语言。数字电路系统的设计者利用这种语言可以从上层到下层（从抽象到具体）逐层描述自己的设计思想，用一系列分层次的模块来表示极其复杂的数字系统。然后利用EDA工具逐层进行仿真验证，再把其中需要变为具体物理电路的模块组合经由自动综合工具转换到门级电路网表。接下去再用ASIC或FPGA自动布局布线工具把网表转换为具体电路布线结构的实现。

HDL用软件方法描述数字电路和系统，允许设计者从系统设计的整体结构与行为描述开始，逐层向下分解设计和描述自己的设计思想，并能够在每一层次利用EDA工具进行相应的仿真验证，这使得电路或系统在实际构建之前就能进行功能测试，能够有效地降低设计成本，并缩短设计周期。

HDL既可用于数字系统的行为描述，也可用于具体逻辑电路的结构描述。按照描述的层次，由高到低，可粗略地分为行为级、寄存器传输级（Register Transfer Level，RTL）和门电路级。寄存器由触发器构成，能够存储一组二进制信息，是数字系统的一类重要组成部件，寄存器传输级描述就是用数字系统内部的寄存器及各寄存器(组)间二进制信息传输的数据通路(可以直接传送，也可以经过数据处理部件加工)来描述数字系统。门电路级则是用构成数字系统的逻辑门及逻辑门之间的连接模型来描述数字系统，寄存器传输级和门电路级与逻辑电路都有明确的对应关系，而行为级描述则不考虑硬件的具体结构。

高层次描述的电路和系统要得以实现，需要转化为底层的门电路级的，这一转化过程称为综合。综合之后，还需要针对特定的目标器件，利用其内部资源进行合理布局，并布线连接各逻辑模块，这一过程称为适配或布局布线。在 EDA 开发工具的支持下，这些过程都可以自动完成，使得设计者不必过多考虑电路实现的细节，而将设计重心放在系统的行为与结构建模上，这样更有利于设计出正确的大规模复杂电路和系统。

2. Verilog HDL 与 VHDL

Verilog HDL 是在 1983 年由 GDA(Gateway Design Automation)公司的 Phil Moorby 首创的。Phil Moorby 后来成为 Verilog-XL 的主要设计者和 Cadence(Cadence Design Systems)公司的第一个合伙人。1984 至 1985 年，Moorby 设计出了第一个名为 Verilog-XL 的仿真器。1986 年，他对 Verilog HDL 的发展又作出了另一个巨大贡献，即提出了用于快速门级仿真的 XL 算法。

随着 Verilog-XL 算法的成功，Verilog HDL 语言得到迅速发展。1989 年，Cadence 公司收购了 GDA 公司，Verilog HDL 语言成为 Cadence 公司的私有财产。1990 年，Cadence 公司决定公开 Verilog HDL 语言，于是成立了 OVI(Open Verilog International)组织来负责促进 Verilog HDL 语言的发展。基于 Verilog HDL 的优越性，IEEE 于 1995 年制定了 Verilog HDL 的 IEEE 标准，即 Verilog HDL 1364-1995；2001 年发布 Verilog HDL 1364-2001 标准；2005 年 System Verilog IEEE 1800-2005 标准的公布，使得 Verilog HDL 在综合、仿真验证和模块的重用等性能方面都有大幅度的提高。

据有关文献报道，目前在美国使用 Verilog HDL 进行设计的工程师大约有 10 万人，全美国有 200 多所大学教授用 Verilog HDL 硬件描述语言进行设计。在我国台湾地区几乎所有著名大学的电子和计算机工程系都讲授与 Verilog HDL 有关的课程。在美国和日本等先进电子工业国，Verilog HDL 语言已成为设计数字系统的基础。

VHDL 的首字母 V 是英文缩写 VHSIC(Very High Speed Integrated Circuit)的第一个字母。因此，其中文翻译应为超高速集成电路硬件描述语言(VHSIC Hardware Description Language)。VHDL 由美国军方于 1982 年组织开发，在 1987 年年底被 IEEE 和美国国防部确认为标准硬件描述语言。

不论是 Verilog HDL 还是 VHDL，它们作为标准通用的硬件描述语言，都获得了众多 EDA 公司的支持，都有各自广泛的应用群体。对于目前的版本，一般认为，Verilog 在系统和行为级抽象方面比 VHDL 稍差一些，但是在门级和开关电路方面比 VHDL 要强得多。也就是说，VHDL 适用于描述系统和电路的行为；Verilog HDL 更适用于描述寄存器传输级和门级电路。由于 VHDL 的描述层次较高，因此综合过程较为复杂，对综合器的要求较高，不易控制底层电路；而 Verilog HDL 的综合过程较为简单，易于控制电路资源。

尽管两种语言在许多方面都有所不同，但选择哪种语言学习逻辑电路或进行系统设计并不重要,因为它们在这一方面都提供了类似的特性。本书选用 Verilog HDL 的主要原因是,相对于 VHDL,Verilog HDL 更容易学习、掌握和使用。Verilog HDL 的风格类似于 C 语言,只要有 C 语言程序设计的基础,就可以很快地掌握使用 Verilog HDL 设计电路的方法。

3. 使用 Verilog 设计数字系统的优点

Verilog HDL 以文本形式描述电路和系统的行为,不但便于进行设计输入,而且允许设计者采用自顶向下的分层次设计方式。另外,作为标准的硬件描述语言,Verilog HDL 获得了众多 EDA 公司的支持。相同的电路和系统描述可以在不同厂家的不同器件上得以实现,从而使系统设计可以分解为前端逻辑设计和后端电路实现两个相互独立又相互关联的部分。这又为数字电路和系统的设计带来了兼容性、共享性和可重用性等许多优点。

(1) 自顶向下的分层次设计。

Verilog 可以用来抽象描述数字电路和系统的行为特性,这允许设计者从系统的顶层设计开始,从抽象到具体,从复杂到简单逐层分解系统并进行描述,最后用一系列分层次的电路模块来表示一个复杂的数字系统。

(2) 方便简单的设计输入。

在完成电路和系统的概念设计之后,要实现自动化的设计过程,需要首先将设计输入计算机。传统的逻辑电路通常采用逻辑电路图描述设计,也就是用逻辑(图形)符号表示所用到的器件,如逻辑门,然后定义各器件之间的连线。要将这样的设计输入,需要专门的电路图输入工具,而且要求工程师熟知所选用器件的外部引脚。对于一些复杂的电路,即使借助电路图输入工具,要正确合理地连接各个器件,也是一件繁重且复杂的工作。而使用 Verilog 进行设计时,由于 Verilog 以文本形式描述电路的结构与行为,因此可以在任一种文本编辑器中进行编辑,输入简单方便,发生错误时也易于修改。

(3) 电路和系统设计的兼容性。

Verilog HDL 是一种标准的硬件描述语言,因此获得了许多数字电路硬件厂家的支持。Verilog HDL 描述的电路和系统,可用不同厂家的综合工具和适配工具在不同类型的芯片上实现,实现时不需要改变 Verilog HDL 代码。在数字电路技术快速发展的今天,这样的兼容性允许设计者将精力主要集中在电路和系统的功能设计方面,而不需要过多考虑电路最终实现的细节。

(4) 成熟电路模块的共享性和可重用性。

Verilog HDL 使用变量表示输入/输出的信号。通常情况下,不需要改变电路模块的实现代码,只改变变量的位宽,就能够形成具有不同位宽但逻辑功能相同的电路功能模块。比如,可将一个模为 16 的计数器改变为模为 32 的计数器。这允许设计者之间可以相互引用一些已经成功设计的电路模块,实现共享,降低设计的工作量。同样,对于一个新的设计,设计者可以重用以前设计中的一些成熟电路模块,加快开发速度。

由于 Verilog HDL 设计方法的与工艺无关性,Verilog 模型的可重用性很强。通常把功能经过验证的、可综合的、实现后电路结构总门数在 5000 门以上的 Verilog HDL 模型称之为“软核”(Soft Core),而把由软核构成的器件称为虚拟器件。在新电路的研制过程中,软核和虚拟器件可以很容易地借助 EDA 综合工具与其他外部逻辑结合为一体。这样，软核和虚拟器件的重用性可使设计周期大大缩短，加快复杂电路的设计。目前，虚拟接口联盟(Virtual Socket Interface Alliance)负责协调这方面的工作。

为了积累逻辑电路设计成果，更快更好地设计更大规模的电路，发展软核的设计和推广软核的重用技术是非常有必要的。新一代的数字逻辑电路设计师必须掌握这方面的知识和技术。

1.3.2 EDA 软件开发工具

集成电路芯片的自动化设计过程需要多个 EDA 软件开发工具的支持。通常这些软件工具被打包成一个 EDA 软件系统。它是在电子 CAD 技术的基础上发展起来的计算机软件系统，融合了电子、计算机、人工智能等众多先进技术。典型的 EDA 软件系统包括 Xilinx 公司的 Vivado 设计套件(2012 年前为 ISE)，Altera 公司的 Quartus 开发平台，以及 Lattice 公司的 ispLEVER 设计软件等。一般情况下，EAD 工具软件包括设计输入工具、综合与优化工具、布局布线工具/适配器、编程/下载工具、功能仿真与时序仿真工具等。下面对这些工具做一个简单的介绍，以便读者理解 EDA 工具和可编程逻辑器件的设计开发流程。

1. 设计输入工具

设计输入工具用于将数字电路或系统的概念设计输入计算机。EDA 设计输入工具有原理图输入工具和 HDL 输入工具两种。

(1) 原理图输入工具。

原理图输入工具提供了原理图编辑环境及用于绘制逻辑电路图的各类工具。它通常包含各个基本器件库，有些输入工具还包含一些由厂家设计的较复杂逻辑模块(器件)。这些器件都以逻辑符号(图形)的形式表示，用户可以将库中的器件(图形符号)导入逻辑图，并使用绘制工具在器件之间进行连线。对于用户，一个成功设计的逻辑模块也可以用逻辑图形符号的形式表示并保存。这样一来，在后面的设计中就可以直接引用这些电路模块，从而便于实现一些大型的复杂电路和系统。

(2) HDL 输入工具。

EDA 软件系统为用 HDL 描述的电路和系统提供文本编辑环境，以进行 HDL 源代码的编辑和输入。HDL 输入工具简单、方便，更适用于描述复杂的大型数字电路和系统。

2. 综合与优化工具

将输入的电路在具有特定结构的器件(如 FPGA)中实现，需将电路转化为能与器件的基本结构相对应的一系列物理单元(如逻辑门)，并完成单元之间的互连，这个过程就是综合。综合器的输入是高层描述的电路，而输出是一个用来描述转化后的物理单元及其互连结构的文件，这个文件称为网表文件。综合器的综合过程必须针对某一 PLD 生产厂家的某一产品，因此综合后的电路是硬件可实现的。

除了产生网表文件之外，综合器还可以对电路按照系线设置进行优化，形成一个与设计输入功能相同,但性能更好的电路。例如,如果一个逻辑功能模块的实现可以有多种方式,那么综合器能够根据设计者性能参数定义的要求,自动选择更利于满足该性能指标的实现方式。

3. 布局布线工具/适配器

布局布线工具也称为适配器,用于精确定义如何在一个给定的目标芯片上实现所设计的电路或系统。PLD器件通常由多个模块构成,每个模块都能编程实现一些逻辑功能。布局就是在PLD器件的众多模块中,为网表文件中的各个逻辑功能块选择PLD芯片中合适位置的模块去实现。布线则是利用芯片中的互连线路连接各个布局后的逻辑功能块,布局布线/适配过程的输入是综合器产生的网表文件;输出是可用于目标芯片最终实现的配置文件,它包含了PLD中可编程开关的配置信息。

4. 编程/下载工具

软件编程/下载工具通过编程器或下载电缆将配置文件下载到目标芯片中,从而完成设计电路或系统的物理实现。

5. 功能仿真与时序仿真工具

功能仿真用于测试电路或系统设计的功能是否与预期相同,功能仿真器的输入是综合器产生的网表文件,并要求用户给定仿真过程中用到的各个输入信号的取值。功能仿真过程不考虑电路的延迟特性,即假定输入信号的变化会立即引起输出信号的变化。它评估并显示电路对应于各输入情况下的输出结果,通常以波形图的形式描述仿真结果。

实际的电路往往需要满足一些时间性能指标,有些电路在构建后可能会因为信号的延迟而不能正确操作。可能的信号延迟有两种,一种是逻辑功能块内部产生的延迟,另一种是逻辑功能块间连线产生的延迟。时序仿真器将布局布线工具产生的配置文件作为输入,对所设计电路或系统的延迟进行评估,其结果可用来检测形成的电路是否满足时序要求。

1.3.3 设计开发流程

复杂数字逻辑电路和系统的层次化、结构化设计隐含着对系统硬件设计方案的逐次分解。在设计过程中的任意层次,至少得有一种形式用于描述硬件。硬件的描述特别是行为描述通常称为行为建模。在集成电路设计的每一层次,硬件可以分解成为一些模块,该层次的硬件结构由这些模块的互联描述,该层次的硬件行为由这些模块的行为描述。这些模块称为该层次的基本单元。而该层次的基本单元又由下一层次的基本单元互联而成。如此下去,完整的硬件设计就可以由设计树描述。在这个设计树上,节点对应着该层次上基本单元的行为描述,树枝对应着基本单元的结构分解。在不同的层次都可以进行仿真以对设计思想进行验证。EDA工具提供了有效的手段来管理错综复杂的层次,即可以很方便地查看某一层次某模块的源代码或电路图以改正仿真时发现的错误。

概念设计定义系统的整体结构和功能。高层次的设计往往采用行为描述的方法，并可通过仿真进行验证，以确定系统的总体性能和各模块的指标分配。此时，一般不需要考虑硬件规划，也就不需要进行综合优化等。

当高层次的设计向下分解至具体的电路模块时，通常需要按图 1.3.1 所示的流程对各个模块分别进行综合优化、功能仿真、布局布线及时序仿真等一系列操作，以保证每个子模块设计的正确性，避免由于模块设计的问题而必须每次都对整个系统进行编译操作，从而造成工作时间的浪费。

每个子模块都通过仿真测试后，整个系统的开发过程按照图 1.3.1 所示的流程进行。若仿真结果不正确或不能满足某些指标要求，则需要根据具体问题返回到前面的不同阶段进行修改。

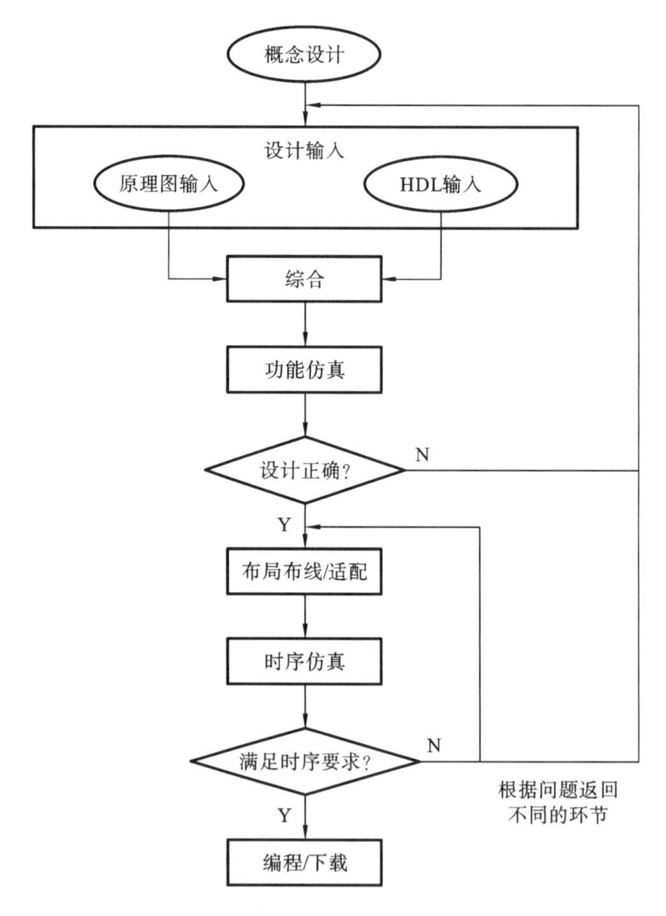

图 1.3.1 设计与开发流程

从图 1.3.1 中可以看出，模块设计流程主要由两大主要功能部分组成。

(1) 设计开发：编写设计文件→综合到布局布线→电路生成的一系列步骤。

(2) 设计验证：进行各种仿真的一系列步骤，如果在仿真过程中发现问题就返回设计输入进行修改。

近几年来，设计已提升到系统设计的层次，这更有利于缩短设计周期，降低设计成本。

本章思维导图

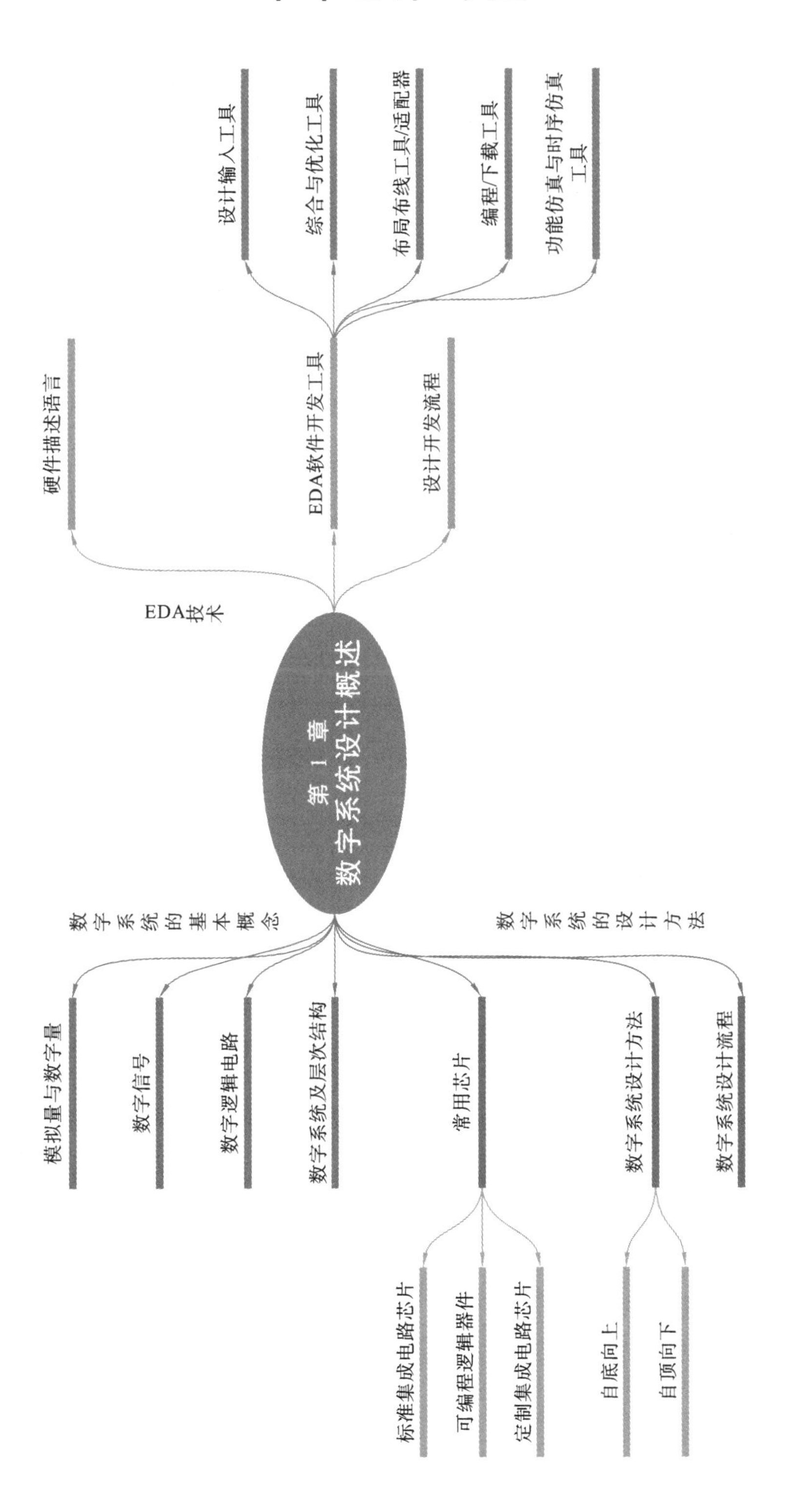
第 1 章
数字系统设计概述
数字系统的基本概念
模拟量与数字量
数字信号
数字逻辑电路
数字系统及层次结构
常用芯片
标准集成电路芯片
可编程逻辑器件
定制集成电路芯片
数字系统的设计方法
数字系统设计方法
自底向上
自顶向下
数字系统设计流程
EDA技术
硬件描述语言
EDA软件开发工具
设计输入工具
综合与优化工具
布局布线工具/适配器
编程/下载工具
功能仿真与时序仿真工具
设计开发流程

习 题

1. 什么是模拟信号？什么是数字信号？试分别列举几个模拟信号和数字信号的例子。

2. 数字电子技术与模拟电子技术有哪些区别？

3. 解释下列术语：HDL、EDA、PLD、SoC、PCB、VLSIC。

4. 数字系统设计中的三类常用芯片分别是什么？各有什么特点？

5. 使用 PLD 设计数字系统有什么优缺点？

6. 在数字系统设计中，采用“自顶向下”的设计方法时，划分逻辑模块应遵循的基本原则是什么？

7. EDA 的综合器完成了哪些功能？

8. 假设一个电路用 EDA 工具功能仿真正确，是否说明该电路一定是一个硬件实现也正确的电路？为什么？

9. 简述在使用 EDA 工具时，用 PLD 芯片进行设计的流程。

10. 使用 HDL 语言进行数字系统设计有哪些优点？

第2章　数字逻辑基础

数字逻辑电路伴随着计算机和数字通信技术的发展而广泛应用。本章讨论的主要内容包括数制及数制间的转换、二进制数的运算、数值型数据在计算机中的表示方式、常用的几种编码等。

2.1　数制及数制间的转换

2.1.1　进位计数制

数制是人们对事物数量计数的一种统计规律，是用一组固定的符号和统一的规则来表示数值的方法。在日常生活中广泛使用的数制是十进制，而在数字系统中使用的是二进制。我们可以从下面三个方面来加深对数制的理解。

(1) 数制的种类很多，比如二进制、八进制、十进制、十六进制等。

(2) 在一种数制中，只能使用一组固定的数字符号来表示数目的大小。比如在二进制中只能用0、1这两个基本符号，在八进制中只能用0、1、2、…、7这8个基本符号，在十进制中只能用0、1、2、…、9这10个基本符号。

(3) 在一种数制中，必须有一套统一的进位规则。比如十进制数采用的进位规律是"逢十进一"。当将若干个符号并在一起表示一个数时，处在不同位置的数字符号有不同的含义。如888这个数，各个位置都是字符8，从左到右所代表的值依次是800、80、8，该数又可以表示成$8\times10^2+8\times10^1+8\times10^0$。这种按进位法则进行计数的方法称为进位计数制。

一般来说，在进位计数的数字系统中，进位计数制包含两个基本要素：基数和位权。基数是指计数制中所用到的数字符号的个数。若只用R个基本符号(例如0、1、2、…、$R-1$)表示数值，则称其为基R数制，R称为该数制的基。进位的规律是"逢R进一"，也称R进制计数制，简称R进制。

在某种进位计数制中，每个数位上的数码所代表的数值的大小等于在这个数位上的数码乘上一个固定的数值，这个固定的数值就是这种进位数制中该位上的位权(权数)。

权数是一个幂。如十进制数6789.555可以表示为$6\times10^3+7\times10^2+8\times10^1+9\times10^0+5\times10^{-1}+5\times10^{-2}+5\times10^{-3}$。其中，$10^3$、$10^2$、$10^1$、$10^0$、$10^{-1}$、$10^{-2}$和$10^{-3}$称为权数。

一般来说，一个R进制数N可以有两种表示方法。一种是并列表示法，又称位置计数法，其表达式为

$$N_R=(d_{n-1}d_{n-2}\cdots d_1d_0d_{-1}d_{-2}\cdots d_{-m})_R \tag{2.1.1}$$

另一种是多项式表示法，也称位权表示法，其表达式为

$$\begin{aligned} N_R &= (d_{n-1}\cdots d_1 d_0 d_{-1}\cdots d_{-m})_R \\ &= d_{n-1}\times R^{n-1}+\cdots+d_1\times R^1+d_0\times R^0+d_{-1}\times R^{-1}+\cdots+d_{-m}\times R^{-m} \\ &= \sum_{i=-m}^{n-1} d_i\times R^i \end{aligned} \tag{2.1.2}$$

其中，R 是基数；n 为整数部分的位数；m 为小数部分的位数；d_i 为 R 进制中的一个数字符号，其取值范围为 $0\leqslant d_i\leqslant R-1$，$-m\leqslant i\leqslant n-1$。

【例 2.1.1】 将十进制数 2022.18 用多项式表示法表示。

解：$(2022.18)_{10}=2\times10^3+0\times10^2+2\times10^1+2\times10^0+1\times10^{-1}+8\times10^{-2}$。

综上所述，数制的特点如下。

(1) 任意一个 R 进制数，都可按其位权展成多项式的形式。

(2) 基数为 R，则逢 R 进一。

(3) 共有 R 个数字符号，$0\leqslant d_i\leqslant R-1$。

(4) 不同数位上的数具有不同的权数 R^i。

2.1.2 常用数制

1. 二进制

基数 $R=2$ 的进位计数制称为二进制。其特点是：基数为 2，只有 0 和 1 两个基本的数字符号，位权是 2 的 i 次幂(2^i)；进位的规律为逢 2 进 1，借 1 当 2。

任意一个二进制数 N 可以表示为

$$\begin{aligned} (N)_2 &= (d_{n-1}\cdots d_1 d_0 d_{-1}\cdots d_{-m})_2 \\ &= d_{n-1}\times 2^{n-1}+\cdots+d_1\times 2^1+d_0\times 2^0+d_{-1}\times 2^{-1}+\cdots+d_{-m}\times 2^{-m} \\ &= \sum_{i=-m}^{n-1} d_i\times 2^i \end{aligned} \tag{2.1.3}$$

其中，n 为正整数；m 为小数部分的位数；d_i 为基，$-m\leqslant i\leqslant n-1$。

2. 八进制

基数 $R=8$ 的进位计数制称为八进制。其特点是：基数为 8，只有 0、1、2、3、4、5、6、7 八个基本的数字符号，位权是 8 的 i 次幂(8^i)；进位的规律为逢 8 进 1，借 1 当 8。

任意一个八进制数 N 可以表示为

$$\begin{aligned} (N)_8 &= (d_{n-1}\cdots d_1 d_0 d_{-1}\cdots d_{-m})_8 \\ &= d_{n-1}\times 8^{n-1}+\cdots+d_1\times 8^1+d_0\times 8^0+d_{-1}\times 8^{-1}+\cdots+d_{-m}\times 8^{-m} \\ &= \sum_{i=-m}^{n-1} d_i\times 8^i \end{aligned} \tag{2.1.4}$$

其中，n 为正整数；m 为小数部分的位数；d_i 为基，$-m\leqslant i\leqslant n-1$。

3. 十六进制

基数 $R=16$ 的进位计数制称为十六进制。其特点是：基数为 16，只有 0、1、2、…、9、A、

B、C、D、E、F 十六个基本的数字符号，位权是 16 的 i 次幂(16^i)；进位的规律为逢 16 进 1，借 1 当 16。

任意一个二进制数 N 可以表示为

$$
\begin{aligned}
(N)_{16} &= (d_{n-1}\cdots d_1 d_0 d_{-1}\cdots d_{-m})_{16} \\
&= d_{n-1}\times 16^{n-1}+\cdots+d_1\times 16^1+d_0\times 16^0+d_{-1}\times 16^{-1}+\cdots+d_{-m}\times 16^{-m} \\
&= \sum_{i=-m}^{n-1} d_i \times 16^i \qquad (2.1.5)
\end{aligned}
$$

其中，n 为正整数；m 为小数部分的位数；d_i 为基，是 0～9、A、B、C、D、E、F 中的任一字符，$-m\leqslant i\leqslant n-1$。

表 2.1.1 列出了与十进制 0～15 对应的二进制数、八进制数和十六进制数。字母缩写表示进制，B(binary)代表二进制；D(decimal)代表十进制；O(octal)代表八进制；H(hex)代表十六进制。例如一个二进制数 1010，可以写成 $(1010)_B$ 或 $(1010)_b$ 或 $(1010)_2$；一个十进制数 10，可以写成 $(10)_D$ 或 $(10)_d$ 或 $(10)_{10}$，通常也直接写成 10；一个十六进制数 1010，可以写成 $(1010)_H$ 或 $(1010)_h$ 或 $(1010)_{16}$。

表 2.1.1 十进制数与二进制数、八进制数及十六进制数对照表

十进制数(D)	二进制数(B)	八进制数(O)	十六进制数(H)	十进制数(D)	二进制数(B)	八进制数(O)	十六进制数(H)
0	0000	00	0	8	1000	10	8
1	0001	01	1	9	1001	11	9
2	0010	02	2	10	1010	12	A
3	0011	03	3	11	1011	13	B
4	0100	04	4	12	1100	14	C
5	0101	05	5	13	1101	15	D
6	0110	06	6	14	1110	16	E
7	0111	07	7	15	1111	17	F

2.1.3 常用数制间的转换

1. 非十进制数转换成十进制数

非十进制数转换成十进制数可以按照权位展开法进行转换。

【例 2.1.2】 将二进制数$(111010.1)_2$ 转换为十进制数。

解：$(111010.1)_2=(1\times 2^5+1\times 2^4+1\times 2^3+0\times 2^2+1\times 2^1+0\times 2^0+1\times 2^{-1})_{10}$

$=(32+16+8+2+0.5)_{10}=(58.5)_{10}$

【例 2.1.3】 将十六进制数$(26A.4B)_{16}$转换为十进制数。

解：$(26A.4B)_{16}=(2\times 16^2+6\times 16^1+10\times 16^0+4\times 16^{-1}+11\times 16^{-2})_{10}$

$=(512+96+10+0.25+0.04296875)_{10}=(618.29296875)_{10}$

2. 十进制数转换成非十进制数

将一个十进制数转换为二进制数、八进制数、十六进制数时，其整数部分和小数部分分别用“除 R 取余法”和“乘 R 取整法”转换，然后将结果与小数点合在一起（R 为某种进制的基数）。

【例 2.1.4】 将十进制数$(35.6875)_{10}$转换为二进制数。

解：可以把这个数分为整数部分和小数部分来分别进行转换。

将十进制的整数部分转换为 R 进制的整数部分的方法为除 R 取余法。用十进制的整数部分除以 R，得到一个商数和余数；再将这个商数除以 R，又得到一个商数和余数；反复执行这个过程，直到商为 0 为止。将每次所得的余数从后往前读（先得的余数为低位，后得的余数为高位）即为等值的 R 进制数。注意高位和低位的位置。

用除 2 取余法将整数部分$(35)_{10}$转换为二进制整数：

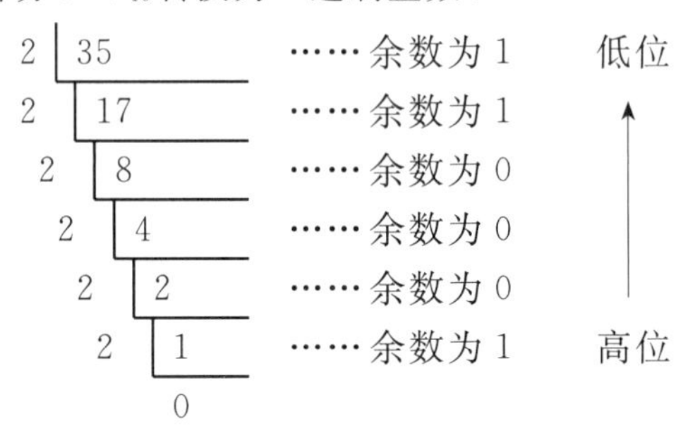

故

$$(35)_{10}=(100011)_2$$

验证：

$$1\times2^5+0\times2^4+0\times2^3+0\times2^2+1\times2^1+1\times2^0=35$$

小数部分用乘 R 取整法转换：将小数部分乘以 R，记下乘积的整数部分，再用余下的纯小数部分乘以 R，记下乘积的整数部分；不断重复此过程，直至乘积小数部分为 0 或已满足要求的精度为止。将所得各乘积的整数部分顺序排列（先得的整数为高位，后得的整数为低位）即可得到小数部分。

用乘 2 取整法将小数部分$(0.6875)_{10}$转换为二进制形式：

```
  0.6875
×      2
--------
  1.3750    ……    整数部分为 1   高位
  0.3750                          │
×      2                          │
--------                          │
  0.7500    ……    整数部分为 0    │
  0.7500                          │
×      2                          │
--------                          │
  1.5000    ……    整数部分为 1    │
  0.5000                          │
×      2                          ↓
--------
  1.0000    ……    整数部分为 1   低位
```

故

$$(0.6875)_{10}=(0.1011)_2$$

验证：

$$1\times 2^{-1}+0\times 2^{-2}+1\times 2^{-3}+1\times 2^{-4}=0.6875$$

综上所述，$(38.6785)_{10}=(100011.1011)_2$。

【例 2.1.5】 将十进制数$(0.1)_{10}$转换为二进制数。

解：用乘2取整法将该数转换为二进制形式。

	纯小数部分	整数部分
$0.1\times 2=0.2$	0.2	0
$0.2\times 2=0.4$	0.4	0
$0.4\times 2=0.8$	0.8	0
$0.8\times 2=1.6$	0.6	1
$0.6\times 2=1.2$	0.2	1
$0.2\times 2=0.4$	0.4	0
$0.4\times 2=0.8$	0.8	0
$0.8\times 2=1.6$	0.6	1
$0.6\times 2=1.2$	0.2	1
$0.2\times 2=0.4$	0.4	0

所以，$(0.1)_{10}=(0.00011001100110\cdots)_2$。

2.2　二进制数的运算

2.2.1　算术运算

1. 二进制数的加法

二进制加法规则如下：

$$0+0=0,\quad 0+1=1,\quad 1+1=10$$

进位法则：逢二进一。

【例 2.2.1】 计算二进制数加法 10011010+00111010。

解：按照二进制加法规则，具体的计算过程如下：

111 1	……	进位
10011010	……	被加数
+ 00111010	……	加数
11010100	……	和

2. 二进制数的减法

二进制减法规则如下：

$$0-0=0,\quad 1-0=1,\quad 1-1=0,\quad 0-1=1$$

借位法则:借一当二。

【例 2.2.2】 计算二进制数减法 11001100－00100101。

解:按照二进制减法规则,具体的计算过程如下:

```
    1 111      ……   借位
  11001100     ……   被减数
－ 00100101     ……   减数
  10100111     ……   差
```

3. 二进制数的乘法

二进制乘法规则如下:

$$0\times0=0,\quad 0\times1=0,\quad 1\times0=0,\quad 1\times1=1$$

【例 2.2.3】 计算二进制数乘法 1101×1010。

解:按照二进制乘法规则,具体的计算过程如下:

```
       1101    ……   被乘数
   ×   1010    ……   乘数
       0000
      1101
     0000
 ＋  1101
    10000010   ……   积
```

4. 二进制数的除法

与十进制除法类似,二进制除法也是从被除数的最高位开始。若被除数(或余数)大于除数,则商记 1,并用被除数(或余数)减除数,反之则商记 0,然后把被除数的下一位移到余数的末位。重复进行这个过程,直至全部被除数的位都下移完成为止。

【例 2.2.4】 计算二进制数除法 100011÷101。

解:按照二进制除法规则,具体的计算过程如下:

```
                       111     ……   商
除数   ……     101)100011     ……   被除数
                  101
                  111
                  101
                  101
                  101
                    0
```

2.2.2　关系运算

关系运算是比较两个数据是否相同。若不相同,再区分大小。二进制的关系运算包括“大于”、“小于”、“等于”、“不等于”、“大于等于”、“小于等于”。

2.2.3　逻辑运算

在逻辑上可以代表真与假、是与非、对与错、有与无这种具有逻辑性的量称为逻辑数据。逻辑上用二进制的0和1代表这种逻辑数据,逻辑数据之间的运算称为逻辑运算。在计算机中,逻辑数据的值用于判断某个事件成立与否,成立为真,反之则为假。通常用1代表真,用0代表假。

逻辑运算将在后面的章节里作详细介绍。

2.3　数值型数据在计算机中的表示方式

数值型数据在计算机里面可以分为无符号数和有符号数。无符号数用来表示无符号整数,如计算机中的地址等信息。在对有符号数进行算术运算时,必然涉及数的符号问题,人们通常在一个数的前面用“+”表示正数,用“-”表示负数。在进行计算机处理时,符号和数值都是用0和1表示,一般将数的最高位作为符号位,用0表示正,用1表示负。下面我们来讨论数值型数值在计算机中的表示方式。

2.3.1　无符号数

无符号数,指的是整个机器字长的全部二进制位均表示数值位的数,相当于数的绝对值。例如一个字长为8位的存储单元可以表示 2^8 个无符号整数。

对于无符号数77,它的8位表示如图2.3.1所示。

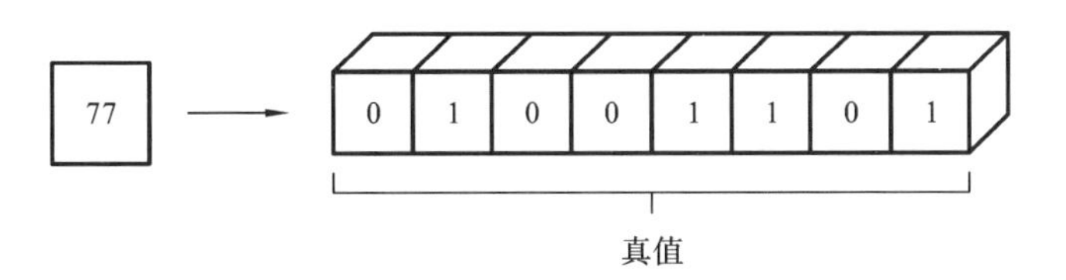

图2.3.1　无符号数77的8位表示

将在机器内存放的正、负号数值化的数称为机器数,机器数对应的实际数值称为机器数的真值。

2.3.2　有符号数

计算机中的数据用二进制数表示，数的符号也只能用 0 或 1 表示。一般用最高有效位(MSB)来表示数的符号，用 0 表示正，用 1 表示负，其余数位用作数值位，代表数值。

对于有符号数+77，它的 8 位表示如图 2.3.2 所示。

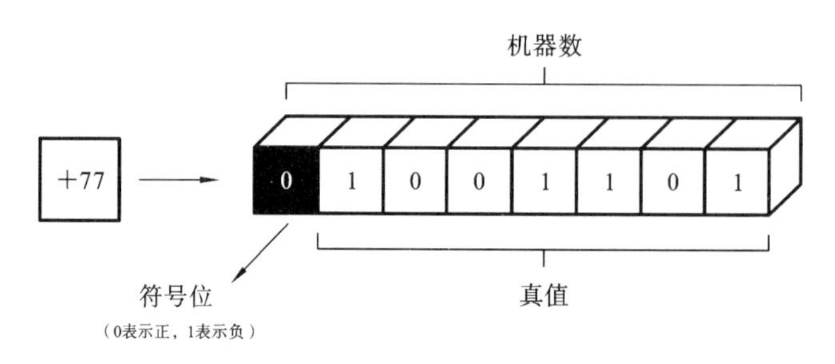

图 2.3.2　有符号数+77 的 8 位表示

2.3.3　原码、反码和补码

在计算机中，无符号数以二进制数的形式进行存储和运算。一个 8 位二进制数可以表示 0 ～ 255 范围内的十进制无符号数。而有符号数在参与计算时，考虑到其符号位的影响，产生了 3 种表示方法：原码、反码和补码。这 3 种表示方法间的关系如图 2.3.3 所示。下面将介绍原码、反码、补码的概念，及它们之间的转换关系。

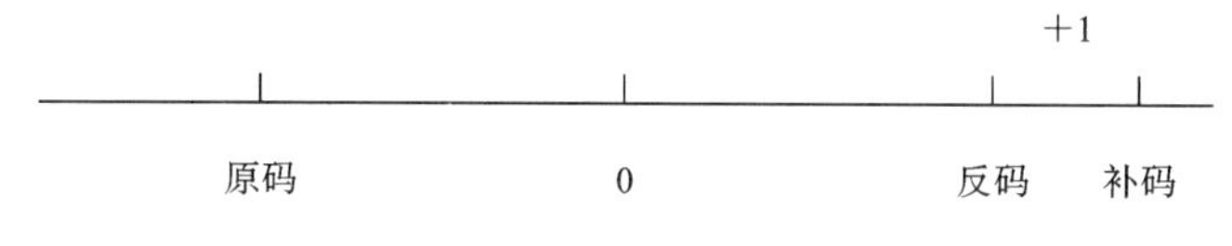

图 2.3.3　原码、反码、补码之间的关系

1. 原码

原码是计算机机器数中最简单的一种形式。它的数值位是真值的绝对值，符号位为“0”时表示正数，符号位为“1”时表示负数。因此，原码又称带符号的绝对值，通常用$[N]_{原}$表示 N 的原码。

以字长是 8 位为例，十进制数+74 和−74 的原码表示如下：

注意，“0”有两种原码表示形式，即$[+0]_{原}=00000000$ 和$[-0]_{原}=10000000$，$[+0]_{原}\neq[-0]_{原}$。

2. 反码

反码是由原码求补码，或由补码求原码的过渡码。对于正数，其反码与原码相同；对于负数，其数的符号位为 1，其数值绝对值各位取反(除符号位外各位取反)。通常用$[N]_{反}$表示 N 的反码。

以字长是 8 位为例，十进制数＋74 和－74 的反码表示如下：

注意，“0”有两种反码表示形式，即$[+0]_{反}=00000000$ 和$[-0]_{反}=11111111$；$[+0]_{反}\neq[-0]_{反}$。

3. 补码

补码是计算机把减法运算转化为加法运算的关键编码，在计算机中有符号数都用补码表示。对于正数，其补码与原码相同；对于负数，其数的符号位为 1，其数值绝对值各位取反(除符号位外各位取反)后最右一位加 1，即负数的补码等于其反码加 1。通常用$[N]_{补}$表示 N 的补码。

以字长是 8 位为例，十进制数＋74 和－74 的补码表示如下：

$N=[74]_D=(+1001010)_B$

$[N]_{原}=[N]_{反}=[N]_{补}=\underline{0}\ \underline{1001010}$

（符号位：0；数值：1001010）

$N=[-74]_D=(-1001010)_B$

$[N]_{原}=1\ 1001010$

$[N]_{反}=1\ 0110101$

$[N]_{补}=\underline{1}\ \underline{0110110}$

（符号位：1；反码+1：0110110）

“0”只有一种补码表示形式，即$[+0]_{补}=[-0]_{补}=00000000$。

值得注意的是，一个用补码表示的二进制数，最高位为符号位。当符号位为 0 时，表示这个数是正数，后面各位是该数的二进制值；但是当符号位为 1 时，后面各位不是该负数的二进制值，要把它们减 1 后各位取反(符号位不取)才得到它的真值。例如，$[X]_{补}=(11100001)_2$，但 $X\neq(-1100001)_2$，而是 $X=(-0011111)_2=(-31)_{10}$。

当采用补码时，就可以把减法转换为加法，且可证明两数和的补码等于两数补码的和，即：$[X+Y]_{补}=[X]_{补}+[Y]_{补}$。这是采用补码的优点。

【例 2.3.1】 在字长为 8 位的二进制数字系统中，设 $X=(64)_D$，$Y=(10)_D$，求 $X-Y$。

解： $X=(64)_D=(+1000000)_B$， $Y=(10)_D=(+0001010)_B$

∵ $X-Y=X+(-Y)$

又∵ $[X]_{补}=01000000$， $[-Y]_{补}=11110110$

∴ $[X+(-Y)]_{补}=[X]_{补}+[(-Y)]_{补}=00110110$

其中，$[X]_{补}+[(-Y)]_{补}$ 的运算过程如下：

$$
\begin{array}{r}
01000000 \\
+\ 11110110 \\
\hline
\underline{1}\ \underline{0}0110110
\end{array}
\qquad
\begin{array}{r}
64 \\
-\ 10 \\
\hline
54
\end{array}
$$

自然丢失　符号位

$\therefore$　　$X-Y=(+0110110)_B=(54)_D$

4. 溢出

【例 2.3.2】 试用 4 位二进制补码计算 5+7。

解：　$[5+7]_{补}=[5]_{补}+[7]_{补}=0101+0111=1100=(-4)_D$

$$
\begin{array}{r}
0101 \\
+\ 0111 \\
\hline
[1]100
\end{array}
$$

显然，这个结果是错误的，正确的结果应为 12。这是因为在 4 位二进制补码中，只有 3 位是数值位，即它所表示的范围为 −8 至 +7。而本例的结果 12 需要 4 位数值位来表示，因此产生了溢出。

在二进制运算中，当自然丢失的进位位与和数的符号位相反时，则运算结果是错误的，需要考虑溢出问题。

2.4　常用的几种编码

除了用二进制数表示数值数据外，数字系统中还用二进制编码表示一些具有特定含义的信息，如数码、字母、符号等。数字系统只能识别 0 和 1，怎样才能表示更多的数码、符号、字母呢？可以用编码解决此问题。这些约定的用 0 和 1 的数码组合来表示特定含义的信息的代码称为编码。本节将介绍几种常用的编码。

2.4.1　BCD 码

BCD(Binary Coded Decimal)码也称为二-十进制代码，就是用二进制编码来表示十进制数。与十进制数转换为二进制数不同，BCD 码与十进制数码之间是一种事先约定的直接对应关系，能够方便地表示日常生活中由十进制数码表示的信息，便于实现人机交互，BCD 码是一类重要的编码。

十进制有 0 ～ 9 共十个数码，因此至少需要 4 位二进制数码来表示 1 位十进制数码。而 4 位二进制数码共有 16 种不同的组合，选择其中的 10 种组合分别表示 10 个十进制数码就形成了不同的 BCD 码。

使用 4 位二进制数 $b_3b_2b_1b_0$ 组合的前十个码字来表示十进制数码，$b_3b_2b_1b_0$ 各位的权值依次为 8、4、2、1，则称对应的码为 8421 BCD 码(简称 BCD 码)。下面用几个例子来说明如何用 8421 BCD 码表示 10 进制数：

$$(473)_{10}=(0100\ 0111\ 0011)_{8421\ BCD}$$

$$(36)_{10}=(0011\ 0110)_{8421\ BCD}$$

$$(50)_{10}=(0101\ 0000)_{8421\ BCD}$$

$$(4.79)_{10}=(0100.0111\ 1001)_{8421\ BCD}$$

值得一提的是，要特别注意区分 BCD 码和数制转换：

$$(150)_{10}=(0001\ 0101\ 0000)_{8421\ BCD}=(1001\ 0110)_2=(226)_8=(96)_{16}$$

相应地，2421 码的权值依次为 2、4、2、1；余 3 码由 8421 码加 0011 得到；格雷码是一种循环码，其特点是任何相邻的两个码字，仅有一位代码不同，其他位均相同。表 2.4.1 展示了一些常用的 BCD 码。

表 2.4.1　常用的 BCD 码表

十进制数	8421 码	余 3 码	格雷码	2421 码	5421 码
0	0000	0011	0000	0000	0000
1	0001	0100	0001	0001	0001
2	0010	0101	0011	0010	0010
3	0011	0110	0010	0011	0011
4	0100	0111	0110	0100	0100
5	0101	1000	0111	1011	1000
6	0110	1001	0101	1100	1001
7	0111	1010	0100	1101	1010
8	1000	1011	1100	1110	1011
9	1001	1100	1101	1111	1100
权	8421			2421	5421

这些 BCD 码被称为有权码，其中 8421 码各位的权值与二进制数各位的权值一致，所以应用最为普遍。

2.4.2　可靠性编码

可靠性编码可提高系统的可靠性。代码在形成和传输过程中都可能发生错误。为了使代码本身具有某种特征或能力，尽量减少错误的发生，或者令错误出现后容易被发现，甚至在检查出错误的码位后能给予纠正，因而形成了各种可靠性编码，下面介绍两种简单的常用可靠性编码。

1. 格雷码

由晶体管知识可知，数据位跳变相当于硬件电路中的晶体管翻转。许多位同时跳变，相当于多个晶体管同时翻转，会导致电路中出现很大的尖峰电流脉冲，从而导致数据不稳定。

格雷码，又叫循环二进制码或反射二进制码，是在工程中经常会遇到的一种编码方式。

它的基本特点是任意两个相邻的代码只有一位二进制数不同，它是一种无权码。其重要特征是一个数变为相邻的另一个数时，只有一个数据位发生跳变，由于这种特点，可以避免电路中出现亚稳态而导致数据错误。简而言之，两个相邻的格雷码只有一位改变了特征减小了电路出错的概率，在很多实际场合中都用到了格雷码。

假设某一个二进制数为 $B_{n-1}B_{n-2}\cdots B_2B_1B_0$，其对应的格雷码为 $G_{n-1}G_{n-2}\cdots G_2G_1G_0$。保留二进制码的最高位作为格雷码的最高位，即他们的最高位 $G_{n-1}=B_{n-1}$。而在其他位置上，$G_i=B_{i+1}\oplus B_i$，$I=0,1,2,\cdots,n-2$。例如，二进制数 10110 的格雷码为 11101。

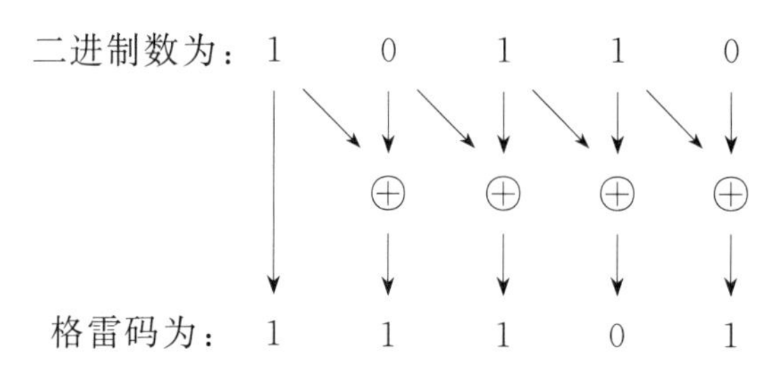

格雷码与二进制码的关系如表 2.4.2 所示。

表 2.4.2 格雷码与二进制码的关系对照表

十进制数	8421 码 $B_3B_2B_1B_0$	格雷码 $G_3G_2G_1G_0$
0	0000	0000
1	0001	0001
2	0010	0011
3	0011	0010
4	0100	0110
5	0101	0111
6	0110	0101
7	0111	0100
8	1000	1100
9	1001	1101
1	1010	1111
11	1011	1110
12	1100	1010
13	1101	1011
14	1110	1001
15	1111	1000

2. 奇偶校验码

奇偶校验码是一种简单的校验码，它用来检测数据在传输过程中是否发生错误。它有两种校验方法：奇校验和偶校验。如果是奇校验，则原始码流加上校验位，总共有奇数个“1”；如果是偶校验，则原始码流加上校验位，总共有偶数个“1”。它的校验位只有一位，要么是“0”，要么是“1”。如果要传输的原始信息为 $D_7 D_6 D_5 D_4 D_3 D_2 D_1 D_0$，假设传输的校验信息是最高位 P，则传输的信息为 $P\ D_7 D_6 D_5 D_4 D_3 D_2 D_1 D_0$，偶校验位 $P = D_7 \oplus D_6 \oplus D_5 \oplus D_4 \oplus D_3 \oplus D_2 \oplus D_1 \oplus D_0$。

在传输时，需要通信双方事先约定是采用奇校验方式还是偶校验方式。这种方式只能检验出奇数个错误，而无法检验出偶数个错误，也无法对错误的数据进行纠错。接收方在得到数据后，对得到的“原信息”进行同样的操作得到新的检验码，将新的校验码与传输过来的校验码进行对比即可知道有没有发生奇数个错误。

(1) 奇校验。

奇校验是为了确保传输的所有数据中“1”的个数为奇数。如果原来信息中 1 的个数为奇数个，则校验位为“0”，这样所有信息中还是奇数个“1”；如果原来信息中“1”的个数为偶数个，则校验位为“1”，这样所有信息中还是奇数个“1”。原始信息和奇校验的传输信息示例如表 2.4.3 所示。

表 2.4.3　奇校验的传输信息表

原始信息	奇校验传输信息
10001011	**1**10001011
11001000	**0**11001000
10101111	**1**10101111

(2) 偶校验。

偶校验是为了确保传输的所有数据中“1”的个数为偶数。如果原来信息中“1”的个数为奇数个，则校验位为“1”，这样所有信息中还是偶数个“1”；如果原来信息中“1”的个数为偶数个，则校验位为“0”，这样所有信息中还是偶数个“1”。原始信息和奇校验的传输信息示例如表 2.4.4 所示。

表 2.4.4　偶校验的传输信息表

原始信息	偶校验传输信息
10001011	**0**10001011
11001000	**1**11001000
10101111	**0**10101111

2.4.3 字符编码

数字系统中处理的数据除了数值数据外，还有字母、标点符号、运算符号及其他的一些特殊符号。人们将这些特殊的符号统称为字符。所有字符在数字系统中必须用二进制编码表示，通常称为字符编码(Alphanumeric Code)。

最常用的字符编码是 ASCII 编码，ASCII 编码的全称为 American Standard Code for Information Interchange，即美国信息交换标准代码。常用的字符有 128 个，编码从 0 到 127。ASCII 码用于给西文字符编码，包括英文大小写字母、阿拉伯数字、专用符号、控制字符等。这种编码由 7 位二进制数组合而成，可以表示 128 种字符，由于数字系统中实际用一个字节表示一个字符，所以使用 ASCII 码时，通常在最左边增加一位奇偶校验位。

在 ASCII 码中，编码按作用可分为 34 个控制字符、10 个阿拉伯数字、52 个英文大小写字母和 32 个专用符号。ASCII 编码表如表 2.4.5 所示。

表 2.4.5 ASCII 编码表

低四位	高三位							
	000	001	010	011	100	101	110	111
0000	NUT	DLE	SP	0	@	P	´	p
0001	SOH	DCI	!	1	A	Q	a	q
0010	STX	DC2	“	2	B	R	b	r
0011	ETX	DC3	#	3	C	S	c	s
0100	EOT	DC4	$	4	D	T	d	t
0101	ENQ	NAK	%	5	E	U	e	u
0110	ACK	SYN	&	6	F	V	f	v
0111	BEL	TB	‘	7	G	W	g	w
1000	BS	CAN	(	8	H	X	h	x
1001	HT	EM	)	9	I	Y	i	y
1010	LF	SUB	*	:	J	Z	j	z
1011	VT	ESC	+	;	K	[	k	{
1100	FF	FS	,	<	L	\	l	|
1101	CR	GS	-	=	M	]	m	}
1110	SO	RS	.	>	N	ˆ	n	~
1111	SI	US	/	?	O	_	o	DEL

本章思维导图

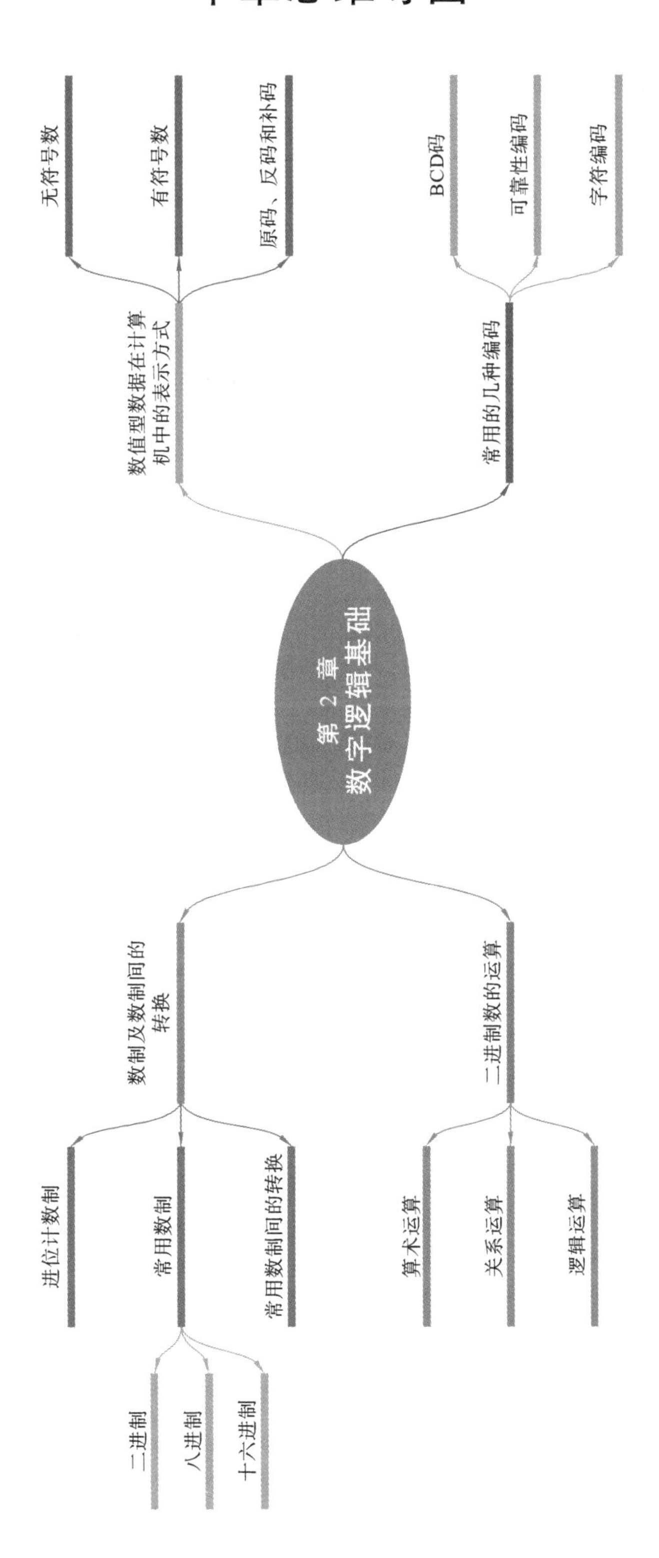
第 2 章
数字逻辑基础
数值型数据在计算机中的表示方式
无符号数
有符号数
原码、反码和补码
常用的几种编码
BCD码
可靠性编码
字符编码
数制及数制间的转换
进位计数制
常用数制
二进制
八进制
十六进制
常用数制间的转换
二进制数的运算
算术运算
关系运算
逻辑运算

习　题

1. 将下列各数转换成等值的十进制数。

(1) $(1101.1)_2$；

(2) $(1101.1)_8$；

(3) $(1101.1)_{16}$；

(4) $(110101.011)_2$；

(5) $(2035)_8$；

(6) $(2BC.9)_{16}$。

2. 将十进制数 2035.625 转换成二进制数、八进制数、十六进制数。

3. 将十进制数 0.706 转换成二进制数，要求精度误差不大于 0.1%。

4. 将下列二进制数分别转换为十进制数、八进制数和十六进制数。

(1) 11010111；

(2) 0.11010111；

(3) 110101.11。

5. 将下列十进制数分别转换为二进制数、八进制数和十六进制数（二进制数精确到小数点后 4 位）。

(1) 39；

(2) 0.28；

(3) 333.33。

6. 将下列各数按照从小到大的顺序排列。

$(356)_8$　$(0010\ 0011\ 0111)_{8421\ BCD}$　$(11101100)_2$　(EB)

7. 已知一个数 X 的机器数形式是 1.1101，试问这个数的真值是多少？

8. 已知某数的余 3 码是 111110111000，试求出与之对应的二进制数，并将所得的二进制数转换为格雷码。

9. 写出下列各数的原码、反码和补码。

(1) 0.1101；

(2) −11010。

10. 若规定校验位为最高位，写出下列各数的奇校验码(8 位)。

(1) 1101010；

(2) 1100010；

(3) 0010001；

(4) 1010011。

11. 若规定校验位为最高位，写出下列各数的偶校验码(8 位)。

(1) 1101010；

(2) 1100010；

(3) 0010001；

(4) 1010011。

12. 试用8421码和格雷码分别表示下列二进制数。

(1) $(1110111)_2$；

(2) $(1110100)_2$；

(3) $(1101101)_2$。

第 3 章　逻辑代数基础

逻辑代数是用于描述客观事物逻辑关系的数学方法，是用于分析和设计数字逻辑电路的强有力的数学工具。无论何种形式的数字系统，它们都是由一些基本的逻辑电路组成的，为了解决数字系统分析和设计中的各种具体问题，必须掌握逻辑代数这一重要工具。本章从实用的角度介绍逻辑代数的基本概念；逻辑代数的基本公理、定理和规则；逻辑函数的化简。

3.1　逻辑代数的基本概念

1854 年，英国数学家乔治・布尔(G. Boole)提出了将人的逻辑思维规律和推理归结为一种数学运算的代数系统，即“布尔代数”。1938 年，贝尔实验室研究员克劳德・香农(C. E. Shannon)将布尔代数的一些基本前提和定理应用于电话继电器的开关电路的分析与描述上，提出了开关代数的概念。随着电子技术的发展，集成电路逻辑门取代了机械触点开关，故开关代数这个术语现在已经很少使用，为了与数字系统逻辑设计相适应，现在人们更习惯于将开关代数称为逻辑代数。

逻辑代数是按照一定的逻辑关系进行运算的代数，与普通代数一样，其是由变量、常量和运算符组成的代数系统，其与普通代数的不同点如下。

(1) 逻辑代数的变量只有 0、1 两种取值，这两种取值不代表数的大小，而是表示两种不同的状态，比如命题的真假、电平的高低、开关的通断、脉冲的有无等。

(2) 逻辑代数只有三种基本的运算，即与、或、非运算。

逻辑代数中的变量也称为逻辑变量，通常用字母 $A, B, C, \cdots$ 表示，逻辑表达式由逻辑变量、逻辑常量(0 或者 1)、逻辑运算符按照一定的规则组成。

逻辑代数是二值逻辑运算的基本数学工具，主要用于研究数字电路的输入与输出之间的因果关系，即输入与输出之间的逻辑关系。

3.1.1　基本逻辑运算

1. 与逻辑(与运算，AND)

与逻辑的定义：仅当决定事件(Z)发生的所有条件($A, B, C, \cdots$)均满足时，事件(Z)才能发生。例如，图 3.1.1 所示的电路就是一个满足与逻辑关系的简单电路。只有开关 A、B 都闭合时，灯才亮，否则灯灭。灯的状态与开关之间的关系如表 3.1.1 所示。

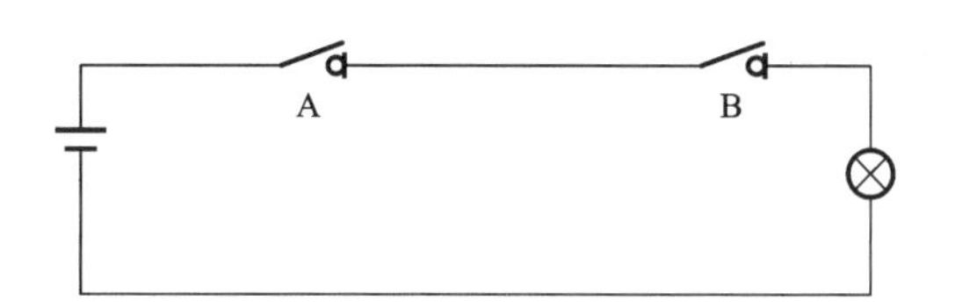

图 3.1.1 与逻辑示例电路

表 3.1.1 灯的状态与开关之间的关系

开关 A	开关 B	灯 Z
断开	断开	灭
断开	闭合	灭
闭合	断开	灭
闭合	闭合	亮

在表 3.1.1 中，如果将开关闭合记作 1，开关断开记作 0；将灯亮记作 1，灯灭记作 0，就可得到逻辑与运算的真值表(这种把所有可能的条件组合及其对应结果一一列出来的表格称为真值表)，如表 3.1.2 所示。在这里，A、B 都是逻辑变量，它们的取值决定逻辑变量 Z 的值，真值表中列出了 A、B 两个逻辑变量在各种取值组合情况下对应的 Z 的取值，因此其可以准确描述 A、B 与 Z 之间的逻辑关系。

表 3.1.2 与运算真值表

A	B	Z
0	0	0
0	1	0
1	0	0
1	1	1

与运算也称为逻辑乘运算，可以用如下的表达式进行描述：

$$Z=A\cdot B \quad 或 \quad Z=A\cap B$$

在不产生歧义的情况下，也可以写为 $Z=AB$，由与运算真值表可以得出，与运算的运算规则如下：

$$0\cdot 0=0 \quad 0\cdot 1=0 \quad 1\cdot 0=0 \quad 1\cdot 1=1$$

即输入有 0，输出为 0；输入全 1，输出为 1。由此可以推出一般形式：

$$A\cdot 0=0 \qquad (3.1.1)$$

$$A\cdot 1=A \qquad (3.1.2)$$

$$A\cdot A=A \qquad (3.1.3)$$

在数字系统中，实现与运算关系的逻辑电路称为与门，与门的逻辑符号如图 3.1.2 所示。

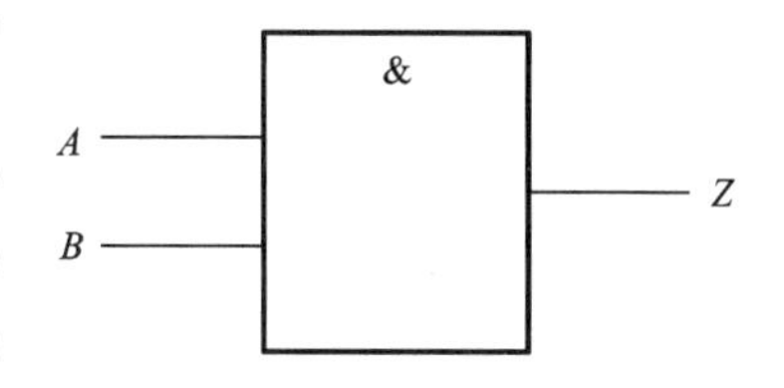

图 3.1.2 与门的逻辑符号

2. 或逻辑(或运算,OR)

或逻辑的定义:决定事件(Z)发生的各种条件(A,B,C,…)中,只要有一个或多个具备,则事件(Z)就发生,表达式为

$$Z=A+B+C+\cdots$$

如开关 A、B 并联控制灯泡 Z,电路图如图 3.1.3 所示。

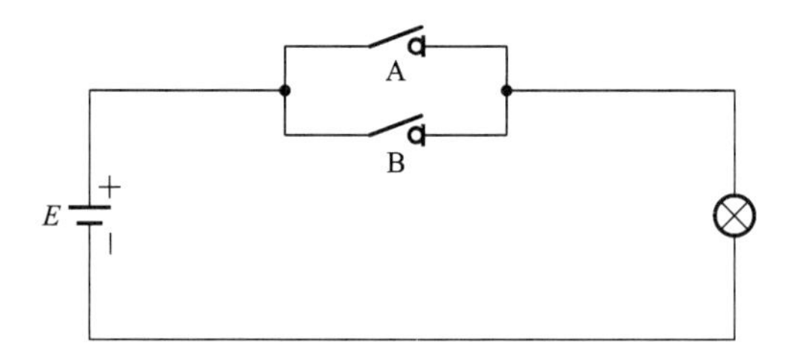

图 3.1.3 开关 A、B 并联控制灯泡 Z 电路图

A、B 两个开关不同组合情况下的灯泡 Z 亮灭情况如图 3.1.4 所示。

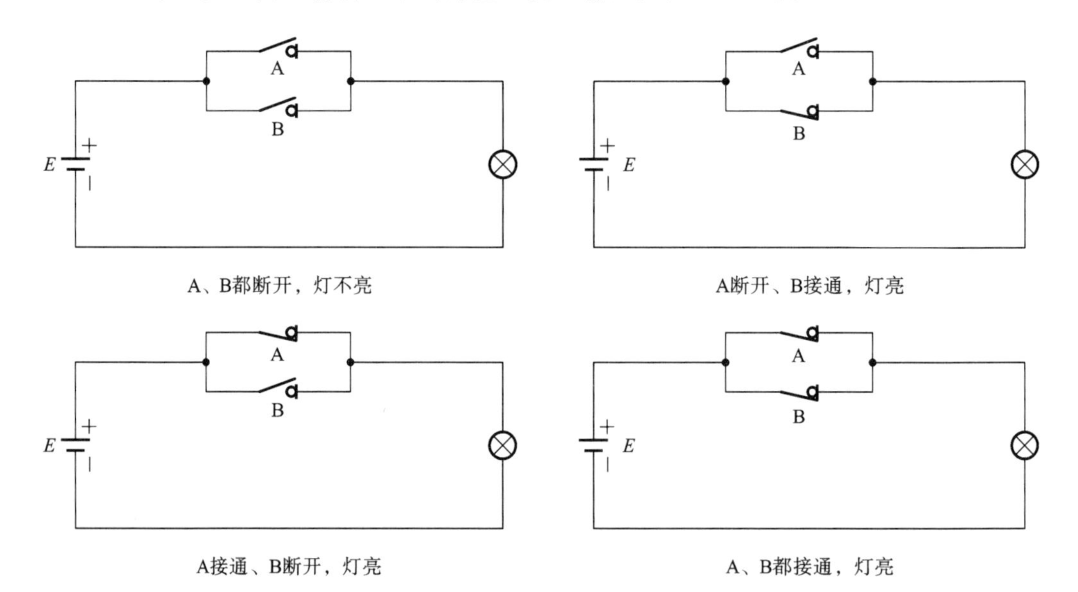

图 3.1.4 A、B 两个开关不同组合情况下的灯泡 Z 亮灭情况

图 3.1.4 的功能表如表 3.1.3 所示。

表 3.1.3 功能表

开关 A	开关 B	灯 Z
断开	断开	灭
断开	闭合	亮
闭合	断开	亮
闭合	闭合	亮

在表 3.1.3 中，如果将开关闭合记作 1，开关断开记作 0；将灯亮记作 1，灯灭记作 0，就可得到逻辑或运算的真值表，如表 3.1.4 所示。

表 3.1.4　或运算真值表

A	B	Z
0	0	0
0	1	1
1	0	1
1	1	1

由或运算真值表可以得出或运算的运算规则如下：

$$0+0=0 \quad 0+1=1 \quad 1+0=1 \quad 1+1=1$$

即只要有一个输入为 1，输出就为 1；输入全 0，输出为 0。由此可以推出一般形式为

$$A+1=1 \tag{3.1.4}$$

$$A+0=A \tag{3.1.5}$$

$$A+A=A \tag{3.1.6}$$

在数字系统中，实现或运算关系的逻辑电路称为或门，或门的逻辑符号如图 3.1.5 所示。或运算也称为逻辑加运算，可以用如下的表达式进行描述：$Z=A+B$。

3. 非逻辑（非运算，NOT）

非逻辑指的是逻辑的否定。当决定事件（Z）发生的条件（A）满足时，事件不发生；条件不满足，事件反而发生。表达式为 $Z=\overline{A}$。

非运算的开关 A 控制灯泡 Z 的电路图如图 3.1.6 所示。

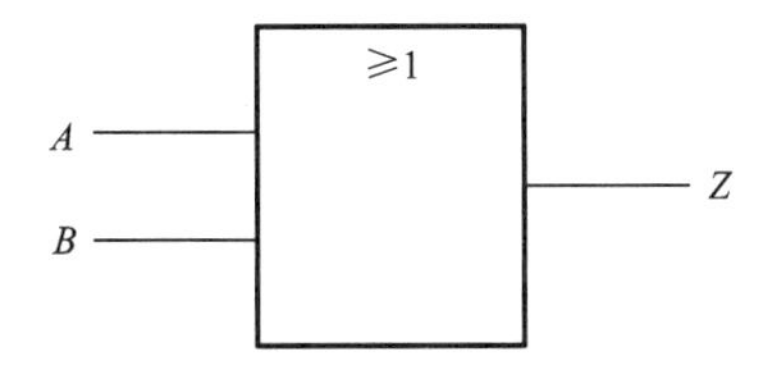

图 3.1.5　或门的逻辑符号

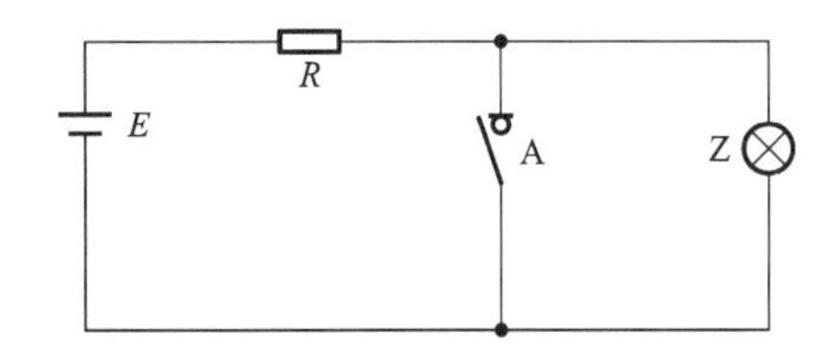

图 3.1.6　非运算的开关 A 控制灯泡 Z

A 在断开和闭合时候的灯泡亮灭情况如图 3.1.7 所示。

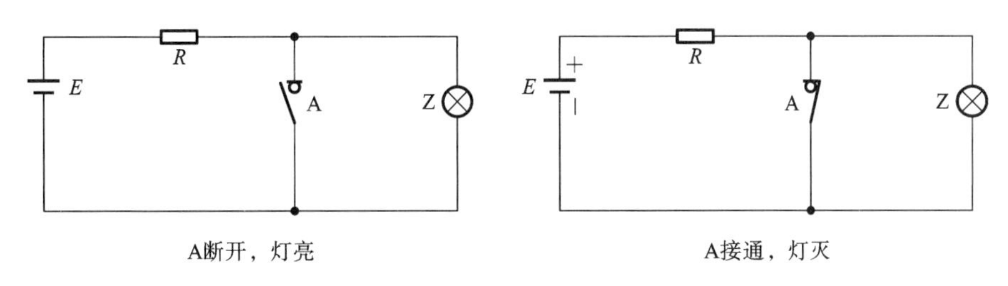

图 3.1.7　A 在断开和闭合时候的灯泡亮灭情况

图 3.1.7 对应的逻辑功能表和真值表分别如表 3.1.6、表 3.1.7 所示。

表 3.1.6　非运算功能表

开关 A	灯 Z
断开	亮
闭合	灭

表 3.1.7　非运算真值表

A	Z
0	1
1	0

由非运算真值表可以得出非运算的运算规则如下：

$$\overline{0}=1 \quad \overline{1}=0$$

由此可以推出一般形式：

$$\overline{A}=A \tag{3.1.7}$$

$$A \cdot \overline{A}=0 \tag{3.1.8}$$

$$A+\overline{A}=1 \tag{3.1.9}$$

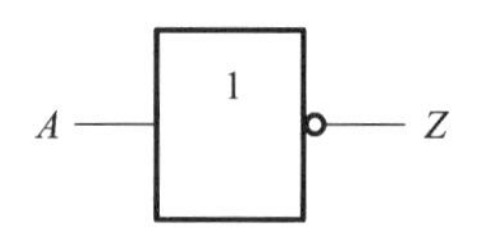

图 3.1.8　非门的逻辑符号

在数字系统中，实现非运算关系的逻辑电路称为非门，非门的逻辑符号如图 3.1.8 所示。

非门的逻辑表达式为 $Z=\overline{A}$。

3.1.2　复合逻辑运算

用来实现与、或、非三种基本逻辑运算的电路分别称为与门、或门、非门，它们是基本的逻辑门。尽管由这三种基本逻辑门可以实现各种复杂的逻辑功能，但实际应用中更广泛采用的是与非门、或非门、异或门等逻辑功能更强、性能更优越的逻辑门。这些逻辑门输出和输入之间的逻辑关系可以由 3 种基本复合运算来描述，通常将这些由基本门导出的逻辑关系称为复合逻辑关系，相对应的逻辑门则称为复合门。

1. 与非运算

与非逻辑运算是与逻辑和非逻辑复合形成的，先将输入变量进行与运算，再进行非运算，它可以有多个输入变量。两个输入变量的与非逻辑表达式为 $F=\overline{A \cdot B}$。

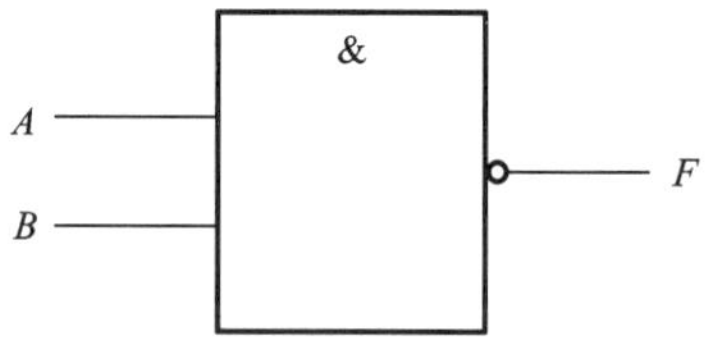

图 3.1.9　与非门的逻辑符号

与非门的逻辑符号如图 3.1.9 所示，其真值表如表 3.1.8 所示。

表 3.1.8　两变量的与非门逻辑真值表

A	B	F
0	0	1
0	1	1
1	0	1
1	1	0

2. 或非运算

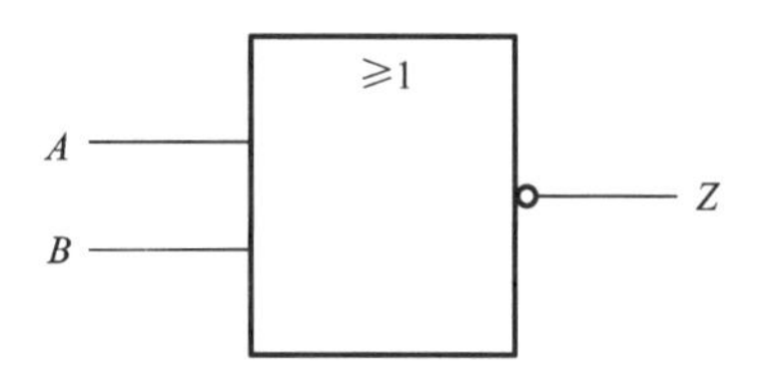

图 3.1.10　或非门的逻辑符号

或非逻辑运算是或逻辑运算和非逻辑运算复合形成的，先将输入变量进行或运算，再进行非运算，它可以有多个输入变量。两个输入变量的与非逻辑表达式为 $F=\overline{A+B}$。

或非门的逻辑符号如图 3.1.10 所示，其真值表如表 3.1.9 所示。

表 3.1.9　两变量的或非门逻辑真值表

A	B	F
0	0	1
0	1	0
1	0	0
1	1	0

3. 与或非门

与或非逻辑运算是与运算、或运算和非逻辑运算复合形成的，先将输入变量进行与运算，再进行或运算，最后进行非运算，与或非门的逻辑符号及其等效电路如图 3.1.11 所示。

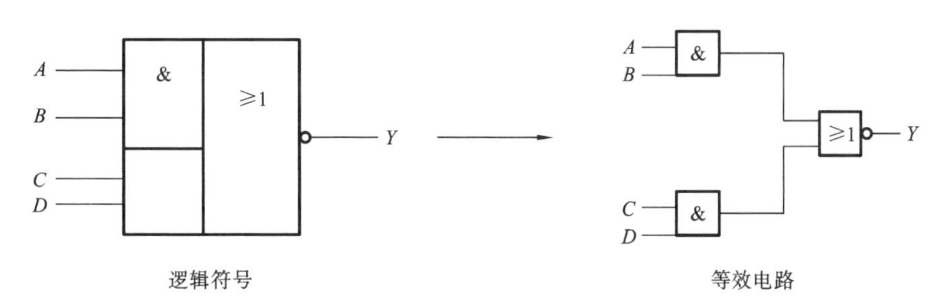

图 3.1.11　与或非门的逻辑符号及其等效电路

图 3.1.11 对应的函数表达式为 $Y=\overline{A\cdot B+C\cdot D}$，由此可以得到与或非运算对应的真值表，如表 3.1.10 所示。

表 3.1.10　与或非运算的真值表

A	B	C	D	Y
0	0	0	0	1
0	0	0	1	1
0	0	1	0	1
0	0	1	1	0
0	1	0	0	1

续表

A	B	C	D	Y
0	1	0	1	1
0	1	1	0	1
0	1	1	1	0
1	0	0	0	1
1	0	0	1	1
1	0	1	0	1
1	0	1	1	0
1	1	0	0	0
1	1	0	1	0
1	1	1	0	0
1	1	1	1	0

4. 异或运算

异或运算是一种两输入变量的逻辑运算，其逻辑函数表达式为

$$F=A\overline{B}+\overline{A}B=A\oplus B$$

式中，$\oplus$是异或运算符。实现异或运算的逻辑门称为异或门。异或门的逻辑符号及其等效电路如图 3.1.12 所示。

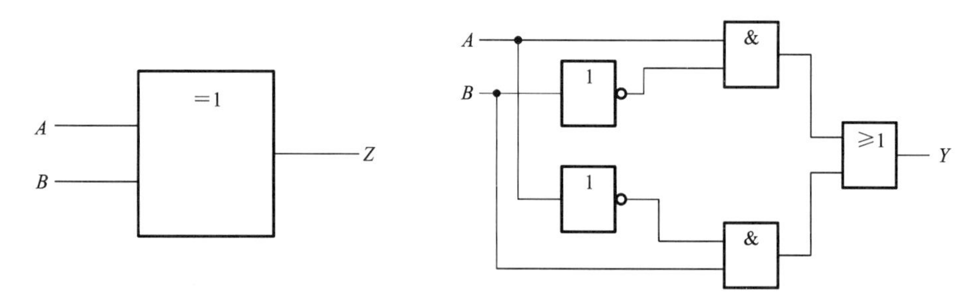

图 3.1.12　异或门的逻辑符号及其等效电路

3.1.3　逻辑函数

在实际的逻辑运算中，与、或及非三种基本运算是很少单独出现的，通常用这些基本运算构成各种复杂程度不同的逻辑关系来描述各种各样的逻辑问题，对各种复杂的逻辑关系必须进一步使用数学方法加以描述，这就引出了逻辑函数的概念。

1. 逻辑函数的定义

一个逻辑表达式可对应一个逻辑函数，逻辑函数反映构成表达式的逻辑变量（自变量）

与逻辑函数值(因变量)之间的逻辑关系。逻辑代数中函数的定义与普通代数中函数的定义类似,但是逻辑函数具有它自身的特点:

(1) 逻辑变量和逻辑函数值只有 0 和 1 两种可能;

(2) 函数和变量之间的关系由与、或、非三种基本运算决定。

从数字系统研究的角度,逻辑函数的定义可以叙述如下。

设某一逻辑电路的输入逻辑变量是$A_1,A_2,A_3,\cdots,A_n$,输出逻辑变量为 F,如图 3.1.13 所示。如果当$A_1,A_2,A_3,\cdots,A_n$的值确定后,F 的值就唯一确定了,则称 F 为$A_1,A_2,A_3,\cdots,A_n$的逻辑函数,记为 $F=f(A_1,A_2,A_3,\cdots,A_n)$。

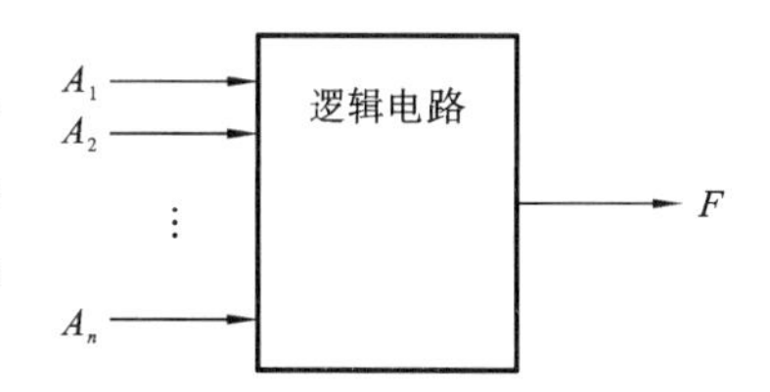

图 3.1.13　广义的逻辑电路

图 3.1.13 所示的为一广义的逻辑电路,相对于逻辑电路而言,其逻辑变量的取值是“自己”变化的,而逻辑函数的取值则是由逻辑变量的取值和逻辑电路的结构确定的。逻辑电路和逻辑函数之间存在着严格的对应关系,任何一个逻辑电路的全部属性和功能都可以由相应的逻辑函数完全描述,因此我们能够将一个具体的逻辑电路转换为一个抽象的逻辑代数表达式,从而很方便地对其加以研究。例如下面的逻辑函数 F:

$$F(A,B,C)=AB+A\overline{C}$$

或简写为

$$F=AB+A\overline{C}$$

逻辑函数可以用逻辑门来实现,例如 $F=AB+A\overline{C}$ 的实现逻辑电路如图 3.1.14 所示。自变量 A、B、C 代表逻辑电路的输入信号,因变量 F 代表逻辑电路的输出信号,逻辑电路能够反映输入信号与输出信号的逻辑关系,而且逻辑电路和函数表达式又可以方便地相互表达,所以逻辑电路也可以看作是逻辑函数的另外一种表示方式。

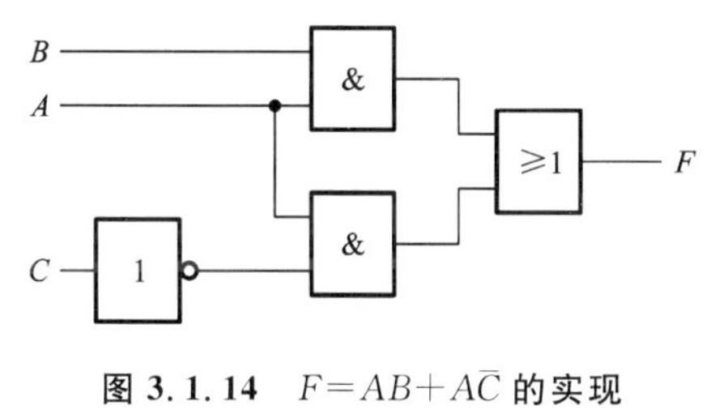

图 3.1.14　$F=AB+A\overline{C}$ 的实现逻辑电路

逻辑函数还可以用真值表表示,即以表格的形式列出逻辑函数自变量的所有取值组合及每种取值对应的函数值。由于逻辑函数的逻辑变量只有 0、1,因此,对于具有 n 个输入变量的逻辑函数,其取值的组合共有 2^n 种,真值表穷尽了输入变量的所有可能取值组合,因此能够唯一地表示逻辑函数,例如,函数 $F=AB+A\overline{C}$ 的真值表如表 3.1.11 所示。

表 3.1.11　逻辑函数 $F=AB+A\overline{C}$ 的真值表

A	B	C	F
0	0	0	0
0	0	1	0
0	1	0	0
0	1	1	0
1	0	0	1
1	0	1	0
1	1	0	1
1	1	1	1

2. 由真值表写出函数表达式

对于一个用真值表描述的逻辑函数，通常要先将其转换为函数表达式，然后再用逻辑电路实现。

【例 3.1.1】 一个逻辑电路有 A、B、C 三个输入信号，只有当出现偶数个 1 的时候，输出才 F 为 1，否则为 0，试列出真值表，并写出其函数表达式。

解：三个输入变量 A、B、C 有 000、001、010、011、100、101、110、111 共 8 种取值组合，依据题意可以列出真值表，如表 3.1.12 所示。

表 3.1.12 【例 3.1.1】的真值表

A	B	C	F
0	0	0	0
0	0	1	0
0	1	0	0
0	1	1	1
1	0	0	0
1	0	1	1
1	1	0	1
1	1	1	0

由真值表写出逻辑函数表达式的标准方法有两种，下面用第一种方法写出的表达式称为"与-或"表达式；用第二种方法写出的表达式称为"或-与"表达式。

（1）由真值表写出"与-或"表达式。

将每一个使函数值为 1 的输入变量取值组合（项）用逻辑与（相乘）的形式表示，如果该变量的取值为 1，则用原变量表示，否则用反变量表示；再将表示的逻辑与项进行逻辑或（相加），即可得到 F 的"与-或"表达式。

表 3.1.12 所示的真值表中，使 $F=1$ 的输入变量 A、B、C 有 011、101、110 三个取值组合，对应的逻辑与项为 $\overline{A}BC$、$A\overline{B}C$ 和 $AB\overline{C}$，再将这些逻辑与项进行逻辑或，就可以得到【例 3.1.1】所述函数的 F 的"与-或"表达式：

$$F=\overline{A}BC+A\overline{B}C+AB\overline{C}$$

根据运算特点，"与-或"表达式也称为"积之和"式，"与-或"表达式中的每一个逻辑与项称为乘积项或者是与项，乘积项中的每一个变量称为乘积项因子。

（2）由真值表写出"或-与"表达式。

将每一个使函数值为 0 的输入变量取值组合（项）用逻辑或（相加）的形式表示，如果该变量的取值为 1，则用原变量表示，否则用反变量表示；再将表示的逻辑或项进行逻辑与（相乘），即可得到 F 的"或-与"表达式。

表 3.1.12 所示的真值表中，使 $F=0$ 的输入变量 A、B、C 有 000、001、010、100 和 111 五个取值组合，将它们对应的逻辑或项进行逻辑与，就可以得到【例 3.1.1】所述函数的 F 的

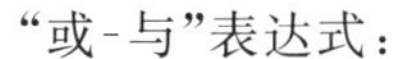

“或-与”表达式：

$$F=(\overline{A}+\overline{B}+\overline{C})\cdot(\overline{A}+\overline{B}+C)\cdot(\overline{A}+B+\overline{C})\cdot(A+\overline{B}+\overline{C})\cdot(A+B+C)$$

根据运算特点，“或-与”表达式也称为“和之积”式，“或-与”表达式中的每一个逻辑或项称为和项或者是或项。

3．逻辑函数的相等

逻辑函数与普通代数函数一样存在相等问题。从上面的介绍中可以看出，同一个逻辑函数可能有不同形式的函数表达式。那么什么叫逻辑函数相等呢？

设有两个具有相同变量的逻辑函数分别为

$$F=f(A_1,A_2,A_3,\cdots,A_n)$$

$$G=g(A_1,A_2,A_3,\cdots,A_n)$$

若对于逻辑变量$A_1,A_2,A_3,\cdots,A_n$的任意一种取值组合，F 和 G 都有相同的函数值，则称函数 F 和函数 G 是相等的，记作 $F=G$。

显然，两个函数相等，那么它们必然有相同的真值表；反之，两个函数的真值表相同，则它们必然相等。因此，要证明两个函数相等，可以先列出它们的真值表，如果它们的真值表完全相同，则这两个函数相等。

【例 3.1.2】 设 $F=\overline{A+B}$，$G=\overline{A}\,\overline{B}$，证明 $F=G$。

证明：列出函数 F 和 G 的真值表如表 3.1.13 所示。

表 3.1.13　【例 3.1.2】的真值表

A	B	$F=\overline{A+B}$	A	B	$G=\overline{A}\,\overline{B}$
0	0	1	0	0	1
0	1	0	0	1	0
1	0	0	1	0	0
1	1	0	1	1	0

可以看出，F 和 G 具有相同的真值表，所以 $F=G$。

3.1.4　逻辑函数的表示方法

逻辑函数的表示方法并不是唯一的，常用的表示方法有真值表、函数表达式、逻辑电路图、波形图和卡诺图。

1．真值表

用真值表描述逻辑函数是一种表格描述法。由于逻辑变量的取值只有 0 和 1，n 个变量可以有 2^n 个输入状态。将一个函数的所有输入变量取值按对应二进制数从小到大的顺序列出，并写出对应的函数值，再用表格的形式记录下来，这个表格就称为真值表。

例如设计一个表决器（少数服从多数）电路，即当 A、B、C 中有两个以上为 1 时 F 为 1，真值表如表 3.1.14 所示。

表 3.1.14　三输入表决器的真值表

A	B	C	F
0	0	0	0
0	0	1	0
0	1	0	0
0	1	1	1
1	0	0	0
1	0	1	1
1	1	0	1
1	1	1	1

2. 函数表达式

函数表达式是由逻辑变量、逻辑运算符和必要的括号所构成的式子。

例如，$F(A,B)=\overline{A}B+A\overline{B}$ 为一个由两个变量（A 和 B）进行逻辑运算构成的逻辑表达式，它是一个描述两个变量的逻辑函数 F。函数 F 与 A、B 的关系是：当变量 A 和变量 B 取值不同时，函数的值为“1”，当变量 A 和变量 B 取值相同时，函数的值为“0”。这就是在后面章节里要讲的复合运算中的异或。

逻辑表达式（即函数表达式）的书写规则如下。

(1) 进行非运算可不加括号，例如 $\overline{A}$，$\overline{A+B}$等。

(2) 与运算符“·”一般可以省略，例如 $A \cdot B$ 可以写成 AB。

(3) 在一个表达式中，如果既有与运算又有或运算，则按照先与后或的规则进行运算，例如$(A \cdot B)+(C \cdot D)$可以写成 $AB+CD$。

(4) 由于与运算和或运算均满足结合律，因此$(A+B)+C$ 或者 $A+(B+C)$可以写成 $A+B+C$；$(AB)C$ 或者 $A(BC)$可以写成 ABC。

根据前文由真值表写出“与-或”表达式的方法，可以写出表 3.1.14 所示的三输入表决器的函数表达式为 $F=\overline{A}BC+A\overline{B}C+AB\overline{C}+ABC$。

3. 逻辑电路图

用与、或、非等逻辑符号表示逻辑函数中各变量之间的逻辑关系所得到的图形，称为逻辑电路图（简称逻辑图）。

将逻辑函数式中所有的与、或、非运算符号用相应的逻辑符号代替，并按照逻辑运算的先后次序将这些逻辑符号连接起来，就可得到对应的逻辑图。

【例 3.1.3】 已知某逻辑函数的表达为 $F=\overline{A}\overline{B}+AB$，试画出其逻辑图。

解：根据函数表达式画出的逻辑电路图如图 3.1.15 所示。

对于三输入的少数服从多数的表决器 $F=\overline{A}BC+A\overline{B}C+AB\overline{C}+ABC$，读者可以尝试画出其逻辑电路图。

已知逻辑电路图，也可以写出对应的函数表达式，下面借助一个例子来进行介绍。

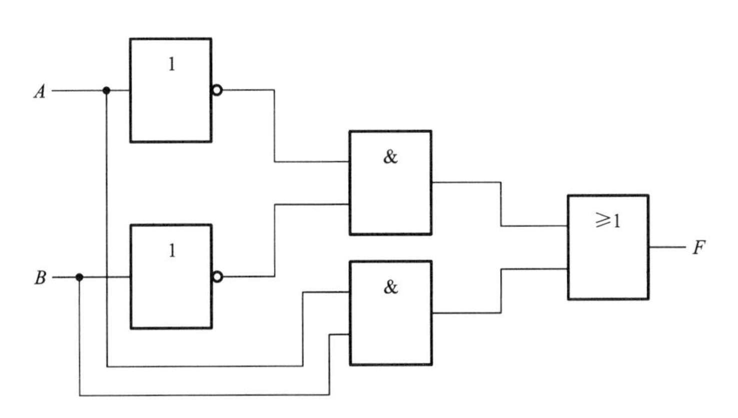

图 3.1.15　【例 3.1.3】逻辑电路图

【例 3.1.4】　已知图 3.1.16 所示的逻辑电路图，试写出其函数表达式。

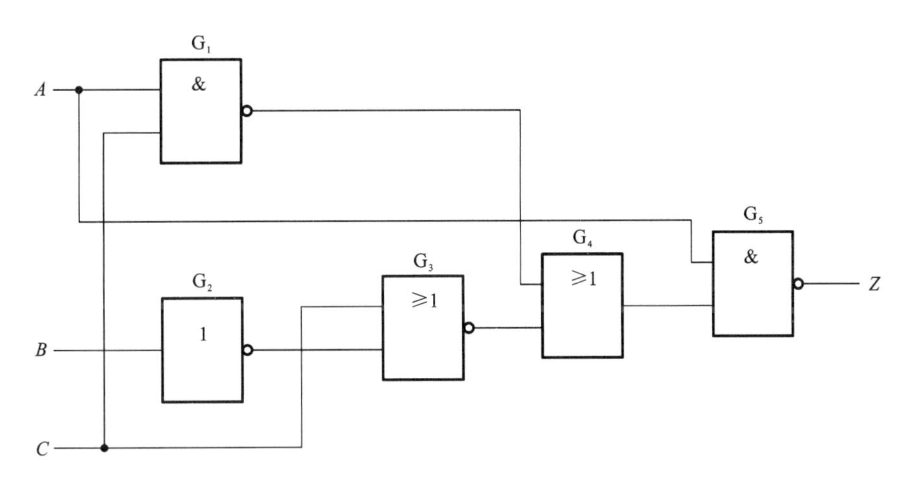

图 3.1.16　【例 3.1.4】逻辑电路图

解：根据电路图，G_1 的输出为$\overline{AC}$；G_2 的输出为 $\overline{B}$；G_3 的输出为$\overline{\overline{B}+C}$；$G_4$ 的输出为$\overline{AC}+\overline{\overline{B}+C}$；$G_5$ 的输出为 $Z=\overline{A\cdot(AC+\overline{\overline{B}+C})}$。

4. 波形图

可用输入端在不同逻辑信号作用下所对应的输出信号的波形图来表示电路的逻辑关系。例如某个逻辑电路的真值表如表 3.1.15 所示。

表 3.1.15　某个逻辑电路的真值表

A	B	Z
0	0	0
0	1	1
1	0	1
1	1	0

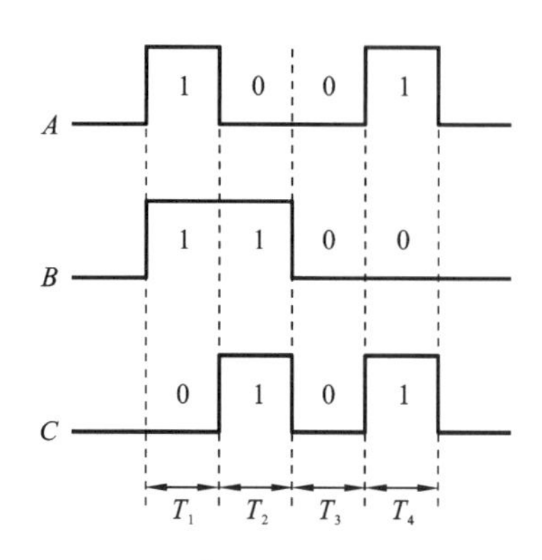

图 3.1.17　表 3.1.15 对应的波形图

则其对应的波形图如图 3.1.17 所示。

5. 卡诺图

卡诺图是贝尔实验室的电信工程师莫里斯·卡诺(Maurice Karnaugh)于 1953 年发明的。卡诺图是真值表的变形，n 个变量的卡诺图包含 2^n 个小方格。卡诺图是表示逻辑变量所有取值组合的小方格构成的平面图，它是一种用图形描述函数的方法。这种方法在逻辑函数的化简中十分有用，卡诺图的相关知识将在后面结合逻辑函数的卡诺图化简进行介绍。

上述用于表示逻辑函数的 5 种方法各有特点，它们适用于不同场合，对于某个具体问题来说，用这些表示方法可得到同一个问题的不同表述形式，且它们之间可以相互变换。

3.2　逻辑代数的基本公理、定理和规则

根据逻辑代数中的与、或、非三种基本运算，可以推导出逻辑代数的一些基本定理、规则和常用公式。它们是逻辑函数的化简理论依据，也是分析和设计逻辑电路强有力的工具。

逻辑代数是一个由逻辑变量集 V，常量 1 和 0，以及“与”、“或”、“非”三种基本运算构成的封闭代数系统。

3.2.1　逻辑代数的基本公理

公理是一个代数系统的基本出发点，无须加以证明。

公理 1　交换律

对于任意的逻辑变量 A、B，有

$$A+B=B+A \quad A\cdot B=B\cdot A$$

公理 2　结合律

对于任意的逻辑变量 A、B、C，有

$$(A+B)+C=A+(B+C)$$
$$(A\cdot B)\cdot C=A\cdot(B\cdot C)$$

公理 3　分配律

对于任意的逻辑变量 A、B、C，有

$$A+(B\cdot C)=(A+B)\cdot(A+C)$$
$$A\cdot(B+C)=A\cdot B+A\cdot C$$

公理 4　0-1 律

对于任意的逻辑变量 A，有

$$A+0=A$$

$$A+1=1$$
$$A \cdot 1=A$$
$$A \cdot 0=0$$

公理 5 互补律

对于任意的逻辑变量 A，有 $\overline{A}$ 使得

$$A+\overline{A}=1 \quad A \cdot \overline{A}=0$$

3.2.2 逻辑代数的基本定理

根据逻辑代数的基本公理可以推导出逻辑代数的基本定理。由于每条公理的逻辑表达式是成对出现的，所以由公理推导出来的定理的逻辑表达式也是成对出现的。下面只对部分表达式加以证明，其余的留给读者自己证明。

定理 1 $0+0=0 \quad 1+0=1 \quad 0+1=1 \quad 1+1=1$

$0 \cdot 0=0 \quad 1 \cdot 0=0 \quad 0 \cdot 1=0 \quad 1 \cdot 1=1$

证明：在公理 4 中，A 表示集合 V 中的任意元素，可以是 0 或者 1，于是，以 0 和 1 代替公理 4 中的 A，就可以得到上述关系式。

定理 2 $A+A=A \quad A \cdot A=A$

证明：

$$A+A=(A+A) \cdot 1=(A+A) \cdot (A+\overline{A})=A+(A \cdot \overline{A})=A+0=A$$

定理 3 $A+A \cdot B=A \quad A \cdot (A+B)=A$

证明：

$$A+A \cdot B=A \cdot 1+A \cdot B=A \cdot (1+B)=A \cdot 1=A$$

定理 4 $A+\overline{A} \cdot B=A+B \quad A \cdot (A+B)=A \cdot B$

证明：

$$A+\overline{A} \cdot B=(A+\overline{A})(A+B)=1 \cdot (A+B)=A+B$$

定理 5 $\overline{\overline{A}}=A$

证明：令 $\overline{\overline{A}}=X$，则

$$\overline{A} \cdot X=0 \quad \overline{A}+X=1 \qquad \text{公理 5}$$

但

$$A \cdot \overline{A}=0 \quad \overline{A}+A=1 \qquad \text{公理 5}$$

由于 X 和 A 都满足公理 5，因此，根据公理 5 的唯一性，可得 $A=X$。

定理 6 $\overline{A+B}=\overline{A} \cdot \overline{B} \quad \overline{A \cdot B}=\overline{A}+\overline{B}$

证明：因为

$$\begin{aligned}
\overline{A} \cdot \overline{B}+(A+B) &= (\overline{A} \cdot \overline{B}+A)+B && \text{公理 2}\\
&= (\overline{B}+A)+B && \text{公理 4}\\
&= A+(\overline{B}+B) && \text{公理 1,2}\\
&= A+1 && \text{公理 5}\\
&= 1 && \text{公理 4}
\end{aligned}$$

$$(\overline{A} \cdot \overline{B}) \cdot (A+B)=\overline{A} \cdot \overline{B} \cdot A+\overline{A} \cdot \overline{B} \cdot B \qquad \text{公理 3}$$

$$=0+0 \qquad \text{公理 1,5}$$

$$=0 \qquad \text{定理 1}$$

所以,根据公理 5 的唯一性,可得

$$\overline{A+B}=\bar{A}\cdot\bar{B}$$

定理 7 $A\cdot B+A\cdot\bar{B}=A \quad (A+B)\cdot(A+\bar{B})=A$

证明:

$$A\cdot B+A\cdot\bar{B}=A(B+\bar{B}) \qquad \text{公理 3}$$

$$=A\cdot 1 \qquad \text{公理 5}$$

$$=A \qquad \text{公理 4}$$

定理 8 $A\cdot B+\bar{A}\cdot C+B\cdot C=A\cdot B+\bar{A}\cdot C$

$$(A+B)\cdot(\bar{A}+C)\cdot(B+C)=(A+B)\cdot(\bar{A}+C)$$

证明:

$$A\cdot B+\bar{A}\cdot C+B\cdot C=A\cdot B+\bar{A}\cdot C+B\cdot C(A+\bar{A}) \qquad \text{公理 5}$$

$$=A\cdot B+\bar{A}\cdot C+B\cdot C\cdot A+B\cdot C\cdot\bar{A} \qquad \text{公理 3}$$

$$=A\cdot B+A\cdot B\cdot C+\bar{A}\cdot C+B\cdot C\cdot\bar{A} \qquad \text{公理 1}$$

$$=A\cdot B\cdot(1+C)+\bar{A}\cdot C\cdot(1+B) \qquad \text{公理 3}$$

$$=A\cdot B+\bar{A}\cdot C \qquad \text{公理 4}$$

3.2.3 三个重要规则

逻辑代数有三条重要规则,即代入规则、反演规则和对偶规则,这些规则在逻辑运算中十分有用,应熟练掌握。

(1) 代入规则:对于任何一个含有变量 A 的等式,如果将所有出现 A 的位置都用同一个逻辑函数 F 代替,则等式仍然成立,这个规则称为代入规则。

例如,已知等式$\overline{A\cdot B}=\bar{A}+\bar{B}$,用函数 $F=AC$ 代替等式中的 A,根据代入规则,等式仍然成立,即有

$$\overline{(A\cdot C)\cdot B}=\overline{A\cdot C}+\bar{B}=\bar{A}+\bar{C}+\bar{B}=\bar{A}+\bar{B}+\bar{C}$$

(2) 反演规则:对于任何一个逻辑表达式 Z,如果将表达式中的所有“·”换成“+”,“+”换成“·”,“0”换成“1”,“1”换成“0”,原变量换成反变量,反变量换成原变量,那么所得到的表达式就是函数 Z 的反函数 Z(或称补函数),这个规则称为反演规则,例如

$$\bar{Z}=A\bar{B}+C\bar{D}E\rightarrow\bar{Z}=(\bar{A}+B)(\bar{C}+D+\bar{E})$$

$$Z=A+\overline{B+\bar{C}+\overline{D+\bar{E}}}\rightarrow\bar{Z}=\bar{A}\,\overline{\bar{B}C\,\overline{\bar{D}E}}$$

(3) 对偶规则:对于任何一个逻辑表达式 Z,如果将表达式中的所有“·”换成“+”,“+”换成“·”,“0”换成“1”,“1”换成“0”,而变量保持不变,则可得到一个新的函数表达式 Z',Z' 称为函数 Z 的对偶函数,这个规则称为对偶规则,例如

$$\bar{Z}=A\bar{B}+C\bar{D}E\rightarrow Z'=(A+\bar{B})(C+\bar{D}+E)$$

$$Z=A+\overline{B+\bar{C}+\overline{D+\bar{E}}}\rightarrow Z'=A\,\overline{B\bar{C}\,\overline{D\bar{E}}}$$

小结:上面的基本公理、定理可以总结为表 3.2.1,公式 1 和公式 2 是对偶关系。

表3.2.1　逻辑代数基本公式

名称	公式1	公式2
1-0律	$A\cdot 1=A, A\cdot 0=0, A\overline{A}=0$	$A+0=A, A+1=1, A+\overline{A}=1$
还原律	$\overline{\overline{A}}=A$	否定之否定规律
同一律	$A\cdot A=A$	$A+A=A$
交换律	$A\cdot B=B\cdot A$	$A+B=B+A$
结合律	$A(BC)=(AB)C$	$A+(B+C)=(A+B)+C$
分配律	$A(B+C)=AB+AC$	$A+(BC)=(A+B)(A+C)$
反演律(摩根定律)	$\overline{AB}=\overline{A}+\overline{B}$	$\overline{A+B}=\overline{A}\overline{B}$
吸收律	$A(\overline{A}+B)=AB$	$A+\overline{A}B=A+B$
附加律	$AB+\overline{A}C+BC=AB+\overline{A}C$	$AB+\overline{A}B=B$

3.2.4　逻辑函数的基本形式

任何一个逻辑函数表达式的表示形式都是不唯一的，利用逻辑代数的基本公理、定理和规则，可以对逻辑函数进行多种形式的变换，常用的表达式的形式包括“与-或”式、“或-与”式、“与非-与非”式、“或非-或非”式等。

1.“与-或”式

“与-或”式是指由若干个与项进行或运算构成的表达式。每个与项可以是单个变量的原变量或者反变量，也可以由多个变量或者反变量相与组成。例如$\overline{A}B$，$A\overline{B}\overline{C}$，$C$均为与项，将这三个与项相或就可以构成一个3变量“与-或”式，即$F(A,B,C)=\overline{A}B+A\overline{B}\overline{C}+C$。

与项有时又称为积项，相应地，“与-或”式又称为“积之和”表达式。

2.“或-与”式

“或-与”表达式是指由若干个或项进行与运算构成的表达式。每个或项可以是单个变量的原变量或者反变量，也可以由多个变量或者反变量相或组成。例如$\overline{A}+B$，$A+\overline{B}+\overline{C}$，$C$均为与项，将这三个或项相与就可以构成一个3变量“或-与”式，即$F(A,B,C)=(\overline{A}+B)(A+\overline{B}+\overline{C})C$。

或项有时又称为和项，相应地，“或-与”式又称为“和之积”表达式。

3.2.5　逻辑函数的表达式的标准形式

由于同一个逻辑函数有多种不同形式的，逻辑函数的基本形式也不是唯一的，为了在逻辑问题的研究中使逻辑函数能有唯一的函数表达式，引入逻辑函数表达式的标准形式。

1. 最小项

最小项的定义：如果一个具有n个变量的函数的与项中(积项)包含全部的n个变量，每个变量都以原变量或者反变量的形式出现，且每个变量只出现一次，则该与项称为最小项，也称为标准积项。

由此定义可知 n 个变量的可以构成 2^n 个最小项。例如，一个有 3 个输入变量 A,B,C 的逻辑函数的最小项有下面 8 种形式：$\bar{A}\bar{B}\bar{C}$，$\bar{A}\bar{B}C$，$\bar{A}B\bar{C}$，$\bar{A}BC$，$A\bar{B}\bar{C}$，$A\bar{B}C$，$AB\bar{C}$，ABC。而 AB，BC，AC，$AB\bar{B}C$ 等都不是最小项。

最小项的表示方法：通常用符号 m_i 来表示最小项。下标 i 的确定方法是把最小项中的原变量记为 1，反变量记为 0，当变量顺序确定后，可以按顺序排列成一个二进制数，则与这个二进制数相对应的十进制数，就是这个最小项的下标 i。表 3.2.2 所示的是三变量的最小项表示。

表 3.2.2　三变量的最小项表示

A	B	C	最小项表示
0	0	0	$m_0=\bar{A}\bar{B}\bar{C}$
0	0	1	$m_1=\bar{A}\bar{B}C$
0	1	0	$m_2=\bar{A}B\bar{C}$
0	1	1	$m_3=\bar{A}BC$
1	0	0	$m_4=A\bar{B}\bar{C}$
1	0	1	$m_5=A\bar{B}C$
1	1	0	$m_6=AB\bar{C}$
1	1	1	$m_7=ABC$

三变量最小项的真值表如表 3.2.3 所示。

表 3.2.3　三变量最小项的真值表

A	B	C	M_0	M_1	M_2	M_3	M_4	M_5	M_6	M_7
0	0	0	1	0	0	0	0	0	0	0
0	0	1	0	1	0	0	0	0	0	0
0	1	0	0	0	1	0	0	0	0	0
0	1	1	0	0	0	1	0	0	0	0
1	0	0	0	0	0	0	1	0	0	0
1	0	1	0	0	0	0	0	1	0	0
1	1	0	0	0	0	0	0	0	1	0
1	1	1	0	0	0	0	0	0	0	1

根据表 3.2.3，可以得出最小项的性质如下。

(1) 对于任意一个最小项，只有一组变量取值使其值为 1。

(2) 任意两个不同的最小项的乘积必为 0。

(3) 全部最小项的和必为 1，通常用数学中的累加符号“$\sum$”表示为 $\sum_{i=0}^{2^n-1} m_i = 1$。

(4) n 个变量的最小项有 n 个相邻的最小项。相邻项是指除一个变量为反变量外，其余变量均不变的项。例如，对于两输入变量，AB 有相邻最小项 $\overline{A}B$ 和 $A\overline{B}$。

2. 最大项

最大项的定义：如果一个具有 n 个变量的函数的或项中(积项)包含全部的 n 个变量，每个变量都以原变量或者反变量的形式出现，且每个变量只出现一次，则该或项称为最大项，也称为标准和项。

由此定义可知 n 个变量的可以构成 2^n 个最小项。例如，一个有 3 个输入变量 A,B,C 的逻辑函数的最大项有下面 8 种形式：$\overline{A}+\overline{B}+\overline{C}$，$\overline{A}+\overline{B}+C$，$\overline{A}+B+\overline{C}$，$\overline{A}+B+C$，$A+\overline{B}+\overline{C}$，$A+\overline{B}+C$，$A+B+\overline{C}$，$A+B+C$。而 $A+B$，$B+C$，$A+C$，$A+B+\overline{B}+C$ 等都不是最大项。

最大项的表示方法：通常用符号 M_i 来表示最小项。下标 i 的确定方法是把最大项中的原变量记为 0，反变量记为 1，当变量顺序确定后，可以按顺序排列成一个二进制数，则与这个二进制数相对应的十进制数，就是这个最大项的下标 i。表 3.2.4 所示的是三变量的最大项表示。

表 3.2.4 三变量的最大项表示

A	B	C	最大项表示
0	0	0	$M_0=A+B+C$
0	0	1	$M_1=A+B+\overline{C}$
0	1	0	$M_2=A+\overline{B}+C$
0	1	1	$M_3=A+\overline{B}+\overline{C}$
1	0	0	$M_4=\overline{A}+B+C$
1	0	1	$M_5=\overline{A}+B+\overline{C}$
1	1	0	$M_6=\overline{A}+\overline{B}+C$
1	1	1	$M_7=\overline{A}+\overline{B}+\overline{C}$

最大项的性质如下。

(1) 对于任意一个最大项，其相应变量的取值有且仅有一个，这个取值使该最大项的值为 0，并且最大项不同，使其值为 0 的变量取值也不同。

(2) 相同变量构成的不同最大项相或为 1。

(3) n 个变量的全部最大项相与为 0，通常用数学中的累乘符号“$\prod$”表示为 $\prod_{i=0}^{2^n-1} M_i = 0$。

(4) n 个变量的最大项有 n 个相邻的最大项。相邻项是指除一个变量为反变量外，其余变量均不变的项。

三变量最大项的真值表如表 3.2.5 所示。

表 3.2.5 三变量最大项的真值表

A	B	C	M_0	M_1	M_2	M_3	M_4	M_5	M_6	M_7
0	0	0	0	1	1	1	1	1	1	1
0	0	1	1	0	1	1	1	1	1	1
0	1	0	1	1	0	1	1	1	1	1
0	1	1	1	1	1	0	1	1	1	1
1	0	0	1	1	1	1	0	1	1	1
1	0	1	1	1	1	1	1	0	1	1
1	1	0	1	1	1	1	1	1	0	1
1	1	1	1	1	1	1	1	1	1	0

3. 最小项和最大项的关系

根据前面的最小项和最大项的下标标记方法可知，下标相同的最小项和最大项的关系为

$$m_i=\overline{M_i}$$

4. 标准的与或(最小项)表达式

任何一个逻辑函数都可以表示成唯一的一组最小项之和，称为标准与或表达式，也称为最小项表达式。

对于不是最小项表达式的与或表达式，有两种方法可用于将其转换为最小项表达式。

方法一：首先把函数表达式转换为一般的“与-或”表达式，反复利用公式 $A+\overline{A}=1$ 和 $A=A(B+\overline{B})=AB+A\overline{B}$ 来配项，将函数展开成最小项表达式。

【例 3.3.1】 把函数表达式 $F=\overline{A}+BC$ 转换为标准的“与-或”表达式。

解：

$$\begin{aligned} F=\overline{A}+BC &= \overline{A}(B+\overline{B})(C+\overline{C})+(A+\overline{A})BC \\ &= \overline{A}BC+\overline{A}B\overline{C}+\overline{A}\,\overline{B}C+\overline{A}\,\overline{B}\,\overline{C}+ABC+\overline{A}BC \\ &= \overline{A}\,\overline{B}\,\overline{C}+\overline{A}\,\overline{B}C+\overline{A}B\overline{C}+\overline{A}BC+ABC \\ &= m_0+m_1+m_2+m_3+m_7 \\ &= \sum_m(0,1,2,3,7) \end{aligned}$$

方法二：利用函数的真值表，将函数值为 1 的最小项相加。例如，对于表 3.2.6 所示的真值表，有

$$F=m_1+m_2+m_3+m_5=\sum_m(1,2,3,5)=\overline{A}\,\overline{B}C+\overline{A}B\overline{C}+\overline{A}BC+A\overline{B}C$$

表 3.2.6 真值表写出最小项表达式

A	B	C	F	最小项
0	0	0	0	
0	0	1	1	$m_1=\overline{A}\,\overline{B}C$

续表

A	B	C	F	最小项
0	1	0	1	$m_2=\overline{A}B\overline{C}$
0	1	1	1	$m_3=\overline{A}BC$
1	0	0	0	
1	0	1	1	$m_5=A\overline{B}C$
1	1	0	0	
1	1	1	0	

将真值表中函数值为 0 的那些最小项相加，便可得到反函数的最小项表达式。

5. 标准的或与(最大项)表达式

任何一个逻辑函数都可以表示成唯一的一组最大项之积，称为标准“或-与”式，也称为最大项表达式。

例如：

$$\begin{aligned}F(A,B,C) &= (A+B+\overline{C})(A+\overline{B}+C)(A+\overline{B}+\overline{C})(\overline{A}+\overline{B}+\overline{C})\\&= M_1\cdot M_2\cdot M_3\cdot M_7\\&= \prod M(1,2,3,7)\end{aligned}$$

其中，$\prod M$ 表示最大项的积，括号内的数字就是最大项的编号。

根据前面介绍的逻辑函数真值表写出的逻辑函数就是标准“与-或”式或标准“或-与”式。

对于不是最大项表达式的“与-或”表达式，也有两种方法可用于把不是最大项表达式的函数表达式转换为最大项表达式。

方法一：首先把函数表达式转换为一般的“或-与”式，反复利用公式 $A=(A+\overline{B})(A+B)$ 把表达式中的非最大项配成最大项表达式。

【例 3.3.2】 把逻辑函数表达式 $F(A,B,C)=\overline{AB+\overline{A}C}+\overline{B}C$ 变换为标准的“或-与”式。

解：第一步，把函数 F 转换为一般的“或-与”式

$$\begin{aligned}F &=\overline{AB+\overline{A}C}+\overline{B}C=\overline{AB}\cdot\overline{\overline{A}C}+\overline{B}C=(\overline{A}+\overline{B})(A+\overline{C})+\overline{B}C\\&=((\overline{A}+\overline{B})(A+\overline{C})+\overline{B})\cdot((\overline{A}+\overline{B})(A+\overline{C})+C)\\&=((\overline{A}+\overline{B}+\overline{B})(A+\overline{C}+\overline{B}))\cdot((\overline{A}+\overline{B}+C)(A+\overline{C}+C))\\&=(\overline{A}+\overline{B})(A+\overline{C}+\overline{B})(\overline{A}+\overline{B}+C)\end{aligned}$$

第二步，将得到的“或-与”式中的非最大项配成最大项：

$$\begin{aligned}F(A,B,C) &=(\overline{A}+\overline{B})(A+\overline{B}+\overline{C})(\overline{A}+\overline{B}+C)\\&=(\overline{A}+\overline{B}+\overline{C})(\overline{A}+\overline{B}+C)(A+\overline{B}+\overline{C})(\overline{A}+\overline{B}+C)\\&=(\overline{A}+\overline{B}+\overline{C})(A+\overline{B}+\overline{C})(\overline{A}+\overline{B}+C)\\&=(A+\overline{B}+\overline{C})(\overline{A}+\overline{B}+C)(\overline{A}+\overline{B}+\overline{C})\end{aligned}$$

上面的标准“或-与”式可以简写为

$$F(A,B,C) = M_3 \cdot M_6 \cdot M_7 = \prod M(3,6,7)$$

方法二：利用函数的真值表，将函数值为 0 的那些最大项相乘，便是函数的最大项表达式。根据表 3.2.7 可以写出标准“或-与”式：

$$\begin{aligned} F(A,B,C) &= (A+B+C)(A+\bar{B}+C)(A+\bar{B}+\bar{C})(\bar{A}+\bar{B}+C) \\ &= \prod M(0,2,3,6) \end{aligned}$$

表 3.2.7　函数值与最小项和最大项

A	B	C	$F(A,B,C)$	最小项	最大项
0	0	0	0		$M_0=A+B+C$
0	0	1	1	$m_1=\bar{A}\bar{B}C$	
0	1	0	0		$M_2=A+\bar{B}+C$
0	1	1	0		$M_3=A+\bar{B}+\bar{C}$
1	0	0	1	$m_4=A\bar{B}\bar{C}$	
1	0	1	1	$m_5=A\bar{B}C$	
1	1	0	0		$M_6=\bar{A}+\bar{B}+C$
1	1	1	1	$m_7=ABC$	

同时，根据表 3.2.7 所给出的真值表，可以直接写出函数 F 的标准“与-或”式：

$$\begin{aligned} F(A,B,C) &= \bar{A}\bar{B}C + A\bar{B}\bar{C} + A\bar{B}C + ABC \\ &= \sum m(1,4,5,7) \end{aligned}$$

按照由真值表写出函数“与-或”式和“或-与”式的方法，出现在函数标准“与-或”式中的最小项就是函数值为 1 的变量取值组合，而出现在函数标准“或-与”式中的最大项就是函数值为 0 的变量取值组合。因此，一个函数的标准“与-或”式中的最小项的编号和标准“或-与”式中的最大项的编号是互补的。若已知一个逻辑函数的标准“与-或”式，则可以很方便地写出标准“或-与”式，反之亦然。

例如：$F(A,B,C,D) = \sum m(0,2,4,7,8,10,12,15) = \prod M(1,3,5,6,9,11,13,14)$

3.3　逻辑函数的化简

通过前面的介绍可知，相等的逻辑函数有繁简不同的多种表达式形式，在使用逻辑门电路实现时，简化的逻辑函数可以用较少的门电路来实现，同时门电路的连线也会比较少，这有利于降低实现电路的成本，减少电路的功耗，提升电路的可靠性。逻辑表达式越简单，实现它的电路越简单，电路工作越稳定可靠。本节介绍两种常用的逻辑函数化简方法：逻辑代数化简法和卡诺图化简法。本节主要介绍如何将一个一般的“与-或”式化为最简的“与-或”式。利用对偶规则就能求出最简的“或-与”式。

“与-或”式最简的标准有两条，分别是：

(1) 乘积项的个数最少，这就意味着在实现电路的时候所用的与门最少；

(2) 每个乘积项的因子数最少，这就意味着每个与门的输入端的个数最少。

尽管在基于 EDA 技术的数字系统的设计过程中，逻辑函数的化简是由 EDA 的综合器自动完成的，但是掌握逻辑函数化简的基本理论和方法有助于理解 EDA 的综合、优化过程，同时在用传统方法进行数字电路设计时可以简化电路的实现。

3.3.1 代数化简法

代数法化简就是利用逻辑代数的基本公理、定理、规则等对逻辑函数表达式进行变换，合并、消去多余的因子，消除冗余项等手段，得到逻辑函数的最简形式。下面通过例子讲解几种常用的代数化简法。

1. 并项法

利用公式 $A+\overline{A}=1$，将两项合并为一项，并消去一个变量。

【例 3.3.1】 化简逻辑函数 $F=ABC+\overline{A}BC+B\overline{C}$ 为最简的“与-或”式。

解： $F=ABC+\overline{A}BC+B\overline{C}=(A+\overline{A})BC+B\overline{C}=BC+B\overline{C}=B(C+\overline{C})=B$

【例 3.3.2】 化简逻辑函数 $F=ABC+A\overline{B}+A\overline{C}$ 为最简的“与-或”式。

解： $F=ABC+A\overline{B}+A\overline{C}=ABC+A(\overline{B}+\overline{C})=ABC+A\overline{BC}=A(BC+\overline{BC})$

2. 吸收法

(1) 利用公式 $A+AB=A$，消去多余的项，也就是如果乘积项是另外一个乘积项的因子，则这另外一个乘积项是多余的。

【例 3.3.3】 化简逻辑函数 $F=\overline{A}B+\overline{A}BCD(E+F)$ 为最简的“与-或”式。

解：

$$F=\overline{A}B+\overline{A}BCD(E+F)=\overline{A}B$$

【例 3.3.4】 化简逻辑函数 $F=A+\overline{\overline{B}+\overline{CD}}+\overline{\overline{AD}\,\overline{B}}$ 为最简的“与-或”式。

解： $F=A+\overline{\overline{B}+\overline{CD}}+\overline{\overline{AD}\,\overline{B}}=A+BCD+AD+B=A+AD+B+BCD=A+B$

(2) 利用公式 $A+\overline{A}B=A+B$，消去多余的变量，也就是如果一个乘积项的非是另一个乘积项的因子，则这个因子是多余的。

【例 3.3.5】 化简逻辑函数 $F=AB+\overline{A}C+\overline{B}C$ 为最简的“与-或”式。

解： $F=AB+\overline{A}C+\overline{B}C=AB+(\overline{A}+\overline{B})C=AB+\overline{AB}C=AB+C$

【例 3.3.6】 化简逻辑函数 $F=A\overline{B}+C+\overline{A}\,\overline{C}D+B\overline{C}D$ 为最简的“与-或”式。

解：

$$F=A\overline{B}+C+\overline{A}\,\overline{C}D+B\overline{C}D=A\overline{B}+C+\overline{C}(\overline{A}+B)D=A\overline{B}+C+(\overline{A}+B)D$$
$$=A\overline{B}+C+\overline{A\overline{B}}D=A\overline{B}+C+D$$

3. 配项法

(1) 利用公式 $A=A(B+\overline{B})$，为某一项配上其所缺的变量，以便用其他方法进行化简。

【例 3.3.7】 化简逻辑函数 $F=A\overline{B}+B\overline{C}+\overline{B}C+\overline{A}B$ 为最简的“与-或”式。

解：

$$F=A\overline{B}+B\overline{C}+\overline{B}C+\overline{A}B=A\overline{B}+B\overline{C}+(A+\overline{A})\overline{B}C+\overline{A}B(C+\overline{C})$$
$$=A\overline{B}+B\overline{C}+A\overline{B}C+\overline{A}\,\overline{B}C+\overline{A}BC+\overline{A}B\overline{C}$$
$$=A\overline{B}(1+C)+B\overline{C}(1+\overline{A})+\overline{A}C(\overline{B}+B)=A\overline{B}+B\overline{C}+\overline{A}C$$

(2) 利用公式 $A+A=A$，为某项配上其所能合并的项。

【例 3.3.8】 化简逻辑函数 $F=ABC+AB\overline{C}+A\overline{B}C+\overline{A}BC$ 为最简的“与-或”式。

解： $F=ABC+AB\overline{C}+A\overline{B}C+\overline{A}BC=(ABC+AB\overline{C})+(ABC+A\overline{B}C)+(ABC+\overline{A}BC)$

$=AB+AC+BC$

4. 消去冗余项法

利用定理 8(附加律)$AB+\overline{A}C+BC=AB+\overline{A}C$，将冗余项 BC 消去。

【例 3.3.9】 化简逻辑函数 $F=A\overline{B}+AC+ADE+\overline{C}D$ 为最简的“与-或”式。

解： $F=A\overline{B}+AC+ADE+\overline{C}D=A\overline{B}+(AC+\overline{C}D+ADE)=A\overline{B}+AC+\overline{C}D$

【例 3.3.10】 化简逻辑函数 $F=AB+\overline{B}C+AC(DE+FG)$ 为最简的“与-或”式。

解：

$$F=AB+\overline{B}C+AC(DE+FG)=AB+\overline{B}C$$

【例 3.3.11】 化简逻辑函数 $F=(\overline{B}+D)(\overline{B}+D+A+G)(C+E)(\overline{C}+G)(A+E+G)$ 为最简的“与-或”式。

解：① 先求出 F 的对偶函数 F'，并对其进行化简。

$$F=\overline{B}D+\overline{B}DAG+CE+\overline{C}G+AEG=\overline{B}D+CE+\overline{C}G$$

② 求 F' 的对偶函数，便得 F 的最简“或-与”式

$$F=(\overline{B}+D)(C+E)(\overline{C}+G)$$

从上面的介绍可以看出，代数化简法的优点是不受变量数目的约束，在对逻辑代数的公理、定理、规则十分熟悉的情况下进行化简比较方便；但其没有一定的规律和步骤，技巧性比较强，很多时候，化简依赖于设计者的个人经验，化简结果是否为最简有时候也难以判断。

3.3.2 卡诺图化简法

卡诺图由多个小方格构成。n 变量卡诺图包括 2^n 个小方格，每个小方格唯一变量的取值组合，相当于一个最小项。卡诺图是图形化的真值表，卡诺图化简法简单、直观、容易掌握，因此在逻辑设计中得到广泛的应用。

1. 卡诺图的画法

将逻辑函数真值表中的最小项重新排列成矩阵形式，并且使矩阵的横向和纵向的逻辑变量的取值按照格雷码的顺序排列，这样构成的图形就是卡诺图。

卡诺图的一个特点是：逻辑相邻的最小项也是几何相邻的。所谓的逻辑相邻就是指两个最小项中只有一个变量的取值互为反变量，其余因子都相同，因此 n 变量的逻辑相邻项有 n 个。几何相邻就是指最小项的方格在卡诺图上的位置相邻。

以 4 变量为例(从高位到低位设为 A、B、C、D)，卡诺图的一般形式如图 3.3.1 所示。

4 变量 A、B、C、D 分为 AB 和 CD 两组，两组各自按照 2 位的格雷码顺序取值，即 00，01，10，11 的格雷码顺序取值为 00，01，11，10。两组变量的 4 个取值分别作为行和列的取值。行和列交叉形成 16 个小方格，每个小方格对应一种 4 变量的取值组合，代表的是一个最小项。

在图 3.3.1 所示的卡诺图中，处于相邻位置(几何相邻)的任意两个最小项是逻辑相

邻的。例如m_5 和m_1、m_4、m_7、m_{13}对应的二进制组合分别为 0101 和 0001、0100、0111、1101，m_5 和m_1 之间只有一个变量 B 取值不同，m_5 和m_4 之间只有一个变量 D 取值不同，m_5 和m_7 之间只有一个变量 C 取值不同，m_5 和m_{13}之间只有一个变量 A 取值不同，因此它们是逻辑相邻的。

CD \ AB	00	01	11	10
00	m_0	m_4	m_{12}	m_8
01	m_1	m_5	m_{13}	m_9
11	m_3	m_7	m_{15}	m_{11}
10	m_2	m_6	m_{14}	m_{10}

图 3.3.1　4 变量卡诺图的一般形式

由逻辑相邻的定义可知，4 个变量的逻辑相邻项有 4 个，在图 3.3.1 所示的 4 变量卡诺图中，任意一行或一列中，两个相邻位置的最小项都是逻辑相邻的，行或列的最外侧的两个最小项也是逻辑相邻的。例如，m_0 和m_2，m_0 和m_8，m_1 和m_9都不是几何相邻的。m_0 的逻辑相邻项为m_1，m_4，m_2，m_8这 4 项。

2 变量卡诺图的画法与 4 变量的类似，如图 3.3.2 所示，变量分为 A、B 两组，每一组按照 0，1 的顺序取值。

m_0 的两个逻辑相邻项为m_1 和m_2，m_1 的两个逻辑相邻项为m_0 和m_3，m_2 的两个逻辑相邻项为m_0 和m_3，m_3 的两个逻辑相邻项为m_1，m_2。

对于 3 变量的卡诺图，假设 3 个变量从高位到低位依次为 A，B，C。卡诺图可以分为 AB、C 两组或者 A，BC 两组，对应的卡诺图分别如图 3.3.3、图 3.3.4 所示。

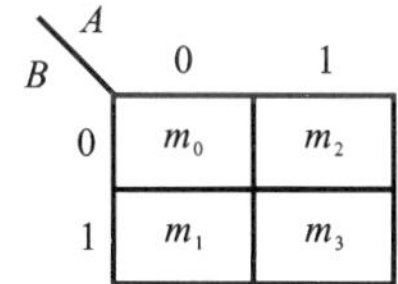

图 3.3.2　变量卡诺图的一般形式

C \ AB	00	01	11	10
0	m_0	m_2	m_6	m_4
1	m_1	m_3	m_7	m_5

图 3.3.3　3 变量卡诺图的一般形式 1

5 变量的逻辑函数有$2^5=32$ 个最小项，需要 32 个小方格，5 变量（假设从高位到低位分别为 A、B、C、D、E）卡诺图的一般形式如图 3.3.5 所示，卡诺图分为 ABC 和 DE 两组（也可以分为 AB 和 CDE 两组），ABC 按照二进制数 000、001、010、011、100、101、110、111 的格雷码顺序取值为 000、001、011、010、110、111、101、100。行和列交叉构成 32 个小方格，表示 32 个最小项。在判断最小项是否是相邻关系的时候，可以以 ABC 的取值为 010 和 110 中间的竖线为分界线，将卡诺图分为各包含 16 个最小项的两部分，每个部分内各个最小项的相邻

BC \ A	0	1
00	m_0	m_4
01	m_1	m_5
11	m_3	m_7
10	m_2	m_6

图 3.3.4　3 变量卡诺图的一般形式 2

DE \ ABC	000	001	011	010	110	111	101	110
00	m_0	m_4	m_{12}	m_8	m_{16}	m_{20}	m_{28}	m_{24}
01	m_1	m_5	m_{13}	m_9	m_{17}	m_{21}	m_{29}	m_{25}
11	m_3	m_7	m_{15}	m_{11}	m_{19}	m_{23}	m_{31}	m_{27}
10	m_2	m_6	m_{14}	m_{10}	m_{18}	m_{22}	m_{30}	m_{26}

图 3.3.5　5 变量卡诺图的一般形式

关系与 4 变量卡诺图的相同，若将卡诺图以分界线对折，如图 3.3.6 所示（用编号表示最小项），那么两部分重合的最小项逻辑相邻，如m_7 与m_{23}。

DE \ ABC	100	101	111	110
00	16	20	28	24
01	17	21	29	25
11	19	23	31	27
10	18	22	30	26

DE \ ABC	100	101	111	110
00	0	4	12	8
01	1	5	13	9
11	3	7	15	11
10	2	6	14	10

图 3.3.6　5 变量的卡诺图的相邻关系

由上面的分析可以看出，从 5 变量开始，随着变量个数的增加，卡诺图表示的相邻性越来越复杂。不能直观判断最小项的相邻关系。因此，卡诺图化简法主要用于 5 变量以下的逻辑函数的化简。

2. 逻辑函数在卡诺图上的表示

n 变量的卡诺图可以表示任意一个 n 变量的逻辑函数。

当逻辑函数为标准的“与-或”式时，可在卡诺图上找出和表达式中的最小项对应的小方格并填上 1，填入 1 的格简称为 1 格，填入 1 的含义是，当函数的变量取值与该小方格（最小项）表示的取值相同时，函数值为 1 。其余的小方格填 0，填入 0 的含义是，当函数的变量取值与该小方格（最小项）表示的取值相同时，函数值为 0，填入 0 也可以省略不写。这样就得到了该函数的卡诺图。

下面分别介绍根据标准“与-或”式和标准“或-与”式填写卡诺图的方法。

（1）标准“与-或”式表示的逻辑函数的卡诺图表示。

对于每一个出现在逻辑函数表达式中的最小项，找到其在卡诺图中对应的小方格，填入 1，其他的小方格填入 0。

例如，逻辑函数 $F(A,B,C,D)=\sum m(1,2,3,5,7,12,14)$ 的卡诺图如图 3.3.7 所示。

（2）标准“或-与”式表示的逻辑函数的卡诺图表示。

对于标准的“或-与”式，根据最大项与最小项的关系，可以将其转换为最小项的形式，再参照标准的“与-或”式的卡诺图表示方法来进行书写。

CD \ AB	00	01	11	10
00	0	0	1	0
01	1	1	0	0
11	1	1	0	0
10	1	0	1	0

图 3.3.7　$F(A,B,C,D)=\sum m(1,2,3,5,7,12,14)$ **的卡诺图**

CD \ AB	00	01	11	10
00	0	0	0	1
01	0	1	1	0
11	1	0	0	1
10	1	1	1	0

图 3.3.8　$F(A,B,C,D)=\prod M(0,1,4,7,9,10,12,15)$ **的卡诺图**

例如，逻辑函数 $F(A,B,C,D) = \prod M(0,1,4,7,9,10,12,15)$ 的卡诺图如图 3.3.8 所示。根据最大项与最小项的关系，$F(A,B,C,D) = \prod M(0,1,4,7,9,10,12,15)$ 与 $F(A,B,C,D) = \sum m(2,3,5,6,8,11,13,14)$ 的卡诺图相同。

(3) 一般的逻辑表达式的卡诺图表示。

逻辑函数以一般的逻辑表达式形式给出时，可先将函数变换为“与-或”式(不必变换为最小项之和的形式)，然后在卡诺图中在每一个乘积项所对应的方格内填入 1(该乘积项就是这些最小项的公因子)，其余的方格内填入 0。

例如，$F=\overline{(A+D)(B+\overline{C})}$ 可转换为 $F=\overline{A}\overline{D}+\overline{B}C$，对应的卡诺图如图 3.3.9 所示。

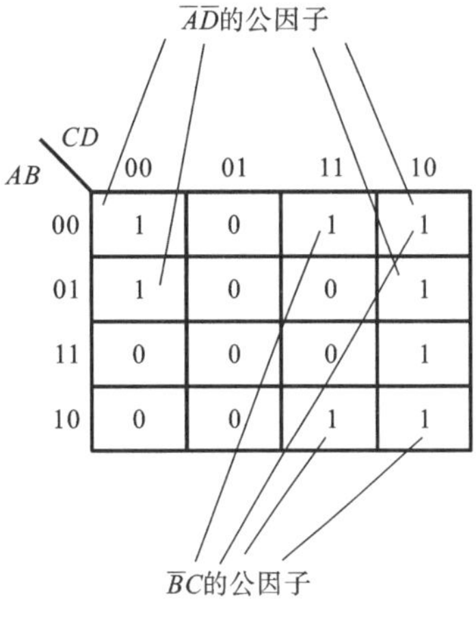

$\overline{A}\overline{D}$的公因子

AB \ CD	00	01	11	10
00	1	0	1	1
01	1	0	0	1
11	0	0	0	1
10	0	0	1	1

$\overline{B}C$的公因子

图 3.3.9　函数 $F=\overline{(A+D)(B+\overline{C})}$ 的卡诺图

(4) 卡诺图的性质。

① 任何 2 个(2^1 个)标 1 的相邻最小项，可以合并为一项，并消去 1 个变量(消去互为反变量的因子，保留公因子)，如图 3.3.10 和图 3.3.11 所示。

② 任何 4 个(2^2 个)标 1 的相邻最小项，可以合并为一项，并消去 2 个变量，如图 3.3.12、图 3.3.13、图 3.3.14 所示。

③ 任何 8 个(2^3 个)标 1 的相邻最小项，可以合并为一项，并消去 3 个变量，如图 3.3.15 所示。

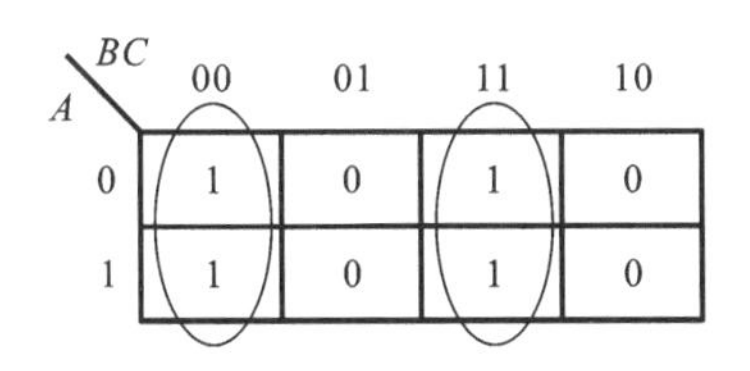

图 3.3.10　2 个相邻最小项消去 1 个变量(A)

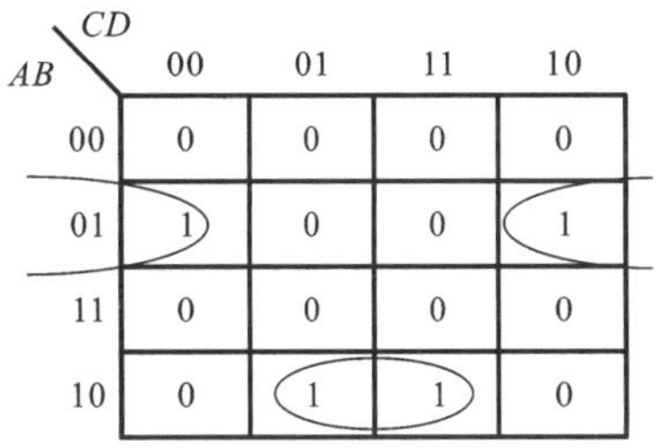

AB \ CD	00	01	11	10
00	0	0	0	0
01	1	0	0	1
11	0	0	0	0
10	0	1	1	0

图 3.3.11　2 个相邻最小项消去 1 个变量(C)

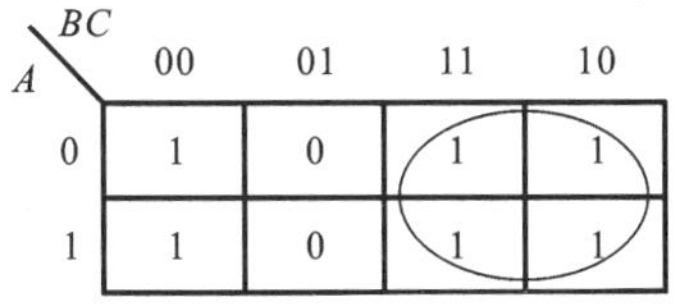

A \ BC	00	01	11	10
0	1	0	1	1
1	1	0	1	1

图 3.3.12　4 个相邻最小项消去 2 个变量(AC)

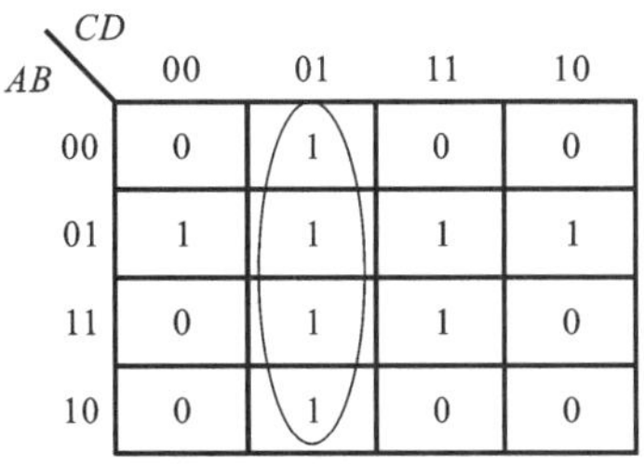

AB \ CD	00	01	11	10
00	0	1	0	0
01	1	1	1	1
11	0	1	1	0
10	0	1	0	0

图 3.3.13　4 个相邻最小项消去 2 个变量(AB)

小结：相邻最小项的数目必须为2^n个才能合并为一项，并消去 n 个变量。包含的最小项数目越多，即由这些最小项所形成的圈越大，消去的变量也就越多，从而所得到的逻辑表达式就越简单。这就是利用卡诺图化简逻辑函数的基本原理。

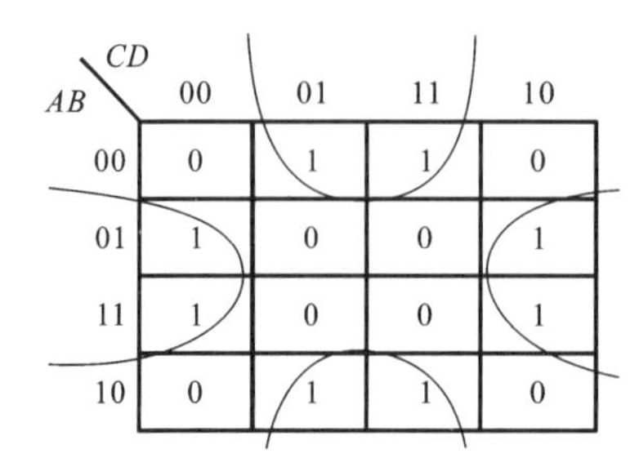

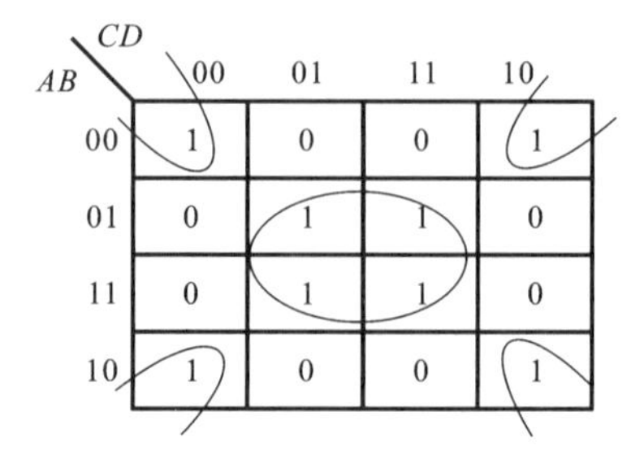

图 3.3.14 4 个相邻最小项消去 2 个变量(AC)

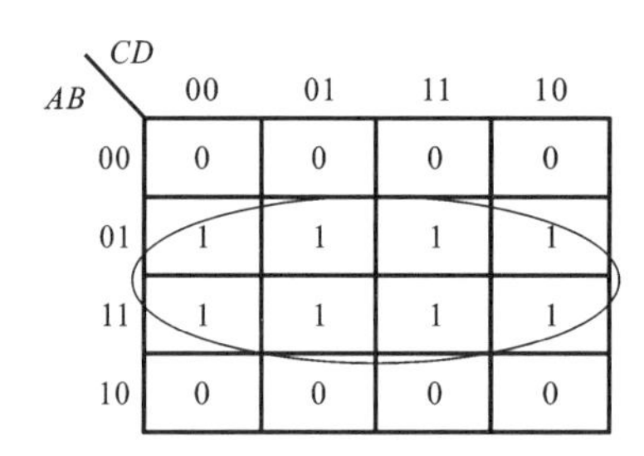

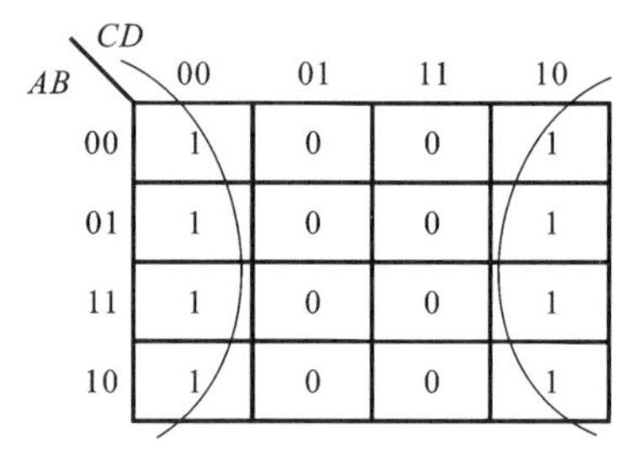

图 3.3.15 任何 8 个相邻项消去 3 个变量

3. 卡诺图化简

卡诺图化简的基本步骤如下。

(1) 第一步:根据真值表或函数表达式画出卡诺图,如

$$F(A,B,C,D)=\sum m(3,5,7,8,11,12,13,15)$$

的卡诺图如图 3.3.16 所示。

(2) 第二步:画出卡诺圈,合并最小项,要遵循如下原则:

① 圈越大越好,但每个圈中标 1 的方格数目必须为 2^i 个;

② 同一个方格可同时画在几个圈内,但每个圈都要有新的方格,否则它就是多余的;

③ 不能漏掉任何一个标 1 的方格。

卡诺圈的画法示例如图 3.3.17 所示。

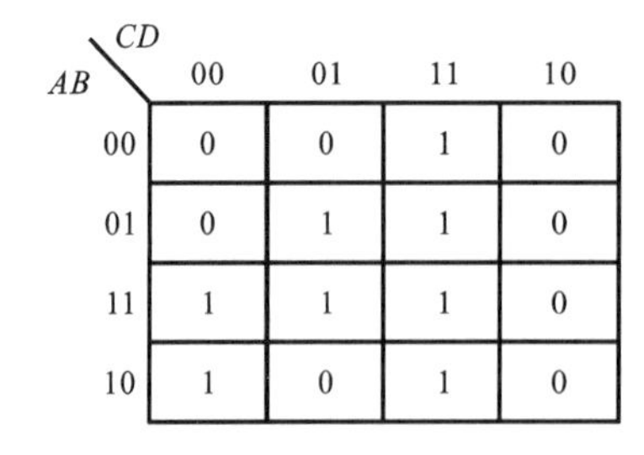

图 3.3.16 $F(A,B,C,D)=\sum m(3,5,7,8,11,12,13,15)$ 的卡诺图

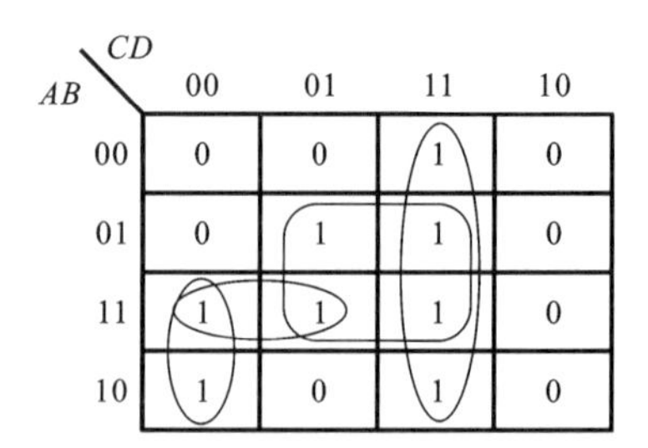

图 3.3.17 卡诺圈的画法示例

(3) 第三步：将代表每个圈的乘积项相加，写出最简“与-或”式。例如图 3.3.17 所示的卡诺图的最简“与-或”式为

$$F(A,B,C,D)=BD+CD+A\overline{C}\overline{D}$$

卡诺图化简的两点说明如下。

(1) 在有些情况下，最小项的圈法不止一种，得到的各个乘积项组成的“与-或”式各不相同，最简式要经过比较、检查才能确定。例如，对于图 3.3.18 所示的卡诺图，用不同圈法得到的函数表达式如图 3.3.19 所示。

AB \ CD	00	01	11	10
00	1	1	0	1
01	0	1	1	1
11	0	0	1	1
10	0	0	0	0

图 3.3.18　函数 F 的卡诺图

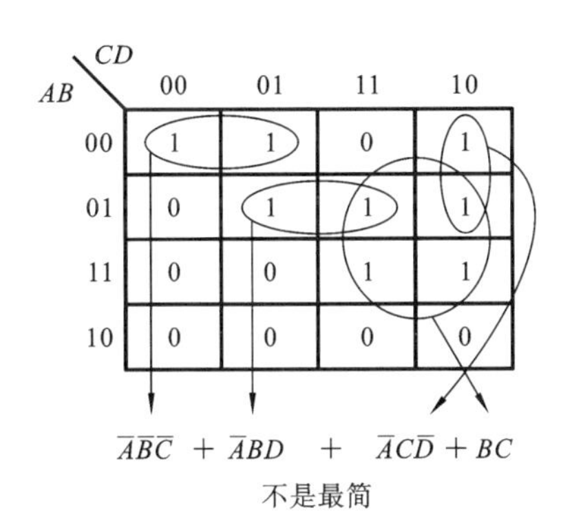

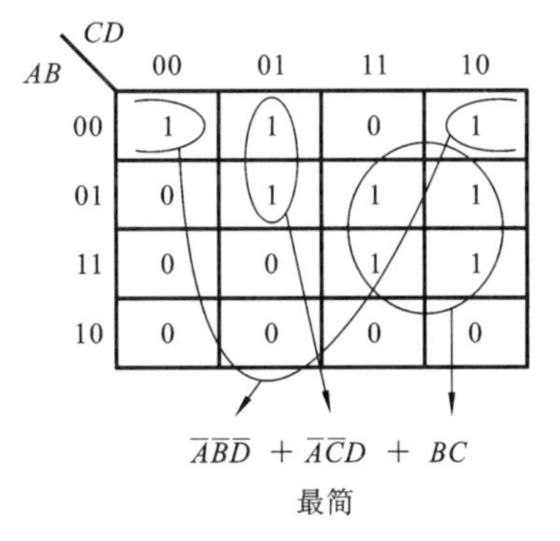

图 3.3.19　用不同圈法得到的函数表达式

(2) 在有些情况下，用不同圈法得到的“与-或”式都是最简形式的。即一个函数的最简“与-或”式不是唯一的，如图 3.3.20 所示。

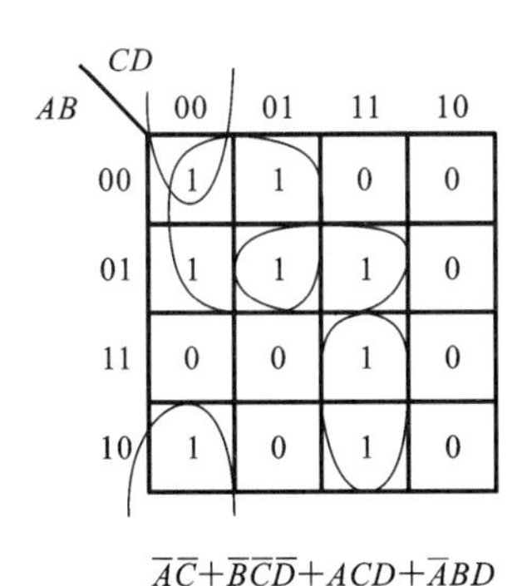

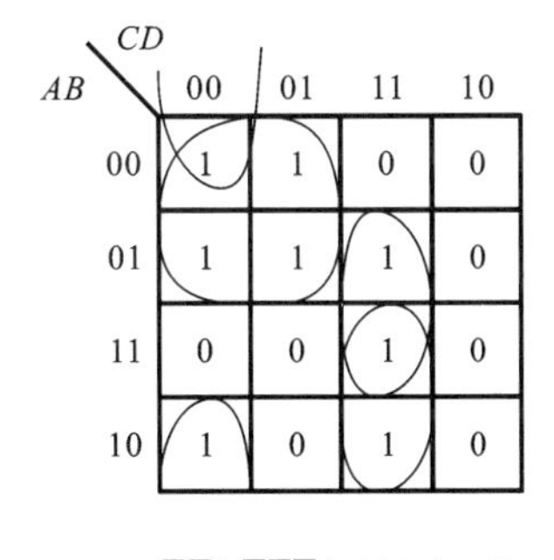

图 3.3.20　用不同圈法得到的“与-或”式都是最简形式的

4. 具有约束项的逻辑函数的化简

(1) 含约束项的逻辑函数。

可以任意取值(可以为 0，也可以为 1)或不会出现的变量取值所对应的最小项称为约束项，也叫任意项或无关项。如表 3.3.1 所示的用于判断一位十进制数是否为奇数的真值表，

表中不会出现的二进制组合就是任意项或无关项。

表 3.3.1 判断一位十进制数是否为奇数的真值表

$ABCD$	Z	$ABCD$	Z
0000	0	1000	0
0001	1	1001	1
0010	0	1010	×
0011	1	1011	×
0100	0	1100	×
0101	1	1101	×
0110	0	1110	×
0111	1	1111	×

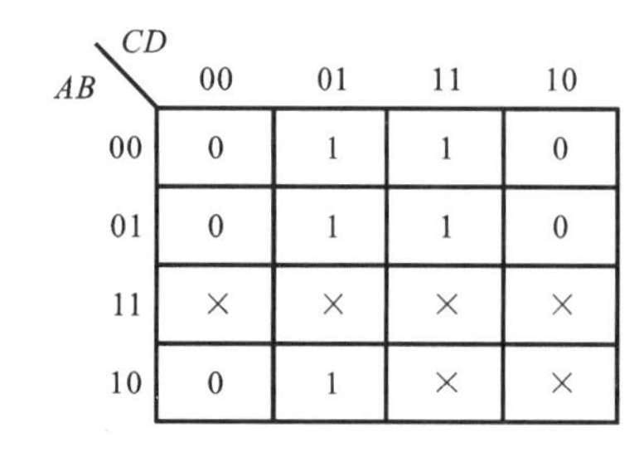

图 3.3.21 判断一位十进制数是否为奇数的卡诺图

表 3.3.1 对应的卡诺图如图 3.3.21 所示。

输入变量 A,B,C,D 取值为 0000～1001 时，逻辑函数 Z 有确定的值，根据题意，偶数时为 0，奇数时为 1，有

$$Z(A,B,C,D)=\sum m(1,3,5,7,9)$$

A、B、C、D 取值为 1010 ～1111 的情况不会出现或不允许出现，对应的最小项属于约束项。用符号“φ”、“×”或“d”表示。约束项之和构成的逻辑表达式称为约束条件或任意条件，用一个值恒为 0 的条件等式表示：

$$\sum d(10,11,12,13,14,15)=0$$

含有约束条件的逻辑函数可以表示成如下形式：

$$Z(A,B,C,D)=\sum m(1,3,5,7,9)+\sum d(10,11,12,13,14,15)$$

(2) 含任意项的逻辑函数的化简。

在逻辑函数的化简中，充分利用约束项可以得到更加简单的逻辑表达式，因而其相应的逻辑电路也更简单。在化简过程中，约束项可视具体情况取 0 或取 1，即如果约束项对化简有利，则取 1；如果约束项对化简不利，则取 0。图 3.3.22 所示的是含有约束项(任意项)的卡诺图。

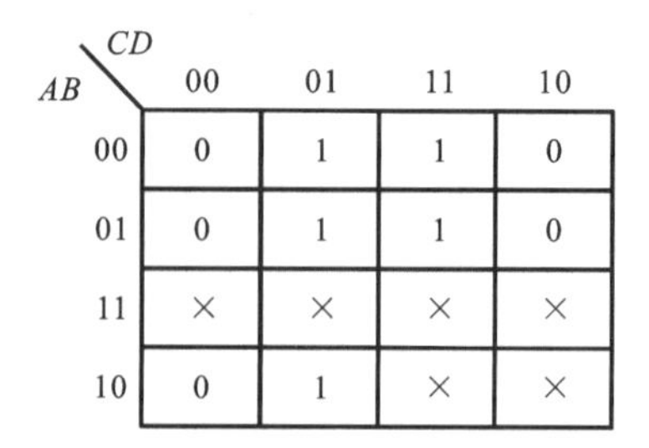

图 3.3.22 含有约束项(任意项)的卡诺图

对于图 3.3.22 所示的卡诺图，不利用约束项的化简结果为 $Z=\overline{A}D+\overline{B}\overline{C}D$。利用约束项的化简结果为 $Z=D$。

本章思维导图

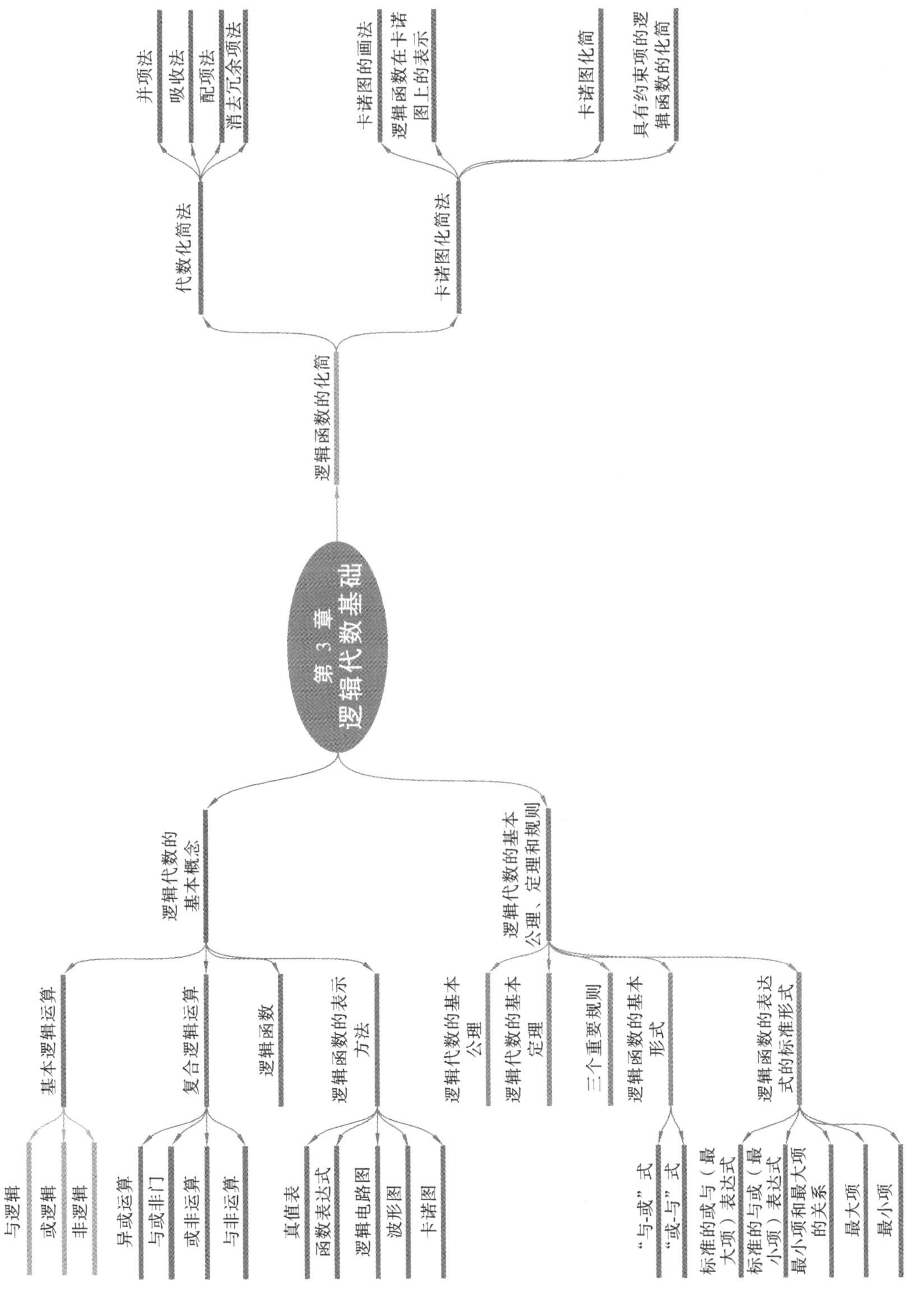

第 3 章
逻辑代数基础
逻辑函数的化简
代数化简法
并项法
吸收法
配项法
消去冗余项法
卡诺图化简法
卡诺图的画法
逻辑函数在卡诺图上的表示
卡诺图化简
具有约束项的逻辑函数的化简
逻辑代数的基本概念
基本逻辑运算
与逻辑
或逻辑
非逻辑
复合逻辑运算
异或运算
与或非门
或非运算
与非运算
逻辑函数
逻辑函数的表示方法
真值表
函数表达式
逻辑电路图
波形图
卡诺图
逻辑代数的基本公理、定理和规则
逻辑代数的基本公理
逻辑代数的基本定理
三个重要规则
逻辑函数的基本形式
“与-或”式
“或-与”式
逻辑函数的表达式的标准形式
标准的或与（最大项）表达式
标准的与或（最小项）表达式
最小项和最大项的关系
最大项
最小项

习　题

1. 用真值表证明下列等式。

(1) $(\bar{A}+\bar{B})(A+B)=A\bar{B}+\bar{A}B$；

(2) $(\bar{A}+\bar{B})(A+B)=\overline{AB+\bar{A}\bar{B}}$；

(3) $A+\bar{A}B=A+B$。

2. 用逻辑代数的公理、定理和规则证明下列等式。

(1) $AB+AC+BC+A(\overline{B+C})=A+BC$；

(2) $A\,\overline{ABC}=A\bar{B}\bar{C}+A\bar{B}C+AB\bar{C}$；

(3) $\overline{BD}+BD+AB=\overline{AB}\bar{D}+BD+A\bar{D}$；

(4) $BC+D+\bar{D}(\bar{B}+\bar{C})(D+B)=B+D$；

(5) $\overline{AC}+\bar{A}\bar{B}+BC+\bar{A}\bar{C}\bar{D}=\bar{A}+BC+\bar{C}\bar{D}$；

(6) $\overline{\overline{A+B+\bar{C}}\cdot\bar{C}D}+(B+\bar{C})(A\bar{B}D+\bar{B}\bar{C})=1$。

3. 用代数法化简下列函数为最简的“与-或”式。

(1) $F=\overline{(\bar{A}+\bar{B})D}+(\bar{A}\bar{B}+BD)\bar{C}+\bar{A}B\bar{C}D+\bar{D}$；

(2) $F=(A+B)(\bar{A}+C)(B+C)+A\bar{B}$；

(3) $F=A\bar{C}D+\bar{A}B\bar{C}+BCD+\bar{A}CD$；

(4) $F=\overline{AC}+\bar{A}BC+A\bar{B}\bar{C}+A\bar{B}CD$；

(5) $F=\overline{(A+\bar{B}+C)(\bar{A}+\bar{C})}+BC$；

(6) $F=ABD+A\bar{B}C\bar{D}+A\bar{C}DE+A$；

(7) $F=AC+B\bar{C}+\bar{A}B$；

(8) $F=A\bar{B}C+\bar{A}+B+\bar{C}$；

(9) $F=A\bar{B}CD+ABD+A\bar{C}D$；

(10) $F=AC(\bar{C}D+\bar{A}B)+BC\,\overline{\overline{(\bar{B}+AD)}+CE}$；

(11) $F=A+\overline{(B+\bar{C})}\cdot(A+\bar{B}+C)\cdot(A+B+C)$；

(12) $F=B\bar{C}+AB\bar{C}E+\bar{B}\cdot(\bar{A}\bar{D}+AD)+B(A\bar{D}+\bar{A}D)$。

4. 根据表达式画出对应的卡诺图。

(1) $F=A\bar{B}\bar{C}D+B\bar{C}\bar{D}+\bar{A}C$；

(2) $F=A\bar{B}+\bar{A}D+A\bar{B}\bar{C}$；

(3) $F=ABC+ABD+ACD+BCD$；

(4) $F=(A+B+C)(B+\bar{C}+D)(\bar{A}+\bar{B}+D)$。

5. 将下列逻辑函数表示成“最小项之和”和“最大项之积”的最简形式。

(1) $F(A,B,C,D)=A\bar{C}D+AB+A\bar{B}CD+\bar{B}C$；

(2) $F(A,B,C,D)=AB+A\bar{C}+\bar{A}BD+\bar{A}\bar{B}\bar{C}D$；

(3) $F(A,B,C,D)=BD+\bar{A}CD+A\bar{C}D$；

(4) $F=B+\bar{D}+\bar{A}C+A\bar{C}$。

6. 试用卡诺图化简如下逻辑函数。

$$F(A,B,C,D)=\bar{A}B\bar{C}+\bar{A}\bar{C}D+A\bar{B}C+BC\bar{D}$$

$$\bar{A}\bar{B}\bar{C}D+A\bar{B}\bar{C}\bar{D}+ABCD=0\text{（约束条件）}$$

7. 将下列函数转换成最小项之和的形式。

(1) $F(A,B,C,D)=AD+ABC+ACD+CD$；

(2) $F(A,B,C,D)=\overline{A\bar{B}+C}+AD$。

8. 将下列函数转换成最大项之积的形式。

(1) $F(A,B,C)=(B+\bar{C})(A+\bar{B}+C)$；

(2) $F(A,B,C,D)=\bar{A}BD+A\bar{B}\bar{C}+\bar{A}C+A\bar{D}+BC+\overline{BD}$。

9. 已知逻辑函数的表达式为

$$F(A,B,C,D)=ABC+ABD+ACD+BCD$$

试列出此函数的真值表。

10. 根据下列表达式画出对应的卡诺图，并写出最简"与-或"式。

(1) $F(A,B,C)=\sum m(0,1,2,4,6)$；

(2) $F(A,B,C,D)=\sum m(0,3,4,6,7,11,14)$；

(3) $F(A,B,C,D)=\sum m(1,5,6,12)+\sum d(7,9,15)$；

(4) $F(A,B,C,D)=\sum m(0,1,2,4,5,8,9,10,12,13)$；

(5) $F(A,B,C,D)=\sum m(1,2,6,7,8,9,10,13,14,15)$；

(6) $F(A,B,C,D)=\sum m(0,1,3,4,6,7,14,15)+\sum d(8,9,10,11,12,13)$；

(7) $F(A,B,C,D)=\sum m(0,1,2,9,12)+\sum d(4,6,10,11)$；

(8) $F(A,B,C,D)=\prod M(5,7,13,15)$；

(9) $F(A,B,C,D)=\prod M(1,3,9,10,11,14,15)$；

(10) $F(A,B,C,D)=\prod M(0,1,2,4,6,8,9,10)\cdot D(3,5)$。

第4章 逻辑门电路

本章在简单介绍数字集成电路的分类和半导体器件的开关特性的基础上，主要介绍TTL、CMOS等基本逻辑器件的基本结构、工作原理、外部特征和应用知识。

4.1 概　　述

逻辑门电路是构成数字系统的基本单元。随着集成技术和微电子技术的发展，人们不再使用二极管、三极管、电阻等分离元件设计各种逻辑器件，而是把实现各种逻辑功能的元器件及其连线都集成在一块半导体材料基片上，并封装在一个壳体中，通过引脚与外界联系，这就构成了所谓的集成电路，通常也称为集成电路芯片。采用集成电路进行数字系统设计，不仅可以大大简化设计和调试工作，而且具有可靠性高、稳定性高、可维护性好、功耗低、成本低的优点。

4.1.1 数字集成电路的分类

根据采用的半导体器件的不同，集成逻辑门电路在发展过程中出现过多种电路形式。例如二极管-晶体管（Diode-Transistor Logic，DTL）电路、晶体管-晶体管（Transistor-Transistor Logic，TTL）电路、发射极耦合（Emitter-Coupled Logic，ECL）电路、金属-氧化物-半导体（Metal-Oxide-Semiconductor，MOS）电路、互补金属-氧化物-半导体（Complementary Metal-Oxide-Semiconductor，CMOS）电路等。TTL电路在被长期使用的过程中逐渐演变成一种电路标准。CMOS电路的集成度高、功耗低的特性对VLSI集成电路的设计非常重要，CMOS电路是过去几十年和现在的主流的电路形式。TTL电路和CMOS电路都有众多的集成电路产品可供选择。本章主要讨论的是TTL门电路和COMS门电路。

根据一片集成电路芯片上所包含的元器件的数目的规模，集成电路通常分为小规模集成电路（Small Scale Integration，SSL）、中规模集成电路（Medium Scale Integration，MSL）、大规模集成电路（Large Scale Integration，LSL）、超大规模集成电路（Very Large Scale Integration，VLSL）。一般来说，单片芯片含元器件的数目小于100个的集成电路属于SSL；单片芯片含元器件的数目在100～999个之间的集成电路属于MSL；单片芯片含元器件的数目在1000～99999个之间的集成电路属于LSL；单片芯片含元器件的数目在100000以上的集成电路属于VLSL。在此需要说明的是，用来作为分类依据的集成元器件数目不是一个精确的数量概念，而是一个大致范围。本章所介绍的逻辑门电路属于小规模的集成电路。

根据设计方法和功能定义，数字集成电路可以分为非定制电路（Non-Custom Design IC）、全定制电路（Full-Custom Design IC）和半定制电路（Semi-Custom Design IC）。非定制电路又称为标准集成电路，这类产品生产量大、使用广泛、价格便宜。全定制电路是为了满足客户特殊应用要求而专门生产的集成电路，通常又称为专用集成电路（Application Specific Integrated Circuit，ASIC）。专用集成电路在性能和结构上都是为满足客户要求而专门设计的，一般销量较小、设计费用高。半定制电路是由生产厂家生产出的功能不确定的集成电路，用户可根据自身要求对其进行适当处理，令其实现指定功能，即通过对已有的芯片进行功能定义将通用产品专用化，即这种电路从性能上是为了满足用户的各种特殊需求而专门设计的，但是从电路结构上来讲其又带有一定的通用性。例如，目前广泛使用的各种可编程逻辑器件（Programmable Logic Device，PLD）就属于半定制电路。本章所介绍的逻辑门电路属于标准集成电路。

4.1.2 逻辑电平

在数字电路中，逻辑电平是一个范围，例如在 TTL 电路中，高电平的范围为 2～5 V，低电平的范围为 0～0.8 V。在本章中，高电平用符号 U_H 表示，输入高电平用符号 U_{IH} 表示，输出高电平用符号 U_{OH} 表示。低电平用符号 U_L 表示，输入低电平用符号 U_{IL} 表示，输出低电平用符号 U_{OL} 表示。

逻辑"0"和逻辑"1"对应的电压范围宽，因此在数字电路中，对电子元器件参数精度的要求及电源稳定度的要求比模拟电路的要低。

4.1.3 正逻辑与负逻辑

正逻辑是用高电平表示逻辑 1，用低电平表示逻辑 0。负逻辑是用低电平表示逻辑 1，用高电平表示逻辑 0。

在数字系统的逻辑设计中，若采用 NPN 晶体管和 NMOS 管，电源电压是正值，一般采用正逻辑。若采用的是 PNP 管和 PMOS 管，电源电压为负值，则采用负逻辑比较方便。

今后除非特别说明，本书一律采用正逻辑。

4.2 半导体二极管和三极管的开关特性

目前 TTL 电路和 CMOS 电路都有众多的集成电路产品可供选择，TTL 电路的主要构成器件是双极性晶体管，CMOS 电路的主要构成器件是金属-氧化物-半导体场效应管（Metal-Oxide-Semiconductor-Field-Effect Transistor，MOSFET），简称 MOS 管。鳍式场效应管晶体管 FinFET 以立方体的方式构建，突破了 MOSFET 在集成度和热功耗方面的瓶颈，其是一种新型的电子器件。电子器件在脉冲信号的作用下，时而导通，时而截止，相当于开关的"接通"和"断开"。由于这些器件通常要工作在很高的开关频率中（开关状态变化的速率可高达每秒百万次甚至千万次的数量级），这就要求器件的导通和截止这两种状态之间的转换必须在微秒甚至纳秒数量级的时间范围内完成。在研究这些器件的开关特性时，除了要研究这些器件在导通和截止这两种状态下的静止特性外，还需要研究其动态特性，即它们在导通和截止状态之间的转变过程。

4.2.1 半导体二极管的开关特性

1. 静态特性

晶体二极管的静态开关特性是指在二极管处于导通和截止两种稳定状态下的特性。二极管由一个 PN 结构成，对于硅极管，外加正向电压（大于 U_{th}），二极管导通，导通压降约为 0.7 V；外加反向电压，二极管截止。硅二极管的伏安特性曲线如图 4.2.1 所示。

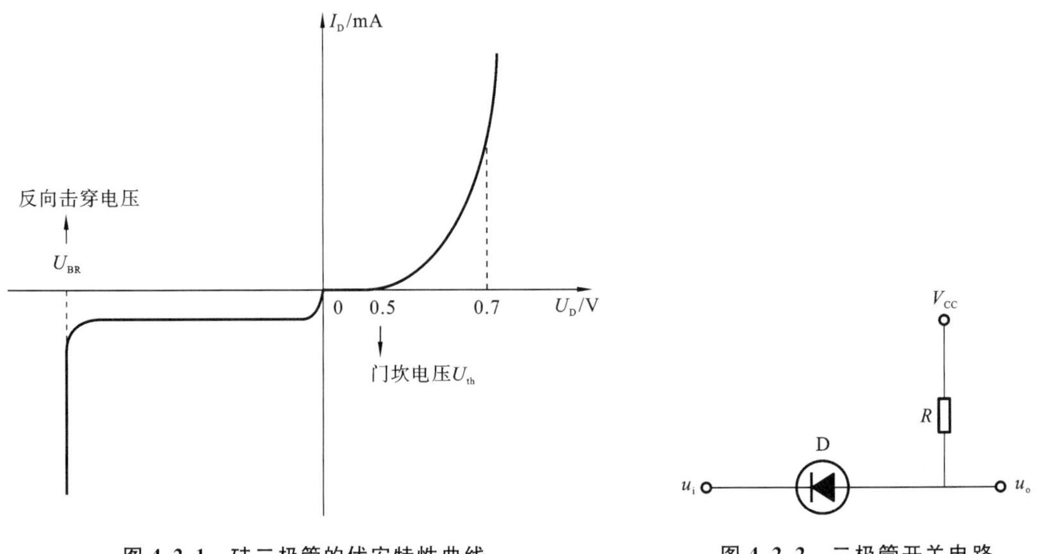

图 4.2.1 硅二极管的伏安特性曲线　　图 4.2.2 二极管开关电路

例如图 4.2.2 所示的开关电路，由二极管的单向导电性，其相当于一个受外加电压极性控制的开关。

假定 $U_{IH}=V_{CC}$，$U_{IL}=0$，当 $u_i=U_{IL}$时，二极管 D 导通，$u_o=U_{OL}$，相当于开关闭合。当 $u_i=U_{IH}$时，二极管 D 截止，$u_o=V_{CC}=U_{OH}$，相当于开关断开。

2. 动态特性

二极管的动态特性是指二极管在导通和截止两种状态转换过程中的特性，它表现为完成这两种状态转换需要的时间。通常把二极管从正向导通到反向截止所需要的时间称为反向恢复时间，而把二极管从反向截止到正向导通所需要的时间称为开通时间。相比之下，开通时间很短，一般可以忽略不计。因此，影响二极管开关速度的主要因素是反向恢复时间。

(1) 反向恢复时间。

在理想情况下，当作用在二极管两端的正向导通电压 V_F转为反向截止电压 V_R时，二极管应该立即由导通状态转换为截止状态，电路中只存在极小的反向电流。但是实际上并非如此，如图4.2.3所示，当对图4.2.3(a)所示的电路加入一个如图4.2.3(b)所示的输入电压的时候，电路的电流变化如图4.2.3(c)所示。

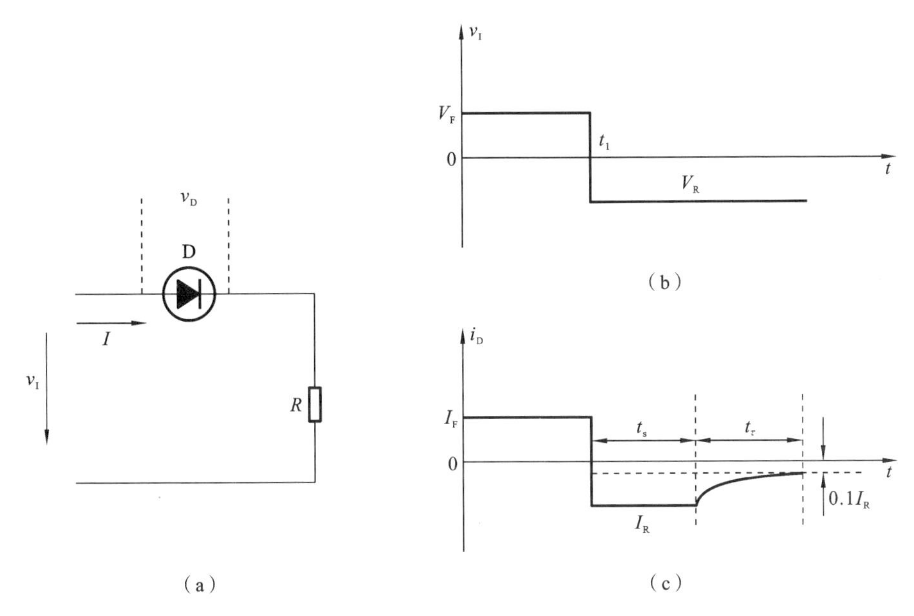

图4.2.3 二极管的动态特性

在图4.2.3(b)中$0\sim t_1$时间内输入正向导通电压V_F，二极管导通，因二极管导通电阻很小，所以电路中的正向导通电流$I_F \approx V_F/R$。在t_1时刻，输入电压突然从正向电压V_F变为V_R，在理想的情况下二极管应该立即截止，电路中只有极小的反向电流。实际情况如图4.2.3(c)所示，先由正向电流I_F变到一个很大的反向电流$I_R \approx V_R/R$，该电流维持一段时间t_s后才逐渐下降，经过t_τ后下降到很小的$0.1I_R$(接近反向饱和电流I_s)，这时二极管才进入反向截止状态。

通常把二极管从正向导通转为反向截止的过程称为反向恢复过程，其中，t_s称为存储时间，t_τ称为渡越时间，$t_{re}=t_s+t_\tau$称为反向恢复时间。

产生反向恢复时间t_{re}的原因如下。

① 当二极管加上正向电压V_F时，PN结两边的多数载流子不断向对方区域扩散，这不仅使空间电荷区变窄，而且有相当多的载流子存储在PN结的两侧。正向电流越大，P区存储的电子、N区存储的空穴就越多，如图4.2.4(a)所示。

② 当输入电压突然从V_F变为V_R时，PN结两侧存储的载流子在反向电压的作用下，朝着各自原来的方向运动，也就是P区中的电子被拉回N区，N区里的空穴被拉回P区，形成反向漂移电流I_R，因为刚开始时空间电荷区很窄，二极管电阻很小，所以反向电流$I_R \approx V_R/R$，如图4.2.4(b)所示。经过时间t_s后，PN结两侧的载流子显著减少，空间电荷区逐渐变宽，反向电流慢慢变小，直到经过时间t_τ后I_R减小至反向饱和电流I_R，二极管截止，如图4.2.4(c)所示。

(2) 开通时间。

二极管从截止转换为正向导通所需要的时间称为开通时间。PN结在正向电压的作用下，空间电荷区迅速变窄，正向电阻很小，所以在导通过程中和导通后，正向压降很小，正向

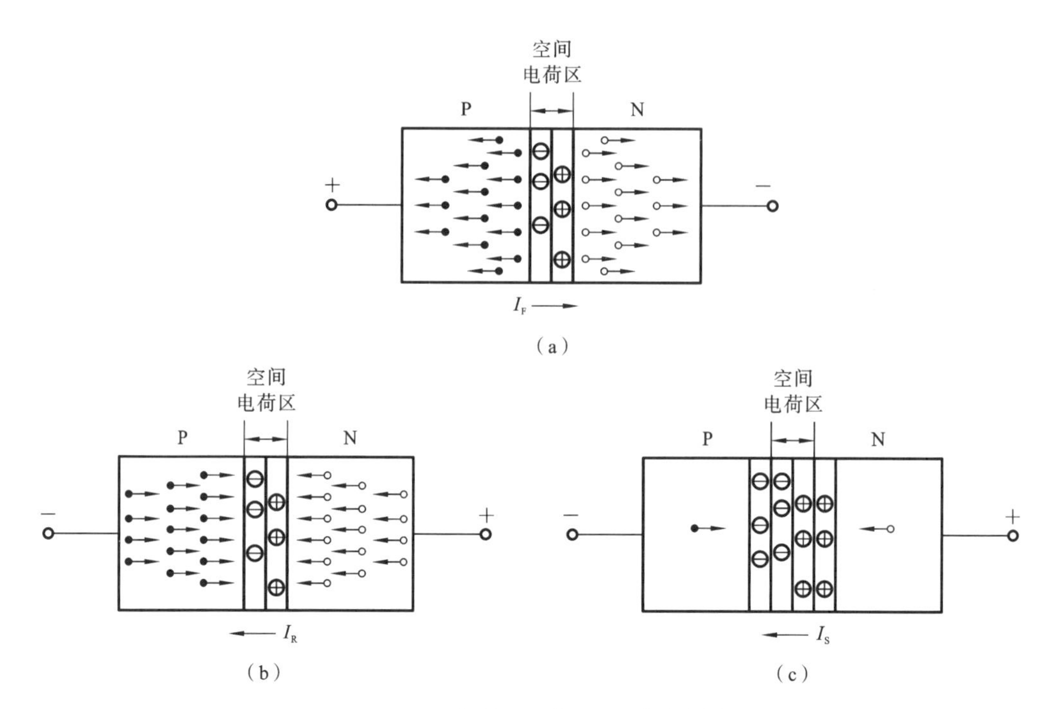

图 4.2.4　二极管 PN 结的反向恢复过程

电流 $I_F \approx V_F/R$。加入正向电压后，回路电流几乎是立即达到 I_F（最大值），也就是说，二极管的开通时间很短，影响很小，相对于反向恢复时间，开通时间可以忽略不计。

4.2.2　双极型三极管的开关特性

1. 静态特性

双极型三极管有电子和空穴两种载流子参与导电过程。双极型三极管有 NPN 型的和 PNP 型的，它们的结构和符号如图 4.2.5 所示。

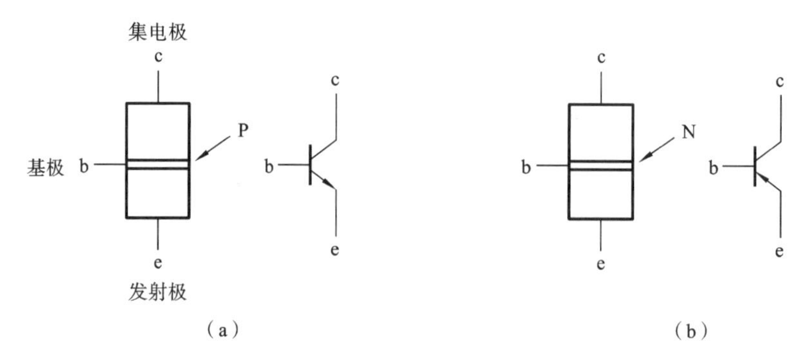

图 4.2.5　NPN 型和 PNP 型三极管的结构和符号

在如图 4.2.6 所示的硅材料双极型三极管中，通常是通过 b、e 间的电流 i_B 控制 c、e 间的电流 i_C 实现电路功能的。因此，以 b、e 间的回路作为输入回路，c、e 间的回路作为输出回路。

输入回路实质是一个 PN 结，其输入特性基本等同于二极管的伏安特性。硅材料 NPN 管的三极伏安特性如图 4.2.7 所示。

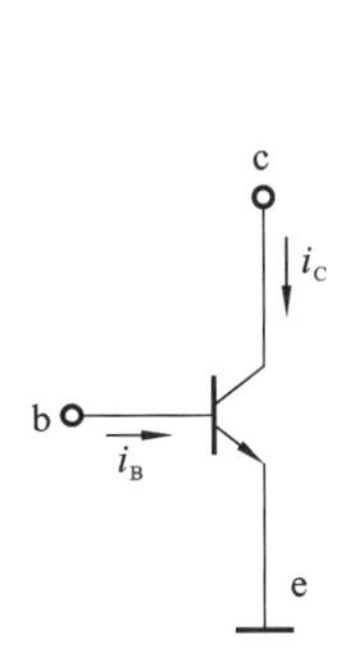

图 4.2.6 NPN 型三极管的控制

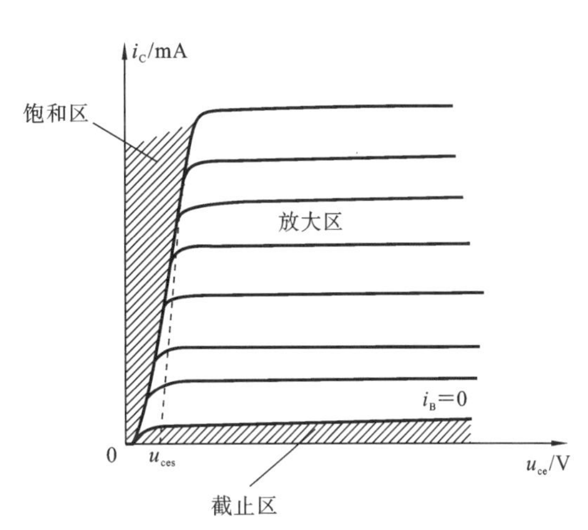

图 4.2.7 三极管的伏安特性曲线

放大区：发射结正偏，集电结反偏；$u_{be}>u_T$，$u_{bc}<0$；三极管工作在放大区域，起放大作用。

截止区：发射结、集电极均反偏，$u_{bc}<0$，$u_{be}<0$；一般地，$u_{be}<0.7$ V 时，$i_B\approx0$，$i_C\approx0$，即认为三极管截止。

饱和区：发射结、集电极均正偏；$u_{be}>u_T$，$u_{ce}>u_T$；三极管处于深度饱和状态时，饱和压降 U_{ces} 约为 0.2 V。

利用三极管的饱和与截止两种状态，合理选择电路参数，可产生类似于开关闭合和断开的效果，用于输出高、低电平，即开关工作状态。三极管的开关电路如图 4.2.8 所示。

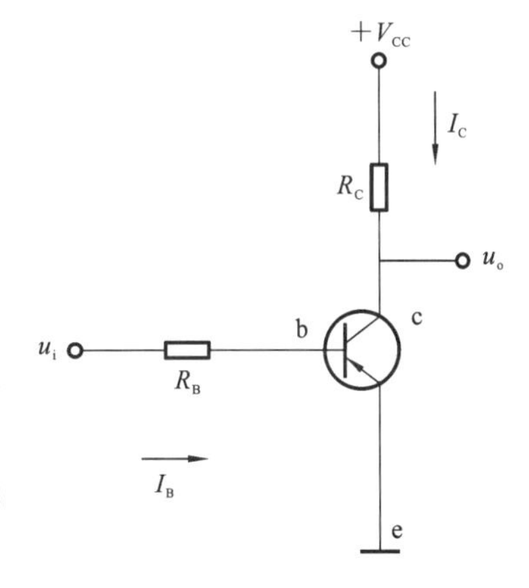

图 4.2.8 三极管的开关电路

假定 $U_{IH}=V_{CC}$，$U_{IL}=0$，当 $u_i=U_{IL}$ 时，三极管截止，$u_o=V_{CC}=U_{OH}$，相当于开关断开。当 $u_i=U_{IH}$ 时，三极管深度饱和，$u_o=U_{ces}=U_{OL}$，相当于开关闭合。三极管的开关等效电路如图 4.2.9 所示，图中 v_I 对应 u_i。

2. 动态特性

三极管在饱和与截止两种状态转换过程中所具有的特性称为三极管的动态特征。三极管的动态特性和二极管的一样，PN 结两侧也存在电荷的建立与消失的过程，因此，饱和截止也需要一定的时间来完成。假设在图 4.2.8 所示的电路中的输入端输入一个理想的矩形波电压，则在理想的情况下，i_C 和 u_{ce} 的波形应该如图 4.2.10(a)所示，但在实际转换过程中，i_C 和 u_{ce} 的波形如图 4.2.10(b)所示。无论是从截止到导通还是从导通到截止，都存在一个逐渐变化的过程。

(1) 开通时间。

开通时间是指三极管从截止到饱和导通所需要的时间，记为 t_{on}。在截止状态下，发射结反偏，空间电荷区比较宽。当输入信号 v_i 从低电平跳变到高电平时，由于发射结的空间电荷

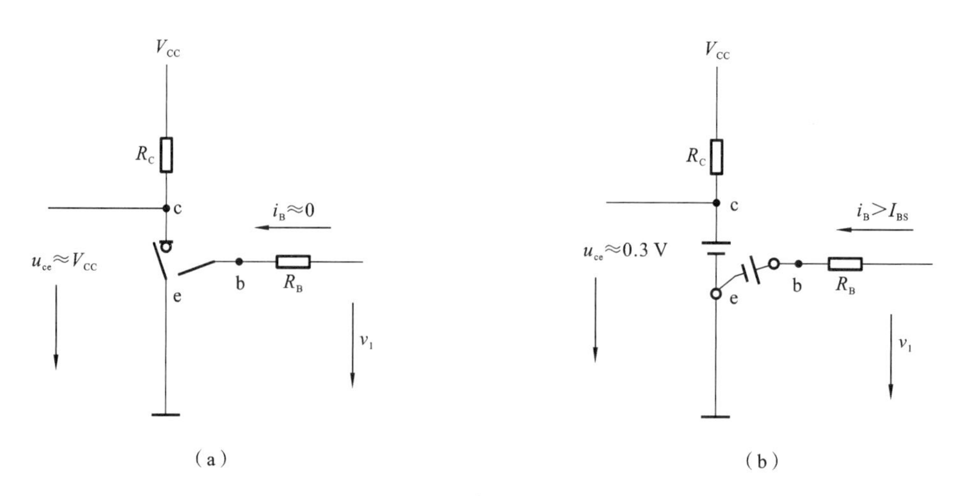

图 4.2.9　三极管的开关等效电路

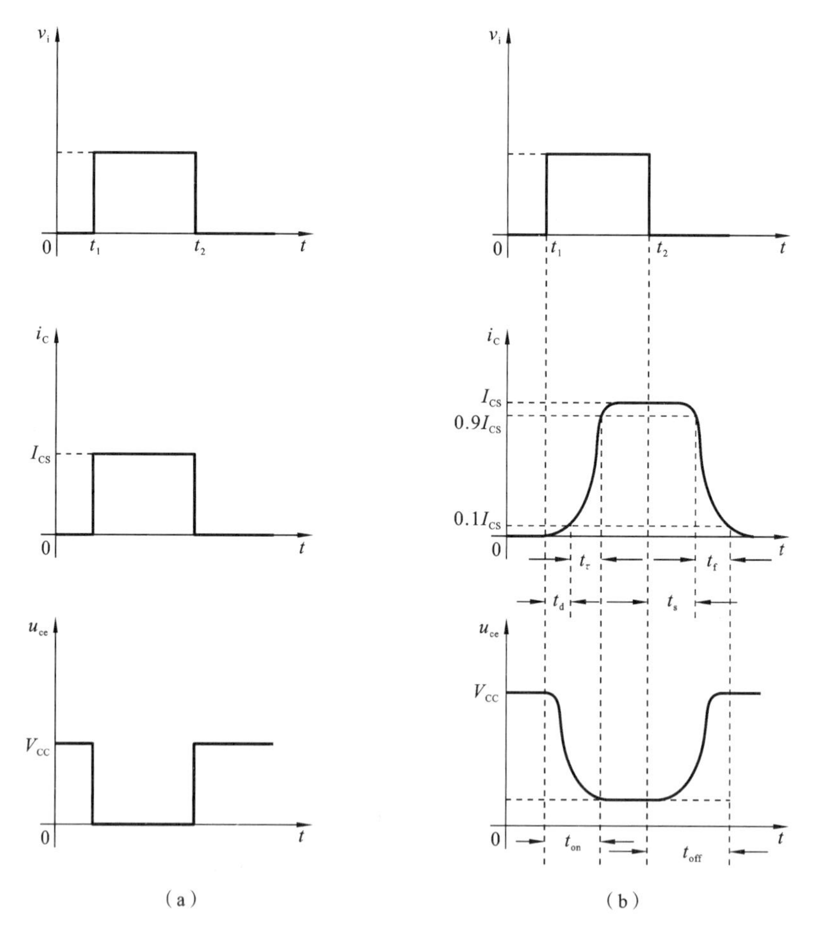

图 4.2.10　三极管的动态特征

区仍保持在截止时的宽度，故发射极的电子不能立即穿过发射结到达基区，但这时发射区的电子进入空间电荷区，使空间电荷区变窄，然后发射区开始向基区发射电子，三极管导通，并开始形成集电极电流 i_C。从三极管开始导通到集电极电流 i_C 上升到 $0.1I_{CS}$ 所需要的时间称

为延迟时间 t_d。

经过延迟时间后，发射结不断地向基区注入电子，电子在基区积累，并向集电区扩散，随着基区电子浓度的不断增加，i_C 由 $0.1I_{CS}$ 上升到 $0.9I_{CS}$ 所需要的时间为上升时间 t_τ。三极管的开通时间等于延迟时间 t_d 和上升时间 t_τ 之和，即

$$t_{on}=t_d+t_\tau \tag{4.2.1}$$

开通时间的长短取决于晶体管的结构和电路的工作条件。

(2) 关闭时间。

关闭时间是指三极管从饱和导通到截止所需要的时间，记为 t_{off}，经过上升时间后，集电极电流最终上升到 I_{CS} 后，进入饱和状态，集电极收集电子的能力减弱，过剩的电子不再在基区积累，这些过剩的电荷称为超量存储电荷，同时在集电区靠近边界处也积累了一定的空穴，故集电结处于正向偏置。

当输入信号 v_i 由高电平变到低电平时，上述存储电荷不能立即消失，而在反向电压作用下产生漂移运动而形成反向电流，促使超量存储电荷泄放。在电荷完全泄放前，集电极电流 I_{CS} 不变，直到存储电荷完全消散，三极管才退出饱和状态，i_C 开始下降，从输入信号下跳开始，到集电极电流 i_C 下降到 $0.9I_{CS}$ 所需要的时间称为存储时间 t_s。

在基区存储的电荷全部消失后，基区的电子在反向电压的作用下越来越少，集电极电流 i_C 也不断减少，并逐步趋于 0，集电极电流 i_C 从 $0.9I_{CS}$ 下降到 $0.1I_{CS}$ 所需要的时间称为下降时间 t_f。

三极管的关闭时间等于存储时间 t_s 和下降时间 t_f 之和，即

$$t_{off}=t_s+t_f \tag{4.2.2}$$

同样，关闭时间的长短取决于晶体管的结构和电路的工作条件。三极管的开通时间 t_{on} 和关闭时间 t_{off} 的大小都是影响电路工作时间的主要因素。

3. MOS 管的开关特性

MOS 管是金属-氧化物-半导体场效应管的简称。由于只有多数载流子参与导电，故也称其为单极型三极管。图 4.2.11 所示的是增强型 NMOS 基本开关电路。

选择合适的电路参数则可以保证：当 $u_i=U_{IH}$ 时，MOS 管导通，$u_o=0=U_{OL}$，相当于开关闭合；当 $u_i=U_{IL}$ 时，MOS 管截止，$u_o=V_{DD}=U_{OH}$，相当于开关断开。

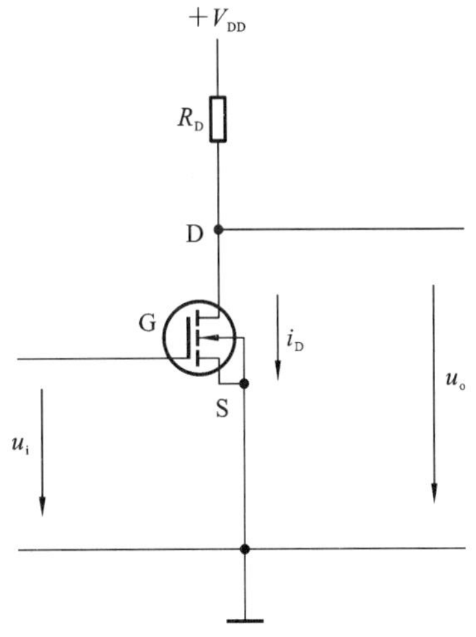

图 4.2.11　增强型 NMOS 基本开关电路

4.3　逻辑门电路

逻辑门电路是数字逻辑设计中的最小单位与基本单元。了解和掌握门电路的内部结构、工作原理和外部特性十分必要。本节将从实际应用的角度介绍 TTL 集成逻辑门和 CMOS 集成逻辑门。

4.3.1 基本逻辑门电路

逻辑代数基本三运算是与、或、非。实现与、或、非三种基本逻辑运算的电路称为与门、或门和非门。为了让读者对门电路的基本原理有基本了解，在介绍 TTL 集成逻辑门和 CMOS 集成逻辑门之前，先对简单的晶体二极管与门、晶体二极管或门和晶体三极管非门的结构与原理作个介绍。

1. 与门

实现与逻辑功能的电路称为与门。与门有两个或两个以上的输入端，一个输出端。图 4.3.1(a)所示的是由二极管组成的两输入与门，与门的逻辑符号如图 4.3.1(b)所示。

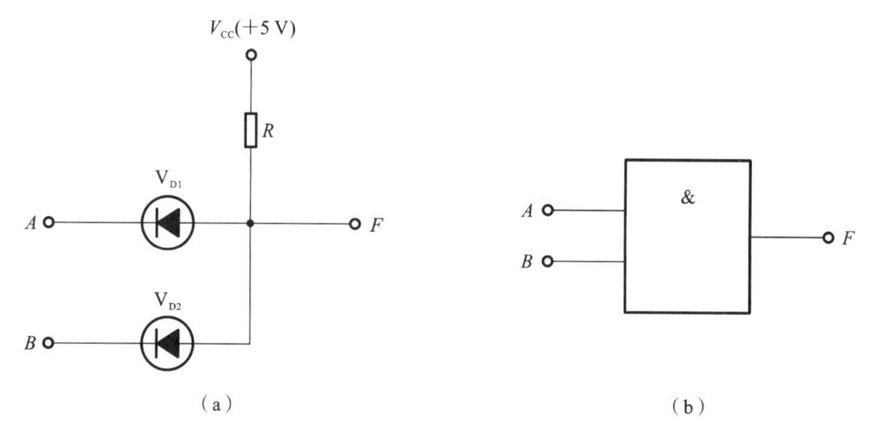

图 4.3.1 二极管与门电路与与门符号

在图 4.3.1(a)中，A、B 是输入端，F 为输出端。假设电路中的二极管为硅管，输入信号的高电平为 5 V，低电平为 0 V，根据输入信号的高低电平不同，输出情况如表 4.3.1 所示(+5 V)。

表 4.3.1 图 4.3.1(a)电路的分析

u_A	u_B	u_F	V_{D1}	V_{D2}
0 V	0 V	0.7 V	导通	导通
0 V	5 V	0.7 V	导通	截止
5 V	0 V	0.7 V	截止	导通
5 V	5 V	5 V	截止	截止

根据 TTL 逻辑电平的高低电平的范围，按表 4.3.1 可以写出真值表，如表 4.3.2 所示。

表 4.3.2 图 4.3.1(a)的真值表

A	B	F
0	0	0
0	1	0
1	0	0
1	1	1

从表 4.3.2 中可以看出，该电路实现了与运算的逻辑功能，输出 F 与输入 A、B 之间的逻辑关系表达式为 $F=A\cdot B$。

2. 或门

实现或逻辑功能的电路称为或门。或门有两个或两个以上的输入端，一个输出端。图 4.3.2(a)所示的是由二极管组成的两输入或门，或门的逻辑符号如图 4.3.2(b)所示。

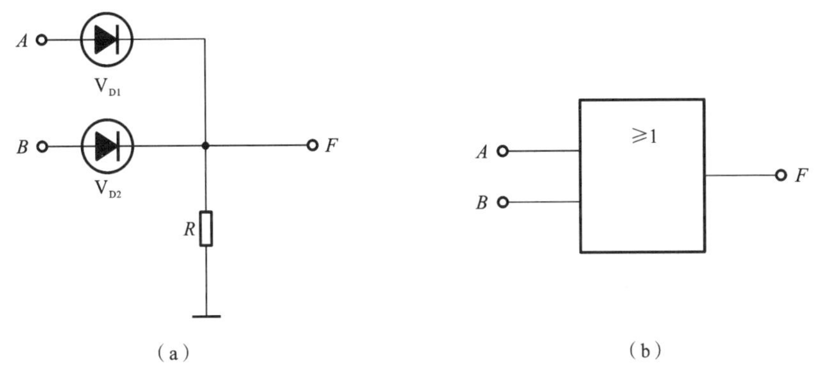

图 4.3.2　二极管或门电路与或门符号

在图 4.3.2(a)中，A、B 是输入端，F 为输出端。假设电路中的二极管为硅管，输入信号的高电平为 5 V，低电平为 0 V，根据输入信号的高低电平不同，输出情况如表 4.3.3 所示。

表 4.3.3　图 4.3.2(a)电路的分析

u_A	u_B	u_F	V_{D1}	V_{D2}
0 V	0 V	0 V	截止	截止
0 V	5 V	4.3 V	截止	导通
5 V	0 V	4.3 V	导通	截止
5 V	5 V	4.3 V	导通	导通

根据 TTL 逻辑电平的高低电平的范围，按表 4.3.3 可以写出真值表，如表 4.3.4 所示。

表 4.3.4　图 4.3.2(a)的真值表

A	B	F
0	0	0
0	1	1
1	0	1
1	1	1

从表 4.3.4 中可以看出，该电路实现了或运算的逻辑功能，输出 F 与输入 A、B 之间的逻辑关系表达式为 $F=A+B$。

3. 非门

实现非逻辑功能的电路称为非门。非门又称为反门或反向器，它有一个输入端和一个输出端。图 4.3.3(a)所示的是由三极管组成的非门，非门的逻辑符号如图 4.3.3(b)所示。

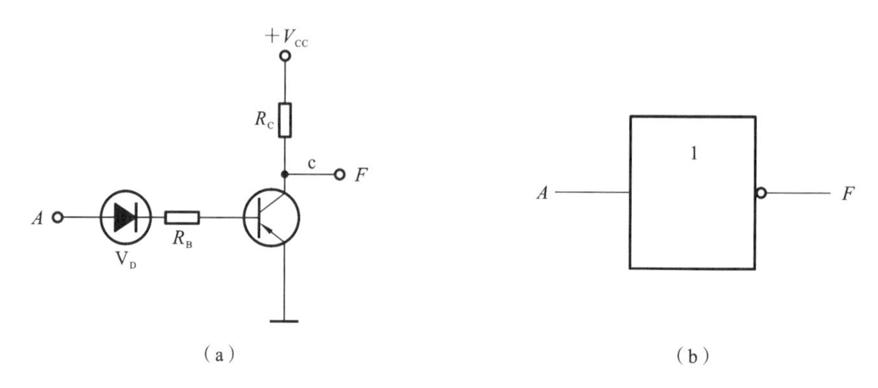

图 4.3.3 三极管非门电路与非门符号

在图 4.3.3(a)中，二极管的压降为 0.7 V，可保证输入电压在 1 V 以下时，开关电路可靠截止。非门的输入与输出的电压如表 4.3.5 所示，真值表如表 4.3.6 所示。

表 4.3.5 非门的输入与输出的电压

A/V	F/V
<0.8	5
>2	0.2

表 4.3.6 非门真值表

A	F
0	1
1	0

由表 4.3.6，该电路实现了非运算的逻辑功能，输出 F 与输入 A 之间的逻辑关系表达式为 $F=\overline{A}$。

上面介绍的是由二极管、三极管构成的三种基本门电路。这三种基本运算可以实现，但是这些门电路的负载能力、开关特性等均不够理想。实际应用中使用的门电路是经过反复改进后的、性能更优的各种集成逻辑门电路。

4.3.2 TTL 集成逻辑门电路

TTL 逻辑门由若干晶体二极管、三极管和电阻等组成，这种门电路问世于 20 世纪 60 年代。最早的 TTL 集成逻辑门电路是 74 系列，也称为标准系列。后来随着 TTL 技术的发展，在 74 系列的基础上对功耗、速度、传输延迟等特征进行了若干改进，从而形成了 74H、74S、74LS、74AS、74ALS 等多个系列，虽然各个系列电路在外部特征上有所不同，但是同一种编号的集成器件在逻辑功能方面是相同的。

TTL 逻辑器件根据工作环境温度和电源电压不同分为 54 系里和 74 系里两大类。相对而言，54 系列的工作环境温度范围比 74 系列的更宽，其电源允许变动的范围更大。54 系列的工作环境温度为－55 ℃～125 ℃，电源电压的工作范围为 5 V±10％；74 系列的工作环境温度为 0 ℃～75 ℃，电源电压的工作范围为 5 V±5％。根据器件的工作速度和功耗不同，国产 TTL 集成电路主要分为 CT54/74 系列（标准通用系列，相当于国际上的 SN54/74 系列）；CT54H/74H 系列（高速系列，相当于国际上的 SN54H/74H 系列）；T54S/74S 系列（肖特基系列，相当于国际上的 SN54S/74S 系列）；T54LS/74LS 系列（低功耗肖特基系列，相当于国际上的 SN54LS/74LS 系列）。各个系列的详细参数可查阅相应的用户手册。下面以 TTL 与非门为例介绍 TTL 集成逻辑电路的工作原理。

与非门是应用最为广泛的逻辑门之一，它可以实现任意的逻辑运算。图 4.3.4 所示的是典型的 CT54/74 系列 TTL 与非门电路与对应的逻辑符号。

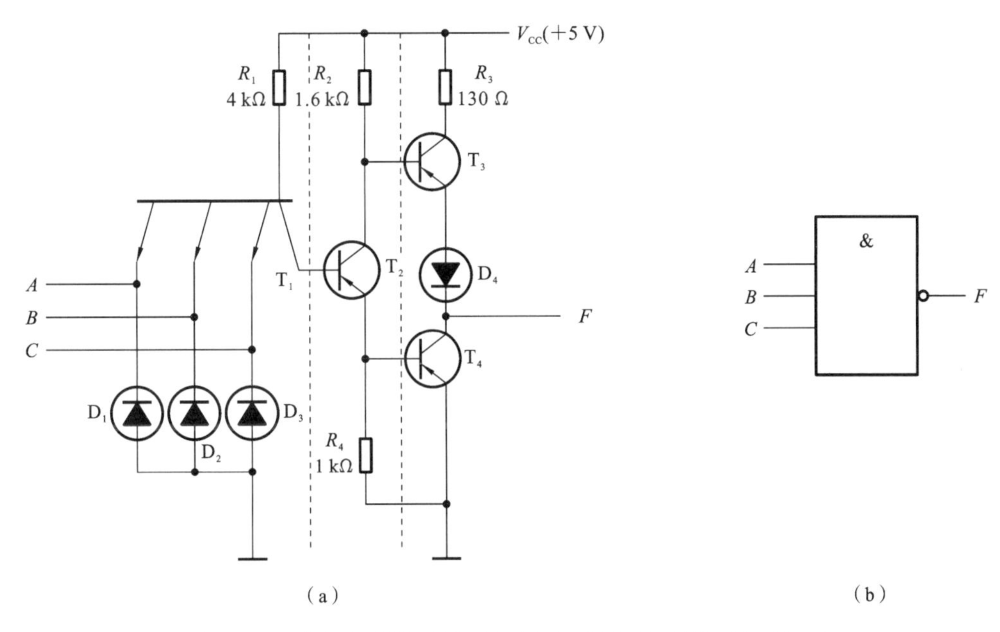

图 4.3.4　典型的 CT54/74 系列 TTL 与非门电路及其逻辑符号

1. TTL 与非门的电路结构

图 4.3.4(a)中的电路可分成三个部分，三个部分的功能如下。

第一部分为输入级，可实现与逻辑功能，由多发射极晶体管 T_1 管和 R_1 构成。多发射极三极管的每一个发射极都可以和基极组成一个独立的发射结，并能使三极管进入截止区和饱和区。同时，各个发射极之间又构成一个逻辑与关系。当 A、B、C 三个输入端有一个低电平时，晶体管 T_1 的基极就为低电平，只有当 A、B、C 三个输入端都是高电平时，晶体管 T_1 的基极才为高电平。等效电路如图 4.3.5 所示。

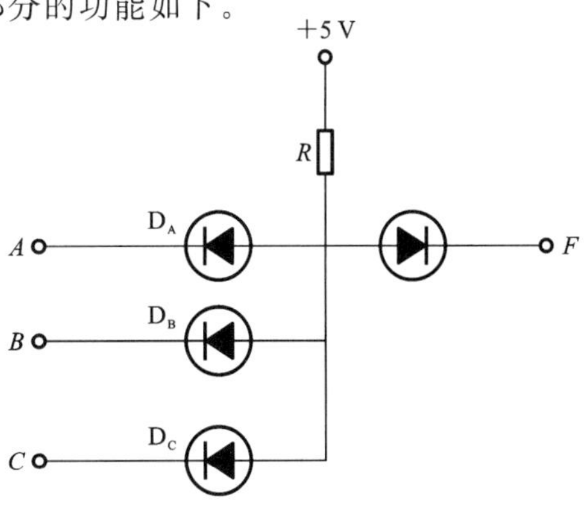

图 4.3.5　输入级的等效电路

第二部分是中间级，可实现非功能，由晶体

管 T_2 和 R_2、R_3 构成。T_2 的作用为:对 T_2 当基极输入的电平进行反向操作(逻辑“非”),从集电极输出电平,形成第三部分输出基极的控制信号。

第三部分是输出级,由 T_3、T_4、R_4、D_4 构成推拉式输出,在中间级的控制下,T_3、D_4 和 T_4 之间只会有一组导通,另外一组截止。

输入端的三个二极管 D_1、D_2、D_3 为钳位二极管,用于限制输入端出现的负极性干扰信号,对晶体管 T_1 起保护作用。

2. TTL 与非门的工作原理

当 A、B、C 三个输入端有一个或多个为低电平(假设为 0.3 V)时,T_1 的基极电压 $u_{B1}=0.3\ V+u_{be1}\approx 0.3\ V+0.7\ V=1\ V$。在 $V_{CC}=5\ V$ 时,T_1 的基极电流为

$$i_{B1}=\frac{V_{CC}-u_{be1}}{R_1}\approx\frac{5\ V-1\ V}{4\ k\Omega}=1\ mA$$

这样一个大电流足以使 T_1 深度饱和导通,使 $u_{ce1}\approx 0.1\ V$,所以 T_2 管的基极电压 $u_{B2}=0.3\ V+u_{ce1}\approx 0.3\ V+0.1\ V=0.4\ V$,不能驱动 T_2 和 T_4 导通,T_2 和 T_4 截止。因 T_2 截止,则 T_2 的集电极电压为高电平,驱动 T_3 和 D_4 导通。

F 端的输出电压为

$$U_F=V_{CC}-i_{B2}R_3-u_{be3}-u_{D3}\approx 5\ V-0.7\ V-0.7\ V=3.6\ V$$

即 F 端输出高电平 U_{OH}。

当 A、B、C 的输入都是高电平(4.6 V)时,在 V_{CC} 的作用下,T_1 的集电结,T_2 的发射结、T_4 的发射结都正偏导通,T_1 的基极电压为 $u_{B1}=u_{bc1}+u_{be2}+u_{be4}\approx 2.1\ V$,此时,$T_1$ 的集电极电压约为 1.4 V(也就是 T_2 的基极电压),即 T_1 处于发射结反向偏置,而集电结正向偏置的工作状态。此时有电流流经 R_1 和 T_1 集电极注入 T_2 的基区,因此 T_2 的基极电流 i_{B2} 为

$$i_{B2}\approx\frac{V_{CC}-u_{B1}}{R_1}=\frac{5\ V-2.1\ V}{4\ k\Omega}\approx 0.725\ mA$$

这样,i_{B2} 的电流足以使 T_2 饱和导通,也能够使 T_2 饱和导通,因此有 $u_{ce2}\approx 0.3\ V$,则有

$$u_{C2}\approx u_{be4}+u_{ce2}\approx 0.7\ V+0.3\ V=1\ V=u_{B3}$$

不能驱动 T_3 和 D_4 的导通,即 T_3 和 D_4 截止。输出级的输出电压为

$$U_F=u_{ce4}\approx 0.3\ V$$

即 F 端输出为低电平 U_{OL}。根据上述的讨论,输出与输入之间的关系是与非逻辑关系,即

$$F=\overline{A\cdot B\cdot C}$$

3. TTL 门电路的主要外部特征和参数

在集成电路的应用中,除了要考虑其逻辑功能外,还必须考虑其外部特征,下面以 74 系列的与非门为例来讨论 TTL 门电路(简称 TTL 电路)的外部特征。

(1) TTL 门电路的极限参数。

TTL 门电路的极限参数是用以保证芯片能够安全工作的参数,具体参数如表 4.3.7 所示。

表 4.3.7　TTL 门电路的极限参数

名称	符号	最大变化范围	单位
电源电压	V_{CC}	4.5～5.5	V
输入电压	V_{IN}	－0.5～5.5	V
输入电流	I_I	－3.0～5.0	mA
环境温度	T_A	－55～125	℃

(2) TTL 门电路的电气参数。

TTL 电路的电气参数主要包括输出高低电平、开门电平与关门电平、抗干扰能力、驱动负载能力(扇出系数)、传输延迟等。

① 输出高低电平。

输出高电平 U_{OH} 是指与非门的输入至少有一个接低电平时的输出电平。输出高电平的典型值是 4.6 V,产品规范值为 $U_{OH}>2.4$ V。

输出低电平 U_{OL} 是指与非门的输入全部接高电平时的输出电平。输出低电平的典型值是 0.3 V,产品规范值为 $U_{OL}<0.4$ V。

一般来说,希望高电平与低电平之间的差值越大越好,因为两种差值越大,逻辑值"1"和逻辑值"0"的区分越明显,电路工作也就越稳定。

② 开门电平与关门电平。

开门电平 V_{on} 是指确保与非门输出为低电平时所允许的最小输入电平。开门电平表示输入高电平的最小值。V_{on} 的典型值为 1.5 V,产品规范值是 $V_{on}<1.5$ V。

关门电平 V_{off} 是指确保与非门输出为高电平时所允许的最大输入电平,关门电平表示输入低电平的最大值。V_{off} 的典型值为 1.3 V,产品规范值是 $V_{off}\geqslant 0.8$ V。

开门电平和关门电平的大小反映了与非门抗干扰能力的大小。具体来讲,开门电平的大小反映了高电平时的抗干扰能力,V_{on} 越小,输入高电平时系统的抗干扰能力就越强。关门电平的大小反映了低电平时的抗干扰能力,V_{off} 越大,输入低电平时系统的抗干扰能力就越强。

③ 抗干扰能力。

实际应用中,由于外界干扰、电源波动,可能会使门电路的输入电平偏离开门电平或关门电平的规定值,从而产生不可预期的改变。在集成电路中,经常以噪声容限来说明门电路的抗干扰能力。

当门电路输入低电平 U_{IL} 时,电路能允许的噪声干扰应以 U_{IL} 加上瞬态的噪声干扰不超过低电平的上限 U_{ILmax} 为原则,也就是允许的噪声干扰 $U_{NL}=U_{ILmax}-U_{IL}$。U_{NL} 为低电平噪声容限。

当门电路输入高电平 U_{IH} 时 ,电路能允许的噪声干扰应以 U_{IH} 加上瞬态的噪声干扰(负向)不超过高电平的下限 $U_{IH\,min}$ 为原则,也就是允许的噪声干扰 $U_{NH}=U_{IH}-U_{IH\,min}$。$U_{NH}$ 为高电平噪声容限。

由于在很多情况下,门电路的输入都是来自其他门电路的输出,因此也可以表示为

$$U_{NL}=U_{ILmax}-U_{OL}$$
$$U_{NH}=U_{OH}-U_{IHmin}$$

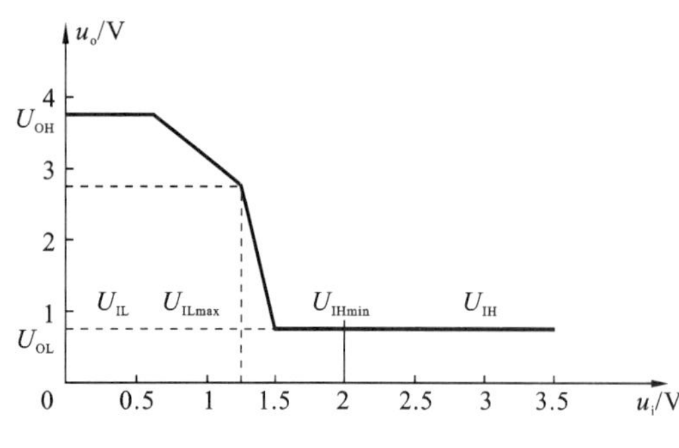

图 4.3.6 TTL 与非门电压传输特性

上述两式表明，噪声容限与门电路输入、输出的高低电平有关。对于 TTL 与非门，将其输入端连接在一起，加以电压 u_i，然后测量出输出电压 u_o，可以得到输出电压随输入电压的变化的关系曲线，即电压传输特征曲线（如图 4.3.6 所示）。

TTL 与非门的输出高电平的典型值为 4.6 V（一般要求不小于 2.4 V），输出低电平的典型值为 0.3 V（一般要求不大于 0.4 V）。

输入高电平的最小值 U_{IHmin} 约为 2.0 V（输出为额定电平 0.35 V 时对应的输入电压），输入低电平的最大值 U_{ILmax} 约为 0.8 V（输出为额定电平 3 V 的 70 %时对应的输入电压）。由此可以计算出与非门的噪声容限：

$$U_{NL}=U_{ILmax}-U_{OL}\approx 0.8\ \text{V}-0.4\ \text{V}=0.4\ \text{V}$$

$$U_{NH}=U_{OH}-U_{IHmin}\approx 2.4\ \text{V}-2.0\ \text{V}=0.4\ \text{V}$$

④ 扇出系数。

扇出系数可反映数字集成电路驱动负载的能力的大小。通常以电路的一个输出端能驱动同类门的输入端数来表示。逻辑门电路的输出端提供的电流是有限的，这一电流的大小决定了门电路驱动负载的能力。一个门电路所能连接的最大同类门的个数称为该门电路的扇出系数。

以 TTL 与非门为例，如图 4.3.7（输出为高电平）和图 4.3.8 所示（输出为低电平）。门 G_1 的输出连接到一个或者多个其他的逻辑门 $G_2,G_3,\cdots,G_n$，G_1 称为驱动门，$G_2,G_3,\cdots,G_n$ 称为负载门。门电路的扇出系数由 $G_2,G_3,\cdots,G_n$ 的输入电流和 G_1 输出电流等参数决定。

（a）高电平扇出系数。

在图 4.3.7 中，负载门输入电流 I_{IH} 为输入高电平电流，也称为输入漏电流，是门输入端接高电平时，流入输入端的电流。在负载门的输入为高电平时，结合对图 4.3.6 的分析，图 4.3.7 中的 V_1、V_2 处于倒置放大状态，电流由发射极流入集电极。倒置应用时放大倍数 β（约为 0.01）很小，约为 20～40 μA。

驱动门输出电流 I_{OH} 称为输出高电平电流，也称为拉电流。I_{OH} 门输出高电平时，流出输出端的电流。在图 4.3.7(b)中，当驱动门输出高电平时，V_3、V_{D1} 导通，V_4 截止，电流从 V_{CC} 经 V_3、V_{D1} 流出驱动门的输出端。

对于拉电流，其不能超过它允许的最大电流值 I_{OHmax}，否则会增大输出端电阻的电压降。从而导致输出电平下降。由此可见，负载门输入高电平电流 I_{IH} 的大小和驱动门拉电流 I_{OH} 的大小决定了驱动门高电平时候的扇出系数 N_H，可以表示为 $N_H=\frac{I_{OHmax}}{I_{IH}}$。

（b）低电平扇出系数。

在图 4.3.8 中，输出低电平时，负载门的输入电流 I_{IL} 称为输入低电平电流，是输入端接低电平时，流出负载门的输入端的电流。参照图 4.3.8，负载门输入低电平时，V_{D1} 导通，电流从 V_{CC} 经 R_1、R_2 和 V_1、V_2 发射极流出输入端。I_{IL} 电流比较大，在图 4.3.8 中，I_{IL} 约为 1 mA。

驱动门输出电流 I_{OL} 称为输出低电平电流，也称为灌电流。I_{OL} 门输出低电平时，流入驱动

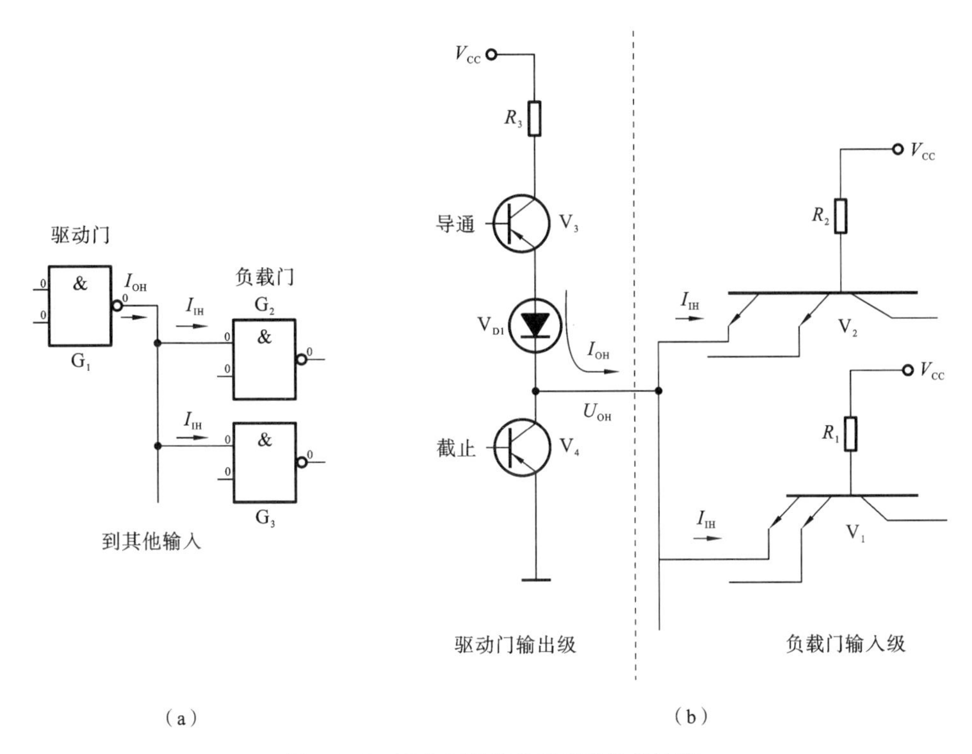

（a）　　　　（b）

图 4.3.7　高电平输出的扇出系数的计算

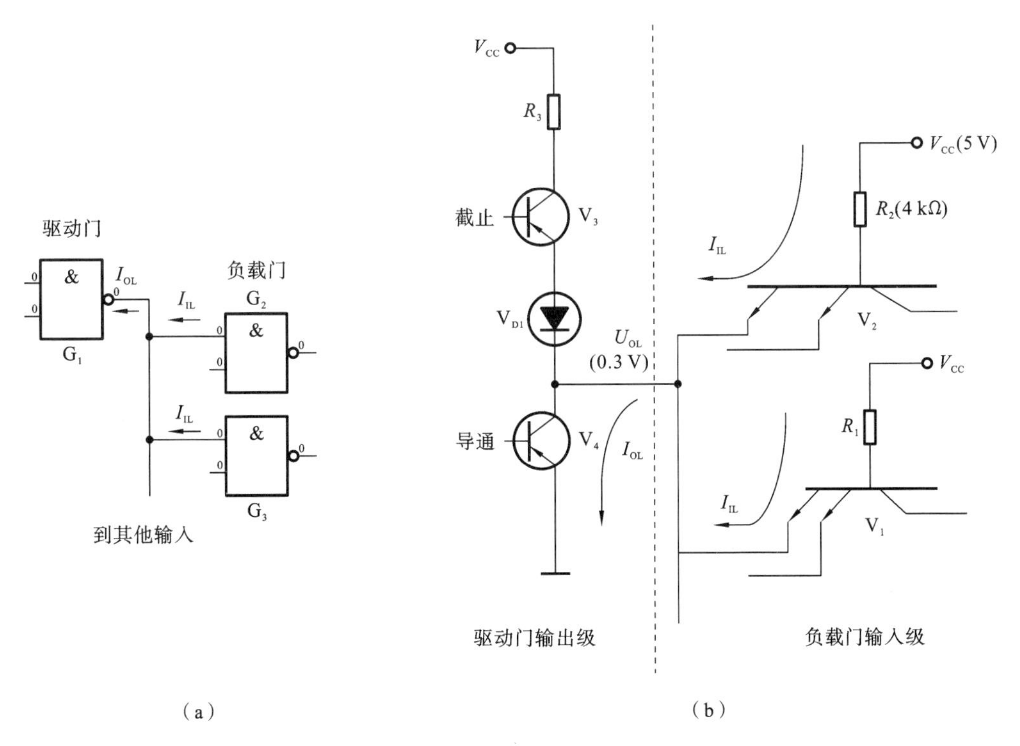

（a）　　　　（b）

图 4.3.8　低电平输出的扇出系数的计算

门 G_1 的电流。当输出低电平时，在图 4.3.8(b)中，V_3、V_{D1} 截止，V_4 导通。电流经过 V_4 流入地。

灌电流也不能超过 I_{OLmax}，否则会使 V_4 脱离饱和状态，提高输出电平。由此可见，负载门输入低电平电流 I_{IL} 的大小和驱动门灌电流 I_{OL} 的大小决定了驱动门低电平时候的扇出系数 N_L，可以表示为 $N_L=\frac{I_{Omax}}{I_{IL}}$。

门电路的扇出系数 N_O 取 N_H 和 N_L 两者中的较小者。

例如，标准 TTL 门电路 $I_{OHmax}=400\ \mu A$，$I_{IH}=40\ \mu A$，$I_{OLmax}=16\ mA$，$I_{IL}=1.6\ mA$，则有

$$N_H=\frac{400\ \mu A}{40\ \mu A}=10,\quad N_L=\frac{16\ mA}{1.6\ mA}=10$$

即该 TTL 电路的高电平和低电平的扇出系数都是 10，因此该门电路的扇出系数为 10，意味着门输出端最多可以连接同类门的 10 个输入端。

⑤ 传输延迟。

传输延迟是门电路从输入信号的变化到输出信号的变化所经历的时间。它表明集成电路输出对输入信号变化的响应速度。一个实际“与非”门输入与输出的响应关系如图 4.3.9 所示。

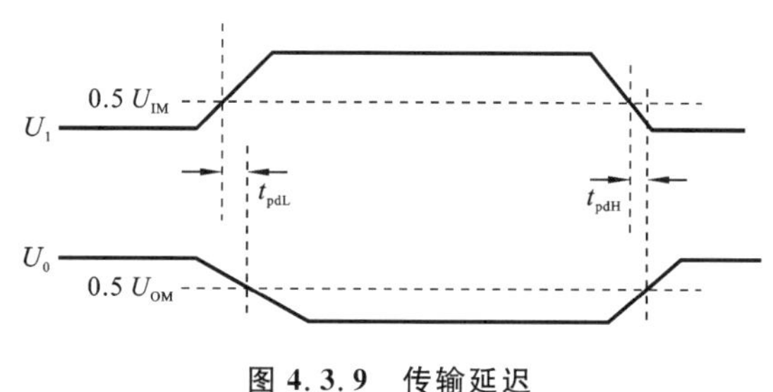

图 4.3.9　传输延迟

在图 4.4.8 中，t_{pdL} 是输入信号的上升沿中点到输出信号的下降沿中点的延迟时间。t_{pdH} 是输入信号的下降沿中点到输出信号的上升沿中点的延迟时间。门电路的平均延迟时间为

$$t_{pd}=\frac{1}{2}(t_{pdL}+t_{pdH})$$

⑥ 平均功耗。

逻辑门电路的功耗可以用 $V_{CC}\times I_{CC}$ 来计算，在不同情况下，门电路的 I_{CC} 是不同的，当门电路处于相对稳定的工作状态时，将逻辑门电路输出高电平时的电源电流记为 I_{CCH}，输出低电平时的电源电流记为 I_{CCL}，则其平均电源电流 $I_{CC(av)}$ 为

$$I_{CC(av)}=\frac{1}{2}(I_{CCH}+I_{CCL})$$

平均功耗 P_{av} 为

$$P_{av}=V_{CC}\times I_{CC(av)}$$

例如，当 $V_{CC}=5$ V 时，标准与非门 $I_{CCH}=1$ mA，$I_{CCL}=3$ mA，其平均电源电流为

$$I_{CC(av)}=\frac{1}{2}(I_{CCH}+I_{CCL})=\frac{1}{2}(1\ mA+3\ mA)=2\ mA$$

平均功耗为

$$P_{av}=V_{CC}\times I_{CC(av)}=5\ V\times2\ mA=10\ mW$$

当逻辑门电路输入发生跳变时，在与非门电路图 4.3.4 中，T_1、T_2、T_3、T_4、D_4 瞬间导通，这时会有瞬时的大电流（典型值为 32 mA），称为动态尖峰电流，使得电源电流在一个工作周期中的平均电流变大，当功耗是数字电路系统的主要指标的时候，不可能忽略尖峰电流的影响。

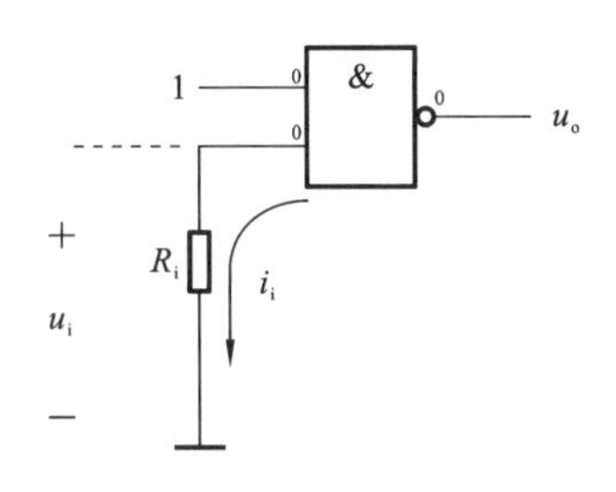

图 4.3.10　TTL 与非门输入端电阻接地

⑦ 开门电阻与关门电阻。

通过前面对 TTL 电路的主要外部特征的分析，可以看出，在图 4.3.10 中，输入低电平的时候会形成较大的输入低电平电流。输入电压 $u_i=R_i\cdot i_i$，即输入电压 u_i 会随着电阻 R_i 的增大而增大，当增大到一定程度的时候，就会使与非门的输出转换为低电平。保证门的输入为“0”的最大电阻值，称为关门电阻，典型值为 0.8 kΩ。考虑一种输入端悬空的极限情况，这相当于 $R_i=\infty$，相当于输入是高电平。TTL 门电路多余输入端处理方法如下。

(a) 多余端接不影响逻辑功能的电平值；

(b) 多余输入端与有用的输入端并联。

另外，TTL 门电路的推拉式的输出结构，使得其输出电阻比较小，因此不能将两个 TTL 门电路的输出端直接并联，如图 4.3.11 所示，当一个门输出高电平，另外一个门输出低电平时，会有大电流流过两个输出级，这种大电流会大大超过正常的工作电流，甚至会造成门电路的损坏。

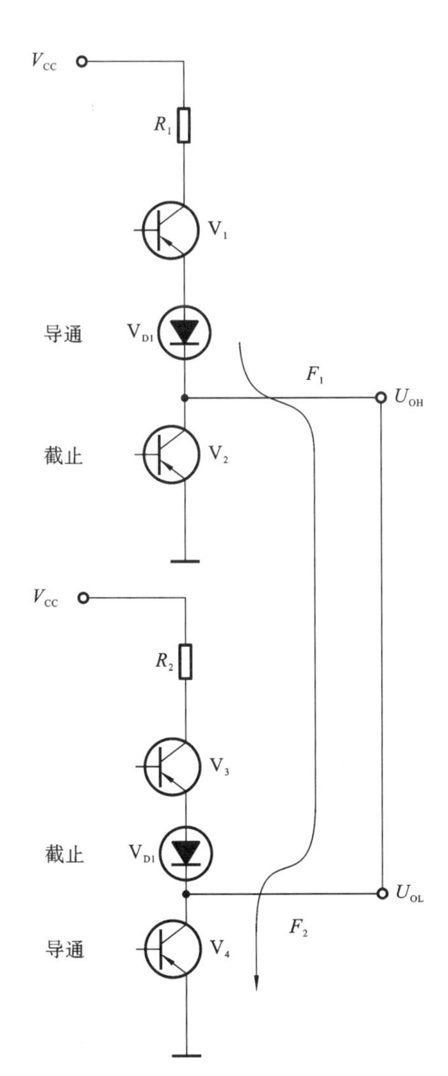

图 4.3.11　推拉式输出并联

⑧ 两种特殊的 TTL 门。

在实际应用中，还有两种使用广泛的特殊门电路，即集电极开路门和三态门。

(a) 集电极开路门。

普通“与非”门的输出端不可以连接在一起。集电极开路门（Open Collector），简称 OC 门，能够实现门电路输出端的并联。

集电极开路门的电路结构与逻辑符号如图 4.3.12所示，图 4.3.12(a)与典型的 TTL 与非门电路结构相比，去掉了 T_3 和 D_4，令 T_4 的集电悬空，从而把典型 TTL 与非门的推拉式输出变为三极管集电极开路输出，在使用时需要通过负载电阻 R_L 和 V_{CC} 令其正常工作。一方面，当门电路输入低电平时，T_4 截止，使得输出端能够输出高电平；另一方面，当输入高电平时，T_4 饱和导通，R_L 起到限流作用，使灌入门的电流不会太大，以保证输出低电平符合要求。只要电阻 R_L 和 V_{CC} 的选择适当，就可以实现与非逻辑。OC

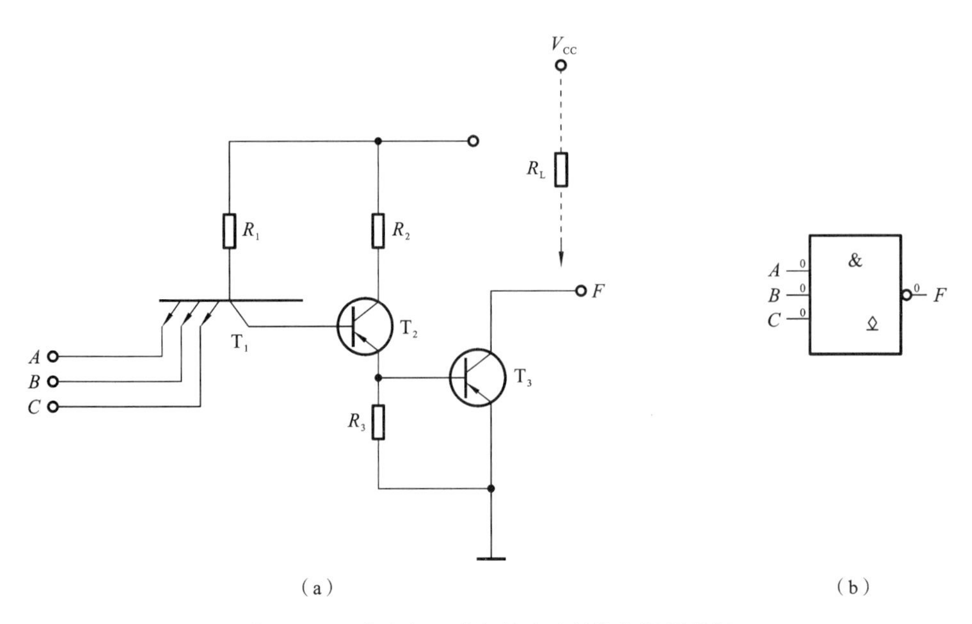

图 4.3.12　集电极开路门的电路结构与逻辑符号

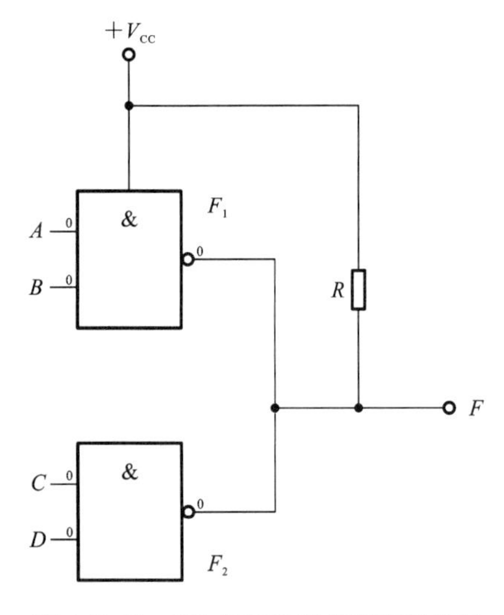

图 4.3.13　OC 门输出端并联实现线与

门的逻辑符号如图 4.3.12 (b)所示。

OC 门的主要应用形式是将其输出端并联，实现线与功能，如图 4.3.13 所示。

在图 4.3.13 中，输出端通过两个 OC 门并联在一起，并通过一个公共电阻 R 和 V_{CC} 相连，当两个 OC 门的输出都是高电平时，F 输出高电平；只要有一个 OC 门输出低电平(T_4 饱和导通)，输出就被拉至低电平，即

$$F=\overline{AB}\cdot\overline{CD}$$

(b) 三态门。

前面介绍的门电路的输出只有高电平或者低电平两种状态，而三态门在普通门的基础上增加了使能控制端电路，使得输出有三种状态，即高电平、低电平和高阻态。前两种状态为工作状态，高阻态是禁止状态。值得注意的是，三态门不是指具有三种逻辑值，在工作状态下，三态门的输出只有逻辑“0”与逻辑“1”，在禁止状态下，输出呈高阻态，相当于开路。

图 4.3.14(a)给出了一个三态输出与非门的电路结构。

从图 4.3.14(a)可以看出，该电路在典型的与非门的基础上，设置了一个控制输入端 EN，并在 EN 和 T_2 的集电极之间增加了控制二极管 D。因为 EN 是 T_1 的一个输入端，所以当 EN=0 时，T_2、T_3 截止，同时由于二极管的作用，T_2 的集电极电压为钳位在 1 V($V_{EN}+V_D$)左右，因此 T_3 和 D_4 也截止，结果在输出级 T_4、T_3 和 D_4 都截止，输出呈高阻态。当 EN=1 时，二极管 D 截止，控制电路不起作用，电路实现正常的与非门功能。

在图 4.3.14 所示的三态与非门中，EN=1，可实现与非门功能，因此称其为高电平有效

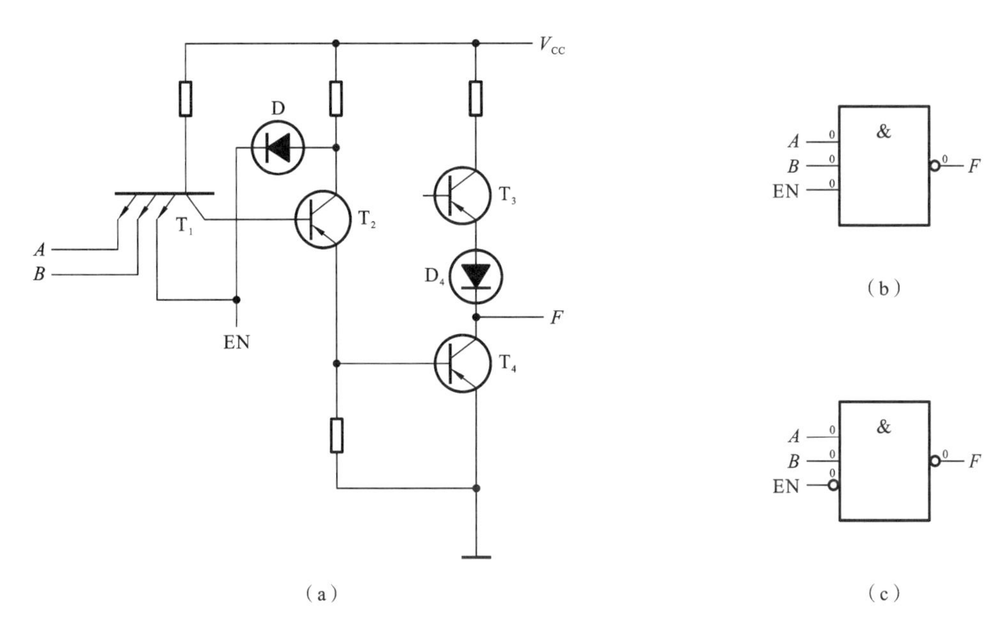

图 4.3.14　三态门的电路结构与逻辑符号

的三态与非门，其逻辑符号如图 4.3.14 (b)所示。

如果在 EN 的输入端加一个反相器，那么只有当 EN=0 时，才能实现与非功能，称为低电平有效的三态与非门，其逻辑符号如图 4.3.14 (c)所示。为了区别于高电平有效的三态门，通常在逻辑符号的控制端加一个小圆圈，有时也将使能控制信号用$\overline{EN}$表示。

利用三态门不仅可以实现线与，而且可以方便地实现公共总线结构。它既可以应用于单向数据传送，也可以应用于双向数据传送。

图 4.3.15 所示的为三态门构成的单向数据传输总线，只要控制各个门的 EN 端轮流为 1，且任何时刻仅有一个为 1，就可以实现各个门分时地向总线传输。

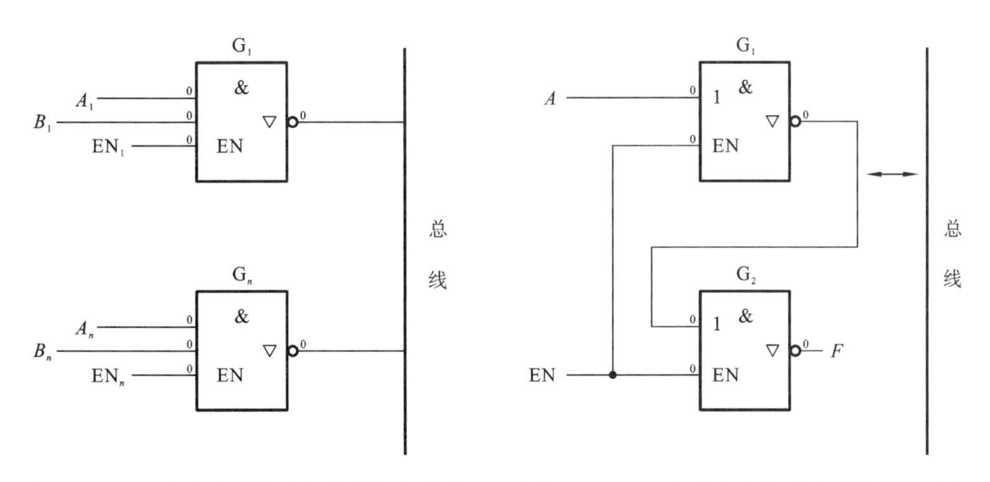

图 4.3.15　三态门构成的单向数据传输总线　　图 4.3.16　三态门构成的双向数据传输总线

图 4.3.16 所示的为三态门构成的双向数据传输总线，可实现数据的双向传输。当 EN=1 时，G_1 工作，G_2 呈高阻态，A 经 G_1 反相送至总线；当 EN=0 时，G_1 呈高阻态，G_2 工作，

总线数据经 G_2 反相从 F 端送出。从而实现了数据的分时双向传输。

多路数据通过三态门共享总线，实现数据的分时传输的方法，在计算机和其他数字系统中广泛用于数据和各种信号的传输。

4.3.3 CMOS 门电路

以 MOS 管作为开关管的门电路称为 MOS 门电路。MOS 门电路中有使用 P 沟道 MOS 管的 PMOS，使用 N 沟道 MOS 管的 NMOS，同时使用 PMOS 和 NMOS 管的 COMS 这三种类型的电路。CMOS 电路是目前应用最为广泛的一类集成电路，随着制造工艺的不断改进，CMOS 电路的工作速度已经接近 TTL 电路的，且在集成度、功耗、抗干扰能力方面远优于 TTL 电路。目前几乎所有的超大规模集成电路都采用 CMOS 工艺制造。

CMOS(Complementary MOS)门电路把 NMOS 管和 PMOS 管构造在同一个衬底上，将两种互补的 MOS 管连接起来实现逻辑功能，其基本门电路包括反相器、与非门、或非门等。

1. CMOS 反相器

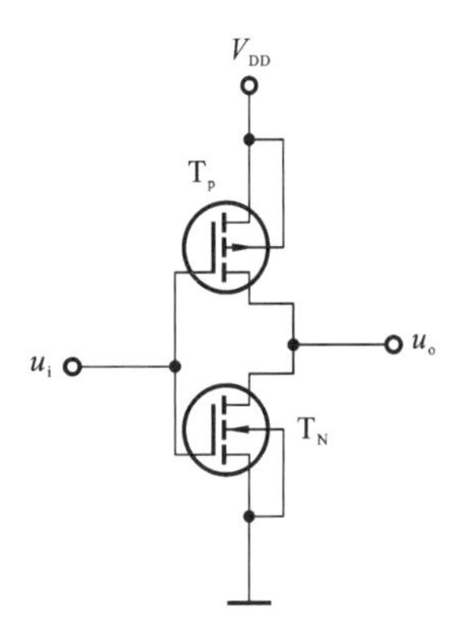

图 4.3.17　CMOS 反相器

CMOS 反相器是由一个增强型 PMOS 管和 NMOS 管串联而成的，电路结构图如图 4.3.17 所示。图中，PMOS 管 T_P 是负载管，NMOS 管 T_N 是工作管，PMOS 管 T_P 的源极接电源 V_{DD}，漏极与 NMOS 管 T_N 的漏极相连，引出输出端，NMOS 管 T_N 的源极接地。两个 MOS 管的栅极接在一起，作为电路的输入端。

增强型 NMOS 管的开启电压 $U_T>0$，输入电压(栅源间电压)$U_{DS}>U_T$ 时，NMOS 管导通。增强型 PMOS 管的开启电压 $U_T<0$，输入电压(栅源间电压)$U_{DS}<U_T$ 时，PMOS 管导通。$|U_T|$ 的典型值为 $0.2V_{DD}$。

对于图 4.3.17 所示的 CMOS 反相器接入高低电平时的分析如下。

(1) 当 $u_i=0$ V 时，PMOS 管的输入电压 $U_{GSP}=u_i-V_{DD}=-V_{DD}$，$T_P$ 管导通。NMOS 管的输入电压为 $U_{GSN}=u_i=0$，T_N 管截止。为计算出输出电压，将 MOS 管导通时的等效电阻记为 R_{on}(约为 10^3 Ω)，截止时的等效电阻记为 R_{off}(约为 10^{12} Ω)，则可以计算出 T_P 管导通，T_N 管截止时的电压：

$$u_o=\frac{V_{DD}\cdot R_{off}}{R_{on}+R_{off}}\approx V_{DD}$$

因此，输出端输出高电平。

(2) 当 $u_i=V_{DD}$ 时，PMOS 管的输入电压 $U_{GSP}=u_i-V_{DD}=0$，T_P 管截止。NMOS 管的输入电压为 $U_{GSN}=u_i=V_{DD}$，T_N 管导通。输出电压为

$$u_o=\frac{V_{DD}\cdot R_{off}}{R_{on}+R_{off}}\approx 0$$

因此，输出端输出低电平。

综合上面的分析，图 4.3.17 所示的电路实现了非逻辑功能，即 $F=\overline{A}$。

2. CMOS 与非门

两输入 CMOS 与非门的电路结构图如图 4.3.18 所示。它由两个并联的 PMOS 管和两个串联的 NMOS 管组成。

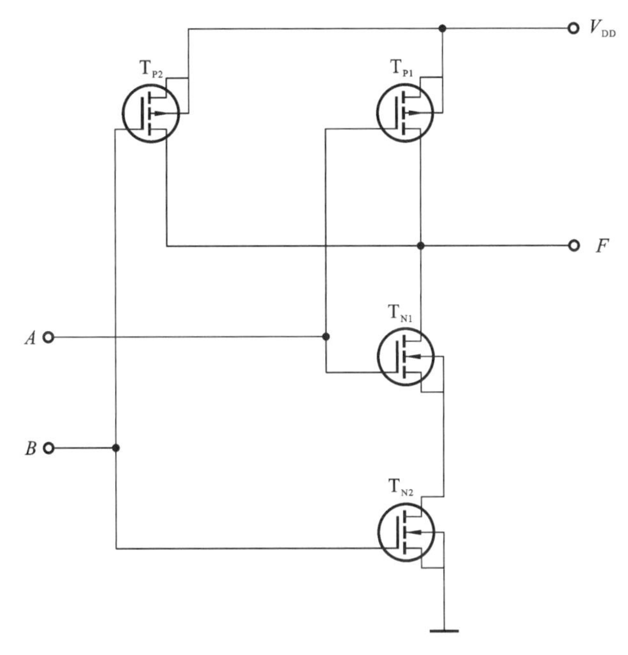

图 4.3.18　两输入 CMOS 与非门

当输入端 A、B 中任意一个为低电平时，与其相连的 PMOS 管导通，NMOS 管截止。因为两个 PMOS 管并联，两个 NMOS 串联，所以输出端 F 对地的电阻很大，而对电源的电阻很小，F 输出为高电平。

当输入端 A、B 都为高电平时，与其相连的 NMOS 管导通，PMOS 管截止。输出端 F 对地的电阻很小，而对电源的电阻很大，F 输出为低电平。

由上述分析可知，图 4.3.18 所示的电路实现了与非功能，其真值表如表 4.3.8 所示。

表 4.3.8　两输入 CMOS 与非门的真值表

A	B	T_{P1}	T_{P2}	T_{N1}	T_{N2}	F
0	0	导通	导通	截止	截止	1
0	1	导通	截止	截止	导通	1
1	0	截止	导通	导通	截止	1
1	1	截止	截止	导通	导通	0

3. CMOS 或非门

两输入 CMOS 或非门的电路结构图如图 4.3.19 所示。它由两个串联的 PMOS 管和两个并联的 NMOS 管组成。

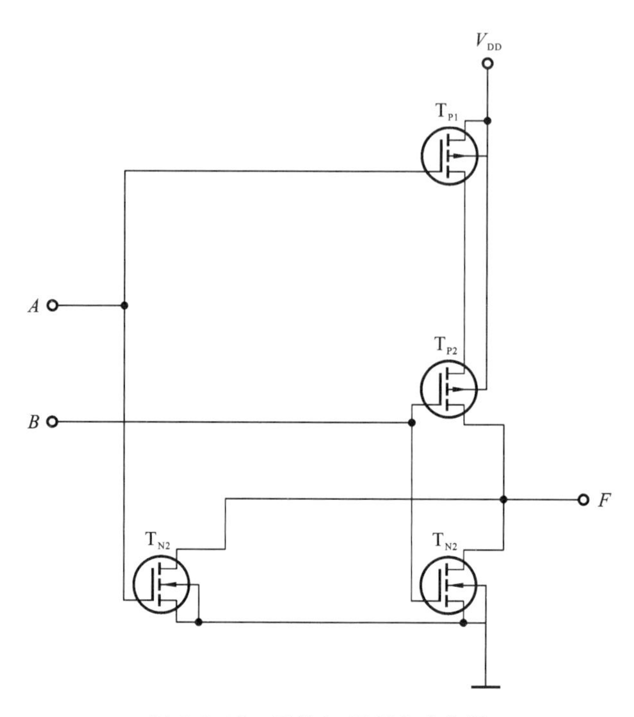

图 4.3.19　两输入 CMOS 或非门

当输入端 A、B 中任意一个为高电平时，与其相连的 PMOS 管截止，NMOS 管导通，F 输出为低电平。

当输入端 A、B 都为低电平时，与其相连的 NMOS 管截止，PMOS 管导通，F 输出为高电平。

由上述分析可知，图 4.3.19 所示的电路实现了或非功能，其真值表如表 4.3.9 所示。

表 4.3.9　两输入的 CMOS 或非门真值表

A	B	T_{P1}	T_{P2}	T_{N1}	T_{N2}	F
0	0	导通	导通	截止	截止	1
0	1	导通	截止	截止	导通	0
1	0	截止	导通	导通	截止	0
1	1	截止	截止	导通	导通	0

4. CMOS 三态门

COMS 三态门在普通门电路的基础上增加了控制电路，图 4.3.20 是在 CMOS 反相器的基础增加了 NMOS 管和 PMOS 管构成的。当使能控制端 EN＝1 时，NMOS 管和 PMOS 管同时截止，输出端 F 呈高阻态。当使能控制端 EN＝0 时，非门正常工作，实现逻辑非功能。

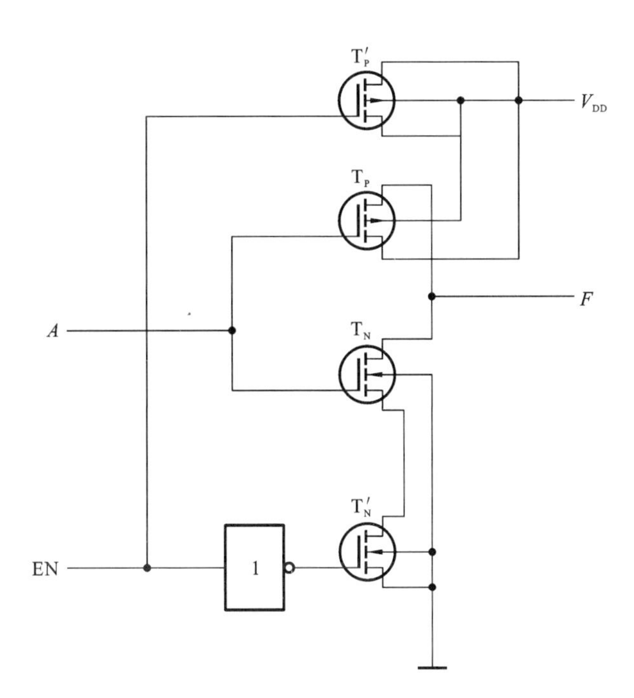

图 4.3.20　COMS 三态非门

5. CMOS 传输门

CMOS 传输门由一个 PMOS 管和一个 NMOS 管并联而成，其电路结构图和逻辑符号分别如图 4.3.21(a)和图 4.3.21(b)所示。

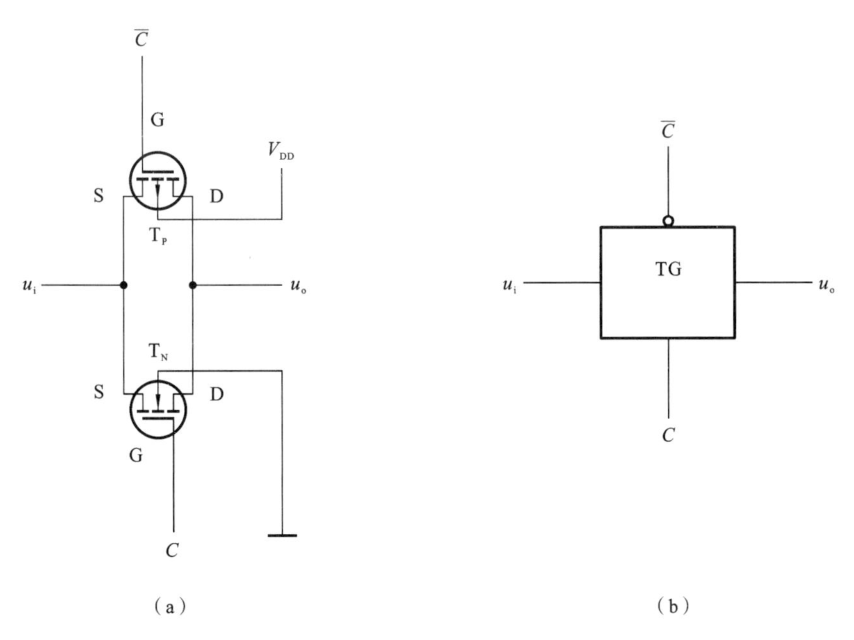

图 4.3.21　CMOS 传输门

在图 4.3.21(a)中，PMOS 管 T_P 和 NMOS 管 T_N 的结构和参数对称，两管的源极连接在一起作为传输门的输入端，而两管的漏极连接在一起作为传输门的输出端。T_P 的衬底接电源，T_N 的衬底接地。两管的栅极分别与一对互补对称的 C 和 $\bar{C}$ 相连接。

当控制端 $C=V_{DD}$，$\bar{C}=0$，输入电压在 $0\sim V_{DD}$ 范围内变化时，两个 MOS 管至少有一个管导通，输入和输出之间呈低阻状态，相当于开关的接通，输入信号在 $0\sim V_{DD}$ 范围内都可以通过传输门。

当控制端 $C=0$，$\bar{C}=V_{DD}$，输入电压在 $0\sim V_{DD}$ 范围内变化时，两个 MOS 管总是处于截止状态，输入和输出之间呈高阻状态，相当于开关的断开，输入信号在 $0\sim V_{DD}$ 范围内都不能通过传输门。

传输门不仅可以传输数字信号，而且也可以传输模拟信号，所以在模拟电路中，传输门用于传输连续变化的模拟电压信号。

在传输门中，由于 MOS 管的结构是对称的，即源极和漏极可以互换使用，因此传输门的输入端和输出端可以互换使用，即 CMOS 传输门具有双向性，也称其为可控的双向开关。

6. CMOS 门电路的参数特点

下面以 CMOS 反相器为例说明 CMOS 门电路的参数特点。

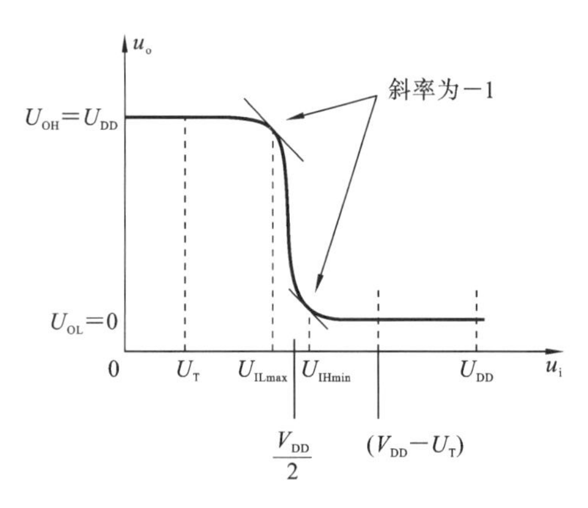

图 4.3.22　CMOS 反相器电压传输特性

(1) 电压传输特性和噪声容限。

CMOS 反相器的电压传输特性如图 4.3.22 所示。从前面对 CMOS 反相器的分析可知，假设电源电压为 V_{DD}，则 CMOS 反相器的输出高电平 $U_{OH}=V_{DD}$，输出低电平 $U_{OL}\approx 0$，在输入电压为 $\frac{1}{2}V_{DD}$ 的位置，输出电压发生急剧变化，转折曲线陡峭，因此输入低电平的上限 U_{ILmax} 和输入高电平的下限 U_{IHmin}（分别对应电压传输曲线两个斜率为−1 的点）接近 $\frac{1}{2}V_{DD}$，所以噪声容限很大，高电平的噪声容限 U_{NH} 和低电平的噪声容限 U_{NL} 相等。

例如当 $V_{DD}=5$ V 时，取 $V_T=0.2V_{DD}$，则 U_{ILmax} 约为 2.1 V，U_{IHmin} 约为 2.9 V，高电平的噪声容限为：$U_{NH}=U_{OH}-U_{IHmin}$，低电平噪声容限为：$U_{NL}=U_{ILmax}-U_{OL}\approx 2.1\text{ V}-0\text{ V}=2.1\text{ V}$。

一般情况下，CMOS 门电路高电平的噪声容限 U_{NH} 和低电平的噪声容限 U_{NL} 约为电源电压的 40%。另外，CMOS 电路通常采用单一电源供电，CMOS 工作电源电压范围为 3～18 V，CMOS 电路的输出电压会随着电源电压的变化而变化，电源电压越大，电路抗干扰能力越强。

(2) 传输延迟。

CMOS 门电路的传输延迟主要来源于负载电容的充放电时间。门电路的晶体管、输出端的金属线形成的寄生电容和负载门的栅极电容构成了 CMOS 门的负载电容。图 4.3.23 给出了 CMOS 反相器对负载电容充放电的示意图，图中，C 表示反相器输出负载电容。当

PMOS 管导通时，负载电容充电至 V_{DD}；当 NMOS 管导通的时候，负载电容放电至 0 V，充放电时间取决于电容的大小及流过电容的电流的大小。CMOS 反相器的输出电阻是 NMOS 管或 PMOS 管导通时的等效电阻，约为 10^3 Ω。因此，CMOS 反相器的拉电流和灌电流都比较小，而负载门的输入栅极电容又比较大，所以负载电容的充放电时间比较长，相应的传输延迟比较大。

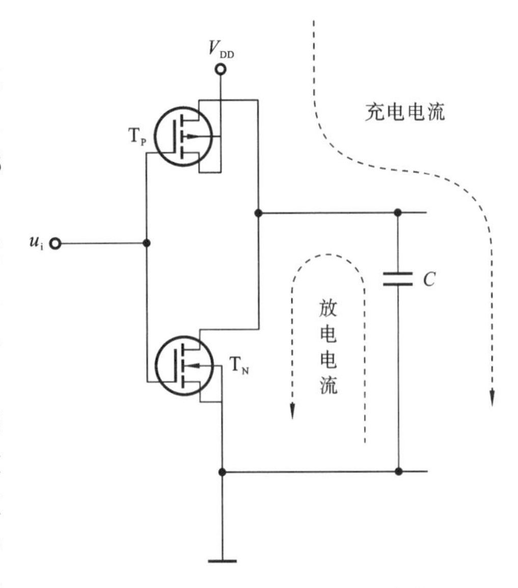

图 4.3.23　CMOS 反相器对负载电容充放电的示意图

改进 CMOS 门电路的传输延迟可以通过减小负载电容的大小，或者增加负载电容的充放电电流来实现。这包括改进 MOS 管的制造工艺来减小 MOS 管的输入电容，减少制造过程中各个反向 PN 结形成的寄生电容；或者减小导电沟道的宽度来增加负载电容的充放电电流，从而减少传输延迟时间。早期 CMOS 电路的平均传输延迟时间为 90～250 ns，目前已逐步向 TTL 电路靠拢。

(3) 扇出系数。

CMOS 门电路的输入端是 MOS 管的栅极，因为栅极和衬底之间是 SiO_2 绝缘层，门电路的输入电阻很大（大于 10^{10} Ω），所以输入电流 I_{IL} 和 I_{IH} 都很小（约为 0.1 μA）。

类似于 TTL 门电路驱动负载能力的分析，当 CMOS 管电路级联使用时，虽然 CMOS 门电路的允许拉电流和灌电流都较小，但是，由于负载门输入端从驱动门拉出或灌入的电流都可以忽略，因此，在一定频率范围内，扇出系数几乎为∞。

虽然 CMOS 门电路的扇出系数很大，但是随着负载门数的增加，这也会增大驱动门输出端的负载电容，产生较大的传输延迟。在使用时，其扇出系数一般限制在 20 以下。

(4) 功耗。

CMOS 电路的显著优点是具有极低的静态功耗。CMOS 电路的功耗主要表现为动态功耗，即电路处于瞬变状态的功耗。

以 CMOS 反相器为例，在静态时，即输入为稳定的低电平或者高电平时，由于 CMOS 反相器电源到地总有一个 MOS 管是截止的，因此只有极小的漏电流，可以忽略不计。在图 4.4.21 中，当反相器的输入电压满足 $U_T < u_i < V_{DD} - U_T$ 时，CMOS 反相器的两个 MOS 管都会导通，会形成较大的电源电流，使得功耗增大，同时由于负载电容的存在，输入电压跳变会引起负载电容的充放电过程，负载电容的充放电电流是造成 CMOS 电路动态功耗较大的主要原因。

典型的 CMOS 门电路的静态功耗大约只有 0.01 mW，当门电路以 1 MHz 的频率变化时，功耗上升到约 1 mW；而以 10 MHz 的频率变化时，功耗上升到约 5 mW。增大 CMOS 电路的电源电压，能够提供抗干扰能力，也能够增大负载电容充放电电流，从而降低传输延迟，但这会增大功耗。

综合以上分析，CMOS 电路具有电源电压范围宽、抗干扰能力强、扇出系数大、功耗低等特点。

同时，由于 CMOS 电路的构造方法比 TTL 电路的简单，其具有更高的集成度，因而其成为目前应用最为广泛的集成电路。74C 系列产品在引脚和功能方面与相同编号的 TTL 器件兼容。高速 CMOS74HC 系列是对 74C 系列的改进，在开关速度方面有明显的提高。74HCT 系列与 TTL 兼容，这就意味着此系列的集成电路可以连接到 TTL 集成电路的输入端或输出端，不需要外加接口电路。

CMOS 电路容易受静电感应而击穿，在使用和存放时应注意静电屏蔽。由于输入栅极下存在 SiO_2 绝缘层，因此，很少的电荷就可以在氧化层上感应出强电场，造成氧化层的永久击穿。虽然 CMOS 输入端有保护电路，但是它所能承受的静电电压和脉冲功率依然有限，因此，在使用 CMOS 器件时应该注意：

(1) 输入端的静电防护，多余端不应悬空，应根据需要接地或接高电平；

(2) 输入端的过流保护，必要时可串入电阻。

常用门电路的电路符号与表达式如表 4.3.10 所示。

表 4.3.10 常用门电路的电路符号与表达式

名称	符号	表达式	名称	符号	表达式
与门	A, B → [&] → F	$F=A \cdot B$	与或非门	A, B, C, D → [& / ≥1] →○ F	$F=\overline{AB+CD}$
或门	A, B → [≥1] → F	$F=A+B$	异或门	A, B → [=1] → F	$F=A \oplus B$
非门	A → [1] →○ F	$F=\overline{A}$	同或门	A, B → [=] → F	$F=A \odot B$
与非门	A, B → [&] →○ F	$F=\overline{A \cdot B}$	OC 与非门	A, B → [& ◇] →○ F	$F=\overline{A \cdot B}$ 输出端可以对接
或非门	A, B → [≥1] →○ F	$F=\overline{A+B}$	三态与非门	A, B, EN → [& ▽] →○ F	$F=\overline{A \cdot B}$ EN 为使能控制

本章思维导图

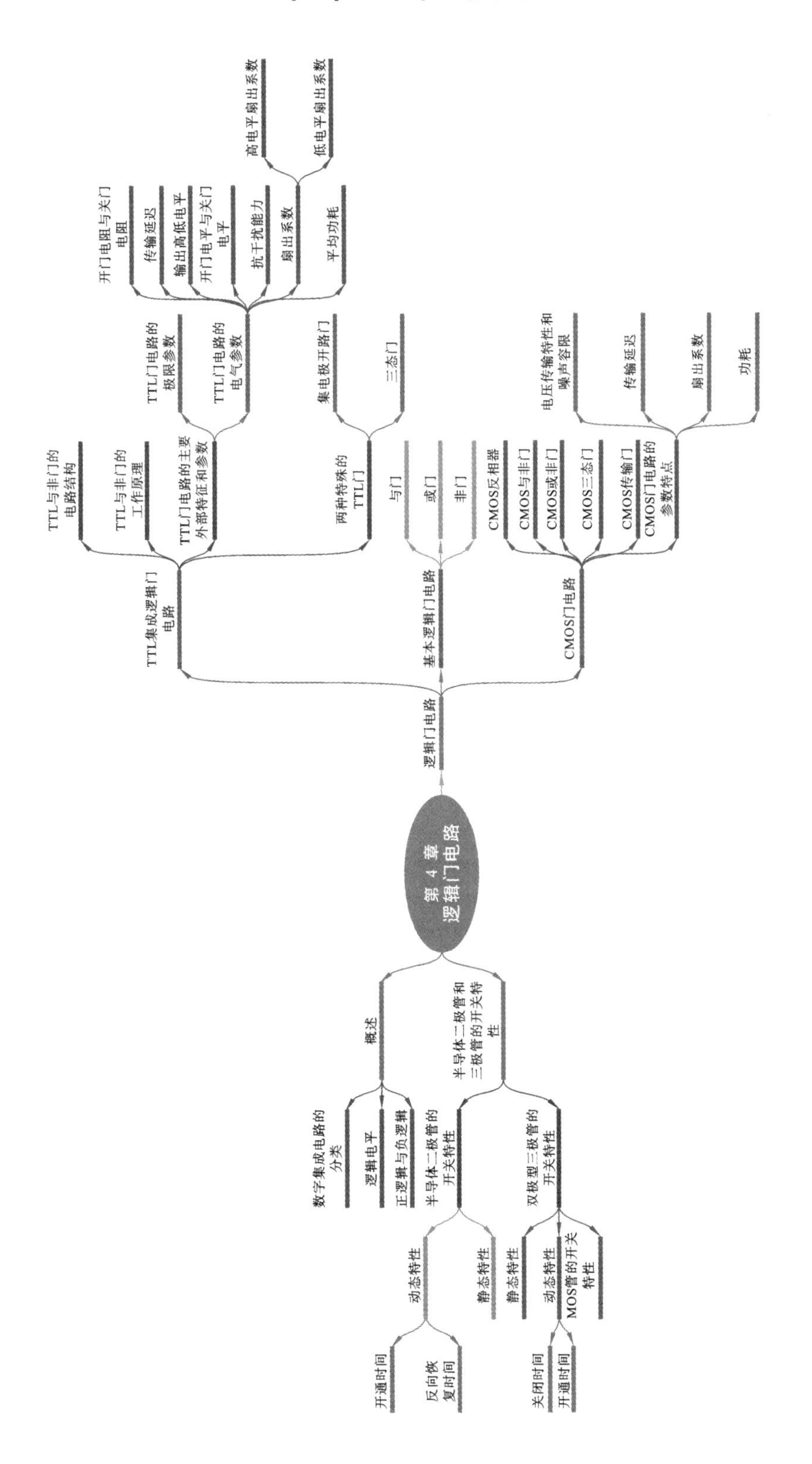
第 4 章
逻辑门电路
逻辑门电路
TTL集成逻辑门电路
TTL与非门的电路结构
TTL与非门的工作原理
TTL门电路的主要外部特征和参数
TTL门电路的极限参数
TTL门电路的电气参数
开门电阻与关门电阻
传输延迟
输出高低电平
开门电平与关门电平
抗干扰能力
扇出系数
高电平扇出系数
低电平扇出系数
平均功耗
两种特殊的TTL门
集电极开路门
三态门
基本逻辑门电路
与门
或门
非门
CMOS门电路
CMOS反相器
CMOS与非门
CMOS或非门
CMOS三态门
CMOS传输门
CMOS门电路的参数特点
电压传输特性和噪声容限
传输延迟
扇出系数
功耗
概述
数字集成电路的分类
逻辑电平
正逻辑与负逻辑
半导体二极管和三极管的开关特性
半导体二极管的开关特性
动态特性
开通时间
反向恢复时间
静态特性
双极型三极管的开关特性
静态特性
动态特性
关闭时间
开通时间
MOS管的开关特性

习　　题

1. 简述晶体二极管的静态特性。

2. 晶体二极管的开关速度主要取决于什么？

3. 数字电路中，晶体管一般工作在什么状态？

4. 晶体三极管的开关速度主要取决于什么？

5. TTL 与非门有哪些主要参数？

6. 简述 OC 门与 TS 门的结构与一般的 TTL 与非门的有何不同？它们各有何主要应用？

7. TTL 与非门的多余输入端悬空时，该端逻辑的等效电平是什么？多余端应该如何处理？

8. 什么是门电路的扇出系数？

9. COMS 输出的高电平电流和低电平电流都比 TTL 门电路的小，为什么其扇出系数却要比 TTL 门电路的大？

10. 多个推拉输出结构的 TTL 门的输出端为什么不能直接连在一起？OC 门为什么可以实现线与？

11. 写出习题图 4.1 所示电路输出 F_1，F_2 和 F_3 的函数表达式。

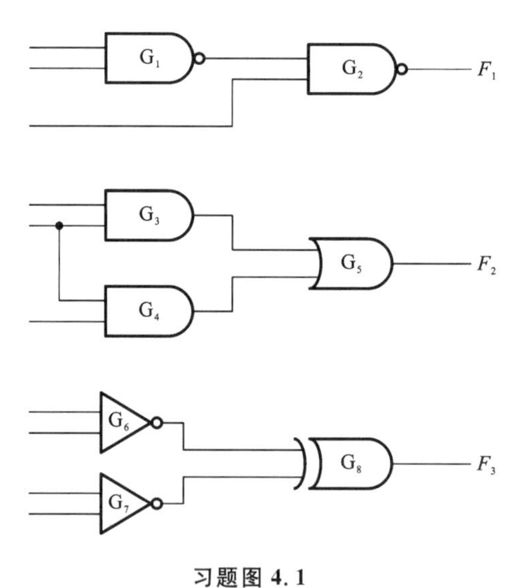

习题图 4.1

12. 写出习题图 4.2 所示电路输出 F 的函数表达式。

13. 为了实现 $Y=\overline{A_1B_1C_1}\cdot\overline{A_2B_2C_2}$，应该选择习题图 4.3 中的哪个电路？为什么？

14. 用三态门实现双向数据传输的电路如习题图 4.4 所示，解释其工作原理。

15. 请分析习题图 4.5 所示电路，列出输出函数的真值表，并写出 F 的表达式。

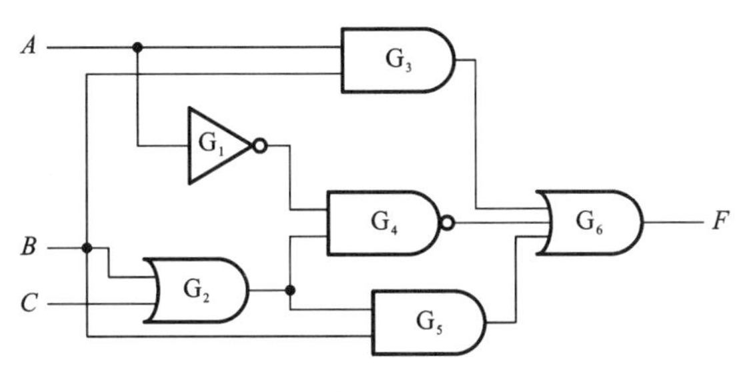

习题图 4.2

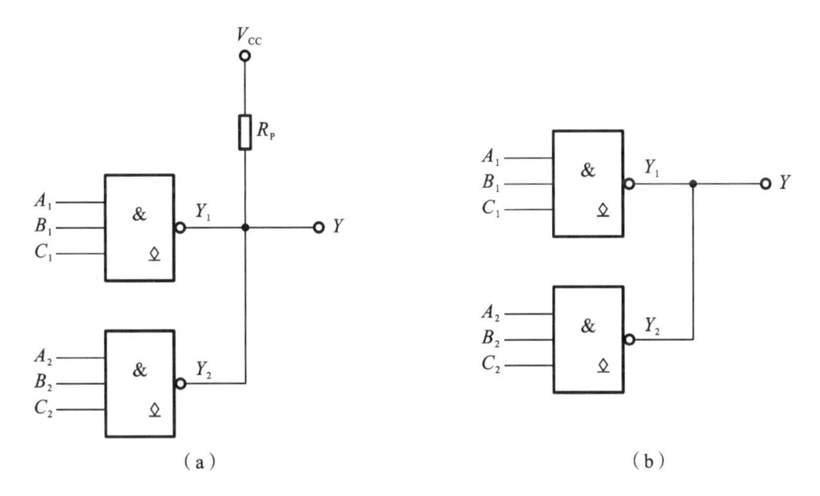

习题图 4.3

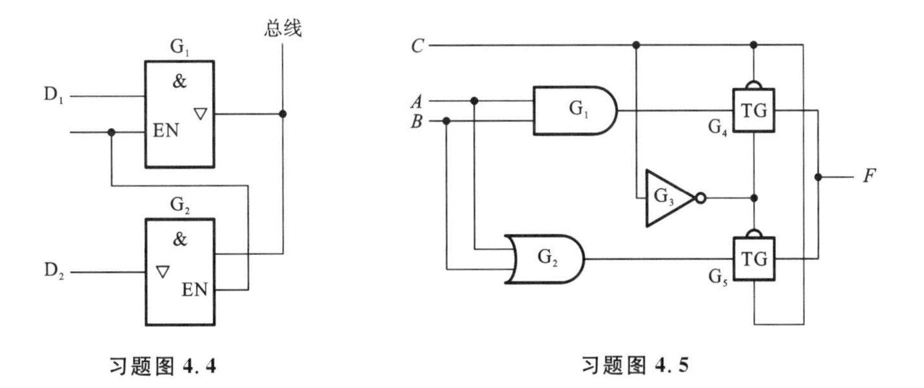

习题图 4.4　　习题图 4.5

第5章 Verilog HDL 语法基础

Verilog HDL 是一种硬件描述语言。该语言允许设计者进行各种级别的逻辑设计，如进行数字逻辑系统的仿真验证、时序分析、逻辑综合，其是目前使用最广泛的一种硬件描述语言。

5.1 Verilog 的基本概念

5.1.1 硬件描述语言 HDL

随着电子设计技术的飞速发展，设计的集成度、复杂度越来越高，传统的设计方法已满足不了设计的要求，因此要求能够借助当今先进的 EDA 工具，使用一种描述语言对数字电路和数字逻辑系统进行形式化的描述，硬件描述语言 HDL（Hardware Description Language）满足该要求。

硬件描述语言的发展至今已有近 40 多年的历史，其已成功地应用于设计的各个阶段：建模、仿真、验证和综合等。到 20 世纪 80 年代，已出现了上百种硬件描述语言，对设计自动化起到了极大的促进和推动作用。但是，这些语言一般各自面向特定的设计领域与层次，而且众多的语言使用户无所适从。因此急需一种面向设计的多领域、多层次、并得到普遍认同的标准硬件描述语言。进入 20 世纪 80 年代后期，硬件描述语言向着标准化的方向发展。最终，VHDL 和 Verilog HDL 语言适应了这种趋势的要求，先后成为 IEEE（the Institute of Electrical and Electronics Engineers）标准。把硬件描述语言用于自动综合还只有 20 多年的历史。最近 20 多年来，用综合工具把可综合风格的 HDL 模块自动转换为具体电路发展非常迅速，大大地提高了复杂数字系统的设计生产率。

硬件描述语言是一种用形式化方法来描述数字电路和数字逻辑系统的语言。数字逻辑电路设计者可利用这种语言来描述自己的设计思想，然后利用 EDA 工具进行仿真，再自动综合到门级电路，最后用 ASIC 或 FPGA 实现其功能。

5.1.2 Verilog HDL 简介

Verilog HDL 是一种硬件描述语言，可以用于从算法级、RTL 级、门级到开关级的多种抽象设计层次的数字系统建模。被建模的数字系统对象可以为简单的门级电路，也可以有复杂的按层次描述的数字系统。

Verilog HDL 是在 1983 年由 GATEWAY 公司首先开发成功的，经过诸多改进，其于

1995 年 11 月正式被批准为 Verilog IEEE 1364-1995 标准，通过对原标准进行改进和补充，2001 年 3 月又推出 Verilog IEEE1364-2001 新标准。2005 年 10 月又推出了 Verilog HDL 语言的扩展，即 System Verilog 语言（IEEE1800-2005 标准），这使得 Verilog HDL 语言在综合、仿真验证和 IP 模块重用等性能方面都有大幅度的提高，拓宽了 Verilog 的应用发展前景。

对于初学者，可先大致了解一下 Verilog HDL 所提供的主要功能，掌握 Verilog HDL 语言的核心子集。

Verilog HDL 语言具有下述描述能力：设计的行为特性、设计的数据流特性、设计的结构组成及包含响应监控和设计验证方面的时延和波形产生机制。此外，Verilog HDL 语言提供了编程语言接口，通过该接口可在模拟、验证期间从设计外部访问设计。

Verilog HDL 语言不仅定义了语法，而且对每个语法结构都定义了清晰的模拟、仿真语义。因此，用这种语言编写的模型能够使用 Verilog 仿真器进行验证。Verilog HDL 语言从 C 语言中继承了多种操作符和结构，扩展了建模能力。Verilog HDL 语言的主要功能如下。

（1）具有基本逻辑门，and、or 和 nand 等都内置在语言中。

（2）具有开关级基本结构模型，pmos 和 nmos 等也内置在语言中。

（3）可采用三种不同方式或混合方式设计建模，这些方式包括：行为描述方式——使用过程化结构建模；数据流方式——使用连续赋值语句方式建模；结构化方式——使用门和模块实例语句描述建模。

（4）Verilog HDL 中有两类数据类型：线网数据类型和寄存器数据类型。线网数据类型表示构件间的物理连线，而寄存器数据类型表示抽象的数据存储元件。

（5）能够描述层次设计，可使用模块实例结构描述任何层次。

（6）设计的规模可以是任意的，语言不对设计的规模（大小）施加任何限制。

（7）Verilog HDL 不再是某些公司的专有语言而是 IEEE 标准。

（8）人和机器都可阅读 Verilog HDL 语言，因此它可作为 EDA 工具和设计者之间的交互语言。

（9）设计能够在多个层次上加以描述，从开关级、门级、寄存器传送（RTL）级到算法级。

（10）能够使用内置开关级原语在开关级对设计完成建模。

（11）同一语言可用于生成模拟激励和指定测试的验证约束条件。

（12）Verilog HDL 能够监控模拟验证的执行，即模拟验证执行过程中设计值能够被监控和显示，这些值也能够用于与期望值比较，在不匹配的情况下，打印报告消息。

（13）在行为级描述中，Verilog HDL 不仅能够在 RTL 级上进行设计描述，而且能够在体系结构级描述及其算法级行为上进行设计描述。

（14）能够使用门和模块实例化语句在结构级进行结构描述。

（15）可以使用高级编程语言结构，例如条件语句、情况语句和循环语句。

5.1.3　数字电路的设计方法

当前，数字电路设计从层次上分可分为以下几层。

（1）算法级设计：利用高级语言（如 C 语言）及其他系统分析工具（如 MATLAB）对设计从系统的算法级方式进行描述。算法级不需要包含时序信息。

(2) RTL 级设计:用数据流在寄存器间传输的模式来对设计进行描述。

(3) 门级设计:用逻辑级的与、或、非门等门级之间的连接对设计进行描述。

(4) 开关级设计:用晶体管和寄存器及它们之间的连线关系来对设计进行描述。

算法级设计一般用于特大型设计或在有较复杂的算法时使用。算法级设计通过后,再将算法级设计用 RTL 级设计进行描述。门级设计一般适用于小型设计。开关级设计一般用于版图级设计。

5.1.4 设计方法学

当前专用集成电路(Application Specific Integrated Circuit,ASIC)是指应特定用户要求和特定电子系统的需要而设计、制造的集成电路。ASIC 有多种设计方法,但一般采用自顶向下的设计方法。随着技术的发展,一个芯片上往往集成了几十万到几百万个器件,传统的自底向上的设计方法已不太现实。因此,一个设计往往从系统级设计开始,把系统划分成几个大的基本的功能模块,每个功能模块再按一定的规则分成下一个层次的基本单元,如此一直划分下去。自顶向下的设计方法可用图 5.1.1 所示的树状结构表示。

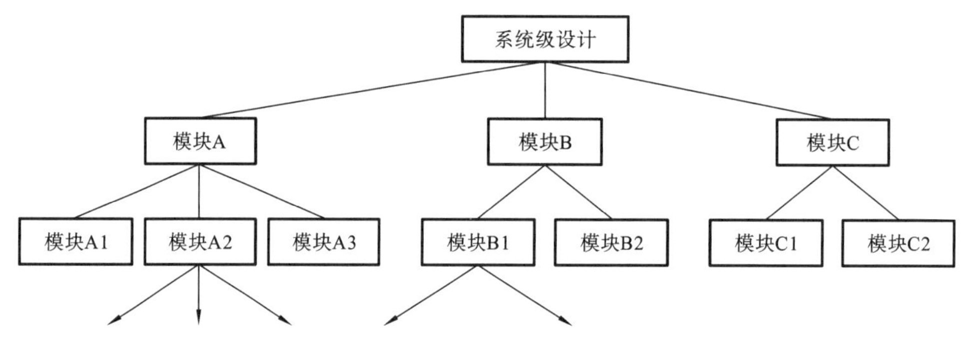

图 5.1.1 TOP-DOWN **设计思想**

通过自顶向下的设计方法,可实现设计的结构化和模块化,使得一个复杂的系统设计可由多个设计者分工合作来完成,而且还可以实现层次化的管理。

5.1.5 Verilog HDL 模块的基本概念

模块(module)是 Verilog 的基本描述单位,用于描述一个电路的功能、结构及用于与其他模块通信的外部端口。

模块在概念上等同于一个器件,可以是通用器件(与门、三态门等),也可以是通用宏单元(计数器、ALU、CPU)等,因此,一个模块可在另一个模块中被调用。

一个电路设计可由多个模块组合而成,因此,一个模块的设计只是一个系统设计中的某个层次设计,模块设计可采用多种建模方式。

Verilog HDL 可综合逻辑电路的功能,其通常有三种描述方式:结构描述方式、数据流描述方式和行为描述方式。

结构描述方式也称为门级描述方式,是通过实例化 Verilog HDL 的门级原语来实现的。

用这种方式构建的电路模型的执行效率很高，但是需要工作人员熟悉逻辑电路结构，其描述效率低，难以实现复杂数字系统。

数据流描述方式，主要使用连续赋值 assign 语句，将表达式所得的结果赋值给（连续驱动）表达式左边的线网（信号输出），多用于组合逻辑电路的建模。因为 assign 语句能方便地表示比较复杂的逻辑运算，因此其描述效率高于门级描述方式。

行为描述方式类似于计算机语言中的高级语言，使用过程块语句 always，initial（包括 if…else…，case…，for…等高级抽象描述语句）描述逻辑电路的逻辑功能（行为），不需要设计者熟悉硬件电路结构。行为描述方式既可用于组合逻辑电路的建模，也可以用于时序逻辑电路的建模。

对于硬件逻辑电路的建模，可根据需要任意选用其中一种方法，或者混合选用几种方法。下面先介绍几个简单的 Verilog HDL 程序。

【例 5.1.1】 行为描述方式的二选一多路选择器的 Verilog HDL 程序。

```
module muxtwo (out, a, b, sl);
      input a,b,sl;
      output out;
      reg out;
      always @ (sl or a or b)
      if (! sl) out=a;
      else out=b;
endmodule
```

如图 5.1.2 所示，二选一多路选择器的输出 out 是 a 还是 b，由 sl 电平决定；always @(sl or a or b)表示只要信号 a 或 b 或 sl 中的一个发生变化，就执行下面的语句。MUX（多路选择器）的行为可以描述为：如果 sl 为 0 则选择输出 a；否则选择输出 b。这个行为描述方式并没有说明如果输入 a 或 b 是三态的（高阻时），输出应该是什么，但有具体结构的真实电路是有一定的输出的。

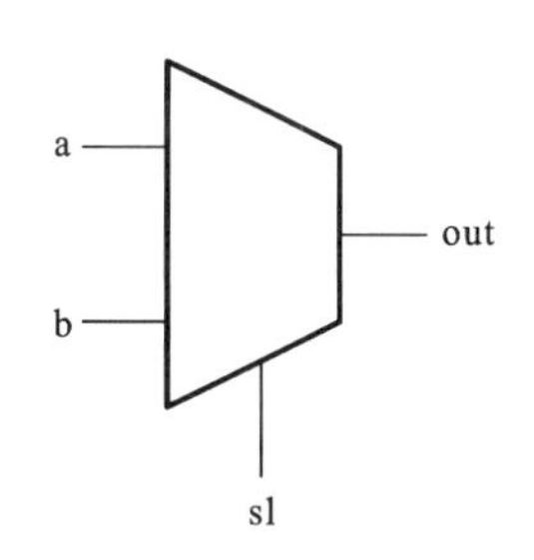

图 5.1.2 行为描述方式的二选一多路选择器

要实现这个电路的逻辑功能，还可以以数据流描述方式进行功能描述，在 Verilog HDL 语言逻辑代数表达式中，可以选用逻辑变量和逻辑运算符，用“～”、“&”、“|”运算符分别表示求反、相与和相或。

【例 5.1.2】 数据流描述方式的二选一多路选择器的 Verilog HDL 程序。

```
module muxtwo (out, a, b, sl);
        input a,b,sl;           //输入信号名
        output out;             //输出信号名
wire nsl,sela,selb;             //定义内部连线
assign nsl=～sl;                //求反
assign sela=a&nsl;              //按位与运算
assign selb=b&sl;               //按位与运算
```

```
assign out=sela|selb;           //按位或运算
end
```

结果如图 5.1.3 所示。

【例 5.1.3】 结构描述方式的二选一多路选择器的 Verilog HDL 程序。

```
module muxtwo (out, a, b, sl);
      input a, b, sl;
      output out;
      not u1 (nsl, sl);
      and #1 u2 (sela, a, nsel);
      and #1 u3 (selb, b, sl);
      or #2 u4 (out, sela, selb);
endmodule
```

结果如图 5.1.4 所示。

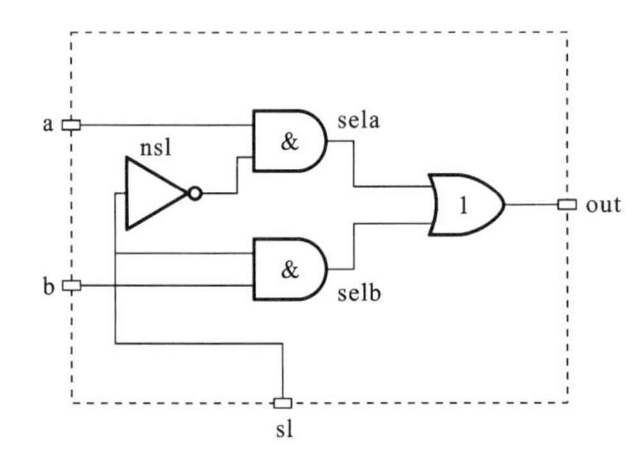

图 5.1.3 数据流描述方式的二选一多路选择器

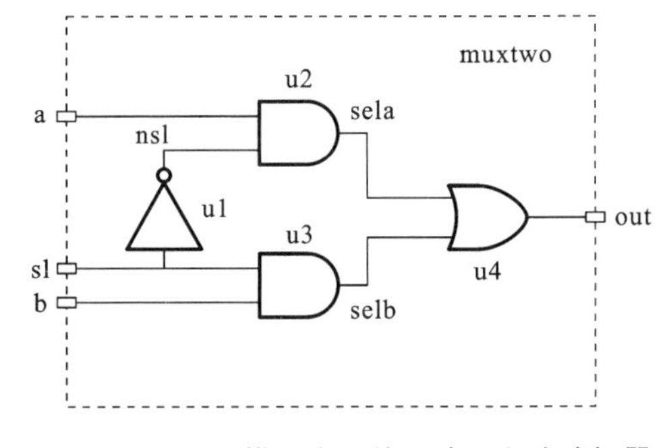

图 5.1.4 结构描述方式的二选一多路选择器

【例 5.1.1】、【例 5.1.2】、【例 5.1.3】分别采用行为描述方式、数据流描述方式、结构描述方式描述了二选一多路选择器。

【例 5.1.4】 用连续赋值语句描述一个 8 位加法器的 Verilog HDL 程序。

```
module addr (a, b, cin, count, sum);
input [7:0] a;
input [7:0] b;
input cin;
output count;
output [7:0] sum;
assign {count,sum}=a+b+cin;
endmodule
```

该例描述了一个 8 位加法器，从例子中可看出，整个模块以 module 开始，至 endmodule 结束。

【例 5.1.5】 用连续赋值语句描述一个比较器的 Verilog HDL 程序。

```
module compare (equal,a,b);
```

```
input [1:0] a,b; // declare the input signal;
output equare; // declare the output signal;
assign equare= (a==b) ? 1:0;
/* if a=b, output 1, otherwise 0;*/
endmodule
```

该例描述了一个比较器,/ * … * /和//…表示注释部分。添加注释只是为了使程序具有可读性,对编译并不起作用。

【例 5.1.6】 用两个模块实现的三态门选择器(驱动器)的 Verilog HDL 程序。

```
module mydefinetri (din, d_en, d_out);
input din;
input d_en;
output d_out;
// -- Enter your statements here -- //
assign d_out=d_en ? din :'bz;
endmodule
module trist (din, d_en, d_out);
input din;
input d_en;
output d_out;
// -- statements here -- //
mydefinetri u_mytri(din,d_en,d_out);
endmodule
```

该例描述了一个三态门驱动器。其中,三态驱动门在模块 mydefinetri 中描述,而在模块 trist 中调用了模块 mydefinetri 。模块 mydefinetri 对 trist 而言相当于一个已存在的器件,在 trist 模块中对该器件进行实例化,实例化名为 u_mytri。

5.1.6　Verilog HDL 模块的测试

Verilog HDL 还可以描述变化的测试信号。描述测试信号变化和测试过程的模块也叫测试平台(testbench 或 testfixture),它可以对可综合模块进行动态的全面测试。通过观测测试模块的输出信号是不是符合要求,可以测试和验证逻辑系统设计和结构正确与否,并发现问题进行修改。图 5.1.5 所示的是 Verilog 用于模块测试的原理图。

下面来看一个用于 Verilog 的测试模块,可对【例 5.1.1】、【例 5.1.2】、【例 5.1.3】描述的二选一多路选择器模块进行全面测试。

【例 5.1.7】 【例 5.1.1】、【例 5.1.2】、【例 5.1.3】中的二选一多路选择器模块的 Verilog HDL 测试程序。

```
'include "muxtwo.v"
module t;
  reg ain, bin, select;
```

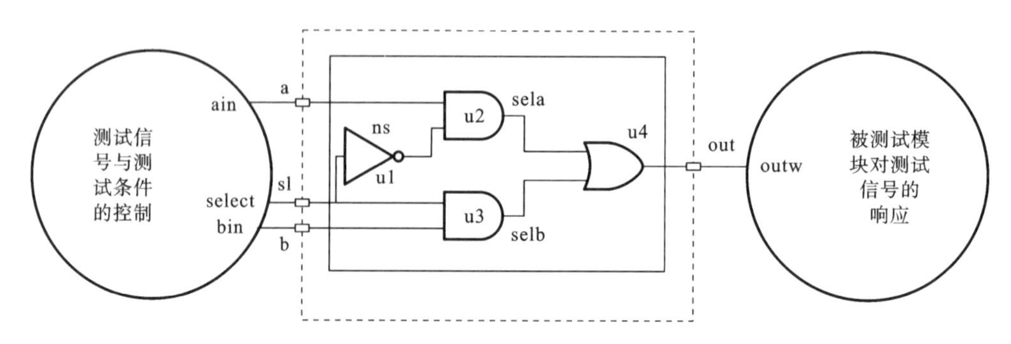

图 5.1.5　Verilog 用于模块测试

```
  reg clock;
  wire outw;
  Initial                    //对寄存器变量进行初始化
   begin
   ain=0;
   bin=0;
   select=0;
   clock=0;
  end
  always #50 clock=~clock;  //产生一个周期为 100 个时间单位的时钟信号
always(posedge clock)
  begin    //  {$ random}为系统任务,会产生一个随机数
#1 ain={$ random}% 2;    //产生随机位信号流 ain 和 bin,% 2 为模 2 运算
#3 ain={$ random}% 2;    //分别产生延迟 1 和 3 个时间单位后随机的位信号流 ain 和 bin
  end
  always #10000 select=~select;  //产生周期为 20000 个时间单位的选择信号
  muxtwo m(.out(outw),.a(ain),.b(bin),.sl(select));
  /* 实例引用了多路器,并加入测试信号流,以观察模块的输出。其中,muxtwo 是已经定义的
模块,m 表示在本测试模块中有一个模块为 m 的 muxtwo 的模块,其四个端口分别为.out(),.a
(),.b(),.sl(),其中,“.”表示端口,后面接的是端口名,端口名必须与 muxtwo 模块中定义的
端口名一致,小括号内的信号名为与该端口连接的信号线的名,也可以用别的名,但必须在本模
块中进行定义,并说明其类型。* /
endmodule
```

通过上面的例子可总结出以下结论。

(1) Verilog HDL 程序是由模块构成的。每个模块的内容都位于 module 和 endmodule 两个语句之间,每个模块可实现特定的功能。

(2) 模块是可以进行层次嵌套的。

(3) 如果每个模块都是可以综合的,则通过综合工具可以把它们的功能描述转换为最基本的逻辑单元描述,最后可以用一个上层模块通过实例把这些模块连接起来,把它们整合成一个更大的逻辑系统。

(4) Verilog 模块可以分为两种类型:一种是可综合的模块,其是最终能生成电路结构的模块;另外一种是测试模块,只用于测试所设计模块的逻辑功能是否正确。

(5) 对每个模块要进行端口定义,并说明输入、输出端口,然后对模块的功能进行描述。

(6) Verilog HDL 程序的书写格式自由,一行可以写几个语句,一个语句也可以分写多行。

(7) 可以用/*…*/和//…对 Verilog HDL 程序的任何部分作注释。一个好的、有使用价值的源程序都应当加上必要的注释,以增强程序的可读性和可维护性。

5.2 模块的结构

Verilog 的基本设计单元是模块(block)。一个模块是由两部分组成的,一部分描述接口,另一部分描述逻辑功能,即定义输入是如何影响输出的。

通过前面的例子我们可以对 Verilog HDL 的模块结构进行总结如下。

```
module 模块名(端口名 1,端口名 2,端口名 3,…);
        端口类型说明(input,output,inout);
        参数定义(可选);
                数据类型定义(wire,reg 等);
                实例化低层模块和基本门级元件;
                连续赋值语句(assign);
                过程块结构(initial 和 always)行为描述语句;
endmodule
```

Verilog 模块的结构由在 module 和 endmodule 关键词之间的端口定义、I/O 说明、内部信号声明、功能定义等四个主要部分组成。下面以代码 5.2.1 为例来说明这四个部分。

代码 5.2.1

```
module block1(a, b, c, d );             //端口定义
        input    a, b, c;               //I/O 说明
        output    d;                    //I/O 说明
        wire  x;                        //内部信号声明
        assign  d=a|x;                  //功能定义
        assign  x=(b & ～c );           //功能定义
        endmodule
```

5.2.1 模块的端口定义

模块的端口声明了模块的输入、输出端口,定义格式如下:

```
module 模块名(端口 1,端口 2,端口 3,端口 4, …);
```

5.2.2 模块内容

模块的内容包括 I/O 说明、内部信号声明、功能定义。

1. I/O 说明

(1) 输入端口。

```
input[信号位宽－1:0] 端口名 1;
input[信号位宽－1:0] 端口名 2;
                       …
```

(2) 输出端口。

```
input[信号位宽－1:0] 端口名 i;      //(共有 i 个输入端口)
output[信号位宽－1:0] 端口名 1;
output[信号位宽－1:0] 端口名 2;
                       …
output[信号位宽－1:0] 端口名 j;     //(共有 j 个输出端口)
```

(3) 输入/输出端口。

```
inout[信号位宽－1:0] 端口名 1;
inout[信号位宽－1:0] 端口名 2;
                        …
inout[信号位宽－1:0] 端口名 k;      //(共有 k 个双向总线端口)
```

I/O 说明也可以写在端口声明语句里,格式如下:

```
module module_name(input port1,input port2,…
                   output port1,output port2,… );
```

2. 内部信号说明

在模块内用到的与端口有关的 wire 和 reg 变量的声明,如:

```
reg [width-1:0] R 变量 1,R 变量 2,…;
wire [width-1:0] W 变量 1,W 变量 2,…;
                  …
```

3. 功能定义

模块中最重要的部分是逻辑功能定义部分。在 HDL 的建模中,主要有结构描述方式、数据流描述方式和行为描述方式,下面分别举例说明这三者之间的区别。

(1) 结构描述方式。

结构描述方式通过对电路结构进行描述来建模,并使用线网来连接各器件。这里的器件可以是 Verilog HDL 的内置门,如与门(and)、异或门(xor)等,也可以是用户的一个设计。

结构描述方式可反映一个设计的层次结构。

【例 5.2.1】 采用结构描述方式对图 5.2.1 所示的一位全加器结构进行描述(见代码 5.2.2)。

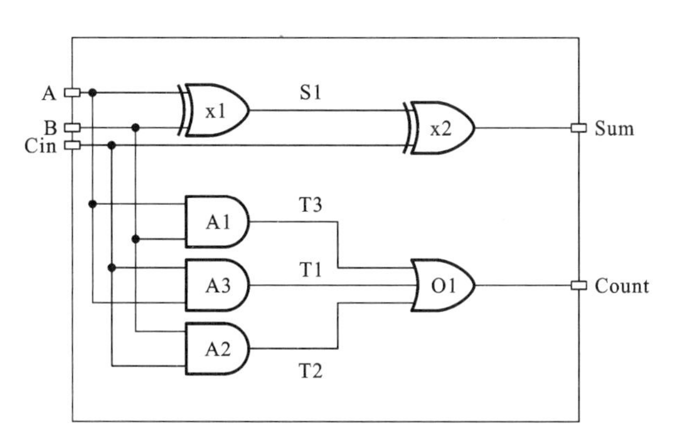

图 5.2.1 一位全加器结构

代码 5.2.2

```
module FA_struct (A, B, Cin, Sum, Count);
input A;
input B;
input Cin;
output Sum;
output Count;
wire S1, T1, T2, T3;
xor x1 (S1, A, B);              //实例化异或门,实例名为 x1
xor x2 (Sum, S1, Cin);          //实例化异或门,实例名为 x2
and A1 (T3, A, B );             //实例化与门,实例名为 A1
and A2 (T2, B, Cin);            //实例化与门,实例名为 A2
and A3 (T1, A, Cin);            //实例化与门,实例名为 A3
or O1 (Count, T1, T2, T3 );     //实例化或门,实例名为 O1
endmodule
```

该实例显示了一个全加器由两个异或门、三个与门、一个或门构成。S1、T1、T2、T3 则是门与门之间的连线。代码用了纯结构的建模方式,其中,xor、and、or 是 Verilog HDL 内置的门器件。以例化语句 xor x1 (S1, A, B)为例:xor 表明调用一个内置的异或门,器件名称是 xor,代码实例化名是 x1(类似原理图输入方式);括号内的 S1,A,B 表明该器件引脚的实际连接线(信号)的名称,其中,A、B 是输入,S1 是输出,其他类似。

【例 5.2.2】 两位全加器的代码如代码 5.2.3 所示。两位全加器可通过调用两个一位全加器来实现。该设计的设计层次示意图和结构图如图 5.2.2 所示。

代码 5.2.3

```
module Four_bit_FA (FA, FB, FCin, FSum, FCount);
parameter SIZE=2;
```

```
input [SIZE:1] FA;
input [SIZE:1] FB;
input FCin;
output [SIZE:1] FSum;
output FCount;
wire FTemp;
FA_struct FA1(.A (FA[1]),.B (FB[1]),.Cin (FCin),.Sum (FSum[1]),
.Cout (Ftemp));        //实例化 FA_struct
FA_struct FA2(.A (FA[2]),.B (FB[2]),.Cin (FTemp),.Sum (FSum[2]),.Cout (FCount )
);//实例化 FA_struct
endmodule
```

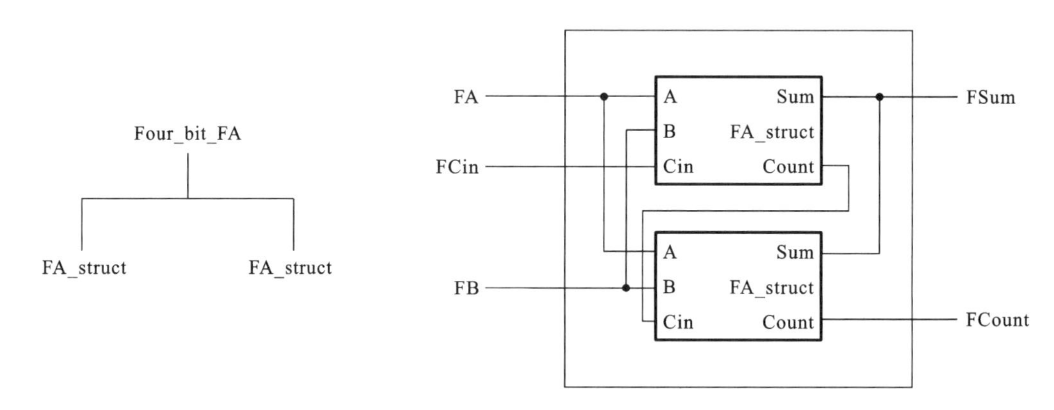

图 5.2.2　两位全加器结构

该实例用结构化建模方式进行一个两位全加器的设计，顶层模块 Four_bit_FA 调用了两个一位全加器 FA_struct。在这里，以前的设计模块 FA_struct 对顶层而言是一个现成的器件，对顶层模块只要进行例化就可以了。

注意本例的实例化中，端口映射(引脚的连线)采用名字关联，如. A (FA[2])，其中，. A 表示调用器件的引脚 A，括号中的信号表示接到该引脚 A 的电路中的具体信号；wire 保留字表明信号 Ftemp 是线网类型的；另外，在设计中应尽量考虑参数化的问题，器件的端口映射必须采用名字关联。

(2) 数据流描述方式。

数据流描述方式通过对数据流在设计中的具体行为进行描述来建模。其最基本的机制就是用连续赋值语句。在连续赋值语句中，某个值被赋给某个线网变量(信号)，语法如下：

```
assign [delay] net_name= expression;
```

或是：

```
assign #2 A=B;
```

在数据流描述方式中，还必须借助于 HDL 提供的一些运算符，如按位逻辑运算符：逻辑与(&)，逻辑或(|)等。以上面的全加器为例，图 5.2.3 所示的结构图可用数据流描述的建模方式构建，如代码 5.2.4 所示。

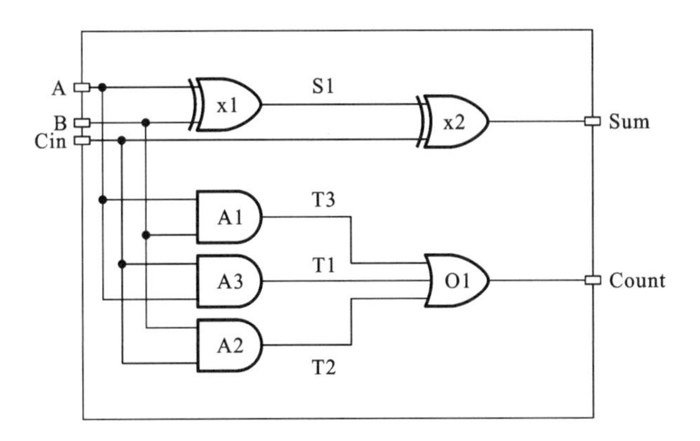

图 5.2.3 一位全加器的结构图

代码 5.2.4

```
'timescale 1ns/100ps
module FA_flow(A,B,Cin,Sum,Count)
input A,B,Cin;
output Sum, Count;
wire S1,T1,T2,T3;
assign #2 S1=A ^ B;
assign #2 Sum=S1 ^ Cin;
assign #2 T3=A & B;
assign #2 T1=A & Cin;
assign #2 T2=B & Cin;
endmodule
```

注意各 assign 语句是并行执行的，即各语句的执行与语句的顺序无关。如上所示，当 A 变化时，S1、T3、T1 将同时变化，S1 的变化又会造成 Sum 的变化。

(3) 行为描述方式。

行为描述方式采用对信号行为级进行描述的方法来建模。在表示方面，类似数据流的建模方式，一般把用 initial 块语句或 always 块语句进行描述的行为归为行为建模方式。行为建模方式通常需要借助一些行为级的运算符，如加法运算符(+)，减法运算符(-)等。

一位全加器的行为建模如代码 5.2.5 所示。有关 initial 和 always 语句的具体应用可看后文相关章节中的介绍。

代码 5.2.5

```
module FA_behav1(A, B, Cin, Sum, Count);
input A,B,Cin;
output Sum,Count;
reg Sum, Count;
reg T1,T2,T3;
always@ (A or B or Cin)
begin
```

```
Sum= (A ^ B) ^ Cin;
T1=A & Cin;
T2=B & Cin;
T3=A & B;
Count= (T1| T2) | T3;
end
endmodule
```

需要先建立以下概念。

① 只有寄存器类型的信号才可以在 always 和 initial 语句中进行赋值，类型定义通过 reg 语句实现。

② always 语句是一直重复执行，由敏感表(always 语句括号内的变量)中的变量触发。

③ always 语句从 0 时刻开始。

④ begin 和 end 之间的语句是顺序执行的，这些语句属于串行语句。

一位全加器的行为建模的另一代码如代码 5.2.6 所示：

代码 5.2.6

```
module FA_behav2(A, B, Cin, Sum, Count);
input A,B,Cin;
output Sum,Count;
reg Sum, Count;
always@ (A or B or Cin)
begin
{Count,Sum}=A+B+Cin;
end
endmodule
```

代码 5.2.6 采用了更加高级(更趋于行为级)的描述方式，即直接采用"＋"来描述加法；{Count,Sum}表示对位数的扩展。两个 1bit 的变量相加，和有两位，低位放在 Sum 变量中，进位放在 Count 中。

4. 混合设计描述

在实际设计中，往往混合使用多种设计模型。一般地，对于顶层设计，采用结构描述方式，对于低层模块，可采用数据流描述方式、行为描述方式或两者的结合。如上面的两位全加器，对顶层模块(Four_bit_FA)采用结构描述方式对低层进行例化，对低层模块(FA)可采用结构描述方式、数据流描述方式或行为描述方式。

5.2.3 理解要点

如在模块中，逻辑功能由下面三个语句块组成：

```
assign   cs  =   ( a0  &  ～a1 &  ～a2 );       // -----1
and2   and_inst ( qout, a, b);               // -----2
```

```
always @  (posedge clk or posedge clr)   //-----3
begin
        if (clr) q<=0; else if (en) q<=d;
end
```

这三条语句是并行的，它们产生独立的逻辑电路；而在 always 块中，begin 与 end 之间是顺序执行的。

5.3 Verilog HDL 基本语法

本节介绍 Verilog HDL 语言的一些基本要素，包括标识符、注释、格式、常量、变量、运算符、表达式和语句等。

5.3.1 标识符

1. 定义

标识符(identifier)是用户的定义的表示名称的字符串，比如模块名、端口名、信号名等。Verilog HDL 中的标识符可以由英文字母、数字、下划线"_"、美元符号"$"等组成，但标识符的第一个字符必须是字母或者下划线，如"half_add"、"Count"、"A"、"address4"、"FIVE$"、"_count"等，这些都是合法的标识符。标识符是区分大小写的，比如"R1_21"和"r1_21"，"Count"和"COUNT"是不同的标识符。

Verilog HDL 允许使用转义标识符，其目的是允许不同综合、仿真工具间语法的转换。标识符中可以包含任何可打印字符。转义标识符从"\"开始，到空格结束，但不包含"\"本身。例如下面的都是合法的转义标识符：

```
\A+3*B
\{a,b}&
```

2. 关键词

关键词也称为保留字，是 Verilog HDL 语言定义的用来组织程序框架的字符串。本书所涉及的 Verilog HDL 保留字包括：

always and assign begin buf bufif0 bufif1 case casex casez cmos
deassign default defparam disable edge else end endcase endmodule
endfunction endprimitive endspecify endtable endtask event for force
forever fork function highz0 highz1 if ifnone initial inout input integer
join large macrmodule medium module nand negedge nmos nor not
notif0 notif1 or output parameter pmos posedge primitive pull0 pull1
pullup pulldown rcmos real realtime reg release repeat rnmos rpmos

rtran rtranif0 retranif1 scalared small specify specparam strong0 strong1 supply0 supply1 table task time trantranif0 tranif1 tri tri0 tri1 triand tiror trireg vectored wait wand weak0 weak1 while wire wor xnor xor

要注意的是:所有的关键词都必须小写。例如,标识符 and(关键词)与标识符 AND(非关键词)是不同的。标识符的命名应该避免与关键词相同。

3. 书写规范建议

以下是标识符的书写建议。

① 用有意义的、有效的名字,如 Sum、CPU_addr 等。

② 用下划线区分词。

③ 采用一些前缀或后缀,如,时钟采用 Clk 前缀:Clk_50,Clk_CPU;低电平采用_n 后缀:Enable_n。

④ 统一缩写,如全局复位信号统一用 Rst 表示。

⑤ 同一信号在不同层次中应保持一致性,如同一时钟信号须在各模块保持一致。

⑥ 自定义的标识符不能与保留字同名。

⑦ 参数采用大写,如 SIZE。

5.3.2 注释

与其他计算机语言一样,注释的目的是提高程序的可读性。Verilog HDL 中有两种注释方式,一种从“/ * ”符号开始,到“ * /”结束,两个符号之间的语句都是注释语句,因此可扩展到多行。如:

```
/*statement1,
statement2,
…
statementn */
```

以上 n 个语句都是注释语句。

另一种是以//开头的语句,它表示以//开始到本行结束都属于注释语句。

5.3.3 格式

Verilog HDL 标识符是区分大小写的,即大小写不同的标识符是不同的;另外,Verilog HDL 语句的书写格式是自由的,即一条语句可多行书写;一行可写多个语句,白空(新行、制表符、空格)没有特殊意义。如:

```
input A;input B;
```

与

```
input A;
input B;
```

是一样的意思。

工程书写建议如下。

(1) 一个语句占用一行。

(2) 采用空四格的 table 键进行缩进。

5.3.4 常量

在程序运行过程中，值不能变化的量称为常量。在 Verilog HDL 中有逻辑值常量、数值型常量和参数常量。

1. 逻辑值常量

除了逻辑值 0 和 1 外，Verilog HDL 增加了 x(或 X)和 z(或 Z)值，x 代表不定态，即未知值；z 代表高阻态。Verilog HDL 常量由这 4 种逻辑值组成，含义如表 5.3.1 所示。

表 5.3.1　逻辑值集合

逻辑值	逻辑含义
0	逻辑 0 或“假”
1	逻辑 1 或“真”
x(或 X)	不定态(任意值)
z(或 Z)	高阻态

说明：在实际电路中，只有 0、1 和 z 三种状态，不存在 x，x 用于仿真模拟环境。

2. 数值型常量

(1) 整数。

① 整数的表示。

Verilog HDL 中的整数可以使用十进制(d 或 D)数、二进制(b 或 B)数、十六进制(h 或 H)数、八进制(o 或 O)数表示，默认采用十进制数；简单的十进制形式的整数定义为带有一个可选的正号“＋”(一元)或负号“－”(一元)操作符的数字序列，如：

＋32 对应十进制数正 32 (＋32)

－15 对应十进制数负 15(－15)

Verilog HDL 中整数的表示格式为

```
[size] '[base]value
```

对上面的格式进行说明如下。

Size：说明数值对应的二进制数的位数；若指定位数多于实际数值的位数，则高位部分用 0 补齐，若指定位数少于实际数值的位数，则数值多出的高位部分被舍弃。

Base：为 o 或 O(表示八进制)，b 或 B(表示二进制)，d 或 D(表示十进制)，h 或 H(表示十六进制)之一。

value 是基于 base 的值的数字序列。值 x、z 及十六进制中的 a～f 不区分大小写。

例如：

5 'O37 表示 5 位八进制数(二进制 11111)

4 'D2 表示 4 位十进制数（二进制 0010）

4 'B1x_01 表示 4 位二进制数(二进制 1x01)

7 'Hx 表示 7 位 x(扩展的 x)(二进制 xxxxxxx)

4 'hZ 表示 4 位 z(扩展的 z)，即 zzzz

8 'h 2A 在位长和字符之间,以及基数和数值之间允许出现空格

3' b 001 用法非法:'和基数 b 之间不允许出现空格

(2＋3)'b10 用法非法:位长不能是表达式

注意,x(或 z)在十六进制值中代表 4 位 x(或 z),在八进制中代表 3 位 x(或 z),在二进制中代表 1 位 x(或 z)。

基数格式计数形式的数通常为无符号数。这种形式的整型数的长度定义是可选的。如果没有定义一个整数型的长度,则数的长度为相应值中定义的位数。下面是两个例子：

'o 721 为 9 位八进制数

'h AF 为 8 位十六进制数

如果 size 长度定义得比实际数值的位数长,通常在左边填 0 补位。但是如果数最左边一位为 x 或 z,就相应地用 x 或 z 在左边补位。例如：

10'b10

左边添 0 占位，0000000010

10'bx0x1

左边添 x 占位，x x x x x x x 0 x 1

如果 size 长度定义得比实际数值的位数短,那么最左边的位被截断。例如：

3'b1001 _ 0011 与 3'b011 相等

5'H0FFF 与 5'H1F 相等

② 负数的数值表示。

Verilog HDL 定义负数的格式为

```
< -> [size ] ' [base] value
```

首先要把数值转换为负数的补码形式进行存储,之后将其看成无符号数。减号“－”必须位于 size 的左边,否则非法。

例如：

```
-8 'd4 //合法格式,以补码的形式存储,对应的二进制值为 8 'b11111100
8 'd-4//非法格式
```

[size]'[base]则默认为带符号的十进制数,对应至少 32 位的二进制数,以补码的形式存储,但作为带符号数使用。

例如：

```
-8      // 合法格式,以补码的形式存储,对应至少为 32 位的二进制数
        //与上面-8 'd4 不同,-8 'd4 以 8 'b11111100 的形式存储,看作无符号数
```

(2) 字符串型。

字符串是双引号内的字符序列。通常在 initial 块中用于给寄存器赋初值或用在仿真测试文件中。综合工具或仿真工具将字符串转换为 8 位的 ASCII 码存储。字符串不能分成多行书写。

例如：

```
"INTERNAL ERROR"
" REACHED—> HERE "
```

用 8 位 ASCII 值表示的字符可看作是无符号整数。因此字符串是 8 位 ASCII 值的序列。为存储字符串“INTERNAL ERROR ”,变量需要 8×14 位。

```
reg [1: 8* 14] Message;
...
Message= "INTERNAL ERROR"
```

要在字符串中表示特殊字符,如非打印字符等,可以使用转义字符,Verilog HDL 中转义字符的含义如表 5.3.2 所示。

表 5.3.2　字符串中的转义字符

转义字符	含义
\n	换行符
\t	制表符 Tab
\\	字符\
\ *	字符 *
\ooo	3 位 8 进制数表示的 ASCII 码
%%	字符%
\”	字符”

(3) 参数常量。

parameter 用于定义参数常量,以提高程序的可读性和可维护性。参数常量定义格式如下：

parameter 常量名 1＝表达式,常量名 2＝表达式,…；

例如：

```
parameter LONGTH=16, SIZE=8;
parameter T=5;
parameter f=4*T;
```

下面通过代码 5.3.1(简单的 simple_alu 模块),说明参数常量的典型用法。

代码 5.3.1

```
module simple_alu(opcode,ai,bi,result);
parameter BIT_ WIDTH=8:                /定义输入、输出位宽常量
```

```
input[WIDTH-1:0]ai,bi;               //输入信号 ai bi 定义为 8 位宽
input [1:0] opcode:                  //输入信号 opcode 定义为 2 位宽
output reg[BIT_ WIDTH-1:0]result;    //输出信号 result 定义为 8 位宽
  //定义操作码参数常量
parameter ADD_OP=2 'b00,SUB_OP=2 'b01,AND_OP=2 'b10,NOT_OP=2 'b11;
always @ (ai, bi, opcode)
  case(opcode)
  ADD_OP:result=ai+bi;               //opcode 为 2b00 时做加法运算
  SUB_OP:result=ai-bi;               //opcode 为 2b01 时做减法运算
  AND_OP:result=ai&bi;               //opcode 为 2b10 时做与运算
  NOT_OP:result=~bi;                 //opcode 为 2b11 时做非运算
  endcase
  endmodule
```

代码 5.3.1 可实现简易运算器，根据输入的 opcode 完成两个 8 位二进制数 ai 与 bi 的加、减、与运算，以及 bi 的取非运算。代码首先定义了参数常量 BIT_ WIDTH，用 BIT_ WIDTH 定义 ai、bi 和 result 的位宽。语句“input[WIDTH-1:0]ai，bi”声明 ai、bi 是两个 8 位宽的输入信号。语句“output reg[BIT_ WIDTH-1:0]result”的功能类似，但将 result 声明为 reg 型输出。代码又定义操作码参数常量 ADD_OP、SUB_OP、AND_OP、NOT_OP 作为运算操作选项，由 result 选择实现不同的运算。使用参数常量的优点是，若要修改位宽或操作码取值，只需要重新设置 parameter 常数而不用修改代码本身，便于程序维护。例如，代码 5.3.2 引用了代码 5.3.1 所示的简易运算器模块，在引用模块时，通过参数设置模块定义的 parameter 值，可方便地重定义输入/输出信号位宽，实现 16 位运算。

代码 5.3.2

```
module my_alu(opcode,ab.result);
    input[15:0]ai,bi;
    input [15:0] opcode;
    output[15:0]result;
simple_alu #16 ul(opcode,ai,bi,result);
endmodule
```

语句“simple_alu ＃16 ul(opcode，ai，bi，result)”引用模块 simple_alu，用参数＃16 将 BIT_ WIDTH 修改为 16，即将运算器位宽设置为 16 位，然后将 my_alu 模块的变量 opcode ai、bi、result 依次与 simple_alu 模块的变量 opcode、ai、bi、result 连接，通过修改参数，将 8 位运算器变为 16 位运算器。

若将代码 5.3.2 中的实例引用语句改为如下语句：

```
simple_alu #(16,2 'b11,2 'b10,2 'b01,2 'b00)ul(opcode,ai,bi,result);
```

则除了将实例的 BIT_ WIDTH 修改为 16 外，还依次使实例的 ADD_OP＝2 'b11，SUB_OP＝2 'b10，AND_OP＝2 'b01，NOT_OP＝2 'b00。这使得 16 位的简易运算器在 opcode＝2 'b11 时做加法运算，在 opcode＝2 'b10 时做减法运算，在 opcode＝2 'b01 时做与运算，在 opcode＝2 'b00 时对 bi 取非，改变了操作编码。

5.3.5 变量

在程序运行过程中，值可以改变的量称为变量。在 Verilog HDL 中，变量有多种类型的，主要包括线网类型(net type)、寄存器类型(reg type)、memory 型(reg type)和数字型等。

1. 线网类型

线网类型主要有 wire 和 tri 两种。线网类型用于结构化器件之间的物理连线的建模。如器件的引脚，内部器件如与门的输出等。以前面的加法器为例，输入信号 *A*、*B* 由外部器件驱动，异或门 x1 的输出 S1 是与异或门 x2 输入引脚相连的物理连接线，它由异或门 x1 驱动。

由于线网类型代表的是物理连接线，因此它不存储逻辑值，必须由器件驱动。通常由 assign 进行赋值，如 assign A=B ^ C。

当一个 wire 类型的信号没有被驱动时，缺省值为 Z(高阻态)。

信号没有定义数据类型时，缺省为 wire 类型。

例如：

```
wire a,b;              //定义了位宽是 1 的 wire 型变量 a,b
wire [7:0]data_bus;    //定义了位宽是 8 的 wire 型变量 data_bus,通常用作总线
wire [31:2]b1,b2;      //定义了位宽是 30 的 wire 型变量 b1,b2,最高位是 31,最低位是 2
```

多位宽的 wire 型变量中的每一位都可以作为单独 wire 型变量被访问。

例如：

```
assign b=b1[31] &b2[2]
```

wire 型变量与 tri 型变量的区别是：wire 型变量通常用来表示单个驱动门或 assign 赋值语句的连线；tri 型变量用来表示多驱动器驱动的连线型数据，主要用于定义三态的线网。

2. 寄存器类型

reg 型变量是数据存储单元的抽象，不与触发器对应。reg 型变量只能在 initial 语句块或 always 语句块中被赋值，并且赋值被保存下来，直到下次改变。reg 型变量没被赋值前，其值为不定态 x。

reg 型变量的定义语法如下：

```
reg [msb: lsb] reg1, reg2,…,regN;
```

其中，msb 表示位宽的高位，lsb 表示位宽的低位，msb 和 lsb 定义了范围，并且均为常数值表达式。范围定义是可选的；如果没有定义范围，缺省值为 1 位寄存器。

例如：

```
reg [3:0] Sat; // Sat 为 4 位寄存器
reg Cnt;  //1 位寄存器
reg [1:32] Kisp, Pisp, Lisp;
```

寄存器类型的值可取负数，但若该变量用于表达式的运算中，则按无符号类型处理，如：

```
reg A;
…
A=-1;
…
```

则 A 的二进制表示为 1111，在运算中，A 总按无符号数 15 来看待。

3. memory 型

在 Verilog HDL 中可以通过定义寄存器数组来说明 memory 型变量。

memory 型数据结构的定义如下：

```
reg [msb: lsb] 变量名[m-1:0];
```

或

```
reg [msb: lsb] 变量名[m:1];
```

这里的 memory 型变量是一个 reg 型的数组，每个数组元素是一个存储单元。[msb: lsb]表明了每个存储单元的位宽，变量名[m-1:0]或变量名[m:1] 表明了数组的名称及数组元素的下标范围，同时也说明了该存储器的单元数。

例如：

```
reg [7:0] Mem_A[255:0];      //定义了一个 256 个存储单元的存储器 Mem_A
                             //每个存储单元的位宽是 8 位
```

上面的[msb: lsb]部分可以省略，即默认为 1 位存储器，此时要注意与 reg 型变量的区别。

例如：

```
reg [7:0]reg_A;          //定义了一个 8 位的寄存器
reg Mem_B[7:0];          //定义了一个有 8 个存储单元的存储器 Mem_B
//每个存储单元的位宽是 1 位
```

reg 型变量可以直接被赋值，但是，对 memory 型变量进行赋值时，必须对存储单元一个个地进行赋值。

例如：

```
reg_A=8 'b11010111;     //合法，给寄存器赋值为 8 位的 11010111
Mem_B[7:0]=8 'b11010111     //不合法，不能对整个 memory 型变量进行读写操作
```

对上述存储单元进行赋值时必须一个个地进行，赋值必须用 8 条赋值语句：

```
Mem_B[0]=1 ' b 1;
Mem_B[1]=1 ' b 1;
Mem_B[2]=1 ' b 1;
Mem_B[3]=1 ' b 0;
Mem_B[4]=1 ' b 1;
```

```
Mem_B[5]=1 ' b 0;
Mem_B[6]=1 ' b 1;
Mem_B[7]=1 ' b 1;
```

使用 reg 数组定义的 memory 型变量并不是完全意义上的存储器，并且比较耗费 PLD 器件资源。因此，在设计复杂数字电路系统时，建议使用 PLD 器件内部的存储器资源。

4. 数字型

在 Verilog HDL 中，整数(integer)、实数(real)和时间(time)型变量都是数字型寄存器变量。但 real 型和 time 型变量不可综合，主要用于仿真测试环境，因此，下面介绍 integer 型变量。

integer 型变量说明格式如下：

```
integer 变量名 1,变量名 2,…;
```

integer 型变量与 reg 型变量都是寄存器型变量，不同之处在于：integer 型变量不允许说明位宽，因此综合时至少综合为 32 位二进制数，具体位数取决于机器字长；integer 型变量将存储的数据看为带符号数，用补码表示，而 reg 型变量将存储的数据看为无符号数。

例如：

```
reg[7:0]a,b; reg[3:0]c;
integer i;
  initial
begin
c=-1;      //c 赋值为 4'b1111,即-1 的补码表示
i=-1;      //i 赋值为 32'hffff,即-1 的补码表示
b= c;      //b 赋值为 8'hof,c 作为无符号数
a= i;      //a 赋值为 8'hff
end
```

这个例子只为说明 integer 型与 reg 型变量的不同，但给 c 赋值为－1(32 位)、将 i 赋值给 a、将 c 赋值给 b 在位宽方面都是不匹配的，在实际应用时应尽量避免。由于 reg 型和 integer 型变量都是寄存器变量，要在过程块语句中赋值，所以使用了 initial 块。

虽然 integer 型变量也属于寄存器变量，可以进行与 reg 型变量类似的操作，但通常用 reg 型变量来描述寄存器逻辑，而将 integer 型变量用于循环变量和计数。

5.3.6　运算符、表达式和语句

VerilogHDL 有丰富的运算符集合，按照运算操作的对象，可划分为算术运算符、逻辑运算符、关系运算符、位运算符、等值运算符、移位运算符、缩减运算符、拼接运算符、条件运算符和赋值运算符等。

在 Verilog HDL 语言中，运算符所带的操作数是不同的，按所带操作数的个数，运算符可分为以下 3 种。

(1) 单目运算符(unary operator):可以带一个操作数,操作数放在运算符的右边。

(2) 双目运算符(binary operator):可以带两个操作数,操作数放在运算符的两边。

(3) 三目运算符(ternary operator):可以带三个操作数,三个操作数用三目运算符分隔开。

例如:

```
clock=~clock;      //~是一个单目取反运算符,clock 是操作数
c=a| b;            //|是一个双目按位或运算符,a,b 是操作数
r=s? t:u;          //?:是一个三目条件运算符,s,t,u 是操作数
```

由数字、字母和各类运算符综合在一起形成的式子称为表达式。

本节主要介绍 Verilog HDL 中的一些常用运算符和语句。

1. 算术运算符

常用的算术运算符主要有:

+ //在单目运算中表示正值运算,在双目运算中表示加法运算;

- //在单目运算中表示负值运算,在双目运算中表示减法运算;

* //乘法运算,双目运算符;

/ //除法运算,双目运算符,用整数除以非整数时,截去小数部分;

% //取模运算

在双目运算中,对于加法、减法、乘法,当运算的数据位宽确定时,溢出位舍弃。对于取模运算,若被除数与除数符号不同,则结果的符号与被除数的相同,比如-7%2 的值为-1。运算符"/"和"%"一般是不可综合的,只有当能用移位寄存器表示运算时才可以是综合的,但常量表达式中的"/"和"%"是可综合的,结果只能用二进制数表示。

对于算术运算符的使用,应注意如下两个问题。

(1) 算术操作结果的位数长度。

算术表达式结果的长度由最长的操作数决定。在赋值语句下,算术操作结果的长度由操作符左端目标长度决定。考虑如下实例:

```
reg [3:0] Arc, Bar, Crt;
reg [5:0] Frx;
…
Arc=Bar+Crt;
Frx=Bar+Crt;
```

第一个加法的结果的长度由 Bar,Crt 和 Arc 的长度决定,长度为 4 位;第二个加法的结果的长度同样由 Frx 的长度决定(Frx 、Bat 和 Crt 中的最长长度),长度为 6 位。在第一个赋值中,加法操作的溢出部分被丢弃;而在第二个赋值中,任何溢出的位都存储在结果位 Frx[4]中。

那么,在较大的表达式中,中间结果的长度如何确定呢? 在 Verilog HDL 中定义了如下规则:表达式中的所有中间结果应取最大操作数的长度(赋值时,此规则也包括左端目标)。考虑另一个实例:

```
wire [4:1] Box, Drt;
```

```
wire [5:1] Cfg;
wire [6:1] Peg;
wire [8:1] Adt;
…
assign Adt= (Box+Cfg)+ (Drt+Peg);
```

表达式右端的操作数最长为 6，但是将左端包含在内时，最大长度为 8。所以所有的加操作使用 8 位进行。例如：Box 和 Cfg 相加的结果的长度为 8 位。

(2) 有符号数和无符号数。

在设计中，请先按无符号数进行。

2. 关系运算符

关系运算符用于比较两个操作数的大小。关系运算符有＞(大于)、＜(小于)、＞＝(大于等于或不小于)、＜＝(小于等于或不大于)、＝＝(逻辑相等)、！＝(逻辑不等)。关系运算符的结果为真(1'b1)或假(1'b0)。如果操作数中有一位为 x 或 z，那么结果为 x。例如：23＞45 的结果为假(0)，而 52＜8'hxFF 的结果为 x。

如果操作数长度不同，则在长度较短的操作数的最重要的位方向上(左方)添 0，补齐位数。例如：'b1000＞＝'b01110 等价于'b01000＞＝'b01110，结果为假(0)。

在逻辑相等与不等的比较中，只要一个操作数含有 x 或 z，比较结果为未知 (x)，例如，假定

```
Data='b11x0;
Addr='b11x0;
```

那么 Data＝＝Addr 的比较结果不定(即不确定)，也就是说结果为 x。

3. 逻辑运算符

逻辑运算符把它的操作数作为逻辑量，将非零操作数看为逻辑真(1'b1)，将零操作数看为逻辑假(1'b0)。逻辑运算的结果为 1'b1 或 1'b0。

逻辑运算符有

&& (逻辑与)

|| (逻辑或)

！(逻辑非)

用法为

(表达式 1) 逻辑运算符(表达式 2)…

例如，假定

```
a=4'b0000;       //0 为假
b=4 'b1001;      //1 为真
c=4 'b000x;      //x 为不定
```

那么

```
a &&b=1'b0          //结果为 0 (假)
```

```
a || b=1'b1          //结果为 1 (真)
! b=1'b0             // 结果为 0 (假)
a &&c=1'bx           //结果为不定
```

真值表如表 5.3.1 至表 5.3.7 所示。

表 5.3.1 逻辑与真值表

	0(假)	1(真)	x/z(不定)
0(假)	0	0	x
1(真)	0	1	x
x/z(不定)	x	x	x

逻辑或的真值表如表 5.3.2 所示。

表 5.3.2 逻辑或真值表

	0(假)	1(真)	x/z(不定)
0(假)	0	1	x
1(真)	1	1	1
x/z(不定)	x	1	x

表 5.3.3 按位逻辑运算符真值表(与)

	0	1	x	z
0	0	0	0	0
1	0	1	x	x
x	0	x	x	x
z	0	x	x	x

表 5.3.4 按位逻辑运算符真值表(或)

	0	1	x	z
0	0	1	x	x
1	1	1	1	1
x	x	1	x	x
z	x	1	x	x

表 5.3.5 按位逻辑运算符真值表(异或)

	0	1	x	z
0	0	1	x	x
1	1	0	x	x
x	x	x	x	x
z	x	x	x	x

表 5.3.6　按位逻辑运算符真值表(异或非)

	0	1	x	z
0	1	0	x	x
1	0	1	x	x
x	x	x	x	x
z	x	x	x	x

表 5.3.7　按位逻辑运算符真值表(非)

	0	1	x	z
	1	0	x	x

4. 按位逻辑运算符

位运算符(即按位逻辑运算符)是将操作数按对应位逐位操作的运算符。按位运算符有

```
～(一元非)                    //相当于非门运算
&(二元与)                     //相当于与门运算
|(二元或)                     //相当于或门运算
^(二元异或)                   //相当于异或门运算
～^,^～(二元异或非,即同或)    //相当于同或门运算
```

这些操作符在输入操作数的对应位上按位操作,并产生相应结果。不同按位逻辑运算符按位操作的结果真值表如表 5.3.3～表 5.3.7 所示。

例如:

```
a=4'b1010;
b=8'b10110011;
ra=～a;     //对 a 的值按位取反,赋值给 ra 为 4'b0101;
rb=ra^b;    // rb= 0000_0101^10110011,结果为 8'b1011_0110;
```

若参与运算的 2 个数的位数不同,则系统将会将两个数的右端对齐,位数少的数的高位用 0 补齐,然后再进行运算。

5. 条件运算符

条件运算符(?:)是一个三目运算符,根据条件表达式的值选择表达式,格式如下:

```
cond_expr ? expr1:expr2;
```

如果 cond_expr 为真(即值为 1),选择 expr1;如果 cond_expr 为假(值为 0),选择 expr2。如果 cond_expr 为 x 或 z,则按逻辑对 expr1 和 expr2 进行按位操作得到结果值:0 与 0 得 0,1 与 1 得 1,其余情况下,结果为 x。

例如:

```
wire [2:0] Student=Marks>18 ? Grade_A:Grade_C;
```

计算表达式 Marks>18；如果真，Grade_A 赋值为 Student；如果 Marks<=18，Grade_C 赋值为 Student。

6. 连接运算符

连接运算符也称为拼接运算符，能够把不同信号的指定位或一个信号的指定位拼接成一个二进制数。连接运算符的格式如下：

{信号 1 的某些位，信号 2 的某些位，…，信号 n 的某些位}

例如，假设

```
a=4'b1010,b=8'b10101100,c=1'b1;
```

那么

```
{ a[3:1],c,b[3:0]}=8'b10111100;
```

若某些位需要连续拼接几次，可以用下面的格式说明重复次数。

{[重复次数]{信号 1 的某些位，信号 2 的某些位，…，信号 n 的某些位}}

例如：

```
{{3{a[1:0]},{2{c}},{2{b[7],b[3]}}}=12'b101010111111;
```

也可以使用拼接运算，例如：

```
wire [7:0] Dbus;
assign Dbus [7:4]={Dbus [0], Dbus [1], Dbus[2], Dbus[ 3 ] };
//以反转的顺序将低端 4 位赋给高端 4 位。
assign Dbus={Dbus [3:0], Dbus [ 7:4 ] };
//高 4 位与低 4 位交换
```

由于非定长常数的长度未知，不允许连接非定长常数。例如，下列式子非法：

```
{Dbus,5}  //不允许连接非定长常数
```

7. 条件语句

if 语句的语法如下：

```
if(condition_1)
procedural_statement_1
{else if(condition_2)
procedural_statement_2}
{else
procedural_statement_3}
```

如果对 condition_1 求值的结果为一个非零值，那么 procedural_statement_1 被执行，如果 condition_1 的值为 0、x 或 z，那么 procedural_statement_1 不执行。如果存在一个 else 分支，那么这个分支被执行。例如：

```
if(Sum<60)
begin
Grade=C;
Total_C=Total _c+1;
end
else if(Sum<75)
begin
Grade=B;
Total_B=Total_B+1;
end
else
begin
Grade=A;
Total_A=Total_A+1;
end
```

注意条件表达式必须总是被括起来，如果使用 if…if…else 格式，那么可能会有二义性，如下例所示：

```
if(Clk)
if(Reset)
Q=0;
else
Q=D;
```

问题出在最后一个 else 属于哪一个 if，它是属于第一个 if 的条件(Clk)还是属于第二个 if 的条件(Reset)？这在 Verilog HDL 中已通过将 else 与最近的没有 else 的 if 相关联来解决。在这个例子中，else 与内层 if 语句相关联。以下是另一些 if 语句的例子。

```
if(Sum<100)
Sum=Sum+10;
if(Nickel_In)
Deposit=5;
else if (Dime_In)
Deposit=10;
else if(Quarter_In)
Deposit=25;
else
Deposit=ERROR;
```

书写建议如下。

(1) 条件表达式需用括号括起来。

(2) 若为 if…if 语句，请使用块语句 begin…end，例如：

```
if(Clk)
```

```
begin
if(Reset)
Q=0;
else
Q=D;
end
```

这样可使代码更加清晰,防止出错。

(3) 除了在时序逻辑语句中,if 语句都需要有 else 语句。若没有缺省语句,设计将产生一个锁存器,锁存器在 ASIC 设计中有诸多的弊端。例如:

```
if (T)
Q=D;
```

没有 else 语句,当 T 为 1(真)时,D 被赋值给 Q,当 T 为 0(假)时,因为没有 else 语句,电路保持 Q 以前的值,这就形成了一个锁存器。

8. case 语句

case 语句是多路条件分支形式的,其语法如下:

```
case(case_expr)
case_item_expr{,case_item_expr} :procedural_statement
…
…
[default:procedural_statement]
endcase
```

case 语句首先对条件表达式 case_expr 求值,然后依次对各分支项求值并进行比较,第一个与条件表达式值相匹配的分支中的语句被执行。可以在 1 个分支中定义多个分支项,这些值不需要互斥。缺省分支覆盖所有没有被分支表达式覆盖的其他分支,例如:

```
case (HEX)
4'b0001:LED=7'b1111001; // 1
4'b0010:LED=7'b0100100; // 2
4'b0011:LED=7'b0110000; // 3
4'b0100:LED=7'b0011001; // 4
4'b0101:LED=7'b0010010; // 5
4'b0110:LED=7'b0000010; // 6
4'b0111:LED=7'b1111000; // 7
4'b1000:LED=7'b0000000; // 8
4'b1001:LED=7'b0010000; // 9
4'b1010:LED=7'b0001000; // A
4'b1011:LED=7'b0000011; // B
4'b1100:LED=7'b1000110; // C
4'b1101:LED=7'b0100001; // D
```

```
4'b1110:LED=7'b0000110; // E
4'b1111:LED=7'b0001110; // F
default :LED=7'b1000000; // 0
endcase
```

书写建议：case 的缺省项必须写出，以防止产生锁存器。

5.4　结构建模

本节将进一步介绍结构化的描述方式。

5.4.1　模块定义结构

通过前面的学习可知，一个数字逻辑系统是由一个个 module 组成的。一个 module 的结构如下：

```
module module_name (port_list);
Declarations_and_Statements
endmodule
```

在结构建模中，描述语句主要是实例化语句，包括对 Verilog HDL 内置门，如与门(and)、异或门(xor)等的实例化，以及对其他器件的调用，这里的器件包括 FPGA 厂家提供的一些宏单元及设计者已经设计验证的 Verilog HDL 模块。

在实际应用中，实例化语句主要指后者，对于 Verilog HDL 的内置门，不建议采用结构化建模方式，而用数据流或行为级方式对基本门电路进行描述。

端口队列 port_list 列出了该模块通过哪些端口与外部模块通信。

5.4.2　模块端口

模块的端口可以是输入端口、输出端口或双向端口。缺省的端口类型为线网类型(即 wire 类型)。输出或输入端口能够被重新声明为 reg 类型。无论是在线网说明中，还是在寄存器说明中，线网或寄存器都必须与端口说明中指定的长度相同。下面是一些端口说明实例。

```
module Micro (PC, Instr, NextAddr);
// 端口说明
input [3:1] PC;
output [1:8] Instr;
inout [16:1] NextAddr;
//重新说明端口类型
wire [16:1] NextAddr;   //该说明是可选的,因为缺省的是 wire 类型,指定端口类型时,
                        //必须与它的端口说明保持相同长度,这里定义线的位宽为 16,其是
```

```
                          //总线
reg [1:8] Instr;          //Instr 已被重新说明为 reg 类型，因此它能在 always 语句或
                          //Initial 语句中被赋值
...
endmodule
```

5.4.3 实例化语句

1. 实例化语法

一个模块能够在另外一个模块中被引用，这样就建立了描述的层次。模块实例化语句形式如下：

```
module_name instance_name(port_associations);
```

信号端口可以通过位置或名称关联；但是关联方式不能够混合使用。端口关联形式如下：

```
port_expr  //通过位置
.PortName (port_expr)  //通过名称
```

例如：

```
module and (C,A,B);
input A,B;
output C;
...
and A1 (T3, A, B );  //实例化时采用位置关联，T3 对应输出端口 C，A 对应 A，B 对应 B
and A2(.C(T3),.A(A),.B(B));  //实例化时采用名字关联，.C 是 and 器件的端口，其与信号
                                T3 相连
...
```

port_expr 可以是以下的任何形式。

(1) 标识符(reg 或 net)，如. C(T3)，T3 为 wire 型标识符。

(2) 位选择，如. C(D[0])，C 端口接到 D 信号的第 0bit 位。

(3) 部分选择，如. Bus(Din[5:4])。

(4) 上述类型的合并，如. Addr{ A1,A2[1:0]}。

(5) 表达式(只适用于输入端口)，如. A(wire Zire=0)。

建议：在例化的端口映射中请采用名字关联，这样，当被调用的模块引脚改变时，不易出错。

2. 悬空端口的处理

在实例中，可能有些引脚没被用到，可在映射中采用空白处理，如：

```
DFF d1 (.Q(QS),.Qbar ( ),.Data (D ),.Preset ( ),.Clock (CK));
//名称对应方式,.Preset ( ) 引脚悬空
```

若输入引脚悬空，则该引脚的输入为高阻 z；若输出引脚悬空，则该输出引脚废弃不用。

3. 不同端口长度的处理

当端口和局部端口表达式的长度不同时，端口通过无符号数的右对齐或截断方式进行匹配。

例如：

```
module Child (Pba, Ppy);
input [5:0] Pba;
output [2:0] Ppy;
...
endmodule
module Top;
wire [1:2] Bdl;
wire [2:6] M p r;
Child C1 (Bdl, Mpr);
endmodule
```

在 Child 模块的实例中，Bdl[2]连接到 Pba[0]，Bdl[1]连接到 Pba[1]，余下的输入端口 Pba[5]、Pba[4]和 Pba[3]悬空，因此为高阻态 z。与之相似，Mpr[6]连接到 Ppy[0]，Mpr[5]连接到 Ppy[1]，Mpr[4]连接到 Ppy[2]，如图 5.4.1 所示。

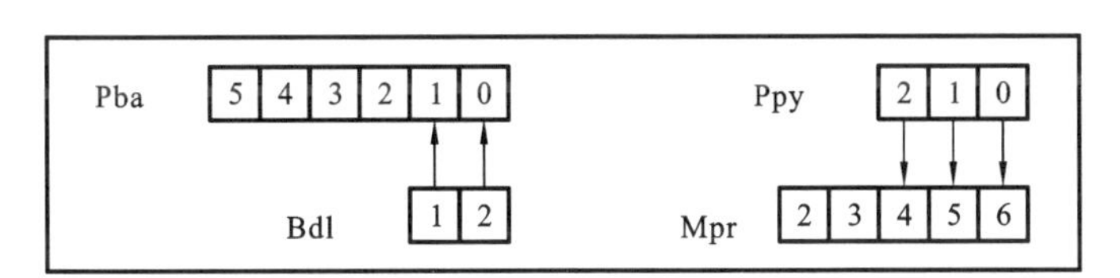

图 5.4.1 端口匹配

4. 结构化建模实例

对于一个数字系统，通常采用自顶向下的设计方式。可把系统划分成几个功能模块，再将每个功能模块划分成下一层的子模块。每个模块的设计对应一个 module ，一个 module 设计成一个 verilog HDL 程序文件。因此，对一个系统的顶层模块，我们采用结构化的设计，即顶层模块分别调用了各个功能模块。下面以一个频率计数器系统实例来说明如何用 HDL 进行系统设计。

该系统被划分成如下三个模块：2 输入与门模块，LED 显示模块，4 位计数器模块。系统的层次描述图 5.4.2 所示。

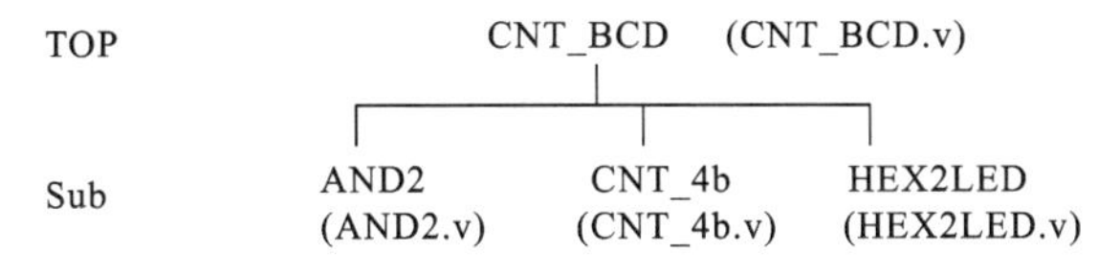

图 5.4.2 系统的层次描述

顶层模块为 CNT_BCD，对应的设计文件的文件名为 CNT_BCD.v，该模块调用了低层模块 AND2、CNT_4b 和 HEX2LED。系统的电路结构图如图 5.4.3 所示。

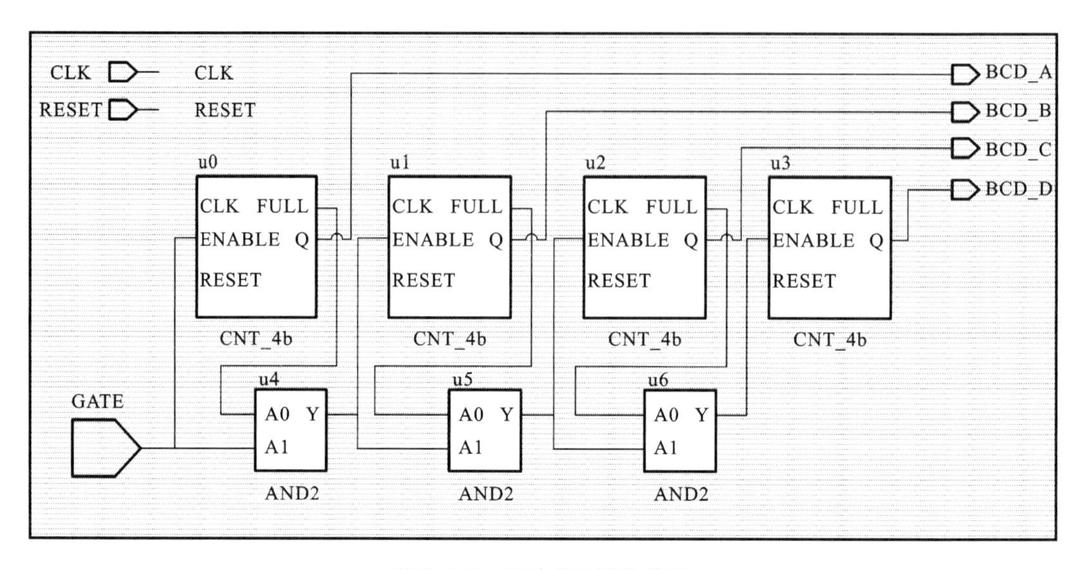

图 5.4.3 系统的电路结构图

顶层模块 CNT_BCD 对应的设计文件 CNT_BCD.v 的内容如下。

```
module CNT_BCD (BCD_A,BCD_B,BCD_C,BCD_D,CLK,GATE,RESET);
// ----------- Port declarations --------- //
input CLK;
input GATE;
input RESET;
output [3:0] BCD_A;
output [3:0] BCD_B;
output [3:0] BCD_C;
output [3:0] BCD_D;
wire CLK;
wire GATE;
wire RESET;
wire [3:0] BCD_A;
wire [3:0] BCD_B;
wire [3:0] BCD_C;
wire [3:0] BCD_D;
// ----------- Signal declarations -------- //
wire NET104;
wire NET116;
wire NET124;
wire NET132;
wire NET80;
wire NET92;
// -------- Component instantiations -------//
CNT_4b U0(.CLK(CLK),.ENABLE(GATE),.FULL(NET80),.Q(BCD_A),
.RESET(RESET) );
```

```
CNT_4b U1(.CLK(CLK),.ENABLE(NET116),.FULL(NET92),.Q(BCD_B),
.RESET(RESET));
CNT_4b U2(.CLK(CLK),.ENABLE(NET124),.FULL(NET104),.Q(BCD_C),
.RESET(RESET));
CNT_4b U3(.CLK(CLK),.ENABLE(NET132),.Q(BCD_D),.RESET(RESET)
);
AND2 U4(.A0(NET80),.A1(GATE),.Y(NET116) );
AND2 U5(.A0(NET92),.A1(NET116),.Y(NET124) );
AND2 U6(.A0(NET104),.A1(NET124),.Y(NET132));
Endmodule
```

注意:这里展示 AND2 是为了方便进行举例说明,在实际设计中,不需要将其重新设计成一个模块,同时,与保留字相类似的标识符(不论大小写)最好不用。

5.5 数据流建模

本节对数据流的建模方式作进一步讨论,主要讲述连续赋值语句、阻塞赋值语句,并以一个频率计数器系统实例中的 AND2 模块为例进行介绍。

5.5.1 连续赋值语句

数据流描述是采用连续赋值语句(assign)来实现的,语法为

```
assign net_type= 表达式;
```

连续赋值语句用于组合逻辑的建模。等式左边是 wire 类型的变量,等式右边可以是常量、有运算符(如逻辑运算符、算术运算符)参与的表达,例如:

```
wire [3:0] Z, Preset, Clear;          //线网说明
assign Z=Preset & Clear;              //连续赋值语句
wire Count, Cin;
wire [3:0] Sum, A, B;
…
assign {Count, Sum}=A+B+Cin;
assign Mux= (S==3)? D:'bz;
```

注意以下几点。

(1) 执行连续赋值语句时,只要右边表达式中的任一个变量有变化,表达式立即被计算,计算的结果立即赋给左边信号。

(2) 连续赋值语句之间的语句是并行的。

5.5.2 阻塞赋值语句

“=”用于阻塞的赋值,组合逻辑(如 assign 语句)赋值都应使用阻塞赋值。

5.5.3 数据流建模具体实例

以前文的频率计数器为例，对于 AND2 模块，用数据流来建模。AND2 模块对应的文件 AND2.v 的内容如下：

```
module AND2 (A0, A1, Y);
input A0;
input A1;
output Y;
wire A0;
wire A1;
wire Y;
// add your code here
assign Y=A0 & A1;
endmodule
```

5.6 行为建模

本节对行为建模进一步进行描述，并展示一个频率计数器系统实例中的 HEX2LED 和 CNT_4b 模块。

5.6.1 简介

行为建模方式通过对设计行为进行描述来实现设计建模，一般是指用过程赋值语句(initial 语句和 always 语句)来进行设计的建模方式。

5.6.2 顺序语句块

语句块提供将两条或更多条语句组合成在语法结构上相当于是一条语句的机制。这里主要讲 Verilog HDL 中的顺序语句块(begin… end)。语句块中的语句按给定顺序执行，每条语句中的时延值与其前面的语句执行的模拟时间相关。一旦顺序语句块执行结束，跟随顺序语句块过程的下一条语句将继续执行。顺序语句块的语法如下：

```
begin
[ :block_id{declarations} ]
procedural_statement (s)
end
```

例如：

```
// 产生波形
```

```
begin
#2 Stream=1;
#5 Stream=0;
#3 Stream=1;
#4 Stream=0;
#2 Stream=1;
#5 Stream=0;
end
```

假定顺序语句块在第 10 个时间单位开始执行。2 个时间单位后，即第 12 个时间单位，第 1 条语句执行。此执行完成后，下 1 条语句在第 17 个时间单位执行（延迟 5 个时间单位）。然后下 1 条语句在第 20 个时间单位执行，以此类推。该顺序语句块执行过程中产生的波形如图 5.6.1 所示。

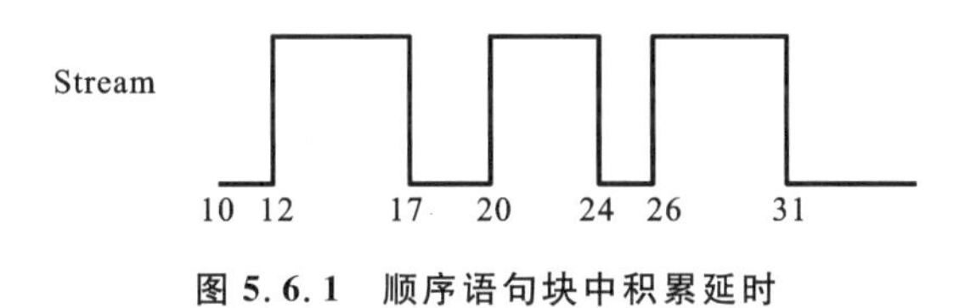

图 5.6.1 顺序语句块中积累延时

5.6.3 过程赋值语句

Verilog HDL 中提供两种过程赋值语句，initial 语句和 always 语句，用这两种语句可实现行为的建模。这两种语句之间的执行是并行的，即语句的执行与语句的位置顺序无关。这两种语句通常与语句块(begin…end)相结合，语句块中的语句是按顺序执行的。

1. initial 语句

initial 语句只执行一次，即在设计被开始模拟执行时开始(0 时刻)，通常只用在对设计进行仿真的测试文件中，用于对一些信号进行初始化和产生特定的信号波形，其语法如下：

```
initial
[timing_control] procedural_statement
```

procedural_statement 是下列语句之一：

```
procedural_assignment (blocking or non-blocking )  //阻塞或非阻塞性过程
//赋值语句
procedural_continuous_assignment
conditional_statement
case_statement
loop_statement
wait_statement
disable_statement
event_trigger
```

```
task_enable (useror system)
```

按以上语法规则产生一个信号波形的例子如下：

```
initial
begin
#2 Stream=1;
#5 Stream=0;
#3 Stream=1;
#4 Stream=0;
#2 Stream=1;
#5 Stream=0;
end
```

2. always 语句

always 语句与 initial 语句相反，其会重复执行，执行动作是由一个被称为敏感变量表的事件来驱动的。always 语句可实现组合逻辑或时序逻辑的建模。

语句说明实例如下：

```
initial
Clk=0;
always
#5 Clk=～Clk;
```

因为 always 语句是重复执行的，因此，Clk 是初始值为 0、周期为 10 的方波。

D 触发器程序如下：

```
always @  (posedge Clk or posedge Rst)
begin
if Rst
Q<=‘b 0;
else
Q<=D;
```

上面括号内的内容称为敏感变量，即当敏感变量有变化时，整个 always 语句被执行，否则不执行。因此，当 Rst 为 1 时，Q 被复位，在时钟上升沿处，D 被采样到 Q。

二选一分配器程序如下：

```
always @ (sel,a,b)
C=sel ? a :b;
```

这里的 sel，a，b 同样称为敏感变量，当三者之一有变化时，always 被执行，当 sel 为 1 时，C 被赋值为 a，否则为 b。

注意以下几点。

(1) 对组合逻辑的 always 语句，敏感变量必须写全，敏感变量是指等式右边出现的所有标识符。

（2）对于组合逻辑器件的赋值，应采用阻塞赋值“＝”；
（3）时序逻辑器件的赋值语句采用非阻塞赋值“＜＝”，如上面的 Q＜＝D。

5.6.4　行为建模具体实例

前文所述的频率计数器中，HEX2LED 和 CNT_4b 模块采用行为建模方式。
CNT_4b 模块对应的文件 CNT_4b.v 的内容如下：

```
module CNT_4b (CLK, ENABLE, RESET, FULL, Q);
input CLK;
input ENABLE;
input RESET;
output FULL;
output [3:0] Q;
wire CLK;
wire ENABLE;
wire RESET;
wire FULL;
wire [3:0] Q;
// add your declarations here
reg [3:0] Qint;
always @ (posedge RESET or posedge CLK)
begin
if (RESET)
Qint=4'b0000;
else if (ENABLE)
begin
if (Qint==9)
Qint=4'b0000;
else
Qint=Qint+ 4'b1;
end
end
assign Q=Qint;
assign FULL=(Qint==9) ? 1'b1:1'b0;
endmodule
```

该模块实现一个模 10 的计数器。
HEX2LED 模块对应的文件 HEX2LED.v 的内容如下：

```
module HEX2LED (HEX, LED);
input [3:0] HEX;
output [6:0] LED;
wire [3:0] HEX;
```

```
reg [6:0] LED;
// add your declarations here
always @ (HEX)
begin
case (HEX)
4'b0001:LED=7'b1111001; // 1
4'b0010:LED=7'b0100100; // 2
4'b0011:LED=7'b0110000; // 3
4'b0100:LED=7'b0011001; // 4
4'b0101:LED=7'b0010010; // 5
4'b0110:LED=7'b0000010; // 6
4'b0111:LED=7'b1111000; // 7
4'b1000:LED=7'b0000000; // 8
4'b1001:LED=7'b0010000; // 9
4'b1010:LED=7'b0001000; // A
4'b1011:LED=7'b0000011; // B
4'b1100:LED=7'b1000110; // C
4'b1101:LED=7'b0100001; // D
4'b1110:LED=7'b0000110; // E
4'b1111:LED=7'b0001110; // F
default :LED=7'b1000000; // 0
endcase
end
endmodule
```

5.7 其他方面

本节对任务和函数的使用、编译预处理命令等相关内容做简要的介绍。

5.7.1 任务和函数的使用

Veriog HDL 允许用户自己定义任务和函数，通过将输入、输出和总线信号的值传入、传出任务和函数，完成一定的功能，类似于一般计算机的子程序，把大的程序模块分解成较小的任务或函数，或把需要重复使用的程序代码写成任务，会使程序明白易读、便于修改和维护。

1. 函数定义和调用

函数(function)的使用包括函数定义和函数调用两部分。函数定义使用 function 声明语句。从关键字 function 开始，到 endfunction 结束，函数声明必须出现在模块内部，可以在模块的任意位置。

函数声明语句的语法格式如下：

```
function< 类型成位宽> < 函数名> ;
< 参数声明> ;
…
语句区;
…
endfunction
```

函数可接受多个输入参数，由函数名返回结果，可看作表达式计算。类型或位宽用于说明返回值的类型，可声明为 integer，real，time 或 reg 类型。real 和 time 类型不可综合。若为 reg 类型，则可通过[msb;lsb]指定位宽，缺省时默认为 1 位，参数声明部分用于说明传递给函数的输入变量，或函数内部使用的变量，每个函数至少要有一个输入变量，输入变量用 input 说明，不可以用 ouput 或 inout。在语句区，使用行为描述语句实现函数功能，可以是 if…else…，case，过程块赋值语句等，函数语句区中必须要有一条语句用来给函数名赋值。若语句区有多于一条的语句，则需要使用 begin…end 块。

函数调用是将函数作为表达式中的操作数实现的。函数调用的语法格式如下：

函数名(表达式 1，表达式 2，…)

表达式作为传入函数的参数，按顺序依次连接至函数的输入变量。

【例 5.7.1】 用 8 位二进制高低位交换电路构成 16 位二进制高低位交换电路。

解：先定义 8 位二进制高低位交换电路，再调用两次函数。第一次调用给函数传入低 8 位，返回值到高 8 位；第二次调用给函数传入高 8 位，返回值到低 8 位，以完成交换，代码如下：

```
modale switchfunction( word16. rsword16);
input [15:0] word16;
output reg [15:0] rewond16;
always@ (word16)
begin
rsword16[15;8]=rsword8( word16[7:0]);      //调用函数
rsword16[7:0]=rswards( wordt6[15:8]);
end
function [7:0] rsword8:                    //函数定义，返回值为 8 位
input [7:0] word8;                         //输入变量
integer i;                                 //函数内部变量
for (i=0;i<8;i=i+1)
rsword8[i]=word8[7-i]                      //高低位交换
endfunction
endmodule
```

需要说明的是，函数的每一次调用都将被综合成一个独立的组合逻辑电路块。函数的定义不能包含任何时间控制语句，如用＃、@标识的语句。

函数只能通过函数名返回一个值，任务 task 可以不返回值，或者通过输出端口返回多个值。VerilogHDL 任务的概念类似于其他高级编程语言中“过程”(Procedure)的概念。

任务的使用包括 task 定义和 task 调用两个部分。task 定义的语法规则如下：

```
task< 任务名> :
< 端口和内部变量声明> ;
…
语句区;
…
endtask
```

任务定义从关键字 task 开始，至 endtask 结束，其必须出现在模块中，但可以在模块的任意位置。端口说明用于说明传入、传出任务的变量，用 input、output 或 inout 声明。语句区使用行为描述语句实现任务功能，可以是 if…else…，case，过程块赋值语句等。若语句区有多于一条的语句，则需使用 begin…end 块。

【例 5.7.2】 使用任务完成 1 到 2 数据分配器的建模。

解：定义任务传入输入数据，返回分配的数据，然后调用任务。代码如下：

```
module taskTest2(in, out1, out2,s);
input in,s;
output out1,out2;
always @ (in or s)
asgn1to2(in,s,out1,out2);      //调用任务,依次传入输入,接收返回值
task asgn1to2;                 //任务定义
input din,s;                   //输入变量声明
output reg d0, d1;             //返回变量声明
begin
d0=1'b0;
d1=1'bo;
if (~s)
d0=din;
else
d1=din;
  end
endtask
endmodule
```

对于任务的定义和使用，需要说明的是，包含定时控制语句(如 always)的任务是不可综合的。启动的任务往往被综合成组合逻辑电路。

在使用时，任务和函数除了在返回值的方式、个数方面有所不同外，函数要求至少有一个输入变量，而任务可以没有或有一个或多个任意类型的输入变量。另外，函数不能调用任务，而任务可以调用其他任务和函数。

5.7.2 编译预处理命令

Verilog HDL 同 C 语言一样提供编译预处理功能。Verilog HDL 编译预处理命令以

“'”符号(键盘左上角“～”符号按键处)开始,可出现在程序的任意位置。编译预处理命令从定义之处开始有效,直到文本结束或被其他命令代替为止。Verilog HDL 提供了丰富的编译预处理命令,下面介绍常用的几种。

1. 'define 与 'undef

'define 用来定义一个宏,即用指定的标识符(宏名)来代替一个字符串。在编译时,所有出现宏名的地方都会替换成该字符串。宏可以减少程序中重复书写某些字符串的工作量,提高 Verilog 源代码的可读性和可维护性。

'define 的语法格式如下:

```
'define< 宏名> 表达式
```

例如:

```
'define WORD 16     //定义宏 WORD, 用 WORD 代替 16
...
reg ['WORD-1:0] a,b;     //定义 a、b 为 16 位总线
```

说明:

(1) 宏名可以自己定义,大小写均可,但一般都采用大写。

(2) 宏定义可以出现在程序的任意位置,通常写在一开始处。

(3) 对于宏的引用,必须使用“'”号连接宏名。

(4) 宏定义不是 Verilog HDL 语句,所以宏定义后边不用加“;”,若加了,会将“;”一同置换。

例如:

```
define EXPRESS a+b;:
assign d='EXPRESS+ c:  //被置换成 d=a+b;+c
```

(5) 用'define 定义的宏一直有效,可以用'undef 取消宏定义。

undef 语法规则如下:

```
'undef< 宏名>
```

例如:

```
'define bytesize 8
...
reg ["bytesize-1:0] bus;
...
'undef bytesize
```

2. 'include

'include 命令可以将内含数据类型声明或函数定义的 Verilog 程序文件内容复制插入

到另一个 Verilog 模块文件'include 命令出现的位置，以增加程序设计的方便性与可维护性。与 C 语言中的#include 用法类似。

'include 命令的语法规则如下：

```
'inelude"文件名"
```

例如下边的例子中，若用文件 count10.v 定义十进制计数器模块，在 7_seg.v 文件中定义七段数码管显示模块，在文件 param_def.v 中定义相关参数、宏等，则可通过'include 包含命令把这些文件定义的模块、参数、宏等包含进当前文件，即复制写在 my_counter 模块的前边，直接使用。

```
'include "count10.v"
'include "7_seg. v"
'include "param_def. v"
module my_counter…;
…
endmodule
```

3. 'ifdef,'else 与'endif

'ifdef、'else 与'endif 称为条件编译命令，允许编译综合器根据已知条件选择部分语句进行编译综合。语法规则如下：

```
"ifdef< 宏名>
语句组 1;
'else
语句组 2;
'endif
```

编译综合器会首先检查是否定义了宏，如果已经定义了宏，则编译综合语句组 1；否则编译综合语句组 2。

例如：

```
module ifdefTest(a, b,c,d);
input a.b,c;
  output d;
'ifdef GATE
nand Gl(d, a, b, c);
'else
assign d=a&b&c;
'endif
endmodule
```

上例中，若程序事先定义了 GATE 宏，则编译综合产生与非门；否则编译综合产生输入的与门。"ifdef 命令的'else 分支可省略，省略后就只在满足条件时编译综合语句组 1。

本章思维导图

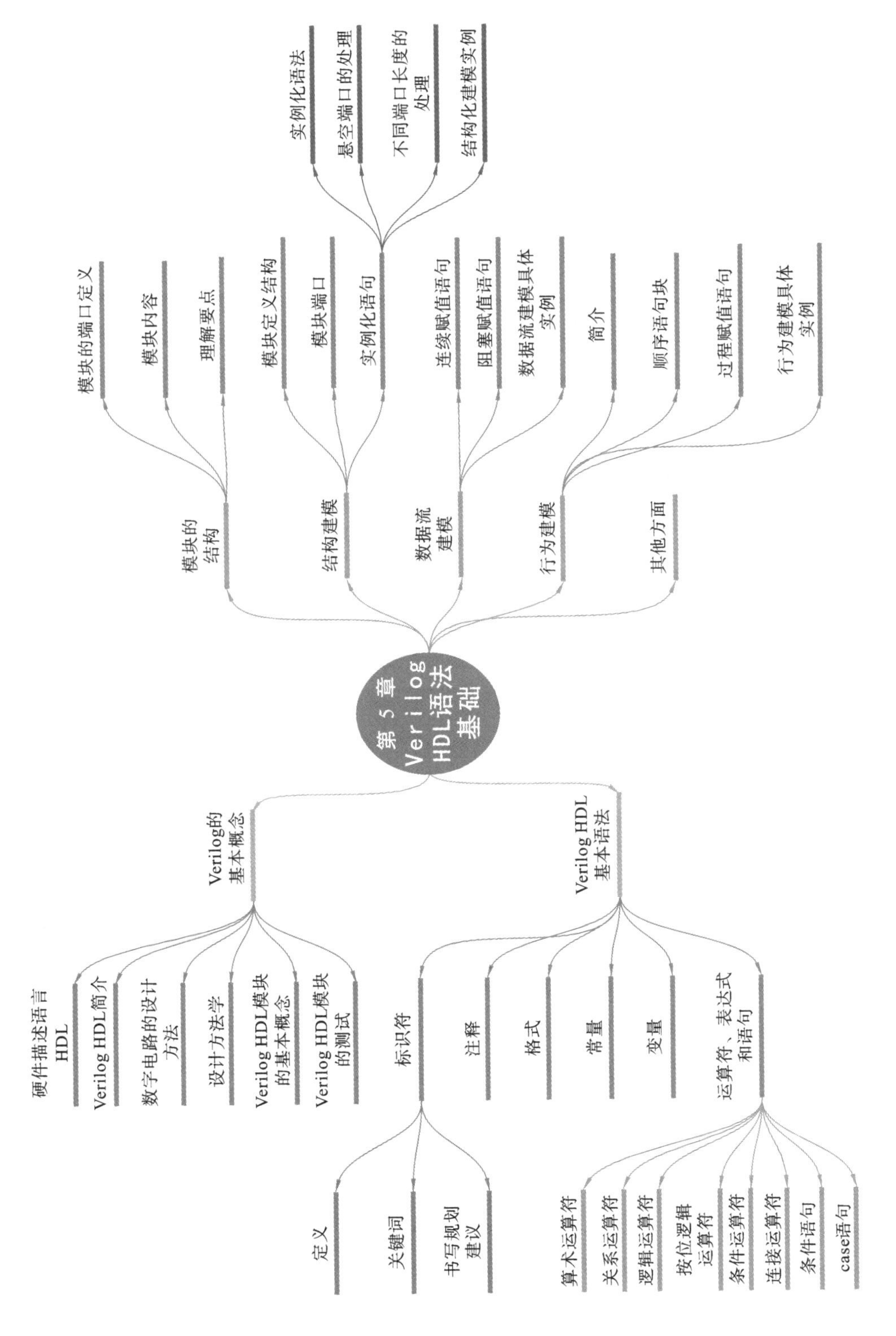
第 5 章 Verilog HDL语法基础
Verilog的基本概念
硬件描述语言HDL
Verilog HDL简介
数字电路的设计方法
设计方法学
Verilog HDL模块的基本概念
Verilog HDL模块的测试
Verilog HDL基本语法
标识符
定义
关键词
书写规划建议
注释
格式
常量
变量
运算符、表达式和语句
算术运算符
关系运算符
逻辑运算符
按位逻辑运算符
条件运算符
连接运算符
条件语句
case语句
模块的结构
模块的端口定义
模块内容
理解要点
结构建模
模块定义结构
模块端口
实例化语句
实例化语法
悬空端口的处理
不同端口长度的处理
结构化建模实例
数据流建模
连续赋值语句
阻塞赋值语句
数据流建模具体实例
行为建模
简介
顺序语句块
过程赋值语句
行为建模具体实例
其他方面

习　题

1. 当前数字电路设计可分为哪几层？

2. TOP-DOWN 设计思想是什么？

3. Verilog HDL 的基本描述单位是什么？

4. Verilog HDL 有哪几种功能描述方式？

5. Verilog HDL 的模块通常由哪些部分组成？

6. 模块端口的默认值是什么？如果想对输出端口用 assign 语句赋值，需要定义为什么类型？

7. 画出 Verilog 模块测试的原理图。

8. Verilog HDL 常用的运算符有哪些类型的？每种类型又分别包含哪些运算符？

9. 假设已经定义了“reg[3:0]a,b;”，并且 a 被赋值为 4'b1010，b 被赋值为 4'b0101，则下列表达式的值分别是多少？

(1) (a<b)&&(a>0);

(2) a? (a-1'b1):b;

(3) &a;

(4) {b,4a[3]}。

10. 若 Verilog HDL 的 case 语句没有覆盖所有的可能选项，那么有 default 语句和没有 default 语句有何不同？

11. 根据如下代码画出其逻辑电路图，并说明该电路的逻辑功能。

```
module mymod1(a,b,c);
input a,b;
output c;
wire p1,p2,p3;
nor g1(p1,a,b),g2(p2,a,p1),g3(p3,b,p1),g4(c,p2,p3);
endmodule
```

12. 根据习题图 5.1 所示的逻辑电路图，使用 Verilog HDL 门级元件描述此电路。

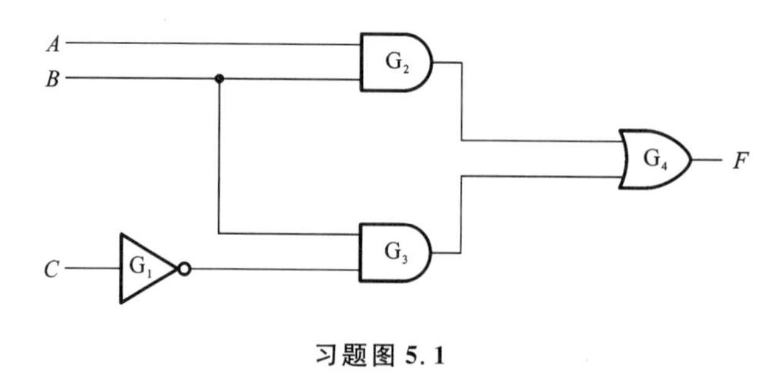

习题图 5.1

13. 试分析如下代码实现的逻辑功能。

```
module mymod2(en,data,out);
parameter size=16;
input en;
    input [size-1:0]data;
    output [size-1:0]out;

    reg [size-1:0] q;
always@ (data,en)
begin
q=data;
if(en)
q={q[size-2:0],1'b0};
else
q={1'b0,q[size-1:1],};
endmodule
```

第 6 章　组合逻辑电路

数字系统中的逻辑电路按照其是否具有记忆功能分为组合逻辑电路和时序逻辑电路两大类。本章介绍组合逻辑电路的特点、分析方法和设计方法(基于 Verilog HDL),以及加法器、编码器、译码器、数据选择器、数值比较器、奇偶校验器等常用组合逻辑电路的电路结构、工作原理和使用方法。

6.1　概　　述

组合逻辑电路是指电路在任何时刻产生的稳定输出值,仅仅取决于该时刻各个输入值的组合,而与过去的输入值无关。组合逻辑电路的一般结构如图 6.1.1 所示。

图 6.1.1　组合逻辑电路的一般结构

图中,X_0,X_1,…,X_{i-1}是电路的 i 个输入信号,Y_0,Y_1,Y_{j-1}是 j 个输出信号,逻辑门以一定的方式组合为具有一定逻辑功能的数字电路。它是一种无记忆电路——任一时刻的输出信号仅取决于该时刻的输入信号,而与信号作用前电路原来所处的状态无关,输入变化,输出则随之变化。信号单向传输,不存在任何反馈回路。

组合逻辑电路能够完成各种复杂的逻辑功能,而且其还是时序电路的组成部分,它在数字系统中的应用十分广泛。

组合逻辑电路可以用逻辑函数表达式、真值表、卡诺图、逻辑图及波形图来分析和表述。

逻辑函数表达式:一般为与或式,但形式不唯一,通过变换可用不同门电路来实现,在一定程度上也可以直接用于自动设计(如硬件描述语言 HDL)的描述。

真值表:直观反映变量取值与函数值之间的关系,具有唯一性,有利于自动设计(如 HDL)的描述。

卡诺图:用于化简逻辑函数的主要工具,现在已很少使用。

逻辑图:直观表示变量之间的逻辑关系,一个逻辑函数表达式可以用不同的逻辑图实现,一般只适于简单电路的描述。

波形图:直观表示输入与输出信号的波形,通过分析波形可以得到真值表。

这几种表述方法在电路分析中具有不同的特点,一般为与或式形式的,形式不唯一,例如可以用标准与或式、最简与或式来表示电路，它们对应的逻辑图不同。

一个逻辑函数表达式可以用不同的逻辑图实现，例如 $F=AB+CD$ 既可以用 2 个与门、1 个或门实现，也可以用 3 个与非门实现。

6.2　组合逻辑电路的分析

组合逻辑电路分析是指根据给定的逻辑电路，找出其输出与输入之间的逻辑关系，确定其逻辑功能。通过分析不仅能够确定给定逻辑电路的逻辑功能，同时也可以评价设计方案，以便于学习吸收优秀的设计思想，改进和完善不合理的设计方案。由此可见，逻辑电路分析是学习研究数字系统的一项基本技能。

6.2.1　组合逻辑电路的分析方法

组合逻辑电路的分析步骤框图，如图 6.2.1 所示。

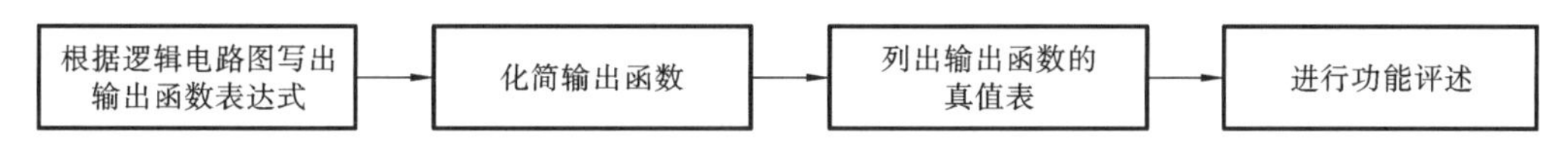

图 6.2.1　组合逻辑电路的分析步骤框图

分析逻辑图时，从输入端到输出端，逐级写出每个逻辑符号输出端的逻辑函数表达式；然后对表达式进行化简，得到最简的表达式；再将所有输入组合代入此式，得出真值表；根据真值表说明电路的逻辑功能。

具体来讲，分析步骤如下。

(1) 根据逻辑电路图写出输出函数表达式。

组合逻辑电路由基本逻辑门构成，根据电路特点，其没有反馈电路和记忆电路，在分析组合逻辑电路时，从输入端出发，逐级分析每个点的逻辑运算，直至得到所有与输入变量相关的输出函数为止。

(2) 化简输出函数。

根据给定的逻辑电路直接写出的输出函数的表达式不一定是最简的表达式，为了简单、清晰地反映输入与输出的逻辑关系，需要对输出表达式进行化简。此外，描述一个电路功能的逻辑表达式是否达到最简，也是评价该电路经济技术指标的依据。

(3) 列出输出函数的真值表。

根据输出函数的最简表达式，列出函数的真值表，真值表详尽给出了输入与输出的关系，它可直观地描述电路的逻辑功能。

(4) 进行功能评述。

根据真值表和化简后的函数表达式对电路的逻辑功能进行文字性描述，并对原有的设计方案进行评价，必要时提出改进意见和改进方案。

以上分析步骤是针对一般情况而言的，实际应用过程中，可以根据问题复杂程度和具体要求对上述步骤进行必要的取舍。组合逻辑电路的分析举例如下。

6.2.2 组合逻辑电路的分析举例

【例 6.2.1】 分析图 6.2.2 所示电路。

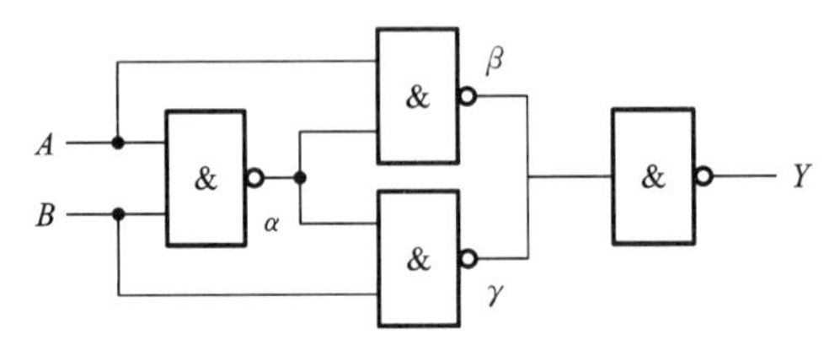

图 6.2.2 组合逻辑电路 1

解:根据逻辑电路图逐级写出函数表达式,并对输出表达式进行化简:

$$\alpha=\overline{AB}$$

$$\beta=\overline{\alpha A}=\overline{\overline{AB}A}$$

$$\gamma=\overline{\alpha B}=\overline{\overline{AB}B}$$

$$Y=\overline{\beta\gamma}=\overline{\overline{\overline{AB}A}\cdot\overline{\overline{AB}B}}=\overline{AB}A+\overline{AB}B=(\overline{A}+\overline{B})(A+B)=\overline{A}B+A\overline{B}$$

画出真值表,如表 6.2.1 所示。

表 6.2.1 【例 6.2.1】真值表

A	B	Y
0	0	0
0	1	1
1	0	1
1	1	0

根据真值表可以看出,当输入的两个变量不相同的时候,输出值是 1;当输入的两个变量相同的时候,输出值是 0。

由化简后的表达式和真值表可知,该电路实现的是异或门的功能。

【例 6.2.2】 分析图 6.2.3 所示的电路。

解:根据逻辑电路图写出输出函数的表达式。

根据逻辑电路图中各逻辑门的功能,从输入端逐级写出函数表达式如下:

$$P_1=\overline{A}$$

$$P_2=B+C$$

$$P_3=\overline{BC}$$

$$P_4=\overline{P_1P_2}=\overline{\overline{A}(B+C)}$$

$$P_5=\overline{AP_3}=\overline{A\,\overline{BC}}$$

$$F=\overline{P_4\cdot P_5}=\overline{\overline{\overline{A}(B+C)}\cdot\overline{A\,\overline{BC}}}$$

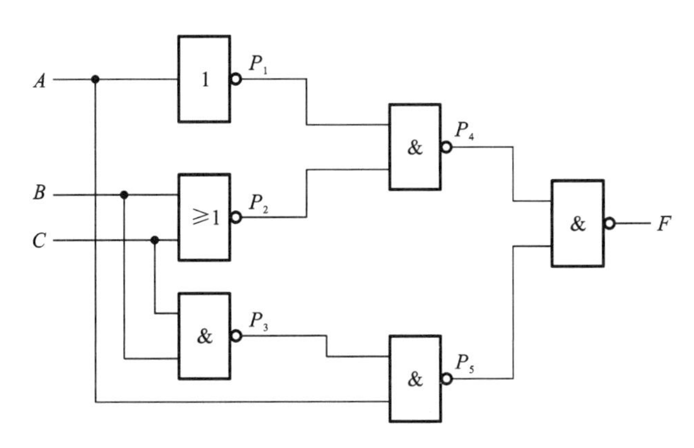

图 6.2.3　组合逻辑电路 2

化简输出函数表达式

用代数法化简对输出函数表达式化简如下：

$$F=\overline{P_4\cdot P_5}=\overline{\overline{\overline{A}(B+C)}\cdot\overline{A\,\overline{BC}}}=\overline{A}(B+C)+A\,\overline{BC}$$
$$=\overline{A}B+\overline{A}C+A\overline{B}+A\overline{C}=A\oplus B+A\oplus C$$

根据化简后的函数表达式列出真值表，如表 6.2.2 所示。

表 6.2.2　【例 6.2.2】真值表

A	B	C	F
0	0	0	0
0	0	1	1
0	1	0	1
0	1	1	1
1	0	0	1
1	0	1	1
1	1	0	1
1	1	1	0

由真值表可知，该电路仅当 A、B、C 取值都是 0 或都是 1 的时候，输出 F 的值才为 0，其他情况下，输出 F 均为 1。也就是说，当输入取值一致时，输出为 0，否则为 1。所以该电路具有检查输入信号是否一致的逻辑功能，一旦输出为 1，则表明输入不一致。此电路也称为“不一致电路”。

在某些对可靠性要求比较高的系统中，往往会有几个系统同时工作，一旦运行结果不一致，便由“不一致电路”发出报警信号，通知操作人员排除故障，以确保系统的可靠性。

其次，由分析可知，该电路的设计方法并不是最简的。可根据化简后的输出函数表达式采用异或门和或门来实现该电路。

【例 6.2.3】　分析图 6.2.4 所示的电路。

解：根据给出的逻辑电路图，可以写出函数的逻辑表达式。有三个输入变量 A，B，C 和

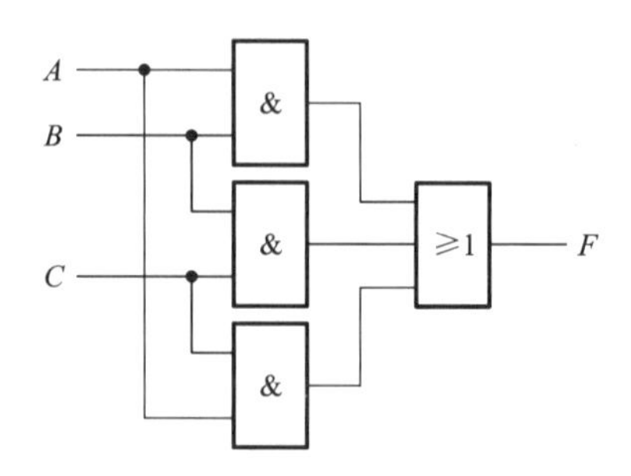

图 6.2.4　组合逻辑电路 3

一个输出变量 F，F 的逻辑表达式为

$$F=AB+BC+AC$$

根据 F 的逻辑函数表达式，可列出其真值表，如表 6.2.3 所示。

表 6.2.3　【例 6.2.3】真值表

A	B	C	F
0	0	0	0
0	0	1	0
0	1	0	0
0	1	1	1
1	0	0	0
1	0	1	1
1	1	0	1
1	1	1	1

由真值表可知，在 3 个输入变量中，只要有 2 个或者 2 个以上的变量为 1，则 $F=1$，否则 $F=0$，可见电路实际上是对“多数”作判决。如果将 A，B，C 分别看成是 3 个人对某一提案的表决，1 表示赞成，0 表示反对，将函数 F 看作是该提案的表决结果，1 表示该提案的表决通过，0 表示该提案的表决未通过，则该电路称为“多数表决电路”。

以上例子说明了分析组合逻辑电路的一般方法，从讨论的过程可以看出，对电路进行分析不仅可以找出电路输入与输出之间的关系，确定电路的逻辑功能，同时还能对某些设计不合理的电路进行改进和完善。

6.3　组合逻辑电路的手工设计

根据给定的功能要求，采用某种设计方法，得到满足功能要求且最简单的组合逻辑电路的过程称为逻辑设计，又称为逻辑综合。很显然，逻辑设计是逻辑分析的逆过程。

组合逻辑电路的逻辑功能可以采用硬件逻辑方式实现，即采用基本逻辑门、中规模集成电路、ASIC 等数字器件来实现；也可以采用程序逻辑方式实现，即采用某种硬件编程语言（如

Verilog HDL 或 VHDL)、EDA 工具、可编程逻辑器件，使用计算机来完成逻辑功能的设计。

6.3.1　手工设计方法步骤

利用逻辑门电路设计组合逻辑电路的过程框图如图 6.3.1 所示。

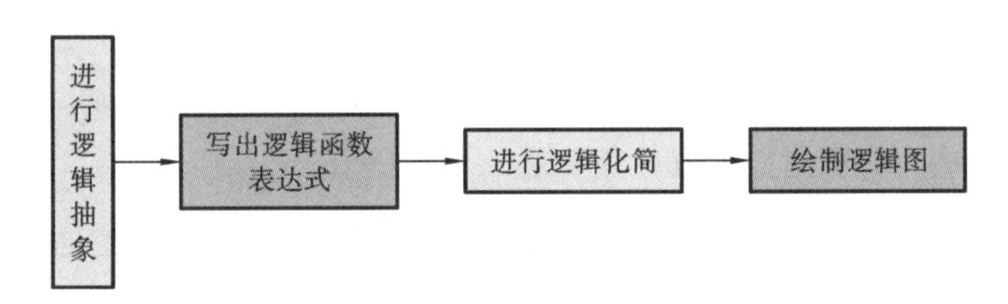

图 6.3.1　组合逻辑电路的手工设计过程

具体步骤如下。

(1) 进行逻辑抽象：确定输入、输出变量，列出真值表。

根据设计要求进行逻辑描述是完成组合电路设计的第一步，也是最重要的一步，它是确保设计方案正确的前提。这一步的关键是正确理解设计要求，弄清楚与给定问题相关的变量及函数，即弄清电路的输入和输出，建立函数与变量之间的逻辑关系，最终得到描述给定问题的逻辑表达式。列写真值表的过程如下。

① 分析设计要求，确定输入、输出及它们之间的关系。

② 用英文字母表示输入和输出变量。

③ 给状态赋值，即用 0 和 1 表示输入、输出的有关状态。

④ 根据功能要求列出待设计电路的真值表。

(2) 写出逻辑函数表达式：根据真值表写出逻辑函数的标准表达式。

(3) 进行逻辑化简：用公式化简法或卡诺图化简法化简为最简逻辑函数表达式。

基于小规模集成电路的组合逻辑电路设计是以最简的方案为目标的，即要求逻辑电路中包含的逻辑门最少且连线数最少。这就需要对逻辑函数进行化简，求出描述设计问题的最简表达式。

根据化简后的逻辑表达式及问题的具体要求，选择合适的逻辑门，并将逻辑变换成与所选择逻辑门对应的形式。

(4) 绘制逻辑图：根据最简逻辑函数表达式画出原理图。

根据变换后的表达式画出逻辑电路图。

上述步骤是就一般情况而言的，根据实际问题的难易程度和设计者对电路的熟悉程度，有些时候可以跳过其中的某些步骤。

6.3.2　设计举例

【例 6.3.1】　某多功能逻辑运算电路的功能表如表 6.3.1 所示。该电路具有功能选择开关变量 K_0，K_1，两个输入变量 A，B，一个输出变量 F。在 K_1，K_0 的控制下按表 6.3.1 所示功能进行运算，试用逻辑门设计该电路。

表 6.3.1 【例 6.3.1】的功能表

K_1	K_0	F
0	0	$A+B$
0	1	AB
1	0	$A\oplus B$
1	1	$\overline{AB}$

解:根据功能表可得到对应的真值表如表 6.3.2 所示。

表 6.3.2 【例 6.3.1】真值表

K_1	K_0	A	B	F
0	0	0	0	0
0	0	0	1	1
0	0	1	0	1
0	0	1	1	1
0	1	0	0	0
0	1	0	1	0
0	1	1	0	0
0	1	1	1	1
1	0	0	0	0
1	0	0	1	1
1	0	1	0	1
1	0	1	1	0
1	1	0	0	1
1	1	0	1	1
1	1	1	0	1
1	1	1	1	0

根据真值表可得到卡诺图,如图 6.3.2 所示。

化简得

$$F=\overline{K_0}\,\overline{A}B+\overline{K_1}AB+\overline{K_0}A\overline{B}+K_1A\overline{B}+K_1K_0\overline{A}$$

据此可以得到如图 6.3.3 所示的电路图。

【例 6.3.2】 某飞机有三台发动机,当其中的任何一台运转时,用点亮一盏绿灯(G)来指示。当其中的任意两台同时运转时,用点亮一盏红灯(R)来指示。当三台同时运转时,用红、绿灯均亮来指示。试设计一个组合逻辑电路来实现其功能。要求使用最少的逻辑门。

解:用 A,B,C 表示三台发动机信号,发动机运转用 1 表示,不运转用 0 表示,灯亮用 1 表示,灯灭用 0 表示。由此可以等到真值表如表 6.3.3 所示。

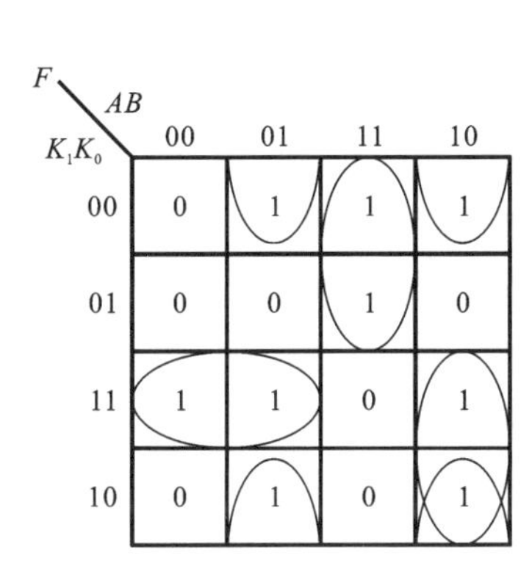

图 6.3.2 【例 6.3.1】卡诺图

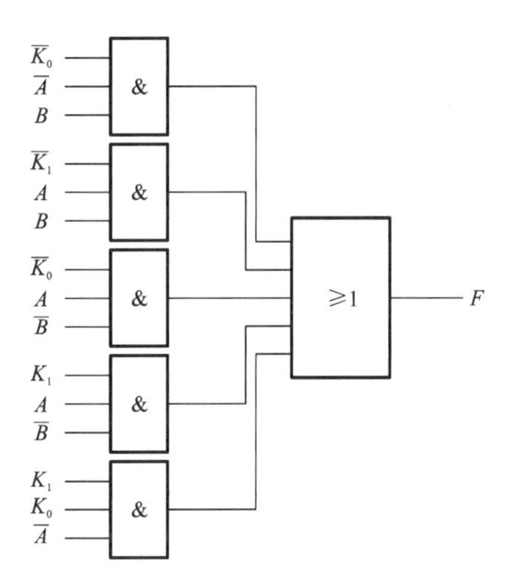

图 6.3.3 【例 6.3.1】逻辑电路图

表 6.3.3 【例 6.3.2】真值表

A	B	C	G	R
0	0	0	0	0
0	0	1	1	0
0	1	0	1	0
0	1	1	0	1
1	0	0	1	0
1	0	1	0	1
1	1	0	0	1
1	1	1	1	1

根据上面的真值表可以等到 G 和 R 的卡诺图,如图 6.3.4 所示。

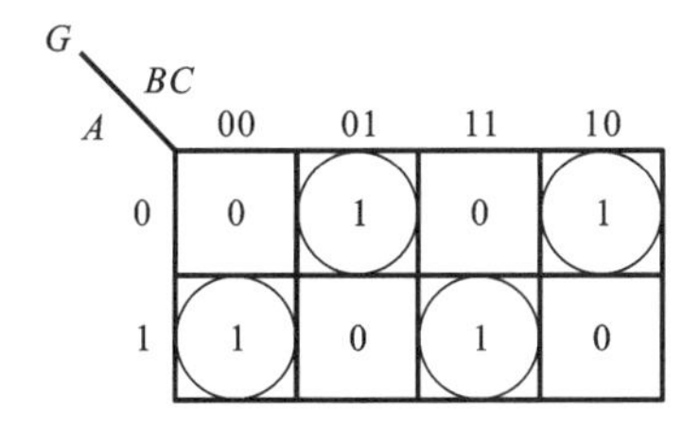

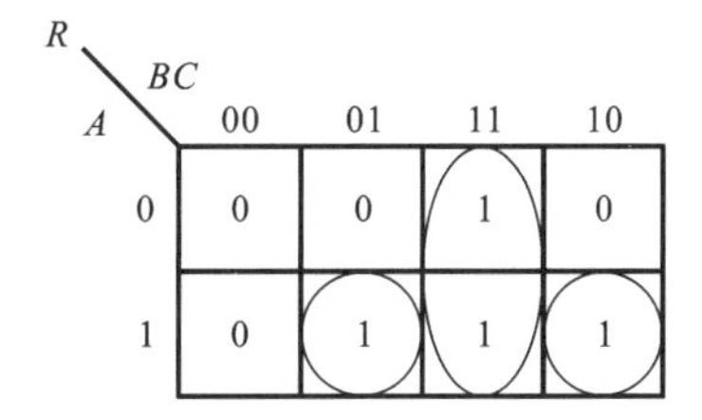

图 6.3.4　G 和 R 的卡诺图

$$G=\overline{A}\,\overline{B}C+\overline{A}B\overline{C}+A\overline{B}\,\overline{C}+ABC=\overline{A}(B\oplus C)+A(\overline{B\oplus C})=A\oplus B\oplus C$$

$$R=BC+A\overline{B}C+AB\overline{C}=BC+A(B\oplus C)$$

逻辑电路如图 6.3.5 所示。

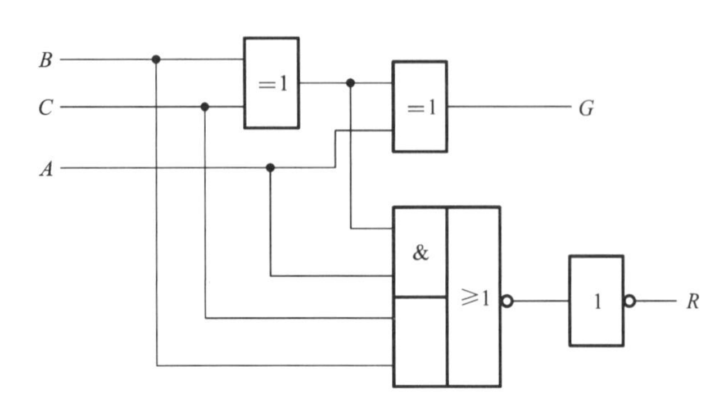

图 6.3.5 【例 6.3.2】逻辑电路图

6.4 组合逻辑电路的自动设计方法

6.4.1 概述

采用传统的人工方法进行设计时，存在设计周期长，需要专门的设计工具，需手工布线等缺陷。随着现代集成电路制造工艺技术的改进，在一个芯片上集成数十万乃至数千万个器件成为可能。很难由一个设计师独立设计出如此大规模的电路而不出现错误。一个完整的硬件设计任务，可以先由总设计者划分为若干个模块，编制出相应的模型（行为的或结构的），通过仿真加以验证后，再把这些模块分配给不同的人员进行设计，这样一个硬件系统中的不同模块就可以由多人同时进行设计，这大大提高了开发效率。

基于硬件描述语言（HDL）和 EDA 工具的组合逻辑电路的设计方法如下。

(1) 进行逻辑抽象：确定输入、输出变量，列出真值表（对于复杂系统，也可不列真值表，而直接采用 HDL 的系统级描述方式）。

(2) 写出逻辑表达式：根据真值表写出逻辑函数的标准表达式。

(3) 进行 HDL 编程：如用 case 语句，if…else 语句，assign 语句进行编程。

(4) 绘制逻辑电路图。

6.4.2 设计举例

【例 6.4.1】 设计如图 6.4.1 所示的 8421BCD 码转换为余 3BCD 码的转换器。

余 3BCD 码由每个 8421BCD 码加上 3 得到，真值表如表 6.4.1 所示，1010～1111 不会在输入端出现，作为约束项（输入变量取值组合不允许出现或不会出现，或者出现与否对输出没有影响，这些取值组合代表的最小项称为约束项）处理，对应输出用 xxxx 表示。

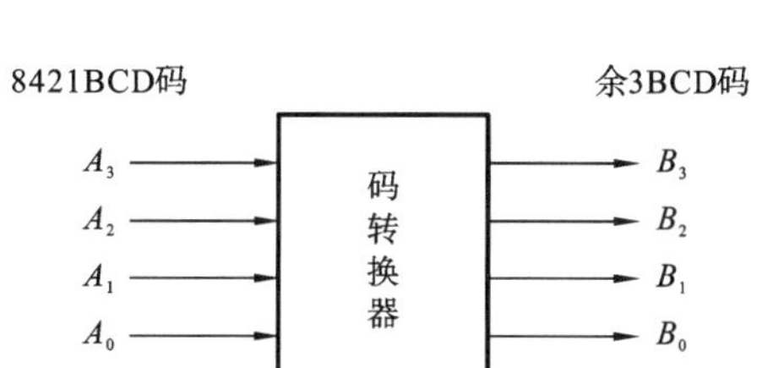

图 6.4.1　8421BCD 码转换为余 3BCD 码的转换器

表 6.4.1　8421BCD 码转换为余 3BCD 码的真值表

A_3 A_2 A_1 A_0	B_3 B_2 B_1 B_0
0000	0011
0001	0100
0010	0101
0011	0110
0100	0111
0101	1000
0110	1001
0111	1010
1000	1011
1001	1100
1010	xxxx
1011	xxxx
1100	xxxx
1101	xxxx
1110	xxxx
1111	xxxx

Verilog HDL 编程方法如下。

(1) 实现方法一。

case 语句描述——系统级抽象,根据真值表编程,见代码 6.4.1。

代码 6.4.1　8421BCD 码转换为余 3BCD 码的转换器,实现方法一。

```
module  8421bcd (A,B);
      input[3:0]     A;
      output[3:0]    B;
      reg[3:0]       B;
      always @ (A)
      begin
           case(A)
```

```
            0:B= 3;     1:B= 4;
            2:B= 5;     3:B= 6;
            4:B= 7;     5:B= 8;
            6:B= 9;     7:B= 10;
            8:B= 11;  9:B= 12;
          dedault:B= 4'hx;
      endcase
   end
endmodule
```

上述代码仿真波形图如图 6.4.2 所示，对于 0～9 范围内的输入值 A，输出值 B 将分别对应 3～12。若输入超出范围，则执行 default 条件，即输出 4'hx。

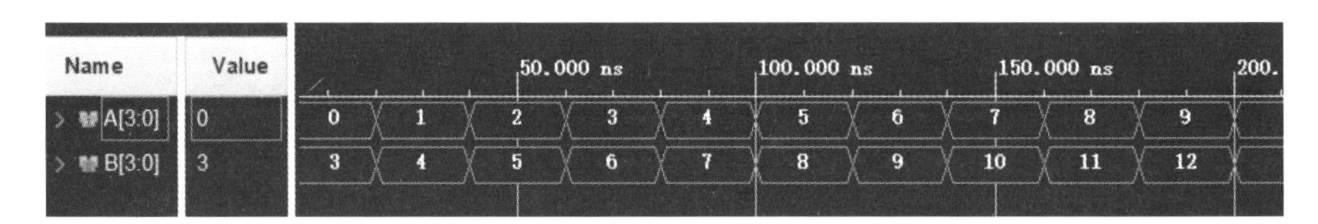

图 6.4.2 case 语句余 3BCD 码转换器波形图

(2) 实现方法二。

if 语句描述——系统级抽象，根据电路的逻辑功能定义编程，见代码 6.4.2。

代码 6.4.2 8421BCD 码转换为余 3BCD 码的转换器，实现方法二。

```
module bcd8421_1(A,B);
      input[3:0]     A;
      output[3:0]    B;
      reg[3:0]       B;
      always @ (A)
          begin
              if (A<=9)     B=A+3;
              else             B=4'hx;
          end
endmodule
```

使用 if…else 语句描述的电路仿真图如图 6.4.3 所示，在相同的测试激励下，输出完全一致。

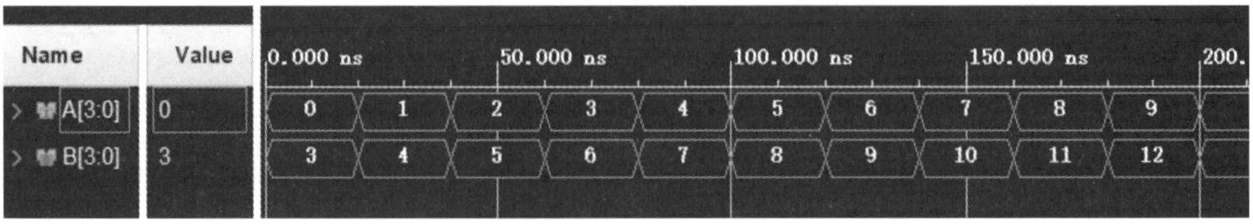

图 6.4.3 if 语句余 3BCD 码转换器波形图

6.5 常用组合逻辑电路及其设计方法

常用的组合逻辑电路有算术运算电路、编码器、译码器、数据选择器、数值比较器、奇偶校验器等。本节介绍这些常用的组合逻辑电路及其 Verilog HDL 的实现。

6.5.1 算术运算电路

算术运算电路是能完成二进制数算术运算的器件。半加器和全加器是算术运算电路的基本单元电路。

1. 半加器

半加器是能对两个1位二进制数进行相加求和并向高位进位的逻辑电路。半加器的逻辑电路图如图6.5.1所示，逻辑符号如图6.5.2所示。

特点：不考虑来自低位的进位。

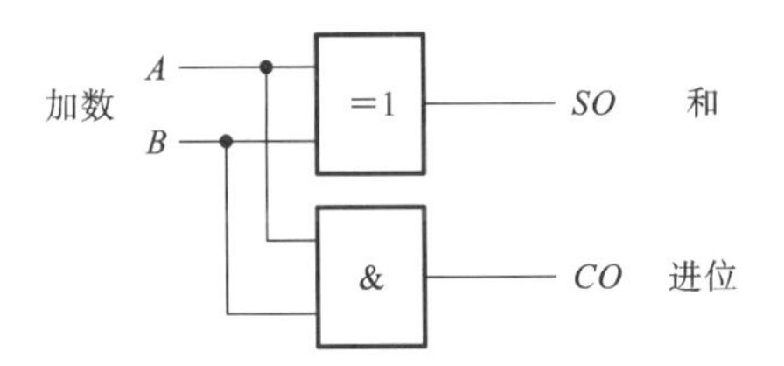

图6.5.1 半加器的逻辑电路图

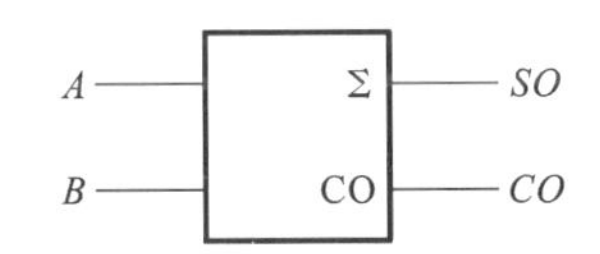

图6.5.2 半加器的逻辑符号

半加器的和的逻辑表达式为 $SO=A\oplus B$，进位输出为 $CO=A\cdot B$，其真值表如表6.5.1所示。

表6.5.1 半加器真值表

A	B	SO	CO
0	0	0	0
0	1	1	0
1	0	1	0
1	1	0	0

2. 全加器

能对两个1位二进制数进行相加并考虑低位来的进位、能向高位进位的逻辑电路称为全加器。全加器的逻辑电路图如图6.5.3所示，逻辑符号如图6.5.4所示。

特点：考虑来自低位的进位。

全加器的和的逻辑表达式为

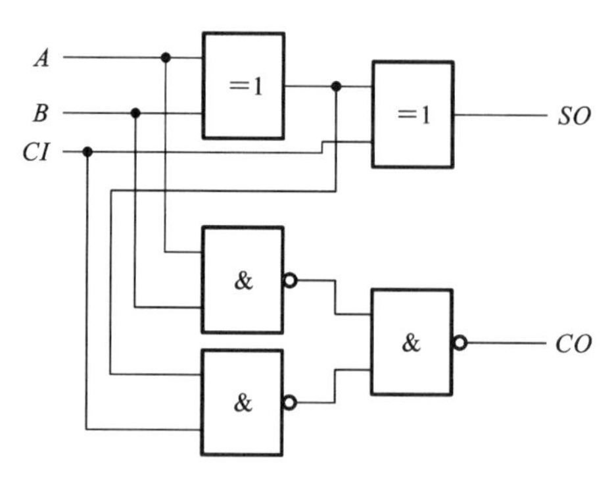

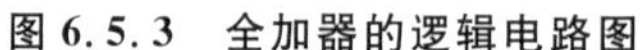
图 6.5.3　全加器的逻辑电路图

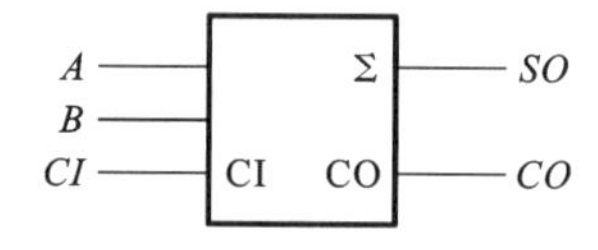

图 6.5.4　全加器的逻辑符号

$$
\begin{aligned}
SO &= A\oplus B\oplus CI = (A\oplus B)\cdot \overline{CI} + \overline{A\oplus B}\cdot CI \\
&= (A\bar{B}+\bar{A}B)\overline{CI} + (\bar{A}\bar{B}+AB)CI \\
&= A\bar{B}\,\overline{CI}+\bar{A}B\,\overline{CI}+\bar{A}\bar{B}CI+ABCI
\end{aligned}
$$

进位输出为

$$CO=\overline{\overline{(A\oplus B)CI}\cdot\overline{AB}}=(A\bar{B}+\bar{A}B)CI+AB=A\bar{B}CI+\bar{A}BCI+AB$$

全加器的真值表如表 6.5.2 所示。

表 6.5.2　全加器的真值表

A	B	CI	SO	CO
0	0	0	0	0
0	0	1	1	0
0	1	0	1	0
0	1	1	0	1
1	0	0	1	0
1	0	1	0	1
1	1	0	0	1
1	1	1	1	1

3. 1 位全加器

方法一：根据全加器的功能列出 1 位全加器的真值表，由真值表推出输出的逻辑表达式，然后用 assign 语句建模（算法级描述），根据上面的 SO 和 CO 的函数表达式来进行 verilog HDL 的编程。1 位全加器的 SO 和 CO 函数表达式如下：

$$SO=\bar{A}\bar{B}CI+\bar{A}B\,\overline{CI}+A\bar{B}\,\overline{CI}+ABCI$$

$$CO=\bar{A}BCI+A\bar{B}CI+AB\,\overline{CI}+ABCI$$

1 位全加器 Verilog HDL 源程序（assign 建模）程序如代码 6.5.1 所示。

代码 6.5.1　1 位全加器 assign 建模。

```
module adder_1bit(A,B,CI,SO,CO);
    input     A,B,CI;
```

```
    output    SO,CO;
    assign    SO=(!A&&!B&&CI)||(!A&&B&&!CI)||
                        (A&&!B&&!CI)||(A&&B&&CI);
    assign    CO=(!A&&B&&CI)||(A&&!B&&CI)||
                       (A&&B&&!CI)||(A&&B&&CI);
endmodule
```

方法二:采用行为描述方式的系统级抽象,根据逻辑功能定义直接进行描述,程序更简洁,如代码 6.5.2 所示。

代码 6.5.2　1 位全加器的行为描述建模。

```
module adder_1bit-2(A,B,CI,SO,CO);
    input    A,B,CI;
    output   SO,CO;
    assign   {CO,SO}=A+B+CI;
endmodule
```

在这里用位拼接运算符“{ }”将进位与算术和拼接在一起,得到一个 2 位数。

4. 多位加法器

能实现多位二进制数相加的电路称为多位加法器(Adder),它由多个 1 位全加器扩展而成。按进位方式不同,多位加法器分为串行进位加法器和并行进位加法器。

(1) 串行进位加法器。

串行进位加法器依次将低位全加器的进位输出端 CO 接到高位全加器的进位输入端 CI,加法从低位开始,高位全加器必须等低位进位来到后才动作,因此完成加法的时间较长。以 4 位串行加法器为例进行讲解,其逻辑电路图如图 6.5.5 所示,仿真波形图如图 6.5.6 所示。

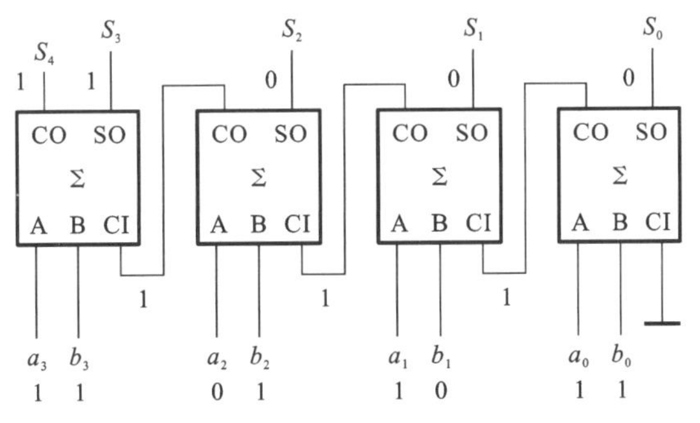

图 6.5.5　4 位串行加法器

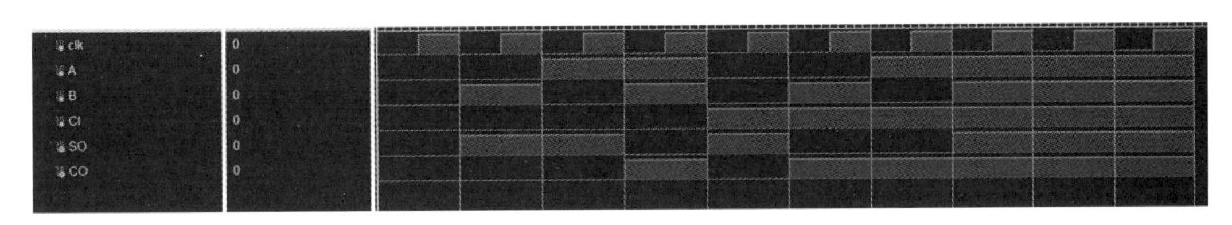

图 6.5.6　全加器的仿真波形图

优点：电路比较简单，连接方便。

缺点：运算速度不高。

$$A = a_3 a_2 a_1 a_0 (=1011)$$
$$B = b_3 b_2 b_1 b_0 (=1101)$$
$$S = A + B = (S_4)\ S_3\ S_2\ S_1\ S_0 = 11000$$

(2) 并行进位加法器。

串行进位加法器运算速度不高，且延迟级数与位数成正比。考虑设置专用的进位形成电路同时产生各位的进位 C_n，进位输入由专门的“进位门”综合所有低位的加数、被加数及最低位进位来提供，这样构成的加法器称为并行进位加法器，又称超前进位加法器或快速进位加法器。

各位进位由所有低位的加数、被加数及最低位进位 C_0 来决定，而与前一级加法器的进位输出无关，多位加法器的加法运算可以同时进行，因此完成加法的时间较快，提高了运算速度。这是其与串行进位加法器的本质区别。

以 4 位并行进位加法器为例，其逻辑电路图如图 6.5.7 所示。

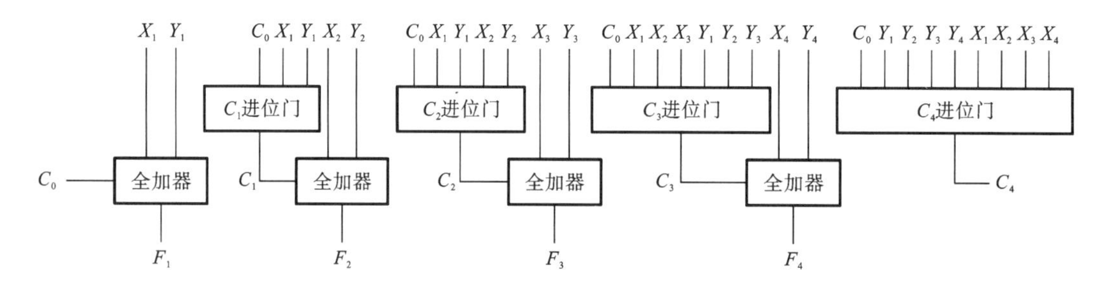

图 6.5.7　4 位并行进位加法器

4 位并行进位加法器 74283 芯片的逻辑电路图如图 6.5.8 所示。

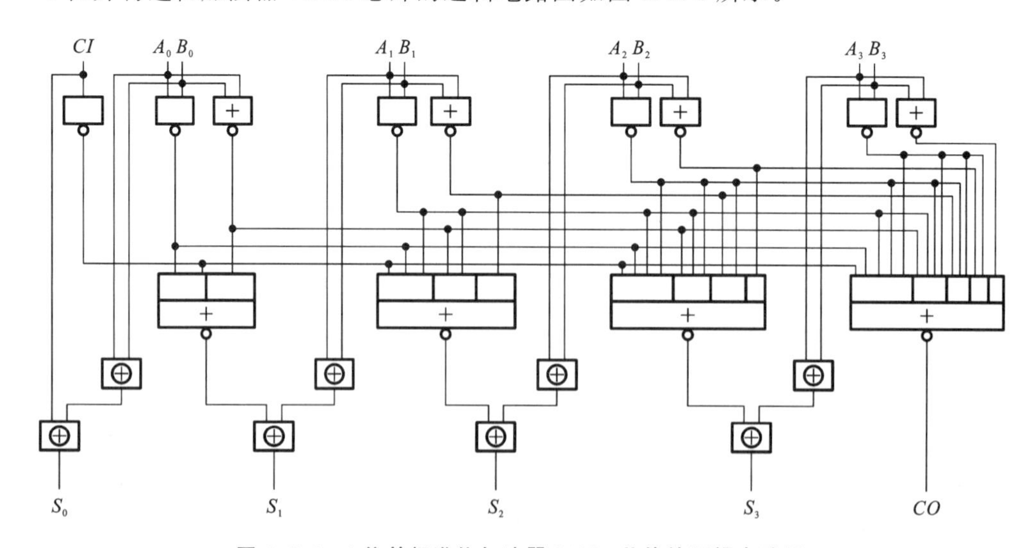

图 6.5.8　4 位并行进位加法器 74283 芯片的逻辑电路图

74LS283 的逻辑符号如图 6.5.9 所示。

$$S_0 = A_0 \oplus B_0 \oplus CI$$

$$C_0 = \overline{\overline{A_0 + B_0} + \overline{A_0 \cdot B_0 \cdot \overline{CI}}}$$

一片74283芯片只能完成4位二进制数的加法运算，但在实际应用中，往往需要实现更多位数的加法运算。如果手头只有74283芯片，则可以将若干片74283芯片级联起来，构成更多位数的加法器，这称为集成电路的扩展。由2片4位加法器74283芯片级联可以构成8位加法器，低位片的CI接地，CO接高位片的CI。如图6.5.10所示（以74LS283为例），片内超前进位、片间串行进位。

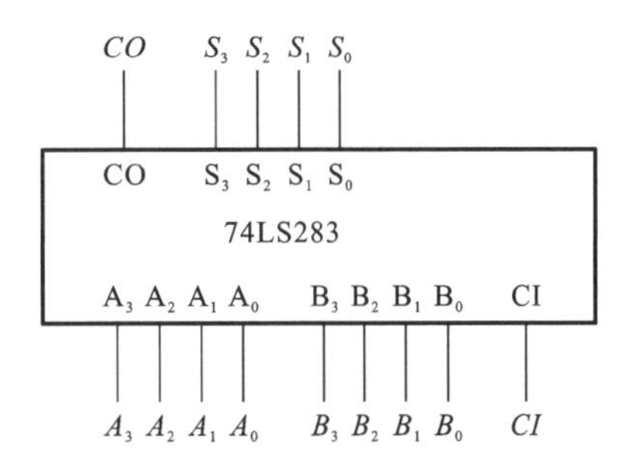

图6.5.9　74LS283的逻辑符号

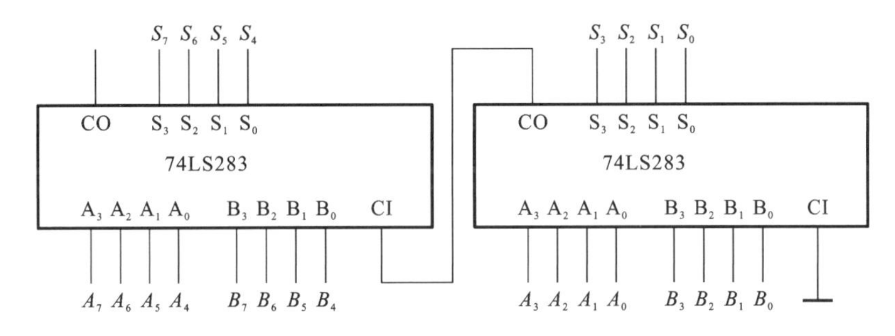

图6.5.10　**两片74LS283级联构成8位的加法器**

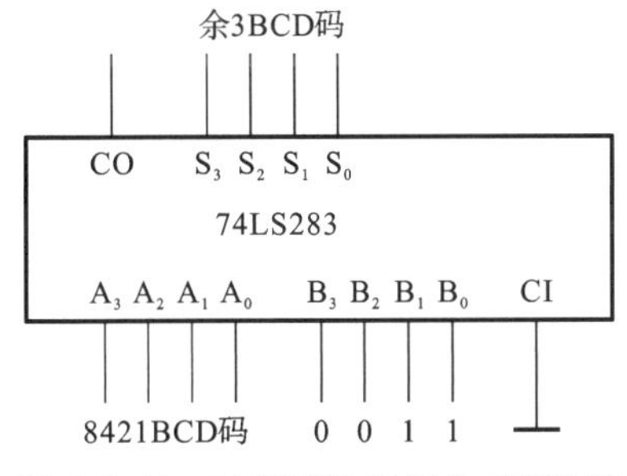

图6.5.11　8421BCD**码到余**3BCD**码的转换电路**

我们知道，余3BCD码=8421BCD码+3，那么我们可以用74LS283来构成8421BCD码到余3BCD码的转换电路，电路原理图如图6.5.11所示。

多位加法器的HDL设计方法如下。

用Verilog HDL行为描述方式很容易编写出任意位数的加法器电路。比如设计一个8位加法器，其Verilog HDL源程序adder_8.v如代码6.5.3所示。

代码6.5.3　多位加法器模块。

```
module adder_8(a,b,cin,sum,cout);
      parameter  width=8;
      input [width-1:0]a,b;
      input  cin;
      output [width-1:0] sum;
      output  cout;
      assign {cout,sum}=a+b+cin;
endmodule
```

说明：a，b为八位宽加法器输入，cin为进位信号输入，sum为求和结果，cout为进位信号结果。

这里用 parameter 常量 width 表示加法器的位数，通过修改 width，可以很方便地实现不同位宽的加法器。

多位加法器仿真波形图如图 6.5.12 所示。

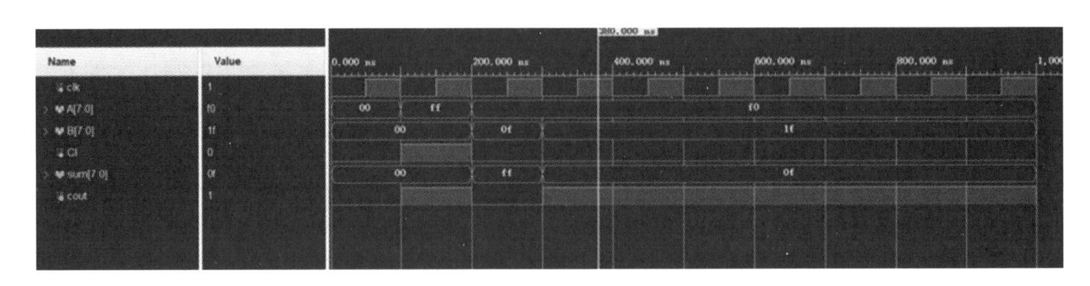

图 6.5.12　多位加法器仿真波形图

6.5.2　编码器

在二值逻辑电路中，信号都是以高、低电平的形式给出的，因此编码器的功能就是将输入的每一个高、低电平信号编成一组对应的二进制代码。

将加在电路若干输入端中的某一个输入端的信号变换成相应的一组二进制代码输出的过程称为编码。实现编码功能的数字电路称为编码器(Encoder)。

编码器的作用是什么呢？例如有 8 个输入信号 $I_0 \sim I_7$，假设在任何时刻只有一个输入信号有效，那么，计算机怎么来识别是哪路信号有效呢？这时可以采用编码器，用 3 位二进制代码 CBA 表示哪路信号有效——如果第 0 路输入有效，用 000 表示；如果第 1 路输入有效，用 001 表示；以此类推，如果第 7 路输入有效，则用 111 表示。计算机根据编码器的输出代码很容易识别出是哪路输入信号有效。因此，编码器的作用就是将某一时刻仅一个输入有效的多个输入变量的情况用较少的输出状态组合来表达。常用编码器有二进制编码器、BCD 码编码器及优先编码器。

1. 二进制编码器

用 n 位二进制代码对 $M=2^n$ 个信号进行编码的电路称为二进制编码器。

特点：任意时刻只能对一个信号进行编码，即任何时刻只允许一个输入信号有效(低电平或高电平)，而其余信号为无效电平，否则输出将发生混乱。

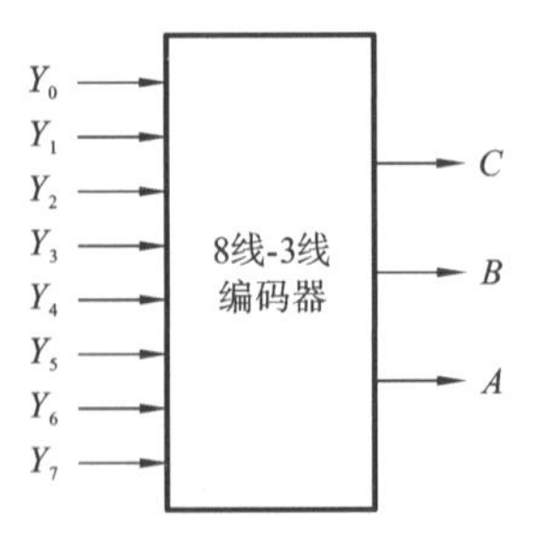

图 6.5.13　8 线-3 线编码器示意图

n 位二进制符号可以表示 2^n 种信息，称为 2^n 线-n 线编码器。

8 线-3 线编码器(高电平输入有效)示意图如图 6.5.13 所示，其编码表如表 6.5.3 所示。8 线-3 线编码器有 8 个输入端，3 个输出端。任何时刻，输入 $Y_7 \sim Y_0$ 中只允许一个信号为有效电平。这里在某路输入等于 1 时进行编码，这称为高电平输入有效。输出等于对应有效输入的编号的二进制编码，例如当 $Y_0=1$ 时，$CBA=000$，对应有效输入的编号为“0”；$Y_1=1$ 时，$CBA=001$，对应有效输入的编号为“1”。

如果在输入等于 0 时进行编码，则称为低电平输入有效。

表 6.5.3　8 线-3 线编码器编码表

输入	C	B	A
Y_0	0	0	0
Y_1	0	0	1
Y_2	0	1	0
Y_3	0	1	1
Y_4	1	0	0
Y_5	1	0	1
Y_6	1	1	0
Y_7	1	1	1

根据编码表可得输出 A,B,C 的函数表达式如下：

$$A=Y_1+Y_3+Y_5+Y_7=\overline{\overline{Y_1}\cdot\overline{Y_3}\cdot\overline{Y_5}\cdot\overline{Y_7}}$$

$$B=Y_2+Y_3+Y_6+Y_7=\overline{\overline{Y_2}\cdot\overline{Y_3}\cdot\overline{Y_6}\cdot\overline{Y_7}}$$

$$C=Y_4+Y_5+Y_6+Y_7=\overline{\overline{Y_4}\cdot\overline{Y_5}\cdot\overline{Y_6}\cdot\overline{Y_7}}$$

根据上面的函数表达式可以画出逻辑电路图，如图 6.5.14 所示。

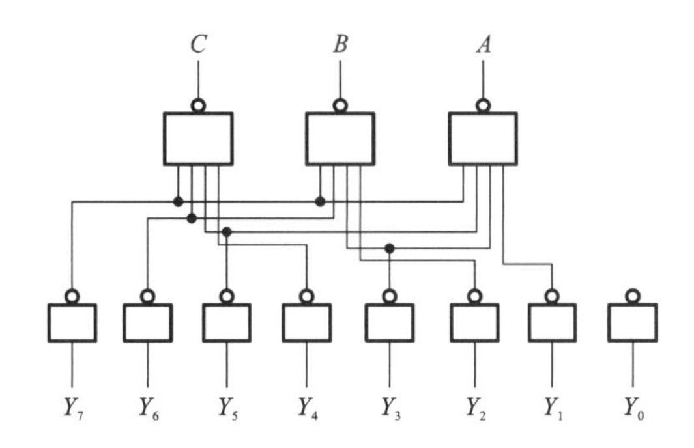

图 6.5.14　8 线-3 线编码器的逻辑电路图

8 线-3 线编码器的真值表如表 6.5.4 所示。

表 6.5.4　8 线-3 线编码器的真值表

Y_7	Y_6	Y_5	Y_4	Y_3	Y_2	Y_1	Y_0	C	B	A
0	0	0	0	0	0	0	1	0	0	0
0	0	0	0	0	0	1	0	0	0	1
0	0	0	0	0	1	0	0	0	1	0
0	0	0	0	1	0	0	0	0	1	1
0	0	0	1	0	0	0	0	1	0	0
0	0	1	0	0	0	0	0	1	0	1
0	1	0	0	0	0	0	0	1	1	0

续表

Y_7	Y_6	Y_5	Y_4	Y_3	Y_2	Y_1	Y_0	C	B	A
1	0	0	0	0	0	0	0	1	1	1
0	0	0	0	0	0	1	1	x	x	x
0	0	0	0	0	1	1	1	x	x	x
			…						…	
1	1	1	1	1	1	1	1	x	x	x

根据真值表，利用最小项推导法写出各输出的逻辑函数表达式，在此以输出 C 为例：

$$C=\overline{Y}_7\,\overline{Y}_6\,\overline{Y}_5\,Y_4\,\overline{Y}_3\,\overline{Y}_2\,\overline{Y}_1\,\overline{Y}_0+\overline{Y}_7\,\overline{Y}_6\,Y_5\,\overline{Y}_4\,\overline{Y}_3\,\overline{Y}_2\,\overline{Y}_1\,\overline{Y}_0$$
$$+\overline{Y}_7\,Y_6\,\overline{Y}_5\,\overline{Y}_4\,\overline{Y}_3\,\overline{Y}_2\,\overline{Y}_1\,\overline{Y}_0+Y_7\,\overline{Y}_6\,\overline{Y}_5\,\overline{Y}_4\,\overline{Y}_3\,\overline{Y}_2\,\overline{Y}_1\,\overline{Y}_0$$

如果任何时刻 $Y_7 \sim Y_0$ 中仅有一个输入取值为 1，即输入变量取值的组合仅有表中的前 8 种状态，则在这几种状态下输出为 1 的最小项均为约束项。利用这些约束项化简上式，得到 $C=Y_4+Y_5+Y_6+Y_7$。

下面介绍 8 线-3 线编码器的 Verilog HDL 设计方法。

方法一：根据 8 线-3 线编码器的功能列出真值表，由真值表推出输出的逻辑表达式，然后用 assign 语句建模（算法级描述），如代码 6.5.4 所示。

代码 6.5.4 8 线-3 线编码器 assign 语句建模。

```
module encoder8_3(Y0,Y1,Y2,Y3,Y4,Y5,Y6,Y7, C,B,A);
    input  Y0,Y1,Y2,Y3,Y4,Y5,Y6,Y7;
    output  C,B,A;
    assign  C=!(!Y4&&!Y5&&!Y6&&!Y7);
    assign  B=!(!Y2&&!Y3&&!Y6&&!Y7);
    assign  A=!(!Y1&&!Y3&&!Y5&&!Y7);
endmodule
```

上述代码的仿真波形图如图 6.5.15 所示，图中，Y0～Y7 为 8 个输入通道，当其中一个通道的输入为 1 时，C，B，A 输出其对应的二进制编号，达到了编码的效果。

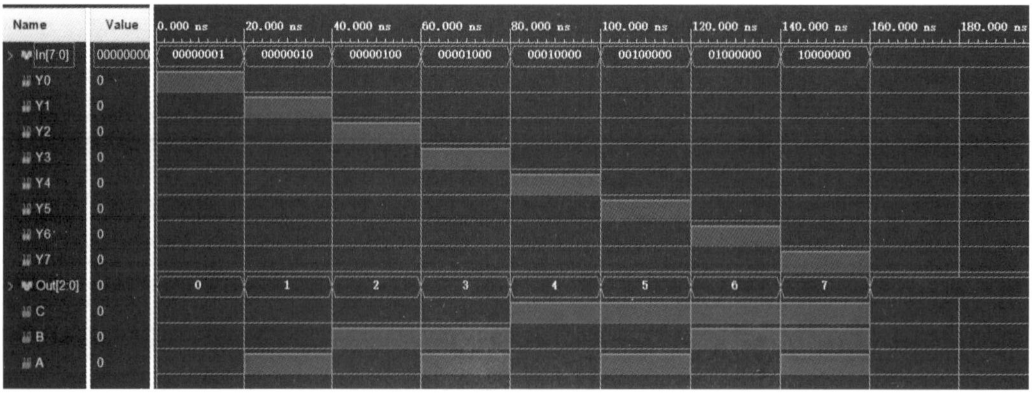

图 6.5.15　第一种 8 线-3 线编码器仿真波形图

也可以编写程序如下：

```
module encoder8_3(Y0,Y1,Y2,Y3,Y4,Y5,Y6,Y7, C,B,A);
    input  Y0,Y1,Y2,Y3,Y4,Y5,Y6,Y7;
    output  C,B,A;
    assign  C= (Y4||Y5||Y6||Y7);
    assign  B(Y2||Y3||Y6||Y7);
    assign  A=(Y1||Y3||Y5||Y7);
endmodule
```

如图 6.5.16 所示，该代码的仿真波形图与第一种写法的相同，功能正确。

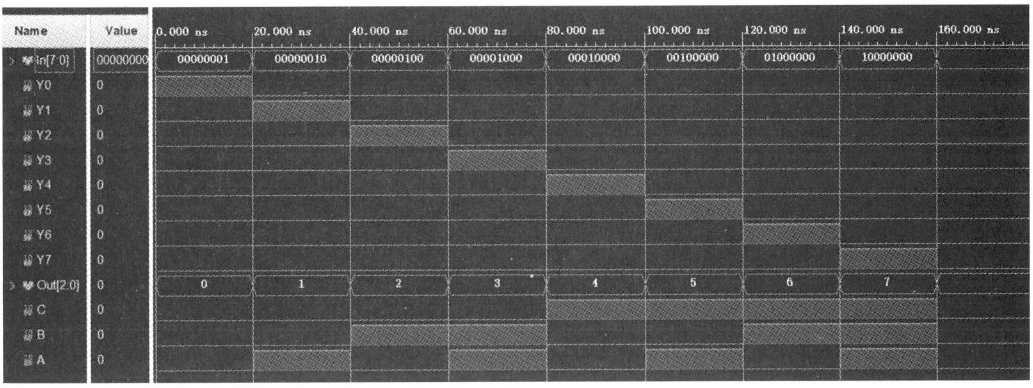

图 6.5.16　第二种 8 线-3 线编码器仿真波形图

方法二：根据逻辑功能定义，采用 case 语句直接描述，如代码 6.5.5 所示，此设计过程更简单。

代码 6.5.5　8 线-3 线编码器 case 语句建模。

```
module encoder8_3(Y0,Y1,Y2,Y3,Y4,Y5,Y6,Y7, C,B,A);
    input  Y0,Y1,Y2,Y3,Y4,Y5,Y6,Y7;
    output  C,B,A;
   reg  C,B,A;
    always @ (* )
   case ({Y0,Y1,Y2,Y3,Y4,Y5,Y6,Y7})
    'b10000000:{C,B,A}=0;
    'b01000000:{C,B,A}=1;
    'b00100000:{C,B,A}=2;
    'b00010000:{C,B,A}=3;
    'b00001000:{C,B,A}=4;
    'b00000100:{C,B,A}=5;
    'b00000010:{C,B,A}=6;
    'b00000001:{C,B,A}=7;
   default:{C,B,A}=3'bx;
  endcase
endmodule
```

上述代码采用 case 语句，其波形图如图 6.5.17 所示，正常输入时，其显示的波形与前两种代码的一样。当程序中的 Y0～Y7 都不为 1 时，进入 default 条件，输出为 3'bx。

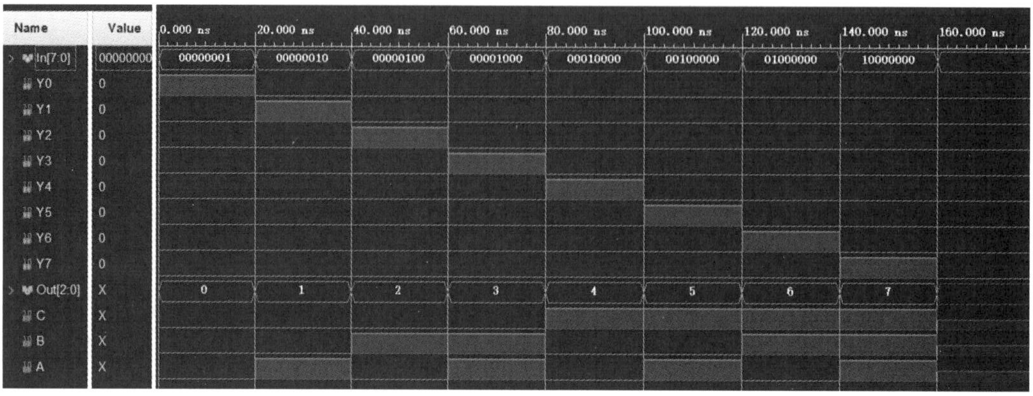

图 6.5.17　第三种 8 线-3 线编码器仿真波形图

方法二的技巧：这里用位拼接运算符“{ }”将多个输入信号和多个输出信号分别组成为一个信号，以便赋值。

2. BCD 编码器

BCD 编码器是用二进制码表示十进制数的编码器，也称为二-十进制编码器，或称为 10 线-4 线编码器。

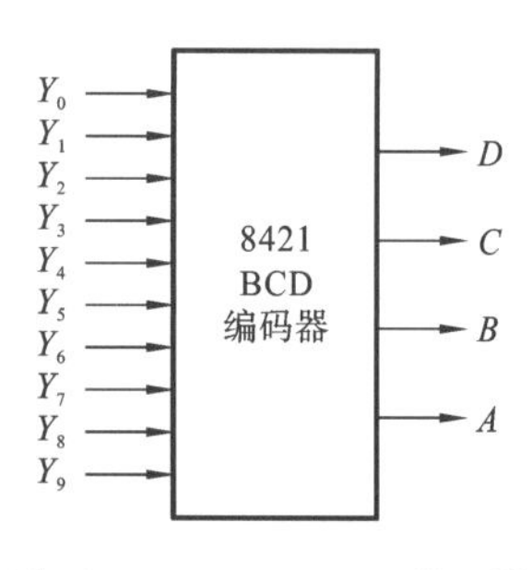

图 6.5.18　8421BCD 编码器的示意图

用 4 位二进制码对十进制数的 10 个数码进行编码。BCD 有多种编码方式：8421BCD、2421BCD 或余 3BCD。通常用 8421BCD 码来表示十进制数。图 6.5.18 所示的是高电平输入有效的 8421BCD 编码器的示意图。

8421BCD 编码器有 10 个输入端，分别接代表十进制数 0～9 这 10 个数字的 10 个按键，4 个输出端作为编码结果，按下某个按键，则输出为按键对应数字的二进制编码。

这里令高电平输入有效（即按键被按下时给出高电平信号），当 $Y_0=1$ 时，输出 $DCBA=0000$；当 $Y_1=1$ 时，输出 $DCBA=0001$。

在任何时刻，输出编码仅对应一个有效输入信号，8421BCD 码编码表如表 6.5.5 所示。

表 6.5.5　8421BCD 码编码表

输入	D	C	B	A
Y_0	0	0	0	0
Y_1	0	0	0	1
Y_2	0	0	1	0
Y_3	0	0	1	1

续表

输入	D	C	B	A
Y_4	0	1	0	0
Y_5	0	1	0	1
Y_6	0	1	1	0
Y_7	0	1	1	1
Y_8	1	0	0	0
Y_9	1	0	0	1

根据表 6.5.5 所示的编码表，将对应的输入信号相或，同时利用摩根定律进行变换，可以得到 A,B,C,D 的输出表达式如下：

$$A=Y_1+Y_3+Y_5+Y_7+Y_9=\overline{\overline{Y_1}\cdot\overline{Y_3}\cdot\overline{Y_5}\cdot\overline{Y_7}\cdot\overline{Y_9}}$$

$$B=Y_2+Y_3+Y_6+Y_7=\overline{\overline{Y_2}\cdot\overline{Y_3}\cdot\overline{Y_6}\cdot\overline{Y_7}}$$

$$C=Y_4+Y_5+Y_6+Y_7=\overline{\overline{Y_4}\cdot\overline{Y_5}\cdot\overline{Y_6}\cdot\overline{Y_7}}$$

$$D=Y_8+Y_9=\overline{\overline{Y_8}\cdot\overline{Y_9}}$$

根据上述 A,B,C,D 的输出表达式，可以直接画出 8421BCD 编码器的逻辑电路图，如图 6.5.19 所示。

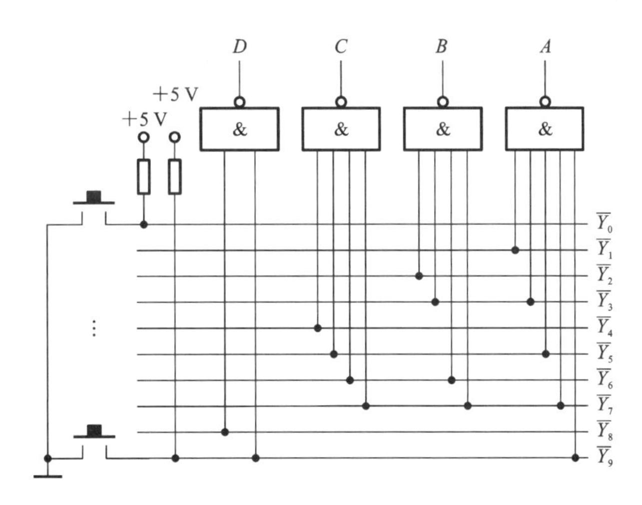

图 6.5.19 8421BCD 编码器的逻辑电路图

下面书写 8421BCD 编码器的 Verilog HDL 源程序(假设高电平有效)，根据逻辑功能定义，直接采用 case 语句进行描述，如代码 6.5.6 所示。

代码 6.5.6 8421BCD 编码器 case 语句模块。

```
module bcd8421_3(Y0,Y1,Y2,Y3,Y4,Y5,Y6,Y7,Y8,Y9,D,C,B,A);
    input  Y0,Y1,Y2,Y3,Y4,Y5,Y6,Y7,Y8,Y9;
    output  D,C,B,A;
    reg  D,C,B,A;
    always
```

```
        begin
      case ({Y9,Y8,Y7,Y6,Y5,Y4,Y3,Y2,Y1,Y0})
       10'b00_0000_0001: {D,C,B,A}=0;
       10'b00_0000_0010:{D,C,B,A}=1;
       10'b00_0000_0100:{D,C,B,A}=2;
       10'b00_0000_1000:{D,C,B,A}=3;
       10'b00_0001_0000:{D,C,B,A}=4;
       10'b00_0010_0000:{D,C,B,A}=5;
       10'b00_0100_0000:{D,C,B,A}=6;
       10'b00_1000_0000:{D,C,B,A}=7;
       10'b01_0000_0000:{D,C,B,A}=8;
       10'b10_0000_0000:{D,C,B,A}=9;
       dedault:{D,C,B,A}=4'bxxxx;
      endcase
      end
  endmodule
```

8421BCD 编码器的仿真波形图如图 6.5.20 所示。

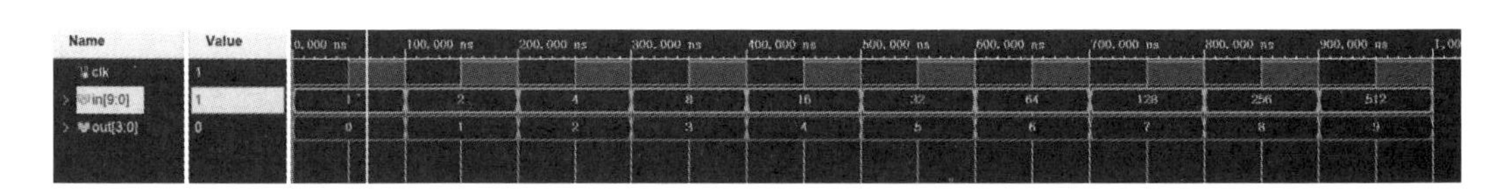

图 6.5.20 8421BCD **编码器的仿真波形图**

说明:8421BCD 编码器输入信号 in 的位宽为 10 位,低电平有效,要求输入信号有且只有一位为低电平,否则输出无效。输出信号为输入信号序号的 BCD 编码结果。

3. 优先编码器

二进制编码器要求任何时刻只允许有一个输入信号有效,否则输出将发生混乱。当同时有多个输入信号有效时,不能使用二进制编码器。两个或两个以上输入信号有效时,只对优先级最高的输入信号进行编码的编码器称为优先编码器。

优先编码器事先对所有输入信号进行优先级别排序,允许两位以上的输入信号同时有效;但任何时刻只对优先级最高的输入信号编码,对优先级别低的输入信号则不响应,从而保证编码器可靠工作。

优点:当有两个或两个以上输入有效时,输出不会发生混乱,可广泛应用于计算机的优先中断系统、键盘编码系统中。

74LS148——8 线-3 线优先编码器,8 个输入信号,低电平有效;3 个输出端,反码输出。

74LS147——10 线-4 线优先编码器,10 个输入信号,低电平有效;4 个输出端,反码输出。

优先编码器(74147)设计为低电平输入有效。优先编码器不同于二进制编码器,其输出等于优先级最高的输入信号对应的编号的反码。编码表如表 6.5.6 所示。

10 线-4 线优先编码器 CT74147 的输入信号为$\overline{I_0}\sim\overline{I_9}$,$\overline{I_9}$的优先权最高,$\overline{I_0}$的最低。

表 6.5.6　74147 编码表

$\overline{I_9}$	$\overline{I_8}$	$\overline{I_7}$	$\overline{I_6}$	$\overline{I_5}$	$\overline{I_4}$	$\overline{I_3}$	$\overline{I_2}$	$\overline{I_1}$	$\overline{I_0}$	$\overline{Y_3}$	$\overline{Y_2}$	$\overline{Y_1}$	$\overline{Y_0}$
0	x	x	x	x	x	x	x	x	x	0	1	1	0
1	0	x	x	x	x	x	x	x	x	0	1	1	1
1	1	0	x	x	x	x	x	x	x	1	0	0	0
1	1	1	0	x	x	x	x	x	x	1	0	0	1
1	1	1	1	0	x	x	x	x	x	1	0	1	0
1	1	1	1	1	0	x	x	x	x	1	0	1	1
1	1	1	1	1	1	0	x	x	x	1	1	0	0
1	1	1	1	1	1	1	0	x	x	1	1	0	1
1	1	1	1	1	1	1	1	0	x	1	1	1	0
1	1	1	1	1	1	1	1	1	0	1	1	1	1

4 线输出信号为 $Y_3 \sim Y_0$，当$\overline{I_9}=0$(有效)时，$Y_3 \sim Y_0 = 0110$(“9”的 BCD 码的反码)，以此类推。

利用 if…else 语句的分支具有先后顺序的特点，用 if…else 语句可方便地实现优先编码器。优先编码器(74147)的 Verilog HDL 模块如代码 6.5.7 所示。

代码 6.5.7　优先编码器(74147)的 Verilog HDL 模块。

```
Module  CT74147(IN0,IN1,IN2,IN3,IN4,IN5,
IN6,IN7,IN8,IN9,YN0,YN1,YN2,YN3);
     input     IN0,IN1,IN2,IN3, IN4,
                   IN5,IN6,IN7,IN8,IN9;
    output    YN0,YN1,YN2,YN3;
    reg          YN0,YN1,YN2,YN3;
    reg[3:0]    Y;     //中间变量
    always @ (IN0 or IN1 or IN2 or
               IN3 or IN4 or IN5 or IN6
               or IN7 or IN8 or IN9)
        begin
if (IN9==1'b0)                 Y=4'b0110;
        else if (IN8==1'b0)      Y=4'b0111;
        else if (IN7==1'b0)      Y=4'b1000;
        else if (IN6==1'b0)      Y=4'b1001;
        else if (IN5==1'b0)      Y=4'b1010;
        else if (IN4==1'b0)      Y=4'b1011;
        else if (IN3==1'b0)      Y=4'b1100;
        else if (IN2==1'b0)      Y=4'b1101;
        else if (IN1==1'b0)      Y=4'b1110;
        else if (IN0==1'b0)      Y=4'b1111;
        YN0=Y[0];
```

```
            YN1=Y[1];
            YN2=Y[2];
            YN3=Y[3];
        end
    endmodule
```

优先编码器(74147)的仿真波形图如图 6.5.21 所示。

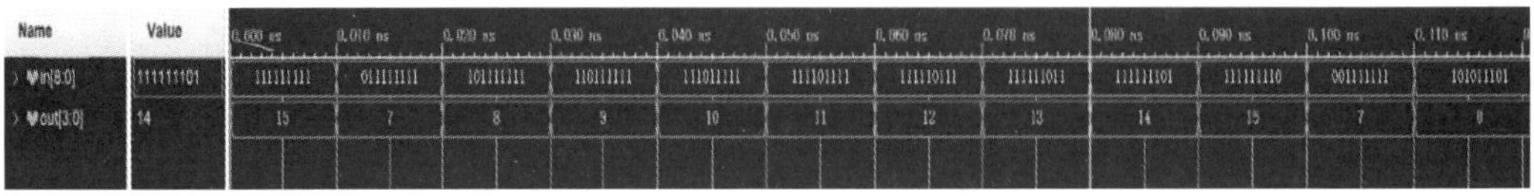

图 6.5.21　优先编码器(74147)的仿真波形图

说明:优先编码器(74147)的输入信号 din 的位宽为 9,输出信号 dout 的位宽为 4。输入信号低电平有效,其高位拥有更高的优先级,采用 BCD 编码方式。

下面是一个优先编码器的应用实例。

【例 6.5.1】 某医院有一号、二号、三号、四号病室 4 间,每室设有呼叫按钮,同时在护士值班室内对应地装有一号、二号、三号、四号 4 个指示灯。现要求当一号病室的按钮按下时,无论其他病室的按钮是否按下,只有一号灯亮。当一号病室的按钮未按下而二号病室的按钮按下时,无论三号、四号病室的按钮是否按下,只有二号灯亮。当一号、二号病室的按钮都未按下而三号病室的按钮按下时,无论四号病室的按钮是否按下,只有三号灯亮。只有在一号、二号、三号病室的按钮均未按下而四号病室的按钮按下时,四号灯才亮。试用优先编码器 74HC148 和门电路设计满足上述控制要求的逻辑电路,给出控制 4 个指示灯状态的高、低电平信号。

解: 74HC148 为 8 线-3 线优先编码器,其有 8 个输入端,低电平有效;其有 3 个输出端,反码输出。

若用 $\overline{A}_1$、$\overline{A}_2$、$\overline{A}_3$、$\overline{A}_4$ 的低电平分别表示一号、二号、三号、四号病室按下按钮时给出的信号,则将它们接到 74HC148 的 $\bar{I}_3$、$\bar{I}_2$、$\bar{I}_1$、$\bar{I}_0$ 输入端以后,便可在 74HC148 的输出端 $\overline{Y}_2$、$\overline{Y}_1$、$\overline{Y}_0$ 得到对应的输出编码。

若用 Z_1、Z_2、Z_3、Z_4 分别表示一号、二号、三号、四号灯的点亮信号(输出信号高电平有效),还需要将 74HC148 输出的代码译成 Z_1、Z_2、Z_3、Z_4 对应的输出高电平信号。可列出电路的真值表,如表 6.5.7 所示。

表 6.5.7　【例 6.5.1】真值表

$\overline{A}_1$	$\overline{A}_2$	$\overline{A}_3$	$\overline{A}_4$	$\overline{Y}_2$	$\overline{Y}_1$	$\overline{Y}_0$	Z_1	Z_2	Z_3	Z_4
0	x	x	x	1	0	0	1	0	0	0
1	0	x	x	1	0	1	0	1	0	0
1	1	0	x	1	1	0	0	0	1	0
1	1	1	0	1	1	1	0	0	0	1

当$\overline{A_1}$有效时,即$\overline{I_3}$有效,其输入编号为 3,则输出$\overline{Y_2}$,$\overline{Y_1}$,$\overline{Y_0}$为 3 的反码=100。

输出的逻辑函数表达式为

$$Z_1=\overline{Y_2}Y_1Y_0 \quad Z_2=\overline{Y_2}Y_1\overline{Y_0}$$

$$Z_3=\overline{Y_2}\,\overline{Y_1}Y_0 \quad Z_4=\overline{Y_2}\,\overline{Y_1}\,\overline{Y_0}$$

电路连接图如图 6.5.22 所示。

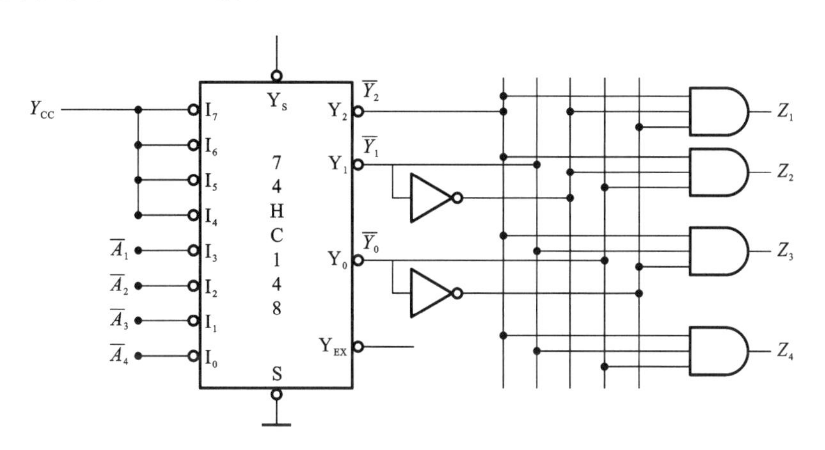

图 6.5.22 电路连接图

思考：如果本例采用 HDL 实现，应该怎样描述？

6.5.3 译码器

编码指用一组二进制代码表示特定的信息（例如多路输入信号中某一路信号有效）的过程，译码的过程正好与之相反，它是将二进制代码所表示的原意翻译出来的过程。而将二进制代码所表示的信息翻译成对应输出的高低电平信号的过程称为译码，译码是编码的反操作，实现译码功能的电路称为译码器（Decoder）。

常用的译码器有变量译码器、码制变换译码器和显示译码器。变量译码器（二进制译码器）是用来表示输入变量状态全部组合的译码器。n 个输入代码有 $2n$ 个状态，因此，n 位二进制译码器有 n 个输入端和 $2n$ 个输出端，一般称其为 n 线-$2n$ 线译码器。常用的译码器有 2 线-4 线译码器 74xx139，3 线-8 线译码器 74xx138，4 线-16 线译码器 74xx154 等。

码制变换译码器是将输入的某个进制的代码转换成对应的其他码制的代码并将其输出的译码器。如二进制码（8421 码）至十进制码译码器（简称 BCD 译码器）、余 3 码至十进制码译码器、余 3 循环码至十进制码译码器等。

显示译码器是将输入代码转换成驱动 7 段数码显示器各段的电平信号的译码器。常用的芯片有 74xx47（低电平输出有效）、74xx49（高电平输出有效）、74x48（高电平输出有效）等。

1. 变量译码器

(1) 二进制译码器。

二进制译码器将每个输入二进制代码译成对应的一根输出线上的高电平（或低电平）信号——可以规定输出为高电平有效或低电平有效。

二进制编码器将输入的每一个高（或低）电平信号编成一个对应的二进制代码。为避免输出混乱，任何时刻只允许一个输入信号有效。

二进制译码器的功能与二进制编码器的正好相反，它将具有特定含义的不同二进制码辨别出来，并转换成相应的电平信号。

任何时刻最多只允许 1 个输出有效——与编码器对应，任何时刻只允许有一个输入为有效电平。

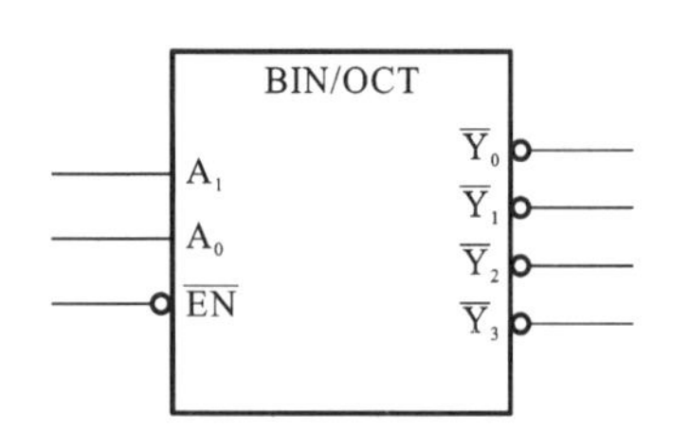

图 6.5.23　2 线-4 线译码器的逻辑符号

高电平输出有效时，每个输出都是对应的输入最小项；低电平输出有效时，每个输出都是对应的输入最小项的非。二进制译码器也称为最小项译码器。

(2) 2 线-4 线译码器(74139)。

74XX139 2 线-4 线译码器有 2 个输入端(A_1 和 A_0)，4 个输出端($\overline{Y_3}$～$\overline{Y_0}$)，另外还有一个使能端$\overline{EN}$，低电平有效，当$\overline{EN}$为 0 时，译码器处于工作状态；当$\overline{EN}$为 1 时，译码器处于禁止工作状态。逻辑符号如图 6.5.23 所示。

2 线-4 线译码器的功能表如表 6.5.8 所示。

表 6.5.8　2 线-4 线译码器的功能表

$\overline{EN}$	A_1	A_0	$\overline{Y}_3$	$\overline{Y}_2$	$\overline{Y}_1$	$\overline{Y}_0$
1	x	x	1	1	1	1
0	0	0	1	1	1	0
0	0	1	1	1	0	1
0	1	0	1	0	1	1
0	1	1	0	1	1	1

由功能表可以看出，对于每一种输入组合，只有 1 个输出有效(低电平有效)。例如当 $A_1A_0=00$ 时，只有$\overline{Y_0}=0$(有效)，其余输出均为高电平，即该译码器将输入的 00 代码译成了$\overline{Y_0}$端的低电平信号。

根据功能表、真值表可推导出输出逻辑函数表达式如下：

$$\overline{Y_0}=A_1+A_0=\overline{\overline{A_1+A_0}}=\overline{\overline{A_1}\,\overline{A_0}}=\overline{m_0}$$

$$\overline{Y_1}=A_1+\overline{A_0}=\overline{\overline{A_1+\overline{A_0}}}=\overline{\overline{A_1}A_0}=\overline{m_1}$$

$$\overline{Y_2}=\overline{A_1}+A_0=\overline{\overline{\overline{A_1}+A_0}}=\overline{A_1\,\overline{A_0}}=\overline{m_2}$$

$$\overline{Y_3}=\overline{A_1}+\overline{A_0}=\overline{\overline{\overline{A_1}+\overline{A_0}}}=\overline{A_1A_0}=\overline{m_3}$$

从上面的逻辑函数表达式可以看出，当低电平输出有效时，每个输出都是对应的输入变量最小项的非。根据逻辑函数表达式，可以得到 2 线-4 线译码器的逻辑电路图如图 6.5.24 所示。

(3) 3 线-8 线译码器(74138)。

74138 是一个 3 线-8 线译码器(简称 3-8 译码器)，其逻辑符号如图 6.5.25 所示。

当使能信号为 $S_1\overline{S_2}\,\overline{S_3}=100$ 时，译码器正常译码，其将输入的 3 位二进制代码分别译成对应的某输出线上的低电平信号。

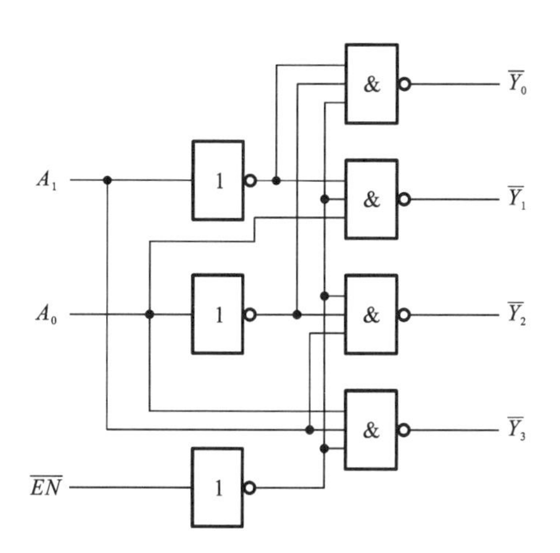

图 6.5.24　2 线-4 线译码器的逻辑电路图

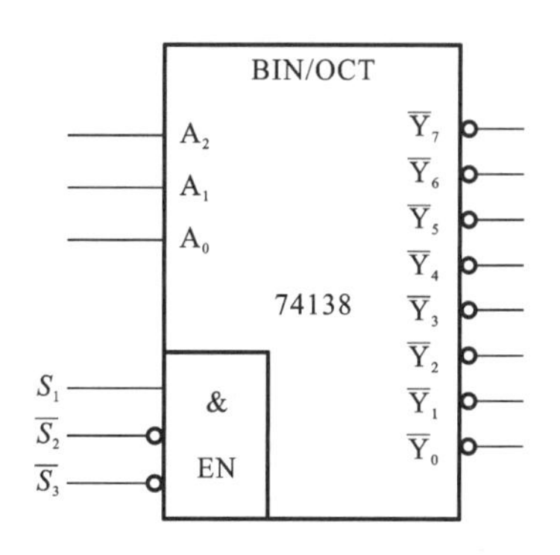

图 6.5.25　3-8 译码器的逻辑符号

当使能信号为 $S_1\overline{S_2}\,\overline{S_3}\neq 100$ 时，译码器不工作，无论输入代码是什么，8 个输出均为高电平。3-8 译码器的功能表如表 6.5.9 所示。

表 6.5.9　3-8 译码器的功能表

$S_1\overline{S}_2\overline{S}_3$	A_2	A_1	A_0	$\overline{Y_7}$	$\overline{Y_6}$	$\overline{Y_5}$	$\overline{Y_4}$	$\overline{Y_3}$	$\overline{Y_2}$	$\overline{Y_1}$	$\overline{Y_0}$
≠100	x	x	x	1	1	1	1	1	1	1	1
=100	0	0	0	1	1	1	1	1	1	1	0
=100	0	0	1	1	1	1	1	1	1	0	1
=100	0	1	0	1	1	1	1	1	0	1	1
=100	0	1	1	1	1	1	1	0	1	1	1
=100	1	0	0	1	1	1	0	1	1	1	1
=100	1	0	1	1	1	0	1	1	1	1	1
=100	1	1	0	1	0	1	1	1	1	1	1
=100	1	1	1	0	1	1	1	1	1	1	1

与 2 线-4 线译码器类似，可根据真值表推导出逻辑表达式。可以得到输出函数表达式为

$$\overline{Y_0}=\overline{\overline{A_2}\,\overline{A_1}\,\overline{A_0}}=\overline{m_0}\ ;\quad \overline{Y_1}=\overline{\overline{A_2}\,\overline{A_1}A_0}=\overline{m_1}$$

$$\overline{Y_2}=\overline{\overline{A_2}A_1\,\overline{A_0}}=\overline{m_2}\ ;\quad \overline{Y_3}=\overline{\overline{A_2}A_1A_0}=\overline{m_3}$$

$$\overline{Y_4}=\overline{A_2\,\overline{A_1}\cdot\overline{A_0}}=\overline{m_4}\ ;\quad \overline{Y_5}=\overline{A_2\,\overline{A_1}A_0}=\overline{m_5}$$

$$\overline{Y_6}=\overline{A_2A_1\,\overline{A_0}}=\overline{m_6}\ ;\quad \overline{Y_7}=\overline{A_2A_1A_0}=\overline{m_7}$$

74138 的 Verilog HDL 设计方法如下。

根据 3-8 译码器的特征表，当使能信号为 $S_1\,\overline{S_2}\,\overline{S_3}=100$ 时，译码器正常译码，当使能信号为 $S_1\,\overline{S_2}\,\overline{S_3}\neq 100$ 时，译码器不工作，其适合采用 if…else 语句和 case 语句进行描述。下面以 CT74138 为例来进行描述，其逻辑符号如图 6.5.26

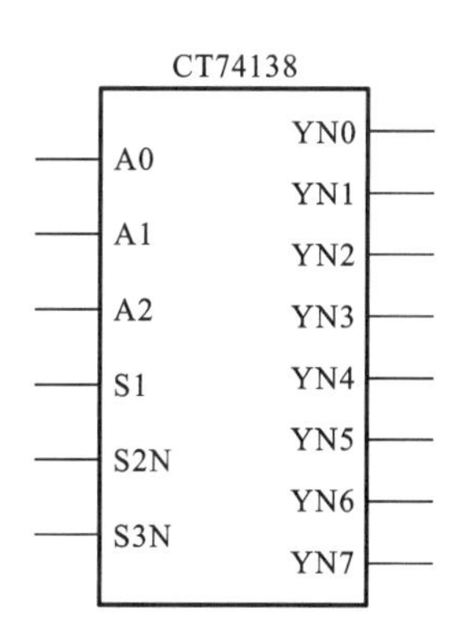

图 6.5.26　CT74138 的逻辑符号

所示。

CT74138 的 Verilog HDL 源程序如代码 6.5.8 所示。

代码 6.5.8 CT74138 模块。

```
module CT74138(A0,A1,A2,S1,S2N,S3N,YN0,
              YN1,YN2,YN3,YN4,YN5,YN6,YN7);
    input       A0,A1,A2,S1,S2N,S3N;
    output      YN0,YN1,YN2,YN3,YN4,YN5, YN6,YN7;
    reg           YN0,YN1,YN2,YN3,YN4,YN5, YN6,YN7;
    reg[7:0]    Y_SIGNAL;
always@ ( A0,A1,A2,S1,S2N,S3N)
    begin
        if (S1 && ! S2N && ! S3N==1)
            begin
                case ({A2,A1,A0})
        3 'b000:Y_SIGNAL=8 'b11111110;
        3 'b001:Y_SIGNAL=8 'b11111101;
        3 'b010:Y_SIGNAL=8 'b11111011;
        3 'b011:Y_SIGNAL=8 'b11110111;
        3 'b100:Y_SIGNAL=8 'b11101111;
        3 'b101:Y_SIGNAL=8'b11011111;
        3 'b110:Y_SIGNAL=8 'b10111111;
        3 'b111:Y_SIGNAL=8 'b01111111;
        default:Y_SIGNAL=8'b11111111;
        endcase
        end
else Y_SIGNAL=8'b11111111;
      YN0=Y_SIGNAL[0];
      YN1=Y_SIGNAL[1];
      YN2=Y_SIGNAL[2];
      YN3=Y_SIGNAL[3];
      YN4=Y_SIGNAL[4];
      YN5=Y_SIGNAL[5];
      YN6=Y_SIGNAL[6];
      YN7=Y_SIGNAL[7];
  end
endmodule
```

上述代码的仿真波形图如图 6.5.27 所示，输出信号低电平有效。当 S1、S2N 和 S3N 符合使能要求时(即仿真波形前半部分)，YN0～YN7 按{A2, A1, A0}的值译码；当 S1、S2N 和 S3N 不符合使能要求时(即仿真波形后半部分)，对于不同的选通信号均无译码输出。

如果现有集成译码器的输入端数太少，不能满足使用要求，则可以把几片有使能端的译码器连接成输入端数较多的译码器。

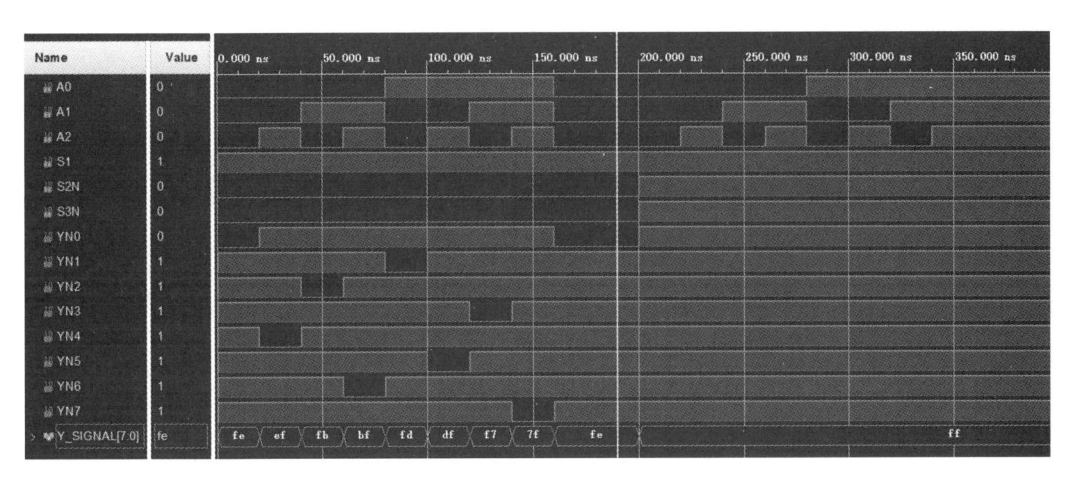

图 6.5.27　CT74138 **的仿真波形图**

在集成电路中增加使能控制端(简称使能端)EN,是电路设计中常用的技术,可使得集成电路更加灵活、可靠。其中,灵活性体现在扩展方面,可靠性体现在选通方面。

例如,将 2 片 74138 扩展为 4 线-16 线译码器,连接电路图如图 6.5.28 所示。

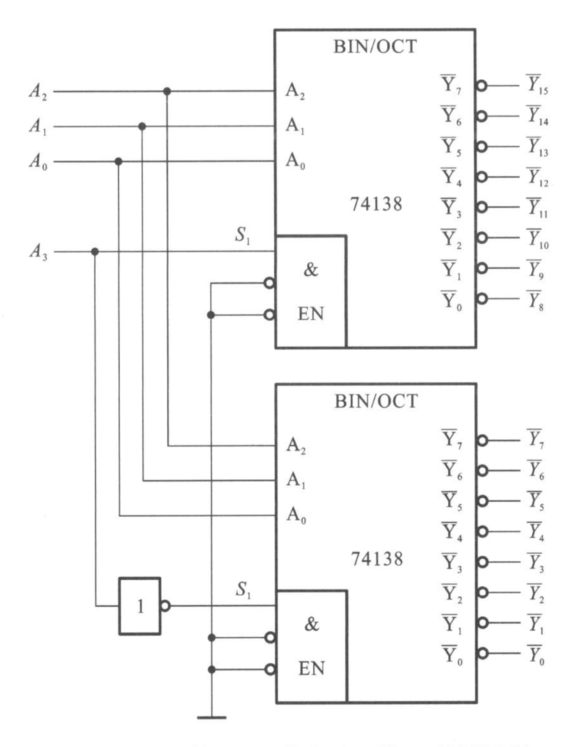

图 6.5.28　2 **片** 74138 **扩展为** 4 **线**-16 **线译码器**

译码器采用的扩展方法是,合理运用使能端 $S_1\ \overline{S_2}\ \overline{S_3}$ 使高位片和低位片分别工作。

当 $A_3=0$ 时,低位片工作,高位片禁止,在 $A_2A_1A_0$ 的作用下,低位片的 $\overline{Y_7}\sim\overline{Y_0}$ 为输出,对应输出 $\overline{Y_7}\sim\overline{Y_0}$。

当 $A_3=1$ 时,高位片工作,低位片禁止,在 $A_2A_1A_0$ 的作用下,高位片的 $\overline{Y_7}\sim\overline{Y_0}$ 为输出,

对应输出$\overline{Y_{15}} \sim \overline{Y_8}$。

将 3 片 74138 扩展为 5 线-24 线译码器,电路图如图 6.5.29 所示。

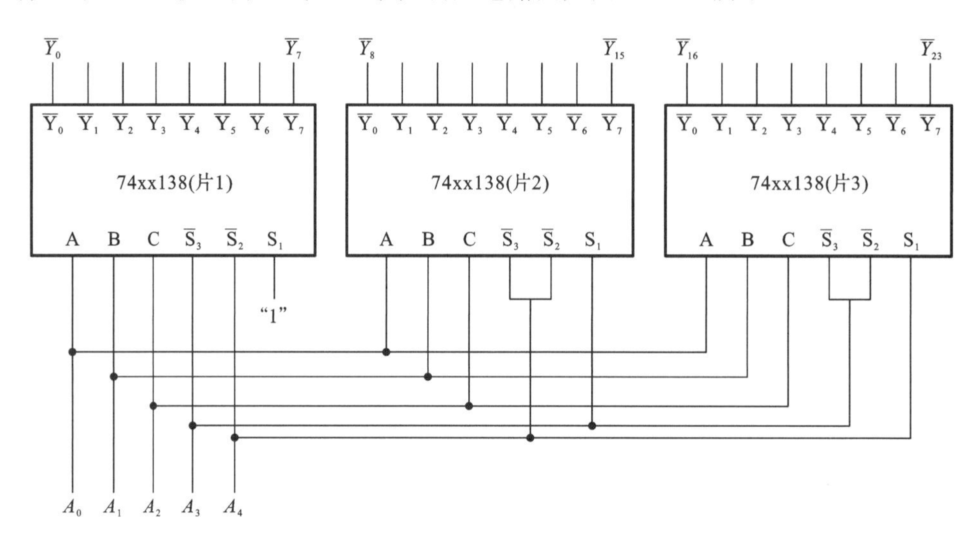

图 6.5.29　3 片 74138 扩展为 5 线-24 线译码器

A_4、A_3 为 00 时,只有片 1 工作,输出 $Y_7 \sim Y_0$ 中的一个;

A_4、A_3 为 01 时,只有片 2 工作,A_4、A_3 为 10 时,只有片 3 工作;A_4、A_3 为 11 时,3 片 74138 均禁止工作。

(4) 译码器的应用。

译码器应用之一:实现存储器系统的地址译码。

【例 6.5.2】 假定由 16 片只读存储器(Read Only Memory,ROM)(32×8, 32 个存储单元,位宽为 8 位)组成一个存储器系统,每片 ROM 有一个片选($\overline{CE}$)端,当其为 0 时该片 ROM 被选中。利用译码器实现对每个存储单元的访问。

分析:16 片 ROM 有 16 个片选端,如果不使用译码器,则计算机需要 16 根片选信号线。译码器可以将较少位数的二进制数据翻译成较多位数的信号,故可以使用 4 线-16 线译码器产生 16 个片选信号,并接到每个 ROM 的片选端。

由于每片 ROM 有 32 个存储单元,共有 16 片 ROM,则共有 $16 \times 32 = 2^9$ 个存储单元,可以用 9 根地址线来寻址。由地址线 $A_8 \sim A_5$ 来选择 ROM ;由地址线 $A_4 \sim A_0$ 来选择被选中的 ROM 中的 32 个存储单元中的某一个 。

具体电路如图 6.5.30 所示。

存储器系统的地址译码原理如下。

每片 32×8 的三态输出的半导体只读存储器只能存储 32 个字,每个字为 8 位,由地址 $A_4 \sim A_0$ 对 32 个字中的一个进行选择。当片选信号$\overline{CE}=0$ 时,允许选中的字从 $D_7 \sim D_0$ 输出到数据线上;当$\overline{CE}=1$ 时,ROM 被禁止,输出 $D_7 \sim D_0$ 为高阻态。

本存储器系统共使用 16 片存储器,总容量为 $32 \times 16 = 512$ 个字,用地址码 $A_8 \sim A_0$ 对 512($=2^9$)个存储字进行选择。16 片存储器的相应输出端 $D_7 \sim D_0$ 并联在一起,作为存储器系统的输出。

用一片 4 线-16 线译码器的输出(低电平有效)控制存储器的片选端$\overline{CE}$,由高位地址码

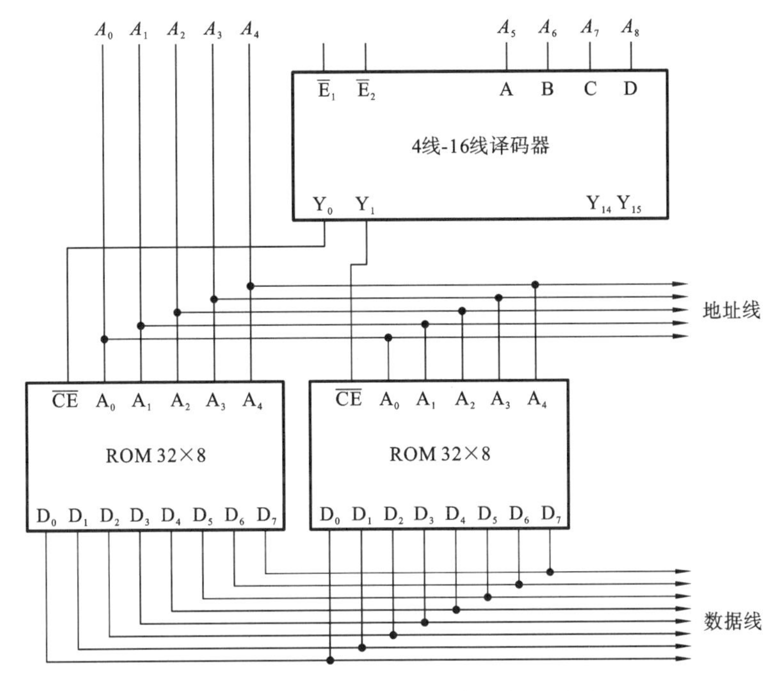

图 6.5.30　利用译码器进行存储器扩展

$A_8 \sim A_5$ 从 16 片 ROM 中选出一片，再由低位地址码 $A_4 \sim A_0$ 从被选片中选出某一个存储字。将 $A_4 \sim A_0$ 同时加至各存储器的地址输入端。

译码器应用之二：实现组合逻辑函数。

二进制译码器的每个输出都是对应输入的最小项（或最小项的非），任意一个逻辑函数都可变换为最小项之和的标准形式，因此，利用二进制译码器和门电路可以实现单输出或多输出的任意组合逻辑函数。

【例 6.5.3】 利用二进制译码器 74138 和门电路实现组合逻辑函数：

$$F(A,B,C)=AB+BC$$

先利用互补律添项，将组合逻辑函数变换为最小项之和的标准形式。如果译码器输出是低电平有效的，则应利用还原律，将最小项之和变换为各最小项的非再与非的形式；此时译码器输出应接一个与非门才能得到组合逻辑函数的输出。如果译码器输出是高电平有效的，则组合逻辑函数变换为最小项之和后不必再变换为与非式，译码器输出应接一个或门才能得到组合逻辑函数的输出。

注意，输入 A、B、C 对应 74138 的输入引脚 A_2、A_1、A_0。

解： $F(A,B,C) = AB + BC = AB(C+\overline{C}) + (A+\overline{A})BC = AB\overline{C} + ABC + \overline{A}BC$

$$= \sum m(3,6,7) = \overline{\overline{m_3} \cdot \overline{m_6} \cdot \overline{m_7}} = \overline{\overline{Y_3} \cdot \overline{Y_6} \cdot \overline{Y_7}}$$

由上式画出逻辑电路图，如图 6.5.31 所示。

利用 74138 可以实现任何 3 个输入变量的逻辑函数。

2. 码制变换译码器

码制变换译码器是将输入的二进制代码转换成对应的其他码制输出的译码器，如二-十

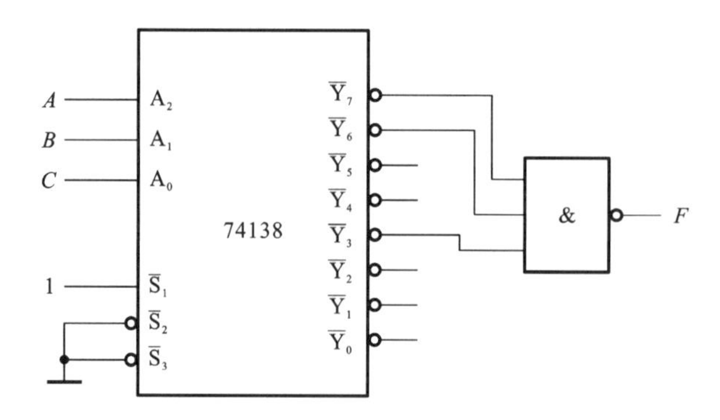

图 6.5.31 【例 6.5.3】逻辑电路图

进制译码器。

二-十进制译码器(BCD 译码器,4 线-10 线译码器):将输入的 4 位 8421 码翻译成十进制数。用于驱动十进制数字显示管、指示灯、继电器等。其分为完全译码的 BCD 译码器和不完全译码的 BCD 译码器。对于完全译码的 BCD 译码器,当输入 $ABCD$ 出现伪码 0101~1111 时,译码器输出 $Y_0 \sim Y_9$ 均为“1”,如 74xx42(输出低电平有效);对于不完全译码的 BCD 译码器,当 $ABCD$=0101~1111 时,$Y_0 \sim Y_9$ 均为任意值。

以完全译码的 BCD 译码器(74xx42)为例进行介绍。其功能表如表 6.5.10 所示,说明如下。

表 6.5.10 74xx42 的功能表

	A	B	C	D	Y_0	Y_1	Y_2	Y_3	Y_4	Y_5	Y_6	Y_7	Y_8	Y_9
0	0	0	0	0	0	1	1	1	1	1	1	1	1	1
1	1	0	0	0	1	0	1	1	1	1	1	1	1	1
2	0	1	0	0	1	1	0	1	1	1	1	1	1	1
3	1	1	0	0	1	1	1	0	1	1	1	1	1	1
4	0	0	1	0	1	1	1	1	0	1	1	1	1	1
5	1	0	1	0	1	1	1	1	1	0	1	1	1	1
6	0	1	1	0	1	1	1	1	1	1	0	1	1	1
7	1	1	1	0	1	1	1	1	1	1	1	0	1	1
8	0	0	0	1	1	1	1	1	1	1	1	1	0	1
9	1	0	0	1	1	1	1	1	1	1	1	1	1	0
	0	1	0	1	1	1	1	1	1	1	1	1	1	1
	1	1	0	1	1	1	1	1	1	1	1	1	1	1
不	0	0	1	1	1	1	1	1	1	1	1	1	1	1
用	1	0	1	1	1	1	1	1	1	1	1	1	1	1
	0	1	1	1	1	1	1	1	1	1	1	1	1	1
	1	1	1	1	1	1	1	1	1	1	1	1	1	1

(1) 输出 $Y_0 \sim Y_9$ 为低电平有效。

(2) 当输入为无用码(伪码)0101~1111 时,译码器输出 $Y_0 \sim Y_9$ 均为“1”,不会出现低电平,不会产生错误译码。

(3) 集成 BCD 译码器没有设置使能端，每个二-十进制数(BCD 码为 4 位二进制数)是独立占用一片 BCD 译码器的，其用于码制转换时，输入只有 4 位，不会存在像变量译码器那样的输入端扩展。

(4) 注意，这里输入 D 是最高位，A 是最低位。

根据功能表，可以进行完全译码的 BCD 译码器的手工设计，函数表达式为

$$Y_0 = A+B+C+D = \overline{\overline{A+B+C+D}} = \overline{\bar{A}\bar{B}\bar{C}\bar{D}}$$

同理，可以写出

$$Y_1 = \overline{\bar{D}\bar{C}\bar{B}A} \quad Y_2 = \overline{\bar{D}\bar{C}B\bar{A}} \quad Y_3 = \overline{\bar{D}\bar{C}BA} \quad Y_4 = \overline{\bar{D}C\bar{B}\bar{A}} \quad Y_5 = \overline{\bar{D}C\bar{B}A}$$

$$Y_6 = \overline{\bar{D}CB\bar{A}} \quad Y_7 = \overline{\bar{D}CBA} \quad Y_8 = \overline{D\bar{C}\bar{B}\bar{A}} \quad Y_9 = \overline{D\bar{C}\bar{B}A}$$

也可以直接用 HDL 来描述功能表(case 语句或 assign 语句)，源代码如代码 6.5.9 所示。

代码 6.5.9 74xx42 Verilog HDL 模块。

```
module CT7442(D,C,B,A, YN0, YN1,YN2, YN3,YN4,
              YN5,YN6,YN7,YN8,YN9);
    input       D,C,B,A;
    output      YN0,YN1,YN2,YN3,YN4,YN5, YN6,YN7,YN8,YN9;
    reg            YN0,YN1,YN2,YN3,YN4,YN5, YN6,YN7,YN8,YN9;
    reg[9:0]    Y_SIGNAL;
always @ (* )
    begin
        case ({D,C,B,A})
            'b0000:Y_SIGNAL='b1111111110;
            'b0001:Y_SIGNAL='b1111111101;
            'b0010:Y_SIGNAL='b1111111011;
            'b0011:Y_SIGNAL='b1111110111;
            'b0100:Y_SIGNAL='b1111101111;
            'b0101:Y_SIGNAL='b1111011111;
            'b0110:Y_SIGNAL='b1110111111;
            'b0111:Y_SIGNAL='b1101111111;
            'b1000:Y_SIGNAL='b1011111111;
            'b1001:Y_SIGNAL='b0111111111;
            default :Y_SIGNAL='b1111111111;
        endcase
YN0=Y_SIGNAL[0];
      YN1=Y_SIGNAL[1];
      YN2=Y_SIGNAL[2];
      YN3=Y_SIGNAL[3];
      YN4=Y_SIGNAL[4];
      YN5=Y_SIGNAL[5];
      YN6=Y_SIGNAL[6];
      YN7=Y_SIGNAL[7];
      YN8=Y_SIGNAL[8];
      YN9=Y_SIGNAL[9];
    end
endmodule
```

仿真波形图如图 6.5.32 所示。

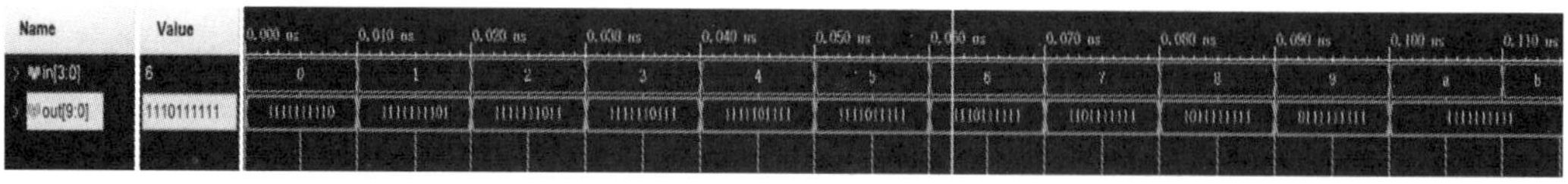

图 6.5.32　74xx42 译码器仿真波形图

不完全译码的 BCD 译码器的功能表如表 6.5.11 所示。

表 6.5.11　不完全译码的 BCD 译码器的功能表

	A	B	C	D	Y_0	Y_1	Y_2	Y_3	Y_4	Y_5	Y_6	Y_7	Y_8	Y_9
0	0	0	0	0	0	1	1	1	1	1	1	1	1	1
1	1	0	0	0	1	0	1	1	1	1	1	1	1	1
2	0	1	0	0	1	1	0	1	1	1	1	1	1	1
3	1	1	0	0	1	1	1	0	1	1	1	1	1	1
4	0	0	1	0	1	1	1	1	0	1	1	1	1	1
5	1	0	1	0	1	1	1	1	1	0	1	1	1	1
6	0	1	1	0	1	1	1	1	1	1	0	1	1	1
7	1	1	1	0	1	1	1	1	1	1	1	0	1	1
8	0	0	0	1	1	1	1	1	1	1	1	1	0	1
9	1	0	0	1	1	1	1	1	1	1	1	1	1	0
	0	1	0	1	x	x	x	x	x	x	x	x	x	x
	1	1	0	1	x	x	x	x	x	x	x	x	x	x
不	0	0	1	1	x	x	x	x	x	x	x	x	x	x
用	1	0	1	1	x	x	x	x	x	x	x	x	x	x
	0	1	1	1	x	x	x	x	x	x	x	x	x	x
	1	1	1	1	x	x	x	x	x	x	x	x	x	x

根据真值表可推导出逻辑表达式为

$$Y_0=A+B+C+D=\overline{\overline{A+B+C+D}}=\overline{\bar{A}\bar{B}\bar{C}\bar{D}}$$

也可以直接用 HDL 来描述功能表(case 语句或 assign 语句),类似于代码 6.5.9,只是把 default 语句改为 default :Y_SIGNAL= 'bxxxxxxxxxx;就可以了。

3. 显示译码器

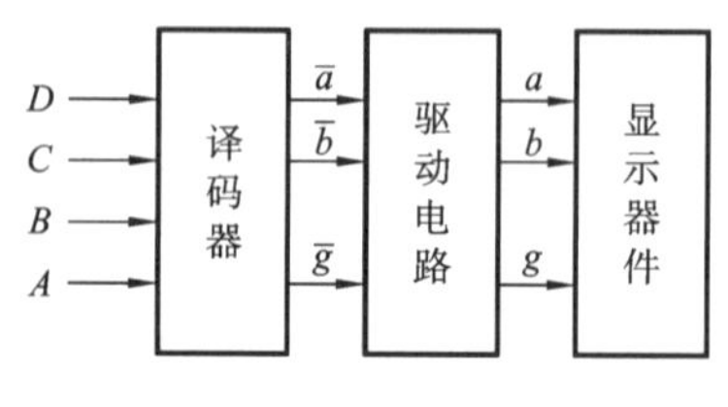

图 6.5.33　8421BCD 译码显示电路

显示译码器用于驱动数码显示器,其是一种将二进制代码表示的数字、文字、符号用人们习惯的形式直观显示出来的电路。

电路结构(8421BCD 译码显示电路)如图 6.5.33所示。

(1) 显示器件。

显示器件包括辉光数码管、7段荧光数码管、液晶显示器等,目前广泛使用的用于显示数字的器件是7段数码显示器(由7段可发光的线段拼合而成),包括半导体数码显示器和液晶显示器两种。

数码显示器通常又称为数码管。半导体7段数码管实际上是由7个发光二极管(LED)构成的,因此又称其为LED数码管。

半导体7段数码管实际上是由7个发光二极管(LED)构成的,有的数码管在右下角还增设了一个小数点,形成8段显示。LED的正极称为阳极,负极称为阴极。

半导体7段数码管的基本结构、共阴极结构、共阳极结构如图6.5.34所示。

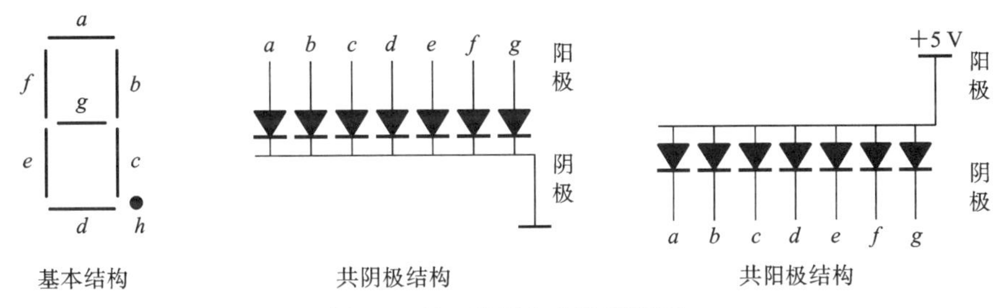

图6.5.34 半导体7段数码管

若使用共阴极LED数码管,则译码器应为高电平输出有效;若使用共阳极LED数码管,则译码器应为低电平输出有效。

(2) 驱动电路。

用反相器(或OC门)进行驱动,如图6.5.35所示。

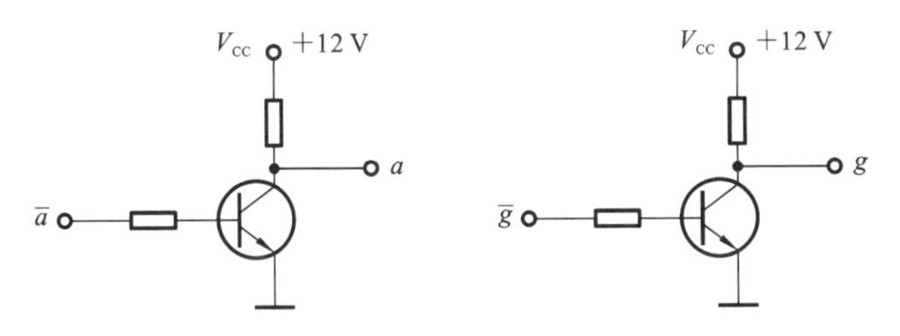

图6.5.35 7段数码管驱动电路

共阳极译码器的功能表如表6.5.12所示。

表6.5.12 共阳极译码器的功能表

D	C	B	A	$\bar{a}$	$\bar{b}$	$\bar{c}$	$\bar{d}$	$\bar{e}$	$\bar{f}$	$\bar{g}$	显示数字
0	0	0	0	0	0	0	0	0	0	1	0
0	0	0	1	1	0	0	1	1	1	1	1
0	0	1	0	0	0	1	0	0	1	0	2
0	0	1	1	0	0	0	0	1	1	0	3
0	1	0	0	1	0	0	1	1	0	0	4
0	1	0	1	0	1	0	0	1	0	0	5
0	1	1	0	1	1	0	0	0	0	0	6
0	1	1	1	0	0	0	1	1	1	1	7

续表

D	C	B	A	$\bar{a}$	$\bar{b}$	$\bar{c}$	$\bar{d}$	$\bar{e}$	$\bar{f}$	$\bar{g}$	显示数字
1	0	0	0	0	0	0	0	0	0	0	8
1	0	0	1	0	0	0	1	1	0	0	9
1	0	1	0	x	x	x	x	x	x	x	
1	0	1	1	x	x	x	x	x	x	x	
1	1	0	0	x	x	x	x	x	x	x	
1	1	0	1	x	x	x	x	x	x	x	
1	1	1	0	x	x	x	x	x	x	x	
1	1	1	1	x	x	x	x	x	x	x	

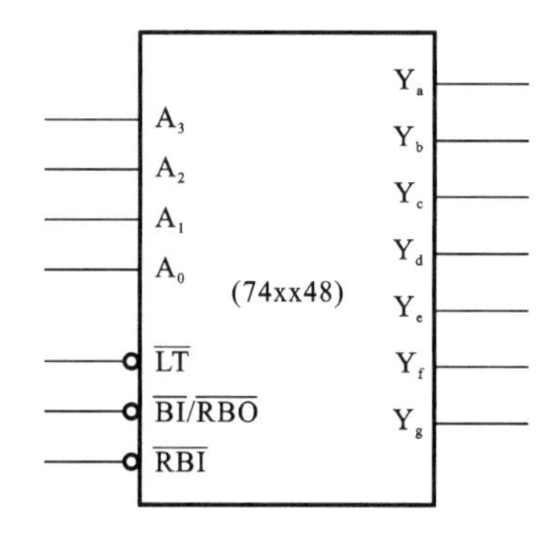

图 6.5.36　74xx48 的逻辑符号

(3) 集成 7 段显示译码器。

常用显示译码器有 74xx47(低电平输出有效)、74xx49(高电平输出有效)和 74xx48(高电平输出有效)。74xx48 的逻辑符号如图 6.5.36 所示。74xx48 的功能表如表 6.5.13 所示。

74xx48 除可完成译码驱动的功能外,其还增加了 3 个控制信号,可以实现灯测试、灭灯、灭零功能。

消隐——灭灯(使整个灯不亮),当消隐输入$\overline{BI}=0$ 时,无论输入 $A_3 \sim A_0$ 是什么,输出 $Y_a \sim Y_g$ 均为 0,7 段全部熄灭。

表 6.5.13　74xx48 的功能表

输入								输出						
数字	$\overline{LT}$	$\overline{RBI}$	A_3	A_2	A_1	A_0	$\overline{BI}/\overline{RBO}$	Y_a	Y_b	Y_c	Y_d	Y_e	Y_f	Y_g
0	1	1	0	0	0	0	1	1	1	1	1	1	1	0
1	1	x	0	0	0	1	1	0	1	1	0	0	0	0
2	1	x	0	0	1	0	1	1	1	0	1	1	0	1
3	1	x	0	0	1	1	1	1	1	1	1	0	0	1
4	1	x	0	1	0	0	1	0	1	1	0	0	1	1
5	1	x	0	1	0	1	1	1	0	1	1	0	1	1
6	1	x	0	1	1	0	1	0	0	1	1	1	1	1
7	1	x	0	1	1	1	1	1	1	1	0	0	0	0
8	1	x	1	0	0	0	1	1	1	1	1	1	1	1
9	1	x	1	0	0	1	1	1	1	1	0	0	1	1
消隐	x	x	x	x	x	x	0	0	0	0	0	0	0	0
脉冲消隐	1	0	0	0	0	0	0	0	0	0	0	0	0	0
灯测试	0	x	x	x	x	x	1	0	0	0	0	0	0	1

脉冲消隐——灭零(使0不显示),当灭零输入$\overline{RBI}=0$,$A_3A_2A_1A_0=0000$时灯灭,用于使不希望显示的0熄灭。例如,对于十进制数,整数部分不代表数值的高位0和小数部分不代表数值的低位0,都是不希望显示的。$A_3A_2A_1A_0$不等于0000时,灯显示相应的数字。

灯测试——当$\overline{LT}=0$时,无论$A_3\sim A_0$是什么,$Y_a\sim Y_g$全为1,7段全部点亮,检查数码管各段能否正常发光。

(4) 有灭零控制的7位数码显示系统。

将$\overline{BI}/\overline{RBO}$和$\overline{RBI}$配合使用,可实现多位数显示时的"无效0消隐"功能。

将整数部分的高位$\overline{RBO}$与低位$\overline{RBI}$相连,小数部分的低位$\overline{RBO}$与高位$\overline{RBI}$相连,就可以把整数部分不代表数值的高位0和小数部分不代表数值的低位0灭掉。

如果数据是0004.700,如图6.5.37所示,则整数部分不代表数值的高位00和小数部分不代表数值的最低位0应灭掉,正常应显示4.7。

图6.5.37 7位数码显示系统

在此电路中,若千位是0,由于$\overline{RBI}$接地,所以0不显示,且输出$\overline{RBO}=0$;千位的输出$\overline{RBO}$与百位的$\overline{RBI}$相连,若百位是0则不显示;百位的输出$\overline{RBO}$与十位的$\overline{RBI}$相连,若十位还是0则不显示,若十位是非0的则会正常显示;个位的$\overline{RBI}$为1,所以当个位是0时,会显示0。同理,由于小数部分的最低位$\overline{RBI}$接地,所以0不显示,且输出$\overline{RBO}=0$,接次低位的$\overline{RBI}$,使其灭零。具体如图6.5.38所示。

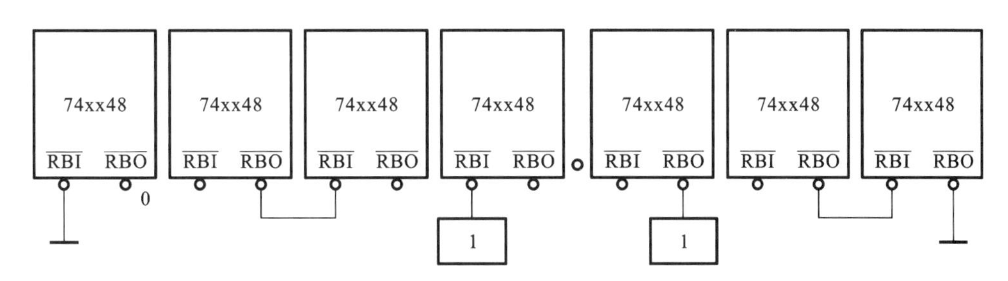

图6.5.38 具有灭零控制功能的7位数码显示系统的逻辑电路

注意:这里的灭零是将不该显示的0灭掉!当千位不是0时,尽管其$\overline{RBI}$接地,但根据真值表,其输出$\overline{RBO}$并不等于0(而是等于1);若此时百位是0,则因千位的输出$\overline{RBO}$与百位的$\overline{RBI}$相连,所以百位的$\overline{RBI}$为1,根据真值表,百位的0将正常显示。

6.5.4 数据选择器

在数字信号的传输过程中,有时需要从一组输入数据中选出某一个来进行传输和处理,这时就要用到一种称为数据选择器(多路开关)的逻辑电路。

从一组输入数据中选出需要的一个数据作为输出的过程称为数据选择,具有数据选择功能的电路称为数据选择器(Data Selector),如图6.5.39所示。选择控制端也称地址信号。

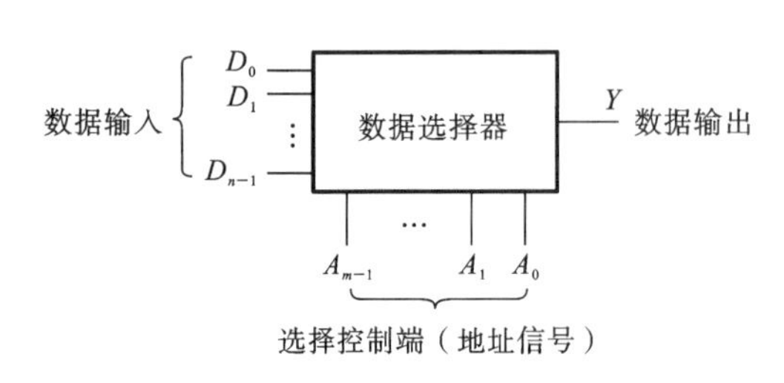

图 6.5.39 数字选择器图

常用的集成数据选择器有四 2 选 1 数据选择器(74xx157)、双 4 选 1 数据选择器(74xx153)、8 选 1(74xx151)数据选择器及 16 选 1 数据选择器(74xx150)等。

1. 4 选 1 数据选择器(74153)

4 选 1 数据选择器的逻辑符号如图 6.5.40 所示。

当$\overline{EN}=0$ 时，A_1，A_0 为控制端，A_1，A_0 取不同的值时，会从 4 路输入信号$D_3 \sim D_0$ 中选择一路送给 Y 端输出。相当于如图 6.5.41 所示的一个单刀多掷开关。

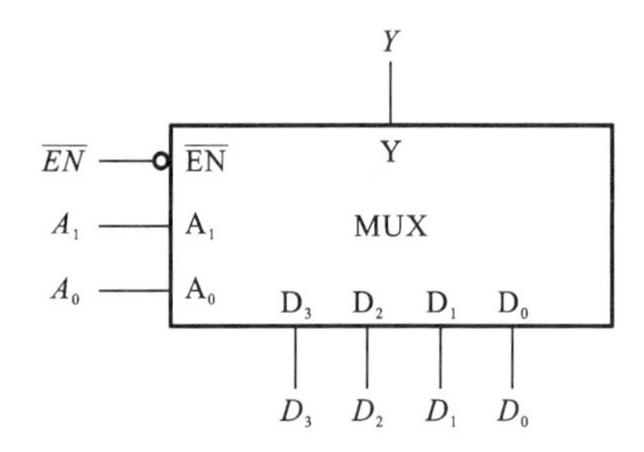

图 6.5.40 4 选 1 数据选择器的逻辑符号

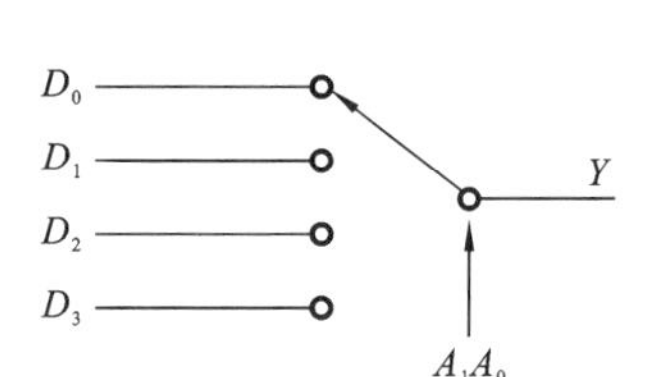

图 6.5.41 4 选 1 单刀多掷开关

4 选 1 数据选择器的功能表如表 6.5.14 所示。

表 6.5.14 4 选 1 数据选择器的功能表

$\overline{EN}$	A_1	A_0	Y
1	x	x	0
0	0	0	D_0
0	0	1	D_1
0	1	0	D_2
0	1	1	D_3

输出函数的表达式为

$$Y=\overline{A_1}\,\overline{A_0}D_0+\overline{A_1}A_0D_1+A_1\overline{A_0}D_2+A_1A_0D_3$$
$$(\overline{EN}=0)$$

根据逻辑函数表达式画出的逻辑电路图如图 6.5.42 所示。

传统数字电路设计中，可利用数据选择器的运算功能实现任意组合逻辑电路，如表 6.5.15所示，根据 $Y=D_0\overline{A_1}\,\overline{A_0}+D_1\overline{A_1}A_0+D_2A_1\overline{A_0}+D_3A_1A_0$，通过令$D_3 \sim D_0$ 取不同的值，并从输入变量A_1，A_0 的各个最小项中选取某几个最小项输出，可实现以 A_1、A_0 为输入变量的组合逻辑电路。

2. 8 选 1 数据选择器

8 选 1 数据选择器的逻辑符号如图 6.5.43 所示。

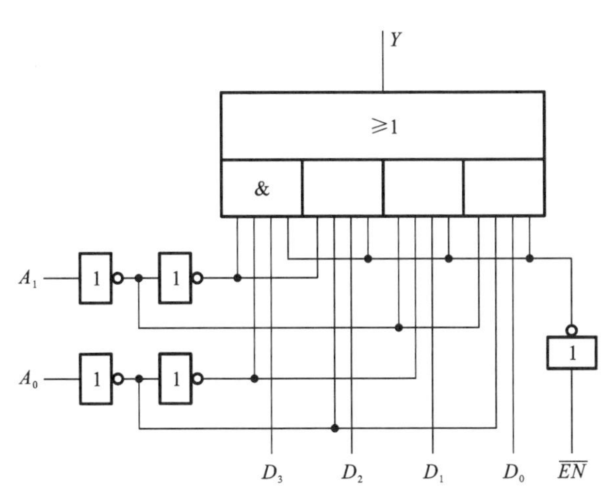

图 6.5.42 4选1数据选择器的逻辑电路图

表 6.5.15 数据选择器的真值表

$D_3D_2D_1D_0$	Y	$D_3D_2D_1D_0$	Y
0000	0	1000	
0001	$\overline{A}_1\ \overline{A}_0$	1001	$\overline{A_1A_0+A_1A_0}=\overline{A_1\oplus A_0}$
0010		1010	
0011		1011	
0100		1100	
0101		1101	
0110	$\overline{A_1}A_0+A_1\ \overline{A_0}=A_1\oplus A_0$	1110	
0111		1111	

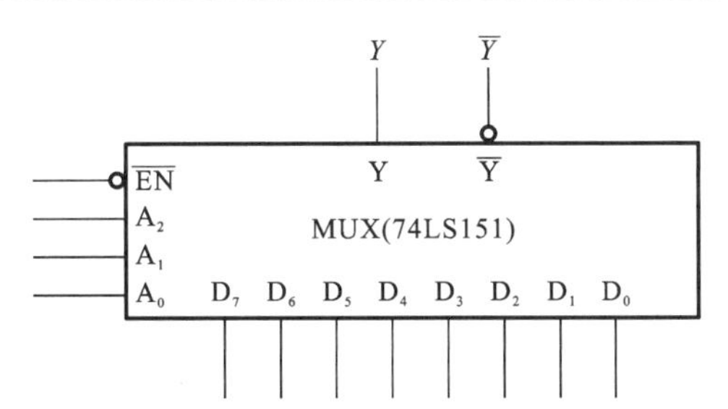

图 6.5.43 8选1数据选择器的逻辑符号

8选1数据选择器的功能表如表6.5.16所示。

表 6.5.16 8选1数据选择器的功能表($\overline{EN}=0$)

A_2	A_1	A_0	Y
0	0	0	D_0
0	0	1	D_1
0	1	0	D_2
0	1	1	D_3
1	0	0	D_4

续表

A_2	A_1	A_0	Y
1	0	1	D_5
1	1	0	D_6
1	1	1	D_7

函数表达式为

$$\begin{aligned}Y &= \overline{A_2}\,\overline{A_1}\,\overline{A_0}D_0+\overline{A_2}\,\overline{A_1}A_0D_1+\overline{A_2}A_1\,\overline{A_0}D_2+\overline{A_2}A_1A_0D_3\\&\quad+A_2\,\overline{A_1}\,\overline{A_0}D_4+A_2\,\overline{A_1}A_0D_5+A_2A_1\,\overline{A_0}D_6+A_2A_1A_0D_7\\&=m_0D_0+m_1D_1+m_2D_2+m_3D_3+m_4D_4+m_5D_5+m_6D_6+m_7D_7\\&\qquad(\overline{EN}=0)\end{aligned}$$

8 选 1 数据选择器的逻辑电路如图 6.5.44 所示。

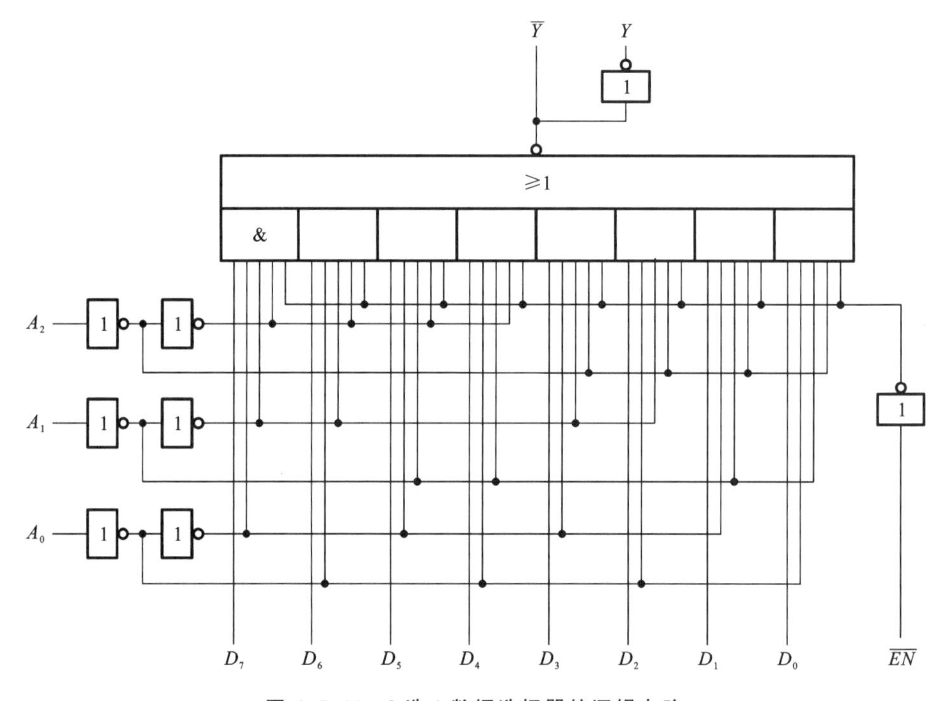

图 6.5.44　8 选 1 数据选择器的逻辑电路

8 选 1 数据选择器的实现功能有如下两个方面。

(1) $\overline{EN}=0$ 时,由 $A_2A_1A_0$ 进行控制,可实现 8 选 1 数据选择器(8 路开关)。

(2) 由 $D_7\sim D_0$ 进行控制时,可实现多功能运算电路。

通过令 $D_7\sim D_0$ 取不同的值,并从输入变量 A_2、A_1、A_0 的各个最小项中选取某几个最小项输出,可实现不同的运算电路,共可实现 $2^8=256$ 种功能。

当 $D_7\sim D_0$ 为 0000_0000 时,$Y=0$;

当 $D_7\sim D_0$ 为 1111_1111 时,$Y=1$;

当 $D_7\sim D_0$ 为 0000_0001 时,$Y=m_0$;

当 $D_7\sim D_0$ 为 1010_0101 时,$Y=m_7+m_5+m_2+m_0$。

在集成电路中，使能端常常被用来进行芯片的扩展。数据选择器的扩展方法与之类似。例如用使能端将 2 片 74LS151(8 选 1 数据选择器)扩展为 16 选 1 数据选择器时的电路如图 6.5.45 所示。

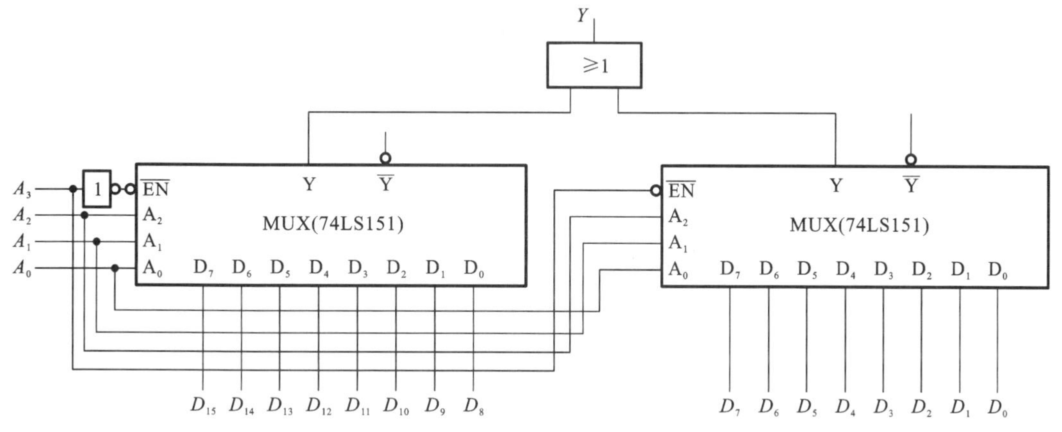

图 6.5.45 数据选择器的扩展

$A_3=0$ 时，低位片工作，从输入 $D_7 \sim D_0$ 中选择 1 个输出；$A_3=1$ 时，高位片工作，从输入 $D_{15} \sim D_8$ 中选择 1 个输出。

数据选择器除了具有选择功能外，还有其他的用途。

(1) 代替三态门，实现总线发送控制。

多个三态缓冲器线相与，可以实现以总线方式分时传输数据的功能，只要控制各个门的使能端，轮流使各个门的使能信号有效，就可以把各个门的输出信号轮流传输到总线上。但如果数据信号有许多位，则需要的三态门个数会很多，例如 8 路信号需要 8 个三态门，如图 6.5.46 所示。

(2) 利用数据选择器也可以方便地实现总线发送控制——将并行输入的数据转换成串行的数据通过总线传送。

(3) 函数发生器——用数据选择器实现任意组合逻辑函数。

数据选择器可以看成是用 N 个控制端 $\mathrm{A}_{N-1} \sim \mathrm{A}_0$ 选择 2^N 个最小项的某几个组成“与-或”表达式。选择某些控制信号 D_i 为 1，就是选中这些最小项组成逻辑函数。

思考：给定一个组合逻辑函数，如何用数据选择器将其实现？

(1) 利用互补律，将组合逻辑函数变换为最小项之和的标准形式。

(2) 根据该逻辑函数的输入变量个数，确定数据选择器的地址输入位数，将逻辑函数的输入变量作为数据选择器的地址输入。

(3) 写出数据选择器的输出表达式。

(4) 比较逻辑函数的标准形式与数据选择器的输出表达式，推导出数据选择器的 D_i 哪些为 1，哪些为 0。

(5) 画出电路图。

下面以一个例子来说明利用数字选择器实现逻辑函数的方法。

【例 6.5.4】 利用数据选择器实现逻辑函数：$F(A,B,C)=\overline{A}\,\overline{B}C+\overline{A}B\overline{C}+AB$。

解：使用 8 选 1 数据选择器 74xx151 将逻辑函数的输入变量作为数据选择器的地址输

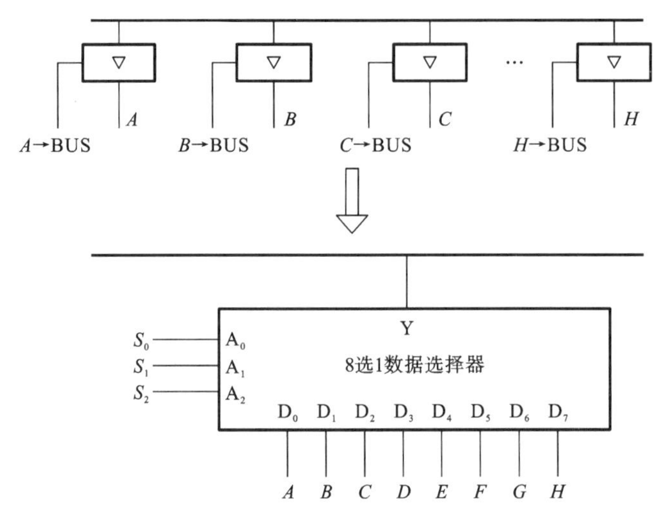

图 6.5.46 数据选择器代替三态门

入。首先将组合逻辑函数变换为最小项之和的标准形式：

$$F=\overline{A}\,\overline{B}C+\overline{A}B\overline{C}+AB(\overline{C}+C)=m_1+m_2+m_6+m_7$$

8 选 1 数据选择器 74xx151 的输出 Y 为

$$Y=D_0m_0+D_1m_1+D_2m_2+D_3m_3+D_4m_4+D_5m_5+D_6m_6+D_7m_7$$

比较 F 和 Y，得

$$D_0=0,\quad D_1=1,\quad D_2=1,\quad D_3=0,\quad D_4=0,\quad D_5=0,\quad D_6=1,\quad D_7=1$$

实现的电路图如图 6.5.47 所示。

3. 数据选择器的 HDL 设计

以 CT74151 为例，其逻辑符号如图 6.5.48 所示，其中，$D_7\sim D_0$ 为 8 位数据输入端；$A_2\sim$

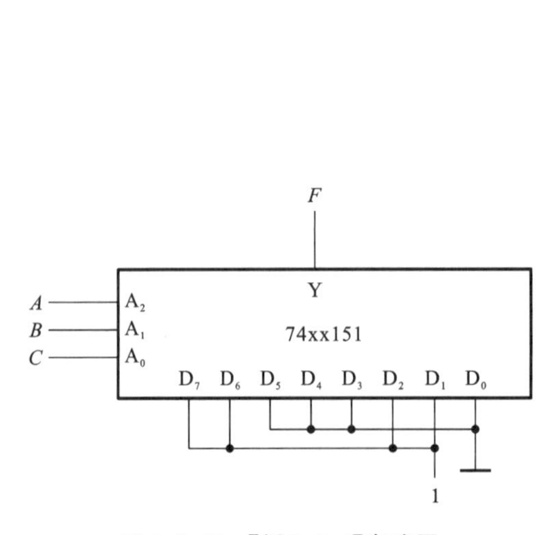

图 6.5.47 【例 6.5.4】电路图

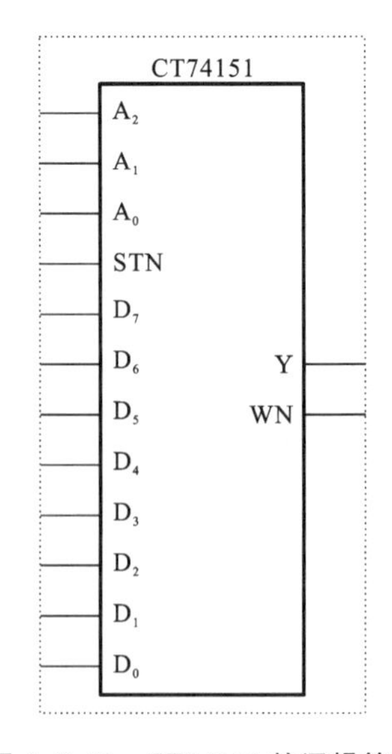

图 6.5.48 CT74151 的逻辑符号

A_0 为地址输入端；STN 为使能控制端（低电平有效）；Y 为同相数据输出端；WN 为反相数据输出端，即 WN 是 Y 的反相输出端。

用 Verilog HDL 的 if…else 语句和 case 语句进行描述，如代码 6.5.10 所示。

代码 6.5.10 数据选择器 CT74151 模块。

```
module CT74151(A2,A1,A0,STN,D7,
        D6,D5,D4,D3,D2,D1,D0,Y,WN);
      input       A2,A1,A0,STN;
      input       D7,D6,D5,D4,D3,
                       D2,D1,D0;
      output      Y,WN;
      reg            Y,WN;
      always @ (*)
          begin
if (STN==0)
              begin
                    case ({A2,A1,A0})
             3 'b000:Y=D0;
             3 'b001:Y=D1;
             3'b010:Y=D2;
             3'b011:Y=D3;
             3'b100:Y=D4;
             3 'b101:Y=D5;
             3 'b110:Y=D6;
             3 'b111:Y=D7;
         endcase
             end
         else Y=1'b0;
         WN=~Y;
     end
endmodule
```

仿真波形图如图 6.5.49 所示，端口 $D_0 \sim D_7$ 分别输入不同周期的方波信号，当 STN 为低电平时电路使能，根据选择端口 $A_0 \sim A_2$ 的值，Y 输出对应的方波，而 WN 与 Y 的电平相反。当 STN 为高电平时，电路不工作。

4. 用数据选择器设计组合逻辑电路的方法

(1) 进行逻辑抽象。

确定输入、输出变量，定义逻辑状态的含义，列出真值表。

(2) 写出逻辑函数表达式。

根据真值表写出逻辑函数的标准表达式。

(3) 选定数据选择器。

若函数有 M 个输入变量，选择的数据选择器有 n 位地址输入，则应取 $M \leqslant n+1$，以 $M=n+1$ 时器件的利用最充分——可以少用一个地址输入；例如有 4 个输入变量，可以选择具有

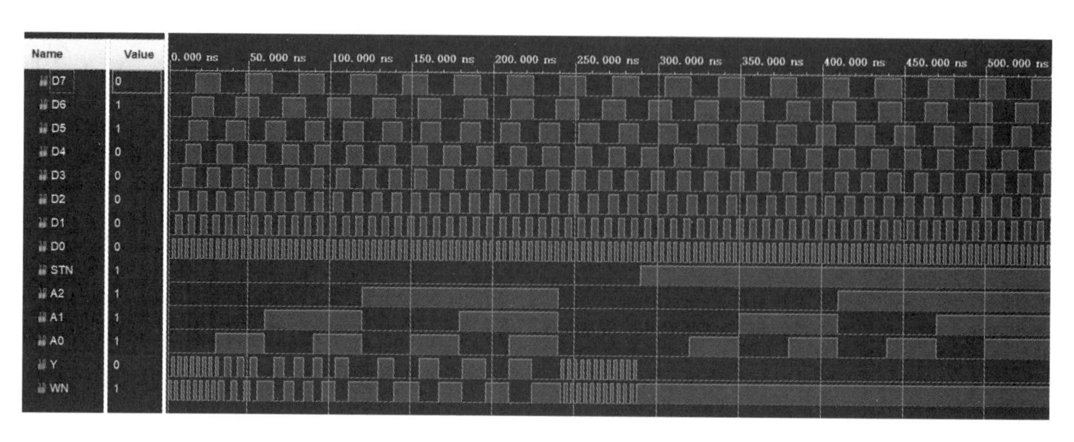

图 6.5.49 CT74151 的仿真波形图

3 位地址输入的数据选择器(8 选 1 数据选择器),3 个输入变量接数据选择器的 3 位地址输入端,1 个输入变量接数据输入端。

(4) 确定输入变量与地址输入端和数据输入端的对应关系。

将逻辑函数式化为最小项之和的形式,并与数据选择器输出的逻辑函数式对照比较,确定输入变量与地址输入端和数据输入端的对应关系。

(5) 画出逻辑电路图。

根据步骤(4)进行连线,数据选择器的输出端即为所设计的逻辑函数。

数据选择器的应用实例如下。

【例 6.5.5】 人的血型有 A、B、AB、O 等 4 种。输血时输血者的血型与受血者的血型必须符合图 6.5.50 中箭头指示的授受关系。试用数据选择器设计一个逻辑电路,判断输血者与受血者的血型是否符合上述规定。

解:确定输入、输出变量,定义逻辑状态的含义。

输入变量:以 MN 的 4 种状态组合表示输血者的 4 种血型,并以 PQ 的 4 种状态组合表示受血者的 4 种血型(见图 6.5.51)。

输出变量:用 Z 表示判断结果,$Z=0$ 表示符合要求,$Z=1$ 表示不符合要求。

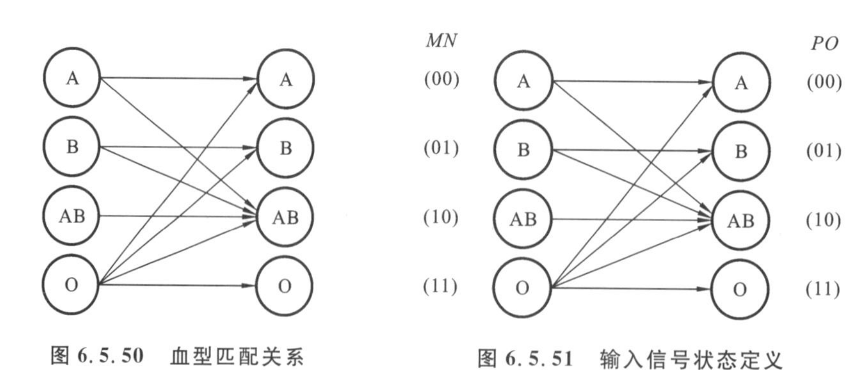

图 6.5.50 血型匹配关系　　**图 6.5.51** 输入信号状态定义

给出表示 Z 与 M、N、P、Q 之间逻辑关系的真值表(见表 6.5.17)。

表 6.5.17 表示 Z 与 M、N、P、Q 之间逻辑关系的真值表

$MNPQ$	Z	$MNPQ$	Z
0000	0	1000	1
0001	1	1001	1
0010	0	1010	0
0011	1	1011	1
0100	1	1100	0
0101	0	1101	0
0110	0	1110	0
0111	1	1111	0

根据真值表可得到 Z 的函数表达式为

$$Z=\overline{M}\,\overline{N}\,\overline{P}Q+\overline{M}\,\overline{N}PQ+\overline{M}N\overline{P}\,\overline{Q}+\overline{M}NPQ+M\overline{N}\,\overline{P}\,\overline{Q}+M\overline{N}\,\overline{P}Q+M\overline{N}PQ$$

取 8 选 1 数据选择器 74xx151 实现上述逻辑函数。

已知 8 选 1 数据选择器的输出为

$$Y=\overline{A_2}\,\overline{A_1}\,\overline{A_0}\cdot D_0+\overline{A_2}\,\overline{A_1}A_0\cdot D_1+\overline{A_2}A_1\overline{A_0}\cdot D_2+\overline{A_2}A_1A_0\cdot D_3$$
$$+A_2\overline{A_1}\,\overline{A_0}\cdot D_4+A_2\overline{A_1}A_0\cdot D_5+A_2A_1\overline{A_0}\cdot D_6+A_2A_1A_0\cdot D_7$$

将 Z 变换成与 Y 对应的形式：

$$Z=\overline{M}\,\overline{N}\,\overline{P}\cdot Q+\overline{M}\,\overline{N}P\cdot Q+\overline{M}N\overline{P}\cdot\overline{Q}+\overline{M}NP\cdot Q+M\overline{N}\,\overline{P}\cdot 1$$
$$+M\overline{N}P\cdot Q+MN\overline{P}\cdot 0+MNP\cdot 0$$

对照上面的 Y 与 Z 的表达式，3 个输入变量 M、N、P 接数据选择器的 3 位地址输入端 A_2、A_1、A_0，1 个输入变量 Q 接数据输入端。

令数据选择器的输入为

$$A_2=M、A_1=N、A_0=P、D_0=D_1=D_3=D_5=Q、D_2=\overline{Q}、D_4=1、D_6=D_7=0$$

可得到如图 6.5.52 所示的电路图。

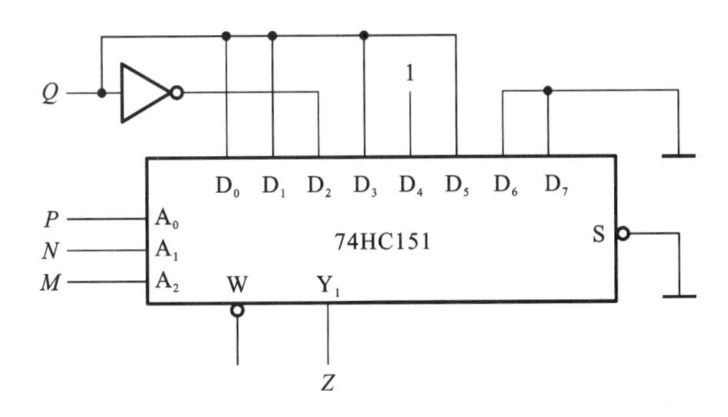

图 6.5.52 【例 6.5.5】电路图

思考：如果本例采用 HDL 实现，应该怎样描述？哪种方法更简单？

6.5.5 数值比较器

在一些数字系统（如数字计算机系统）中经常需要比较两个数值的大小。能够比较两个数值大小的逻辑电路称为数值比较器。

数值比较器是一种关系运算电路，它可以对两个二进制数或二-十进制编码数进行比较，得出大于、小于或相等的结果。

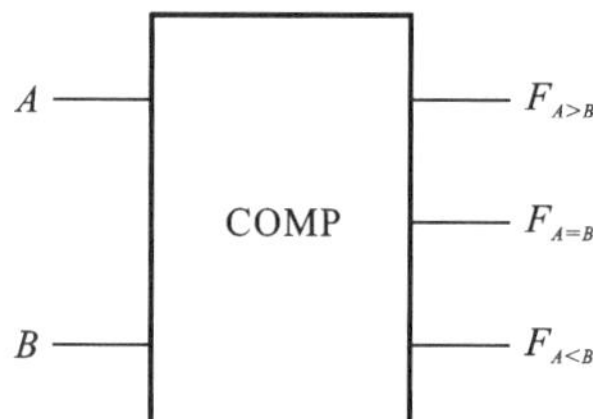

图 6.5.53　1 位数值比较器的逻辑符号

数值比较器分为“等值”比较器和“量值”比较器，“等值”比较器只检验两个数是否相等；“量值”比较器不但检验两个数是否相等，而且还检验两个数中哪个为大。

1. 1 位数值比较器

1 位数值比较器是用来比较两个一位二进制数大小的电路。1 位数值比较器的逻辑符号如图 6.5.53 所示。

真值表如表 6.5.18 所示。

表 6.5.18　1 位数值比较器的真值表

A	B	$F_{A>B}$	$F_{A=B}$	$F_{A<B}$
0	0	0	1	0
0	1	0	0	1
1	0	1	0	0
1	1	0	1	0

根据真值表，可以写出函数表达式如下：

$$F_{A>B}=A\,\overline{AB}=A(\bar{A}+\bar{B})=A\bar{B}$$

$$F_{A<B}=B\,\overline{AB}=B(\bar{A}+\bar{B})=\bar{A}B$$

$$F_{A=B}=\overline{A\,\overline{AB}+B\,\overline{AB}}=\overline{A\bar{B}+\bar{A}B}=AB+\bar{A}\bar{B}$$

根据上面函数表达式，可画出 1 位数值比较器的逻辑电路图，如图 6.5.54 所示。

2. 4 位数值比较器(7485)

4 位数值比较器是用来比较两个 4 位二进制数大小的电路，其逻辑符号如图 6.5.55 所示。

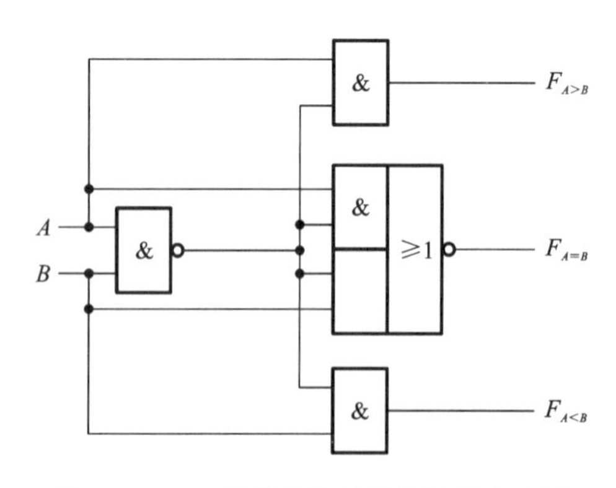

图 6.5.54　1 位数值比较器的逻辑电路图

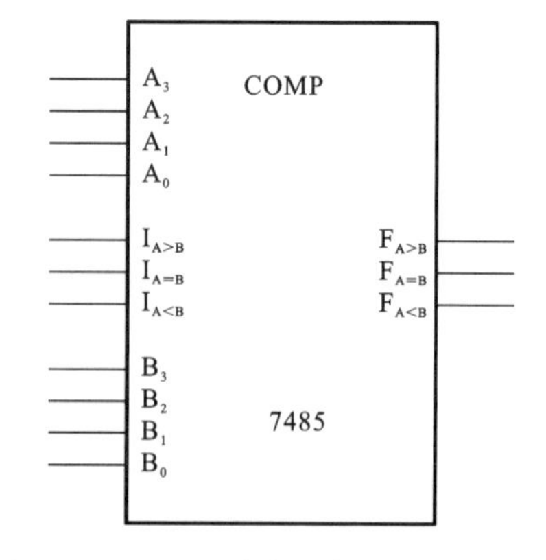

图 6.5.55　4 位数值比较器的逻辑符号

功能表如表 6.5.19 所示。

表 6.5.19 4位数值比较器的功能表

$A_3\ B_3$	$A_2\ B_2$	$A_1\ B_1$	$A_0\ B_0$	$I_{A>B}$	$I_{A=B}$	$I_{A<B}$	$F_{A>B}$	$F_{A=B}$	$F_{A<B}$
$A_3>B_3$	×	×	×	×	×	×	1	0	0
$A_3<B_3$	×	×	×	×	×	×	0	0	1
$A_3=B_3$	$A_2>B_2$	×	×	×	×	×	1	0	0
$A_3=B_3$	$A_2<B_2$	×	×	×	×	×	0	0	1
$A_3=B_3$	$A_2=B_2$	$A_1>B_1$	×	×	×	×	1	0	0
$A_3=B_3$	$A_2=B_2$	$A_1<B_1$	×	×	×	×	0	0	1
$A_3=B_3$	$A_2=B_2$	$A_1=B_1$	$A_0>B_0$	×	×	×	1	0	0
$A_3=B_3$	$A_2=B_2$	$A_1=B_1$	$A_0<B_0$	×	×	×	0	0	1
$A_3=B_3$	$A_2=B_2$	$A_1=B_1$	$A_0=B_0$	a	b	c	a	b	c

判别规则：从高位开始比较，高位不等时，数值的大小由高位决定；若高位相等，则再比较低位，数值的大小由低位比较结果决定。如：若 $A_3>B_3$，则 $A>B$；若 $A_3<B_3$，则 $A<B$；若 $A_3=B_3$，则再比较低位。

使用与扩展方法如下。

(1) 单片使用——4位数值比较器，如图 6.5.56 所示。

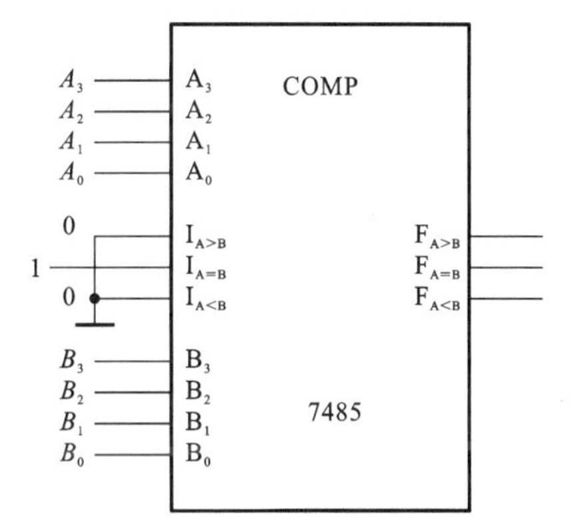

图 6.5.56 单片使用

(2) 2片扩展——8位数值比较器，如图 6.5.57 所示。

低位片和高位片并行工作，每片的比较仍是由高位到低位逐位进行。若高4位数不相等，则由两个高4位数 $A_7\sim A_4$ 与 $B_7\sim B_4$ 的大小决定 A 和 B 的大小。若高4位分别相等，则由两个低4位数 $A_3\sim A_0$ 与 $B_3\sim B_0$ 的大小决定 A 和 B 的大小：若 $A_3\sim A_0>B_3\sim B_0$，则低位片的输出 $F_{A>B}$、$F_{A=B}$、$F_{A<B}$ 为 100，高位片的级联输入 $I_{A>B}$、$I_{A=B}$、$I_{A<B}$ 为 100，由功能表的最后一行可以得出，高位片的输出 $F_{A>B}$、$F_{A=B}$、$F_{A<B}$ 也为 100，即 $A>B$；同理，若 $A_3\sim A_0<B_3\sim B_0$，则可推出 $A<B$；若 $A_3\sim A_0=B_3\sim B_0$，则可推出 $A=B$。

若高4位分别相等，同时 $A_3\sim A_0=B_3\sim B_0$，则低位片的输出 $F_{A>B}$、$F_{A=B}$、$F_{A<B}$ 为 010，

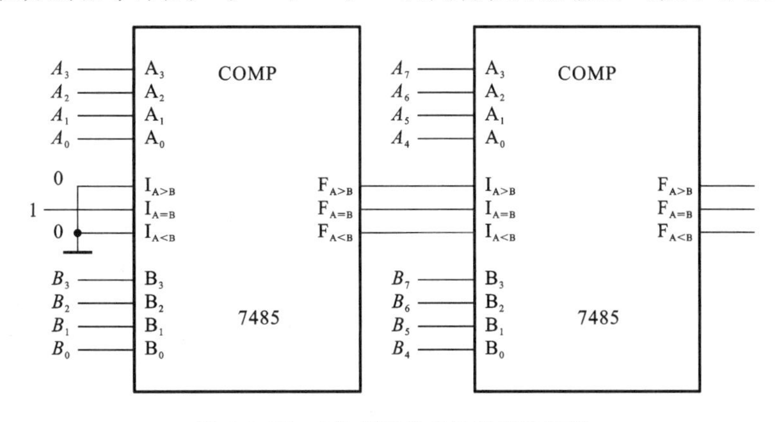

图 6.5.57 2片级联的8位数值比较器

高位片的级联输入 $I_{A>B}$、$I_{A=B}$、$I_{A<B}$ 也为 010，由功能表的最后一行可以得出，高位片的输出 $F_{A>B}$、$F_{A=B}$、$F_{A<B}$ 也为 010，即可推出 $A=B$。

(3) 数值比较器(7485)的 HDL 设计。

可以方便地用 HDL 设计多位数值比较器，而不必用扩展的方法，采用 if…else 语句，如代码 6.5.11 所示。

信号定义如下。

$A_3 \sim A_0$ 和 $B_3 \sim B_0$：两个 4 位二进制数输入信号。

ALBI(即 $I_{A<B}$)：输入信号 A 小于 B。

AEBI(即 $I_{A=B}$)：输入信号 A 等于 B。

AGBI(即 $I_{A>B}$)：输入信号 A 大于 B。

ALBO(即 $F_{A<B}$)：输出信号 A 小于 B。

AEBO(即 $F_{A=B}$)：输出信号 A 等于 B。

AGBO(即 $F_{A>B}$)：输出信号 A 大于 B。

代码 6.5.11 数值比较器(7485)模块。

```
module CT7485(A3,A2,A1,A0,B3,B2,B1,B0,ALBI,AEBI,
              AGBI,ALBO,AEBO,AGBO);
    input      A3,A2,A1,A0,B3,B2,B1,B0,ALBI,AEBI,AGBI;
    output     ALBO,AEBO,AGBO;
    reg        ALBO,AEBO,AGBO;
    wire[3:0]  A_SIGNAL,B_SIGNAL;
    assign     A_SIGNAL={A3,A2,A1,A0};     //拼接成 4 位 wire 型向量
    assign     B_SIGNAL={B3,B2,B1,B0};     //拼接成 4 位 wire 型向量
    always
      begin
         if (A_SIGNAL> B_SIGNAL)
    begin  ALBO=0; AEBO=0; AGBO=1;end
         else if (A_SIGNAL<B_SIGNAL)
    begin  ALBO=1; AEBO=0; AGBO=0;end
         else // if(A_SIGNAL==B_SIGNAL)可省略
    begin  ALBO=ALBI; AEBO=AEBI; AGBO=AGBI;end
        end
endmodule
```

仿真波形图如图 6.5.58 所示。

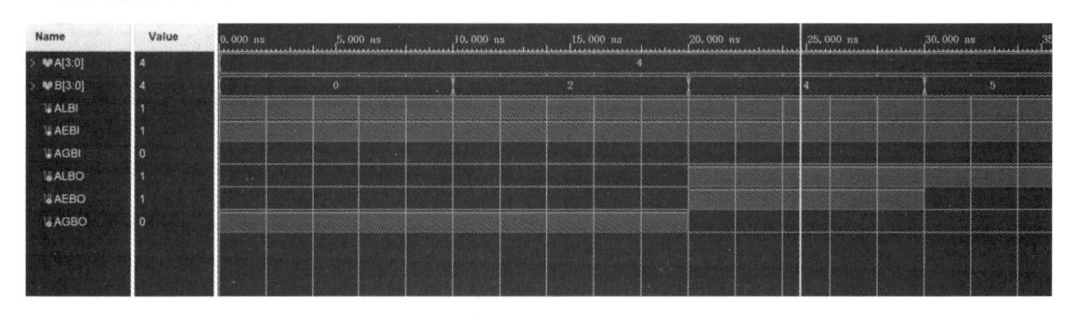

图 6.5.58 数值比较器(7485)的仿真波形图

为了书写方便，利用位拼接运算符分别将4位输入组成2个4位reg型向量，此时只需要比较两个向量的大小，而不必逐位进行比较，这显示了HDL抽象描述能力强的特点。

6.5.6 奇偶校验器

在数据传输过程中，由于信道的干扰，或者由于数据记录过程中外界的干扰，可能导致传输来的数据或记录的数据与原始数据不完全相同，即数据中的某一位或某几位出现差错。

通过检测原始数据和接收数据中包含“1”的个数是奇数还是偶数，可以初步判断接收到的数据是否有错——如果原始数据包含奇数个“1”，而接收数据包含偶数个“1”，则一定有错。

奇偶校验就是检测数据中包含“1”的个数是奇数还是偶数。

奇偶校验器是采用“奇偶校验”方法来检查数据传输后和数码记录中是否存在错误的一种逻辑电路。其广泛应用于计算机的内存储器及磁盘和磁带之类的外部设备中，此外，在通信系统中也常用到奇偶校验器。

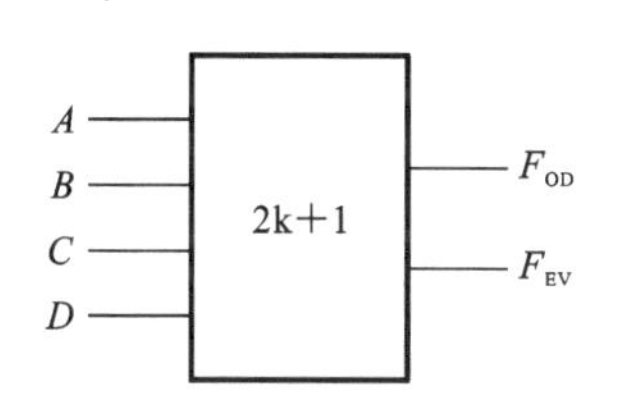

图6.5.59 4位奇偶校验器的逻辑符号

1. 4位奇偶校验器

4位奇偶校验器的逻辑符号如图6.5.59所示。

4位奇偶校验器的真值表如表6.5.20所示。

表6.5.20 4位奇偶校验器的真值表

A	B	C	D	F_{OD}	F_{EV}
0	0	0	0	0	1
0	0	0	1	1	0
0	0	1	0	1	0
0	0	1	1	0	1
0	1	0	0	1	0
0	1	0	1	0	1
0	1	1	0	0	1
0	1	1	1	1	0
1	0	0	0	1	0
1	0	0	1	0	1
1	0	1	0	0	1
1	0	1	1	1	0
1	1	0	0	0	1
1	1	0	1	1	0
1	1	1	0	1	0
1	1	1	1	0	1

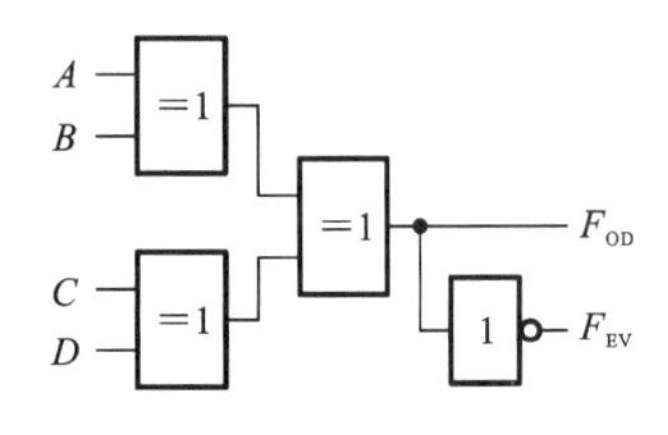

图 6.5.60　4 位奇偶校验器的逻辑电路图

当输入包含奇数个“1”时，$F_{OD}=1$，$F_{EV}=0$；当输入包含偶数个“1”时，$F_{OD}=0$，$F_{EV}=1$。显然，判奇输出端与判偶输出端互非。

判奇输出端：$F_{OD}=A\oplus B\oplus C\oplus D$。

判偶输出端：$F_{EV}=\overline{A\oplus B\oplus C\oplus D}$。

根据上述函数表达式，可得逻辑电路图，如图 6.5.60 所示。

奇偶校验器一般由异或门构成，异或运算也称为“模 2 加”运算——只考虑 2 个二进制数相加后的算术和，而不考虑它们的进位。

当 2 个(1 位)二进制数“模 2 加”时，若和为 1，表示 2 个数中有奇数个“1”；若和为 0，表示有偶数个“1”。

同理，当 n 个(1 位)二进制数“模 2 加”时，若和为 1，表示 n 个数中有奇数个“1”；若和为 0，表示有偶数个“1”。

如果数据的位数较多，则可用塔状级联的异或门构成奇偶校验器。

2. 8 位奇偶校验器

8 位奇偶校验器的逻辑符号和逻辑电路图分别如图 6.5.61 和图 6.5.62 所示。

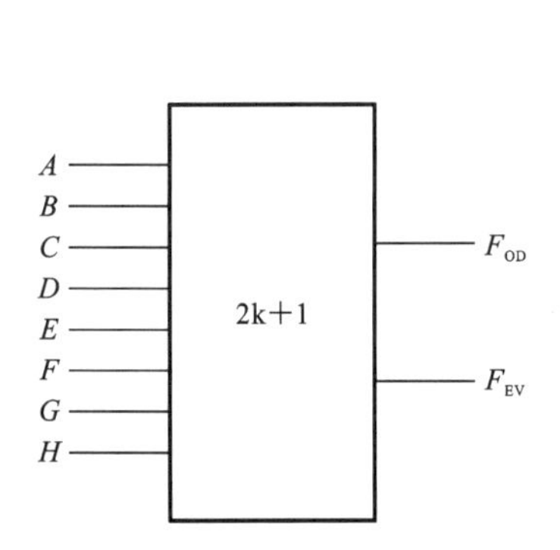

图 6.5.61　8 位奇偶校验器的逻辑符号

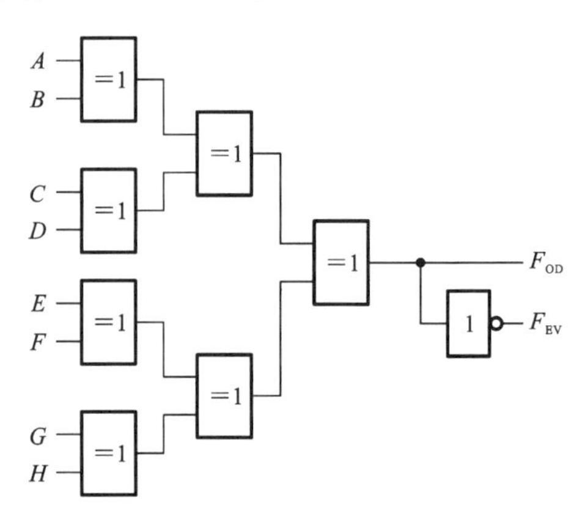

图 6.5.62　8 位奇偶校验器的逻辑电路图

逻辑函数表达式为

$$F_{OD}=A\oplus B\oplus C\oplus D\oplus E\oplus F\oplus G\oplus H$$

$$F_{EV}=\overline{A\oplus B\oplus C\oplus D\oplus E\oplus F\oplus G\oplus H}$$

3. 集成 8 位奇偶校验器/产生器

奇偶校验器还有奇偶产生的功能，通常称其为奇偶校验器/产生器。

常用的集成奇偶校验器/产生器有 74xx180、74xx280 等，它们有偶控制输入端 EVEN 和奇控制输入端 ODD，图 6.5.63 所示的是 74180 的逻辑符号。

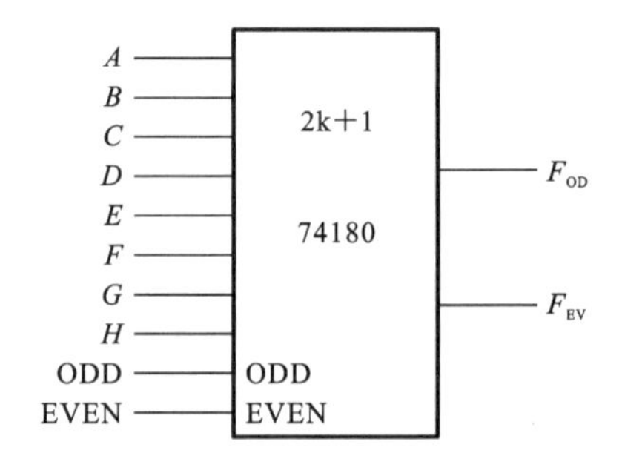

图 6.5.63　74180 的逻辑符号

74xx180 的功能表如表 6.5.21 所示。

表 6.5.21 74xx180 的功能表

$A \sim H$ 中 1 的个数	EVEN	ODD	F_{EV}	F_{OD}
偶数	1	0	1	0
奇数	1	0	0	1
偶数	0	1	0	1
奇数	0	1	1	0
x	1	1	0	0
x	0	0	1	1

一个简单的奇偶校验系统利用两片 8 位奇偶校验器/产生器检测 8 位数据传输是否正确，如图 6.5.64 所示。

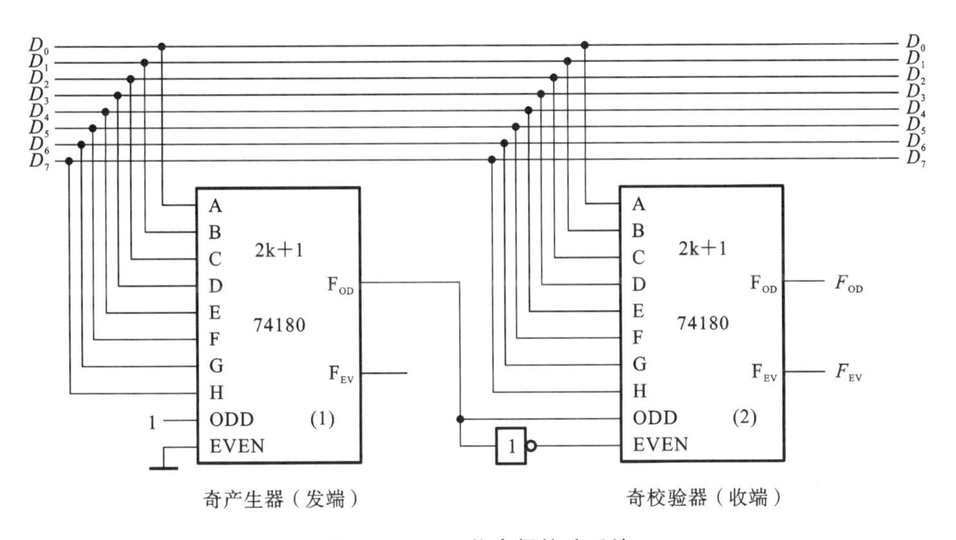

图 6.5.64 8 位奇偶校验系统

在发送端利用奇产生器使由 $D_0 \sim D_7$ 和 F_{OD} 组成的 9 位数据中 1 的个数一定是奇数；然后在接收端利用奇校验器判断是否 $F_{OD}=1, F_{EV}=0$，若是，则数据传输正确，否则数据传输有差错。

奇产生器——无论 $D_0 \sim D_7$ 中 1 的个数为偶数还是奇数，加上片(1)的 F_{OD} 后，组成的 9 位数据中 1 的个数一定是奇数。

奇校验器——若片(1)的 $F_{OD}=1, F_{EV}=0$，则表示数据传输正确；若片(1)的 $F_{OD}=0, F_{EV}=1$，则表示数据传输有差错。

若原数据 $D_0 \sim D_7$ 中有偶数个 1，则片(1)的 $F_{OD}=1$，也即片(2)的 ODD=1，EVEN=0。当传输无误时，根据真值表的第 3 行，片(2)的 $F_{OD}=1, F_{EV}=0$，表示数据传输正确；若传输过程中有一个数据位发生差错，则片(2)接收的 $A \sim H$ 中 1 的个数变为奇数，根据真值表的第 4 行，片(2)的 $F_{OD}=0, F_{EV}=1$，表示数据传输有差错。

若原数据 $D_0 \sim D_7$ 中有奇数个 1，则片(1)的 $F_{OD}=0$，片(2)的 ODD＝0，EVEN＝1。当传输无误时，根据真值表的第 1 行，片(2)的 $F_{OD}=1$，$F_{EV}=0$，表示数据传输正确；若传输过程中有一个数据位发生差错，则片(2)接收的 $A \sim H$ 中 1 的个数变为偶数，根据真值表的第 2 行，片(2)的 $F_{OD}=0$，$F_{EV}=1$，表示数据传输有差错。

4. 奇偶校验器的 HDL 设计

信号定义如下。

$D_0 \sim D_7$(即 $A \sim H$)：8 位数据输入。

SE(即 EVEN)和 S_{OD}(即 ODD)：两个控制信号输入。

FE(即 F_{EV})：偶校验输出。

F_{OD}：奇校验输出。

CT74180 的逻辑符号如图 6.5.65 所示。

真值表如表 6.5.22 所示。

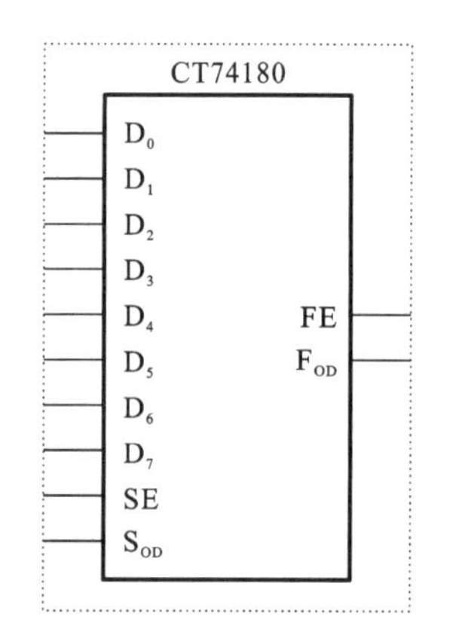

图 6.5.65 CT74180 的逻辑符号

表 6.5.22 CT74180 的真值表

$D_0 \sim D_7$ 中 1 的个数	SE	S_{OD}	FE	F_{OD}
偶数	1	0	1	0
奇数	1	0	0	1
偶数	0	1	0	1
奇数	0	1	1	0
x	1	1	0	0
x	0	0	1	1

分析：输入 SE 和 S_{OD}有 4 种取值组合，在不同的取值组合下，输出 FE 和 F_{OD}取不同的值——适合用 case 语句描述。

当 SE、S_{OD}为 10 和 01 时，根据 $D_0 \sim D_7$ 中 1 的个数为偶数或奇数，FE 和 F_{OD}又取不同的值——适合用 if 语句描述。

根据真值表，采用 case 语句和 if 语句直接描述其功能，具体实现如代码 6.5.12 所示。

代码 6.5.12 奇偶校验器的 Verilog HDL 模块。

```
module CT74180(D0,D1, D2, D3,D4,D5, D6,D7,
              SE,SOD,FE,FOD);                    // D0～D7 对应 A～H
      input    D0,D1,D2,D3,D4,
                   D5,D6,D7,SE,SOD;
      output   FE,FOD;
      reg      FE,FOD;
      reg      FE_SIGNAL;
      wire[7:0]  A_SIGNAL;
```

```
        assign     A_SIGNAL={D0,D1,D2,D3,D4,D5,D6,D7};
    always @ (A_SIGNAL or SE or SOD)
        begin
          FE_SIGNAL=^A_SIGNAL;                         //异或(缩减运算)
          case ({SE,SOD})
              2'b00 :begin FE=1'b1; FOD=1'b1;end
              2‘b01 :if (FE_SIGNAL==1’b0)              //有偶数个“1”时
                 begin FE=1'b0; FOD=1'b1;end
              else   begin FE=1‘b1; FOD=1’b0;end      //有奇数个“1”时
              2‘b10 :if (FE_SIGNAL==1’b0)              //有偶数个“1”时
                 begin FE=1'b1; FOD=1'b0;end
               else   begin FE=1'b0; FOD=1'b1;end    //有奇数个“1”时
              2'b11 :begin FE=1'b0; FOD=1'b0;end
          endcase
      end
    endmodule
```

上述代码的仿真波形图如图 6.5.66 所示，SE 和 S_{OD} 信号用来选择奇偶校验模式，D_0～D_7 输入 8 位随机数，输出信号 FE 和 F_{OD} 将根据校验模式输出对应的校验值，与真值表相对应。

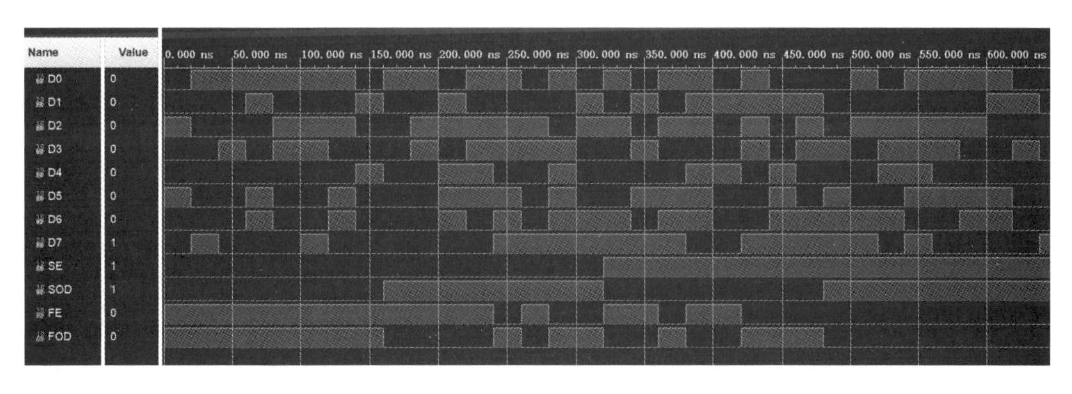

图 6.5.66　CT74180 **的逻辑仿真波形图**

6.6　组合逻辑电路的竞争与险象

前面讨论组合逻辑电路的分析和设计方法时，实际上是研究了输入和输出在稳定状态下的关系，即组合逻辑电路的输出由当前的输入决定。但是在实际电路中，信号经过任何逻辑门和传输线都可能会受时延、信号变化等因素的影响，这些因素可能使电路的输出端出现不可预期的状态。

6.6.1 竞争与险象的概念和分类

1. 竞争与险象(冒险)的概念

在实际组合逻辑电路中,输入信号(含这个信号的“非”)经过不同的路径产生的时延会不同。各个路径时延的长短与所经过门电路的级数、具体门电路的延迟大小及导线的长短有关。则同一信号和这个信号的“非”到达门输入端的时间有先有后,这种现象称为竞争。

如图 6.6.1 所示,在不考虑门 G_1、G_2 输入信号的延迟时间的情况下,图 6.6.1 中所示电路的输出为

$$Y_1=\overline{A}A=0$$
$$Y_2=A+\overline{A}=1$$

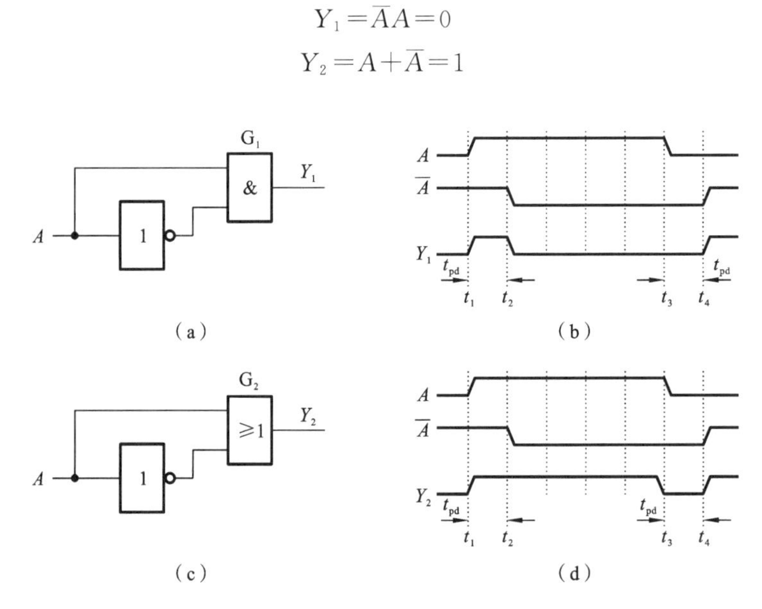

图 6.6.1 输出受到延迟时间的影响

考虑电路中非门的传输延迟的时间,如图 6.6.1(b)所示,当 A 在 t_1 时刻发生从低电平到高电平的变化的时候,波形 $\overline{A}$ 延迟 t_{pd},即在 t_2 时刻,从高电平变为低电平,因此在 $t_1 \sim t_2$ 期间,波形 A 和 $\overline{A}$ 同时为高电平,Y_1 中出现了一个错误的正向窄脉冲(即毛刺)。如图 6.6.1(d)所示,当 A 在 t_3 时刻发生 1→0 变化时,波形 $\overline{A}$ 在 t_4 时刻发生 0→1 的变化,因此,在 $t_3 \sim t_4$ 期间,波形 A 和 $\overline{A}$ 同时为低电平,Y_2 现了一个错误的负向脉冲(即毛刺)。传播延迟时间(t_{pd})越大,则 Y 出现的脉冲越宽。可见,同一个门(如图 6.6.1 中的 G_1、G_2)中的一组输入信号经过不同导线或经过不同数目的“门”传输后,到达的时间有先有后,从而造成输出端出现瞬间错误。

竞争现象的存在使得输入信号的变化可能引起输出信号在稳定前出现不可预期的错误输出,这种现象称为险象。

2. 险象的种类

产生错误输出的竞争称为临界竞争，未产生错误输出的竞争称为非临界竞争。险象一定是竞争的结果。通常根据输入信号变化前后输出信号的变化情况将险象分为静态险象和动态险象两种类型。

（1）静态险象。

当输入发生变化时，理论上输出不应发生变化，但实际上输出端在稳定之前产生了短暂的错误输出，即产生了险象，这种险象称为静态险象。静态险象又分为"1"险象和"0"险象。若输入信号变化前后，输出为"0"不变，但是出现了短暂的"1"态，则这种险象称为静态"1"险象；若输入信号变化前后，输出为"1"不变，但是出现了短暂的"0"态，则这种险象称为静态"0"险象。

（2）动态险象。

如果当输入发生变化时，理论上输出应当发生变化，但实际上输出端在稳定之前产生了3次变化，例如输出端本应产生 $0\to1$ 的变化，但却出现了 $0\to1\to0\to1$ 的情况，即出现了不应有的短暂的 $1\to0$ 的错误输出，则这种险象称为动态险象。

输入变化的第一次会合只可能产生静态险象，只有产生了静态险象，输入变化再一次会合，才有可能产生动态险象，因此，动态险象是由静态险象引起的，消除了静态险象，则动态险象也不会出现。

6.6.2 电路中的险象判别

判断一个组合逻辑电路是否有可能产生无险象的方法有代数判别法和卡诺图判别法。

1. 代数判别法

代数判别法根据逻辑函数表达式变换后的形式来判断系统是否具有产生险象的条件。具体的判别方法是，先写出电路的逻辑函数，当表达式中的某些逻辑变量取特定值（逻辑1或逻辑0）时，如果某一变量同时以原变量和反变量的形式出现在逻辑表达式中，则该变量就具备了竞争的条件。如果逻辑函数表达式中的某些逻辑变量取特定值时，表达式出现了以下的形式，则可以判断对应的逻辑电路可能产生险象。

（1）若 $F=A+\overline{A}$，则存在静态0险象。

（2）若 $F=A\overline{A}$，则存在静态1险象。

（3）若 $F=A(A+\overline{A})$，$F=\overline{A}(A+\overline{A})$，$F=A+A\overline{A}$，$F=\overline{A}+\overline{A}A$，则存在动态险象。

下面举例对代数判别法进行说明。

【例6.6.1】 分析逻辑函数 $F=BC+A\overline{B}$ 是否存在险象。

解：当 $A=1$、$C=1$ 时，$F=B+\overline{B}$，当 B 从1变化到0时，产生静态0险象。

若对函数表达式增加冗余项 AC，则该函数表达式变为 $F=BC+A\overline{B}+AC$，当 $A=1$、$C=1$ 时，$F=B+\overline{B}+1\equiv1$，因此不存在险象。

【例6.6.2】 分析逻辑函数 $F=(B+C)\cdot(A+\overline{B})$ 是否存在险象。

解：当 $A=0$、$C=0$ 时，$F=B\overline{B}$，当 B 从0变化到1时，产生静态1险象。

若对函数表达式增加冗余项 $A+C$,则该函数表达式变为 $F=(B+C)\cdot(A+\overline{B})\cdot(A+C)$,当 $A=0$、$C=0$ 时,$F\equiv0$,因此不存在险象。

【例 6.6.3】 分析逻辑函数 $F=(A+B+D)\cdot(\overline{A}+C)\cdot(\overline{B}+\overline{C})$是否存在险象。

解:当 $B=0$、$C=0$、$D=0$ 时,$F=A\overline{A}$,A 存在静态 1 险象。

当 $A=0$、$C=1$、$D=0$ 时,$F=B\overline{B}$,B 存在静态 1 险象。

当 $A=1$、$B=1$、$D=0$ 时,$F=C\overline{C}$,C 存在静态 1 险象。

【例 6.6.4】 分析逻辑函数 $F=(\overline{A}+B)\cdot(A+C)+\overline{A}\overline{C}$ 是否存在险象。

解:当 $B=0$、$C=0$ 时,$F=A\overline{A}+\overline{A}$,当 A 从 0 变化到 1 时,F 输出会产生动态险象,当 A 从 1 变化到 0 时,输出不会产生险象。

2. 卡诺图判别法

在逻辑函数的卡诺图中,函数式的每一个积项(或和项)对应卡诺图上的一个卡诺圈。如果两个卡诺圈存在相切部分,且相切部分又未被其他卡诺圈圈住,则该电路必然存在险象。

【例 6.6.5】 分析如图 6.6.2 所示的电路是否存在险象。

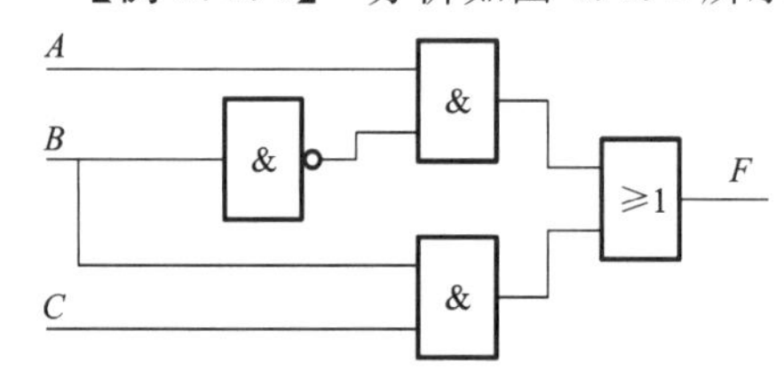

图 6.6.2 【例 6.6.5】逻辑电路图

解:根据图 6.6.2 可以写出输出逻辑函数 $F=A\overline{B}+BC$,其对应的卡诺图如图 6.6.3(a)所示,图中,两个卡诺圈在 B 交界面存在一处相切的情况,所以会出现静态 0 险象。为了去除险象,可增加一个卡诺圈,如图 6.6.3(b)所示,输出函数改进为 $F=A\overline{B}+BC+AC$。

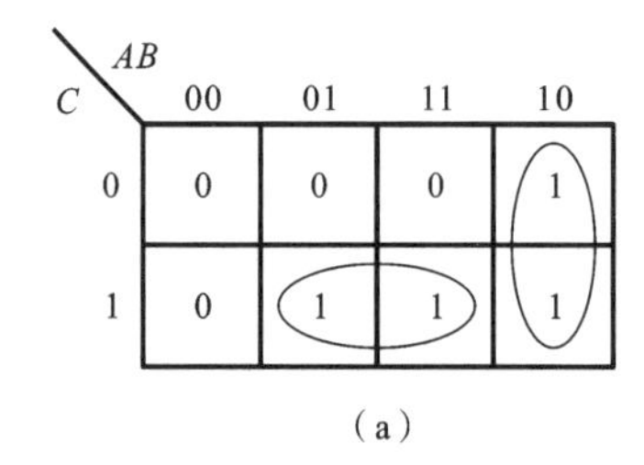

(a)

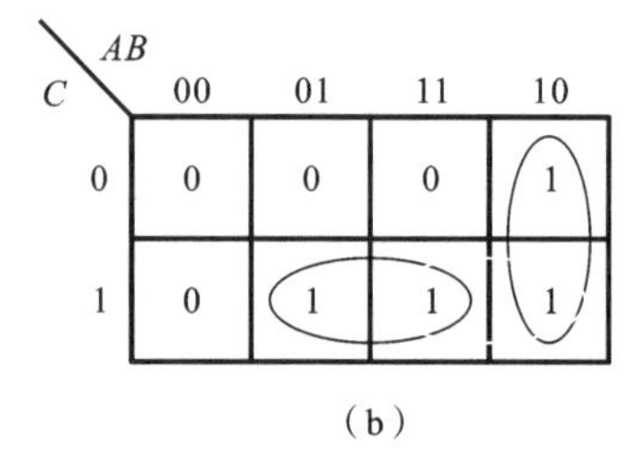

(b)

图 6.6.3 【例 6.6.5】卡诺图

6.6.3 险象的消除和减弱

当组合逻辑电路存在险象时,可以采用增加冗余项、引入选通脉冲、增加输出端滤波等三种方法来消除和减弱险象。前面的分析举例中已经对增加冗余项的方法做了介绍。下面介绍选通脉冲法和输出滤波法。

1. 选通脉冲法

选通脉冲法解决问题的思路是利用选通脉冲避开险象。电路在稳定状态下是不会有险象的,险象仅发生在输入信号变化的瞬间,而且总是以尖脉冲的形式出现。一般来说,多个输入发生状态改变时，险象是难以完全消除的。如对输出波形从时间上加以选择和控制，那么可以利用选通脉冲选择输出波形的稳定部分，从而避开可能出现的尖脉冲。选通脉冲仅在输出处于稳定期间时到来，以此保证输出结果的正确。需要注意的是，在选通脉冲无效期间，输出端的信息也是无效的。

在图 6.6.4 所示的电路中，输出函数为 $F=A\overline{B}+BC$。当 $AC=11$ 时，若变量 B 产生 1→0 变化，则存在静态 0 险象。可在输出端增加一级与门作为输出控制门，在选通脉冲控制下输出 G。

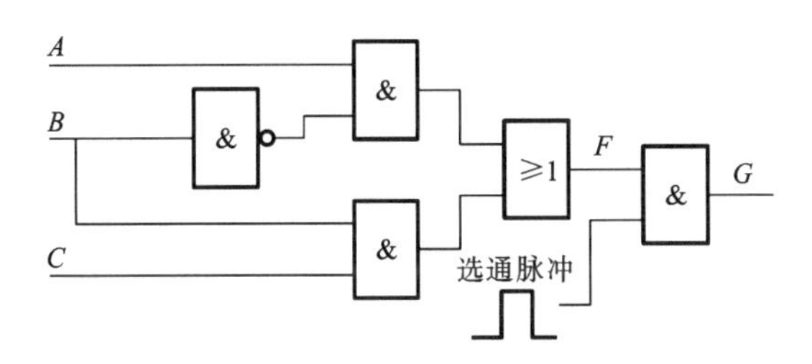

图 6.6.4　利用选通脉冲法消除险象

2. 输出滤波法

输出滤波法采用的方法有以下两种。

(1) 输出端增加滤波电容。

因为竞争与险象所产生的干扰脉冲一般都比较窄，所以，可以在逻辑电路的输出端并接一个 100 pF 的小电容，这样可以使输出波形的上升沿和下降沿变化得都比较缓慢，从而消除险象。

(2) 输出端增加滤波电路。

图 6.6.5 所示的为在输出端增加了 RC 低通滤波电路。可以滤掉其中的高频分量，毛刺是含有丰富高频分量的信号。通过低通滤波器基本上可以把毛刺滤掉。

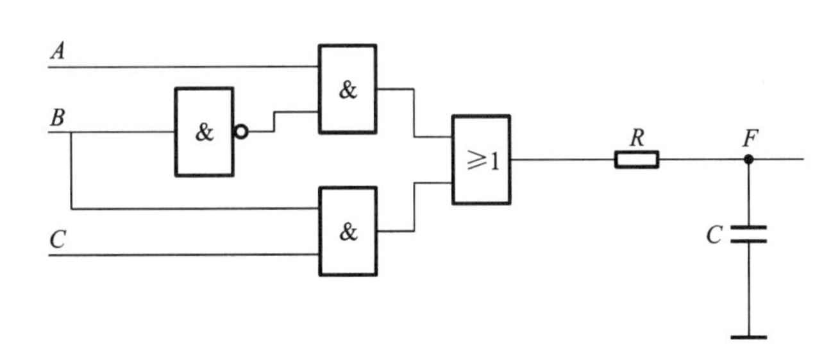

图 6.6.5　用 RC 滤波电路来消除险象

在使用滤波电路时，要注意正确选择 R 和 C 值，使常数 $\tau=RC$ 比毛刺的宽度大，大到足以吸收毛刺，但也不能太大，以免使信号出现不能允许的畸变。一般都是通过实验来确定 R 和 C 的值的。

本章思维导图

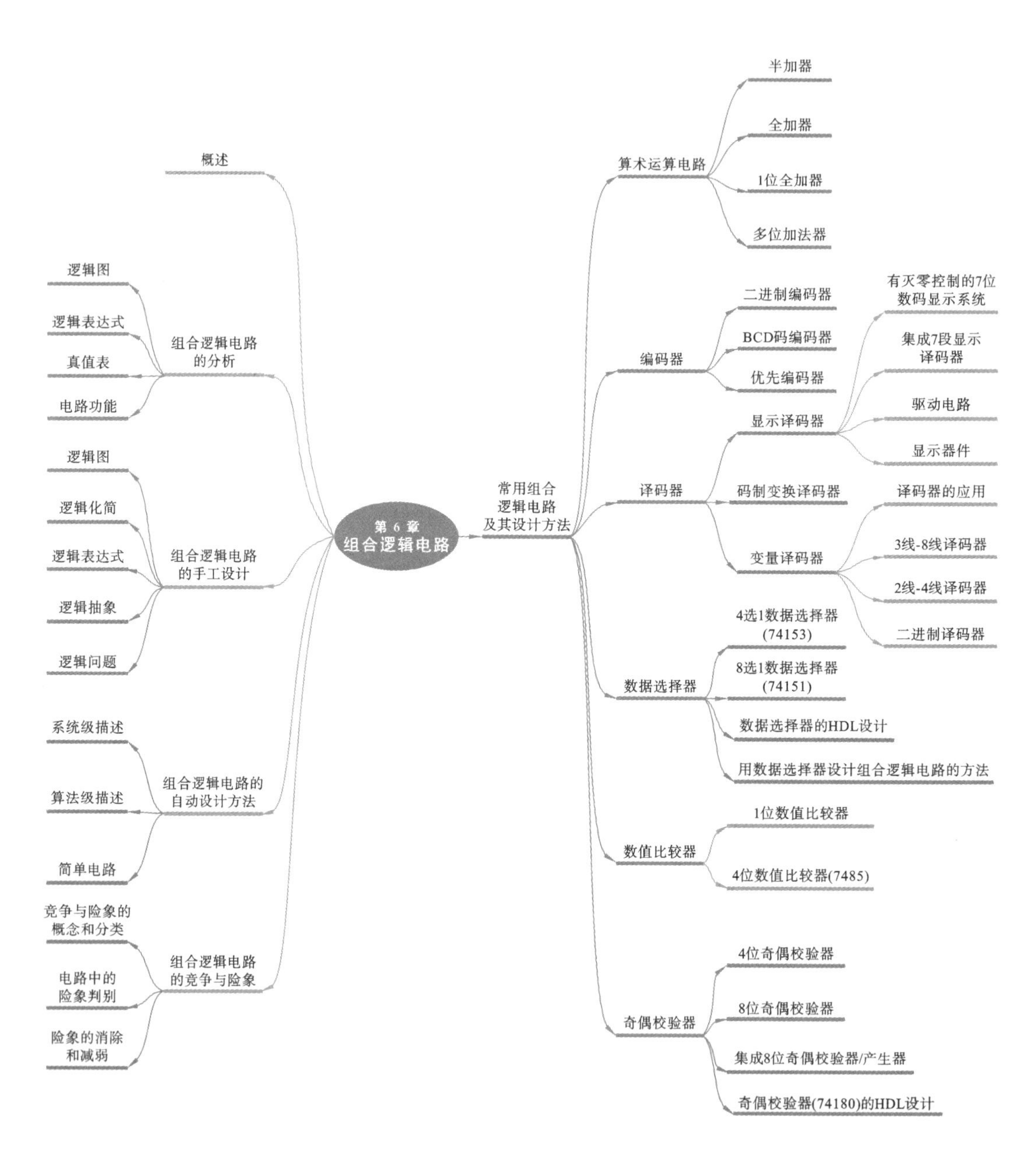

习　　题

1. 组合逻辑电路的结构特点与工作特点分别是什么?
2. 请简述组合逻辑电路的分析过程及手工设计流程。
3. 典型的组合逻辑电路有哪几种?请分别描述它们在电路中的作用。

4. 竞争与险象是指什么？如何在电路设计中避免该情况的发生。

5. 分析习题图 6.1 所示的组合逻辑电路，并说明该电路的逻辑功能。

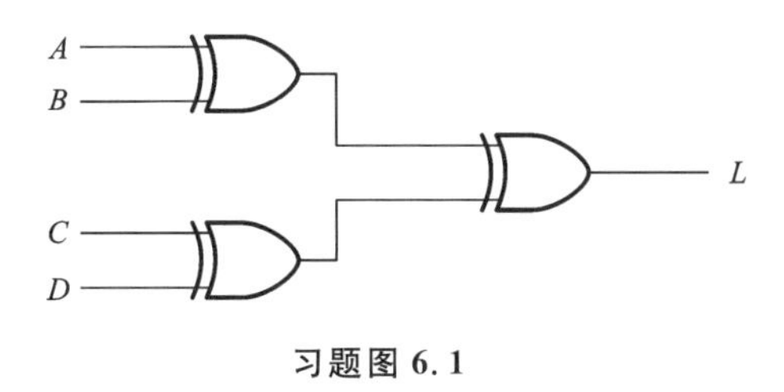

习题图 6.1

6. 设计实现一个 2 位二进制数乘法电路。

7. 分析习题图 6.2 所示的逻辑电路的功能。

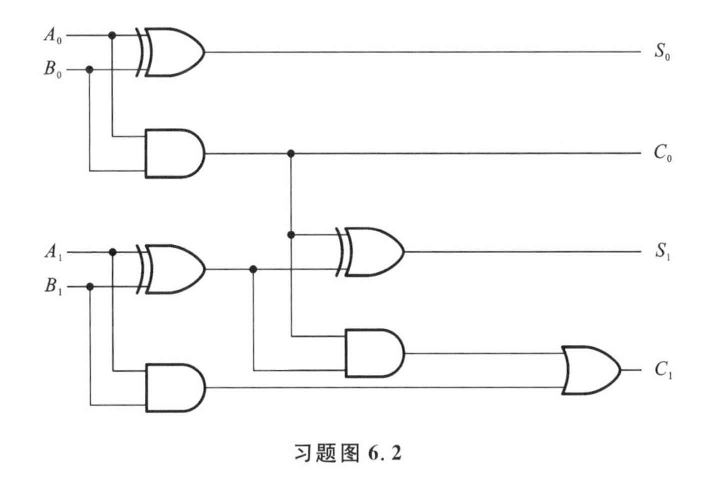

习题图 6.2

8. 试用 2 输入与非门设计一个 3 输入的组合逻辑电路。当输入的二进制码小于 3 时，输出为 0；当输入的二进制码大于等于 3 时，输出为 1。

9. 试设计一组合逻辑电路，实现对输入二进制数进行求反加 1 的运算。可以采用任意门电路实现。

10. 某足球评委会由一位教练和三位球迷组成，他们对裁判员的判罚进行表决。当满足以下条件时表示同意：有三人或三人以上同意，或者有两人同意，但其中一人是教练。试用 2 输入与非门实现该表决电路。

11. 试用一片 74HC138 实现函数 $L(A,B,C,D)=AB\overline{C}+ACD$。

12. 由 2 选 1 数据选择器构成的电路如习题图 6.3 所示，其数据输入端与选择输入端可接 0，1 或输入变量，试用该电路实现下列逻辑函数：

(1) $L(A,B,C)=AB+C$；

(2) $L(A,B,C)=AC+BC$。

13. 习题图 6.4 所示的是一个码制变换器，可将输入的格雷码转换成二进制码输出，试用 Verilog HDL 数据流方式描述该码制变换器。

14. 根据习题表 6.1，写出 4 线-2 线优先译码器的行为级描述。

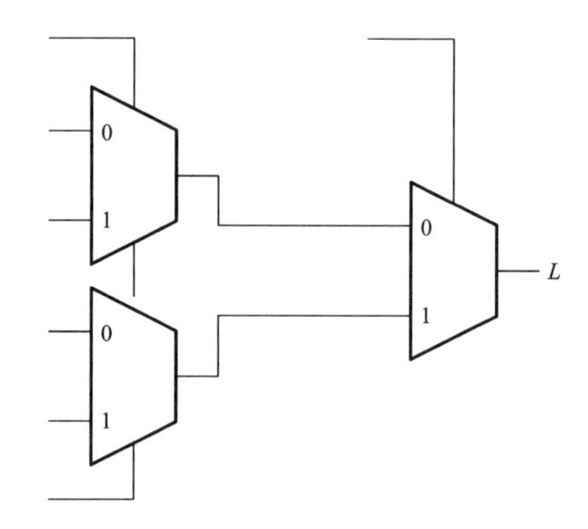

习题图 6.3

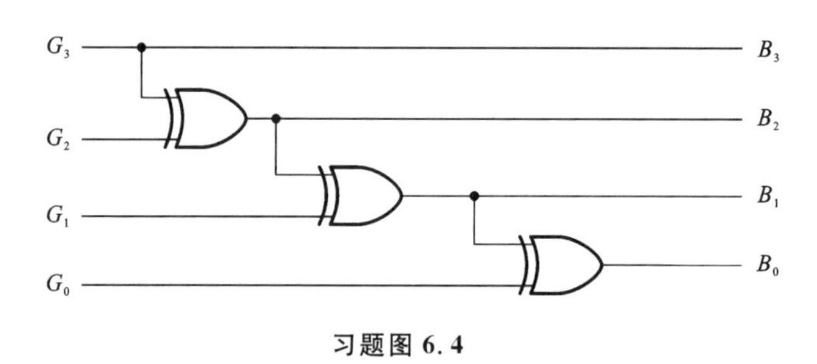

习题图 6.4

习题表 6.1　4 线-2 线优先编码器的真值表

输入				输出	
I_0	I_1	I_2	I_3	Y_1	Y_0
1	0	0	0	0	0
×	1	0	0	0	1
×	×	1	0	1	0
×	×	×	1	1	1

15. 判断下列逻辑函数构成的组合逻辑电路是否可能发生竞争，以及它们在什么情况下产生险象。试用增加冗余项的方法消除险象。

(1) $F=AC+\overline{A}B$；

(2) $F=\overline{A}\,\overline{B}D+A\overline{B}\,\overline{C}+BCD$；

(3) $F=AB+\overline{A}CD+BC$；

(4) $F=(A+\overline{B})\cdot(\overline{A}+C)$。

第7章 触 发 器

触发器是能够存储或记忆一位二进制信息的基本单元电路，其广泛应用于现代数字逻辑电路系统中，可以说现代数字系统都是采用触发器来暂存数据信息的。本章将主要介绍触发器的特点和分类，基本RS触发器、钟控触发器、集成触发器的电路结构和工作原理，以及触发器之间的转换方法、基于Verilog HDL的触发器设计等内容。

7.1 触发器的特点与分类

组合逻辑电路输出端的状态完全由输入端的状态决定，而不受系统中时钟脉冲的控制。它是一种无记忆电路——输入信号消失，输出信号也会立即消失。在数字系统中，有时需要将参与算术或逻辑运算的数据和运算结果保存起来。因此，在组合逻辑电路的输出端，需要有一种具有记忆功能的部件来存储这些数据。触发器是一种具有记忆功能的器件，是构成时序逻辑电路的基本器件。

触发器有两个互非的稳定状态 Q 和 $\bar{Q}$，称为双稳态触发器。当 $Q=0,\bar{Q}=1$ 时称为0态；当 $Q=1,\bar{Q}=0$ 时称为1态。Q 是状态变量，一般把触发器原来的状态(即触发器接收输入信号之前的状态)称为原态或现态，用 Q^n 表示，把改变后的状态(即触发器接收输入信号之后的状态)称为次态，用 Q^{n+1} 表示。

触发器在无外加信号作用的时候保持原来的状态(原态)不变，具有记忆功能的 n 级触发器可以记忆 n 位二进制信息的 2^n 种状态。在外加信号作用下，可以改变触发器的原态，使其具有置0置1的功能。

根据激励方式(即信号的输入方式及触发器状态随输入信号的变化规律)的不同，可以将触发器分为RS触发器、D触发器、JK触发器、T触发器和T′触发器。

根据触发器电路结构和功能的不同，可以将触发器分为基本触发器、钟控触发器、维持阻塞触发器和边沿触发器，这些不同的电路结构有其不同的动作特点，掌握这些触发器动作特点是正确运用这些触发器的前提。

7.2 基本RS触发器

基本RS触发器是直接复位(Reset)置位(Set)触发器的简称，它是构成各种触发器的基本电路，又称为基本触发器。本节介绍由与非门和或非门构成的基本RS触发器的工作原理及Verilog HDL的设计实现。

7.2.1 由与非门构成的基本 RS 触发器

1. 与非门基本 RS 触发器的逻辑电路与逻辑符号

基本 RS 触发器可以由两个与非门交叉耦合构成，其逻辑电路和逻辑符号分别如图 7.2.1和图 7.2.2 所示。

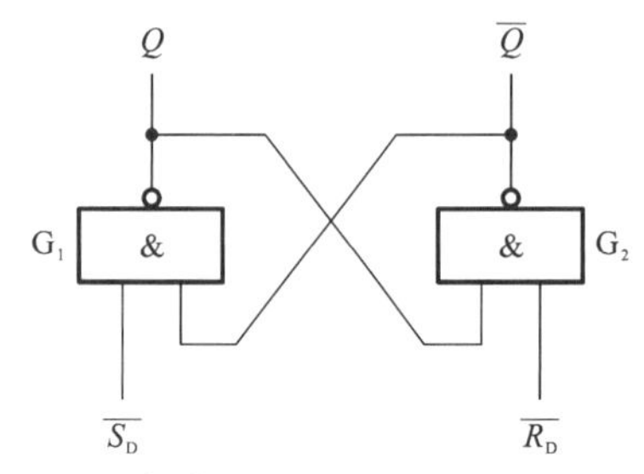

图 7.2.1 与非门基本 RS 触发器的逻辑电路

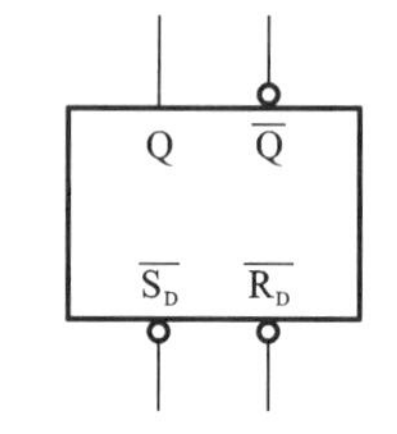

图 7.2.2 与非门基本 RS 触发器的逻辑符号

图 7.2.2 中，Q 和 $\overline{\mathrm{Q}}$ 为触发器的两个互补输出端。$\mathrm{R_D}$ 和 $\mathrm{S_D}$ 为触发器的两个输入端，其中，$\mathrm{R_D}$ 称为置 0 端或复位端，$\mathrm{S_D}$ 称为置 1 端或置位端。小圆圈表示低电平或负脉冲有效，即仅当是低电平或负脉冲作用于输入端时，触发器的状态才能发生变化(通常也称为翻转)，有时称这种情况为低电平或负脉冲有效。

2. 基本 RS 触发器的工作原理

设电路的两个稳定状态分别为 1 状态和 0 状态，其信号定义分别为

1 状态：　　$Q=1,\quad \overline{Q}=0$

0 状态：　　$Q=0,\quad \overline{Q}=1$

在输入信号$\overline{R_D}$和$\overline{S_D}$的控制下，触发的状态会发生相应的变化，具体情况分析如下。

(1) 保持功能($\overline{R_D}=1,\overline{S_D}=1$)。

假设触发器原来的状态是 1 状态，即 $Q^n=1,\overline{Q^n}=0$；此时 G_2 门的输出反馈到 G_1 门，使得 G_1 门输出 $Q^{n+1}=1$ 保持不变，G_1 门的输出接到 G_2 门的输入，使得 G_2 门输出$\overline{Q^{n+1}}=0$ 保持不变。

假设触发器原来的状态是 0 状态，即 $Q^n=0,\overline{Q^n}=1$；此时 G_2 门的输出反馈到 G_1 门，使得 G_1 门输出 $Q^{n+1}=0$ 保持不变，G_1 门的输出接到 G_2 门的输入，使得 G_2 门输出$\overline{Q^{n+1}}=1$ 保持不变。

从以上的分析可知，$\overline{R_D}=1,\overline{S_D}=1$，触发器保持原来的状态不变。

(2) 置 0 功能($\overline{R_D}=0,\overline{S_D}=1$)。

假设触发器原来的状态是 1 状态，即 $Q^n=1,\overline{Q^n}=0$；此时 G_2 门的输出反馈到 G_1 门，使得 G_1 门输出 $Q^{n+1}=0$，G_1 门的输出接到 G_2 门的输入，使得 G_2 门输出$\overline{Q^{n+1}}=1$。

假设触发器原来的状态是 0 状态，即 $Q^n=0,\overline{Q^n}=1$；此时 G_2 门的输出反馈到 G_1 门，使得 G_1 门输出 $Q^{n+1}=0$，G_1 门的输出接到 G_2 门的输入，使得 G_2 门输出$\overline{Q^{n+1}}=1$。

从以上的分析可知，$\overline{R_D}=0$，$\overline{S_D}=1$，不管触发器原来是何种情况，输出均为0状态，即实现了置0功能。

(3) 置1功能($\overline{R_D}=1$，$\overline{S_D}=0$)。

不论原来电路状态如何，由于$\overline{S_D}=0$，使得G_1门输出$Q^{n+1}=1$，同时由于$\overline{R_D}=1$和$Q^{n+1}=1$，使得G_2门输出$\overline{Q^{n+1}}=0$，即实现了置1功能。

(4) 不确定状态($\overline{R_D}=0$，$\overline{S_D}=0$)。

当$\overline{R_D}=0$，$\overline{S_D}=0$时，理论上会出现$Q^{n+1}=1$。此时触发器既不是1态，也不是0态，而且当S_D和R_D同时回到1后无法判定触发器将回到1态还是0态。正常工作时，输入信号不允许输入$\overline{R_D}=0$，$\overline{S_D}=0$的信号。

3. 基本RS触发器逻辑功能的表示方法

可以用真值表(特性表)、功能表、特性方程、状态转换图和时序图等来描述触发器的逻辑功能。

(1) 特性表与功能表。

特性表是用于描述电路输出次态与原态及输入之间功能关系的表格。根据基本RS触发器的工作原理，对其逻辑功能进行总结后，其真值表(特性表)和功能表分别如表7.2.1和表7.2.2所示。

表7.2.1 基本RS触发器的真值表

$\overline{S_D}$	$\overline{R_D}$	Q^n	Q^{n+1}
0	0	0	×
0	0	1	×
0	1	0	1
0	1	1	1
1	0	0	0
1	0	1	0
1	1	0	0
1	1	1	1

表7.2.2 基本RS触发器的功能表

$\overline{S_D}$	$\overline{R_D}$	Q^n	Q^{n+1}	功能
1	1	0	0	保持
1	1	1	1	
1	↓	0	0	置0
1	↓	1	0	
↓	1	0	1	置1
↓	1	1	1	
0	0	0	×	不确定
0	0	1	×	

(2) 特性方程。

特性方程也称为状态方程、次态方程或特征方程,用逻辑函数描述触发器的真值表 7.2.1并进行化简可以得到:

$$
\begin{aligned}
Q^{n+1} &= \overline{\overline{S_D}}\,\overline{R_D}\,\overline{Q^n} + \overline{\overline{S_D}}\,\overline{R_D}Q^n + \overline{S_D}\,\overline{R_D}Q^n \\
&= \overline{\overline{S_D}}\,\overline{R_D} + \overline{S_D}\,\overline{R_D}Q^n = S_D\,\overline{R_D} + \overline{S_D}\,\overline{R_D}Q^n
\end{aligned}
\tag{7.2.1}
$$

$$
Q^{n+1} = S_D + \overline{R_D}Q^n \tag{7.2.2}
$$

约束条件为$\overline{S_D}+\overline{R_D}=1$ 或者$\overline{S_D}\cdot\overline{R_D}=0$。

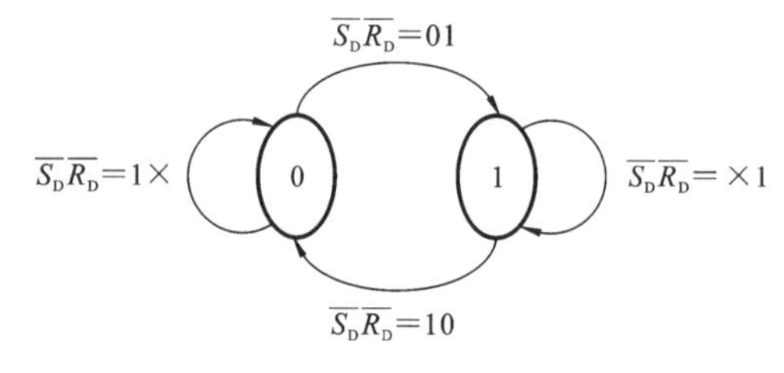

图 7.2.3 基本 RS 触发器的状态转移图

(3) 状态转换图。

状态转换图(也称状态转移图)是触发器、时序逻辑电路特有的描述方法,组合逻辑电路不采用这种方法。状态转换图利用图形来描述触发器的功能。图 7.2.3 所示的为基本 RS 触发器的状态转移图。图中的小圆圈代表稳定状态,标"0"的小圆圈表示 0 状态($Q^n=0,\overline{Q^n}=1$)。标"1"的小圆圈表示 1 状态($Q^n=1,\overline{Q^n}=0$)。连接圆圈的带箭头的线表示状态变化的方向,箭头的起始端表示电路的现态,终止端表示电路的次态,箭头线上的数据表示状态变化需要的输入条件。

(4) 时序图。

时序图是用于表示输出随输入变化的波形,图 7.2.4 所示的是与非门基本 RS 触发器的时序图。

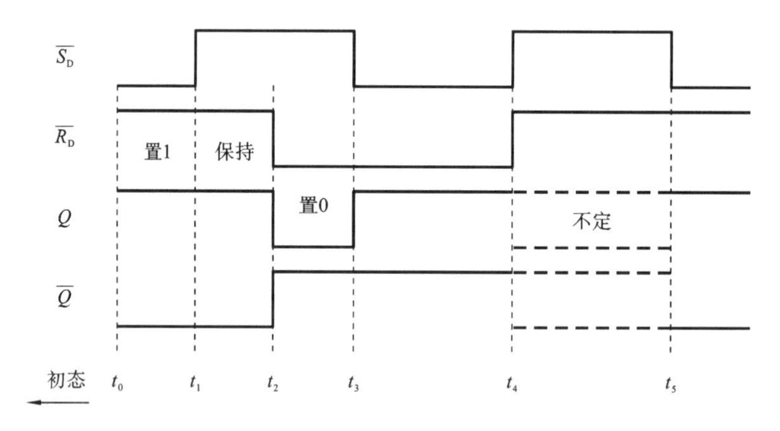

图 7.2.4 与非门基本 RS 触发器的时序图

在图 7.2.4 中,当两个输入有效("0")同时变为无效("1")时,由于门传输延迟不同,会产生竞争,使输出状态不确定(不定)。因此,两个输入端不允许同时为"0"。

7.2.2 由或非门构成的基本 RS 触发器

基本的 RS 触发器也可以由或非门交叉构成,其逻辑电路如图 7.2.5(a)所示,逻辑符号如图 7.2.5(b)所示。

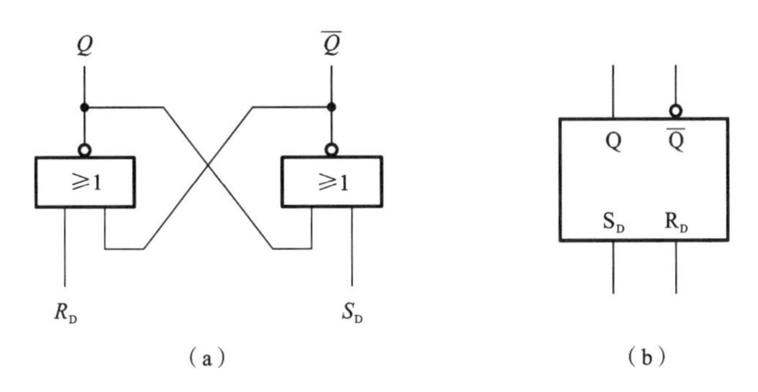

图7.2.5　或非门构成的基本RS触发器

相比于与非门构成的基本RS触发器，或非门基本RS触发器的输入信号高电平有效。其中，R_D是直接置0端，高电平有效；S_D是直接置1端，也是高电平有效。

或非门基本RS触发器的特性方程为

$$Q^{n+1}=S_D+\overline{R_D}Q^n \tag{7.2.3}$$

它的约束条件是：$S_D \cdot R_D=0$。

7.2.3　基本RS触发器的HDL设计

1. 结构描述方式

结构描述方式的主要设计思路是，根据基本RS触发器的电路结构，分析它的工作原理，继而写出输出信号的逻辑表达式，最后利用Verilog HDL的assign语句进行描述。

以由与非门构成的基本RS触发器的逻辑电路为例(见图7.2.1)，可以写出Q和$\overline{Q}$的表达式：

$$Q=\overline{\overline{S_D}\cdot\overline{Q}} \tag{7.2.4}$$

$$\overline{Q}=\overline{\overline{R_D}\cdot Q} \tag{7.2.5}$$

根据上面的输出信号逻辑表达式，可以写出对应的Verilog HDL程序，详见代码7.2.1。对应的仿真波形图如图7.2.6所示。

代码7.2.1　采用结构描述方式实现的与非门基本RS触发器的模块程序。

```
module RS_FF (Q, QN, SDN, RDN);
input SDN, RDN;
output Q, QN;
assign Q=!(SDN && QN);
assign QN=!(RDN && Q);
endmodule
```

RS触发器在(SDN,RDN)为(1,1)时保持输出不变，(0,0)时输出信号Q与QN同时为1，不符合逻辑，(0,1)时将Q置1，(1,0)时将Q置0。

根据由或非门构成的基本RS触发器的逻辑电路(见图7.2.5)，可以写出Q和$\overline{Q}$的表达式：

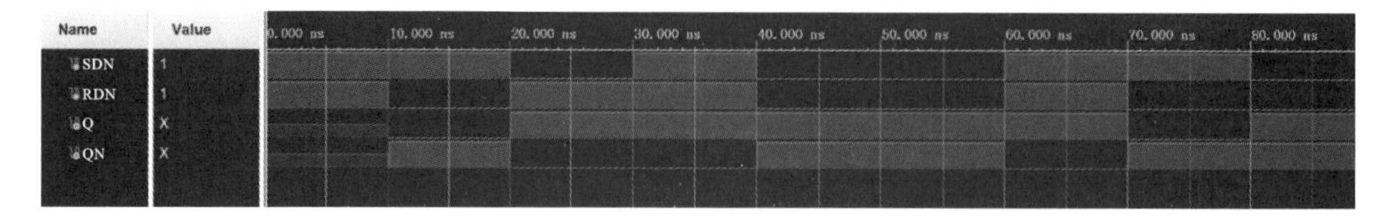

图 7.2.6　与非门基本 RS 触发器的仿真波形图(结构描述)

$$Q=\overline{R_D+\bar{Q}} \tag{7.2.6}$$

$$\bar{Q}=\overline{S_D+Q} \tag{7.2.7}$$

根据上面的函数表达式可以写出对应的 Verilog HDL 程序,详见代码 7.2.2。

代码 7.2.2　采用结构描述方式实现的或非门基本 RS 触发器的模块程序。

```
module (Q, QN, RD, SD);
input RD, SD;
output Q, QN;
assign Q=!(RD || QN);
assign QN=!(SD || Q);
endmodule
```

2. 行为描述方式

行为描述方式指的是根据特性表直接用 case 语句进行描述。与非门基本 RS 触发器的 Verilog HDL 程序设计见代码 7.2.3,对应的仿真波形图如图 7.2.7 所示。

代码 7.2.3　与非门基本 RS 触发器的行为描述设计。

```
module RS_FF_1 (RN, SN, Q, QN);
input RN, SN;
output Q, QN;
reg Q, QN;
always @  (RN or SN)
begin
case({RN,SN})
'b00 :begin Q='bx; QN='bx; end        //不定
'b01 :begin Q=0; QN=1; end            //置 0
'b10 :begin Q=1; QN=0; end            //置 1
'b11 :begin Q=Q; QN=QN; end           //保持
endcase
end
endmodule
```

当端口(SN,RN)为(1,1)时触发器输出保持不变,为(0,0)时输出状态未知,为(0,1)时输出置 1,为(1,0)时输出置 0。

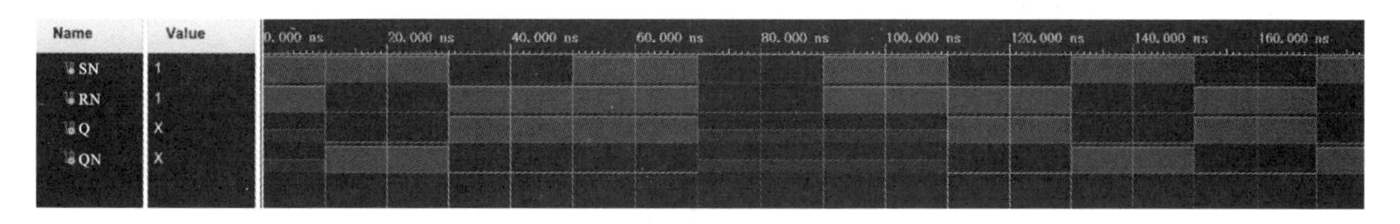

图 7.2.7　与非门基本 RS 触发器的仿真波形图(行为描述)

7.2.4　基本 RS 触发器的特点小结

基本的 RS 触发器具有以下特点。

(1) 只有复位($Q=0$)、置位($Q=Q$)、保持原状态等三种功能。

(2) 有两个互补的输出端,有两个稳定的状态。

(3) R_D 是复位输入端,S_D 是置位输入端,其有效电平取决于触发器的逻辑电路结构。

(4) 由于反馈线的存在,无论是复位还是置位,有效信号只需要存在很短一段时间。

(5) 基本 RS 触发器的结构简单,其是构成其他触发器的基础。但是由于其状态是由输入端直接控制的,以及约束条件的存在,所以它在应用方面存在很大的局限性。

7.3　钟控触发器

基本的 RS 触发器的状态改变是由输入信号的电平直接触发的,然而在实际工作中,往往要求多个触发器在特定时刻进行状态的更新,所以必须引入时钟控制信号 CP(时钟周期)。时钟控制信号一般是矩形脉冲,用来控制时序电路的节奏。如果触发器的状态变化仅发生在时钟周期的高电平期间或者低电平期间,那么我们将这类触发器称为“时钟控制触发器”或者“钟控触发器”。如果触发器的状态转移发生在时钟的上升沿或者下降沿,那么我们将这类触发器称为“边沿触发器”。

7.3.1　钟控 RS 触发器

在数字系统中,为了协调各部分电路的运行,常常要求某些触发器在时钟信号的控制下同时动作,即按一定的节拍将输入信号反映在触发器的输出端。这就需要在触发器中增加一个控制端,只有在控制端出现有效脉冲时触发器才能动作,至于触发器输出变为什么状态,仍由输入端的信号决定。这种有时钟控制端的触发器称为钟控触发器。

由于这里时钟信号为高电位(或低电位)时触发器的状态随输入变化,所以钟控触发器是电位触发方式的触发器(简称电位触发器)。钟控触发器在时钟控制下同步工作,也称为同步触发器。

1. 钟控 RS 触发器的逻辑电路与逻辑符号

钟控 RS 触发器的逻辑电路如图 7.3.1(a)所示,逻辑符号如图 7.3.1(b)所示。可见,钟控 RS 触发器是在基本 RS 触发器的基础上增加了两个与非门 G_3 和 G_4 构成的。

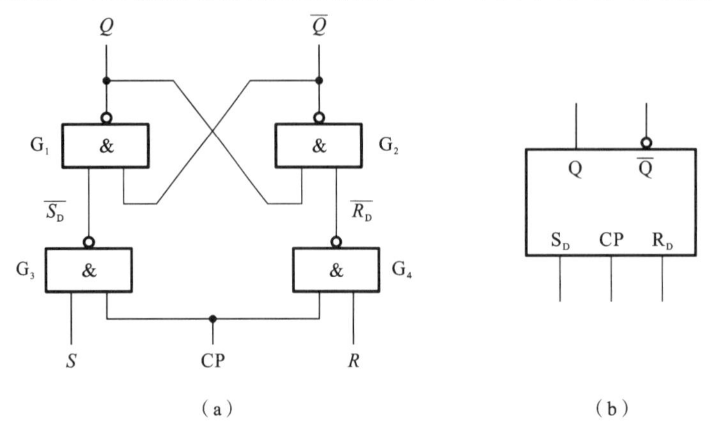

图 7.3.1 钟控 RS 触发器

2. 钟控 RS 触发器的工作原理

当 CP=0 时，由于 G_3、G_4 门被封锁，$\overline{R_D}=1$，$\overline{S_D}=1$，触发器的状态保持不变。

当 CP=1 时，G_3、G_4 门的输出由 R_D、S_D 端的输入信号决定，即 $\overline{R_D}$，$\overline{S_D}$ 皆受 R_D 和 S_D 控制，具有基本 RS 触发器的功能。下面对 R_D、S_D 端的控制能力进行具体分析。

(1) 当 $S_D=0$，$R_D=0$ 时，$\overline{R_D}=1$，$\overline{S_D}=1$，则有 $Q^{n+1}=Q^n$，触发器的状态保持不变；

(2) 当 $S_D=0$，$R_D=1$ 时，$\overline{R_D}=0$，$\overline{S_D}=1$，则有 $Q^{n+1}=0$，触发器复位；

(3) 当 $S_D=1$，$R_D=0$ 时，$\overline{R_D}=1$，$\overline{S_D}=0$，则有 $Q^{n+1}=1$，触发器置位；

(4) 当 $S_D=1$，$R_D=1$ 时，$\overline{R_D}=0$，$\overline{S_D}=0$，则有 $Q^{n+1}=\times$，触发器的状态为不确定。

由上面的分析可知，钟控 RS 触发器的状态变化是由 CP 和 R_D、S_D 共同控制的，触发器状态转换的动作时间由时钟脉冲 CP 控制，而状态转换的结果由 R_D 和 S_D 决定。因为 R_D 和 S_D 经过一级反向器，所以 S_D 和 R_D 对触发器状态的控制是高电平有效的。

钟控 RS 触发器的特征表如表 7.3.1 所示，状态转换图如图 7.3.2 所示。

表 7.3.1 钟控 RS 触发器的特征表(CP=1)

S_D	R_D	Q^n	Q^{n+1}	功能
0	0	0	0	保持
0	0	1	1	
0	1	0	0	置 0
0	1	1	0	
1	0	0	1	置 1
1	0	1	1	
1	1	0	×	不确定
1	1	1	×	

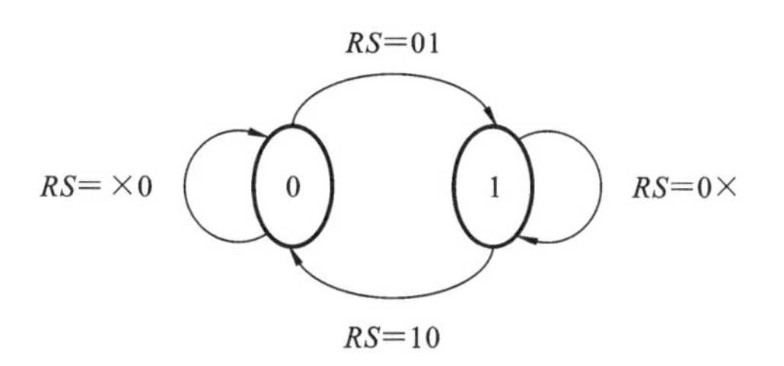

图 7.3.2 钟控 RS 触发器的状态转换图

根据基本 RS 触发器的状态方程可以得到，当 CP=1 时，钟控 RS 触发器的状态方程为

$$Q^{n+1}=S+\bar{R}Q^n \tag{7.3.1}$$

它的约束条件为 $S\cdot R=0$。

根据钟控 RS 触发器的工作原理画出其时序图，如图 7.3.3 所示。

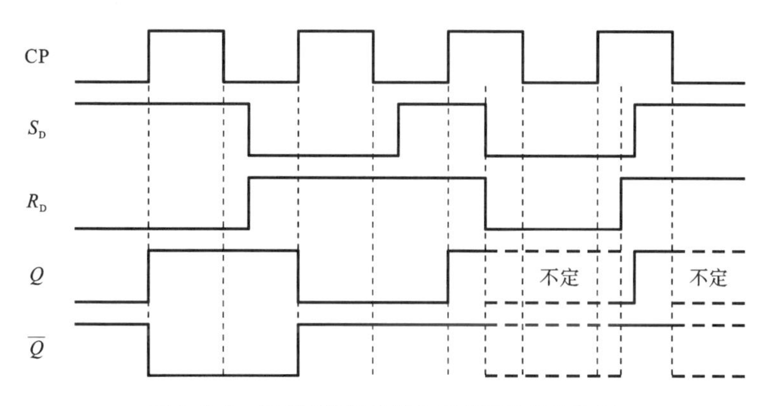

图 7.3.3 钟控 RS 触发器的时序图(初态为 0)

3. 钟控 RS 触发器存在的问题——空翻

当 CP 为 1 时，如果 R_D、S_D 发生变化，则触发器的状态会跟着变化，使得在一个时钟脉冲作用期间存在多次翻转，如图 7.3.4 所示。把在一个时钟脉冲周期中触发器发生多次翻转的现象称为空翻。

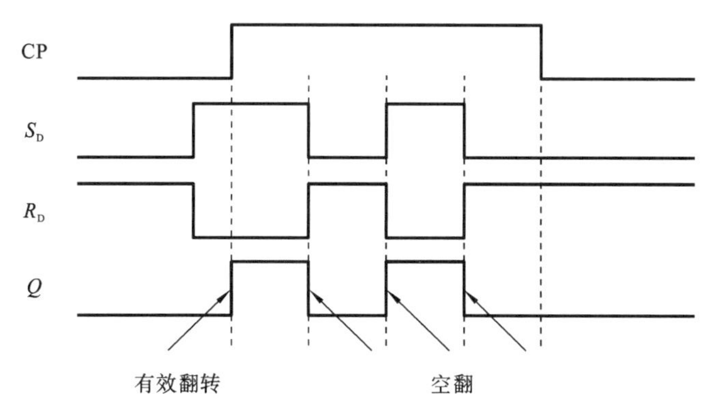

图 7.3.4 钟控 RS 触发器的空翻

"空翻"将造成状态的不确定和系统工作的混乱，这是不允许的。因此，钟控 RS 触发器要求在时钟脉冲作用期间输入信号保持不变。

7.3.2 钟控 D 触发器

如前所述，钟控 RS 触发器存在着不确定状态。如果将钟控 RS 触发器的输入由双端输入改为单端输入，触发器就不会出现不确定状态。这种触发器称为钟控 D 触发器或 D 锁存器。钟控 D 触发器的逻辑电路和逻辑符号分别如图 7.3.5(a)和图 7.3.5(b)所示。

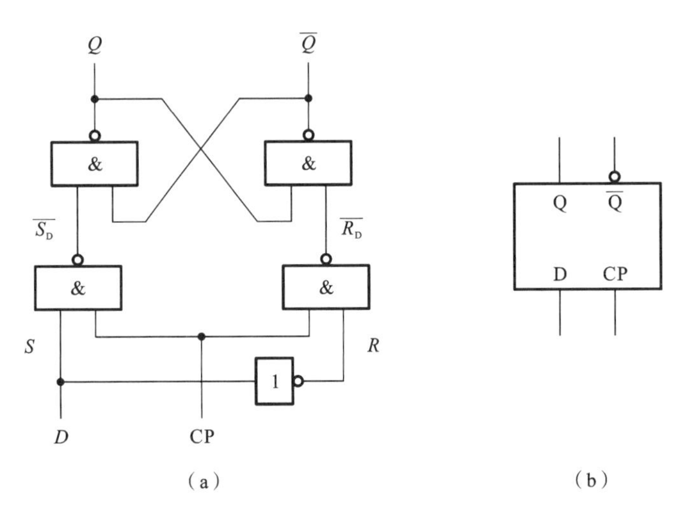

图 7.3.5 钟控 D 触发器(D 锁存器)

钟控 D 触发器的电路功能是：

(1) 当 CP=0 时，$\overline{R_D}=1$，$\overline{S_D}=1$，保持原态；

(2) 当 CP=1 时，若 $D=0$，相当于 $S_D=0$，$R_D=1$，触发器置"0"；若 $D=1$，相当于 $S_D=1$，$R_D=0$，触发器置"1"。

钟控 D 触发器在 CP=1 时的特性方程是：

$$Q^{n+1}=D \tag{7.3.2}$$

钟控 D 触发器的状态转换图和时序图分别如图 7.3.6 和图 7.3.7 所示。

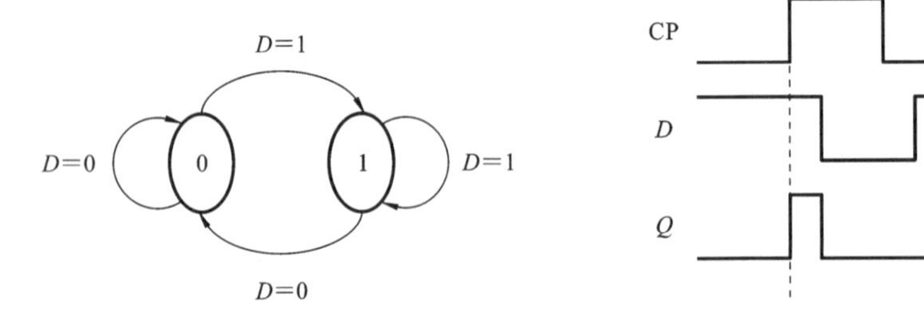

图 7.3.6 钟控 D 触发器的状态转换图

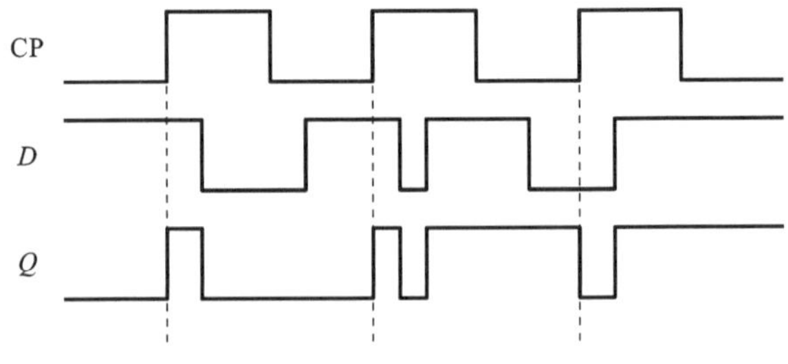

图 7.3.7 钟控 D 触发器的时序图(初态为 0)

代码 7.3.1 是根据特性表采用行为描述方式描述钟控 D 触发器的 Verilog HDL 的程序。

代码 7.3.1 高电平触发的钟控D触发器,采用行为描述方式的模块代码。

```
module D_FF_1 (CP, D, Q, QN);
input CP, D;
output Q, QN;
reg Q, QN;
always @ (* )
begin
if (CP==1) begin Q=D; QN=~Q; end
else       begin Q=Q; QN=QN; end
end
endmodule
```

上述代码的仿真波形图如图7.3.8所示,初始时,程序中的Q和QN为未知值,当CP处于高电平状态时,Q与D的变化相同;当CP处于低电平状态时,输出保持不变。

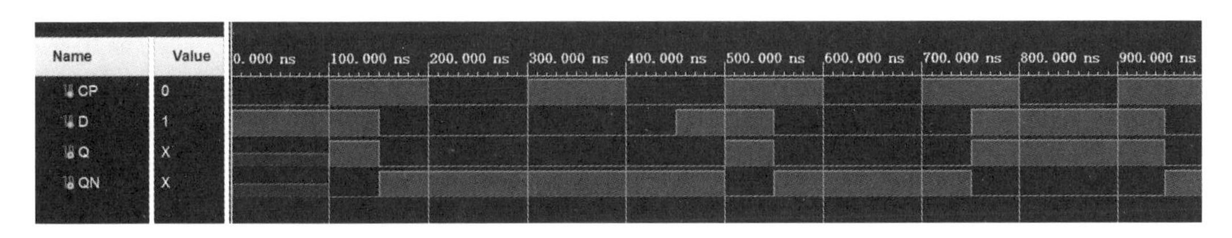

图 7.3.8 钟控D触发器的仿真波形图

7.3.3 钟控JK触发器

钟控D触发器用一个非门把两个输入信号分开,使得S_D、R_D端口总是互非的,不可能出现$S_D=1$、$R_D=1$的情况,因此避免了钟控RS触发器的不确定状态。但是,钟控D触发器的功能较少,尤其是当CP=1时,触发器只有置0、置1功能,没有保持功能。

如果在钟控RS触发器的基础上增加两条反馈线,将Q反馈到R_D门的输入端,并把R_D改名为K;将$\bar{Q}$反馈到S_D门上,并把S_D改名为J,则可得到一种新的触发器,称为钟控JK触发器。

在扑克牌中,J代表王子,K代表国王,JK触发器就是“王牌触发器”。JK触发器的功能比较完善,既能置0、置1,又能分频计数,还可以保持原状态不变。所以,JK触发器的应用十分广泛。

1. 钟控JK触发器的逻辑电路与逻辑符号

钟控JK触发器的逻辑电路与逻辑符号分别如图7.3.9(a)和图7.3.9(b)所示。

2. 钟控JK触发器的工作原理

当CP=0时,G_3门和G_4门被封锁,输出为1,使基本RS触发器的输出保持原来的状态。

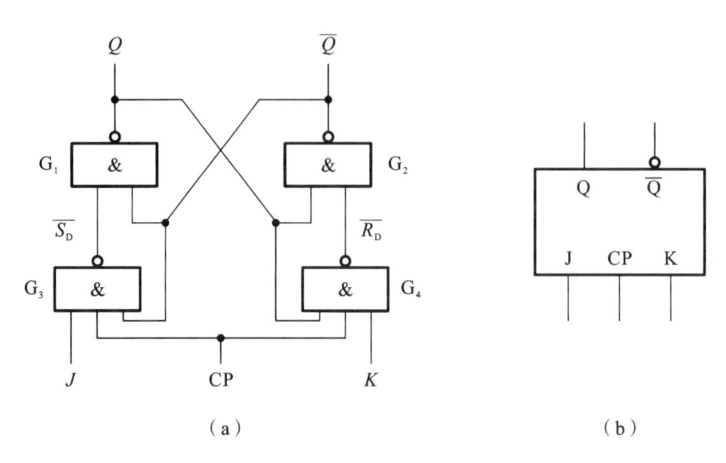

图 7.3.9 钟控 JK 触发器

当 CP=1 时，根据 J 和 K 的取值不同，可分 4 种情况进行讨论。

(1) 当 $J=0,K=0$ 时，G_3 门的输出为 1，G_4 门的输出为 1，基本 RS 触发器的输出状态保持不变。

(2) 当 $J=0,K=1$ 时，若触发器原来的状态为 0，G_4 门的输出为 1，G_3 门的输出为 1，基本 RS 触发器的状态保持不变；若触发器原来的状态为 1，G_4 门的输出为 0，G_3 门的输出为 1，基本 RS 触发器的状态翻转为 0。也就是说，当 $J=0,K=1$ 时，触发器的状态都是 0，与原来的状态无关。

(3) 当 $J=1,K=0$ 时，若触发器原来的状态为 0，G_4 门的输出为 1，G_3 门的输出为 0，基本 RS 触发器的状态翻转为 1；若触发器原来的状态为 1，G_4 门的输出为 1，G_3 门的输出为 1，基本 RS 触发器的状态保持不变。也就是说，当 $J=1,K=0$ 时，触发器的状态都是 1，与原来的状态无关。

(4) 当 $J=1,K=1$ 时，若触发器原来的状态为 0，G_4 门的输出为 1，G_3 门的输出为 0，基本 RS 触发器的状态翻转为 1；若触发器原来的状态为 1，G_4 门的输出为 1，G_3 门的输出为 0，基本 RS 触发器的翻转为 0。也就是说，当 $J=1,K=1$ 时，触发器的状态与原状态相反。

3. 钟控 JK 触发器的特性方程和约束条件

根据钟控 JK 触发器的逻辑电路可以看出，G_3 门和 G_4 门的输出分别为

$$\overline{R_D}=\overline{KQ^n}$$

$$\overline{S_D}=\overline{J\,\overline{Q^n}} \tag{7.3.3}$$

将式(7.3.3)代入基本 RS 触发器的特性方程，就可以得到钟控 JK 触发器的状态方程：

$$Q^{n+1}=S_D+\overline{R_D}Q^n=J\,\overline{Q^n}+\overline{KQ^n}Q^n=J\,\overline{Q^n}+\overline{K}Q^n\text{（CP=1 时有效）} \tag{7.3.4}$$

根据基本与非门 RS 触发器的约束条件 $\overline{S_D}+\overline{R_D}=1$，将式(7.3.3)代入可得

$$\overline{S_D}+\overline{R_D}=\overline{J\,\overline{Q^n}}+\overline{KQ^n}=\overline{J}+Q^n+\overline{K}+\overline{Q^n}\equiv 1 \tag{7.3.5}$$

从式(7.3.5)可以看出，不论 J、K 信号如何变化，约束条件始终是满足的。

4. 钟控JK触发器的特征表、状态转换图和时序图

表7.3.2和表7.3.3所示的是钟控JK触发器的特征表及简化特征表。

表7.3.2 钟控JK触发器的特征表(CP=1)

J	K	Q^n	Q^{n+1}	功能
0	0	0	0	保持
0	0	1	1	
0	1	0	0	置0
0	1	1	0	
1	0	0	1	置1
1	0	1	1	
1	1	0	1	翻转(计数)
1	1	1	0	

表7.3.3 钟控JK触发器的简化特征表

J	K	Q^{n+1}	功能
0	0	Q^n	保持
0	1	0	置0
1	0	1	置1
1	1	$\overline{Q^n}$	翻转

图7.3.10和图7.3.11所示的分别是钟控JK触发器的状态转换图和时序图。

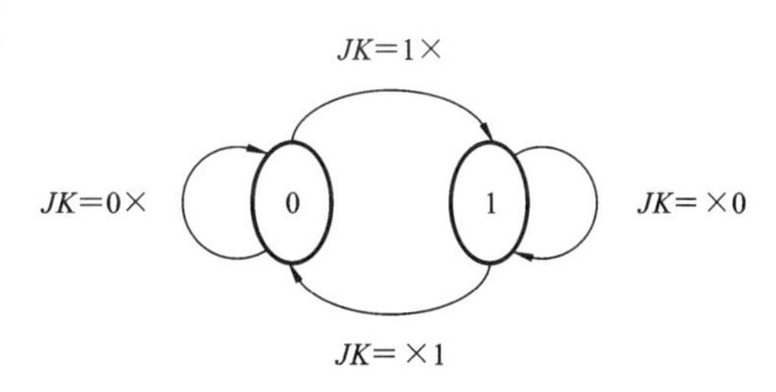

图7.3.10 钟控JK触发器的状态转换图

5. 钟控JK触发器的HDL设计

根据CP=0或1,可分为2种情况,适合用if…else语句来描述。

当CP=0时保持;当CP=1时,根据表7.3.3,共存在4种功能,适合用case语句来描述。具体见代码7.3.2。

代码7.3.2 钟控JK触发器的行为描述Verilog HDL模块。

```
module JK_FF (CP, J, K, Q, QN);
input CP, J, K;
output Q, QN;
reg Q, QN;
always @  (CP or J or K)
begin
if (CP==0)                          //保持
```

```
begin Q=Q; QN=QN; end
else if (CP==1)
case ({J, K})
2'b00:begin Q=Q; QN=QN; end           //保持
2'b01:begin Q=1'b0; QN=1'b1; end      //置 0
2'b10:begin Q=1'b1; QN=1'b0; end      //置 1
2'b11:begin Q=!Q; QN=!QN; end         //翻转
endcase
end
endmodule
```

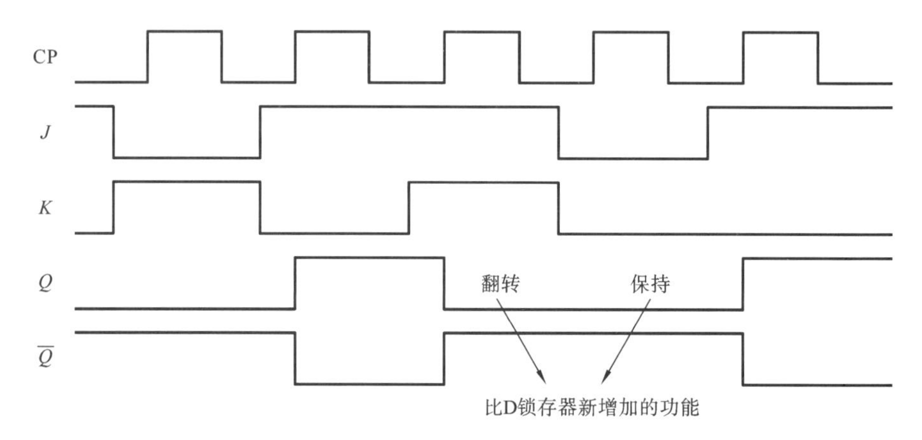

图 7.3.11 钟控 JK 触发器的时序图

仿真波形图如图 7.3.12 所示，钟控 JK 触发器也存在空翻现象。当时钟信号为低电平或程序中的{J, K}为 0 时，触发器输出将保持不变；当时钟信号为高电平时，case 语句有效，输出将根据{J, K}信号及当前状态值产生下一状态值。

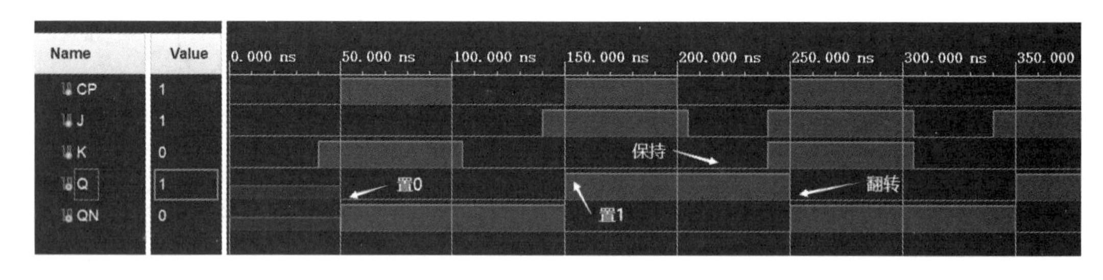

图 7.3.12 钟控 JK 触发器的仿真波形图

7.3.4 钟控 T 触发器

我们知道，钟控 JK 触发器在 $JK=11$ 时翻转，当 $JK=00$ 时保持。如果把 JK 触发器的两个输入端合并为一个输入端 T，就得到钟控 T 触发器。正因为如此，在触发器的定型产品中通常没有专门的 T 触发器。

在某些应用场合，需要这样一种触发器，当控制信号 $T=1$ 时，每来一个时钟信号其状态就翻转一次；当 $T=0$ 时，无论时钟信号有无到来，其状态保持不变。

1. 钟控T触发器的逻辑电路与逻辑符号

钟控T触发器的逻辑电路和逻辑符号分别如图7.3.13(a)和图7.3.13(b)所示。

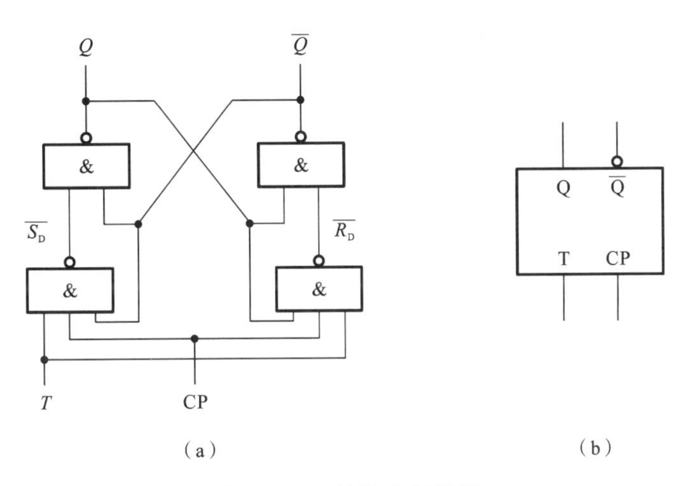

图7.3.13 钟控T触发器

2. 钟控T触发器的工作原理和特性

当 $T=0$ 时，相当于 $J=0$，$K=0$，触发器处于保持状态。

当 $T=1$ 时，相当于 $J=1$，$K=1$，触发器实现翻转功能。

表7.3.5和表7.3.6所示的分别是钟控T触发器的特征表和简化特征表。

表7.3.5 钟控T触发器的特征表(CP=1)

T	Q^n	Q^{n+1}
0	0	0
0	1	1
1	0	1
1	1	0

表7.3.6 钟控T触发器的简化特性表(CP=1)

T	Q^{n+1}
0	Q^n
1	$\overline{Q^n}$

将 $J=K=T$ 代入式(7.3.4)，可得到钟控T触发器的特性方程：

$$Q^{n+1}=T\overline{Q^n}+\overline{T}Q^n \tag{7.3.6}$$

钟控T触发器的时序图如图7.3.14所示。

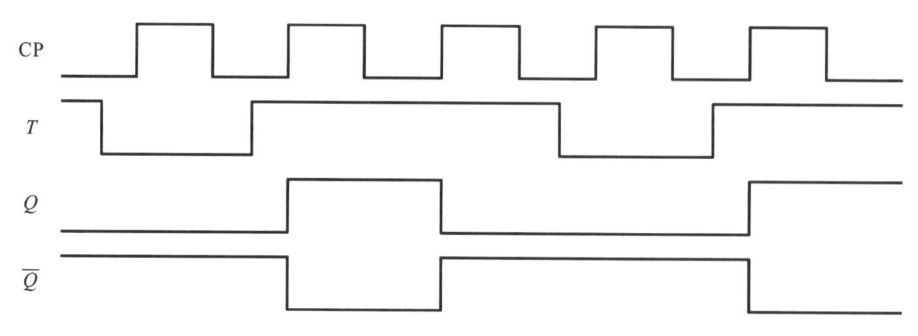

图 7.3.14 钟控 T 触发器的时序图

3. 钟控 T 触发器的 HDL 设计

代码 7.3.3 钟控 T 触发器的行为描述 Verilog HDL 模块。

```
module  T_FF(CP,T,RST,Q,QN);
    input CP,T,RST;
    output  Q,QN;
    reg  Q;
    wire QN;
    assign QN=!Q;
    always @ (posedge CP) begin
        if(!RST) Q<=0;
        else Q<=T? (!Q):Q;
    end
endmodule
```

仿真波形图如图 7.3.15 所示。

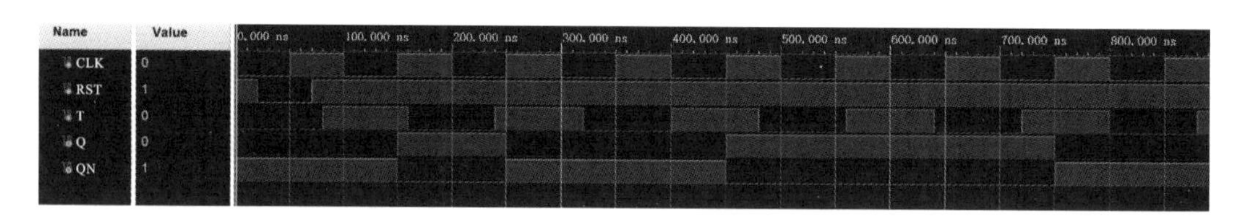

图 7.3.15 钟控 T 触发器的仿真波形图

钟控 T 触发器上升沿敏感,复位信号 RST 低电平有效。程序中,信号 Q 复位值为零,当 T 为高电平时,Q 在每个时钟上升沿翻转一次;当 T 为低电平时,Q 在上升沿保持。

7.3.5 钟控 T′触发器

把 JK 触发器的两个输入端并在一起接高电平(或者把 T 触发器的 T 端接高电平),可得到 T′触发器,其逻辑电路和逻辑符号分别如图 7.3.16(a)和图 7.3.16(b)所示。

对于 TTL 电路,与非门的输入端悬空相当于接高电平,因此,图 7.3.16 中,接高电平的

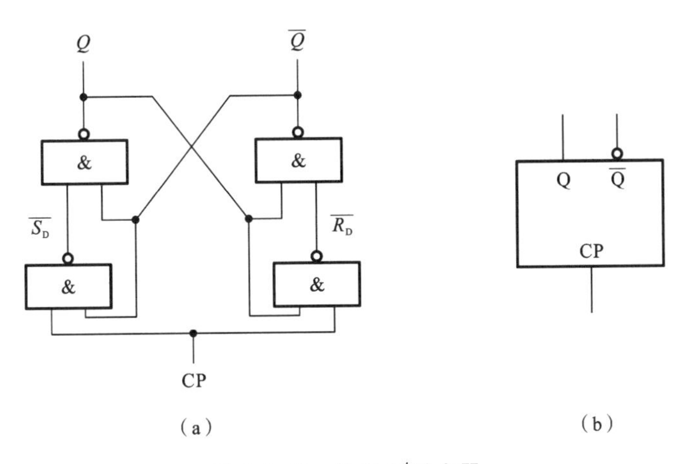

图 7.3.16 钟控 T′触发器

JK 端没有画出。也就是说，T′触发器没有输入端。

T′触发器在 CP=0 时保持，在 CP=1 时翻转，因此，也将其称为翻转型触发器。

钟控 T′触发器的特性方程为

$$Q^{n+1}=\overline{Q^n} \tag{7.3.7}$$

它的时序图如图 7.3.17 所示。

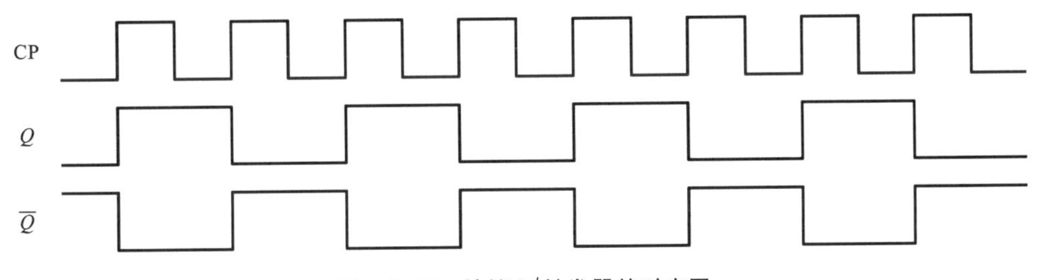

图 7.3.17 钟控 T′触发器的时序图

电位触发器具有结构简单的优点，但是当 CP=1 时，输入数据的变化会直接引起输出状态的变化，用它来组成计数器或者移位寄存器就会造成空翻的现象，因此，其只能用于锁存器，此时输入变成了透明的。

7.4 集成触发器

把多个同一类型的触发器集成在同一片硅片上，就得到了集成触发器。集成触发器有主从 JK 触发器、边沿 JK 触发器和维持阻塞 D 触发器等。

7.4.1 主从 JK 触发器

为了克服钟控触发器的空翻现象，提高触发器工作的可靠性，希望在每个 CP 周期里输出端的状态只改变一次，主从触发器应运而生。

主从触发器克服了钟控触发器的空翻现象，但存在一次翻转问题，即主触发器在 CP=1 期间只可能翻转 1 次，且一旦翻转就不会翻回原来的状态，因而降低了抗干扰能力。

主从 JK 触发器是由两级电位触发器（主触发器、从触发器）串联而成的，其逻辑电路和逻辑符号分别如图 7.4.1 和图 7.4.2 所示。

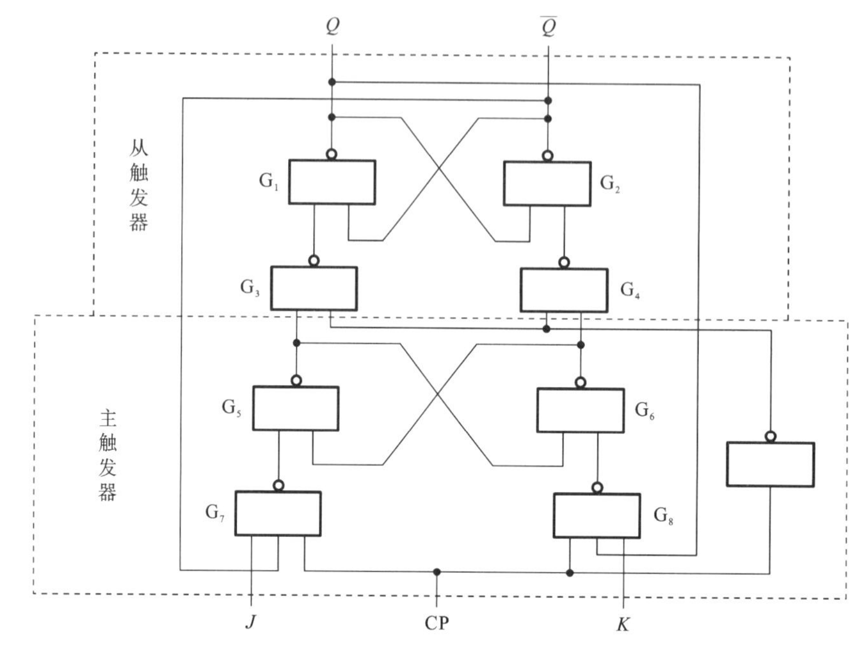

图 7.4.1 主从 JK 触发器的逻辑电路

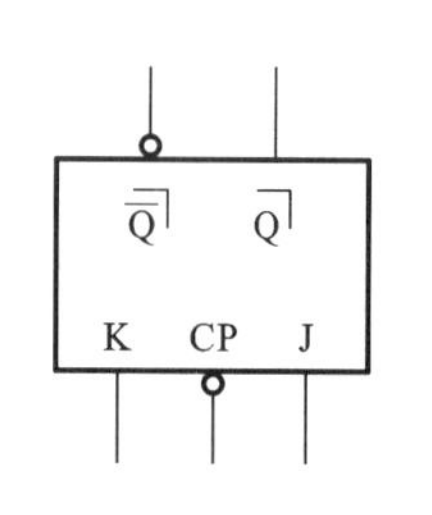

图 7.4.2 主从 JK 触发器的逻辑符号

由逻辑电路可知，主从 JK 触发器由 2 个同样的钟控 RS 触发器构成，其中，G_1、G_2、G_3、G_4 构成从触发器，G_5、G_6、G_7、G_8 构成主触发器，主触发器与从触发器的 CP 反相。

1. 主从 JK 触发器的工作原理和特性

下面对主从 JK 触发器的工作原理进行分析。

若 $JK=00$，当 CP=1 时，触发器保持原态不变，$Q^{n+1}=Q^n$。

若 $JK=01$，当 CP=1 时，主触发器置 0，待 CP=0 后从触发器也置 0，$Q^{n+1}=0$。

若 $JK=10$，当 CP=1 时，主触发器置 1，待 CP=0 后从触发器也置 1，$Q^{n+1}=1$。

若 $JK=11$，当 CP 的下降沿到达时，JK 触发器的状态翻转，此时，需要考虑 2 种情况：

(1) 当 $Q^n=1$ 时，G_7 被 $\overline{Q}$ 端的低电平封锁，当 CP=1 时，仅 G_8 输出低电平信号，故 G_6 输出 $\overline{Q'}=1(R=1)$，G_5 输出 $Q'=0(S=0)$，主触发器置 0；待 CP=0 后，从触发器也置 0，$Q^{n+1}=0$；

(2) 当 $Q^n=0$ 时，G_8 被 Q 端的低电平封锁，当 CP=1 时，仅 G_7 输出低电平信号，故 G_5 输出 $Q'=1(S=1)$，G_6 输出 $\overline{Q'}=0(R=0)$，主触发器置 1；待 CP=0 后，从触发器也置 1，$Q^{n+1}=1$。

综上所述，若 $JK=11$，无论 Q^n 为 1 或 0，当 CP 的下降沿到达时，JK 触发器的状态都翻转。

主从JK触发器的特性方程为

$$Q^{n+1}=J\overline{Q^n}+\overline{K}Q^n \qquad (7.4.1)$$

主从JK触发器的状态转换图和时序图分别如图7.4.3和图7.4.4所示。

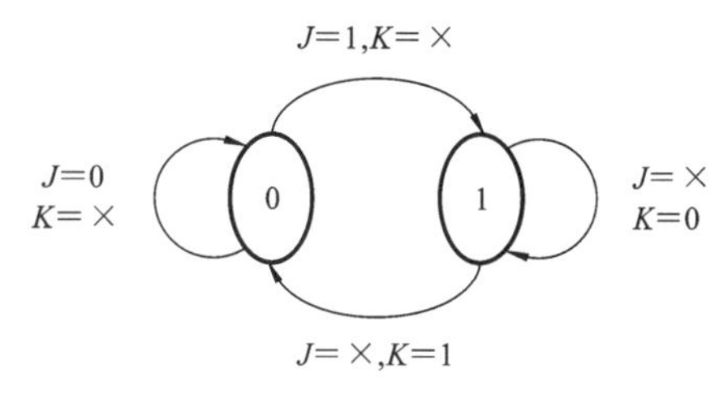

图7.4.3 主从JK触发器的状态转换图

从图7.4.4中可以看出,开始时$JK=10$,在第1个时钟周期内,当CP=1时,主触发器置1。稍后JK变为01,主触发器并不随之变化,即在CP=1期间它只翻转了一次。待CP变为0时,从触发器接收到此时主触发器的状态,也置1,故$Q^{n+1}=1$。

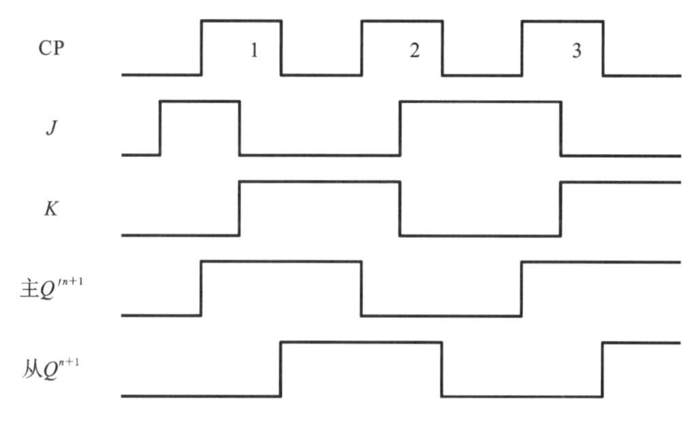

图7.4.4 主从JK触发器的时序图

在第2个时钟周期内,$JK=01$,当CP=1时,主触发器置0。稍后JK变为10,主触发器并不随之变化,也只翻转一次。待CP变为0时,从触发器接收此时主触发器的状态,也置0,故$Q^{n+1}=0$。

2. 主从JK触发器的动作特点

触发器的翻转分两步动作。

(1) CP=1期间,主触发器接收输入端的信号(J、K),被置成相应的状态,而从触发器不动。

(2) CP下降沿到来时,从触发器按照主触发器的状态翻转,所以Q、$\overline{Q}$端状态的改变发生在CP的下降沿。

主触发器本身是一个电位触发RS触发器,在CP=1的全部时间里,主触发器都可以接收输入信号。但因为Q、$\overline{Q}$接回到输入门上,所以当$Q=0$时主触发器只能接受置1输入信号($J=1$),当$Q=1$时主触发器只能接受置0输入信号($K=1$)。结果是在CP=1期间主触发器只可能翻转一次,一旦翻转则不会回到原来的状态。

所以只要保证在CP=1期间首次出现的输入信号是正确的,则主从触发器的输出就一定是正确的。

3. 主从JK触发器的"一次翻转"原理分析

假设触发器初态为0,即$Q'=0$,$Q=0$。

在第1个CP为1期间,开始$J=1$,$K=0$,主触发器置1,$Q'=1$,从触发器不动,Q仍为0;接着$J=0$,$K=1$,按RS触发器的功能表,主触发器应置0,但因为Q一直为0,并反馈到

G_8门的输入端，封锁了 G_8，使 G_8 输出 1，G_6 输出 0，反馈到 G_5 的输入端，使 G_5 输出为 1，即 $Q'=1$，故主触发器保持为 1。在 CP=1 期间，无论 J、K 变化多少次，主触发器都只翻转一次；当 CP 由 1 变为 0 后，主触发器处于保持状态，Q'仍为 1；由于 CP 经过一个非门后接 CP′，所以 CP′由 0 变为 1，使从触发器动作，由于从触发器的 $S=1$，$R=0$，则置 1，$Q=1$。

在第 2 个 CP 为 1 期间，$J=0$，$K=1$，主触发器置 0，Q'变为 0，从触发器不动，Q 仍为 1；接着 J 变为 1，K 变为 0，由于主触发器只翻转一次，所以 Q'保持 0；当第 2 个 CP 下降沿到来时，从触发器动作，由于从触发器的 $S=0$，$R=1$，则置 0，$Q=0$。

在第 3 个 CP 为 1 期间，$J=1$，$K=0$，主触发器置 1，$Q'=1$，从触发器不动，Q 仍为 0；当第 3 个 CP 下降沿到来时，从触发器动作，由于从触发器的 $S=1$，$R=0$，则置 1，$Q=1$。

4. 使用主从 JK 触发器的注意事项

(1) 在 CP=1 期间，J、K 不允许变化。如果 J、K 在 CP=1 期间变化，则触发器的状态就不满足功能表。

(2) JK 触发器抗干扰能力差。

(3) 使用主从 JK 触发器时，CP=1 的宽度不宜过大，应以窄正脉冲、宽负脉冲的 CP 为宜。

7.4.2 边沿 JK 触发器

为了提高触发器的可靠性，增强抗干扰能力，希望触发器的次态仅取决于 CP 下降沿(或上升沿)到达时输入信号的状态，而在此之前和之后输入状态的变化对触发器的次态没有影响，进而设计出边沿 JK 触发器。

1. 边沿 JK 触发器的逻辑电路与逻辑符号

边沿 JK 触发器的逻辑电路与逻辑符号分别如图 7.4.5 和图 7.4.6 所示。

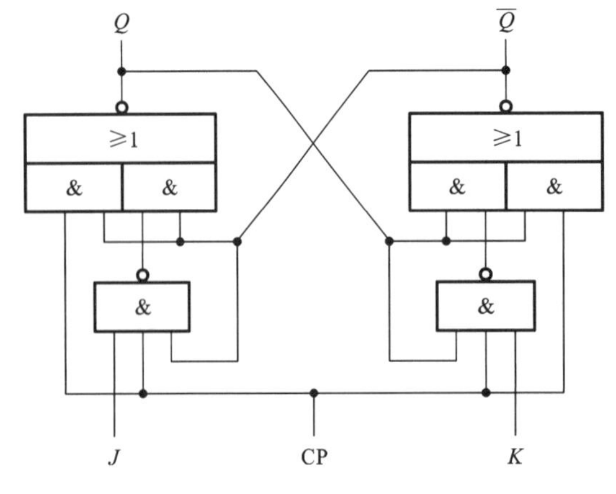

图 7.4.5 边沿 JK 触发器的逻辑电路

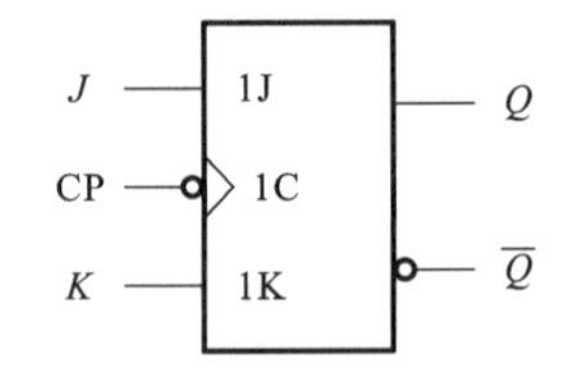

图 7.4.6 边沿 JK 触发器的逻辑符号

逻辑符号中，时钟端的小圆圈和三角表示触发器的状态改变发生在时钟的下降沿。

2. 边沿JK触发器的工作原理和特性

借用图7.4.7来对边沿JK触发器的原理进行分析。

边沿JK触发器是利用门电路传输延迟的差异来引导触发的触发器。在图7.4.7中，采用与或非门交叉连接构成基本RS触发器，与非门1和与非门2起触发引导作用。边沿JK触发器能够工作的前提条件：门A、D的开启快于门1、2的开启；门A、D的关闭快于门1、2的关闭；门1、2的传输延迟时间大于门A、D的翻转时间。

具体原理分析如下。

当CP=0时，门1、2输出为1，门A、D封锁；故门B和C构成基本RS触发器，如图7.4.8所示。根据与非门构成的RS触发器的特征，$\overline{R_D}=1$，$\overline{S_D}=1$时触发器具有保持功能，即$Q^{n+1}=Q^n$，而与输入J、K无关。

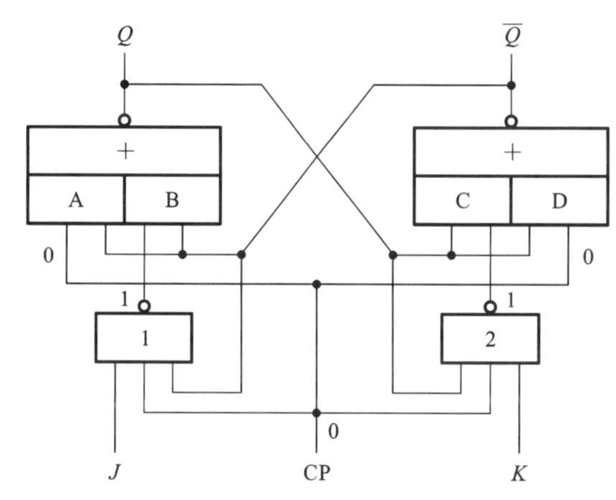

图7.4.7 边沿JK触发器

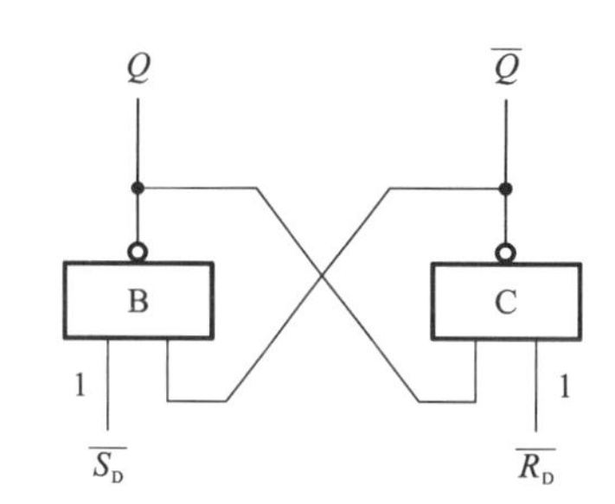

图7.4.8 CP=0时边沿JK触发器的等效电路图

当CP=1时，若$Q^n=0$，反馈到门C、D的输入端，使门C、D构成的与或非门的输出$\overline{Q}=1$；$\overline{Q}$反馈到门A、B的输入端，因为门A输入为1，则使门A、B构成的与或非门的输出$Q=0$，即$Q^{n+1}=0$。若$Q^n=1$，反馈到门C、D的输入端，使门C、D构成的与或非门的输出$\overline{Q}=0$；$\overline{Q}$反馈到门A、B的输入端，使门A、B构成的与或非门的输出$Q=1$，即$Q^{n+1}=1$。

综合上述两种情况，CP=1时，$Q^{n+1}=Q^n$，且输入J、K对触发器的输出Q没有影响。因为CP=1，所以门A和D的输入分别为$\overline{Q}$和Q。两个与或非门的交叉耦合作用使得触发器保持原态。

当CP接近下降沿时，门A、D先关闭，但门1、2还未关闭，J、K从门1、2输出，通过门B、C进入基本RS触发器——完成的是钟控JK触发器的功能。之后，门1、2关闭，输出1，$\overline{R_D}=\overline{S_D}=1$，使触发器执行保持功能——即使$J$、$K$状态再发生变化也不会影响触发器的状态，这保证了触发器工作稳定、可靠，增强了触发器的抗干扰能力。

当CP→0时，门A、D先关闭，但门1、2还未关闭(仍可看作CP为高电平)，此时可分四种情况进行讨论。

(1) 若$JK=00$，则G_1、G_2输出$\overline{S_D}=\overline{R_D}=1$，$Q^{n+1}=Q^n$，实现保持功能。

(2) 若$JK=11$，则实现翻转功能。若Q初态为0，反馈到门2的输入端，使$\overline{R_D}=1$，$\overline{Q}=1$，反馈到门1的输入端，使$\overline{S_D}=0$，置1，使$Q^{n+1}=1$，$\overline{Q^{n+1}}=0$，然后门1、2关闭；若Q初态为

1,反馈到门 2 的输入端,使$\overline{R_D}=0$,$\overline{Q}=0$,反馈到门 1 的输入端,使$\overline{S_D}=1$,置 0,使 $Q^{n+1}=0$,$\overline{Q^{n+1}}=1$,然后门 1、2 关闭。

(3) 若 $JK=10$,则 $Q^{n+1}=1$,$\overline{Q^{n+1}}=0$,实现置 1 功能。

(4) 若 $JK=01$,则 $Q^{n+1}=0$,$\overline{Q^{n+1}}=1$,实现置 0 功能。

3. 边沿 JK 触发器的特征表和时序图

边沿 JK 触发器的特征表如表 7.4.1 所示。

表 7.4.1　边沿 JK 触发器的特征表

CP	J	K	Q^{n+1}	功能
0	×	×	Q^n	保持
1	×	×	Q^n	保持
↓	0	0	Q^n	保持
↓	0	1	0	置 0
↓	1	0	1	置 1
↓	1	1	$\overline{Q^n}$	翻转

边沿 JK 触发器的时序图如图 7.4.9 所示。

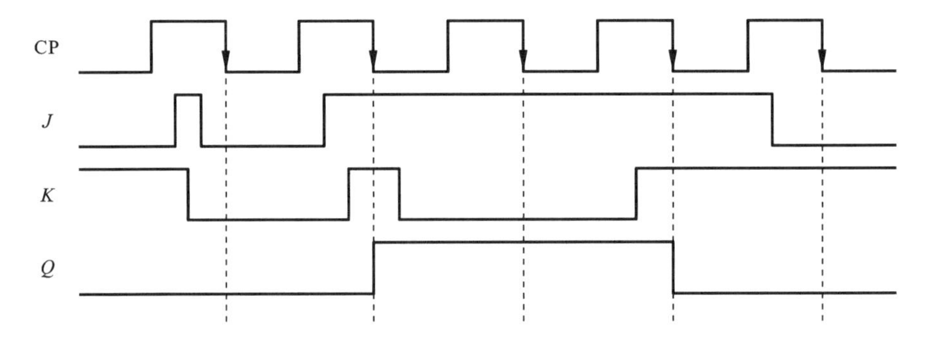

图 7.4.9　边沿 JK 触发器的时序图

边沿 JK 触发器的特性方程为

$$Q^{n+1}=(J\overline{Q^n}+\overline{K}Q^n)\mathrm{CP}\downarrow \tag{7.4.2}$$

4. 边沿 JK 触发器的 HDL 设计(CT7472)

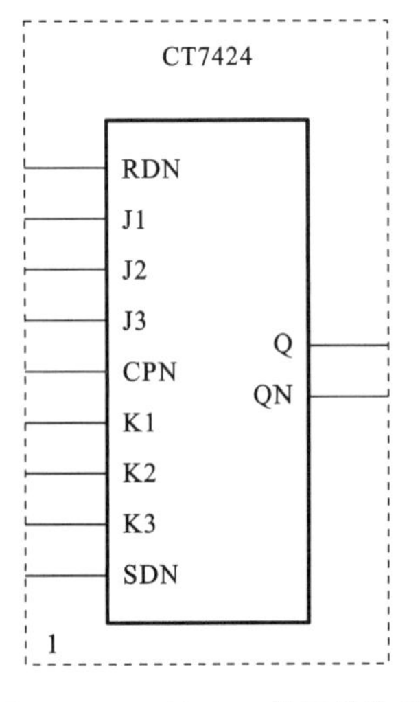

图 7.4.10　CT7472 **的元件符号**

CT7472 的元件符号如图 7.4.10 所示。该元件是一个具有主从结构的 JK 触发器,J3、J2、J1 是 3 个具有与逻辑关系的 J 输入端,K3、K2、K1 是 3 个具有与逻辑关系的 K 输入端。

据特性表,CT7472 可以分为 3 种工作状态,适合用 if…else 语句来描述,具体实现见代码 7.4.1。

(1) $\overline{R_D}=0$ 时异步复位(异步复位优先级最高)。

(2) $\overline{S_D}=0$ 时异步置位。

(3) CP 下降沿到来时完成 JK_FF 的功能(4 种功能,

适合用 case 语句来描述)。

CT7472 的特性表如表 7.4.2 所示。

表 7.4.2 CT7472 的特性表

$\overline{R_D}$	$\overline{S_D}$	CP	J	K	Q^{n+1}	功能
0	1	×	×	×	0	异步复位
1	0	×	×	×	1	异步置位
0	0	×	×	×	×	不允许
1	1	↓	0	0	Q^n	保持
1	1	↓	0	1	0	置 0
1	1	↓	1	0	1	置 1
1	1	↓	1	1	$\overline{Q^n}$	翻转

代码 7.4.1 CT7472 Verilog HDL 的模块程序。

```
module CT7472 (RDN, J1, J2, J3, CPN, K1, K2, K3, SDN, Q, QN);
input RDN, J1, J2, J3, CPN, K1, K2, K3, SDN;
output Q, QN;
reg Q, QN;
wire J_SIG, K_SIG;
assign J_SIG=J3 && J2 && J1;
assign K_SIG=K3 && K2 && K1;
always @  (negedge RDN or negedge SDN or negedge CPN)
begin
if (! RDN)
begin Q=1'b0; QN=1'b1; end                //异步复位
else if (! SDN)
begin Q=1'b1; QN=1'b0; end                //异步置位
else case ({J_SIG,K_SIG})
2'b00:begin Q=Q;QN=QN; end                //保持
2'b01:begin Q=1'b0; QN=1'b1; end          //置 0
2'b10:begin Q=1'b1; QN=1'b0; end          //置 1
2'b11:begin Q=! Q; QN=! QN; end           //翻转
endcase
end
endmodule
```

仿真波形图如图 7.4.11 所示:前三个周期分别展示了异步置位和异步复位操作,后几个周期展示了在 CP 下降沿到来时,输出依据 J 和 K 而发生变化。

7.4.3 维持阻塞 D 触发器

边沿触发器的另一种电路结构形式是维持阻塞结构(直流反馈原理)。这种电路结构在

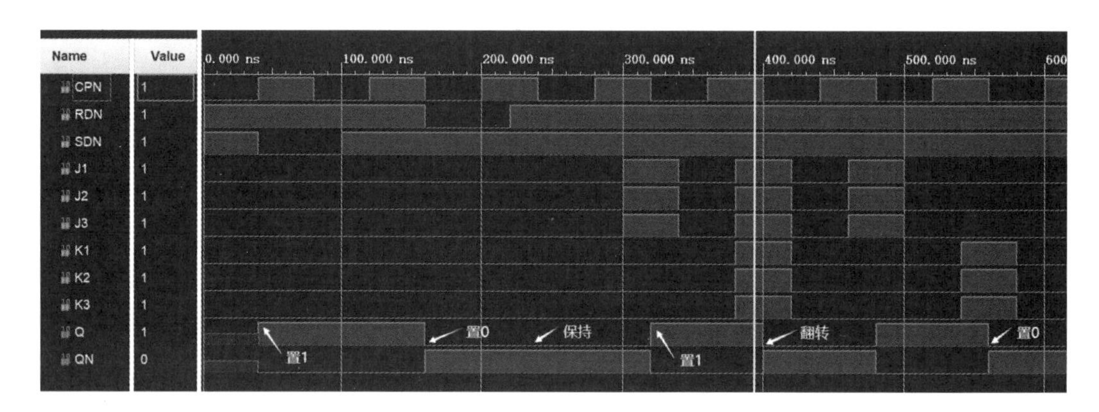

图 7.4.11　CT7472 的仿真波形图

TTL 电路中使用较多。

维持就是在 CP 期间使触发器维持正确的电位；阻塞就是在 CP 期间阻止触发器产生不应有的动作。

维持阻塞触发器包括维持阻塞结构 RS、JK 和 D 触发器等。为了适应输入信号以单端形式给出的情况，维持阻塞触发器也经常做成单端输入的形式（D 端为数据输入端）。有时也做成多输入端的形式，此时各输入端之间是逻辑与的关系。

1. 维持阻塞 D 触发器的逻辑电路与逻辑符号

维持阻塞 D 触发器的逻辑电路如图 7.4.12 所示。加上置 1 维持线和置 0 阻塞线，是为了在 $D=1$ 时，保证由 G_1、G_2 构成的基本 RS 触发器的 $\overline{S_D}=0$，$\overline{R_D}=1$，即触发器置 1，从而保证在 CP=1 期间不发生空翻（干扰 $D=0$ 使 Q 变为 0）。

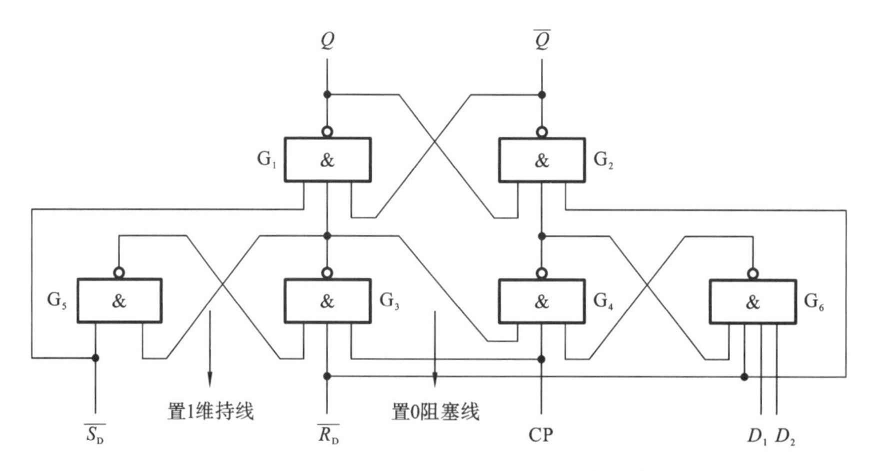

图 7.4.12　维持阻塞 D 触发器的逻辑电路

2. 维持阻塞 D 触发器的工作原理和特性

当 $D=0$ 时，加一条置 0 维持线，保证由 G_1、G_2 构成的基本 RS 触发器的 $\overline{S_D}=1$，$\overline{R_D}=0$，

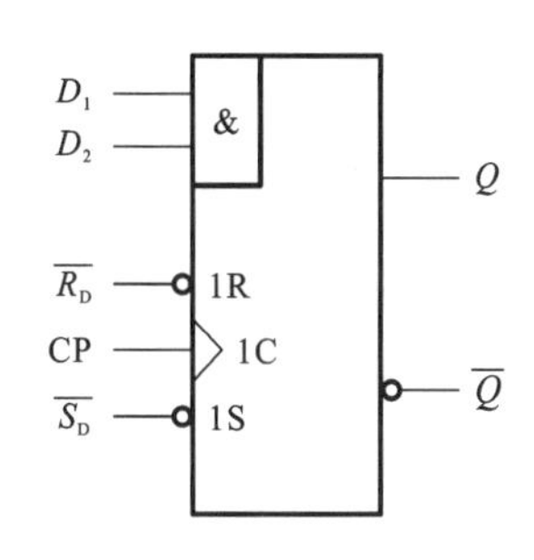

图 7.4.13　维持阻塞 D 触发器的逻辑符号

触发器置 0,从而保证在 CP=1 期间不发生空翻(使干扰 $D=1$ 不至于使 Q 变为 1)。

当 $D=1$ 时,置 1 维持线和置 0 阻塞线能保证由 G_1、G_2 构成的基本 RS 触发器的$\overline{S_D}=0$,$\overline{R_D}=1$,触发器置 1,保证在 CP=1 期间不发生空翻(干扰 $D=0$ 使 Q 变为 0)。

当 $D=0$ 时,置 0 维持线保证由 G_1、G_2 构成的基本 RS 触发器的$\overline{S_D}=1$,$\overline{R_D}=0$,触发器置 0,从而保证在 CP=1 期间不发生空翻(使干扰 $D=1$ 不至于使 Q 变为 1)。

维持阻塞 D 触发器的逻辑符号如图 7.4.13 所示。

维持阻塞 D 触发器的逻辑功能表如表 7.4.3 所示。

表 7.4.3　维持阻塞 D 触发器的逻辑功能表

$\overline{R_D}$	$\overline{S_D}$	CP	D	Q^{n+1}	功能
0	1	×	×	0	异步置 0
1	0	×	×	1	异步置 1
1	1	↑	0	0	置 0
1	1	↑	1	1	置 1

维持阻塞 D 触发器的时序图如图 7.4.14 所示。

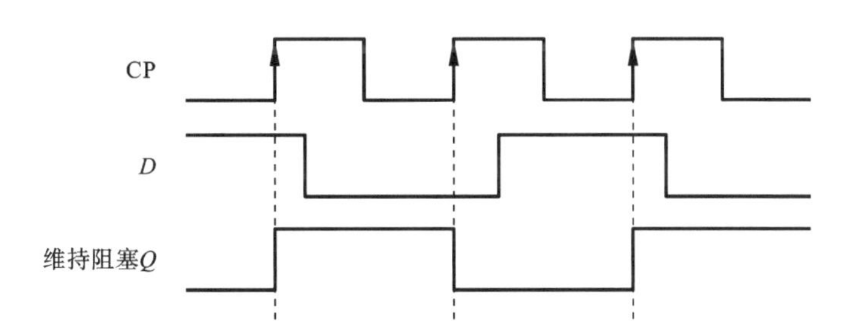

图 7.4.14　维持阻塞 D 触发器的时序图(初态为 0)

维持阻塞 D 触发器的特性方程为

$$Q^{n+1}=\text{CP}\uparrow \qquad (7.4.3)$$

它的特点如下。

(1) CP 正跳变时,触发器才接受输入数据。

(2) CP=1、CP=0 及 CP↓期间,保持原态,输入数据变化不会影响触发器状态。

3. 维持阻塞 D 触发器的 HDL 设计

(1) 不带置 0 和置 1 功能的 D 触发器的 HDL 设计。

代码 7.4.2　不带置 0 和置 1 功能的 D 触发器的 HDL 设计。D 触发器为边沿触发器,这里假设为上升沿触发。

```
module D_FF (CP, D, Q, QN);
input CP, D;
```

```
output Q, QN;
reg Q,;
wire QN;
assign QN=!Q;
always @ (posedge CP)
begin
Q<=D;
end
endmodule
```

仿真波形图如图 7.4.15 所示，程序中，输出信号 Q 在时钟信号 CLK 的上升沿转变为同信号 D 一致。

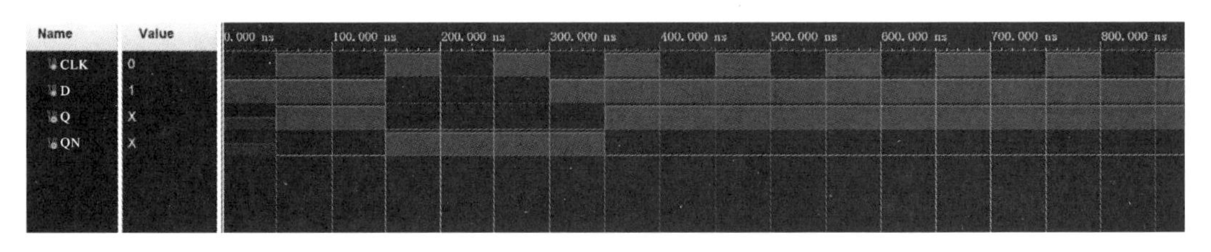

图 7.4.15　不带置 0 和置 1 功能的 D 触发器的仿真波形图

(2) 带异步清 0、异步置 1 端的 D 触发器的 HDL 设计。

代码 7.4.3　带异步清 0、异步置 1 端的 D 触发器，有多个边沿触发信号(clk、reset、set)。

```
module  DFF1(q,qn,d,clk,set,reset);
    output  q,qn;
    input  d,clk,set,reset;
    reg  q;
    wire qn;
    assign qn=!q;
    always  @ (posedge clk or negedge set or negedge reset )
        begin
            if(!reset)    begin
                q<=0;            //异步清 0,低电平有效
            end
            else if(!set)    begin
                q<=1;            //异步置 1,低电平有效
            end
            else    begin
                q<=d;
            end
        end
endmodule
```

带异步清 0、异步置 1 端的 D 触发器的仿真波形图如图 7.4.16 所示，程序中，复位信号

reset 低电平有效，q 复位值为零。在 50 ns 时信号 q 第一次跳变为高电平；在 300 ns 时 set 信号拉低，q 被异步置 1。

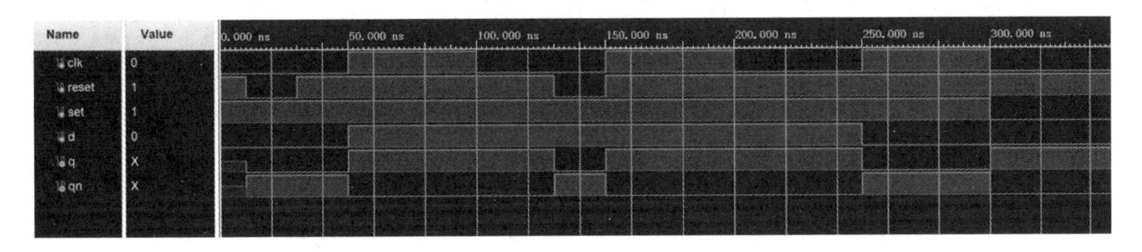

图 7.4.16　带异步清 0、异步置 1 端的 D 触发器的仿真波形图

(3) 带同步清 0、同步置 1 端的 D 触发器的 HDL 设计。

代码 7.4.4　带同步清 0、同步置 1 端的 D 触发器，有一个边沿触发信号 clk。

```
module DFF2 (q, qn, d, clk, set, reset);
output q, qn;
input d, clk, set, reset;
reg q, qn;
always @  (posedge clk)
begin
if(! reset)       begin
q= 0;                        //同步清 0,低电平有效
qn= 1;
end
else if(! set)     begin
q= 1;                        //同步置 1,低电平有效
qn= 0;
end
else             begin
q= d;
qn= ! q;                     //最好不要写成“qn= ! d;”
end
end
endmodule
```

带同步清 0、同步置 1 端的 D 触发器的仿真波形图如图 7.4.17 所示，程序中，150 ns 处信号 q 跳变为高电平；300 ns 处 set 信号拉低，在下一个上升沿，即 400 ns 处，q 被置 0(同步置 1)。

可以看出，当 reset 信号为低电平时，必须等到时钟信号的上升沿到来，Q 才被清 0，这种在时钟信号控制下进行清 0 的操作，称为同步清 0。当 reset、set 信号都无效时(均为高电平)，如果时钟信号上升沿到来，则 $Q=D$。当 set 信号为低电平时，必须等到时钟信号上升沿到来，Q 才被置 1。这种在时钟信号控制下进行的置 1 操作，称为同步置 1。

同步清 0、同步置 1 适用于清 0 信号、置 1 信号的有效时间较长而时钟周期较短的场合。利用频繁出现的时钟边沿，很容易捕捉到清 0 信号、置 1 信号。异步清 0、异步置 1 适用于清

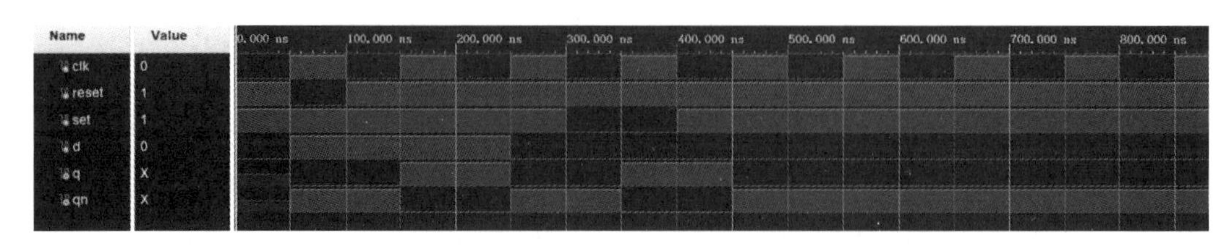

图 7.4.17　带同步清 0、同步置 1 端的 D 触发器的仿真波形图

0 信号、置 1 信号的有效时间较短而时钟周期较长的场合。无论是否有时钟信号，只需要判断清 0 信号、置 1 信号的边沿是否到来，触发器就产生相应动作，这样不会错过清 0 信号、置 1 信号。

7.5　触发器之间的转换

常用的触发器有 5 种类型的，分别是 RS、D、JK、T、T′触发器。在实际电路设计中，当需要的触发器类型缺货时，可以通过触发器的转换方法，将现有的触发器类型转换为需要的触发器类型。转换的方法是在现有的触发器前增加组合逻辑电路，如图 7.5.1 所示，具体如下。

（1）分别写出已有触发器和所需要的触发器的特性方程。

（2）比较二者，写出已有触发器输入端的驱动方程，即可以得到组合逻辑电路的输出表达式。

（3）画出电路连接图。

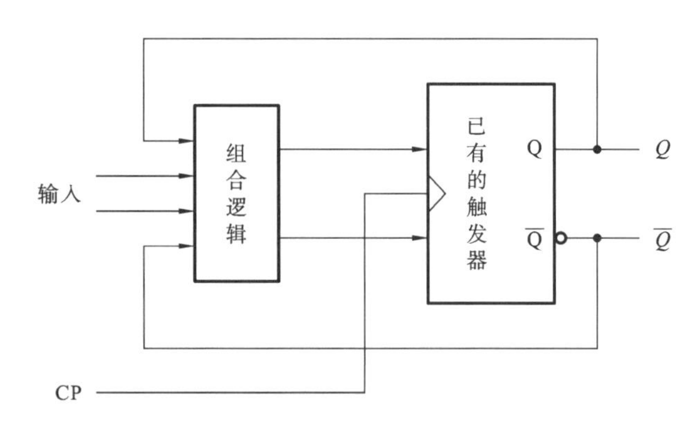

图 7.5.1　触发器之间的转换

7.5.1　JK 触发器转换为其他类型的触发器

1. JK_FF 到 D_FF 的转换

将已有的 JK 触发器特性方程

$$Q^{n+1}=J\,\overline{Q^n}+\overline{K}Q^n \tag{7.5.1}$$

转换为 D 触发器的特性方程

$$Q^{n+1}=D=D(\overline{Q^n}+Q^n)=D\,\overline{Q^n}+DQ^n \tag{7.5.2}$$

比较式(7.5.1)与式(7.5.2),可以得到组合逻辑电路的输出表达式,也即输入 J、K 的驱动方程:

$$J=D,\quad K=\overline{D} \tag{7.5.3}$$

根据方程(7.5.3),可以得到 JK 触发器转换为 D 触发器的逻辑电路,如图 7.5.2 所示。

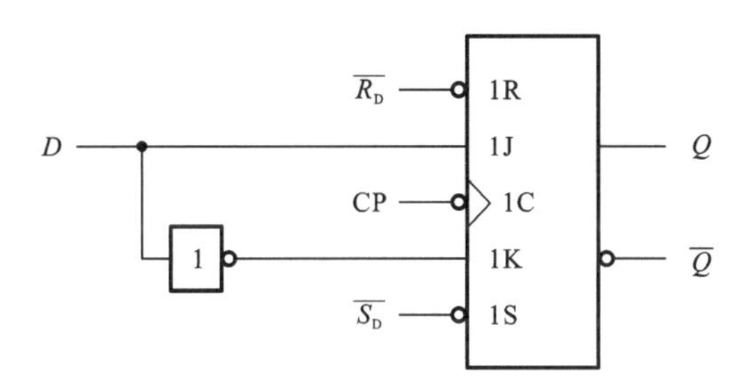

图 7.5.2 JK 触发器转换为 D 触发器的逻辑电路

图 7.5.2 使用的是带异步置 0 和异步置 1 功能的边沿 JK 触发器,转换后,D 触发器的特性方程为

$$Q^{n+1}=D\cdot \mathrm{CP}\downarrow \tag{7.5.4}$$

2. JK_FF 到 T_FF 的转换

参考 JK 触发器的特性方程

$$Q^{n+1}=J\,\overline{Q^n}+\overline{K}Q^n \tag{7.5.5}$$

及 T 触发器的特性方程

$$Q^{n+1}=T\,\overline{Q^n}+\overline{T}Q^n \tag{7.5.6}$$

比较式(7.5.5)与式(7.5.6),可得到组合逻辑电路的输出表达式,也即输入 J、K 的驱动方程:

$$J=T,\quad K=T \tag{7.5.7}$$

根据方程(7.5.7),可以得到 JK 触发器转换为 T 触发器的逻辑电路,如图 7.5.3 所示。

转换后的 T 触发器的特性方程为

$$Q^{n+1}=(T\,\overline{Q^n}+\overline{T}Q^n)\mathrm{CP}\downarrow \tag{7.5.8}$$

3. JK_FF 到 T′_FF 的转换

参考 JK 触发器的特性方程

$$Q^{n+1}=J\,\overline{Q^n}+\overline{K}Q^n \tag{7.5.9}$$

及 T′触发器的特性方程

$$Q^{n+1}=Q^{-n}=1\cdot\overline{Q^n}+\overline{1}Q^n \tag{7.5.10}$$

比较上面的两个方程,可以得到输入 J、K 的驱动方程:

$$J=1,\quad K=1 \tag{7.5.11}$$

根据驱动方程(7.5.11),可以得到JK触发器转换为T′触发器的逻辑电路,如图7.5.4所示。

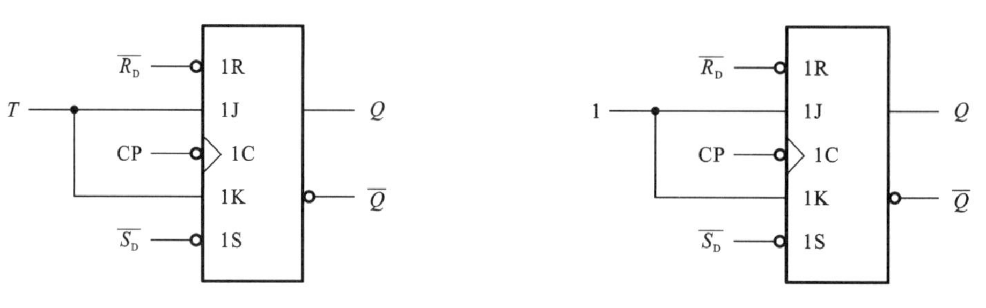

图7.5.3 JK触发器转换为T触发器的逻辑电路　　图7.5.4 JK触发器转换为T′触发器的逻辑电路

转换后的T′触发器的特性方程为

$$Q^{n+1}=\overline{Q^n}\,\mathrm{CP}\downarrow \tag{7.5.12}$$

7.5.2 D触发器转换为其他类型的触发器

1. D_FF到JK_FF的转换

D触发器的特性方程为

$$Q^{n+1}=D \tag{7.5.13}$$

JK触发器的特性方程为

$$Q^{n+1}=J\,\overline{Q^n}+\overline{K}Q^n \tag{7.5.14}$$

比较式(7.5.13)与式(7.5.14),得到输入D的驱动方程为

$$D=J\,\overline{Q^n}+\overline{K}Q^n=\overline{\overline{J\overline{Q^n}}\cdot\overline{\overline{K}Q^n}} \tag{7.5.15}$$

根据方程(7.5.15),可以得到D触发器转换为JK触发器的逻辑电路,如图7.5.5所示。

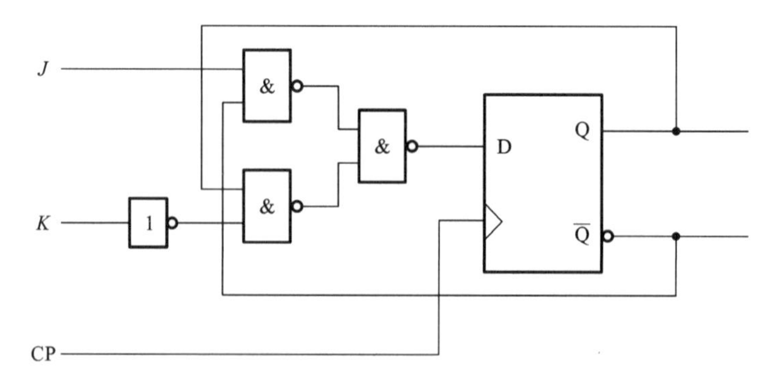

图7.5.5 D触发器转换为JK触发器的逻辑电路

转换后的JK触发器的特性方程为

$$Q^{n+1}=(J\overline{Q^n}+\overline{K}Q^n)\text{CP}\uparrow \tag{7.5.16}$$

2. D_FF到T_FF的转换

D触发器的特性方程为

$$Q^{n+1}=D \tag{7.5.17}$$

T触发器的特性方程为

$$Q^{n+1}=T\overline{Q^n}+\overline{T}Q^n \tag{7.5.18}$$

比较上面两式，得到输入D的驱动方程为

$$D=T\overline{Q^n}+\overline{T}Q^n=\overline{\overline{T\overline{Q^n}}\cdot\overline{\overline{T}Q^n}} \tag{7.5.19}$$

根据式(7.5.19)，可以得到D触发器转换为T触发器的逻辑电路，如图7.5.6所示。

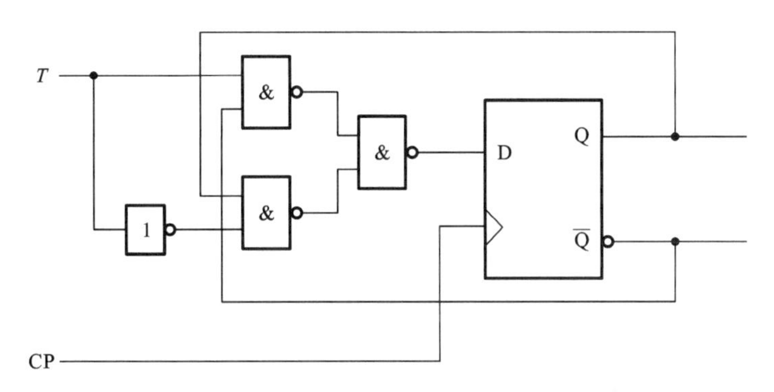

图7.5.6 D触发器转换为T触发器的逻辑电路

转换后的T触发器特性方程为

$$Q^{n+1}=(T\overline{Q^n}+\overline{T}Q^n)\text{CP}\uparrow \tag{7.5.20}$$

3. D_FF到T′_FF的转换

D触发器的特性方程为

$$Q^{n+1}=D \tag{7.5.21}$$

T′触发器的特性方程为

$$Q^{n+1}=\overline{Q^n} \tag{7.5.22}$$

比较上面两式，得到输入D的驱动方程为

$$D=\overline{Q^n} \tag{7.5.23}$$

根据上式可以得到D触发器转换为T′触发器的逻辑电路，如图7.5.7所示。

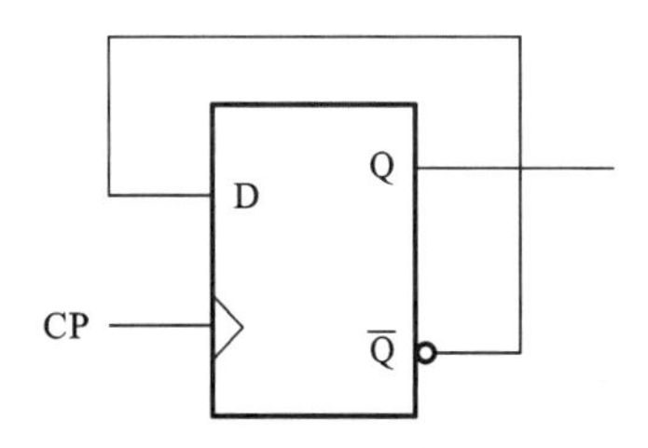

图7.5.7 D触发器转换为T′触发器的逻辑电路

转换后的T′触发器的特性方程为

$$Q^{n+1}=\overline{Q^n}\text{CP}\uparrow \tag{7.5.24}$$

本章思维导图

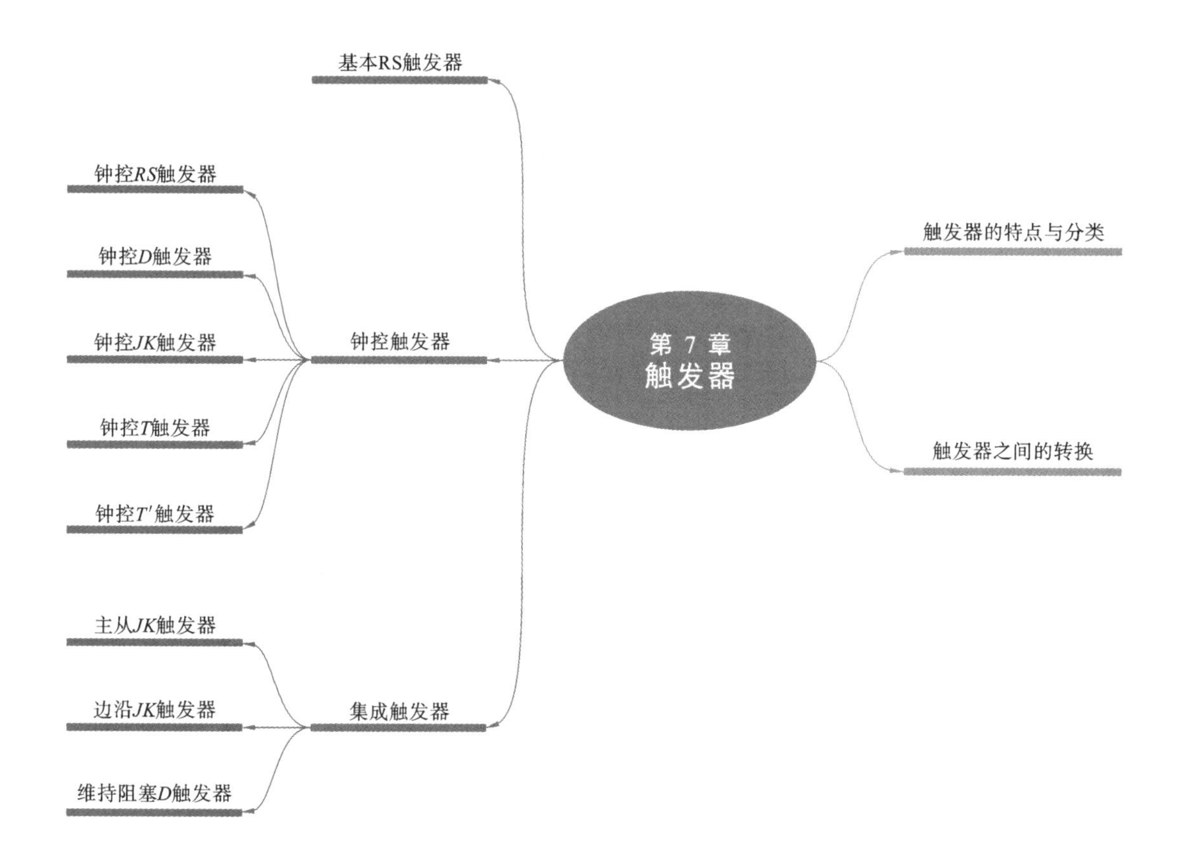

习　题

1. 图 7.2.1 所示的基本 RS 触发器与图 7.3.1(a)所示的钟控 RS 触发器在电路结构、数据锁存动作上有什么区别？为什么它们在工作中均需遵循 $S \cdot R=0$ 的约束条件？

2. 考虑如图 7.2.5(a)所示的基本 RS 触发器，其初始状态为 $Q=0,\bar{Q}=1$。该触发器的输入波形见习题图 7.1。设两个或非门的传输延迟时间均为 10 ns，试画出考虑或非门传输延迟后的输出波形。其中，相邻虚线段间的时间间隔为 10 ns，并假设输入、输出信号的上升

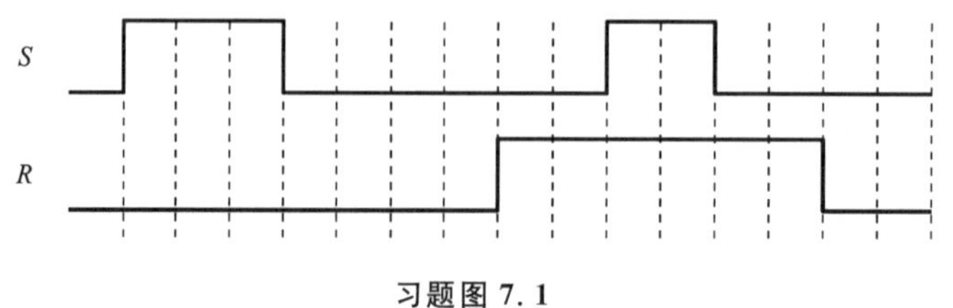

习题图 7.1

和下降时间均为0。

3. 分析习题图7.2所示电路的功能，并将其与图7.3.5(a)所示的钟控D触发器的逻辑电路结构进行比较。

4. 试思考钟控T′触发器的应用场景。

5. 假设一个下降沿触发的JK触发器的初始状态为0。习题图7.3列出了$\overline{CP}$、J、K信号，试画出触发器的输出Q的波形。

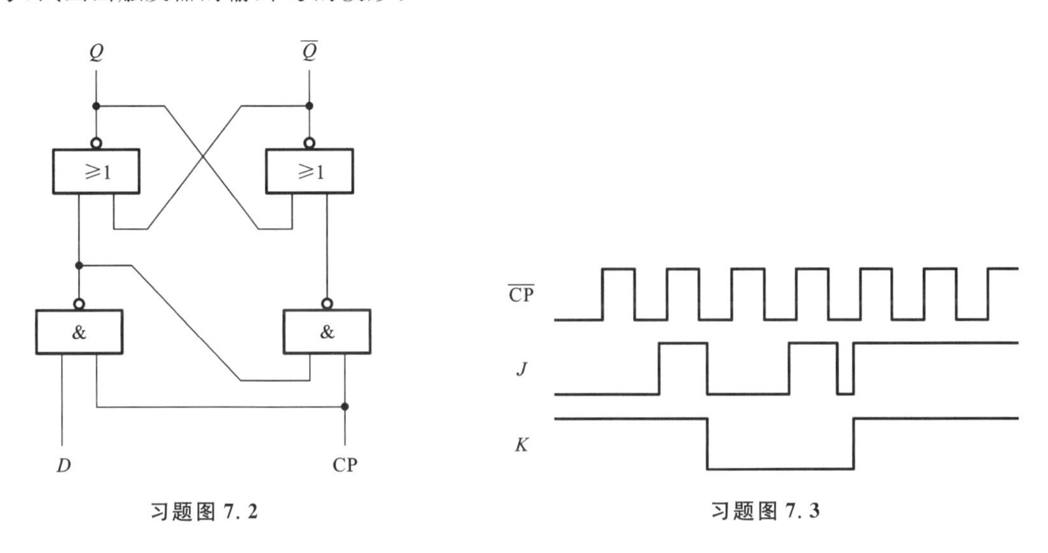

习题图7.2　　习题图7.3

6. 考虑一个由JK触发器构成的逻辑电路，如习题图7.4所示。已知$\overline{CP}$和X的波形，试画出Q_1和Q_2的波形(触发器的初始状态均为0)。

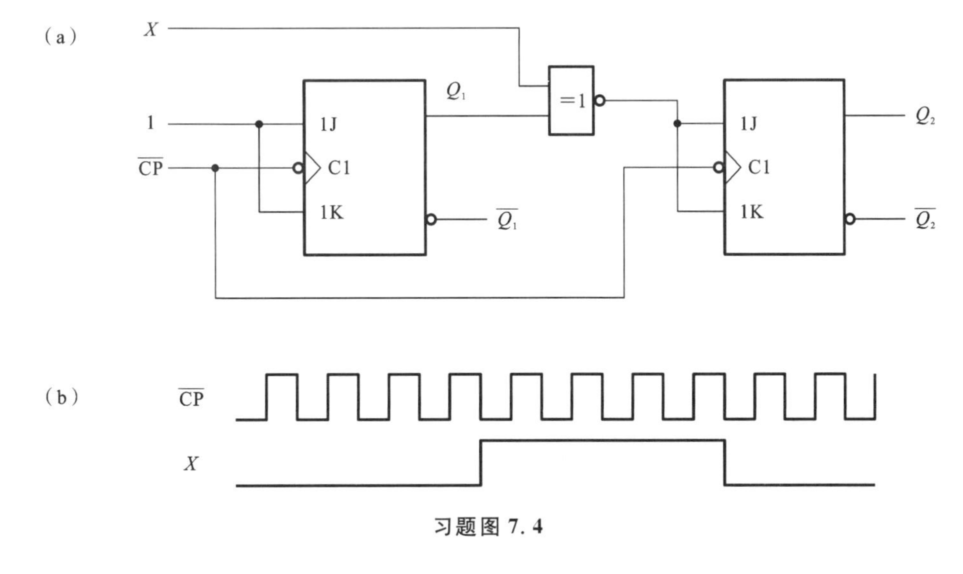

习题图7.4

7. 维持阻塞D触发器在$D=1$时保持时间t_H为零，即CP信号上升沿到来后D状态被立即传送到Q和$\overline{Q}$，试分析原因。

8. 试用T触发器和适当的组合逻辑，实现JK触发器的逻辑功能。

9. 阅读下面的程序，说明它所完成的逻辑功能，并画出逻辑电路。

```
module d_latch_rst (Rd, control, D, Q);
input Rd, control, D;
output Q;
reg Q;
always @ (Rd or control or D)
if (~Rd) Q<=1'b0;
else if (control)
Q<=D;
endmodule
```

10. 试用行为描述方式，描述一个下降沿触发的 D 触发器。要求具有异步置 0 功能，即置 0 信号变为低电平时，将触发器的输出置 0。

第 8 章 时序逻辑电路

时序逻辑电路是含有触发器等存储器件的另一类数字逻辑电路，它的特点是，任何时刻的输出信号不仅取决于当前的输入信号，而且还与电路的历史状态有关。时序逻辑电路按照工作方式不同，又分为同步时序逻辑电路和异步时序逻辑电路。本章主要讨论各种常用时序逻辑电路的分析和设计方法及 Verilog HDL 设计实现。

8.1 概　述

8.1.1 时序逻辑电路的描述方法

如果某逻辑电路任一时刻的输出信号不仅取决于当时的输入信号，而且还取决于电路原来的状态，则称其为时序逻辑电路。

时序逻辑电路在电路结构上有两个特点。

(1) 由组合逻辑电路和存储电路两部分组成，存储电路是必不可少的。

(2) 存储电路存储的状态至少有一个作为组合逻辑电路的输入，也就是说，时序逻辑电路具有“记忆”功能，任一时刻的输出信号不仅取决于该时刻的输入信号，而且还取决于电路原来的状态，即还与以前的输入有关。时序逻辑电路的结构框图如图 8.1.1 所示。

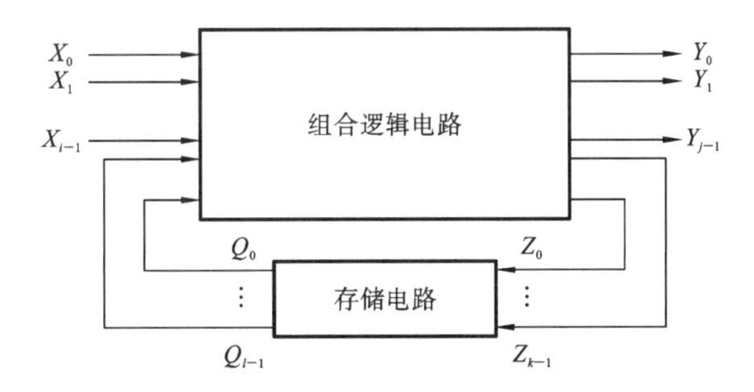

图 8.1.1 时序逻辑电路的结构框图

图 8.1.1 中信号的含义分别是：$X_0, X_1, \cdots, X_{i-1}$ 为外部输入信号；$Y_0, Y_1, \cdots, Y_{j-1}$ 是组合逻辑电路的输出信号；$Z_0, Z_1, \cdots, Z_{k-1}$ 是存储电路的输入信号；$Q_0, Q_1, \cdots, Q_{l-1}$ 是存储电路的输出信号。

时序逻辑电路可以用输出方程、驱动方程、状态方程来描述。

$$Y = f(X, Q) \tag{8.1.1}$$

$$Z=g(X,Q) \tag{8.1.2}$$

$$Q^{n+1}=h(Z,Q^n) \tag{8.1.3}$$

式(8.1.1)称为输出方程,其中,X 为电路的输入,Y 为电路的输出,Q 为存储电路的输出,其是电路输出端的逻辑表达式。输出方程的输出信号是输入信号和存储电路的输出信号的函数。

式(8.1.2)称为驱动方程(激励方程),其中,Z 为存储电路的输入,是构成存储电路的触发器的输入端的表达式。存储电路的输入信号由组合逻辑电路的输出决定,它是输入信号和存储电路的输出信号的函数。

式(8.1.3)称为状态方程,用于表示触发器的状态变化特性,由驱动方程代入触发器的特性方程得到。状态方程是触发器的次态与原态及触发器输入的逻辑关系式,表明触发器的次态由原态及触发器输入共同决定。

8.1.2 时序逻辑电路的分类

目前,时序逻辑电路的主流分类方法是按输入时钟信号分类和按电路的输出信号特征分类。

1. 按输入时钟信号分类

按输入时钟信号可以分为同步时序电路与异步时序电路两大类。

在同步时序电路中,时钟脉冲同时加在每一个触发器的 CP 端。其状态的改变受同一时钟脉冲控制,即电路在同一时钟脉冲的控制下,同步改变状态。

在异步时序电路中,时钟脉冲不同时加在每一个触发器的 CP 端,其特点就是各个触发器的时钟脉冲不同。即电路中没有统一的时钟脉冲用于控制触发器的状态改变,所以触发器的状态改变是不同步的,也就是说状态的改变有先有后。

2. 按电路的输出信号特征分类

按电路的输出信号特征,时序逻辑电路可以分为米里(Mealy)型和摩尔(Moore)型两大类。

米里型时序逻辑电路的典型结构如图 8.1.2 所示,米里型时序逻辑电路的输出信号与当前状态(现态)及输入信号有关。

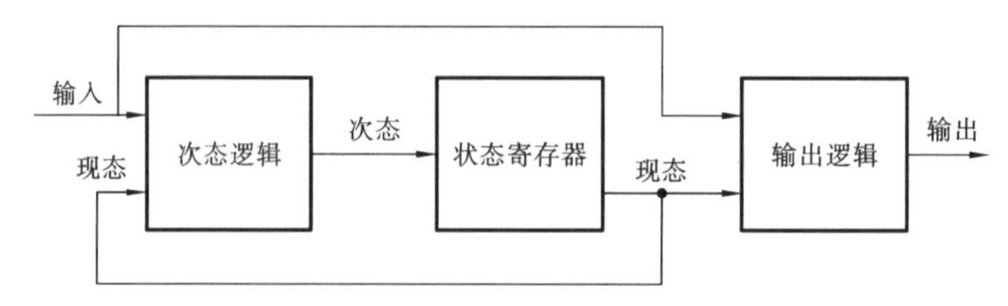

图 8.1.2 Mealy 型时序逻辑电路结构框图

摩尔型时序逻辑电路的典型结构如图 8.1.3 所示,摩尔型时序逻辑电路的输出信号仅与当前状态有关。

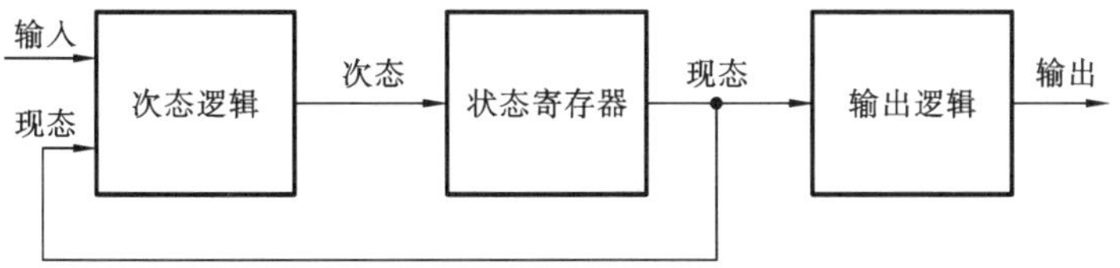

图 8.1.3　Moore 型时序逻辑电路结构框图

8.2　时序逻辑电路的分析方法

时序逻辑电路分析就是根据给定的时序逻辑电路图，找出在输入信号和时钟信号作用下，电路状态和输出信号的变化规律。本节将举例说明同步时序逻辑电路和异步时序逻辑电路的分析方法。

8.2.1　具体分析方法

时序逻辑电路可以用输出方程、驱动方程、状态方程、时钟方程来进行描述。在同步时序逻辑电路中，所有的存储器或触发器电路都采用统一的时钟信号，因此，分析同步时序逻辑电路就可以省略对时钟信号的分析。对同步时序逻辑电路就只需要用输出方程、驱动方程、状态方式来进行描述。时序逻辑电路的分析步骤如下。

(1) 根据电路结构写出触发器驱动方程，即触发器输入端的逻辑函数表达式和时序逻辑电路的输出方程。

(2) 将驱动方程代入触发器的特性方程得到时序逻辑电路的状态方程。

(3) 将输入变量和触发器初态的各种取值组合(按从小到大的顺序)代入状态方程和输出方程，计算出各级触发器的次态值和电路的输出值，得到状态转换表。

(4) 根据状态转换表画状态转换图或时序图，同时检查电路是不是具有自启动功能。

(5) 根据状态转换图和时序图说明电路的逻辑功能。

8.2.2　分析举例

【例 8.2.1】　分析图 8.2.1 所示的同步时序逻辑电路的逻辑功能。

解：(1) 根据图 8.2.1 写出触发器的驱动方程：

$$D_2 = Q_1^n \quad D_1 = Q_0^n \quad D_0 = \overline{Q_2^n} \tag{8.2.1}$$

(2) 将驱动方程代入 D 触发器的特性方程 $D^{n+1} = D$，得到状态方程：

$$\begin{aligned} Q_2^{n+1} &= D_2 = Q_1^n \\ Q_1^{n+1} &= D_1 = Q_0^n \\ Q_0^{n+1} &= D_0 = \overline{Q_2^n} \end{aligned} \tag{8.2.2}$$

(3) 根据图 8.2.1 可以看出，由于该电路的输出是各触发器的输出，所以输出方程与状

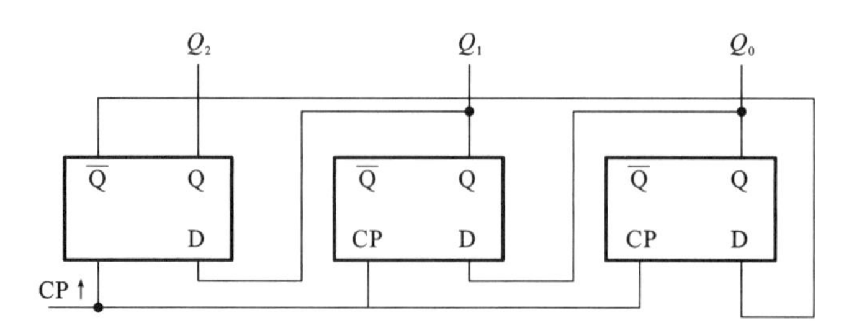

图 8.2.1 【例 8.2.1】逻辑电路图

态方程相同。

(4) 根据方程(8.2.2)画出状态转换表,如表 8.2.1 所示。

表 8.2.1 【例 8.2.1】状态转换表

Q_2^n	Q_1^n	Q_0^n	Q_2^{n+1}	Q_1^{n+1}	Q_0^{n+1}
0	0	0	0	0	1
0	0	1	0	1	1
0	1	0	1	0	1
0	1	1	1	1	1
1	0	0	0	0	0
1	0	1	0	1	0
1	1	0	1	0	0
1	1	1	1	1	0

(5) 根据状态转换表画出状态转换图,如图 8.2.2 所示。从初始状态 000 开始画,在次态输出列中找到其对应下一状态的取值并画出,然后将其作为初态,在原态输出列中找到它,再在次态输出列中找到其对应下一状态的取值并画出,以此类推,确保每个状态在状态转换图中都出现一次,且仅出现一次。

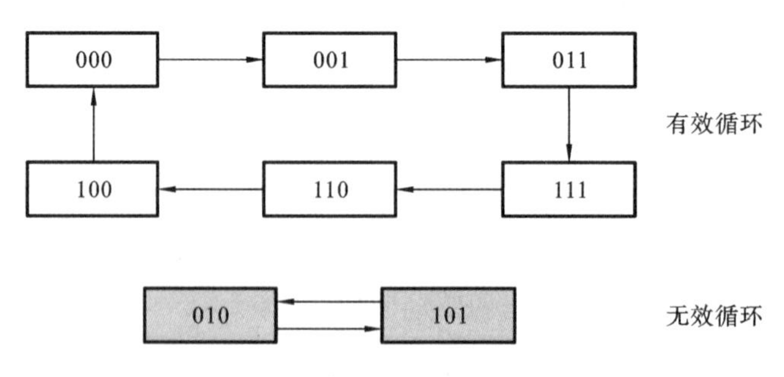

图 8.2.2 【例 8.2.1】状态转换图

根据状态转换图可以画出该时序逻辑电路的时序图,如图 8.2.3 所示。

电路功能:可作为同步 3 位格雷码计数器或同步六进制计数器。

【例 8.2.2】 分析图 8.2.4 所示的异步时序逻辑电路的逻辑功能。

解:(1) 根据图 8.2.4 可知,此逻辑电路为异步时序逻辑电路,可以写出触发器的时钟

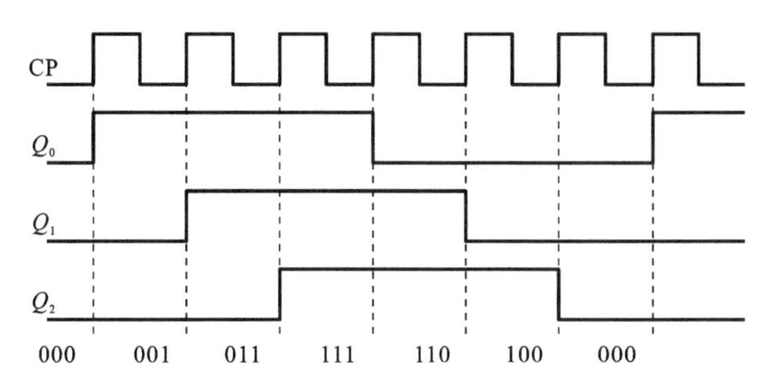

图 8.2.3 【例 8.2.1】时序图

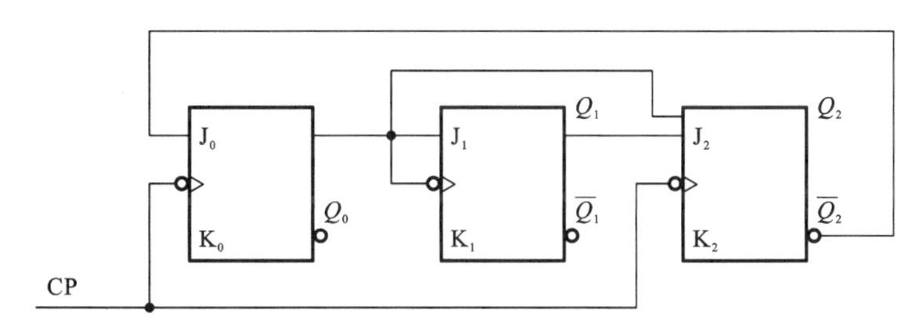

图 8.2.4 【例 8.2.2】逻辑电路图

方程和驱动方程。

时钟方程为

$$CP_0=CP_2=CP \quad CP_1=Q_0$$

驱动方程为

$$\begin{gathered} J_0=\overline{Q_2^n} \\ J_1=Q_0^n \; J_2=Q_1^nQ_0^n \\ K_0=1 \quad K_1=1 \quad K_2=1 \end{gathered} \tag{8.2.3}$$

(2) 将式(8.2.3)代入 JK 触发器的特性方程$Q^{n+1}=J\,\overline{Q^n}+\overline{K}Q^n$,得到状态方程为

$$\begin{gathered} Q_0^{n+1}=\overline{Q_2^nQ_0^n}(CP\downarrow) \\ Q_1^{n+1}=\overline{Q_1^n}Q_0^n(Q_0\downarrow) \\ Q_2^{n+1}=\overline{Q_2^n}Q_1^nQ_0^n(CP\downarrow) \end{gathered} \tag{8.2.4}$$

(3) 根据图 8.2.4 可以看出,由于该电路的输出就是各触发器的输出,所以输出方程与状态方程相同。

(4) 根据方程(8.2.4)画出状态转换表,如表 8.2.2 所示。

表 8.2.2 【例 8.2.2】状态转换表

Q_2^n	Q_1^n	Q_0^n	Q_2^{n+1}	Q_1^{n+1}	Q_0^{n+1}
0	0	0	0	0	1
0	0	1	0	1	0
0	1	0	0	1	1
0	1	1	1	0	0

续表

Q_2^n	Q_1^n	Q_0^n	Q_2^{n+1}	Q_1^{n+1}	Q_0^{n+1}
1	0	0	0	0	0
1	0	1	0	1	0
1	1	0	0	1	0
1	1	1	0	0	0

根据状态转换表画出状态转换图，如图 8.2.5 所示。

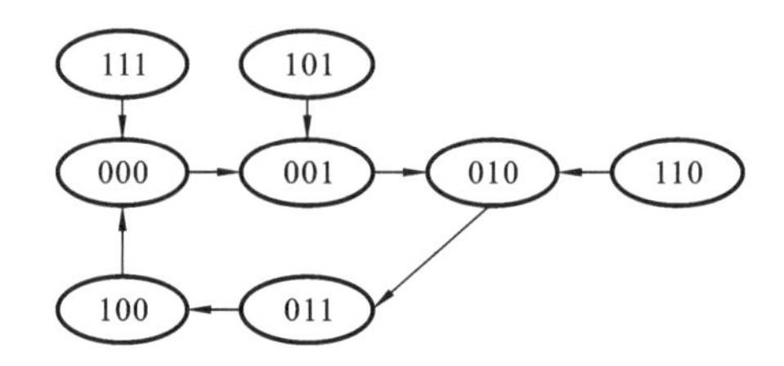

图 8.2.5 【例 8.2.2】状态转换图

电路功能：可作为异步五进制加法计数器。

【例 8.2.3】 分析图 8.2.6 所示的同步时序逻辑电路的逻辑功能。

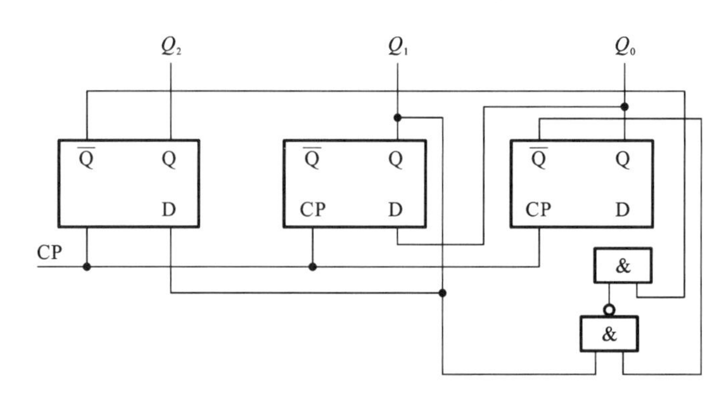

图 8.2.6 【例 8.2.3】逻辑电路图

解：(1) 根据图 8.2.6 写出触发器的驱动方程：

$$D_2=Q_1^n \quad D_1=Q_0^n \quad D_0=\overline{\overline{Q_0^n}Q_1^n}\cdot\overline{Q_2^n}=(Q_0^n+\overline{Q_1^n})\overline{Q_2^n}$$

(2) 将驱动方程代入 D 触发器的特性方程 $D^{n+1}=D$，得到状态方程：

$$\begin{aligned}&Q_2^{n+1}=D_2=Q_1^n\\&Q_1^{n+1}=D_1=Q_0^n\\&Q_0^{n+1}=D_0=\overline{\overline{Q_0^n}Q_1^n}\cdot\overline{Q_2^n}=(Q_0^n+\overline{Q_1^n})\overline{Q_2^n}\end{aligned}\tag{8.2.5}$$

(3) 根据图 8.2.6 可以看出，由于该电路的输出是各触发器的输出，所以输出方程与状态方程相同。

(4) 根据方程(8.2.5)画出状态转换表，如表 8.2.3 所示。

表 8.2.3　【例 8.2.3】状态转换表

Q_2^n	Q_1^n	Q_0^n	Q_2^{n+1}	Q_1^{n+1}	Q_0^{n+1}
0	0	0	0	0	1
0	0	1	0	1	1
0	1	0	1	0	0
0	1	1	1	1	1
1	0	0	0	0	0
1	0	1	0	1	0
1	1	0	1	0	0
1	1	1	1	1	0

(5) 根据状态转换表画出状态转换图，如图 8.2.7 所示。

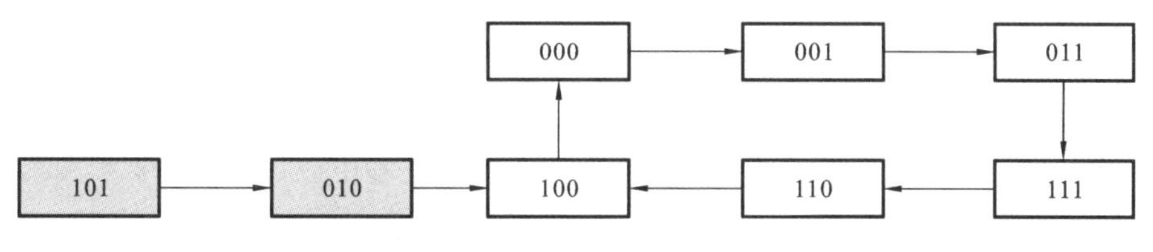

图 8.2.7　【例 8.2.3】状态转换图

电路功能：可作为能够自启动的同步 3 位格雷码计数器(同步六进制计数器)。

8.3　时序逻辑电路设计方法

时序逻辑电路设计指根据特定的逻辑要求，设计出能实现逻辑功能的逻辑电路，并力求最简。选用不同逻辑器件时，最简的标准不同，当选用小规模的逻辑电路实现时，最简的目标是令使用的触发器和逻辑门的数量最小；当选用中规模的集成电路时，最简的目标是令使用的集成电路的数目和种类最少；当选用大规模或可编程逻辑器件进行设计时，最简的目标是令所占用芯片的面积最小。

时序逻辑电路的设计过程是时序逻辑分析的反过程，本节主要讲解采用中、小规模逻辑器件的传统时序逻辑电路的设计方法和用 Verilog HDL 描述时序电路的方法。

8.3.1　同步时序逻辑电路的传统设计方法

同步时序逻辑电路有完全确定同步时序逻辑电路和不完全确定同步时序逻辑电路两种类型。如果在描述问题的状态图(即状态转移图)和状态表中，每一个状态在不同输入取值下都有确定的次态和输出，则这类状态图和状态表称为完全确定状态图和完全状态表，所描述的电路称为完全确定同步时序逻辑电路；如果在描述问题的状态图和状态表中，有某些状态在某些输入取值下的次态或输出是不确定的，则这类状态图和状态表称为不完全确定状态图和状态表,所描述的电路称为不完全确定同步时序逻辑电路。

1. 同步时序逻辑电路设计的一般步骤

同步时序逻辑电路所采用的是统一的时钟信号,在设计的过程中可以不考虑时钟信号,从一个状态到另外一个状态是同步的,其设计的一般步骤如图 8.3.1 所示。

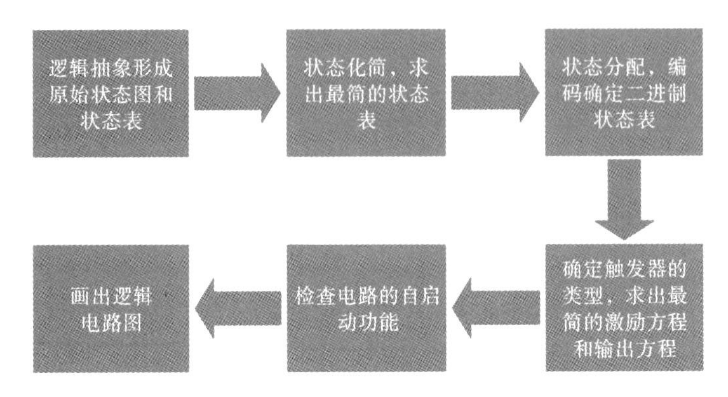

图 8.3.1 同步时序逻辑电路设计的一般步骤

下面结合时序逻辑电路设计的一般步骤,介绍设计过程中应该遵循的原则和需要注意的问题。

(1) 逻辑抽象形成原始状态图和原始状态表。

逻辑抽象的目的是得出逻辑问题的原始状态图和原始状态表。状态表(即状态转换表)是对设计要求的最原始抽象,是构造相应电路的依据。因此,建立正确的原始状态图和原始状态表是同步时序电路设计中最为关键的一步。原始状态图的形成是建立在对设计要求充分理解的基础之上的,设计者必须对给定的问题进行认真、全面地分析,弄清楚电路输出和输入的关系及状态的转换关系。建立原始状态表的关键是确定以下三个问题。

① 分析给定的逻辑问题,确定输入、输出变量及电路的状态数。输入变量的个数取决于引起电路状态变化的原因,而输出变量的个数由电路功能决定。

② 定义输入、输出逻辑状态和电路状态,对电路状态进行编号。

③ 列出原始状态,画出原始状态图。

(2) 状态化简。

状态化简是指采用某种化简技术从原始状态表中消去多余状态,得到一个既能正确地描述给定的逻辑功能,又能使所包含的状态数目达到最少的状态表,通常称这种状态表为最小化状态表。为了降低电路的复杂性和电路成本,应尽可能使状态表中包含的状态数达到最少。一般情况下,原始状态图或原始状态表都存在多余状态,因此必须进行状态化简。状态化简是建立在状态等效的基础上的,下面对状态等效的相关概念、状态等效的判断标准及最常用的状态化简方法——隐含表法进行介绍。

① 状态等效的相关概念。

(a) 等效状态。

设状态 S_1 和 S_2 是完全确定状态表中的两个状态,若对于所有可能的输入序列,分别从状态 S_1 和状态 S_2 出发,所得到的输出响应序列完全相同,则状态 S_1 和 S_2 是等效的,记作

(S_1, S_2)，又称状态 S_1 和 S_2 为等效对。等效状态（简称等效态）可以合并为一个状态。S_1 和 S_2 的等价关系如图 8.3.2 所示，即 $(S_1, S_2) \to S_3$。

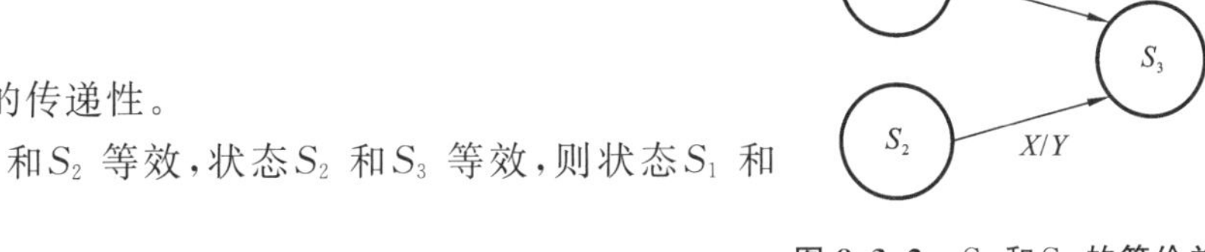

图 8.3.2　S_1 和 S_2 的等价关系

(b) 等效状态的传递性。

如果有状态 S_1 和 S_2 等效，状态 S_2 和 S_3 等效，则状态 S_1 和 S_3 也等效，记为

$$(S_1, S_2), (S_2, S_3) \to (S_1, S_3)$$

(c) 等效类。

等效类是由若干彼此等效的状态构成的集合，在同一个等效类中，任意两个状态都是等效的，即

$$(S_1, S_2, S_3) \to (S_1, S_2), (S_1, S_3), (S_2, S_3)$$
$$(S_1, S_2), (S_1, S_3), (S_2, S_3) \to (S_1, S_2, S_3)$$

(d) 最大等效类。

最大等效类是指不被任何别等效类所包含的等效类。这里所说的最大，并不是指包含的状态最多，而是指它具有独立性，即使是一个状态，只要它不被包含在别的等效类中，其也是最大等效类。换而言之，如果一个等效类不是任何其他等效类的子集，则该等效类被称为最大等效类。

② 状态等效的判断标准。

两个状态等效的判断标准是：若状态 S_i 和 S_j 是完全确定的原始状态表中的两个现态，则 S_i 和 S_j 等效的条件可归纳为在一位输入的各种取值组合下，同时满足以下两个条件，S_i 和 S_j 才是等效对。

条件 1，在输入相同的条件下，输出完全相同。

条件 2，在满足条件 1 的基础上，每个次态满足下列条件之一：次态相同；次态交错；次态维持，即次态为各自的现态；后续状态等效；次态循环。

下面分别对上述次态的情况进行解释说明。

(a) 次态相同。

次态相同是指如图 8.3.3 所示的情况。对于状态 S_0 和状态 S_1，在输入相同的情况下，输出均相同，并且状态转移效果均相同。当输入为 0 时，输出均为 0，且次态都是 S_2；当输入为 1 时，输出均为 0，且次态都是 S_3，则状态 S_0 和状态 S_1 是等效态。

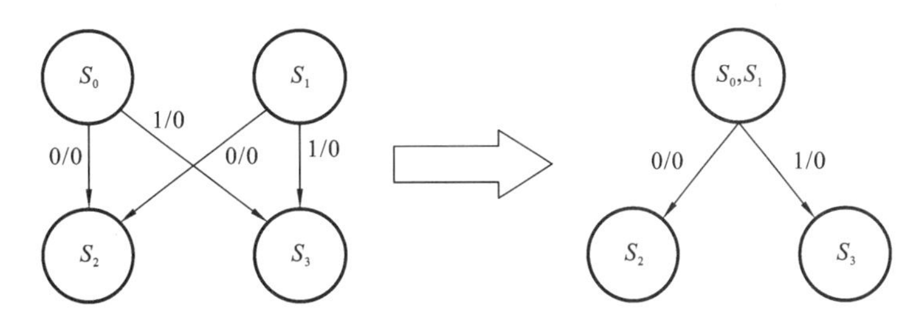

图 8.3.3　次态相同的示意图

(b) 次态交错。

次态交错是指状态 S_i 的次态是 S_j，状态 S_j 的次态是 S_i。如图 8.3.4 所示，S_0 在输入为 0

的情况下，输出为 0，其次态是S_1。S_1 在输入为 0 的情况下，输出为 0，其次态是S_0，S_0 和S_1 在输入为 1 的情况下，输出都为 1，次态为S_2，则S_0 和S_1 是等效态。

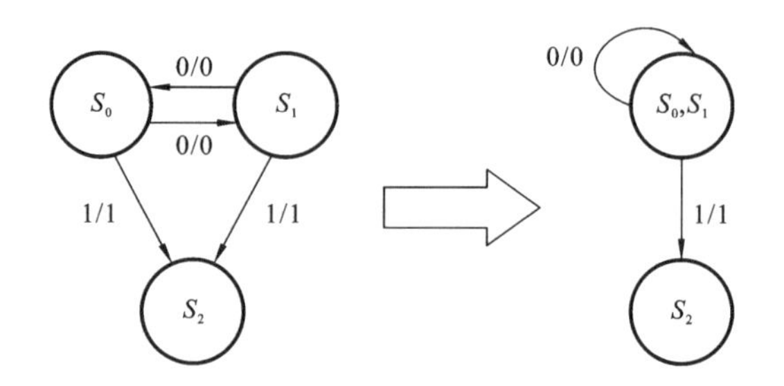

图 8.3.4　次态交错示意图

(c) 次态维持。

次态维持是指在某些输入相同的情况下，若S_i，S_j 的次态维持其本身不变，则S_i，S_j 是等价态。如图 8.3.5 所示的S_0，S_1，在输入为 0 的情况下，其次态为其本身，输出相同，输出都是 0；在输入为 1 的情况下，S_0，S_1 的次态都是S_2，输出都是 1，因此S_0，S_1 可合并。

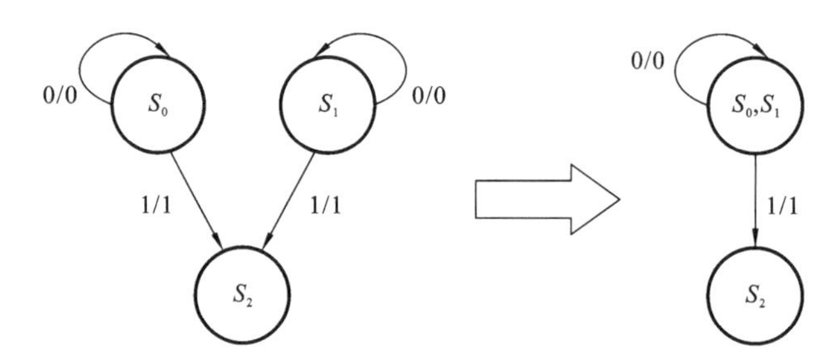

图 8.3.5　次态维持示意图

(d) 后续状态等效。

后续状态等效是指若两个状态的后继态是等效态，则这两个状态也是等效态。

如图 8.3.6(a)所示，S_2 和S_3 分别是S_0 和S_1 的次态，而根据次态维持原则，S_2 和S_3 是等效态，如图 8.3.6(b)所示，再根据次态交错原则，S_0 和S_1 也是等效态，因此该状态图可转化为图 8.3.6(c)所示的形式。

(e) 次态循环。

状态之间相互循环是指状态S_0 和S_1 等价的前提条件是状态S_2 和S_3 等价，而S_2 和S_3 等价的前提条件又是状态S_0 和S_1 等价，此时，S_0 和S_1 等价，S_2 和S_3 也等价。

例如在图 8.3.7 中 ，S_0 和S_1 等价的条件是S_2 和S_3 等价，S_2 和S_3 等价的条件是S_4 和S_5 等价，S_4 和S_5 等价的条件是S_0 和S_1 等价。按照次态循环原则，S_0 和S_1 等价，S_2 和S_3 等价，S_4 和S_5 等价。

③ 状态化简方法。

对于简单的等价态关系，可以直接通过观察进行判断；对于比较复杂的对等关系，可采用隐含表法进行状态化简。用隐含表法进行状态化简的方法和步骤如下。

(a) 做隐含表。隐含表是一个直角三角形阶梯网格，其横向和纵向格数相同，横向或纵向格数等于原始状态表中的状态数减 1。隐含表中的方格是用状态名称来进行标注的，即横

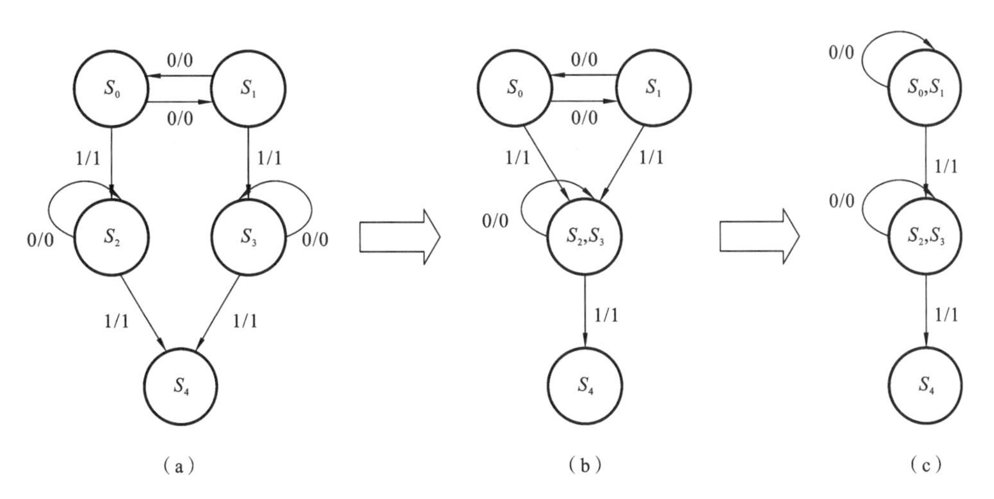

图 8.3.6　后续状态等效示意图

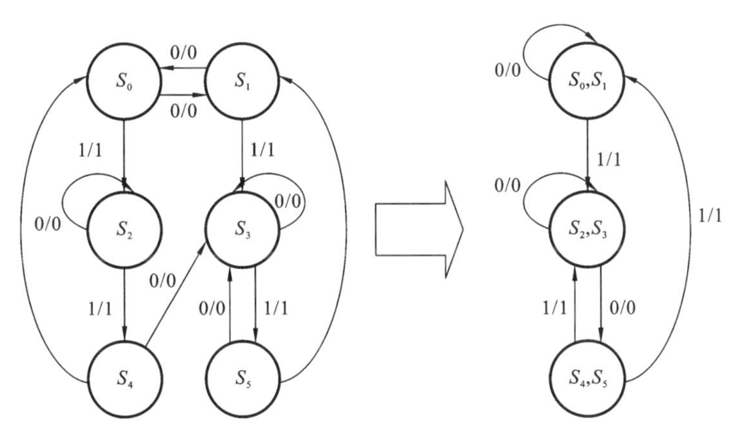

图 8.3.7　次态循环示意图

向从左到右按原始状态表中的状态顺序依次标上第一个状态至倒数第二个状态的状态名称，而纵向自上到下依次标上第二个状态至最后一个状态的名称。表中每个方格代表一个状态对。

(b) 寻找等效对。利用隐含表寻找状态表中的全部等效对一般要进行两轮比较，首先进行顺序比较，然后进行关联比较。顺序比较是指按照隐含表中从上至下、从左至右的顺序，对照原始状态表依次对所有状态对进行逐一检查和比较，并将检查结果以简单明了的方式标注在隐含表中的相应方格内。每个状态对的比较结果有三种情况：一是确定是等效的，在相应方格内填上"√"；二是确定是不等效的，在相应方格内填上"×"；三是与其他状态对相关，有待进一步检查才能确定是否等效的，在相应方格内填上相关的状态对。

(c) 关联比较。对那些在顺序比较时尚未确定是否等效的状态对作进一步检查。关联比较时，首先要确定隐含表中待检查的那些次态对是否等效，并由此确定原状态对是否等效。如果隐含表中某方格内有一个次态对不等效，则该方格所对应的两个状态就不等效。若方格内的次态对均为等效状态对，则与该方格对应的状态为等效状态，该方格不增加任何标志。这种判别有时要反复进行多次,直到判别出状态对等效或不等效为止。

(d) 求出最大等效类。在找出原始状态表中的所有等效对之后,可利用等效状态的传递性,求出各最大等效类。确定各最大等效类时应注意两点:一是各最大等效类之间不应出现相同状态,因为若两个等效类之间有相同状态,则根据等效的传递性可令其合为一个等效类;二是原始状态表中的每一个状态都必须属于某一个最大等效类,换句话说,各最大等效类所包含的状态之和必须覆盖原始状态表中的全部状态,否则,化简后的状态表不能描述原始状态表所描述的功能。

(e) 做最小化状态表。根据求出的最大等效类,将每个最大等效类中的全部状态合并为一个状态,即可得到和原始状态表等价的最小化状态表。

下面举例说明隐含表的化简方法。

【例 8.3.1】 化简表 8.3.1 所示的原始状态表。

表 8.3.1 【例 8.3.1】原始状态表

现态 $S(t_j)$	次态 $S(t_{j+1})$		输出 $Z(t)$	
	$X=0$	$X=1$	$X=0$	$X=1$
S_1	S_5	S_3	0	0
S_2	S_5	S_4	0	0
S_3	S_6	S_1	1	1
S_4	S_6	S_2	1	1
S_5	S_3	S_1	0	1
S_6	S_4	S_2	0	1

解:作隐含表,寻找等效对,按"缺头少尾"原则作表,即竖缺头,从第二个状态开始排;横少尾,不排最后一个状态。画出隐含表如图 8.3.8 所示。

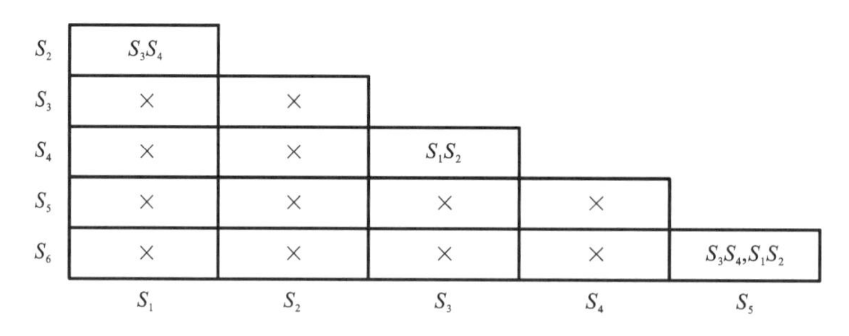

图 8.3.8 【例 8.3.1】隐含表

进行关联比较,由图 8.3.8 可以看出,S_1 和 S_2 是否等价取决于S_3 和S_4 是否等效,S_3 和 S_4 是否等价取决于S_1 和S_2 是否等效,这就形成了次态循环。在这种情况下,S_1 和S_2 等价,S_3 和S_4 等价。这是因为当时序电路以S_1 和S_2 作为初始状态时,无论加入什么输入序列,均能给出相同的输出序列,以S_3 和S_4作为初始状态时,无论加入什么输入序列,也能给出相同的输出序列。由于S_1 和S_2 等价且S_3 和S_4 等价,所以S_5 和S_6 等价,从而可得出图 8.3.9。

写出最大等价类:(S_1,S_2),(S_3,S_4),(S_5,S_6)。

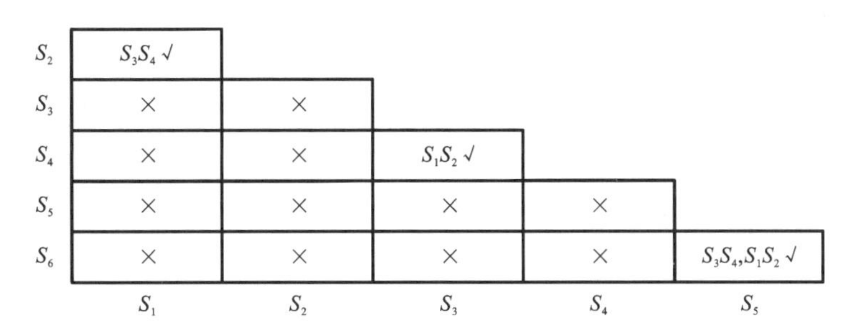

图 8.3.9 【例 8.3.1】关联比较结果

最小化状态表如表 8.3.2 所示。

表 8.3.2 【例 8.3.1】最小化状态表

现态 $S(t_j)$	次态 $S(t_{j+1})$		输出 $Z(t)$	
	$X=0$	$X=1$	$X=0$	$X=1$
S_1	S_5	S_3	0	0
S_3	S_6	S_1	1	1
S_5	S_3	S_1	0	1

(3) 状态分配。

状态分配又称为状态编码，指给最简状态表中用字母或数字表示的状态指定一个二进制代码，将其转换成二进制状态表，以便与电路中触发器的状态对应。

状态编码的任务如下。

① 确定二进制代码的位数(即所需触发器的个数)。设最简状态表中的状态数为 n，二进制代码的长度为 m，则状态数 n 与二进制代码的长度 m 之间的关系为

$$2^m \geqslant n \geqslant 2^{m-1}$$

② 寻找一种最佳的或接近最佳的状态分配方案。在二进制代码的位数确定之后，具体状态与代码之间的对应关系可以有许多种方案。设计者应寻找一种最佳的或接近最佳的状态分配方案，以使电路最简单。在实际工作中，工程技术人员通常按照一定的原则、凭借设计经验去寻找相对最佳的编码方案，一种常用的编码方法是相邻编码法。相邻编码法的状态编码原则如下。

(a) 在相同输入条件下，具有相同次态的现态应尽可能分配相邻的二进制代码。

(b) 在相邻输入条件下，同一现态的次态应尽可能分配相邻的二进制代码。

(c) 输出完全相同的现态应尽可能分配相邻的二进制代码。

此外，从电路实际工作状态考虑，一般将初始状态分配为“0”状态。

(4) 确定触发器的类型，求出最简的激励方程和输出方程。

状态编码后，可根据二进制状态表中二进制代码的位数确定电路中所需触发器的数目，所需触发器的数目等于二进制代码的位数。触发器类型可根据问题的要求确定，当问题中没有具体要求时，可由设计者挑选。

触发器类型确定后，应根据二进制状态表和所选触发器的激励表求出触发器的激励函数表达式和电路的输出函数表达式，并予以化简。激励函数表达式和输出函数表达式的复

杂度决定了同步时序电路中组合逻辑部分的复杂度。

(5) 检查电路的自启动功能。

在非完全描述的时序电路中,由于存在偏离状态,电路可能出现死循环而不能自启动。常用以下两种方法解决电路不能自启动的问题。

① 明确定义非完全描述电路中偏离状态的次态,使其成为完全描述时序电路。但是,由于这种方法失去了任意项,会增加电路的复杂程度。

② 变换驱动方程的表达式。用卡诺图进行化简时,可以在分析观察的基础上有选择地改变某些驱动方程的圈法。这样做既可以克服死循环,又不会增加驱动方程的复杂程度。

(6) 画出逻辑电路图。

根据得到的驱动方程和输出方程,画出完整的逻辑电路图。

以上步骤是就一般设计问题而言的,实际中设计者可以根据具体问题灵活进行设计。

2. 同步时序逻辑电路设计的举例

下面举例说明同步时序电路的设计方法。

【例 8.3.2】 用 D 触发器设计一个五进制的同步计数器,状态转移关系如图 8.3.10 所示。

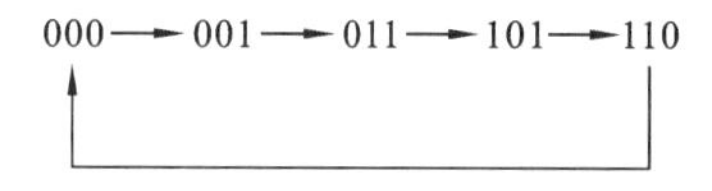

图 8.3.10 【例 8.3.2】状态转移关系

解:(1) 逻辑抽象,建立原始状态图和原始状态表。此题已给定状态转移关系,不存在逻辑抽象问题。根据题意可知,该时序电路有三个状态变量,假设它们为 Q_2,Q_1,Q_0,可以做出二进制状态表,如表 8.3.3 所示。它是一个非完全描述的时序电路。

表 8.3.3 【例 8.3.2】状态表

Q_2	Q_1	Q_0	Q_2^{n+1}	Q_1^{n+1}	Q_0^{n+1}
0	0	0	0	0	1
0	0	1	0	1	1
0	1	0	×	×	×
0	1	1	1	0	1
1	0	0	×	×	×
1	0	1	1	1	0
1	1	0	0	0	0
1	1	1	×	×	×

因为本题中状态已经确定,所以状态化简和状态分配过程可以省略。

(2) 选择触发器,确定激励函数和输出方程。

根据表 8.3.3 可以画出 Q_2^{n+1}、Q_1^{n+1}、Q_0^{n+1} 的卡诺图,分别如图 8.3.11 所示。

选用 D 触发器实现电路,因为

$$Q_2^{n+1}=D_2$$

$$Q_1^{n+1}=D_1$$

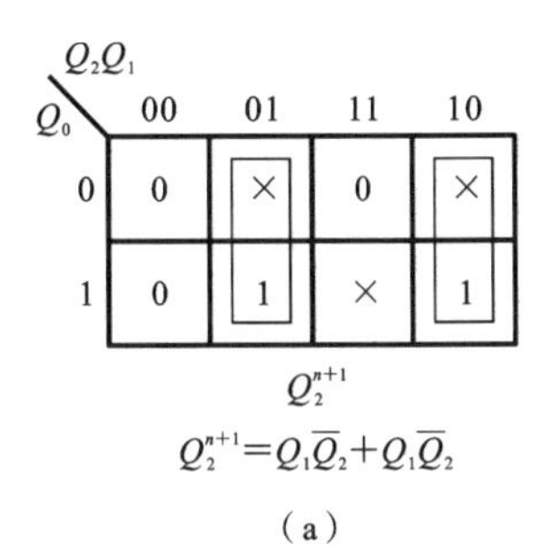

Q_2^{n+1}

$Q_2^{n+1}=Q_1\overline{Q}_2+Q_1\overline{Q}_2$

(a)

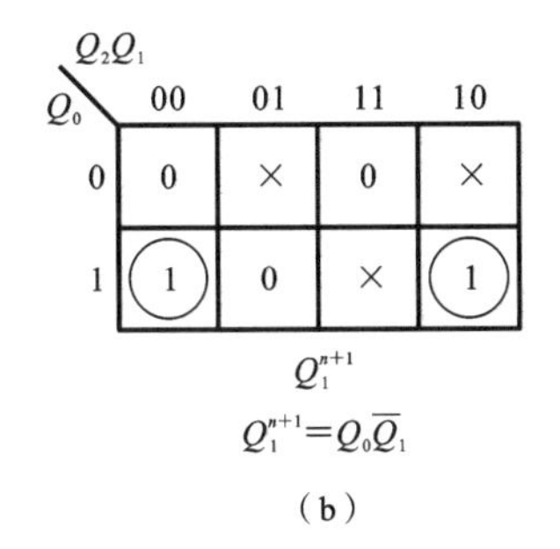

Q_1^{n+1}

$Q_1^{n+1}=Q_0\overline{Q}_1$

(b)

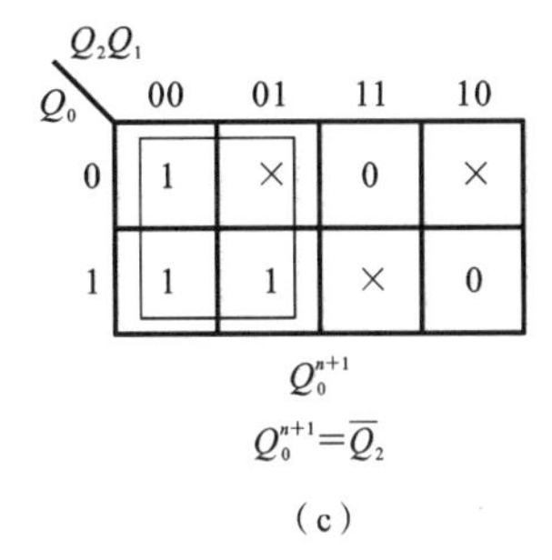

Q_0^{n+1}

$Q_0^{n+1}=\overline{Q}_2$

(c)

图 8.3.11 【例 8.3.2】的卡诺图

$$Q_0^{n+1}=D_0$$

所以

$$D_2=Q_1\ \overline{Q_2}+\overline{Q_1}Q_2$$

$$D_1=Q_0\overline{Q}_1$$

$$D_0=\overline{Q_2}\text{。}$$

(3) 自启动检查。

根据上述卡诺图的画圈情况或函数表达式，检查无效状态的去向，画出完整状态转换图，如图 8.3.12 所示。

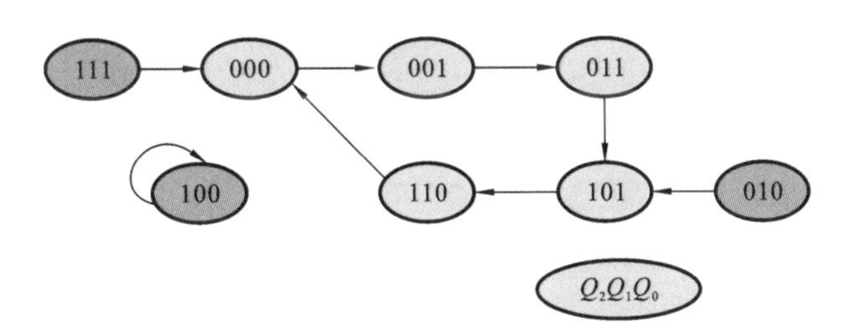

图 8.3.12　根据卡诺图画出的状态转换图

非自启动电路变为自启动电路。

可根据卡诺图和有效状态的情况，酌情改变卡诺图的圈法，例如，改变如图 8.3.13 所示，则改变后的状态转换图如图 8.3.14 所示。

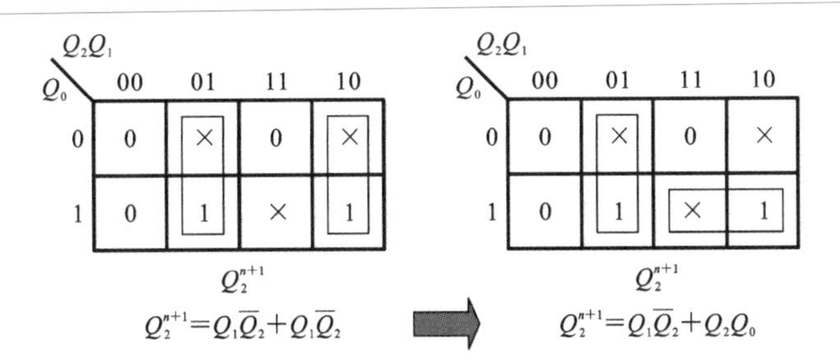

图 8.3.13　对 Q_2^{n+1} 改变卡诺图的圈法

从图 8.3.14 可以看出，改变圈法后电路是可以自启动的。重写激励方程如下：

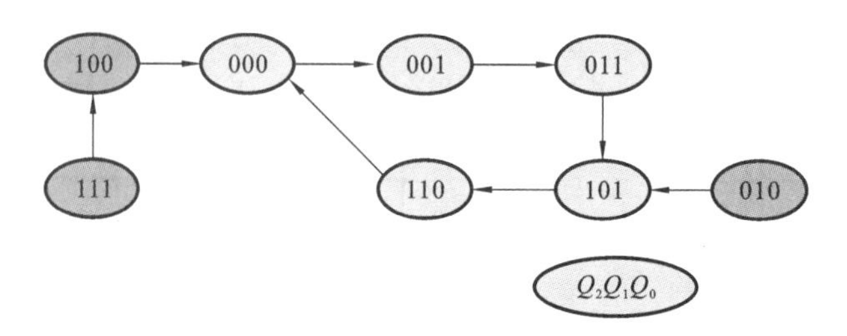

图 8.3.14　对 Q_2^{n+1} 改变卡诺图的圈法后的状态转换图

$$D_2 = Q_1\overline{Q_2} + Q_2Q_0$$
$$D_1 = Q_0\overline{Q}_1$$
$$D_0 = \overline{Q_2}$$

(4) 画出逻辑电路。根据激励方程画出逻辑电路,如图 8.3.15 所示。

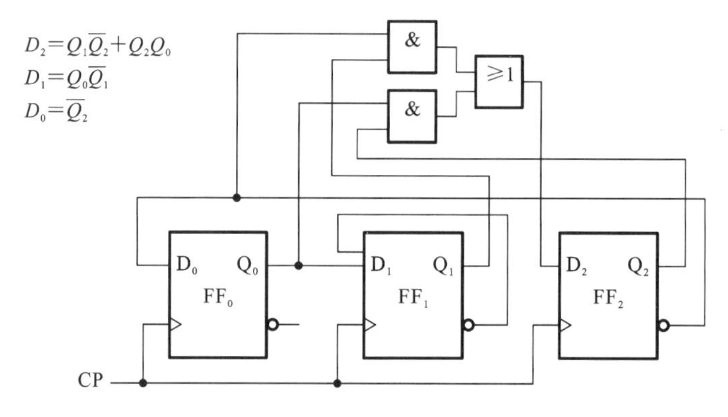

图 8.3.15　【例 8.3.2】的实现电路图

对于上述例子,在检查自启动问题的时候,是通过改变卡诺图的圈法实现自启动的。另外一种方法是直接确定无效状态的次态为有效状态中的一个,重新寻找激励函数。这种方法简单但电路将稍微复杂。如表 8.3.4 所示,其把无效状态改为了“000”状态。

表 8.3.4　把无效状态改为了“000”状态

Q_2	Q_1	Q_0	Q_2^{n+1}	Q_1^{n+1}	Q_0^{n+1}
0	0	0	0	0	1
0	0	1	0	1	1
0	1	0	0	0	0
0	1	1	1	0	1
1	0	0	0	0	0
1	0	1	1	1	0
1	1	0	0	0	0
1	1	1	0	0	0

对于某些典型的同步时序电路,直接根据命题要求就可以列出状态编码表,如上述同步五进制计数器,这类设计问题称为“给定状态时序电路的设计”。下面介绍一种“非给定状态

时序电路的设计”的例子。

【例 8.3.3】 用 JK 触发器设计 111 序列检测器。根据题意分析如下。

(1) 电路的功能是,当连续输入 3 个或 3 个以上的 1 时,电路输出 1,否则输出 0。

(2) 电路应该有一个输入 X 与一个输出 Z,例如,它们有如下关系:

X　0 1 1 0 1 1 1 1 1 0 1 1

Z　0 0 0 0 0 0 1 1 1 0 0 0

(3) 难以确定到底需要几个触发器,这属于非给定状态时序电路的设计。

解:(1) 逻辑抽象。根据题意进行状态设置,具体做法如下。

S_0 表示初态,表示电路没有收到有效的 1;S_1 表示收到一个有效的 1;S_2 表示收到两个有效的 1;S_3 表示收到三个有效的 1。

这些状态是需要电路记忆的事件。

根据状态设置建立原始状态图和状态表,如图 8.3.16 所示。

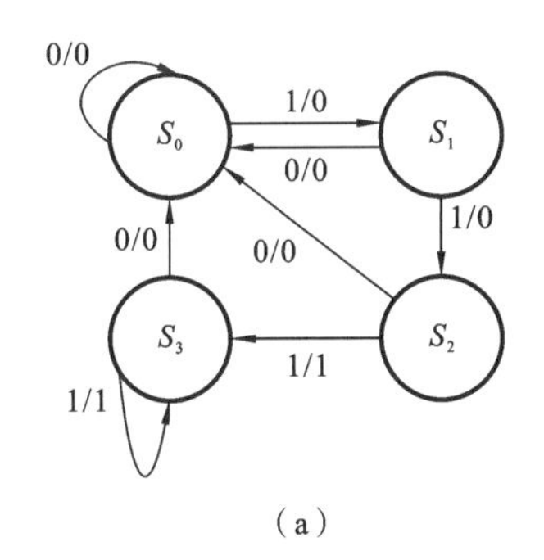

(a)

S \ X	S^{n+1}/Z 0	1
S_0	$S_0/0$	$S_1/0$
S_1	$S_0/0$	$S_2/0$
S_2	$S_0/0$	$S_3/1$
S_3	$S_0/0$	$S_3/1$

(b)

图 8.3.16 【例 8.3.3】原始状态图和状态表

(2) 状态化简。进行原始状态设置时的重点是正确反映设计要求,因此可能存在多余的状态,此时需要进行化简,化简的核心是要找所谓的等价状态。状态化简结果如图 8.3.17 所示。

S \ X	S^{n+1}/Z 0	1
S_0	$S_0/0$	$S_1/0$
S_1	$S_0/0$	$S_2/0$
S_2	$S_0/0$	$S_2/1$

图 8.3.17 【例 8.3.3】状态化简表

(3) 状态分配。状态分配是指给用字母表示的状态赋以合适的二进制代码,得到二进制的状态表。分配时应注意状态个数、二进制位数(触发器个数)之间的关系。

根据图 8.3.17,设 $S_0=00$,$S_1=10$,$S_2=11$,状态分配后的表如图 8.3.18 所示。

S \ X	S^{n+1}/Z 0	1
S_0	$S_0/0$	$S_1/0$
S_1	$S_0/0$	$S_2/0$
S_2	$S_0/0$	$S_2/1$

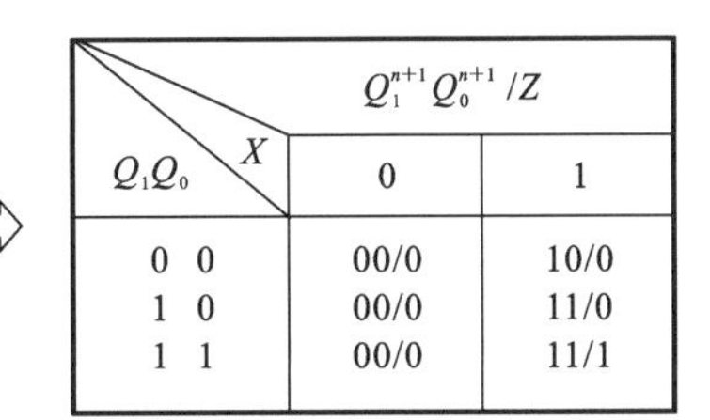

Q_1Q_0 \ X	$Q_1^{n+1}Q_0^{n+1}/Z$ 0	1
0 0	00/0	10/0
1 0	00/0	11/0
1 1	00/0	11/1

图 8.3.18 从最简状态表到状态分配后的表

(4) 要求采用 JK 触发器,需要确定激励函数与输出函数。将上述分配了二进制代码的状态表一分为三,得到输出、次态与输入、现态之间的关系,根据图 8.3.18 可得到卡诺图,如图 8.3.19 所示。

Q_1^{n+1}、Q_0^{n+1} 和 Z 的卡诺图分别如图 8.3.19(a)、(b)、(c)所示。

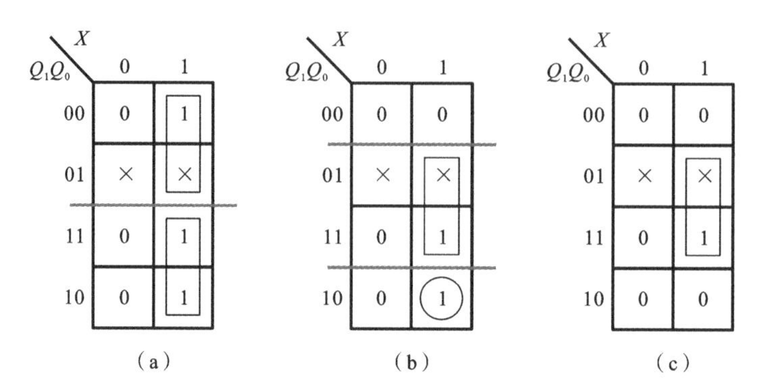

图 8.3.19 由图 8.3.18 得到的卡诺图

状态方程为

$$Q_1^{n+1}=J_1\bar{Q}_1+\bar{K}_1Q_1=X\bar{Q}_1+XQ_1$$
$$Q_0^{n+1}=J_0\bar{Q}_0+\bar{K}_0Q_0=XQ_1\bar{Q}_0+XQ_0$$

激励(驱动)方程和输出方程为

$$Z=XQ_0$$
$$J_1=X,\quad K_1=\bar{X}$$
$$J_0=XQ_1,\quad K_0=\bar{X}$$

(5) 检查自启动功能。

(6) 画出逻辑电路图。根据上面的激励方程和输出方程,可画出逻辑电路,如图 8.3.20 所示。

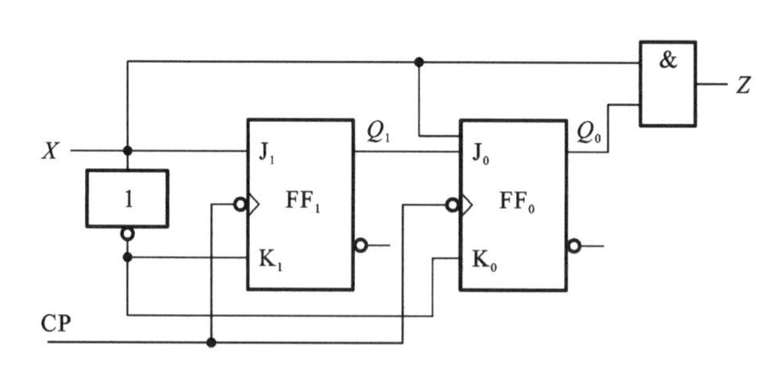

图 8.3.20 【例 8.3.3】逻辑电路图

8.3.2 异步时序逻辑电路的传统设计方法

1. 触发脉冲的选择原则

异步时序电路与同步时序电路相比,其最大的特点是各个触发器的时钟脉冲信号不同。因此，在进行逻辑电路设计时，还需要考虑各触发器的时钟信号。设计时，首先要遵循与同步时序逻辑电路相同的基本步骤，考虑到异步时序电路中各个触发器的时钟并不来源于同一个，所以除了要确定各触发器的激励函数表达式外，还要确定各个触发器的时钟信号表达式。在进行异步时序设计时，触发脉冲选择的原则是：在一个转换周期内，各触发器的触发脉冲应尽量少。当有触发脉冲作用时，其次态由状态转换关系决定，否则，其他状态的次态都作为约束项处理。这大大增加了约束项的个数，得到的各触发器状态方程将大大简化。

2. 设计举例

【例 8.3.4】 用 JK 触发器设计一个异步的十进制加法计数器。

解：(1) 由给定的逻辑功能确定电路应包含的状态，画出状态转换图并化简。

由设计要求可知，要设计的电路有 10 个状态，状态转换图如图 8.3.21 所示。

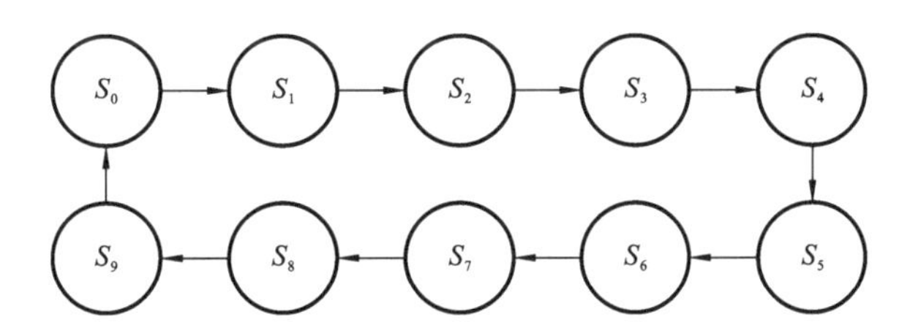

图 8.3.21　【例 8.3.4】状态转换图

因为本题的状态已经确定，所以本题的状态化简过程可以省略。

(2) 确定触发器数量，进行状态分配，画状态转换图，画时序图。

显然，此逻辑电路有 10 个状态，需用 4 个 JK 触发器，若令 $S_i = Q_3Q_2Q_1Q_0$，采用 8421BCD 码进行编码，可得到如图 8.3.22 所示的状态转换图。

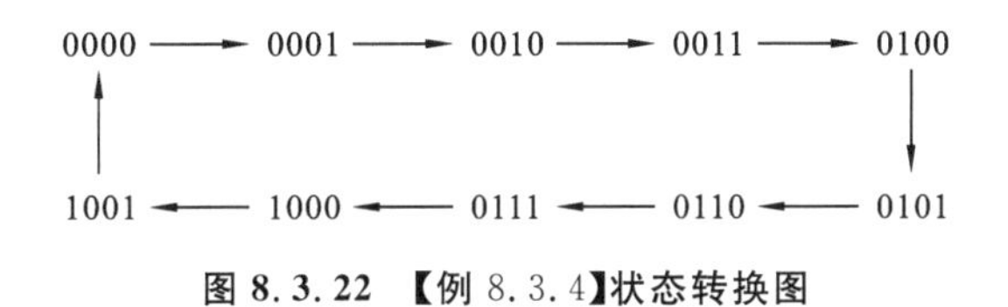

图 8.3.22　【例 8.3.4】状态转换图

由状态转换图 8.3.23 画出时序图，如图 8.3.23 所示，因为共有 10 个状态，所以至少要画 10 个脉冲信号。

(3) 观察时序图，确定各触发器时钟脉冲信号。

由图 8.3.23 可知，对于 Q_0，每次状态改变发生在 CP 的一个下降沿，故只能用 CP 作为触发器 FF_0 的触发脉冲 CP_0；同理，对于 Q_1，每次状态改变发生在 CP 和 Q_0 的下降沿，故可用 CP 或 Q_0 作为 FF_1 的触发脉冲 CP_1；以此类推，FF_2 可用 CP、Q_0 或 Q_1 作为触发脉冲 CP_2；FF_3 可用 CP 或 Q_0 作为触发脉冲 CP_3。

当选用 $CP_0 = CP_1 = CP_2 = CP_3 = CP$ 时，所设计的是同步时序逻辑电路。

依据前面所叙异步时序电路触发器的触发脉冲选择原则可知，应选择 $CP_0 = CP$，$CP_1 = Q_0$，$CP_2 = Q_1$，$CP_3 = Q_0$。

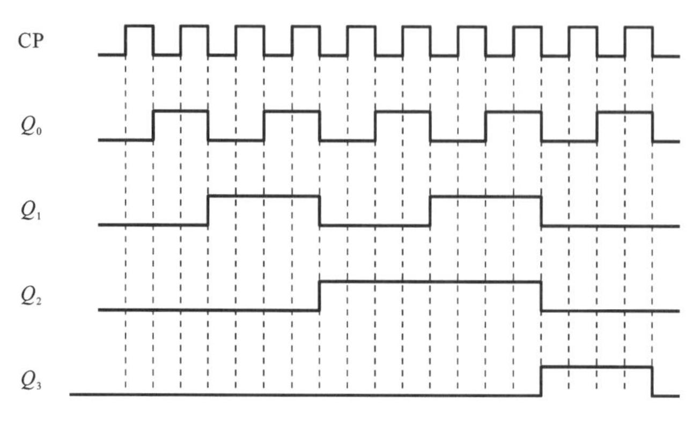

图 8.3.23 【例 8.3.4】时序图

（4）写出激励方程。

画出各触发器的次态卡诺图，对于各触发器，当满足时钟信号时，其次态由状态转换决定，否则，其他状态的次态都作为约束项处理，可得到各触发器的状态方程和输出方程。这里与同步时序电路的设计是有所不同的，如图 8.3.24 所示。

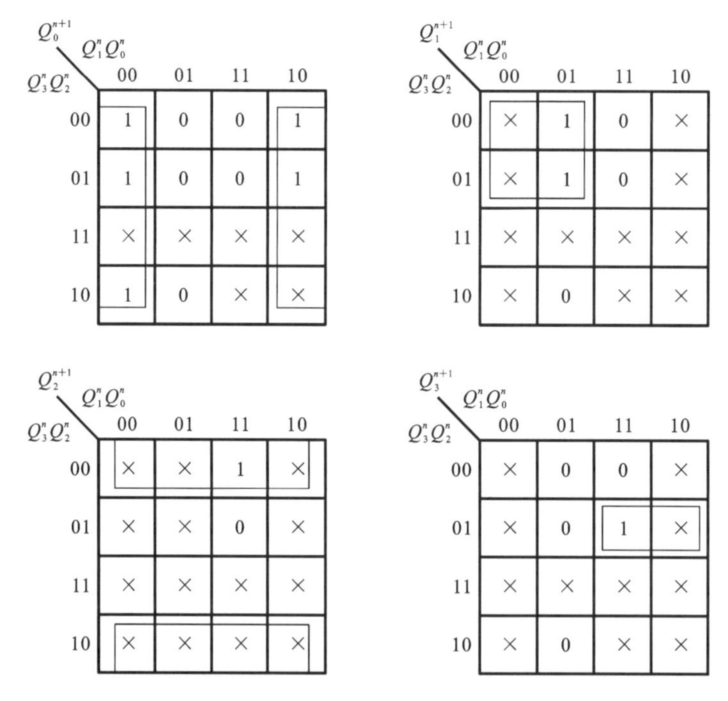

图 8.3.24 【例 8.3.4】各触发器次态卡诺图

根据卡诺图得到各个触发器的次态方程，在此按照 JK 触发器的特性方程 $Q_i^{n+1}=J_i\overline{Q_i^n}+\overline{K}_iQ_i^n$ 的形式写出。

$$Q_0^{n+1}=\overline{Q_0^n}=1\cdot\overline{Q_0^n}+\overline{1}\cdot Q_0^n\text{（CP}\downarrow\text{触发）}$$

$$Q_1^{n+1}=\overline{Q_3^n}\cdot\overline{Q_1^n}=\overline{Q_3^n}\cdot\overline{Q_1^n}+\overline{1}\cdot Q_1^n\text{（}Q_0\downarrow\text{触发）}$$

$$Q_2^{n+1}=\overline{Q_2^n}=1\cdot\overline{Q_2^n}+\overline{1}\cdot Q_2^n\text{（}Q_1\downarrow\text{触发）}$$

$$Q_3^{n+1}=\overline{Q_3^n}\cdot Q_2^n\cdot Q_1^n=Q_2^n\cdot Q_1^n\cdot \overline{Q_3^n}+\overline{1}\cdot Q_3^n(Q_0\downarrow \text{触发})$$

根据状态方程，得到驱动方程如下：

$$J_0=1,\quad K_0=1$$
$$J_1=\overline{Q_3},\quad K_1=1$$
$$J_2=1,\quad K_2=1$$
$$J_3=Q_2^nQ_1^n,\quad K_3=1$$

(5) 检查逻辑自启动。与检查同步时序逻辑电路一样，本设计是可以自启动的。

(6) 画出逻辑电路图。根据上面的激励方程画出逻辑电路图，如图 8.3.25 所示。

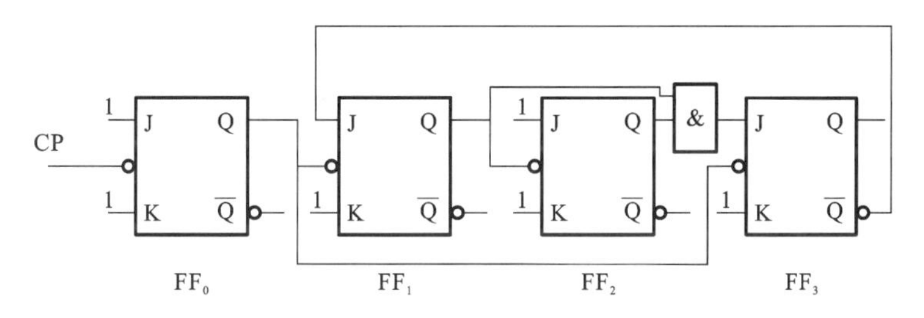

图 8.3.25　异步十进制加法计数器

8.3.3　基于有限状态机的 Verilog HDL 时序电路设计

1. 有限状态机概述

有限状态机(Finite State Machine，FSM)常用于时序逻辑电路设计，其尤其适用于设计数字系统的控制模块，其具有速度快、结构简单、可靠性高、逻辑清晰、可将复杂问题简单化的优点。FSM 是用于表示有限个状态及这些状态之间的转移和动作等行为的离散数学模型。有限状态机是组合逻辑和寄存器逻辑的特殊组合。组合逻辑部分包括次态逻辑(根据现态和输入产生次态)和输出逻辑，分别用于状态译码和产生输出信号；寄存器逻辑部分用于存储状态。本节主要介绍基于 Verilog HDL 的有限状态机的设计。

(1) 有限状态机的分类。

根据输出信号产生的机理不同，状态机可以分成两类。

米里型状态机——输出信号与当前状态及输入信号有关，其典型结构图如图 8.1.2 所示。

摩尔型状态机——输出信号仅与当前状态有关，其典型结构图如图 8.1.3 所示。

(2) 有限状态机的表示形式。

有限状态机的表示形式有状态图(State Diagram，又称状态转换图、状态转移图)、状态表(State Table)和流程图三种。这三种表示形式等价，可以相互转换。

状态图的一个示例如图 8.3.26 所示。

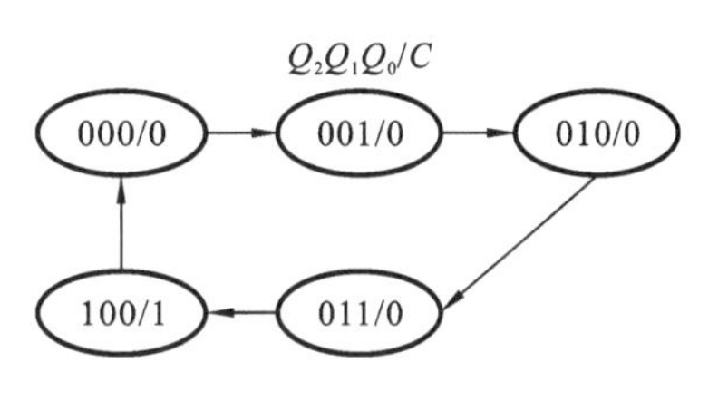

图 8.3.26　状态图示例

状态图是最常用的表示形式。“$Q_2Q_1Q_0/C$”为图例，斜线左边表示状态组合的顺序，斜线右边表示输出信号。

用圆圈表示每个状态，用箭头表示状态的转移。引起状态转移的条件（输入信号）标注在线上。如果是在时钟控制下顺序发生转移，而没有其他引起转移的条件，则不必标注。

状态表的一个示例如表 8.3.5 所示。

表 8.3.5 状态表示例

Q_2^n	Q_1^n	Q_0^n	Q_2^{n+1}	Q_1^{n+1}	Q_0^{n+1}	C
0	0	0	0	0	1	0
0	0	1	0	1	0	0
0	1	0	0	1	1	0
0	1	1	1	0	0	0
1	0	0	0	0	0	1

注意：在状态（转换）表中，最右边一列的输出，对应的是初态下的输出。流程图不如状态图直观，这里不作介绍。

(3) 有限状态机的设计方法。

实用的状态机一般都设计为同步时序逻辑电路，在同一个时钟信号的触发下，完成各状态之间的转移。

状态机设计步骤如下。

① 分析设计要求，列出全部可能状态。

② 画出状态转移图。

③ 用 Verilog HDL 语言描述状态机，主要采用 always 块语句，完成 3 项任务。

(a) 定义起始状态（敏感信号为时钟信号和复位信号）。

(b) 用 case 或 if…else 语句描述状态的转移（根据现态和输入产生次态）。

(c) 用 case 或 if…else 语句描述状态机的输出信号（敏感信号为现态）。

(4) 状态机的设计要点。

① 起始状态的选择。

起始状态指电路复位后所处的状态，选择一个合理的起始状态将使整个系统简洁高效。有限状态机必须有时钟信号和复位信号（建议采用异步复位）。

② 状态编码方式。

状态编码方式有以下三种。

(a) 二进制编码（顺序编码）。采用顺序的二进制数编码每个状态，N 个状态用 $\log_2 N$ 个触发器来表示。例如，假定状态机有 8 个状态，则要采用 $\log_2 8=3$ 个触发器来表示；假定状态机有 10 个状态，由于 $3<\log_2 10<4$，则要采用 4 个触发器来表示（只用到触发器的 10 种输出组合）。但可能产生毛刺，因为在状态的顺序转换中，相邻状态可能有多个比特位产生变化；而由于门的延迟时间差异，可能多个比特位不同时发生变化，而是有先有后，这样就可能产生一个中间状态，称其为毛刺。例如用 3 个触发器表示 5 个状态，当从状态 001 转移到 010 时，Q_1、Q_0 从 01 变为 10，2 个比特位发生变化，$Q_2Q_1Q_0$ 很可能出现中间状态 011，这是一个错误的输出，但它又是有效状态，因此可能使后续电路产生误动作。因此，采用二进制形式对状态进行编码，电路可靠性不够高。

(b) 格雷编码(Gray Code)。N 个状态用 $\log_2 N$ 个触发器来表示,在状态的顺序转换中,相邻状态每次只有一个比特位产生变化,既可节省逻辑资源,又可避免产生毛刺。

(c) 一位热码编码(One-Hot Encoding)。采用 N 位二进制数(N 个触发器)编码 N 个状态,每个状态下只有 1 位为“1”,其余位为“0”。相邻状态每次只有一个比特位产生变化,这可避免产生毛刺,但耗用的逻辑资源较多。由于各触发器的延迟不同,不可能同时翻转,因此会造成状态机可能出现中间状态,如从 0000 0001 变为 0000 0010 的过程中,可能出现 0000 0011,但这不是有效状态,所以不会造成状态机的输出错误。在状态机的现态和次态时序逻辑中,一定要有 default 语句,使得在其他无效状态下,状态机都会返回起始状态。

对 8 个状态三种编码方式的对比如表 8.3.6 所示。

表 8.3.6　状态的三种编码方式表

状态	二进制编码	格雷编码	一位热码编码
state0	000	000	00000001
state1	001	001	00000010
state2	010	011	00000100
state3	011	010	00001000
state4	100	110	00010000
state5	101	111	00100000
state6	110	101	01000000
state7	111	100	10000000

采用一位热码编码时,虽然使用的触发器较多,但可以有效简化组合逻辑电路。

FPGA 有丰富的寄存器资源,门逻辑相对缺乏,采用一位热码编码方式可以有效提高电路的速度和可靠性,也有利于提高器件资源的利用率。

③ 状态编码的 HDL 定义。

状态编码的定义方式有两种:用 parameter 参数定义和用'define 语句定义。如四个状态分别为 state0, state1,state2,state3,则这四个状态定义码字分别为 00,01,11,10。

方式一:用 parameter 参数定义,用 n 个 parameter 常量表示 n 个状态。

```
parameter  state0=2'b00,
           state1=2'b01,
           state2= 2'b11,
           state3=2'b10;
           …
   case (state)
       state0:…;
       state1:…;
           …
```

方式二:用'define 语句定义,用 n 个宏名表示 n 个状态。

```
'define  state0=2'b00       //不要加分号
'define  state1=2'b01
'define  state2=2'b11
'define  state3=2'b10
case (state)
'state0:…;
'state1:…;
    …
```

④ 状态转换的描述。

描述状态转换过程时，一般用 case、casez 或 casex 语句比用 if…else 语句更加清晰明了。实用状态机都应设计为由唯一的时钟边沿触发的同步运行方式。

在用 n 位二进制数进行状态编码时，一共可以定义 2^n 个状态，但可能状态机的有效状态没有这么多，则会出现多余状态（有效状态之外的状态），或称其为无效状态、非法状态。

对于多余状态的处理，在 case 语句中用 default 分支语句决定进入无效状态应采取的措施（如返回到起始状态）。

在编写 Verilog 代码时，要明确指定进入无效状态所采取的行为。

⑤ 有限状态机的描述风格。

状态机设计中主要包含 3 个对象当前状态，即现态（Current State）、下一个状态（次态，Next State）和输出逻辑。

在用 Verilog HDL 描述有限状态机时，有 5 种不同的描述风格（如表 8.3.7 所示）。

表 8.3.7　有限状态机 5 种不同的描述风格表

描述风格	功能划分	所用进程数目
风格 A	1. 次态逻辑 2. 状态寄存器 3. 输出逻辑	3
风格 B	1. 次态逻辑、状态寄存器、输出逻辑	1
风格 C	1. 次态逻辑、状态寄存器（时序逻辑） 2. 输出逻辑（组合逻辑）	2
风格 D	1. 次态逻辑 2. 状态寄存器、输出逻辑	2
风格 E	1. 次态逻辑、输出逻辑 2. 状态寄存器	2

次态逻辑用于实现状态的转换（根据现态和输入产生次态）。

状态寄存器用于根据复位信号定义起始状态，以及在时钟上升沿时将次态赋给现态（present<=next;）。

输出逻辑中，Moore 型状态机根据现态产生输出信号，或 Mealy 型状态机根据现态和输入产生输出信号。

状态机的 Verilog 描述建议采用风格 C（双过程）描述方式：一个过程描述现态和次态时

序逻辑；另一个过程描述输出逻辑（组合逻辑）。这样可使结构清晰，并可将时序逻辑和组合逻辑分开描述，便于修改。

描述包括 2 个 always 块：

```
(a) always@ (posedge clk or posedge reset)
               if(reset) state= …;           //复位时回到初始状态
               else …                        //状态的转移
(b) always@ (state)                          //状态机的输出
```

有时也采用风格 B（单过程）描述方式，即将状态机的现态、次态和输出逻辑放在一个 always 块中进行描述。其优点是采用时钟信号来同步输出信号，可以克服输出信号出现毛刺的问题，适用于输出信号作为控制逻辑的场合使用，可有效避免因输出信号带有毛刺而产生错误的控制逻辑。不足之处是输出信号会比双过程描述方式中的输出信号延迟一个时钟周期的时间。

描述只有 1 个 always 块：

```
always@ (posedge clk or posedge reset)
    if(reset) state= …;          //复位时回到初始状态;
    else                         //状态的转移和状态机的输出
        case(state)
            …
```

2. Moore 型有限状态机

Moore 型有限状态机的输出信号仅与当前状态有关。Moore 型有限状态机的典型结构如图 8.3.27 所示。

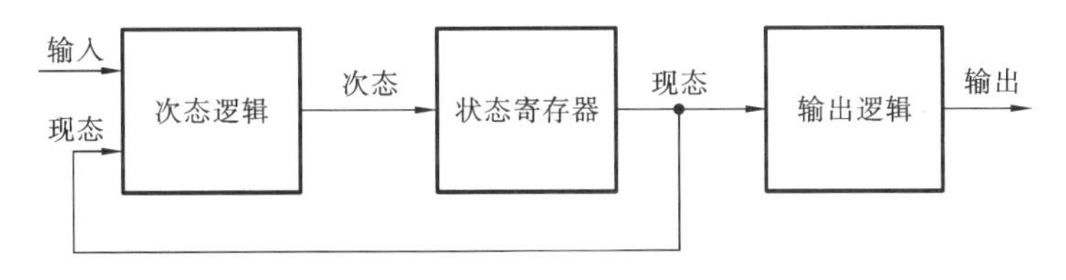

图 8.3.27　Moore 型有限状态机

Moore 型有限状态机的状态图，如图 8.3.28 所示。

在图 8.3.28 中，每个圆圈表示状态机的一个状态，每个箭头表示状态之间的一次转移；每个圆圈内横线上方的文字为状态机的状态，横线下方的文字为状态机的输出信号；引起状态转移的输入信号标注在箭头上。由于 Moore 型状态机的输出只为状态机当前状态的函数，所以直接将输出标在当前状态的下方。

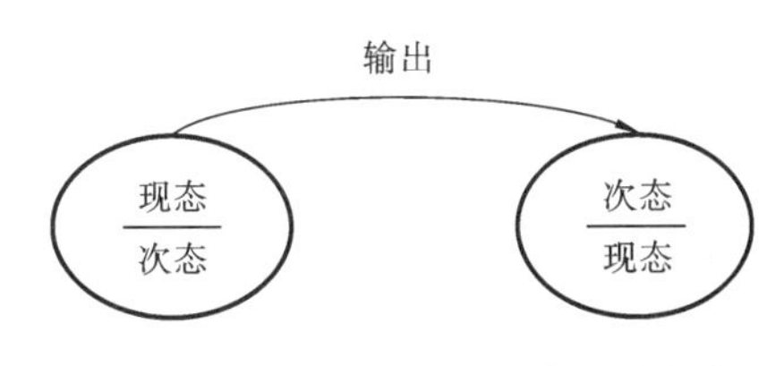

图 8.3.28　Moore 型有限状态机的状态图

【例 8.3.5】　设计一个序列检测器，要求检测器连续收到串行码{1101}后，输出检测标志 1，否则输出检测标志 0。

解:第 1 步,分析设计要求,列出全部可能状态。

未收到有效位(0):S_0。

收到一个有效位(1):S_1。

连续收到两个有效位(11):S_2。

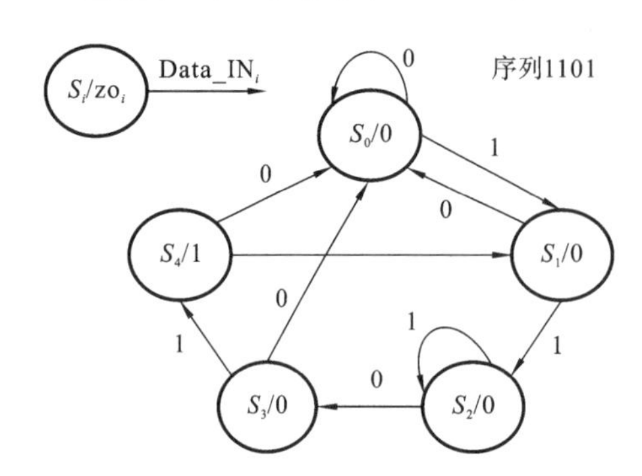

图 8.3.29 【例 8.3.5】状态转移图

连续收到三个有效位(110):S_3。

连续收到四个有效位(1101):S_4。

由于序列检测器的输出只为状态机当前状态的函数,而与外部输入无关,所以为 Moore 型状态机。

第 2 步,画出状态转移图,如图 8.3.29 所示。

第 3 步,用 Verilog 语言描述状态机。

在程序的开头定义状态机状态的编码形式:用 parameter 或 'define。

复位时回到起始状态:敏感信号为时钟和复位信号。

状态转移描述:用 case 或 if…else 语句描述状态的转移(根据现态和输入产生次态,可与复位时回到起始状态的语句放在同一个 always 块中,即敏感信号为时钟信号和复位信号)。

输出信号描述:用 case 语句(Mealy 型状态机还要用到 if…else 语句)描述状态机的输出信号(单独放在一个 always 块中,敏感信号为现态)。

代码 8.3.1 单进程的序列检测器 Verilog HDL 源程序(Moore 型状态机)。

```
module monitor-1(clk,clr,data,zo,state);
parameter S0=3'b000, S1=3'b001,
S2=3'b010,S3=3'b011,S4=3'b100;                //状态编码的定义
input clk,clr,data;
output zo;
output[2:0] state;                            //状态机
reg [2:0] state;
reg zo;
always @ (posedge clk or posedge clr)
    begin
        if (clr) state=S0;                    //(1)复位时回到初始状态
        else
            begin
                case (state)                  //(2)状态的转移
                    S0: if (data==1'b1) state=S1;
                              else state=S0;
                      S1: if (data==1'b1) state=S2;
                              else state=S0;
                    S2: if (data==1'b0) state=S3;
```

```
                              else state=S2;
                        S3: if (data==1'b1) state=S4;
                              else state=S0;
                     S4: if (data==1'b1) state=S1;
                              else state=S0;
                       default: state=S0;
                  endcase
                  zo=(state==S4)? 1'b1:1'b0;  //(3)状态机的输出信号
               end
         end
     endmodule
```

代码 8.3.2　双进程的序列检测器 Verilog HDL 源程序(Moore 型状态机)。

```
module monitor_2(clk,clr,data,zo,state);
    parameter S0=3'b000, S1=3'b001,
    S2=3'b010,S3=3'b011,S4=3'b100;                //状态编码的定义
    input clk,clr,data;
    output zo;
    output[2:0] state;                             //状态机
    reg [2:0] state;
    reg zo;
    always @ (posedge clk or posedge clr)
        begin
            if (clr) state=S0;                     //(1)复位时回到初始状态
            else
                begin
                    case (state)                   //(2)状态的转移
                S0: if (data==1'b1) state=S1;
                            else state=S0;
                    S1: if (data==1'b1) state=S2;
                            else state=S0;
                S2: if (data==1'b0) state=S3;
                            else state=S2;
                    S3: if (data==1'b1) state=S4;
                            else state=S0;
                S4: if (data==1'b1) state=S1;
                            else state=S0;
                        default: state=S0;
                    endcase
                  end
                end
    always @ (state)                               //(3)状态机的输出信号
```

```
            begin
                case (state)
                    S0:  zo=1'b0;
                    S1:  zo=1'b0;
                    S2:  zo=1'b0;
                    S3:  zo=1'b0;
                    S4:  zo=1'b1;
                    default: zo=1'b0;
                endcase
            end

    endmodule
```

仿真波形图如图 8.3.30 所示。状态机默认状态为 S_0，当检测到 data 为高电平时跳转至 S_1 状态。以此类推，当检测到输入序列为 1101 时，zo 输出一个脉冲。

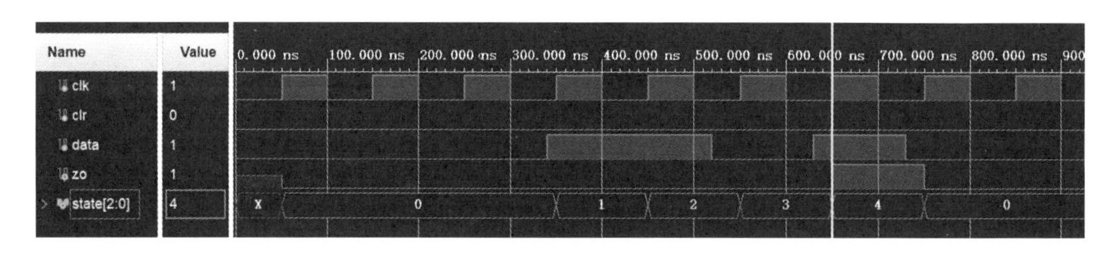

图 8.3.30　Moore 型状态机序列检测器仿真波形图

【例 8.3.6】 用有限状态机设计 4 位二进制数的除法电路(单过程)。

解：电路采用状态机来设计，一共包括 3 个状态。

S_0：判断被除数是否大于除数，若是，得到第 1 次的商和余数，跳转到 S_1；若不是，则商为 0，余数等于被除数，跳转到 S_2。

S_1：进行除法运算，当余数小于被除数时，跳转到 S_2。

S_2：得到运算结果，然后返回 S_0。

状态转移图如图 8.3.31 所示。

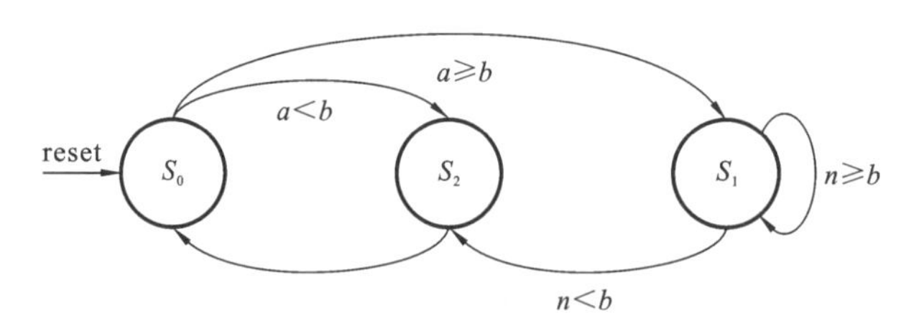

图 8.3.31　除法状态转移图

代码 8.3.3　4 位二进制数的除法电路(单过程)Verilog HDL 源程序。

```
    module division(a, b, clk, reset, result, yu, state);
        input[3:0] a, b;                              //被除数和除数
```

```
input clk, reset;
output reg[3:0] result, yu;              //最终结果:商和余数
output reg[1:0] state;
reg[3:0] m, n;                           //每步除法运算的商和余数
parameter S0=2'b00, S1=2'b01, S2=2'b10;  //状态编码(顺序编码)
always @ (posedge clk or posedge reset)
    begin
        if(reset)
            begin
                m<=4'b0000;
                n<=4'b0000;
                result<=4'b0000;
                yu<=4'b0000;
                state<=S0;
            end
        else
          case(state)                    //次态逻辑和输出逻辑
            S0:begin                     //判断被除数是否大于除数
                  if (a>=b) begin m<=4'b0001; n<=a-b; state<=S1;
                      end
              else
                  begin
                      m<=4'b0000;
                  n<=a;
                      state<=S2;
                  end
              end
            S1:begin                     //进行除法运算
                  if(n>=b)
                    begin
                  m<=m+1'b1;
                      n<=n-b; state<=S1;
                    end
                  else
                  begin
                state<=S2;
                  end
                end
            S2:begin                     //得到运算结果
                    result<=m;
                yu<=n;
                    state<=S0;
              end
```

```
                default: state<=S0;
                endcase
            end
endmodule
```

仿真波形图如图 8.3.32 所示，当状态机跳转至 S_1 时，除法器进行循环求商，计算完毕后会跳转至 S_2 状态输出运算结果。当被除数和除数分别为 0、2 时，输出结果为 0；当被除数和除数分别为 15、1 时，运算结果为 15，余数为 0。

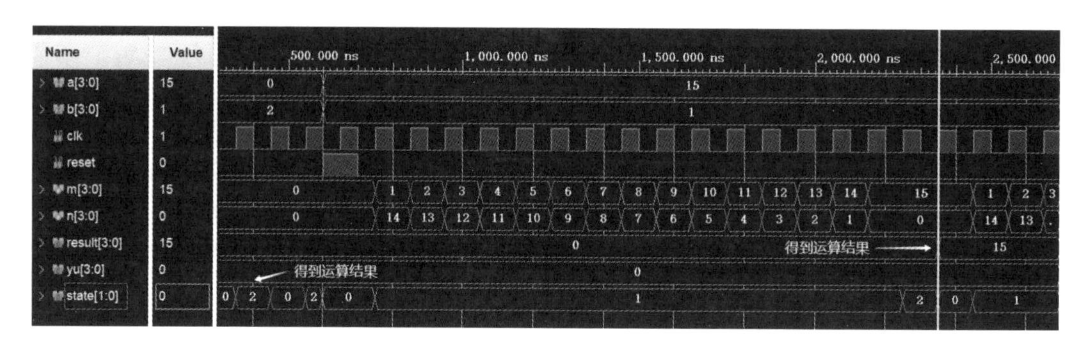

图 8.3.32　4 位二进制数的除法仿真波形

3. Mealy 型有限状态机

Mealy 型有限状态机的典型结构图如图 8.3.33 所示。

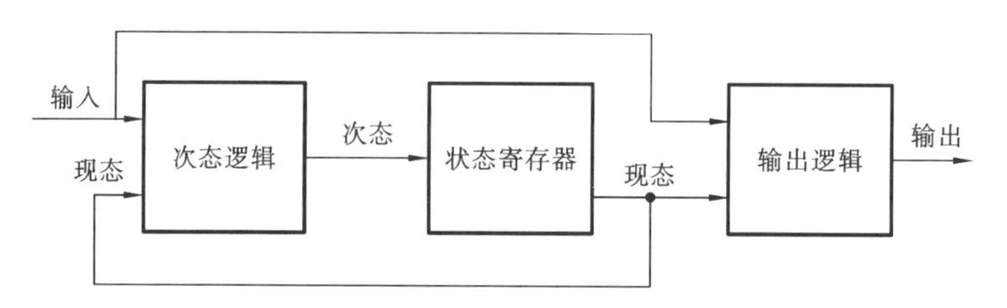

图 8.3.33　Mealy 型状态机的典型结构

Mealy 型有限状态机的状态图如图 8.3.34 所示。

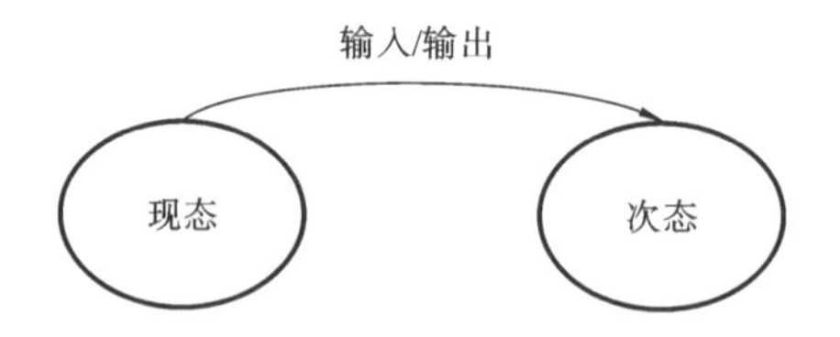

图 8.3.34　Mealy 型有限状态机的状态图

Mealy 型状态机的输出不仅与状态机的当前状态有关，而且与输入有关——外部输出是内部状态和外部输入的函数。

在图 8.3.34 中，每个圆圈表示状态机的一个状态，每个箭头表示状态之间的一次转移；引起状态转换的输入信号及产生的输出信号标注在箭头上。

【例8.3.7】 采用Mealy型状态机实现一个序列检测器。要求检测器连续收到串行码{1101}后,输出检测标志1,否则输出检测标志0。

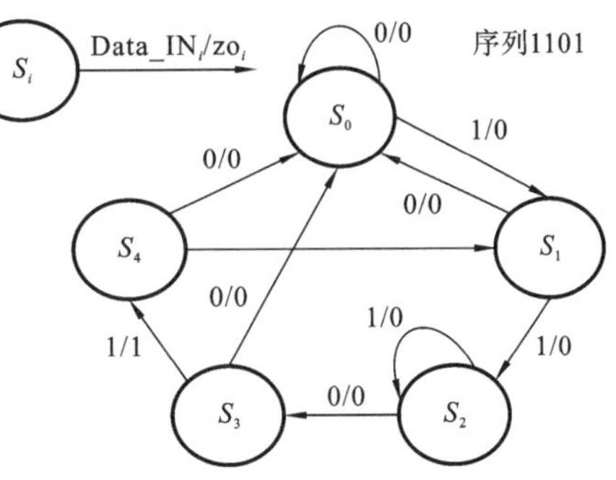

图8.3.35 例8.3.7状态转移图

解:第1步,分析设计要求,列出全部可能状态。

未收到一个有效位(0):S_0。

收到一个有效位(1):S_1。

连续收到两个有效位(11):S_2。

连续收到三个有效位(110):S_3。

连续收到四个有效位(1101):S_4。

第2步,画出状态转移图,如图8.3.35所示。

代码8.3.4 双进程的序列检测器Verilog HDL源程序(Mealy型状态机)。

```
module monitor_2(clk,clr,data,zo,state);
    parameter S0=3'b000, S1=3'b001,
    S2=3'b010,S3=3'b011,S4=3'b100;                //状态编码的定义
    input clk,clr,data;
    output zo;
    output[2:0] state;                            //状态机
    reg [2:0] state;
    reg zo;
    always @ (posedge clk or posedge clr)
        begin
            if (clr) state=S0;                    //(1)复位时回到初始状态
            else
                begin
                    case (state)                  //(2)状态的转移
            S0:if (data==1'b1) state=S1;
                        else state=S0;
                S1:if (data==1'b1) state=S2;
                        else state=S0;
            S2:if (data==1'b0) state=S3;
                        else state=S2;
                S3:if (data==1'b1) state=S4;
                        else state=S0;
            S4:if (data==1'b1) state=S1;
                        else state=S0;
                    default: state=S0;
                endcase
            end
        end
    always @ (* )                                 //(3)状态机的输出信号
```

```
        begin
            case (state)
                S0:  zo=1'b0;
                S1:  zo=1'b0;
                S2:  zo=1'b0;
                S3:  if(data==1'b1) zo=1'b1;
                         else zo=1'b0;
                S4:  zo=1'b0;
                default: zo=1'b0;
            endcase
        end
endmodule
```

仿真波形图如图 8.3.36 所示。与 Moore 型状态机不同，Mealy 型状态机的输出与当前状态和输入有关，因此在 S_3 状态时就检测到 1101 序列并输出脉冲，而 Moore 型状态机在 S_4 状态时才输出检测脉冲。

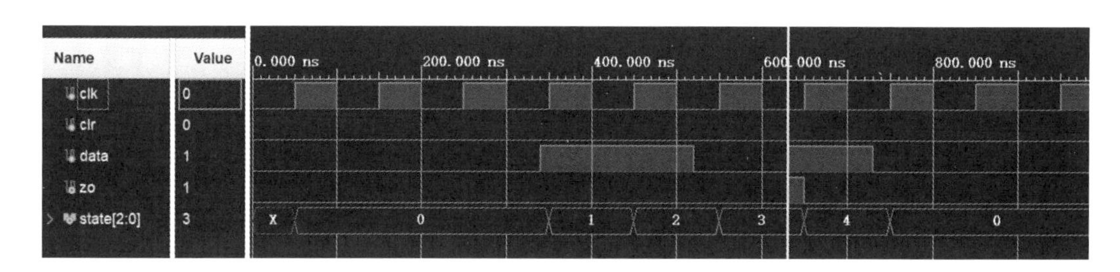

图 8.3.36　Mealy 型状态机序列检测器仿真波形图

【例 8.3.8】　设计一个自动转换量程频率计控制器，要求根据超量程或欠量程输入信号，自动切换到合适的量程；并输出复位频率计计数器的信号、选择标准时基信号。

解：第 1 步，分析设计要求，列出全部可能状态。

假定频率计有 3 个量程：1k、10k、100k。

控制器有 6 个工作状态：进入 100k 量程、100k 量程测量、进入 10k 量程、10k 量程测量、进入 1k 量程、1k 量程测量。

输入信号如下。

clk：系统时钟。

clear：系统复位信号。

cntover：超量程。

cntlow：欠量程。

输出信号如下。

reset：转换到某量程时复位频率计计数器信号。

std_f_sel：选择标准时基信号。

第 2 步：画出频率计控制器状态图（Moore 型状态机），如图 8.3.37 所示。

由于有 3 个量程，所以选择中间的量程作为起始状态，为 C（进入 10K 量程）。

从“进入某挡量程”转移到“该挡量程测量”为无条件转移；而当在测量时，根据超量程或欠量程，切换到适宜的量程。

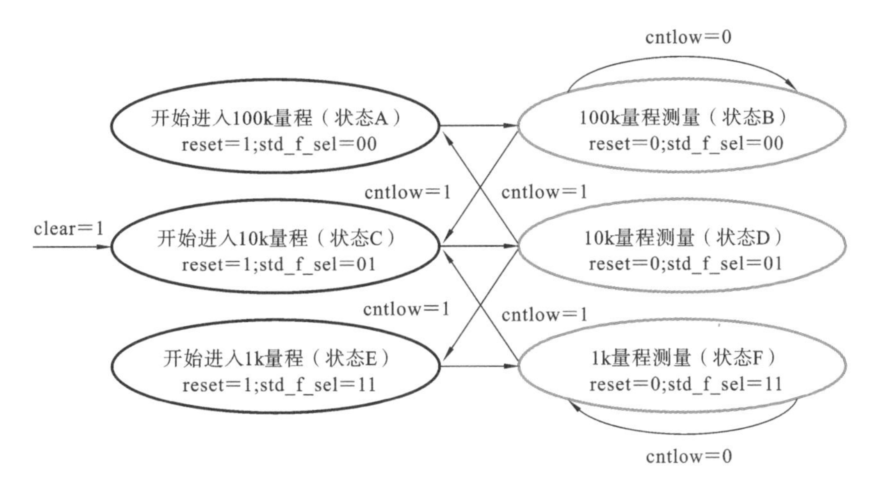

图 8.3.37 【例 8.3.8】状态图

代码 8.3.5 频率计控制器 Verilog HDL 源程序。

```
module frequency_right(clk, clear, cntover, cntlow, reset, std_f_sel,state);
    input clk, clear, cntover, cntlow;
    output reset;                    //量程转换开始时复位频率计计数器
    output[1:0] std_f_sel;           //选择标准时基信号
    output[5:0] state;
    reg [5:0] state;
    reg reset;
    reg[1:0] std_f_sel;
    parameter start_f100k = 6'b000001, f100k_cnt= 6'b000010,
                           start_f10k= 6'b000100, f10k_cnt= 6'b001000,
                           start_f1k= 6'b010000, f1k_cnt= 6'b100000;
//(1)复位时回到起始状态
  always@ (posedge clk or posedge clear)
    if(clear) state=start_f10k; //复位时“进入 10k 量程”为起始状态
    else
//(2)状态的转换(根据现态和输入产生次态)
    begin
        case(state)
            start_f100k: state=f100k_cnt;
            f100k_cnt:  if (cntlow) state=start_f10k;              //欠量程
                               else state=f100k_cnt;
            start_f10k:   state=f10k_cnt;
            f10k_cnt:   if (cntover) state=start_f100k;            //超量程
                               else if (cntlow) state=start_f1k; //欠量程
            start_f1k:     state=f1k_cnt;
            f1k_cnt:    if (cntover) state=start_f10k;             //超量程
```

```
                              else state=f1k_cnt;
                default: state=start_f10k;  //默认状态为起始状态“进入 10k 量程”
              endcase
            end
        //(3)状态机的输出信号
          always@ (state)
            begin
              case(state)
                  start_f100k:  begin reset=1; std_f_sel=2'b00; end
                  f100k_cnt:    begin reset=0; std_f_sel=2'b00; end
                  start_f10k:    begin reset=1; std_f_sel=2'b01; end
                  f10k_cnt:      begin reset=0; std_f_sel=2'b01; end
                  start_f1k:    begin reset=1; std_f_sel=2'b11; end
                  f1k_cnt:      begin reset=0; std_f_sel=2'b11; end
                  default:      begin reset=1; std_f_sel=2'b01; end
              endcase
            end
        endmodule
```

频率计控制器的时序仿真波形图如图 8.3.38 所示。在 150 ns 处复位结束，量程为 10 k；250 ns 处 cntlow=1，量程跳变为 1 k；在 400 ns 后处于超量程状态，量程依次转变为 10 k，100 k。

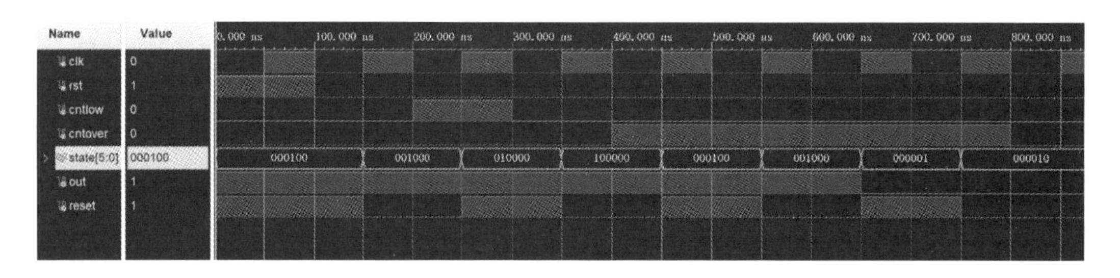

图 8.3.38　频率计控制器仿真波形图

8.4　常用的时序逻辑电路寄存器及其应用

8.4.1　寄存器

寄存器是计算机的一个重要部件，用于暂时存放一组二值代码，如参加运算的数据、运算结果、指令等。它被广泛用于各类数字系统和数字计算机中。

由于要寄存数据，它必然由有记忆功能的触发器组成。还有一些用于接收数据的控制门，以便在同一个接收命令作用下使各触发器同时接收数据。一个触发器能储存 1 位二值代码，由 N 个触发器组成的寄存器能储存一组 N 位的二值代码。

触发器的触发方式决定了寄存器的触发方式。数码寄存器常用的是上升沿触发的D型触发器（边沿触发）和电位触发器，较少采用主-从触发器。

寄存器的操作：读（输出数据）/写（输入数据）/复位（清零）。

寄存器按功能可分为数码寄存器和移位寄存器。移位寄存器中的数据可以在移位脉冲的作用下依次逐位右移或左移（单向），也可在功能控制输入信号的控制下左移或右移（双向）；数据既可以并行输入、并行输出，也可以串行输入、串行输出，还可以并行输入、串行输出，串行输入、并行输出，十分灵活。

1．寄存器的工作原理

寄存器具有接收、存放和传输数码的功能。各种类型的触发器都具有置0、置1和保持（记忆）功能，它们都可以用来构成寄存器，而用D触发器和D锁存器构成寄存器最为方便。

图8.4.1所示的是由D触发器组成的4位的带异步清零端的数码寄存器的逻辑电路，其具有清零、置数和保持功能。

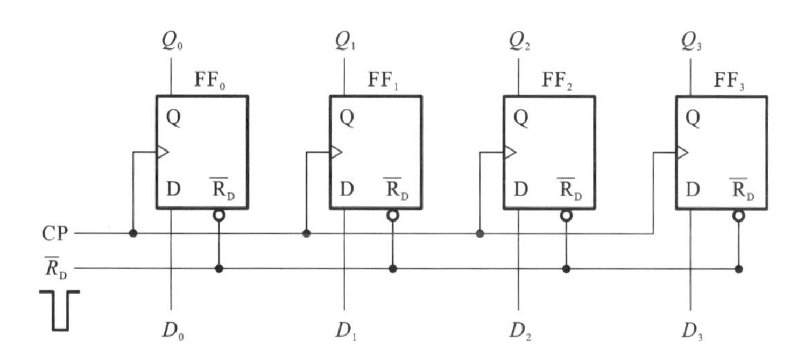

图8.4.1　带异步清零端的数码寄存器的逻辑电路

当$\overline{R_D}=0$时，异步清零，即有

$$Q_3^nQ_2^nQ_1^nQ_0^n=0$$

当$\overline{R_D}=1$时，CP上升沿到来时，输入数据 $D_3D_2D_1D_0$ 锁存于寄存器中，可以通过输出端 $Q_3Q_2Q_1Q_0$ 读出。

$$Q_3^{n+1}Q_2^{n+1}Q_1^{n+1}Q_0^{n+1}=D_3D_2D_1D_0$$

当$\overline{R_D}=1$时，除CP上升沿外的其他时间，寄存器的值保持不变。

2．常用的集成寄存器

一般的集成寄存器由多个D触发器（边沿触发器）组成。这一类触发器在CP上升沿或下降沿的作用下直接输出接收的输入数据，在CP其他时间，输出保持不变。

图8.4.2所示的是4位上升沿D触发器74LS175芯片的逻辑电路。

寄存器通常具有置数、清零（复位）、保持等功能。

另外一些常用的由D触发器构成的集成寄存器有：具有清零端的4位集成寄存器CT54175/CT74175，CT54S175/CT74S175，CT54LS175和CT74LS175；具有清零端的6位集成寄存器CT54174/CT74174，CT54S174/CT74S174，CT54LS174和CT74LS174；8位集

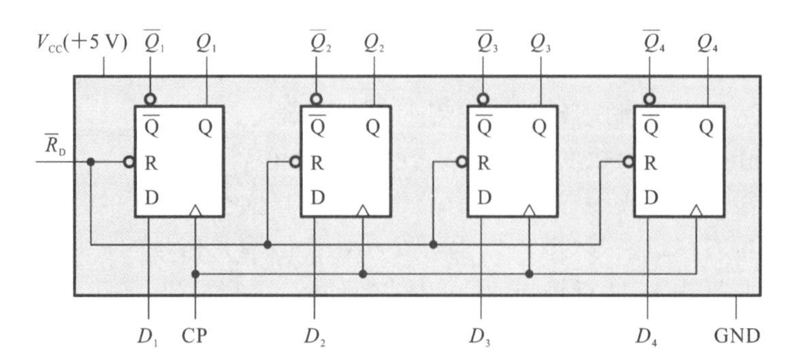

图 8.4.2 4 位上升沿 D 触发器 74LS175 芯片的逻辑电路

成寄存器 CT54LS177/CT74LS177 等。

8 位数据寄存器的 HDL 设计模块如代码 8.4.1 所示。

代码 8.4.1 8 位数据寄存器的 HDL 设计模块。

```
module reg_8bit(qout,data,clk,clr);
    output[7:0] qout;
    input [7:0] data;
    input clk,clr;
    reg [7:0] qout;
    always @ (posedge clk or posedge clr)
        begin
            if(clr)qout=0;                //异步清零
            else     qout=data;
        end
endmodule
```

8.4.2 数据锁存器

数据锁存器是由多位电位触发器组成的用于保存一组二进制代码的寄存单元。

当输入控制信号(如时钟)为高电平时,门是打开的,输出信号等于输入信号;当输入控制信号为低电平时,门是关闭的,输出端保持着刚才输入的数据,即为锁存状态,而不管此时输入信号是否变化。

数据锁存器通常由电平信号来控制,属于电平敏感型,适用于数据有效滞后于控制信号有效的场合。

数据锁存器有两个状态:①输入状态——当时钟信号为高电平时,将输入信号打入锁存器,输出完全随输入变化;②锁存状态——当时钟信号为低电平时,锁存原来已打入的数据,输出不随当前输入信号的变化而变化。

代码 8.4.2 1 位数据锁存器的 HDL 设计模块。

```
module latch_1(q,d,clk);
        output q;
```

```
        input d,clk;
        assign q=clk? d:q;
endmodule
```

代码 8.4.2 的仿真波形图如图 8.4.3 所示。由程序,当时钟信号处于高电平状态时,输入信号 d 将打入锁存器并从 q 端输出;当时钟信号处于低电平状态时,将锁存原来已打入的数据,q 的值不变。

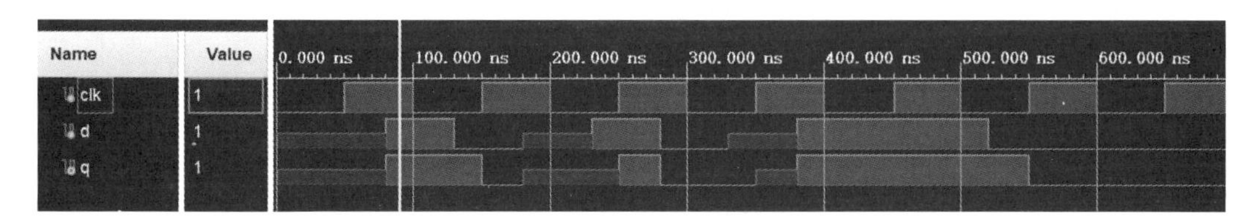

图 8.4.3　1 位数据锁存器仿真波形图

代码 8.4.3　带有复位和置位的 1 位数据锁存器的 HDL 设计模块。

```
module latch_2(q,d,clk,set,reset);
        output q;
        input d,clk,set,reset;
        assign q=reset ? 0: (set ? 1:(clk ? d:q));
endmodule
```

代码 8.4.3 的仿真波形图如图 8.4.4 所示。与代码 8.4.2 中的锁存器相比,其增加了异步复位端和异步置位端,且拥有更高的优先级。

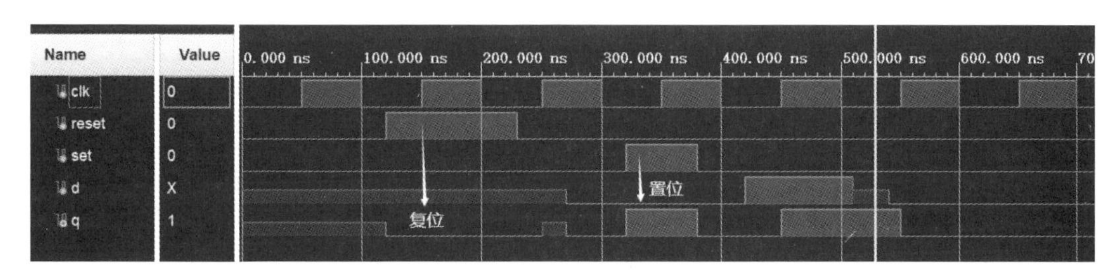

图 8.4.4　代码 8.4.3 的仿真波形图

数据寄存器与数据锁存器的区别如下。

数据寄存器由边沿触发的触发器组成,通常由同步时钟信号来控制,其为脉冲敏感型的,适用于数据有效提前于控制信号(一般为时钟信号)有效并要求同步操作的场合。

数据锁存器由电位触发器(即 D 锁存器)组成,一般由电平信号来控制,其为电平敏感型的,适用于数据有效滞后于控制信号有效的场合。

8.4.3　移位寄存器(移存器)

在计算机中,常要求寄存器有“移位”功能。例如,用移位相加乘法器进行乘法运算时,要求将乘数右移,被乘数左移;进行除法运算时,要求将余数左移;将并行传递的数转换成串行数据及将串行传递的数据转换成并行数据的过程中，需要移位。

具有移位功能的寄存器称为移位寄存器，每来一个时钟脉冲，寄存器中数据就依次向左或向右移一位。移位寄存器的分类方式如下。

(1) 根据移位方式可分为左移(移位)寄存器、右移(移位)寄存器、双向(移位)寄存器。

(2) 根据数据输入方式可分为串行输入寄存器、并行输入寄存器。

(3) 根据数据输出方式可分为串行输出寄存器、并行输出寄存器。

(4) 根据数据输入/输出方式可分为串入串出寄存器、串入并出寄存器、并入串出寄存器、并入并出寄存器。

由于在移位寄存器中，要求每来一个时钟脉冲，寄存器中数据就顺序向左或向右移一位。因此在构成移位寄存器时，必须采用边沿触发或主从触发方式的触发器，而不能采用电位触发的触发器，否则会产生空翻现象。

1. 4 位串入串出、串入并出左移移位寄存器

某左移移位寄存器如图 8.4.5 所示，其采用串行输入方式：在同一个时钟的控制下，数据从寄存器的最右端串行输入，同时已存入的信息左移一位。

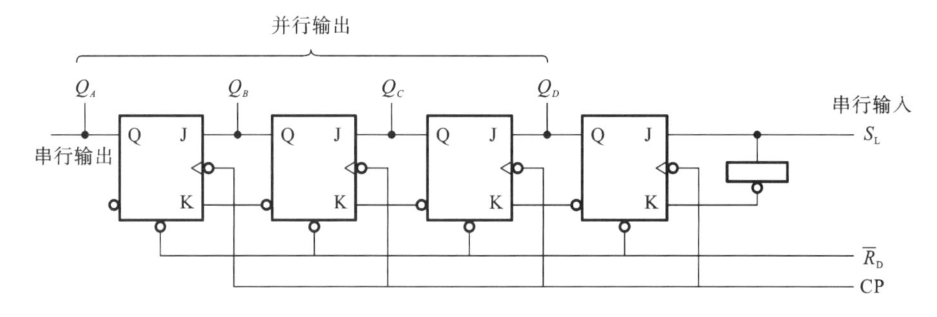

图 8.4.5　串入串出、串入并出左移移位寄存器

2. 4 位右移移位寄存器

图 8.4.6 所示的是带有复位的 4 位右移移位寄存器的逻辑电路。

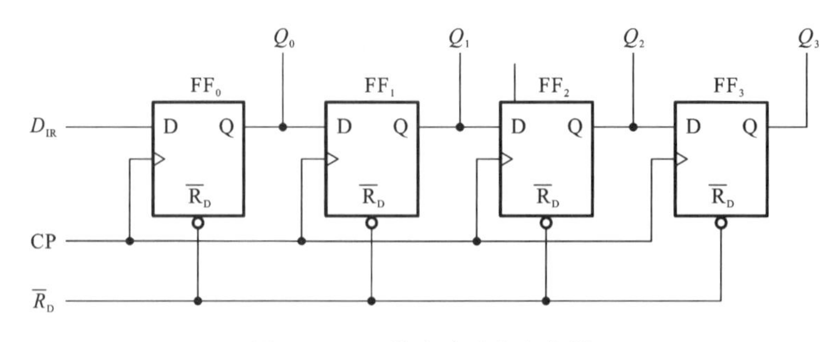

图 8.4.6　4 位右移移位寄存器

工作原理如下。

复位：

$$\overline{R_D}=0=Q_3Q_2Q_1Q_0=0000$$

移位：

$$Q_0^{n+1}=D_0\mathrm{CP}\uparrow=D_{\mathrm{IR}}\mathrm{CP}\uparrow$$
$$Q_1^{n+1}=D_1\mathrm{CP}\uparrow=Q_0^n\mathrm{CP}\uparrow$$
$$Q_2^{n+1}=D_2\mathrm{CP}\uparrow=Q_1^n\mathrm{CP}\uparrow$$
$$Q_3^{n+1}=D_3\mathrm{CP}\uparrow=Q_2^n\mathrm{CP}\uparrow$$

假设右移串行数据输入1011，其时序电路图如图8.4.7所示。

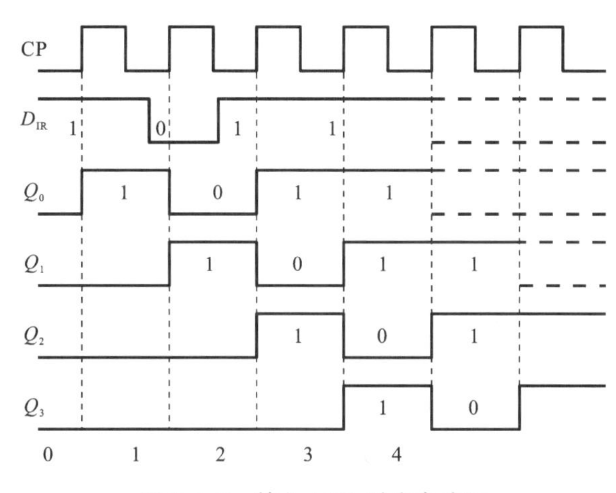

图8.4.7 输入1011时序电路图

4位右移移位寄存器的工作方式如下。

串入并出：串并转换(需要 N 个CP周期)，经过4个CP，串行输入的4位数码全部移入移位寄存器中，并从 $Q_3Q_2Q_1Q_0$ 并行输出1011。利用串入并出的工作方式，可以实现将串行数据转换为并行数据的“串并转换”。

串入串出：把最右边的触发器的输出作为电路的输出。从每个触发器Q端输出的波形相同，但后级触发器Q端输出的波形比前级触发器Q端输出的波形滞后一个时钟周期。因此，把工作于串入串出方式的移位寄存器称为“延迟线”(第 N 级FF延迟 N 个CP周期)。

注意：经过4个CP后，Q_3 输出的是最先串行输入的数码。

3. 4位串行输入、串/并行输出双向移位寄存器

4位串行输入、串/并行输出双向移位寄存器的逻辑电路如图8.4.8所示。

在逻辑电路中，当 $S=0$ 时，实现左移功能；当 $S=1$ 时，实现右移功能。S_R 为右串行输入端，S_L 为左串行输入端。

(1) $S=0$ 时：左移移位寄存器。

当 $S=0$ 时，与或非门的右边的与门打开，构成左移移位寄存器。串入并出——数据 S_L 端串行输入，顺序左移，$D_A=Q_B$，$Q_B=Q_C$，$Q_C=Q_D$，$Q_D=S_L$，经过4个CP，串行输入的4位数码全部移入移位寄存器中，并行输出 $Q_AQ_BQ_CQ_D$，如图8.4.9所示。

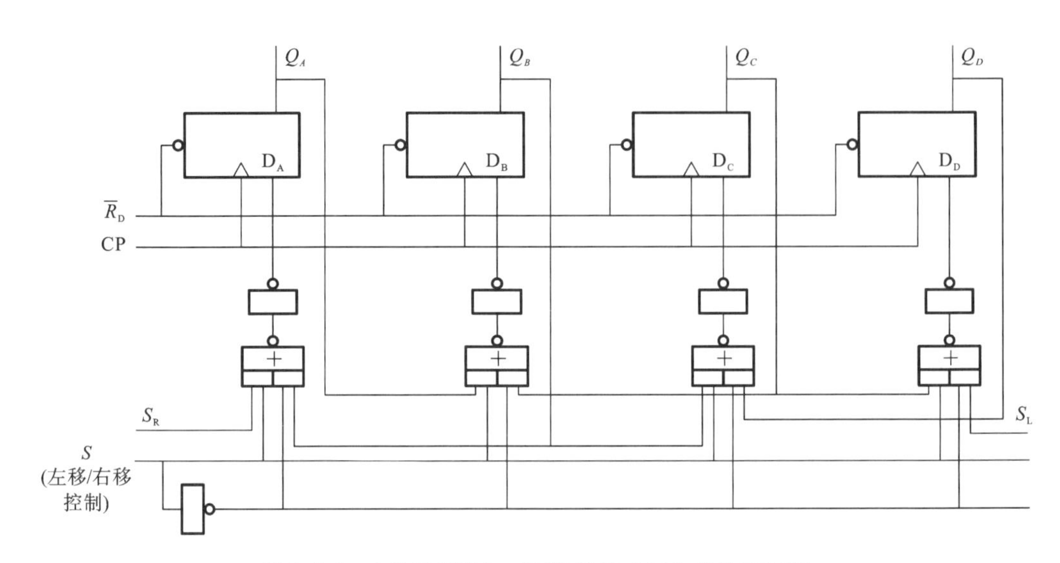

图 8.4.8　4 位串行输入、串/并行输出双向移位寄存器

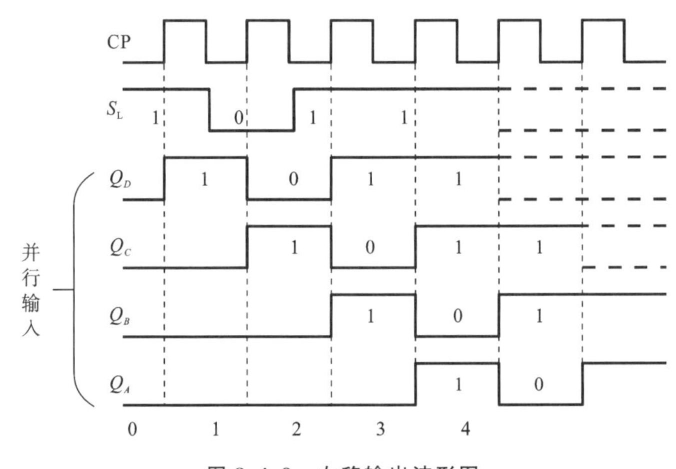

图 8.4.9　左移输出波形图

串入串出——左移(右移)移位寄存器把最左边(右边)的触发器的输出作为电路的输出。从每个触发器的 Q 端输出的波形相同,但后级触发器 Q 端输出的波形比前级触发器 Q 端输出的波形滞后一个时钟周期。经过 4 个 CP,最先串行输入的 1 位数码从 Q_A 端输出,下一个 CP 上升沿到来时,Q_A 端输出串行移入的第 2 个数码,以此类推。

(2) $S=1$ 时:右移移位寄存器。

当 $S=1$ 时,数据从 S_R 端串行输入,顺序右移,$D_A=S_R$,$D_B=Q_A$,$D_C=Q_B$,$D_D=Q_C$。

串入并出——数据从 S_L 端串行输入,顺序左移。经过 4 个 CP,串行输入的 4 位数码全部移入移位寄存器中,并行输出 $Q_AQ_BQ_CQ_D$。

串入串出——从每个触发器的 Q 端输出的波形相同,但后级触发器 Q 端输出的波形比前级触发器 Q 端输出的波形滞后一个时钟周期。经过 4 个 CP,最先串行输入的 1 位数码从 Q_A 端输出,下一个 CP 上升沿到来时,Q_A 端输出串行移入的第 2 个数码,以此类推。

4. 4 位双向移位寄存器 CT74194

CT74194 的逻辑符号和逻辑电路分别如图 8.4.10 和图 8.4.11 所示。

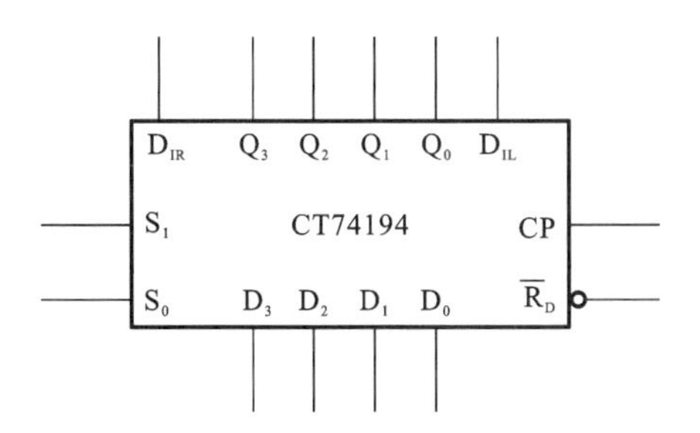

图 8.4.10　CT74194 的逻辑符号

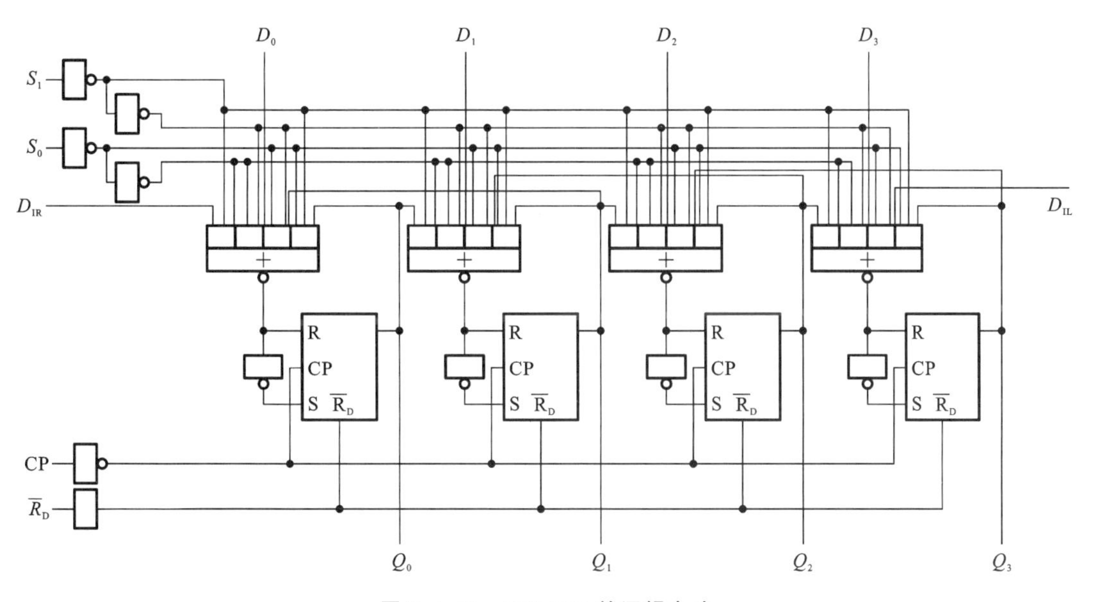

图 8.4.11　CT74194 的逻辑电路

从图 8.4.11 可以看出，CT74194 由 4 个与或非门构成功能控制电路，由 4 个 RS 触发器构成移位电路。其功能有保持（$S_1S_0=00$），右移（$S_1S_0=01$），左移（$S_1S_0=10$），并入（$S_1S_0=11$）。

5. 集成移位寄存器的用途

（1）数据保存与移位：实现计算机串行通信（使用串行接口 RS232、RS485）中的并串转换及串并转换，如图 8.4.12 所示。

（2）实现串行通信——数据在一根传输线上一位一位地顺序传送。

（3）实现并行通信——数据以字节（字）为单位在多根传输线上同时传送。

（4）可构成移存型计数器（环形计数器，扭环形计数器）。

（5）可组成移存型计数器。

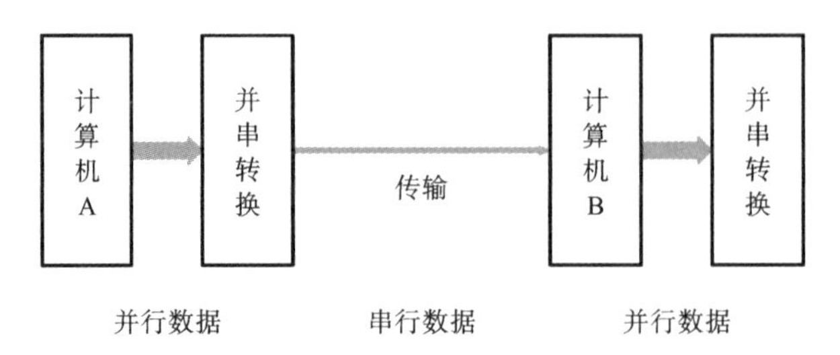

图 8.4.12 计算机的串行通信

可用移位寄存器实现环形计数器，如图 8.4.13 所示。

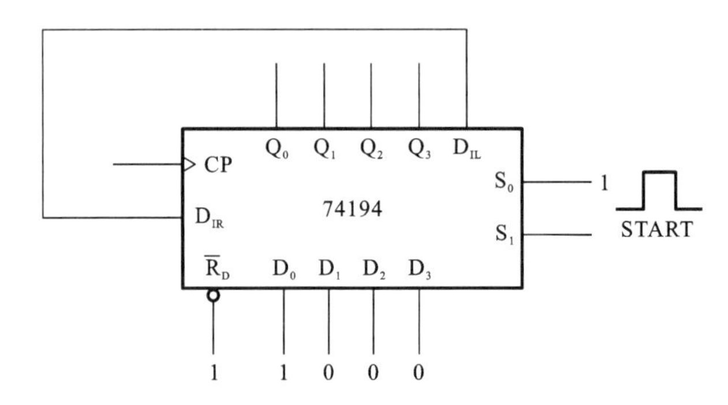

图 8.4.13 用 CT74194 构成环形计数器

当 START 信号脉冲无效时，$S_1S_0=01$，执行右移功能，每来一个时钟脉冲，数据在 FF_0、FF_1、FF_2、FF_3 中顺序右移一位，同时 Q_3 又移入 Q_0，则 $Q_0Q_1Q_2Q_3$ 从 1000 依次变为 0100、0010、0001、1000。可见，4 个 CP 后，$Q_0Q_1Q_2Q_3$ 又回到 1000，如此循环往复，一直重复这个计数规律，因此称其为环形计数器。环形计数器常用来实现脉冲顺序分配功能（分配器）。

当 $D_0D_1D_2D_3$ 为不同的初值，环形计数器的计数规律不同。

图 8.4.14 所示的是用 CT74194 构成的 4 位格雷码计数器（模 8），若 $D_0D_1D_2D_3=0000$，当 S_1 信号脉冲有效时，$S_1S_0=11$，执行并行输入功能，则 $Q_0Q_1Q_2Q_3=0000$。状态图如图 8.4.15 所示。

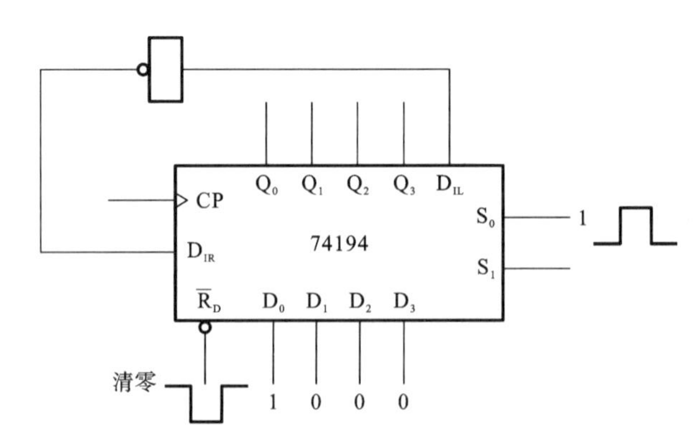

图 8.4.14 4 位格雷码计数器

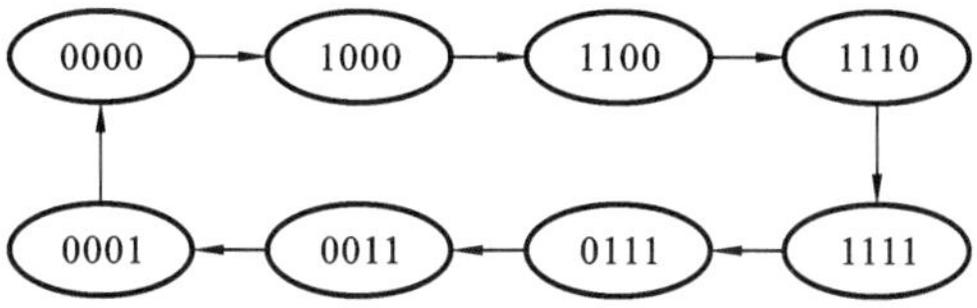

0000 → 1000 → 1100 → 1110
0001 ← 0011 ← 0111 ← 1111

图 8.4.15　4位格雷码计数器的状态图

如果 $D_0D_1D_2D_3=0100$，则其变成了普通八进制计数器，状态图如图 8.4.16 所示。

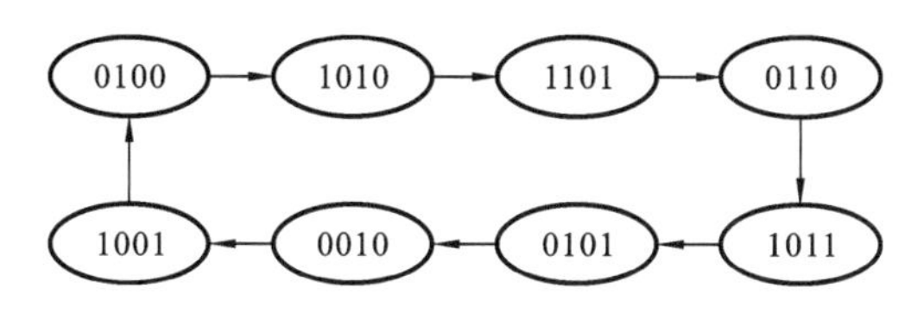

图 8.4.16　普通八进制计数器的状态图

8.5　常用的时序电路计数器及其应用

计数器是时序逻辑电路中应用非常广泛的一种电路，它能够记忆输入脉冲的个数，也可以用于定时、分频、控制和信号产生等多种数字逻辑应用场合。

1. 计数器的用途

(1) 脉冲计数计时。可通过不同模值的计数器，计秒($M=60$)、计分钟($M=60$)、计小时($M=24$)等。

(2) 分频。将高频时钟信号分频为较低频率的信号。

(3) 用作定时器。在洗衣机中可利用定时器控制甩干的时间。

(4) 可产生节拍脉冲，即顺序脉冲，在时钟脉冲的控制下，各触发器输出端按顺序依次产生脉冲信号。

(5) 可产生序列脉冲，每个触发器重复产生一组相同数码或符号的信号。

2. 计数器的分类

(1) 按计数器中触发器的时钟同步方式分类。

若计数器中触发器的时钟是由统一的时钟作用的，则称其为同步计数器；若计数器中触发器的时钟不是由统一的时钟作用的，则称其为异步计数器。

(2) 按计数器的进制分类。

若由 n 个触发器组成的计数器在计数过程中按二进制自然态序循环遍历了2^n个独立状态，则称这种计数器为 n 二进制计数器，又称为模2^n进制计数器；若计数过程中经历的独立状态数不为2^n，则称这种计数器为非二进制计数器，或称为 $M(M\neq 2^n)$进制计数器，比如十进制计数器，六十进制计数器。

(3) 按计数器的状态变化分类。

当输入计数脉冲数到来时，按照递增规律进行计数的电路称为加法计数器；当输入计数脉冲数到来时，按照递减规律进行计数的电路称为减法计数器；在控制信号作用下，既可以递增计数，也可以递减计数的电路称为加/减法计数器。

8.5.1 同步计数器

1. n 位二进制同步加法计数器

以 4 位二进制同步加法计数器为例来说明 n 位加法计数器的分析方法，如图 8.5.1 所示。

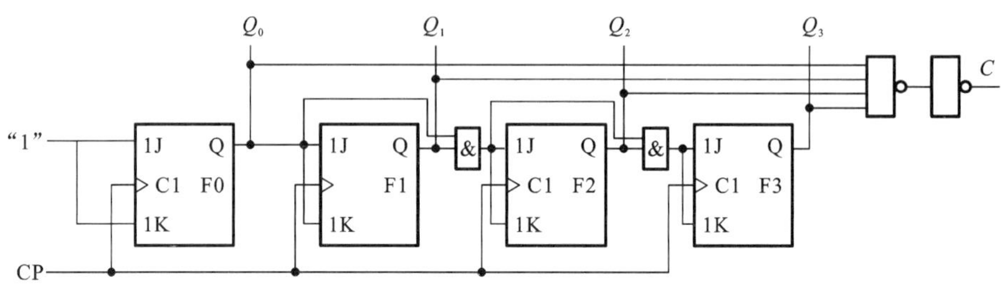

图 8.5.1 4 位二进制同步加法计数器

(1) 写出驱动方程：

$$J_0 = K_0 = 1$$
$$J_1 = K_1 = Q_0^n$$
$$J_2 = K_2 = Q_1^n Q_0^n$$
$$J_3 = K_3 = Q_2^n Q_1^n Q_0^n$$

(2) 写出状态方程。将上述驱动方程代入 JK 触发器的特性方程 $Q^{n+1} = J\overline{Q^n} + \overline{K}Q^n$，得到状态方程：

$$Q_0^{n+1} = \overline{Q_0^n}$$
$$Q_1^{n+1} = Q_0^n\overline{Q_1^n} + \overline{Q_0^n}Q_1^n = Q_0^n \oplus Q_1^n$$
$$Q_2^{n+1} = Q_1^n Q_0^n\overline{Q_2^n} + \overline{Q_1^n Q_0^n}Q_2^n$$
$$Q_3^{n+1} = Q_2^n Q_1^n Q_0^n\overline{Q_3^n} + \overline{Q_2^n Q_1^n Q_0^n}Q_3^n$$

(3) 写出输出方程：

$$C = \overline{\overline{Q_3^n Q_2^n Q_1^n Q_0^n}} = Q_3^n Q_2^n Q_1^n Q_0^n$$

(4) 列出状态转换表，如表 8.5.1 所示。

表 8.5.1 状态转换表

Q_3^n	Q_2^n	Q_1^n	Q_0^n	Q_3^{n+1}	Q_2^{n+1}	Q_1^{n+1}	Q_0^{n+1}	C
0	0	0	0	0	0	0	1	0
0	0	0	1	0	0	1	0	0
0	0	1	0	0	0	1	1	0
0	0	1	1	0	1	0	0	0
0	1	0	0	0	1	0	1	0

续表

Q_3^n	Q_2^n	Q_1^n	Q_0^n	Q_3^{n+1}	Q_2^{n+1}	Q_1^{n+1}	Q_0^{n+1}	C
0	1	0	1	0	1	1	0	0
0	1	1	0	0	1	1	1	0
0	1	1	1	1	0	0	0	0
1	0	0	0	1	0	0	1	0
1	0	0	1	1	0	1	0	0
1	0	1	0	1	0	1	1	0
1	0	1	1	1	1	0	0	0
1	1	0	0	1	1	0	1	0
1	1	0	1	1	1	1	0	0
1	1	1	0	1	1	1	1	0
1	1	1	1	0	0	0	0	1

(5) 根据状态转换表画出状态图和时序图，如图 8.5.2 和图 8.5.3 所示。

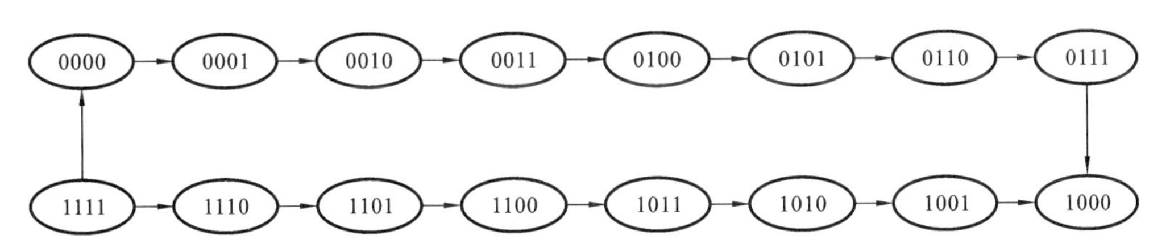

图 8.5.2　状态图

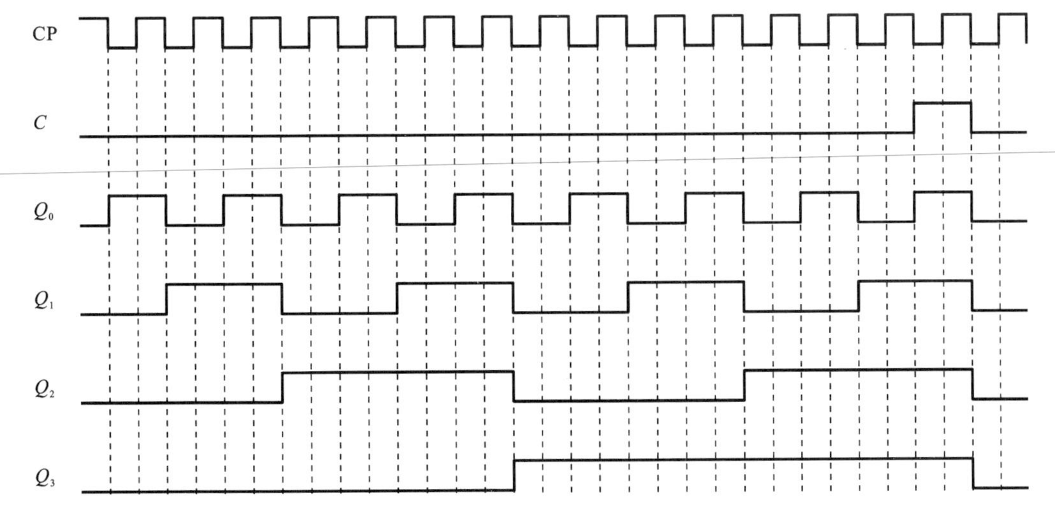

图 8.5.3　时序图

此电路是一个二进制同步(模 16)加法计数器。

二进制加法计数器的特点如下。

计数器中触发器的状态按照二进制数的规律变化,构成计数循环的状态个数(模值)为 2^n(n 是触发器的级数)。

二进制计数器没有非编码状态,所以不存在不能自启动的问题。

Q_0、Q_1、Q_2、Q_3 的周期分别是计数脉冲(CP)周期的 2 倍、4 倍、8 倍、16 倍,也就是说,Q_0、Q_1、Q_2、Q_3 分别对 CP 波形进行了 2 分频、4 分频、8 分频、16 分频,因此,二进制计数器也称为分频器。

2. 十进制加法同步计数器

以 JK 触发器为例来介绍十进制计数器,其逻辑电路如图 8.5.4 所示。

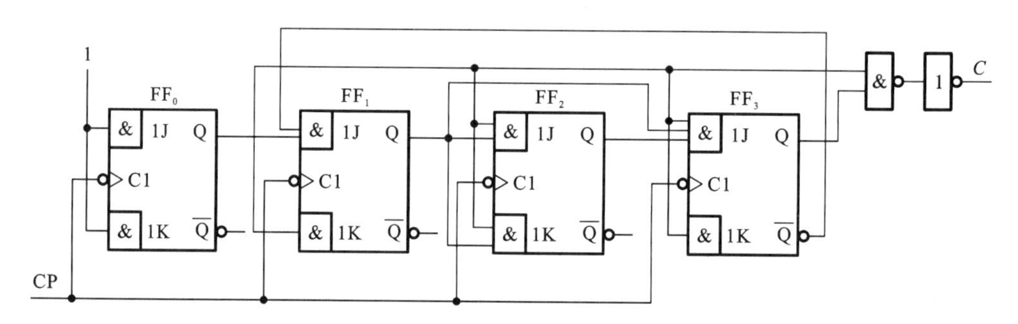

图 8.5.4 十进制计数器

(1) 写出驱动方程、状态方程、输出方程和时钟方程。

根据图 8.5.4 写出驱动方程:

$$J_0 = K_0 = 1$$

$$J_1 = \overline{Q_3^n} Q_0^n, \quad K_1 = Q_0^n$$

$$J_2 = K_2 = Q_1^n Q_2^n$$

$$J_3 = Q_2^n Q_1^n Q_0^n, \quad K_3 = Q_0^n$$

将式(8.5.1)代入 JK 触发器的特性方程得到状态方程:

$$Q_0^{n+1} = J_0 \overline{Q_0^n} + \overline{K}_0 Q_0^n = \overline{Q_0^n}$$

$$Q_1^{n+1} = J_1 \overline{Q_1^n} + \overline{K}_1 Q_1^n = \overline{Q_3^n} Q_0^n \ \overline{Q_1^n} + \overline{Q_0^n} Q_1^n$$

$$Q_2^{n+1} = J_2 \overline{Q_2^n} + \overline{K}_2 Q_2^n = Q_1^n Q_0^n \ \overline{Q_2^n} + \overline{Q_1^n Q_0^n} Q_2^n$$

$$Q_3^{n+1} = J_3 \overline{Q_3^n} + \overline{K}_3 Q_3^n = Q_2^n Q_1^n Q_0^n \ \overline{Q_3^n} + \overline{Q_0^n} Q_3^n$$

输出方程为

$$C = \overline{\overline{Q_3^n Q_0^n}} = Q_3^n Q_0^n$$

时钟方程为

$$\mathrm{CP}_0 = \mathrm{CP}_1 = \mathrm{CP}_2 = \mathrm{CP}_3 \downarrow$$

(2) 根据式(8.5.2)列出状态转换表,如表 8.5.2 所示。

表 8.5.2　状态转换表

Q_3^n	Q_2^n	Q_1^n	Q_0^n	Q_3^{n+1}	Q_2^{n+1}	Q_1^{n+1}	Q_0^{n+1}	C
0	0	0	0	0	0	0	1	0
0	0	0	1	0	0	1	0	0
0	0	1	0	0	0	1	1	0
0	0	1	1	0	1	0	0	0
0	1	0	0	0	1	0	1	0
0	1	0	1	0	1	1	0	0
0	1	1	0	0	1	1	1	0
0	1	1	1	1	0	0	0	0
1	0	0	0	1	0	0	1	0
1	0	0	1	0	0	0	0	1
1	0	1	0	1	0	1	1	0
1	0	1	1	1	1	0	0	1
1	1	0	0	1	1	0	1	0
1	1	0	1	1	1	1	0	1
1	1	1	0	1	1	1	1	0
1	1	1	1	0	0	0	0	1

（3）画出状态图与时序图，分别如图 8.5.5 和图 8.5.6 所示。

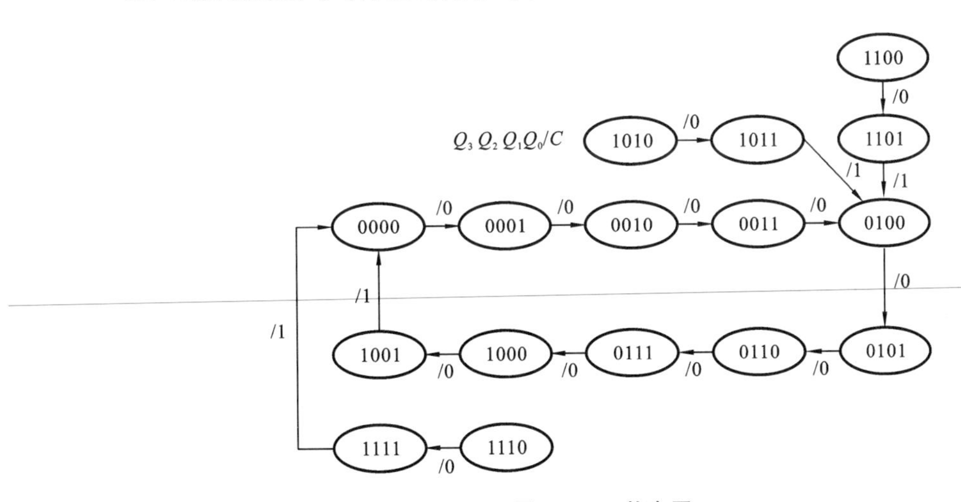

图 8.5.5　状态图

根据状态图可知，此为同步十进制加法计数器，具有自启动功能。

计数器由若干状态构成一个计数循环，构成电路的全部 FF 的时钟端连接在一起（同步），计数循环的状态个数为 10（模 10 计数器），计数状态按递增方向变化（加法），不存在死循环，计数循环以外的状态都能回到计数循环中来（自启动）。

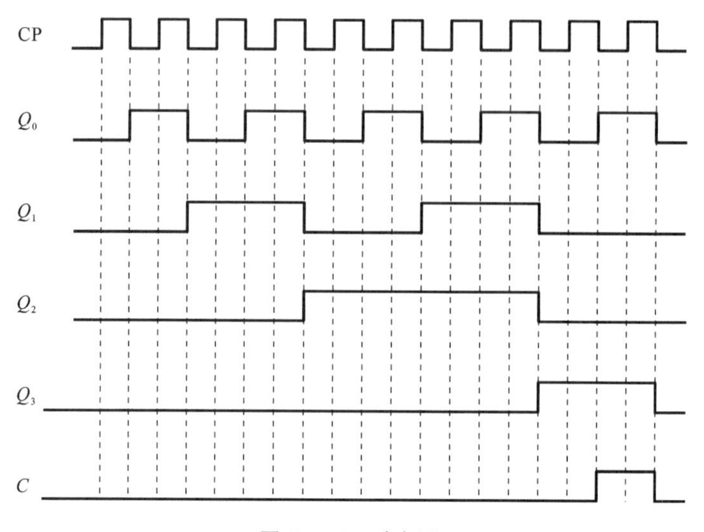

图 8.5.6　时序图

同步计数器的特点如下。

所有触发器的时钟端并联在一起作为计数器的时钟端。

各触发器同时翻转，不存在时钟到各触发器输出的传输延迟的积累。

由于工作频率只与一个触发器的时钟到输出的传输延迟有关，所以它的工作频率比异步计数器的高。

由于计数器各触发器几乎是同时翻转的，因此，各触发器输出波形的偏移为各触发器时钟到输出的延迟之差，同步计数器输出经译码后所产生的尖峰信号宽度比较小。

缺点：结构比较复杂(各触发器的输入由多个输出相与得到)，所用元件较多。

8.5.2　异步计数器

异步计数器也有二进制、十进制和任意进制等类型的。

异步计数器的特点有：输入系统时钟脉冲只作用于最低位触发器，高位触发器的时钟信号往往是由低一位触发器的输出提供的，高位触发器在低一位触发器翻转后才能进行翻转。

由于每一级触发器都存在传输延迟，因此异步计数器的工作速度较慢，且位数越多速度越慢，其在大型数字设备中较少采用。

对计数器状态进行译码时，由于触发器不同步，译码器输出会出现尖峰脉冲(位数越多，尖峰信号也就越宽)，使仪器设备产生误动作。

优点：结构比较简单，所用元件较少。

1. 异步二进制计数器

电路结构特点如下。

(1) 全部由 T′触发器构成。

(2) 第一级 FF 的 CP 由系统时钟控制，其余各级 FF 的 CP 端由前级 FF 的 Q 端或 $\overline{Q}$ 端控制。

【例 8.5.1】 分析图 8.5.7 所示的异步二进制($M=16$)加法计数器电路($N=4$)。

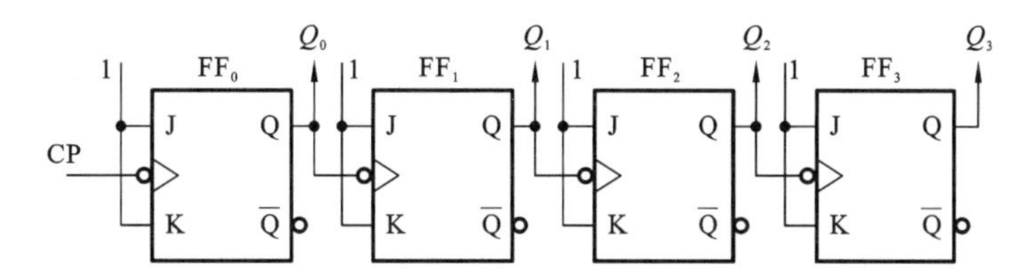

图 8.5.7　异步二进制加法计数器电路($N=4$)

解:(1) 状态方程为

$$Q_0^{n+1}=\overline{Q_0^n}\cdot \mathrm{CP}\downarrow$$

$$Q_1^{n+1}=\overline{Q_1^n}\cdot Q_0\downarrow$$

$$Q_2^{n+1}=\overline{Q_2^n}\cdot Q_1\downarrow$$

$$Q_3^{n+1}=\overline{Q_3^n}\cdot Q_2\downarrow$$

(2) 列出状态转换表,如表 8.5.3 所示。

表 8.5.3　状态转换表

Q_3^n	Q_2^n	Q_1^n	Q_0^n	Q_3^{n+1}	Q_2^{n+1}	Q_1^{n+1}	Q_0^{n+1}
0	0	0	0	0	0	0	1
0	0	0	1	0	0	1	0
0	0	1	0	0	0	1	1
0	0	1	1	0	1	0	0
0	1	0	0	0	1	0	1
0	1	0	1	0	1	1	0
0	1	1	0	0	1	1	1
0	1	1	1	1	0	0	0
1	0	0	0	1	0	0	1
1	0	0	1	1	0	1	0
1	0	1	0	1	0	1	1
1	0	1	1	1	1	0	0
1	1	0	0	1	1	0	1
1	1	0	1	1	1	1	0
1	1	1	0	1	1	1	1
1	1	1	1	0	0	0	0

(3) 状态图和时序图分别如图 8.5.8、图 8.5.9 所示。

【例 8.5.2】 分析图 8.5.10 所示电路的功能。

解:(1) 状态方程为

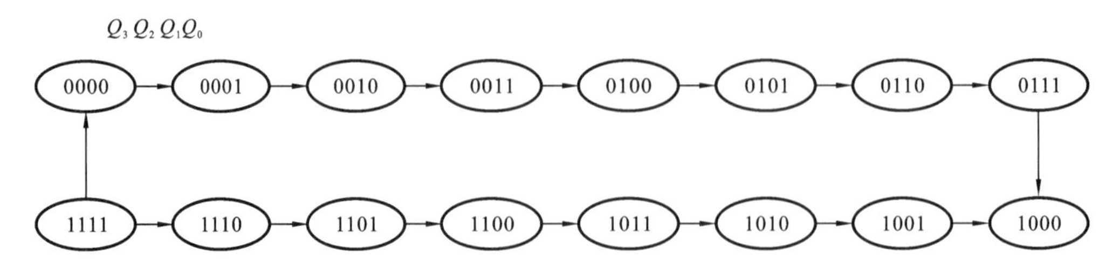

图 8.5.8 状态图

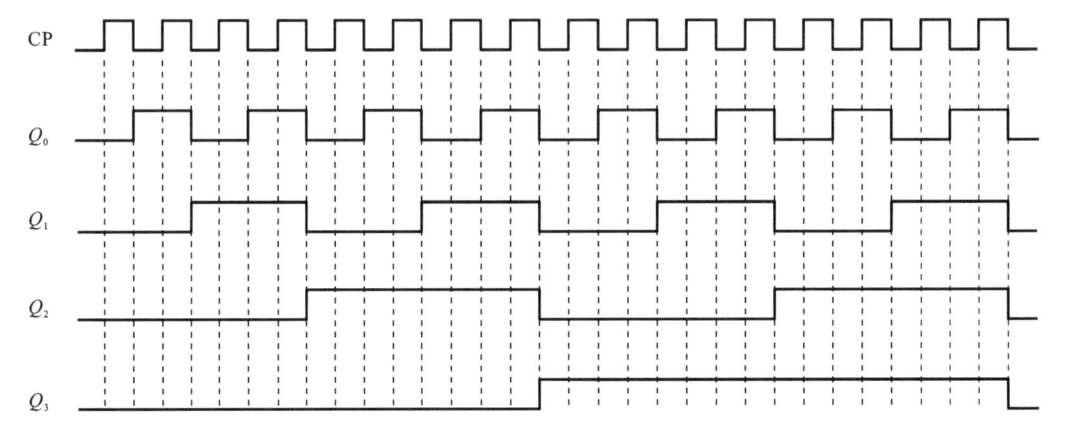

图 8.5.9 时序图

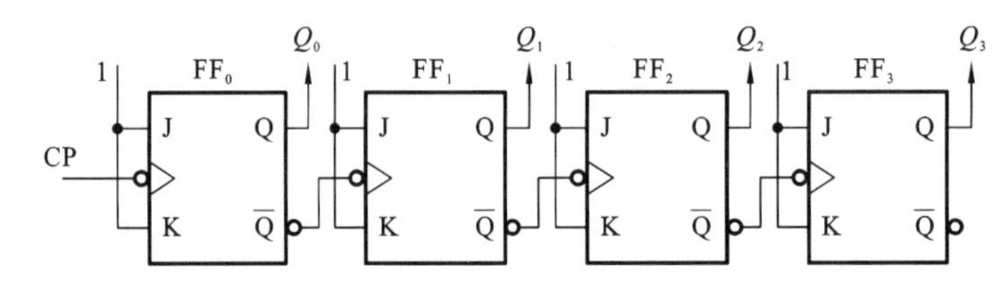

图 8.5.10 【例 8.5.2】电路图

$$Q_0^{n+1}=\overline{Q_0^n}\cdot \text{CP}\downarrow$$

$$Q_1^{n+1}=\overline{Q_1^n}\cdot \overline{Q_0}\downarrow=\overline{Q_1^n}\cdot Q_0\uparrow$$

$$Q_2^{n+1}=\overline{Q_2^n}\cdot \overline{Q_1}\downarrow=\overline{Q_2^n}\cdot Q_1\uparrow$$

$$Q_3^{n+1}=\overline{Q_3^n}\cdot \overline{Q_2}\downarrow=\overline{Q_3^n}\cdot Q_2\uparrow$$

（2）列出状态转换表，如表 8.5.4 所示。

表 8.5.4 【例 8.5.2】状态转换表

Q_3^n	Q_2^n	Q_1^n	Q_0^n	Q_3^{n+1}	Q_2^{n+1}	Q_1^{n+1}	Q_0^{n+1}
0	0	0	0	1	1	1	1
0	0	0	1	0	0	0	1
0	0	1	0	0	0	1	0
0	0	1	1	0	0	1	1

续表

Q_3^n	Q_2^n	Q_1^n	Q_0^n	Q_3^{n+1}	Q_2^{n+1}	Q_1^{n+1}	Q_0^{n+1}
0	1	0	0	0	1	0	0
0	1	0	1	0	1	0	1
0	1	1	0	0	1	1	0
0	1	1	1	0	1	1	1
1	0	0	0	1	0	0	0
1	0	0	1	1	0	0	1
1	0	1	0	1	0	1	0
1	0	1	1	1	0	1	1
1	1	0	0	1	1	0	0
1	1	0	1	1	1	0	1
1	1	1	0	1	1	1	0
1	1	1	1	1	1	1	1

(3) 状态图和时序图分别如图 8.5.11、图 8.5.12 所示。

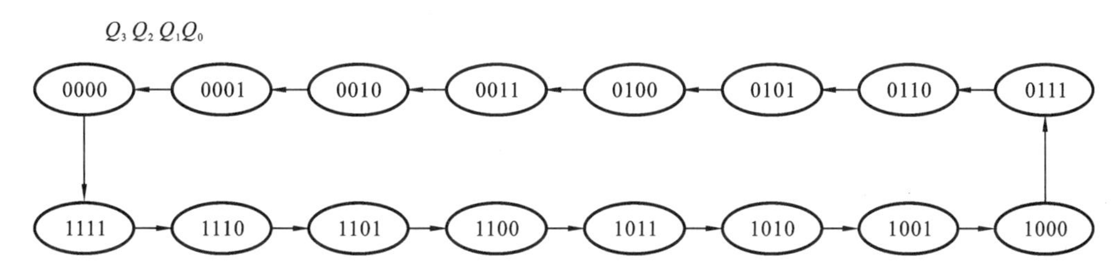

图 8.5.11 【例 8.5.2】状态图

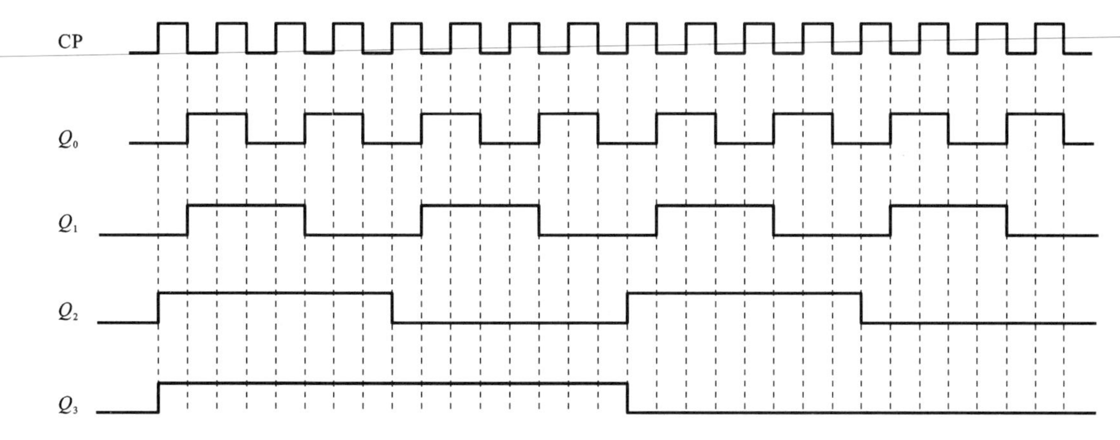

图 8.5.12 【例 8.5.2】时序图

第 1 个 CP 下降沿到来时，Q_0 由 0 变为 1，Q_0 的上升沿又使 Q_1 翻转，Q_1 的上升沿又使 Q_2 翻转，Q_2 的上升沿又使 Q_3 翻转，则 $Q_3Q_2Q_1Q_0$ 从 0000 变为 1111。

第 2 个 CP 下降沿到来时，Q_0 由 1 变为 0，Q_0 没有上升沿，则 Q_1 保持不变，同理，Q_2、Q_3 保持不变，故 $Q_3Q_2Q_1Q_0$ 从 1111 变为 1110（减计数）。

该电路为异步二进制（$M=16$）减法计数器。

n 位二进制异步计数器由 n 个处于计数工作状态（对于 D 触发器，使 $Q_i=\overline{Q}_i$；对于 JK 触发器，使 $J_i=K_i=1$）的触发器组成。各触发器之间的连接方式由加、减计数方式及触发器的触发方式决定。

对于加计数器，若由上升沿触发，则应将低位触发器的 $\overline{Q}$ 端与相邻高一位触发器的时钟脉冲输入端相连（即进位信号应从触发器的 $\overline{Q}$ 端引出）；若由下降沿触发，则应将低位触发器的 Q 端与相邻高一位触发器的时钟脉冲输入端相连。

对于减计数器，各触发器的连接方式相反。若触发器上升沿触发，则应将低位触发器的 Q 端与相邻高一位触发器的时钟脉冲输入端相连；若触发器下降沿触发，则应将低位触发器的 $\overline{Q}$ 端与相邻高一位触发器的时钟脉冲输入端连接。

在二进制异步计数器中，高位触发器的状态翻转必须在低一位触发器产生进位信号（加计数）或借位信号（减计数）之后才能实现。故又称这种类型的计数器为串行计数器。也正因为如此，异步计数器的工作速度较慢。

2. 用反馈复位法实现异步 M 进制计数器

对秒、分钟进行计数，需要模为 60 的计数器，对小时进行计数，需要模为 24 的计数器。这些模值都不是 2 的幂次方。

异步二进制的计数器电路简单，它的模值是 2^n，如果不能改变这个模值，则使用范围就要受到限制。

反馈复位法可以改变计数器的模值，使我们可以得到任意模值的计数器。

反馈复位法的原理：当计数器计到规定的模值时，将计数器为“1”的输出送至反馈电路，产生置 0 信号 $\overline{R_D}$ 使计数器复位，完成一次计数循环。

反馈复位法的实现步骤如下。

（1）根据计数器模值，求反馈复位代码 S_M，即计数器模值的二进制代码。

（2）求反馈复位逻辑：将输出为 1 的 FF 的 Q 端信号进行逻辑乘后取反，作为反馈复位信号，$\overline{R_D}=\overline{\prod Q^1}$。

（3）画逻辑电路，先画出由 N 级 FF 构成的异步二进制计数器，然后加入反馈复位逻辑。

【例 8.5.3】 用反馈复位法设计异步十进制加法计数器（利用 4 位的异步加法计数器）。

解：（1）求反馈复位代码：

$$S_M=(10)_{10}=(1010)_2\ (N=4，即有\ Q_3Q_2Q_1Q_0)$$

（2）求反馈复位逻辑：

$$\overline{R_D}=\overline{\prod Q^1}=\overline{Q_3Q_1}$$

（3）画出逻辑电路，如图 8.5.13 所示。

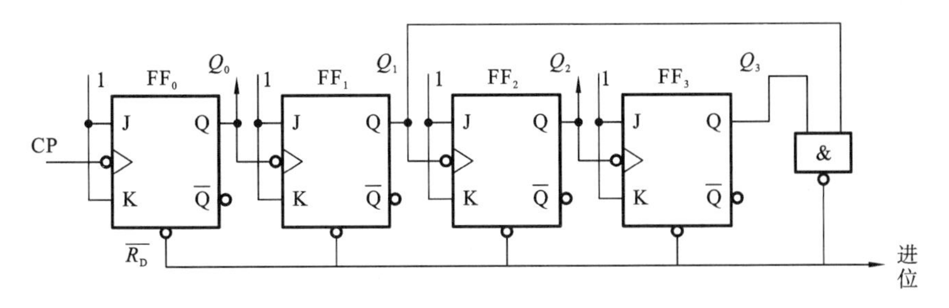

图 8.5.13　用反馈复位法设计的异步十进制加法计数器

(4) 异步十进制加法计数器的时序图如图 8.5.14 所示。

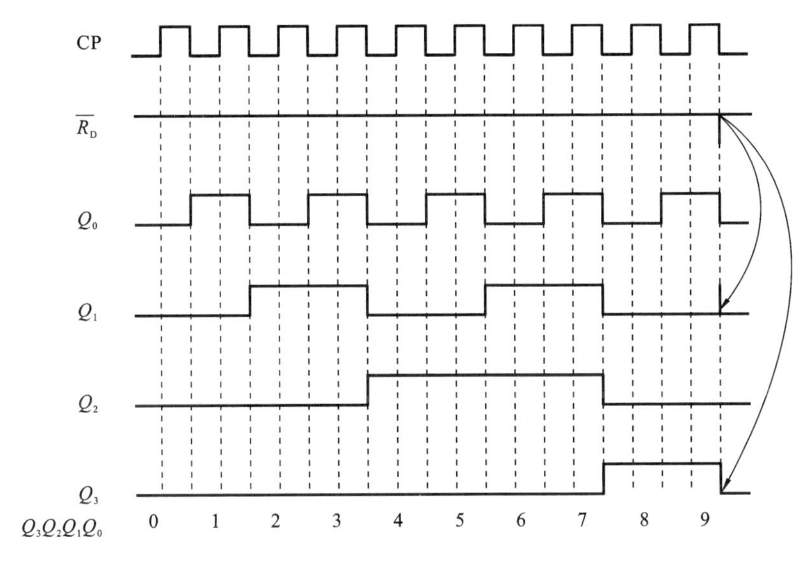

图 8.5.14　异步十进制加法计数器的时序图

当第 10 个 CP 下降沿到来时，计数器进入 1010 状态，$Q_3Q_1=11$ 使$\overline{R_D}=0$，计数器复位，$Q_3Q_2Q_1Q_0$ 变为 0000；$Q_3Q_1=00$ 又使$\overline{R_D}$变为 1——1010 状态和$\overline{R_D}=0$ 只出现了一瞬间。1010 状态称为过渡状态，它与 0000 状态占用一个时钟周期，所以把它们合并在一起。

(5) 异步十进制加法计数器的状态图如图 8.5.15 所示。

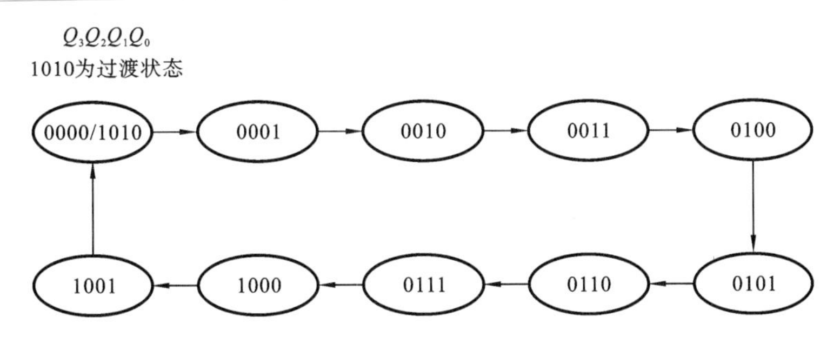

图 8.5.15　异步十进制加法计数器的状态图

上述反馈复位电路存在问题：$\overline{R_D}$的作用时间非常短暂，可能不会使全部 FF 复位，达不到反馈复位的目的。

改进：增加基本 RS 触发器，增加$\overline{R_D}$的作用时间，反馈复位改进电路如图 8.5.16 所示。

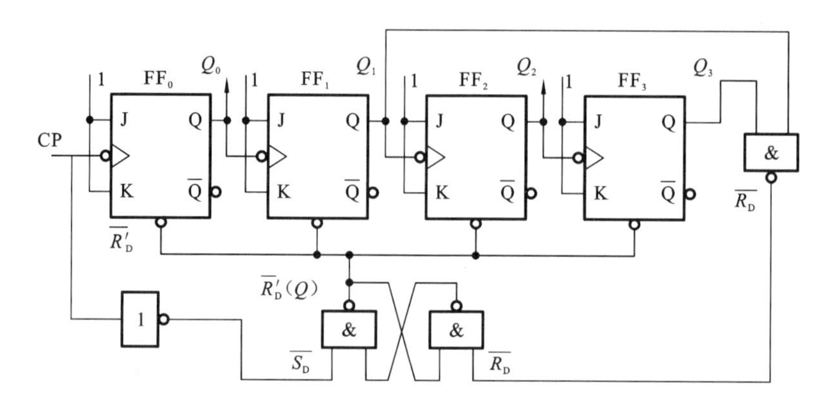

图 8.5.16 反馈复位改进电路

当 CP 为 1 时，$\overline{S_D}$变为 0，基本 RS 触发器置 1，计数器不复位。

当第 10 个 CP 下降沿到来时（$\overline{S_D}$=1），计数器进入 1010 状态，Q_3Q_1=11 使$\overline{R_D}$=0，故基本 RS 触发器置 0（$\overline{R'_D}$=0），使得计数器复位。

当$\overline{R_D}$信号撤销后（即$\overline{R_D}$=1），此时 CP=0，$\overline{S_D}$为 1，则基本 RS 触发器保持不变（$\overline{R'_D}$仍=0），从而保证计数器能够可靠复位。

反馈复位改进电路的时序图如图 8.5.17 所示。

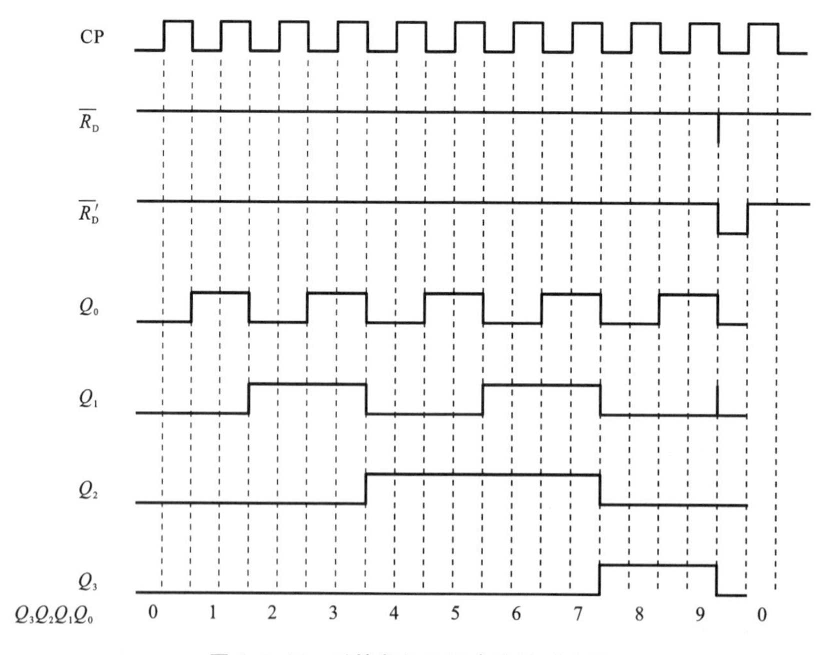

图 8.5.17 反馈复位改进电路的时序图

当 CP 为 1 时，$\overline{S_D}$变为 0，基本 RS 触发器置 1（$\overline{R'_D}$=1）。

当第 10 个 CP 下降沿到来时（$\overline{S_D}$=1），计数器进入 1010 状态，Q_3Q_1=11 使$\overline{R_D}$=0，则基

本 RS 触发器置 0($\overline{R'_D}=0$)，使得计数器复位。当$\overline{R_D}$信号撤销后，此时 CP=0，$\overline{S_D}$为 1，基本 RS 触发器保持 0 不变($\overline{R'_D}$仍=0)，计数器仍为 0000。

只有当 CP 上升沿再次到来时，$\overline{R'_D}$才从 0 变为 1。$\overline{R'_D}$的低电平时间等于时钟的低电平时间。

8.5.3　集成计数器

1. 常用的集成计数器

集成计数器包括异步计数器和同步计数器。异步计数器有二进制、十进制及可变进制异步计数器。同步计数器包括加法、减法、加/减(可逆)二进制或十进制计数器。

4 位同步二进制加法计数器有 74161(异步清除)、74163(同步清除)，同步十进制加法计数器有 74160(异步清除)、74162(同步清除)。

74161 与 74160 的逻辑符号如图 8.5.18 所示。

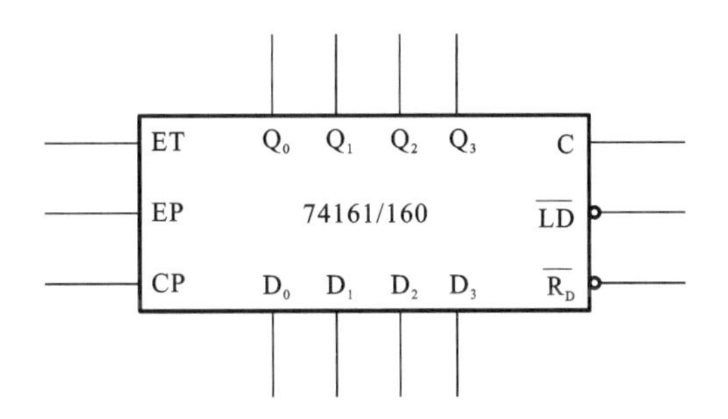

图 8.5.18　74161 与 74160 的逻辑符号

进位输出 C 分别如下。

对于 74161，有

$$C=\mathrm{ET}\cdot Q_3^n\cdot Q_2^n\cdot Q_1^n\cdot Q_0^n$$

对于 74160，有

$$C=\mathrm{ET}\cdot Q_3^n\cdot Q_0^n$$

74161 与 74160 的功能表如表 8.5.5 所示。

表 8.5.5　74161 与 74160 的功能表

$\overline{R}_D$	$\overline{\mathrm{LD}}$	EP	ET	CP	功能
0	×	×	×	×	异步复位
1	0	×	×	↑	同步预置
1	1	0	0	↑	保持
1	1	0	1	↑	保持
1	1	1	0	↑	保持
1	1	1	1	↑	计数

同步二进制加法计数器 74161/74163 的逻辑电路和时序图分别如图 8.5.19、图 8.5.20 所示。

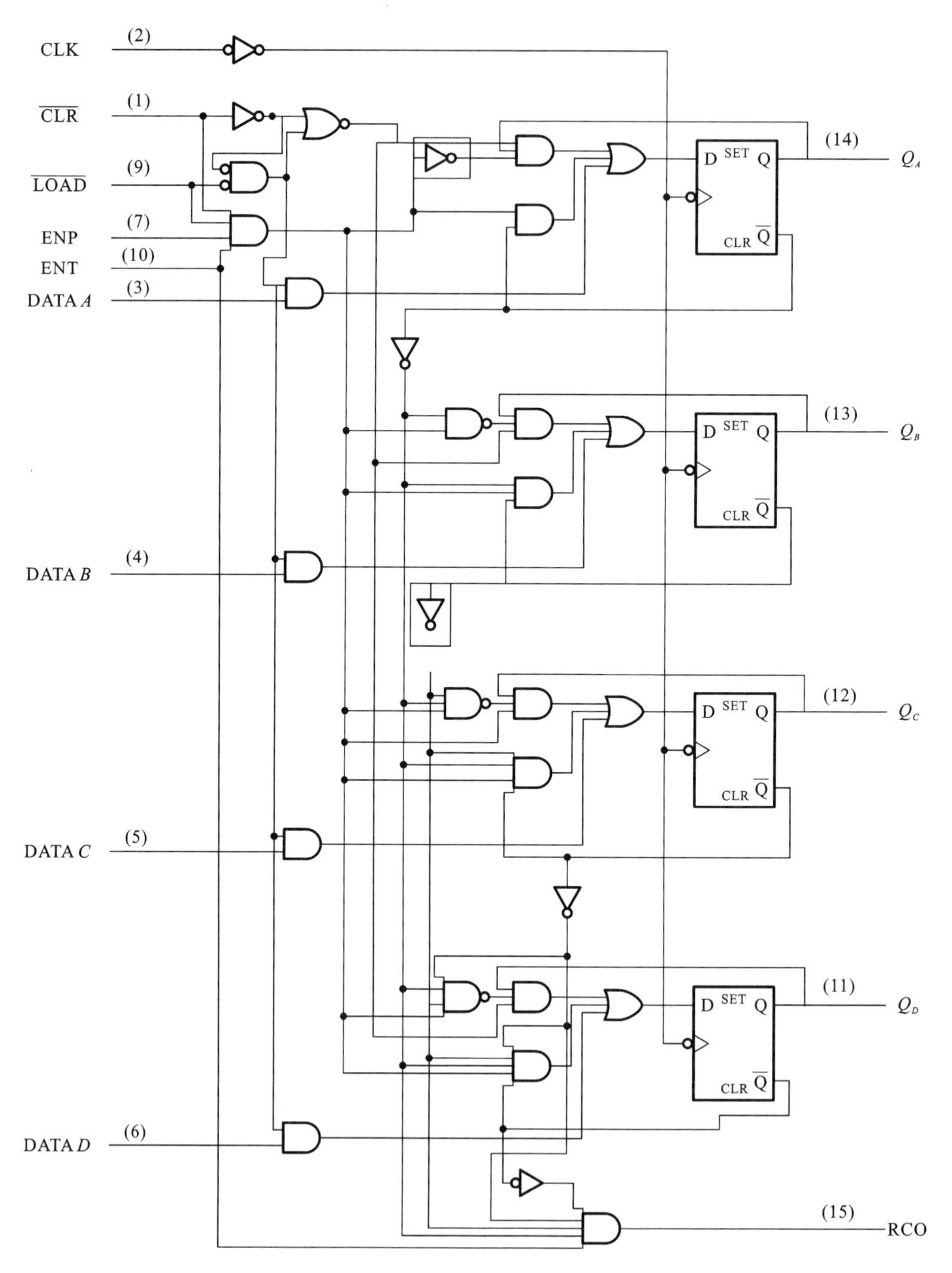

图 8.5.19 74161/74163 的逻辑电路

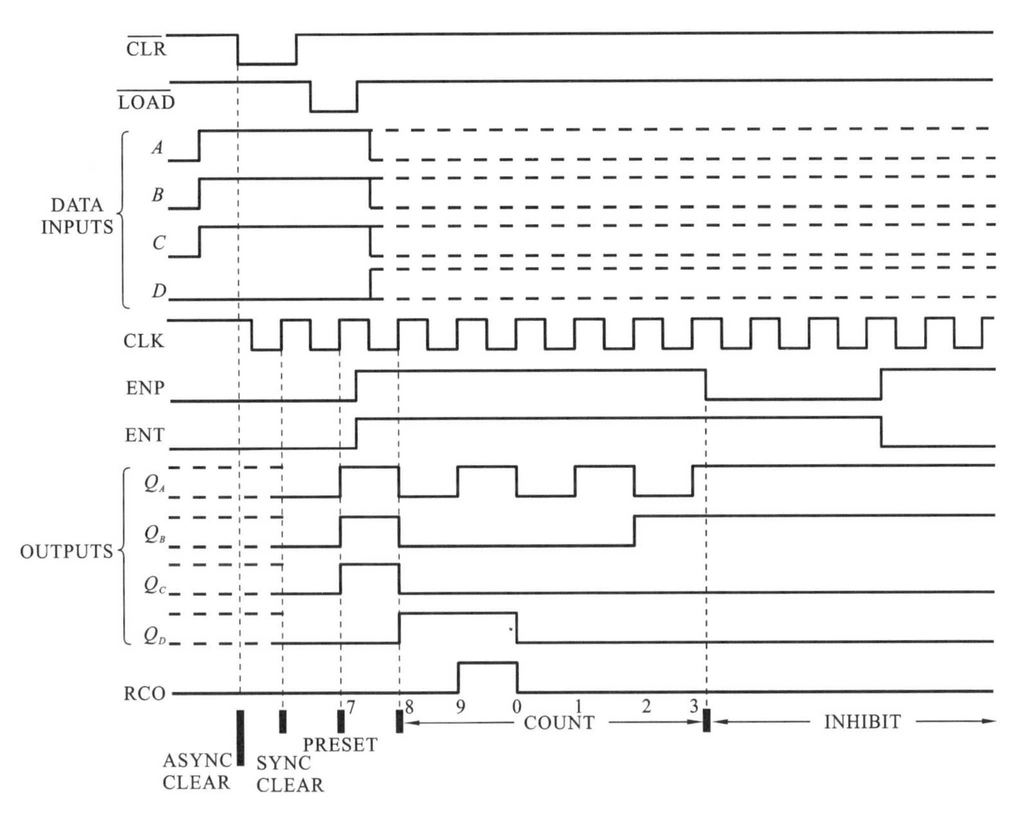

图 8.5.20　74161/74163 **的时序图**

74161 是异步清除的，74163 是同步清除的。

同步十进制加法计数器 74160/74162 的逻辑电路和时序图分别如图 8.5.21 和图 8.5.22 所示。

2. 集成计数器的同步扩展

将若干片集成计数器级联起来，形成有较大模值的计数系统，即可实现扩展。同步扩展指所有计数器使用同一个时钟信号进行同步，即把两片 4 位二进制计数器的 CP 并联后接时钟信号 CP。

低位片的 ET、EP 接高电平，使低位片始终具有计数功能；高位片的 ET、EP 接低位片的进位输出端 C，只有当输出端 C 为高电平时，高位片才具有计数功能。

图 8.5.23 所示的是由两片 74161 构成的同步 8 位二进制计数器。

假定计数器从 0000 状态开始计数。在输入 15 个 CP 之前，低位片按时钟信号加 1 计数，其进位输出 C 都为 0，则高位片的 ET=0、EP=0，高位片不工作，保持 0000 不变。

输入 15 个 CP 后，低位片的状态变为 1111，其进位输出 $C=1$；当第 16 个 CP 到来后，低位片和高位片同时计数，低位片的状态由 1111 变为 0000，其进位输出 C 从 1 变为 0，高位片的状态由 0000 递增到 0001。可见高位片每隔 16 个 CP 才能完成一次计数操作。当第 16 个 CP 到来后，低位片加 1 计数，而高位片保持状态 0001 不变(因为 ET=EP=$C=0$)。

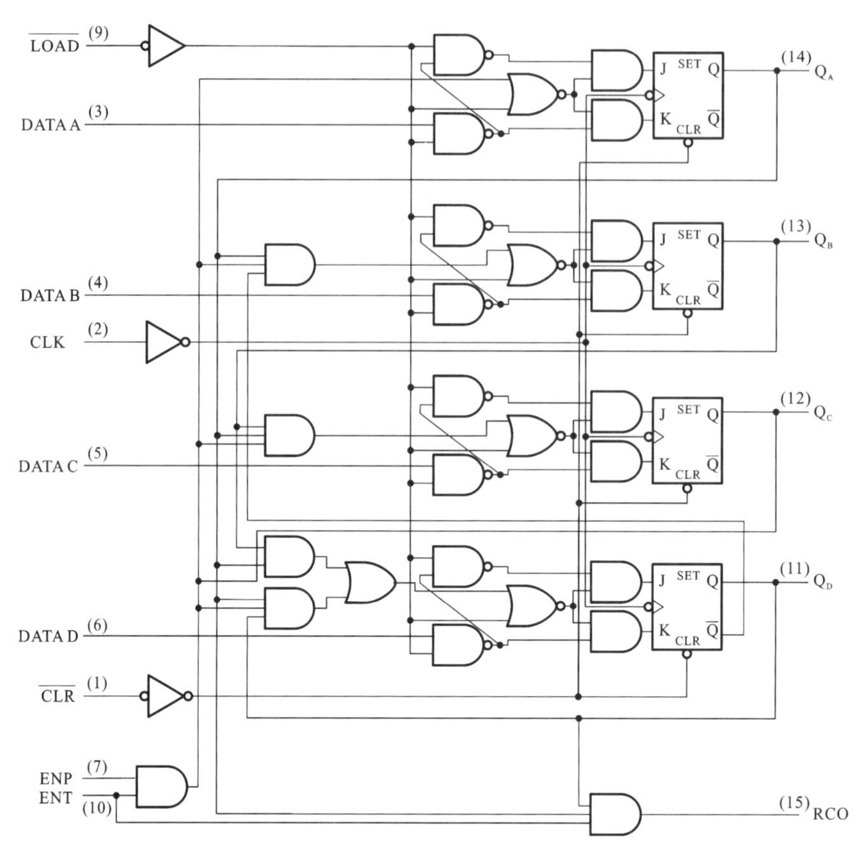

图 8.5.21　74160/74162 的逻辑电路图

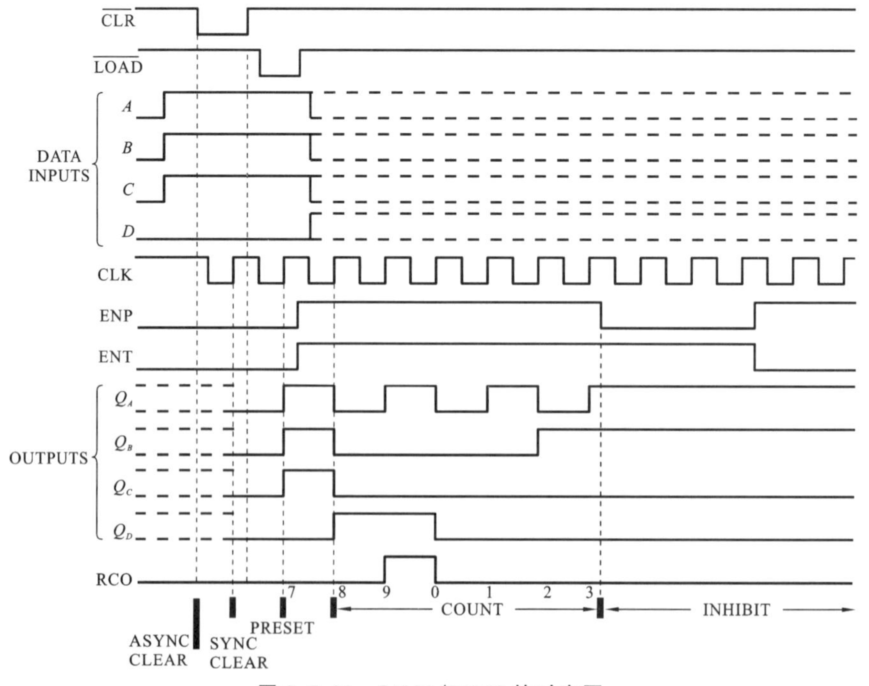

图 8.5.22　74160/74162 的时序图

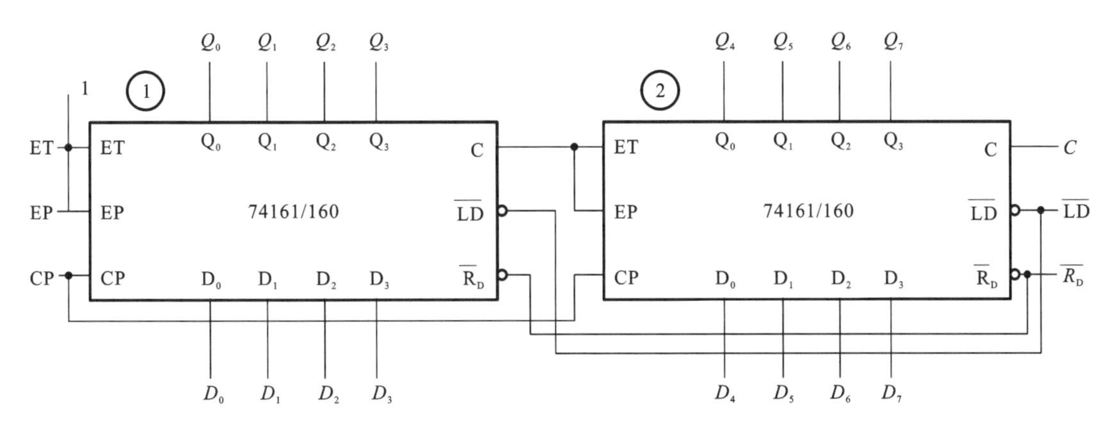

图 8.5.23　由两片 74161 构成的 8 位二进制计数器

4 位二进制计数器的模为 $2^4=16$，则由 2 片 4 位二进制计数器级联构成的 8 位二进制计数器的模为 $16^2=256$。

集成计数器的同步扩展时序图如图 8.5.24 所示。

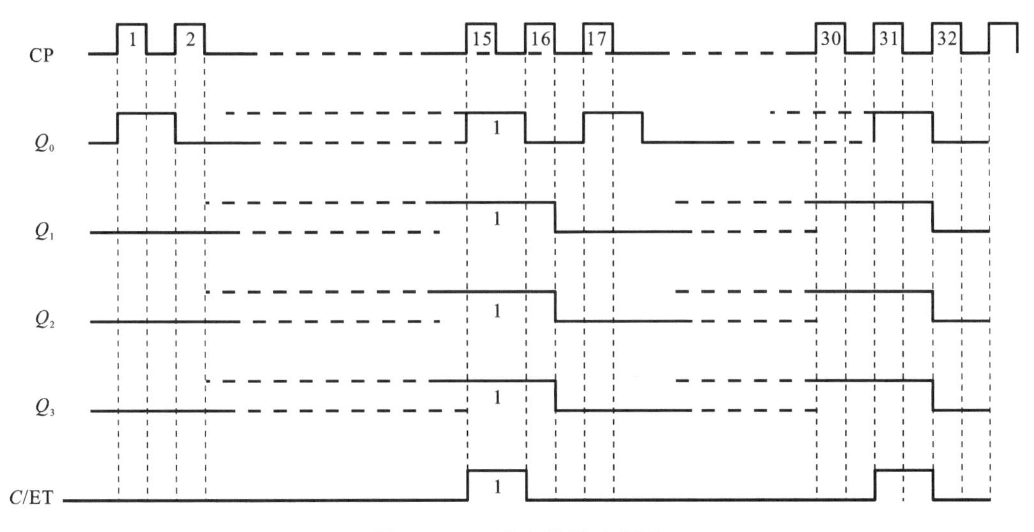

图 8.5.24　同步扩展时序图

状态表如表 8.5.6 所示。

表 8.5.6　同步扩展的状态表

Q_7^n	Q_6^n	Q_5^n	Q_4^n	Q_3^n	Q_2^n	Q_1^n	Q_0^n	Q_7^{n+1}	Q_6^{n+1}	Q_5^{n+1}	Q_4^{n+1}	Q_3^{n+1}	Q_2^{n+1}	Q_1^{n+1}	Q_0^{n+1}	C
0	0	0	0	0	0	0	0	0	0	0	0	0	0	0	1	0
0	0	0	0	0	0	0	1	0	0	0	0	0	0	1	0	0
0	0	0	0	0	0	1	0	0	0	0	0	0	0	1	1	0
0	0	0	0	0	0	1	1	0	0	0	0	0	1	0	0	0
0	0	0	0	0	1	0	0	0	0	0	0	0	1	0	1	0
0	0	0	0	0	1	0	1	0	0	0	0	0	1	1	0	0
0	0	0	0	0	1	1	0	0	0	0	0	0	1	1	1	0
0	0	0	0	0	1	1	1	0	0	0	0	1	0	0	0	0
			⋮								⋮					⋮

续表

Q_7^n	Q_6^n	Q_5^n	Q_4^n	Q_3^n	Q_2^n	Q_1^n	Q_0^n	Q_7^{n+1}	Q_6^{n+1}	Q_5^{n+1}	Q_4^{n+1}	Q_3^{n+1}	Q_2^{n+1}	Q_1^{n+1}	Q_0^{n+1}	C
0	0	0	0	1	1	1	0	0	0	0	0	1	1	1	1	0
0	0	0	0	1	1	1	1	0	0	0	1	0	0	0	0	0
0	0	0	1	0	0	0	0	0	0	0	1	0	0	0	1	0
0	0	0	1	0	0	0	1	0	0	0	1	0	0	1	0	0
			⋮								⋮					0
1	1	1	1	1	1	1	0	1	1	1	1	1	1	1	1	0
1	1	1	1	1	1	1	1	0	0	0	0	0	0	0	0	1

3. 集成计数器的异步扩展(异步法)

异步指多个计数器不是统一由一个时钟信号来同步的,它们各自有单独的时钟。

低位片 4 位二进制计数器的 CP 接系统时钟信号 CP1,低位片的进位输出端 C 经反相后接高位片的 CP 端。

图 8.5.25 所示的是由两片 74161 构成的异步 8 位二进制计数器。

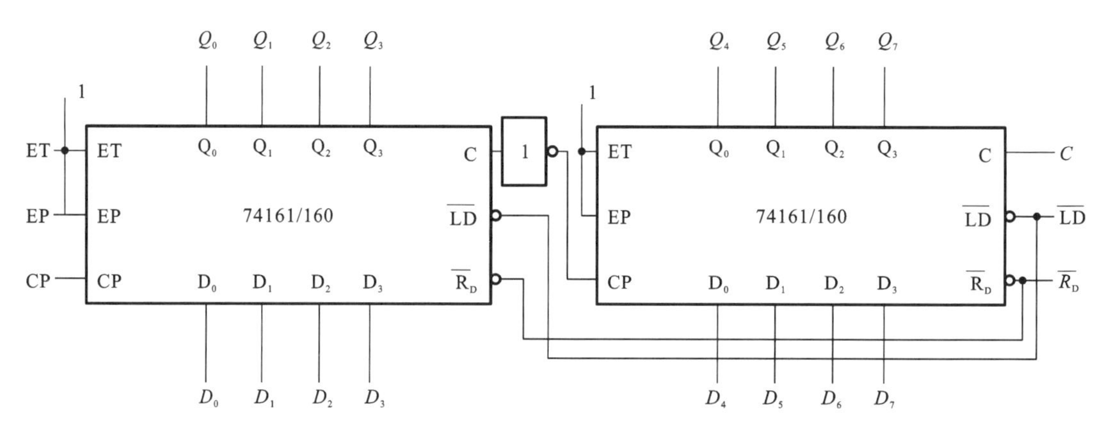

图 8.5.25 由两片 74161 构成的异步 8 位二进制计数器

集成计数器的异步扩展时序图如图 8.5.26 所示。

假定计数器从 0000 状态开始计数。在输入 15 个 CP 之前,低位片按时钟信号加 1 计数,其进位输出 C 都为 0,则 $CP2=\overline{C}=1$,高位片不工作,保持 0000 不变。

当输入 15 个 CP 后,低位片的状态变为 1111,其进位输出 C 从 0 变为 1,则 $CP2=\overline{C}=0$。

当第 16 个 CP 到来后,低位片的状态由 1111 变为 0000,C 从 1 变为 0,则 CP2 从 0 变为 1,使高位片加 1 计数,状态由 0000 变为 0001。

当第 17 个 CP 到来后,低位片的状态由 0000 变为 0001,由于低位片的 C 为 0,则 $CP2=\overline{C}=1$,高位片不工作,保持状态 0001 不变。

可见,高位片每隔 16 个 CP 才能完成一次计数操作。

4. 集成计数器实现 M 进制计数

假如一个计数器的模值为 M,则 2 片级联后,模值变为M^2。但有时需要的计数器模值不是M^2(如 60 进制、24 进制等)。

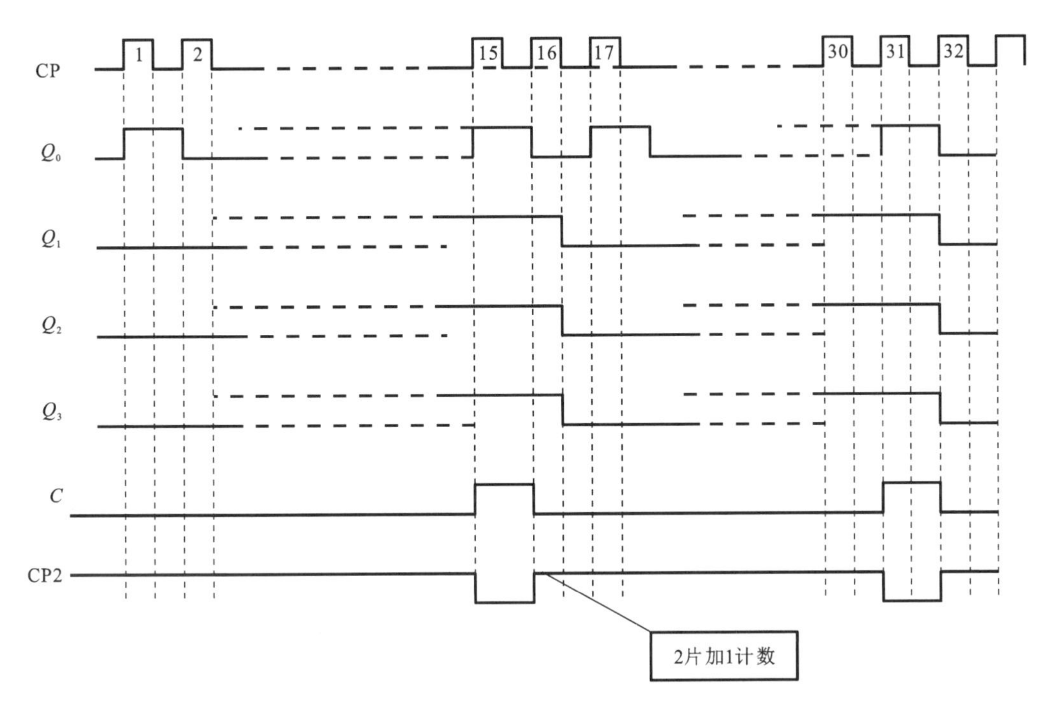

图 8.5.26　异步扩展时序图

8.5.4　反馈复位法与预置法

利用反馈复位法或预置法可以得到任意进制的计数器。

反馈复位法利用计数器的复位功能改变计数器的模值，以得到任意进制的计数器。当计到规定的模值时，反馈复位逻辑电路产生复位信号，并反馈到各计数器的复位端，强制使计数器所有输出为0。当下一个时钟到来时，又开始下一个计数循环。

预置法利用计数器的预置功能改变计数器的模值，以得到任意进制的计数器。预置法又包括输出 C 预置法和输出 Q 预置法。

1. 反馈复位法

【例 8.5.4】 利用反馈复位法，用 74161(二进制)实现 $M=60$ 的加法计数器。

解：(1) 写出反馈复位代码：$S_M=(60)_{10}=(111100)_2$($N=6$，即有 $Q_5Q_4Q_3Q_2Q_1Q_0$)。

(2) 写出反馈复位逻辑：$\overline{R_D}=\overline{\prod Q^1}=\overline{Q_5Q_4Q_3Q_2}$。

(3) 画出逻辑电路，如图 8.5.27 所示。

2. 输出 C 预置法

将输出 C 反相后送至预置端 $\overline{LD}$；将计数器的预置数据输入端 $D_3 \sim D_0$ 接入计算得到的预置数据，有

$$(\text{预置数据})_2=\text{计数器的模值}-\text{改变后的模值}\ M$$

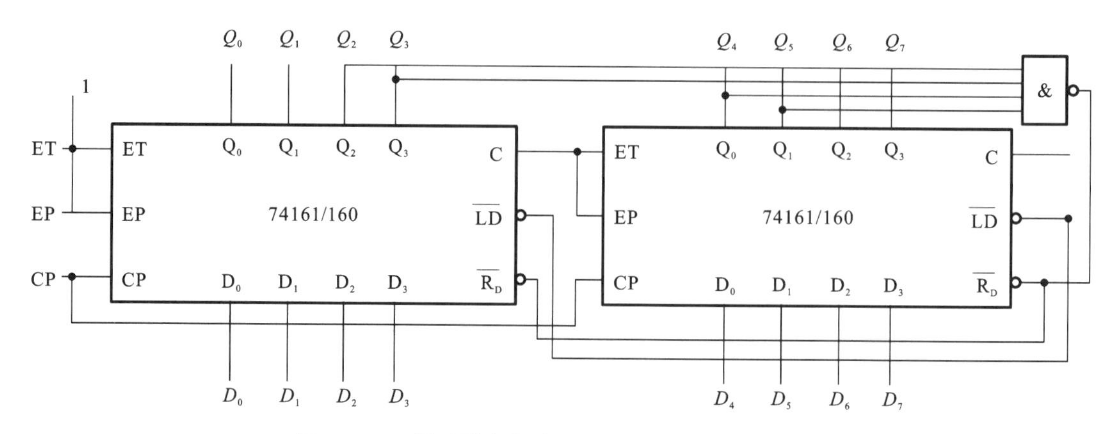

图 8.5.27　用反馈复位法实现 60 进制的加法计数器

当计数器未计到最大值时，$C=0$，$\overline{LD}=1$，计数器为计数方式。

当计数器计到最大值时，$C=1$，$\overline{LD}=0$，计数器为预置方式，CP 到来时，计数器结束本次计数循环，打入预置数据，并开始下一轮循环。

【例 8.5.5】 利用输出 C 预置法，用 74161(二进制)实现 $M=10$ 的加法计数器。

解：$(\text{预置数据})_2=(16-10)_{10}=(6)_{10}=(0110)_2=D_3D_2D_1D_0$

逻辑电路和状态图分别如图 8.5.28、图 8.5.29 所示。

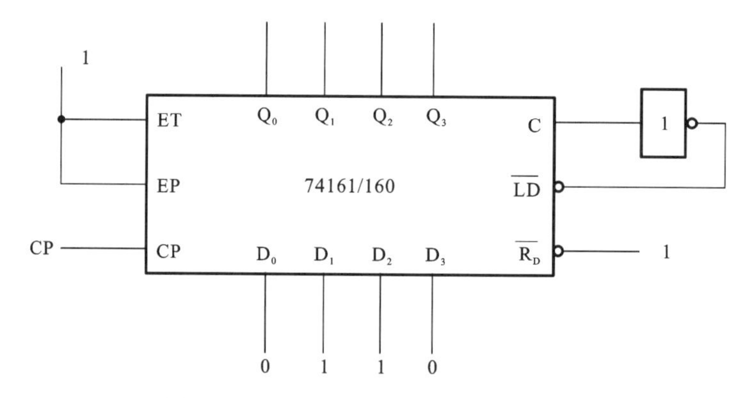

图 8.5.28　用输出 C 预置法实现的 10 进制加法计数器的逻辑电路

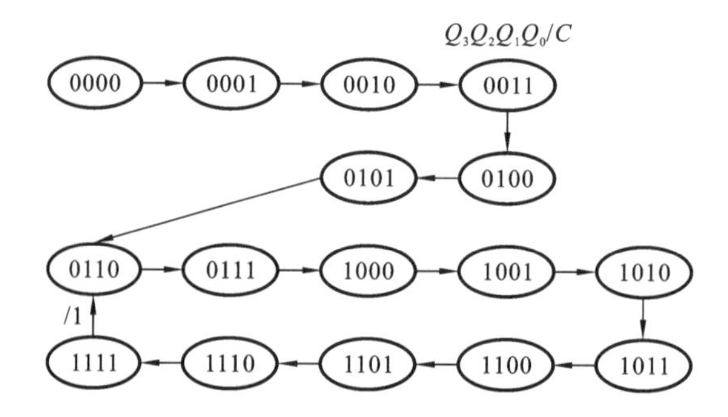

图 8.5.29　用输出 C 预置法实现的 10 进制加法计数器的状态图

3. 输出 Q 预置法

将计数器的输出 Q 接至预置端也可以改变计数器的模值。

具体步骤如下。

(1) 根据计数器的新模值求预置代码 SM－1，即(计数器新模值－1)的二进制代码。

(2) 求预置逻辑：当计数器计到(新模值－1)时，将输出为 1 的 FF 的 Q 端信号进行逻辑乘后取反，作为预置信号，$\overline{\mathrm{LD}} = \overline{\prod (M-1)^1}$。

(3) 画出逻辑电路(使并行数据输入信号，即预置数据输入信号恒等于 0)。

$$(\text{预置数据})_2 = (0000)_2$$

【例 8.5.6】 利用输出 Q 预置法，用 74161(二进制)实现 $M=10$ 的加法计数器。

解： 预置代码 $\mathrm{SM}-1 = S_{10}-1 = (1001)_2$。

预置逻辑为

$$\overline{\mathrm{LD}} = \prod Q^1 = \overline{Q_3 Q_0}$$

逻辑电路和状态图分别如图 8.5.30、图 8.5.31 所示。

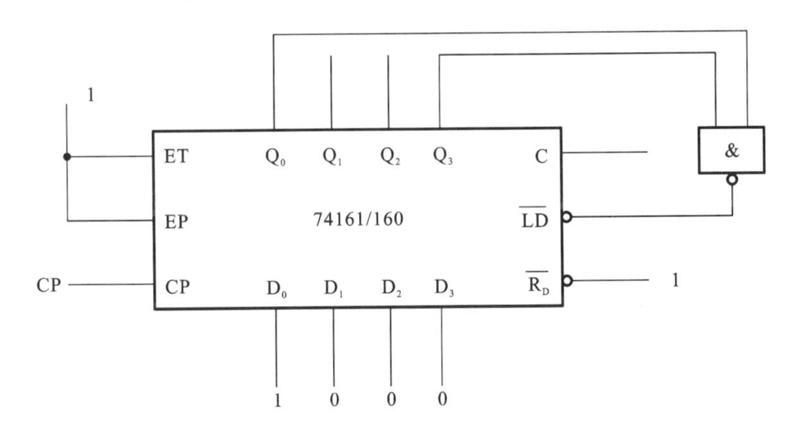

图 8.5.30　用输出 Q 预置法实现 10 进制加法计数器的逻辑电路

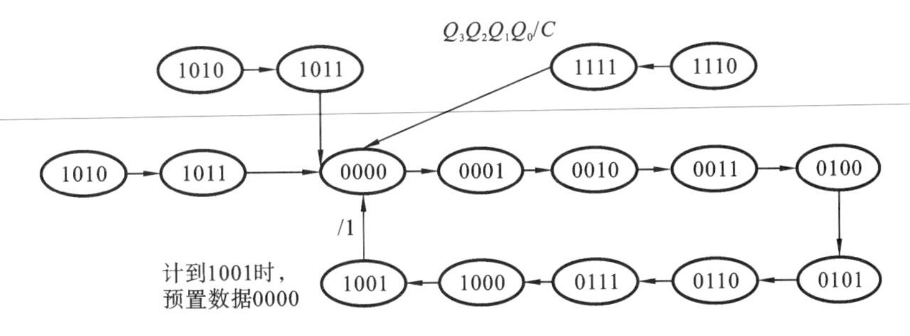

图 8.5.31　用输出 Q 预置法实现 10 进制加法计数器的状态图

以将 4 位二进制计数器改变为模值为 10 的加法计数器为例，3 种方法的比较如下。

(1) 对于反馈复位法，计数器计到规定的模值(1010)时，会产生一个复位信号，使计数器回到 0000 状态，完成一次计数循环。

(2) 对于输出 C 预置法，当计数器计到最大值时，$C=1$，产生一个预置信号($\mathrm{LD}=\overline{C}$)，将计数器预置为一个计算好的预置数据(=计数器原模值−改变后的模值 M),再来一个时钟脉冲后,计数器会结束本次计数循环,并以预置数据作为起始值,开始下一轮计数循环。

(3) 对于输出 Q 预置法,计数器计到(规定的模值−1)时,产生一个预置信号 $\overline{LD}=\overline{\prod Q^1}=\overline{Q_3Q_0}$,将计数器预置为 0000,再来一个时钟脉冲后,计数器会结束本次计数循环,并以 0000 作为起始值,开始下一轮计数循环。

8.6 基于 Verilog HDL 的常用时序逻辑电路设计

8.6.1 数码寄存器的设计

常用的数码寄存器有 8D 锁存器 CT74273 和 CT74373。其中,CT74273 是普通的锁存器,CT74373 是带三态输出的锁存器。

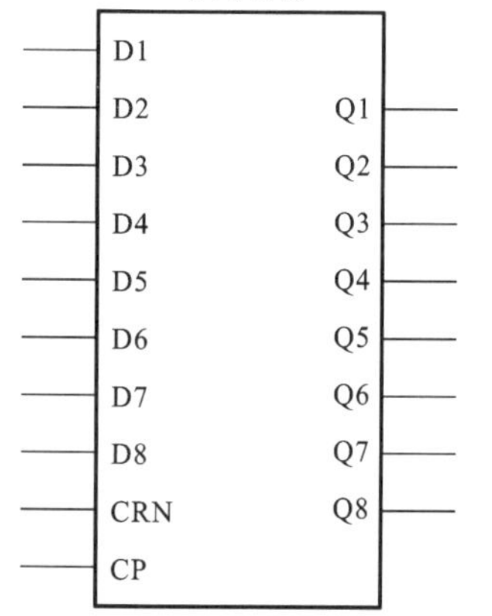

图 8.6.1 CT74273 的逻辑符号

1. CT74273 的设计

CT74273 的逻辑符号如图 8.6.1 所示。

引脚说明如下。

并行数据输入端:D8~D1,8 位。

时钟输入端:CP,上升沿有效。

并行数据输出端:Q8~Q1,8 位。

异步复位控制输入端:CRN,低电平有效,当 CRN=0 时,锁存器被复位(清零)。

代码 8.6.1 用 always 块语句设计 8D 锁存器 CT74273 的 Verilog HDL 程序。

```
module CT74273(D1,D2,D3,D4,D5,D6,D7,D8,CRN,CP,Q1,Q2,Q3,Q4,Q5,Q6,Q7,Q8);
      input D1,D2,D3,D4,D5,D6,D7,D8,CRN,CP;
      output Q1,Q2,Q3,Q4,Q5,Q6,Q7,Q8;
      reg  Q1,Q2,Q3,Q4,Q5,Q6,Q7,Q8;
      reg[1:8]Q_TEMP;
      always @ (posedge CP or negedge CRN)
         begin
      if (!CRN) Q_TEMP=8'b00000000;
      else Q_TEMP={D1,D2,D3,D4,D5,D6,D7,D8};
      {Q1,Q2,Q3,Q4,Q5,Q6,Q7,Q8}=Q_TEMP;
         end
endmodule
```

2. 8D 锁存器(三态输出)CT74373 的设计

CT74373 的逻辑符号和逻辑电路如图 8.6.2 所示。

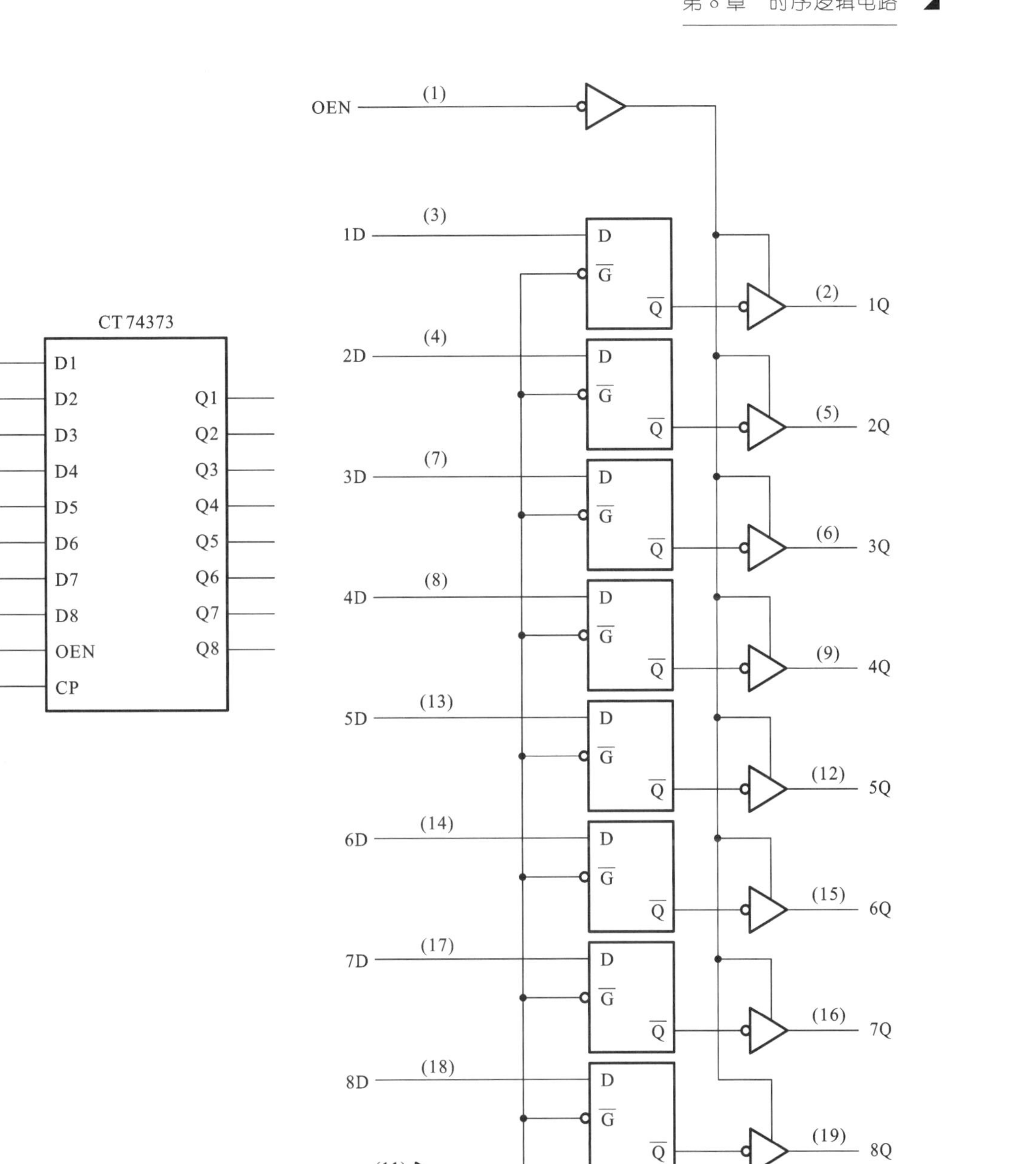

图 8.6.2　CT74373 **的逻辑符号和逻辑电路**

引脚说明如下。

并行数据输入端:D8～D1,8 位。

时钟输入端:CP,上升沿有效。

并行数据输出端:Q8～Q1,8 位。

三态控制输入端:OEN,低电平有效,当 OEN＝0 时,锁存器工作;当 OEN＝1 时,锁存器被禁止,输出为高阻态。

代码 8.6.2　用 always 块语句设计 8D 锁存器 CT74373 的 Verilog HDL 程序。

```
module CT74373(D1,D2,D3,D4,D5,D6,D7,D8,OEN,CP,Q1,Q2,Q3,Q4,Q5,Q6,Q7,Q8);
```

```
        input      D1,D2,D3,D4,D5,D6,D7,D8,OEN,CP;
        output     Q1,Q2,Q3,Q4,Q5,Q6,Q7,Q8;
        reg        Q1,Q2,Q3,Q4,Q5,Q6,Q7,Q8;
        reg[1:8]   Q_TEMP;
        always @ (posedge CP)        //数据暂存到 Q_TEMP 中
           Q_TEMP={D1,D2,D3,D4,D5,D6,D7,D8};
        always @ (OEN)
           begin
        if (!OEN) {Q1,Q2,Q3,Q4,Q5,Q6,Q7,Q8}=Q_TEMP;     //锁存器工作
        else {Q1,Q2,Q3,Q4,Q5,Q6,Q7,Q8}=8'bzzzzzzzz;;    //锁存器为高阻态
           end
endmodule
```

CT74373 的仿真波形图如图 8.6.3 所示，程序中，当 OEN 为高电平时，输出信号 q 等于输出 d；当 OEN 为低电平时，输出高阻值状态。

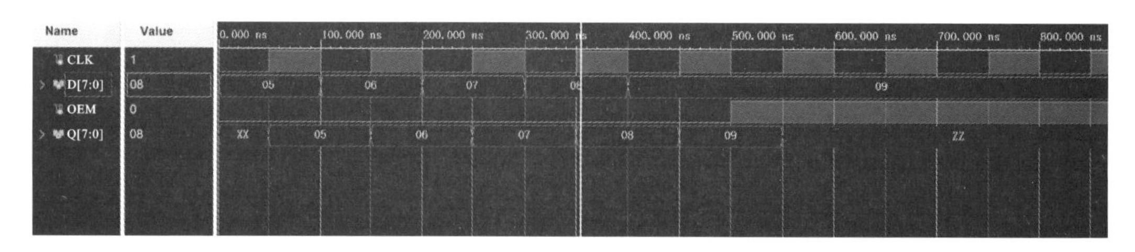

图 8.6.3 CT74373 的仿真波形图

8.6.2 移位寄存器的设计

移位寄存器可以由各种类型的触发器构成，如 D 触发器、基本 RS 触发器、T 触发器、JK 触发器等。

当寄存器处于右移工作状态时，寄存器的最高位 Q[7]从 DIR 接收右串入数据；当寄存器处于左移工作状态时，寄存器的最低位 Q[0]从 DIR 接收左串入数据。

可实现的功能：同步复位、同步预置、串入左移、串入右移。

程序涉及信号如下：d 是预置输入数据信号；clk 是时钟信号，上升沿触发；clr 是复位控制输入端信号，低电平有效；lod 是预置控制输入端信号，高电平有效；s 是移位方向控制输入端信号，s=1 时右移，s=0 时左移；dir 是右移串入输入信号；dil 是左移串入输入信号。

代码 8.6.3 用 always 块语句设计 8 位双向移位寄存器的 Verilog HDL 程序。

```
module rlshift(q,d, clk,clr,lod, s,dir,dil);
      input [7:0]   d;
      input             clk, clr, lod, s, dir, dil;
      output [7:0] q;
      reg  [7:0]      q;
      always @ (posedge clk)
          begin
```

```
            if (!clr)q=8'b00000000;        //同步复位
            else if (lod)q=d;              //同步预置
            else if (s) begin
                q=q>>1;                    //实现右移操作
                q[7]=dir;end               //寄存器的最高位接收串行右移输入信号
            else  begin
        q=q<<1;                            //实现左移操作
        q[0]=dil; end                      //寄存器的最低位接收串行左移输入信号
          end
endmodule
```

代码 8.6.3 的仿真波形图如图 8.6.4 所示，程序中，当预置信号 lod 为高电平时，输出 q 导入输入 d，lod 为低电平时开始进行移位操作，若 s 为高电平，则数据右移，若 s 为低电平，则数据左移。

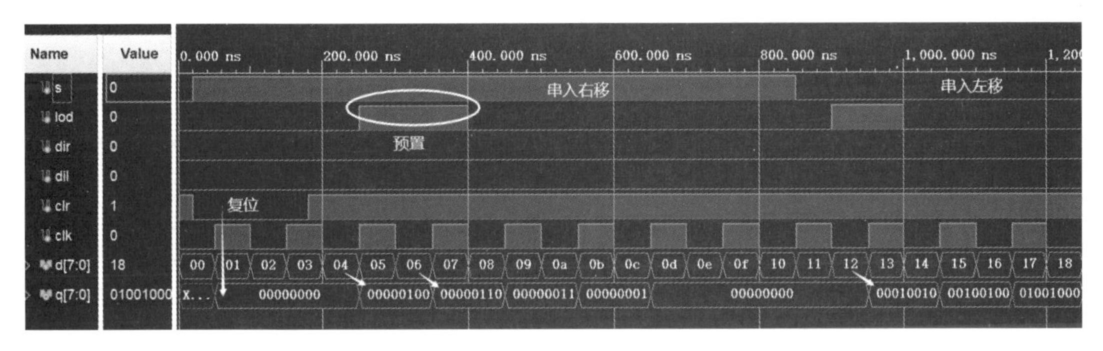

图 8.6.4　8 位双向移位寄存器的仿真波形图

8.6.3　计数器的设计

1. 十进制同步计数器（异步清除）CT74160

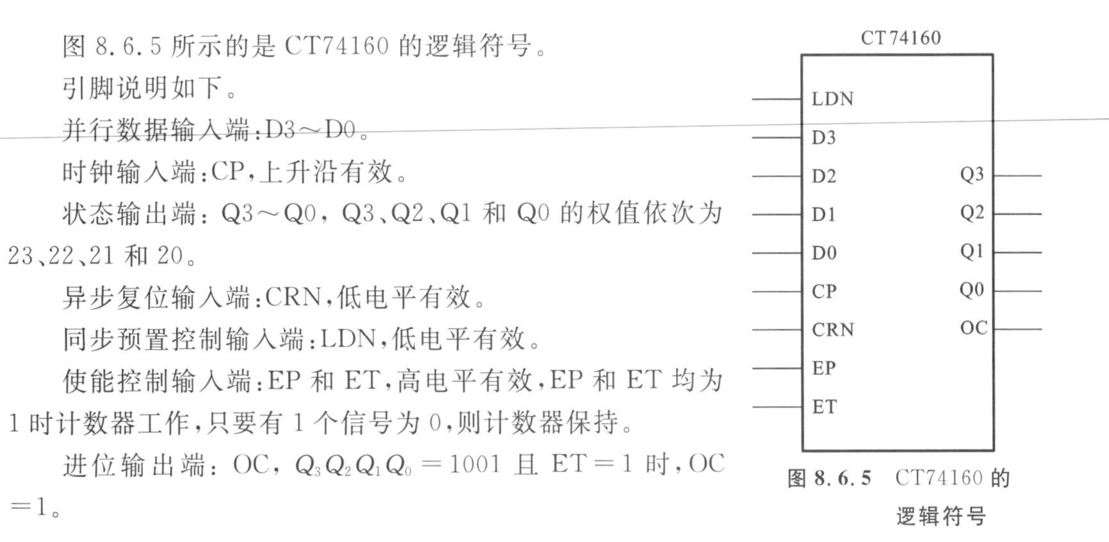

图 8.6.5 所示的是 CT74160 的逻辑符号。

引脚说明如下。

并行数据输入端：D3～D0。

时钟输入端：CP，上升沿有效。

状态输出端：Q3～Q0，Q3、Q2、Q1 和 Q0 的权值依次为 23、22、21 和 20。

异步复位输入端：CRN，低电平有效。

同步预置控制输入端：LDN，低电平有效。

使能控制输入端：EP 和 ET，高电平有效，EP 和 ET 均为 1 时计数器工作，只要有 1 个信号为 0，则计数器保持。

进位输出端：OC，$Q_3Q_2Q_1Q_0=1001$ 且 ET＝1 时，OC＝1。

图 8.6.5　CT74160 的逻辑符号

代码 8.6.4 用 always 块语句设计十进制同步计数器 CT74160 的 Verilog HDL 程序。

```
module CT74160(LDN,D3,D2,D1,D0,CP,CRN,EP,ET,Q3,Q2,Q1,Q0,OC);
    input LDN,D3,D2,D1,D0,CP,CRN,EP,ET;
    output  Q3,Q2,Q1,Q0,OC;
    reg  Q3,Q2,Q1,Q0,OC;
    reg[3:0]  Q_TEMP;
    always@ (posedge CP or negedge CRN )
       begin
          if (!CRN) Q_TEMP=4'b0000;                    //异步复位
          else
             begin
                if (!LDN) Q_TEMP={D3,D2,D1,D0};        //同步预置
                else if (EP && ET)                     //计数
                   if (Q_TEMP<4'b1001) Q_TEMP=Q_TEMP+1;
                   else  Q_TEMP=4'b0000;
                else Q_TEMP=Q_TEMP;                    //保持
             end
          end
always@ (* )  //产生进位输出和对最终输出赋值
       begin
          if (Q_TEMP==4'b1001 && ET==1'b1) OC=1'b1;
          else OC=1'b0;
          {Q3,Q2,Q1,Q0}=Q_TEMP;
       end
endmodule
```

代码 8.6.4 的仿真波形图如图 8.6.6 所示。当 CRN 信号为低电平时，计数器异步复位；当 LDN 信号为低电平时，计数器同步预置为 5；当 ET 和 EP 都为高电平时，计数器正向计数，进位时 OC 端输出高电平信号；而使能信号 ET 为低电平时，计数器停止计数并保持当前值。

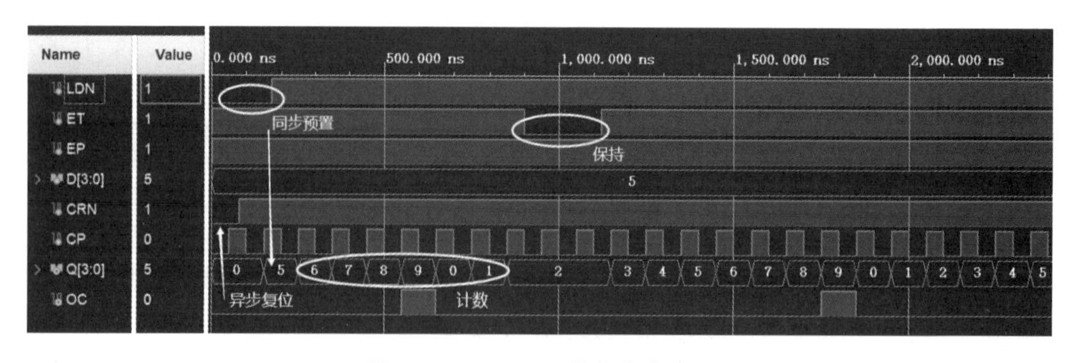

图 8.6.6 CT74160 的仿真波形图

2. 二进制同步计数器 CT74161(异步清除)

图 8.6.7 所示的是 CT74161 的逻辑符号。

引脚说明如下。

并行数据输入端:D3～D0。

时钟输入端:CP,上升沿有效。

状态输出端: Q3～Q0, Q3、Q2、Q1 和 Q0 的权值依次为 23、22、21 和 20。

异步复位输入端:CRN,低电平有效。

同步预置控制输入端:LDN,低电平有效。

使能控制输入端:EP 和 ET,高电平有效,EP 和 ET 均为 1 时计数器工作,只要有 1 个信号为 0,则计数器保持。

进位输出端:OC, $Q_3Q_2Q_1Q_0=1111$ 且 ET＝1 时,OC＝1。

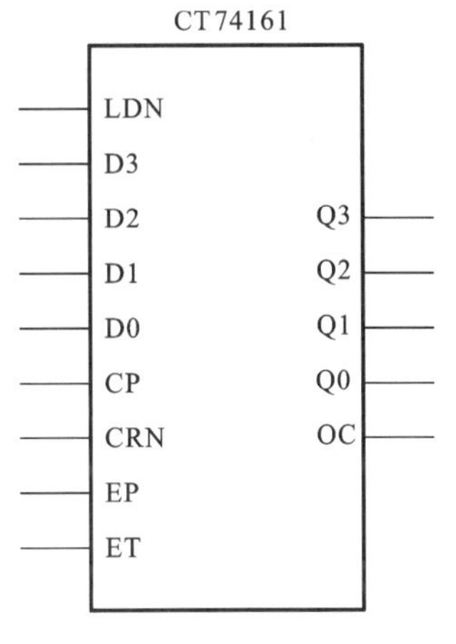

图 8.6.7 CT74161 的逻辑符号

代码 8.6.5 用 always 块语句设计二进制同步计数器 CT74161 的 Verilog HDL 程序。

```
module  CT74161(LDN,D3,D2,D1,D0,CP,CRN,EP,ET,Q3,Q2,Q1,Q0,OC);
input        LDN,D3,D2,D1,D0,CP,CRN,EP,ET;
output      Q3,Q2,Q1,Q0,OC;
reg         Q3,Q2,Q1,Q0,OC;
reg[3:0]     Q_TEMP;
always@ (posedge CP or negedge CRN )
    begin
        if (!CRN) Q_TEMP=4'b0000;                        //异步复位
        else
            begin
                if (!LDN) Q_TEMP={D3,D2,D1,D0};         //同步预置
                else if (EP && ET) Q_TEMP= Q_TEMP+1;     //计数
                else Q_TEMP=Q_TEMP;                      //保持
            end
    end
always@ (* )//产生进位输出和对最终输出赋值
    begin
        if (Q_TEMP==4'b1111 && ET==1'b1) OC=1'b1;
        else OC=1'b0;
{Q3,Q2,Q1,Q0}=Q_TEMP;
    end
endmodule
```

仿真波形图如图 8.6.8 所示。计数器依次从 0 计数到 0xf,在跳变至 0 时进位信号 OC 保持一个周期高电平。

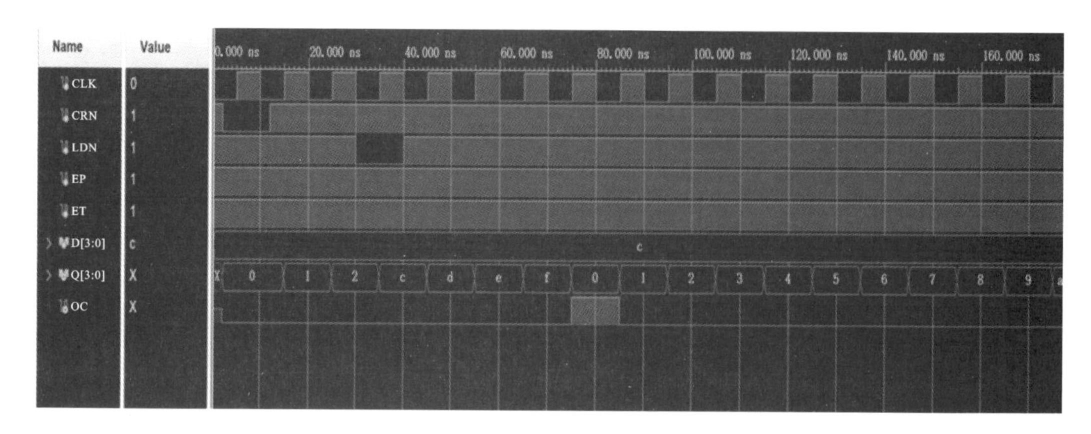

图 8.6.8 CT74161 的仿真波形图

3. 4 位二进制同步计数器 CT74163 的设计

图 8.6.9 所示的是 CT74163 的逻辑符号。

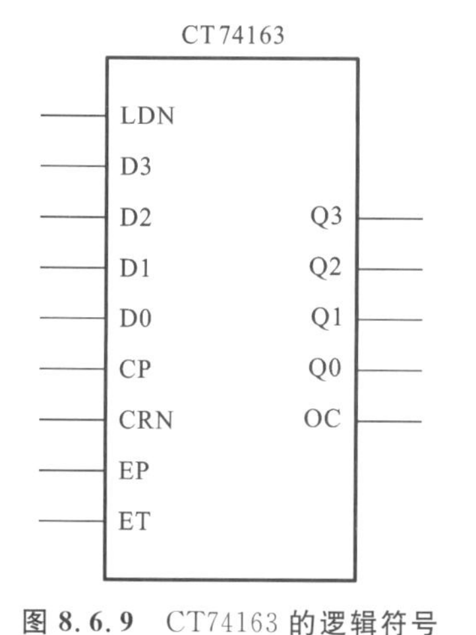

图 8.6.9 CT74163 的逻辑符号

引脚说明如下。

并行数据输入端:D3～D0。

时钟输入端:CP,上升沿有效。

状态输出端: Q3～Q0, Q3、Q2、Q1 和 Q0 的权值依次为 23、22、21 和 20。

同步复位输入端:CRN,低电平有效。

同步预置控制输入端:LDN,低电平有效。

使能控制输入端:EP 和 ET,高电平有效,EP 和 ET 均为 1 时计数器工作,只要有 1 个信号为 0,则计数器保持。

进位输出端:OC, $Q_3Q_2Q_1Q_0=1111$ 且 ET＝1 时,OC＝1。

代码 8.6.6 用 always 块语句设计二进制同步计数器 CT74163 的 Verilog HDL 程序(同步清除)。

```
module CT74163(LDN,D3,D2,D1,D0,CP,CRN,EP,ET,Q3,Q2,Q1,Q0,OC);
      input LDN,D3,D2,D1,D0,CP,CRN,EP,ET;
      output Q3,Q2,Q1,Q0,OC;
      reg Q3,Q2,Q1,Q0,OC;
      reg [3:0]      Q_TEMP;
      always@ (posedge CP)
         begin
    if (!CRN) Q_TEMP=4'b0000;                         //同步复位
    else if (!LDN) Q_TEMP={D3,D2,D1,D0};              //同步预置
    else if (EP && ET) Q_TEMP=Q_TEMP+1;               //计数
    else Q_TEMP=Q_TEMP;                               //保持
```

```
            end
        always@ (*)
            begin
      if (Q_TEMP==4'b1111 && ET==1'b1) OC=1'b1;
      else  OC=1'b0;
      {Q3,Q2,Q1,Q0}=Q_TEMP;
            end
  endmodule
```

同步计数器 CT74163（同步清除）的仿真波形图如图 8.6.10 所示。当 CRN 信号为低电平时，计数器同步复位；当 LDN 信号为低电平时，同步预置为 9；当 ET 为高电平且计数值为 4′b1111 时，进位信号 OC 输出高电平。

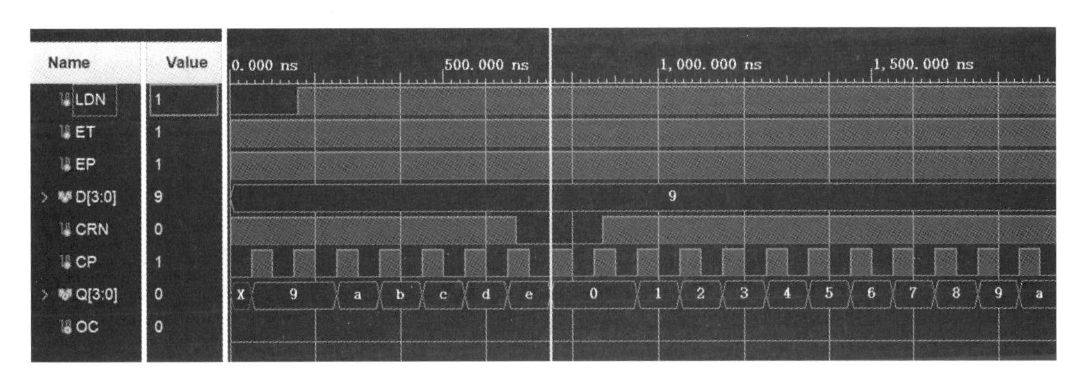

图 8.6.10　CT74163（同步清除）的仿真波形图

4. 同步加/减计数器 CT74191

图 8.6.11 所示的是 4 位二进制同步加/减计数器 CT74191 的逻辑符号。

引脚说明如下。

并行数据输入端：D3～D0。

时钟输入端：CP，上升沿有效。

状态输出端：Q3～Q0，Q3、Q2、Q1 和 Q0 的权值依次为 23、22、21 和 20。

加/减控制输入端：M，$M=0$ 时，计数器加计数；$M=1$ 时，计数器减计数。

使能控制输入端：SN，低电平有效。

同步预置控制输入端：LDN，低电平有效。

进位/借位输出端：OC_OB，加法计数时，当 $Q_3Q_2Q_1Q_0=1111$ 时，OC_OB=1；减法计数时，当 $Q_3Q_2Q_1Q_0=0000$ 时，OC_OB=1。

OC_OB 的反相输出端：OCN，输出脉冲宽度为半个时钟周期（低电平段）。

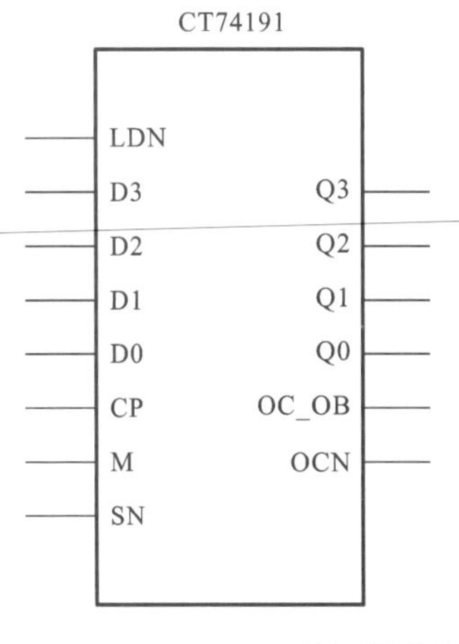

图 8.6.11　CT74191 的逻辑符号

代码 8.6.7 4 位二进制同步加/减计数器 CT74191 的 Verilog HDL 程序。

```
module CT74191(LDN,D3,D2,D1,D0,CP,M,SN,Q3,Q2,Q1,Q0,OC_OB,OCN);
    input       LDN,D3,D2,D1,D0,CP,M,SN;
    output      Q3,Q2,Q1,Q0,OC_OB,OCN;
    reg         Q3,Q2,Q1,Q0,OC_OB,OCN;
    reg[3:0]    Q_TEMP;
    always @ (posedge CP )                              //(1)处理加/减操作
      begin
  if (! LDN) Q_TEMP={D3,D2,D1,D0};                      //同步预置
  else if (! SN)                                        //计数器工作
    if (! M)  Q_TEMP=Q_TEMP+1;                          //若 M 为 0,做加法
    else Q_TEMP=Q_TEMP - 1;                             //若 M 为 1,做减法
  else Q_TEMP=Q_TEMP;                                   //计数器保持
      end
always//(2)处理进位/借位操作
  begin
    if (Q_TEMP==4'b1111 && M==1'b0)
      begin
  OC_OB=1'b1;                                           //产生进位
  OCN=(OC_OB && CP);
      end
    else if (Q_TEMP==4'b0000 && M==1'b1)
      begin
        OC_OB=1'b1;                                     //产生借位
  OCN=(OC_OB && CP);
      end
    else  OC_OB=1'b0;
    {Q3,Q2,Q1,Q0}=Q_TEMP;
  end
endmodule
```

仿真波形图如图 8.6.12 所示。开始时,M 为低电平(递增模式)从 0xC 开始递增计数,跳变为 0 时 OC_OB 拉高;接着从 80 ns 开始 M 为低电平(递减模式),从 4 递减到 0,跳变为

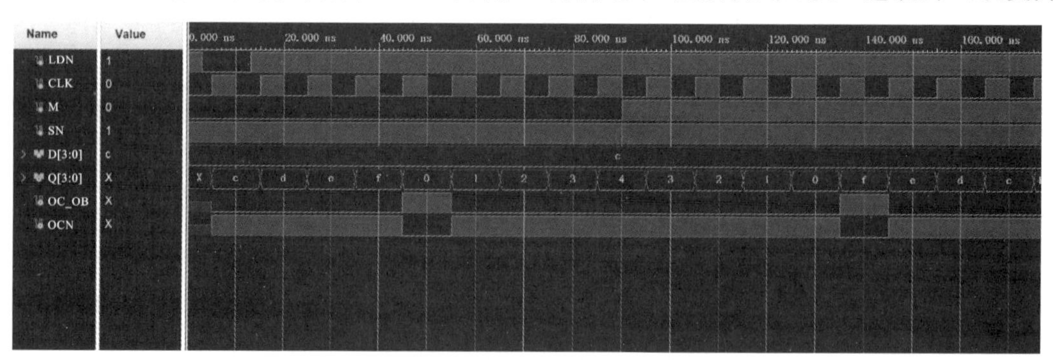

图 8.6.12 CT74191 的仿真波形图

0xf 时进位信号 OC_OB 拉高。

对于异步清零，只要清零信号有效，则无论有无时钟脉冲到来，计数器输出会立刻被清零，如图 8.6.13 所示。

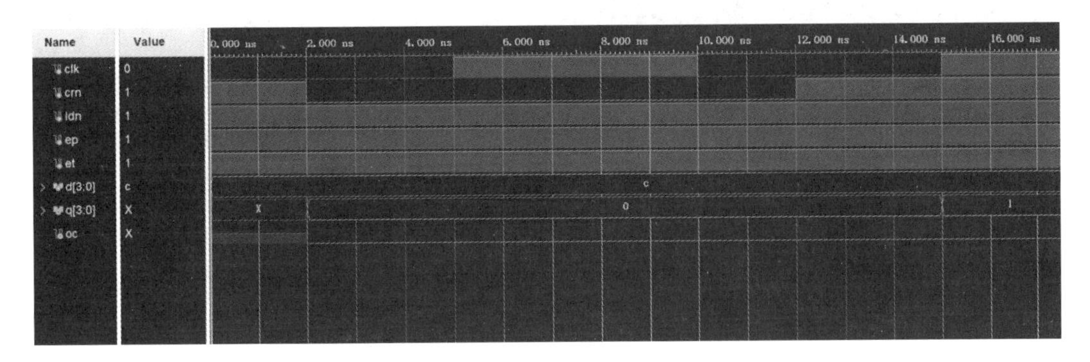

图 8.6.13　异步清零仿真图

异步清零的 Verilog HDL 代码如下。

```
module  DFF1(q,qn,d,clk,set,reset);
    output  q,qn;
    input  d,clk,set,reset;
    reg  q;
    wire qn;
    assign qn=!q;
    always  @ (posedge clk or negedge set or negedge reset )
        begin
            if(! reset)              begin
                q<=0;                //异步清零，低电平有效
            end
            else if(! set)     begin
                q<=1;                //异步置 1，低电平有效
            end
            else    begin
                q<=d;
            end
        end
endmodule
```

当清零信号为电平信号且持续时间比时钟周期长时(此时才能正确捕捉到清零信号)，可采用同步清零方式，当清零信号有效时，若来一个时钟脉冲，则计数器输出被清零，如图 8.6.14 所示。

同步清零的 Verilog HDL 代码如下。

```
module  DFF2(q,qn,d,clk,set,reset);
    output  q,qn;
```

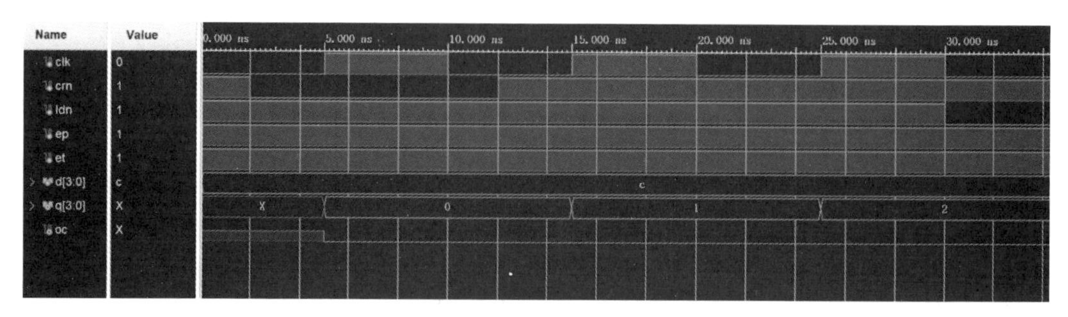

图 8.6.14　同步清零仿真图

```
        input  d,clk,set,reset;
        reg  q;
        wire qn;
        assign qn=!q;
        always  @ (posedge clk)
        begin
            if(!reset)       begin
                q=0;           //同步清零,低电平有效
            end
            else if(! set)     begin
                q=1;           //同步置 1,低电平有效
            end
                else           begin
                q=d;
            end
        end
    endmodule
```

8.6.4　顺序脉冲发生器的设计

在时钟脉冲的控制下,各触发器输出端顺序产生脉冲信号的电路称为顺序脉冲发生器,其状态图如图 8.6.15 所示。

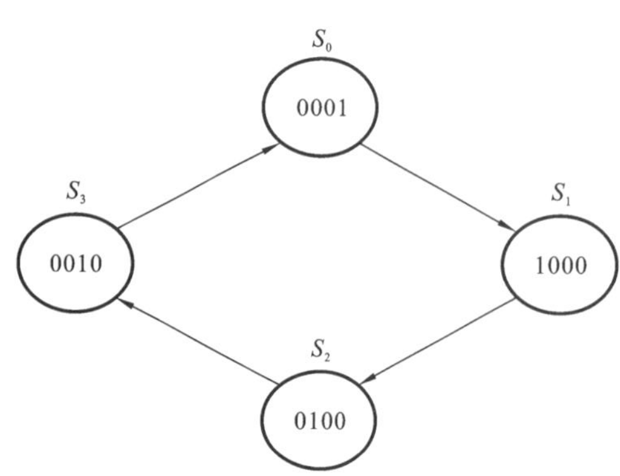

图 8.6.15　4 位脉冲发生器的状态图

4 位顺序脉冲发生器由 4 个状态构成,每个状态编码中"1"的个数都是 1 个,表示每个时钟周期内只有一个触发器的输出端为高电平(脉冲),而且是轮流出现,从而生成顺序脉冲信号。

代码 8.6.8　一个 4 位顺序脉冲发生器在每个时钟周期内只有一个触发器的输出端为高电平(脉冲),而且是轮流出现,具体 Verilog HDL 程序如下。

```
module method4(CP,Q3,Q2,Q1,Q0);
     parameter   S0='b0001,S1='b1000,S2='b0100,S3='b0010;
     input CP;
     output Q3,Q2,Q1,Q0;
     reg Q3,Q2,Q1,Q0;
     reg [3:0] SS;                     //状态机
     always @ (posedge CP )            //状态的转移
          begin
     if (SS==S0) SS=S1;
     else if (SS==S1) SS=S2;
     else if (SS==S2) SS=S3;
     else if (SS==S3) SS=S0;
     else SS=S0;                       //其他状态下返回初始状态
     {Q3,Q2,Q1,Q0}=SS;                 //状态机的输出
          end
endmodule
```

顺序脉冲发生器的仿真波形图如图 8.6.16 所示。

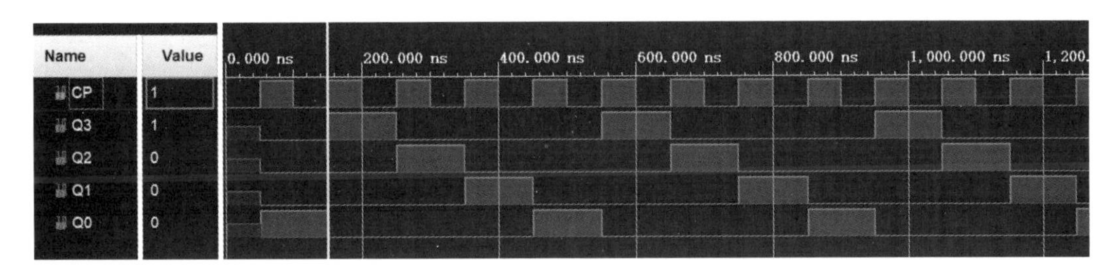

图 8.6.16 顺序脉冲发生器的仿真波形图

程序中,状态机的 4 个状态均采用独热码编码,每次只有一位为 1,电路的 Q3、Q2、Q1、Q0 输出端顺序产生脉冲信号,4 个时钟周期后,又重复此规律。

电话铃流控制是顺序脉冲发生器的一个应用实例。如果用 4 位顺序脉冲发生器的某一个输出作为铃流控制信号,且时钟 CP 周期为 1 秒,那么电话铃声就会以响 1 秒停 3 秒的节奏进行。

8.6.5 序列信号发生器的设计

序列信号是一种由一组相同的数码或符号循环产生的信号,如海难救助信号“SOS”。

在数字电路中,序列信号由一组二进制代码组成,代码的位数是序列信号的长度。例如,“1101001”就是一个 7 位的序列信号。

【例 8.6.1】 利用移位寄存器设计一个 7 位序列信号发生器,当预置控制信号有效时,将序列信号(如 1101001)打入寄存器中;在时钟脉冲到来后,依次输出序列信号。序列信号发生器的电路结构图如图 8.6.17 所示。

CP:时钟输入端,上升沿有效。

LDN:预置控制输入端,低电平有效,LDN=0 时,将序列信号(如 1101001)锁存于 SS 中。

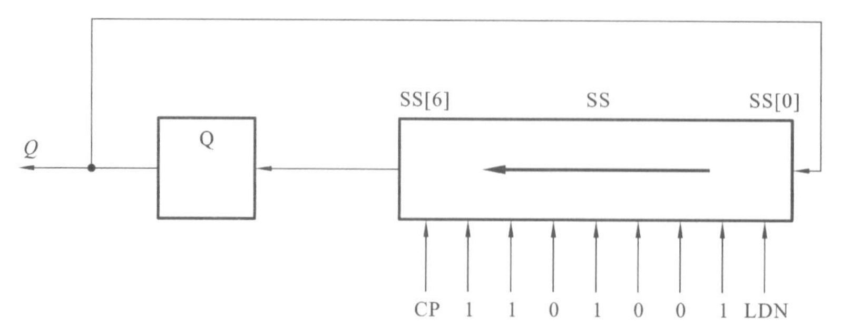

图 8.6.17 【例 8.6.1】电路结构图

SS:7 位左移移位寄存器,SS[6]是最高位,SS[0]是最低位;当一个时钟脉冲到来后,把最高位 SS[6] 送到输出端 Q,SS 中的数据依次向左移 1 位,移位前的 SS[6]送到最低位 SS[0]。

Q:串行输出端,在 CP 的控制下,输出序列信号(SS[6]最先输出)。

把最高位 SS[6]送到输出端 Q 是为了从 Q 端串行输出序列信号;把移位前的最高位 SS[6]送到最低位 SS[0]是为了重复产生序列信号。

代码 8.6.9 【例 8.6.1】的 Verilog HDL 程序。

```
module signal7 (CP,LDN,Q);
    parameter sign=7'b1101001;                    //定义序列信号
    input CP,LDN;
    output Q;
    reg Q;
    reg [6:0] SS;
    always @  (posedge CP)
       begin
    if (! LDN) SS=sign;                           //将序列信号打入移位寄存器中
    else
              begin
                 Q=SS[6];                         //从最高位输出序列信号
                 SS=SS<<1;                        //数据左移
                 SS[0]=Q;                         //左移前的最高位同时送给最低位
              end
       end
endmodule
```

仿真波形图如图 8.6.18 所示:当 LDN 信号为低电平时,7'b1101001 被导入移位寄存器中,随后循环左移,寄存器最高位作为串行输出信号。

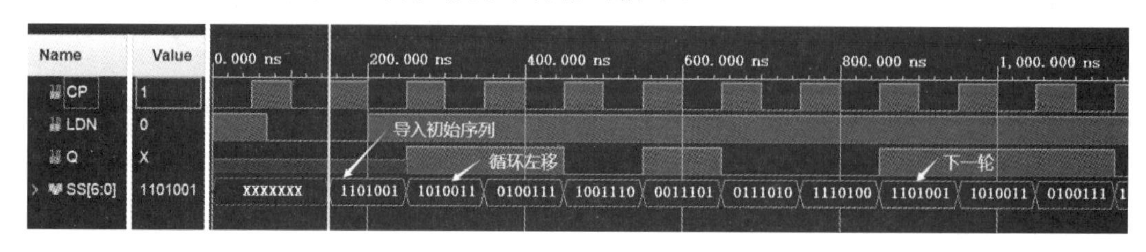

图 8.6.18 7 位序列信号仿真波形图

8.6.6　序列信号检测器的设计

序列信号检测器用于检测序列信号发生器送出的信号是否正确。

【例 8.6.2】 设计一个序列信号检测器检测 7 位序列信号，当检测到从输入端 DIN 输入的序列信号为“1101001”(正确序列)时，输出 FOUT＝1，否则(即未检测到正确序列或序列信号未检测结束)输出 FOUT＝0。

代码 8.6.10　例 8.6.2 的 Verilog HDL 程序。

```
module monitor7_good(CP, DIN,FOUT);
      parameter  sign='b1101001;
      input  CP,DIN;                          //DIN 为串行输入端
      output FOUT;
      reg FOUT;
      reg[6:0]    SS0,SS1;                    //SS1 为左移移位寄存器
      always @ (posedge CP)
          begin
    SS1=SS1<<1;
    SS1[0]=DIN;                               //从寄存器最低位串行输入序列信号
     if (SS1==sign)  FOUT='b1;
              else       FOUT='b0;
          end
endmodule
```

7 位序列信号检测器的仿真波形图如图 8.6.19 所示。

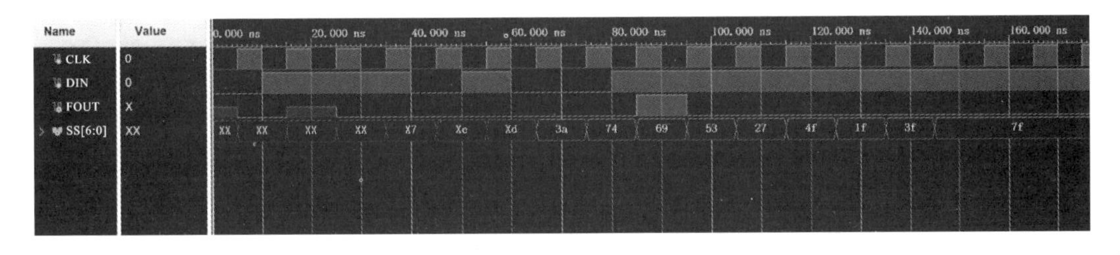

图 8.6.19　7 位序列信号检测器的仿真波形图

编辑 DIN：将序列信号发生器输出的序列信号“1101001”从最高位开始，依次输入 DIN 端。

观察左移移位寄存器 SS1 的变化，7 个 CP 后 SS1 中寄存了 7 位序列信号，SS1[6]～SS1[0]为“110_1001”(69H)，则输出 FOUT＝1。

当 DIN 输入的序列不是“1101001”时，可以看出 FOUT＝0。

8.6.7　综合举例

【例 8.6.3】 设计一个咖啡产品包装线上用的检测逻辑电路。正常工作状态下，传送带顺序送出成品，每三瓶一组，装入一个纸箱中。每组含两瓶咖啡和一瓶咖啡伴侣，咖啡的顶

盖为棕色，咖啡伴侣的顶盖为白色。要求当传送带上的产品排列次序（咖啡，咖啡，咖啡伴侣）出现错误时检测逻辑电路能发出故障信号，同时自动返回初始状态。

解：首先需要得到用于区别两种瓶盖颜色的信号。

例如可以采用光电检测电路，利用棕、白两色瓶盖对入射光的反射率不同，在光电接收器的输出端得到两个不同的输出信号。

假定检测到棕色瓶盖时输出为 B(Brown)=1，W(White)=0。

检测到白色瓶盖时，输出为 $B=0$，$W=1$。

没有检测到瓶盖时，光电接收器接收不到反射光，$B=0$，$W=0$。

1. 进行逻辑抽象

输入变量：$B=1$ 表示棕色；$W=1$ 表示白色；clk 为时钟信号；clrn 为复位信号，低电平有效，异步清零。

输出变量：用 F(fail)表示故障，工作正常时 $F=0$，有错误时 $F=1$。

确定电路的状态数。设初始状态为 S_0，输入一个 $B=1$ 后状态为 S_1，再输入一个 $B=1$ 后状态为 S_2。状态为 S_2 时，下一个输入信号决定输出信号，而且无论输出信号为 0 还是 1，电路都返回初始状态。故电路的状态数取 3 即可。

分析电路的状态转移情况。状态 S_0：若 $BW=00$，则 $F=0$，时钟信号到达时保持 S_0 状态；若 $BW=10$，则 $F=0$，时钟信号到达时转入次态 S_1；若 $BW=01$，则 $F=1$，时钟信号到达时保持 S_0 不变。状态 S_1：若 $BW=00$，则 $F=0$，时钟信号到达时保持 S_1 状态；若 $BW=10$，则 $F=0$，时钟信号到达时转入次态 S_2；若 $BW=01$，则 $F=1$，时钟信号到达时返回 S_0 状态。状态 S_2：若 $BW=00$，则 $F=0$，时钟信号到达时保持 S_2 状态；若 $BW=10$，则 $F=1$，时钟信号到达时电路返回 S_0 状态；若 $BW=01$，则 $F=0$，时钟信号到达时返回 S_0 状态。

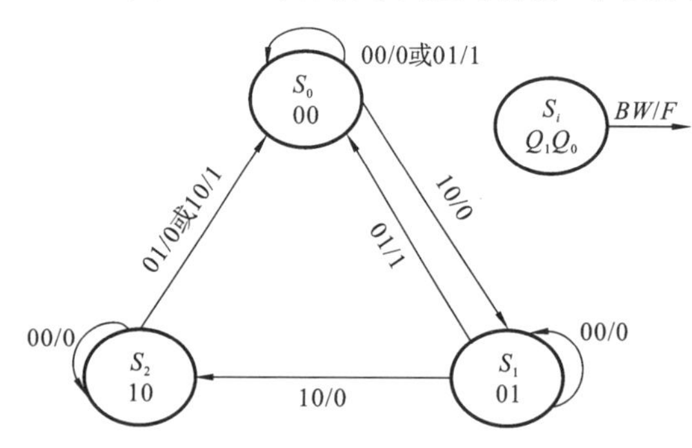

图 8.6.20 【例 8.6.3】状态转换图

2. 画出状态转换图

由于状态机的输出不仅与状态机当前的状态有关，而且与输入有关，所以本题属于 Mealy 型状态机。每个状态下，输入 BW 有 3 种情况。状态转换图如图 8.6.20 所示。

具体实现代码如代码 8.6.11 所示。

代码 8.6.11 综合举例代码。

```
module coffee_line(brown,white,clk,clrn,fail,state);
      parameter S0=2'b00, S1=2'b01,S2=2'b10;
      input brown,white,clk,clrn;
      output fail;
      output [1:0] state;
      reg [1:0] state;
      reg fail;
      reg [1:0] in;
```

```
        always @ (posedge clk or negedge clrn)
            begin
                in={brown,white};
                if (clrn==0) state=S0;          //(1)复位时回到初始状态
              else
                  begin
                      case (state)              //(2)状态的转移及状态机输出
            S0: begin
                  case (in)
                  2'b00:begin state=S0;fail=1'b0;end
                  2'b01:begin state=S0;fail=1'b1;end     //白色瓶盖
                  2'b10:begin state=S1;fail=1'b0;end
                endcase
            end
          S1: begin
                case (in)
                  2'b00:begin state=S1;fail=1'b0;end
                  2'b01:begin state=S0;fail=1'b1;end     //白色瓶盖
                  2'b10:begin state=S2;fail=1'b0;end
                endcase
                                end
          S2:begin
                case (in)
                  2'b00:begin state=S2;fail=1'b0;end
                  2'b01:begin state=S0;fail=1'b0;end
                  2'b10:begin state=S0;fail=1'b1;end     //棕色瓶盖
                endcase
                                end
                        default: state=S0;
                    endcase
                end
          end
    endmodule
```

咖啡产品包装线检测电路仿真波形图如图 8.6.21 所示。

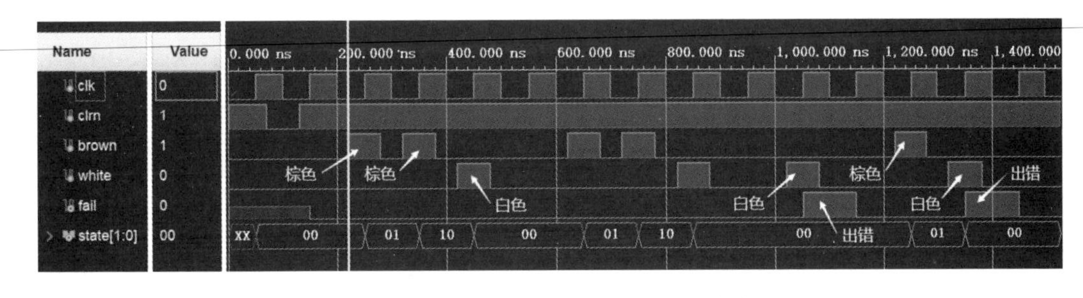

图 8.6.21　咖啡产品包装线检测电路仿真波形图

当检测到瓶盖为棕色、棕色、白色时工作正常，fail=0；若检测到瓶盖一开始就为白色，则说明排列顺序出错，fail=1；若检测到瓶盖为棕色、白色，也说明排列顺序出错，fail=1。

本章思维导图

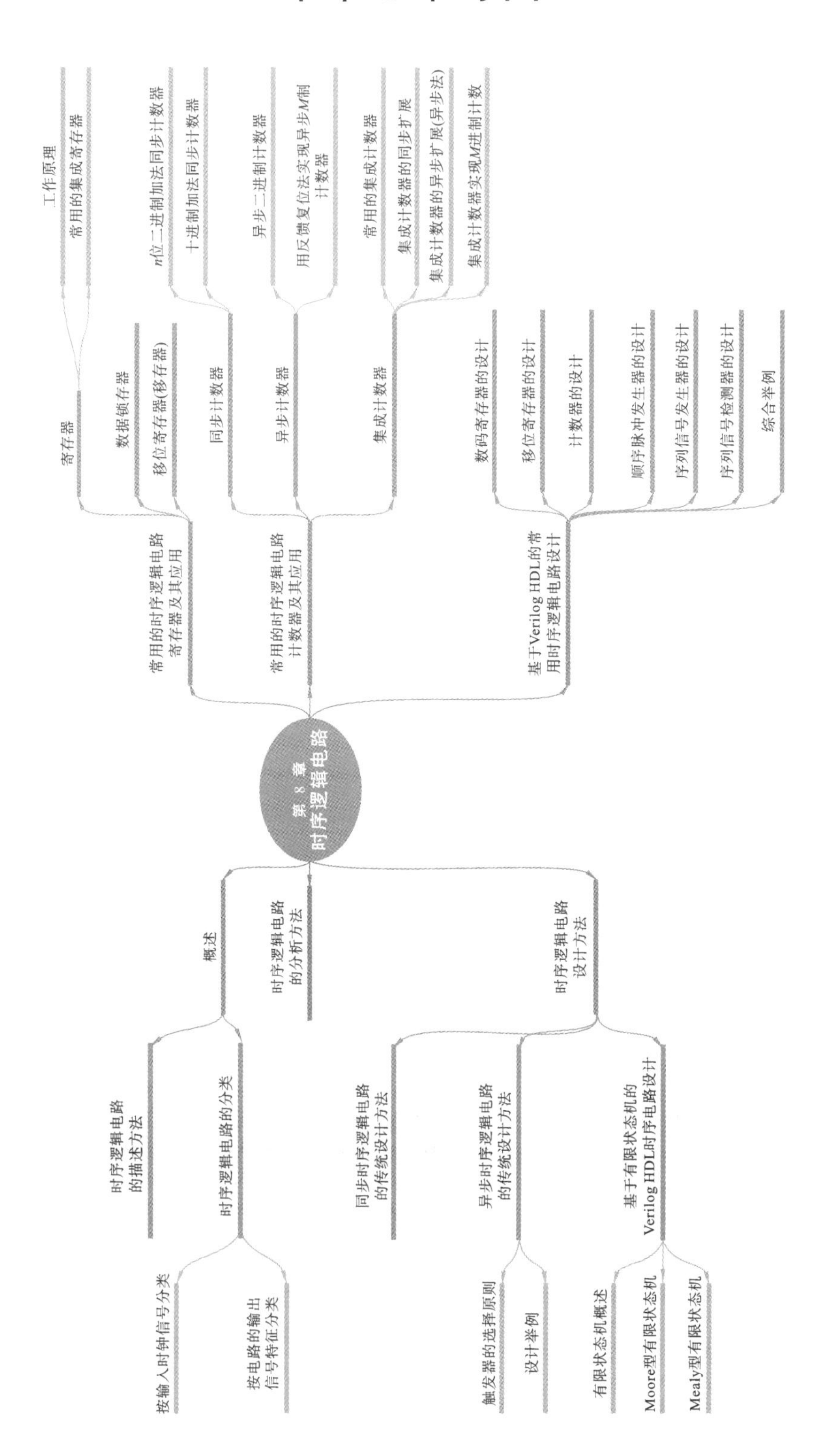
第8章
时序逻辑电路
常用的时序逻辑电路寄存器及其应用
寄存器
工作原理
常用的集成寄存器
数据锁存器
移位寄存器(移存器)
常用的时序逻辑电路计数器及其应用
同步计数器
n位二进制加法同步计数器
十进制加法同步计数器
异步计数器
异步二进制计数器
用反馈复位法实现异步M制计数器
集成计数器
常用的集成计数器
集成计数器的同步扩展
集成计数器的异步扩展(异步法)
集成计数器实现M进制计数
基于Verilog HDL的常用时序逻辑电路设计
数码寄存器的设计
移位寄存器的设计
计数器的设计
顺序脉冲发生器的设计
序列信号发生器的设计
序列信号检测器的设计
综合举例
概述
时序逻辑电路的描述方法
时序逻辑电路的分类
按输入时钟信号分类
按电路的输出信号特征分类
时序逻辑电路的分析方法
时序逻辑电路设计方法
同步时序逻辑电路的传统设计方法
异步时序逻辑电路的传统设计方法
触发器的选择原则
设计举例
基于有限状态机的Verilog HDL时序电路设计
有限状态机概述
Moore型有限状态机
Mealy型有限状态机

习　　题

1. 试用下降沿触发的 D 触发器设计一同步时序电路，其状态图如习题图 8.1 所示。

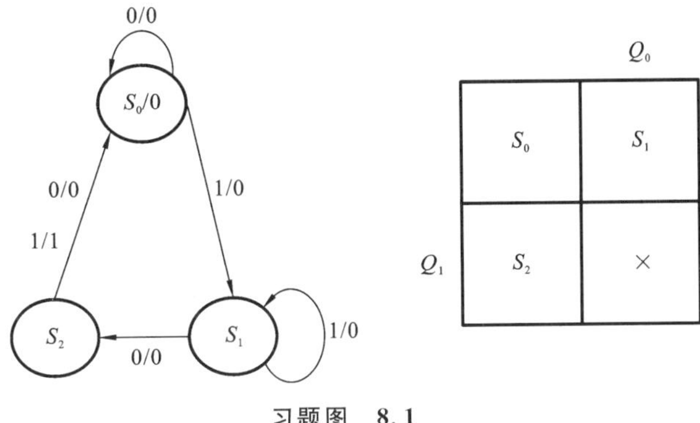

习题图　8.1

2. 试用上升沿触发的 D 触发器设计一个 1101 序列检测器，输入为串行编码序列，输出为检出信号。

3. 试用 D 触发器设计一同步时序电路，其状态转换表如习题表 8.1 所示。

习题表　8.1

S^n	S^{n+1}		Z
	A=0	A=1	
a	b	d	0
b	c	b	0
c	b	a	1
d	b	c	0

4. 试画出如习题图 8.2 所示的输出($Q_3 \sim Q_0$)波形，并分析该电路的逻辑功能。

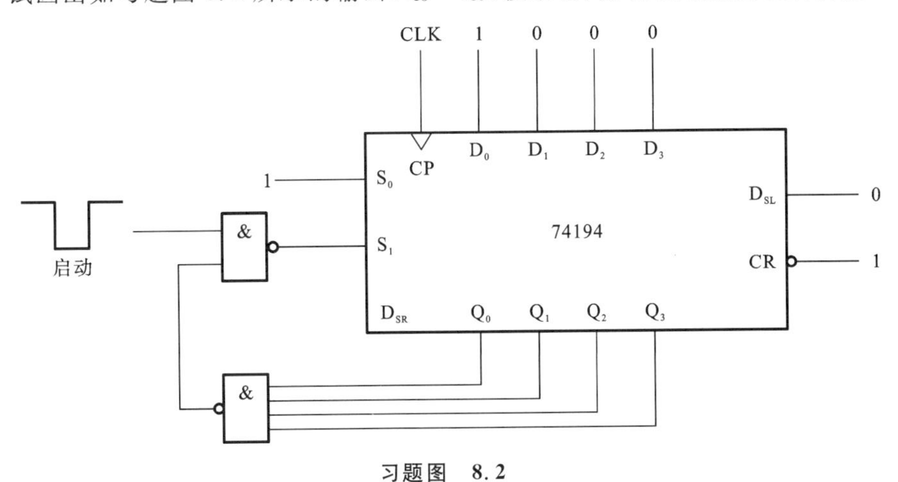

习题图　8.2

5. 试用上升沿触发的 D 触发器及门电路组成 3 位同步二进制递增计数器,画出逻辑电路。

6. 试用 JK 触发器设计一个同步模 6 递增计数器。

7. 试用 74HC161 设计一个计数器,其计数序列为自然二进制数 1001～1111 序列循环。

8. 试用 74xx161 构成同步模 24 计数器,要求采用两种不同的方法。

9. 试用具有四个复位功能的 D 触发器设计一个扭环形计数器,用复位方式将计数器初始状态置为 $Q_3Q_2Q_1Q_0=0000$,并用 8 个二输入端与门对它的 8 个计数状态进行译码,画出电路图。

10. 试用 Verilog 的行为描述方式写出数字钟的小时时间计数器程序,要求如下。

(1) 计数器的功能从 1 开始计数到 12,然后又从 1 开始,周而复始运行。计数器的输出为 8421 BCD 码。

(2) 要求该计数器带有复位端 CR 和计数控制端 EN。当 CR 为低电平时,计数器复位,输出为 1;当 CR 和 EN 均为高电平时,计数器处于计数状态;当 CR 为高电平但 EN 为低电平时,计数器暂停计数。

第 9 章　半导体存储器与可编程逻辑器件

存储器是现代数字系统的核心部件之一，它的功能是存储程序和数据。对于计算机来说，有了存储器，才有了记忆功能，才能正常工作。根据构成存储器的介质不同，存储器可以分为半导体存储器、磁表面存储器、光存储器。本章介绍半导体存储器(RAM 和 ROM)的电路结构、工作原理、存储容量扩展方法、Verilog HDL 设计，以及可编程逻辑器件(PLD)的设计方法和流程。

9.1　概　　述

9.1.1　程序逻辑电路的结构及特点

程序逻辑电路的一般结构如图 9.1.1 所示，其主要由控制电路和存储器构成，根据需要还可以增加输入电路和输出电路。计算机就是程序逻辑电路的典型实例。

控制电路包括计数器、寄存器等时序逻辑电路和译码器、运算器等组合逻辑电路。从存储器中取出程序或数据，译码后使电路完成相应的操作。

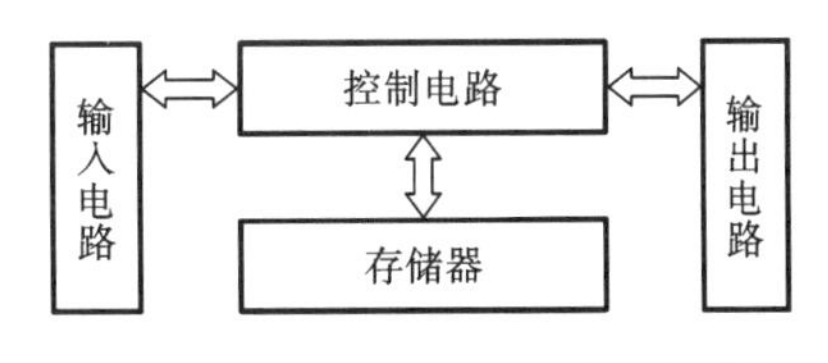

图 9.1.1　程序逻辑电路的一般结构

半导体存储器是能存储大量二值信息的半导体器件，可以存放程序和数据。

输入电路完成外部信息和指令、程序的输入。

输出电路完成处理结果信息及数据的输出。

程序逻辑电路的特点是软硬结合，用一块相同的硬件电路，通过改变存储器中的程序或数据，可完成多种功能的操作。

在计算机和数字系统中，都需要对大量的数据进行存储，半导体存储器是这些数字系统不可缺少的组成部分。

由于计算机处理的数据量越来越大，运算速度越来越快，这就要求存储器有更大的存储容量和更快的存取速度。因此，存储容量和存取速度是衡量存储器性能的重要指标。

目前单片存储容量已进入兆位级水平，如 16 兆动态随机存储器(DRAM)已商品化，64 兆、256 兆 DRAM 在研制中。内存的速度一般用存取时间衡量，即每次与 CPU 进行数据处理耗费的时间，以纳秒(ns)为单位。大多数 SDRAM 内存芯片的存取时间为 5 ns、6 ns、7 ns、8 ns 或 10 ns。

半导体存储器的存储单元数目庞大，器件引脚有限，不可能像寄存器那样把每个存储单元的输入和输出直接引出。

解决办法是给每个存储单元编一个地址，所有存储单元共用一组输入/输出引脚。只有输入地址代码指定的存储单元才能与公共的输入/输出引脚接通，进行数据的写入或读出。

9.1.2 半导体存储器的结构

半导体存储器主要由存储矩阵、地址译码器、输入/输出控制电路 3 部分构成，半导体存储器的结构图如图 9.1.2 所示。

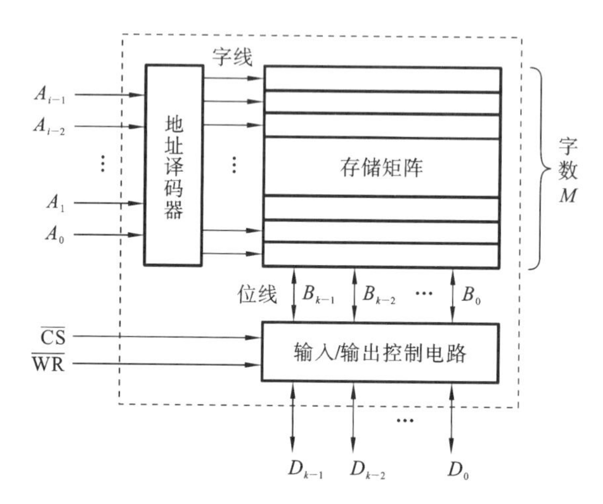

图 9.1.2 半导体存储器的结构

存储矩阵是存放数据的主体，由许多存储单元排列而成。每个存储单元能存储 1 位二进制代码，若干个存储单元形成一个存储组——字，每个字包含的存储单元的个数称为字长。

地址译码器是产生到存储器"字"的地址码的器件，其输入称为地址线，输出称为字线。

输入/输出控制电路用于控制存储器数据的流向和状态(读或写)。

1. 半导体存储器的输入和输出信号线

半导体存储器的输入、输出信号线包括 3 类：地址线、控制线和数据线。

地址线用来寻址某一个存储单元。地址线的条数决定了存储器的地址空间。有 i 条地址线的译码器，最多可有2^i条字线，能为2^i个字提供地址线，存储器的字数为2^i个。

控制线包括片选控制信号$\overline{CS}$和读写控制信号$\overline{WR}$。当$\overline{CS}=0$时，存储器为正常工作状态；当$\overline{CS}=1$时，所有输入端、输出端均为高阻态，不能对存储器进行读/写操作。当$\overline{CS}=0$，$\overline{WR}=0$时，执行写入操作，将数据线上的数据写入存储器中。当$\overline{CS}=0$，$\overline{WR}=1$时，执行读出操作，将数据从存储器中读出，送到数据线上。

数据线既是数据输入端又是数据输出端，由$\overline{CS}$和$\overline{WR}$来控制数据的流向。数据线的条数决定存储器的字长，若数据线有 k 条，则存储器的字长为 k。

此外，字线用来寻址存储矩阵中的某个字，位线用来在数据线和存储单元之间传送数据。

2. 半导体存储器的存储容量

存储容量是半导体存储器的重要指标之一，涉及字、字长、字数等概念。

字：若干个存储单元构成的一个存储组。字是一个整体，其中的存储单元有共同的地址，共同用来代表某种信息，并共同写入存储器或从存储器中读出。

字长：存储器中字的二进制位数。字长有8位、16位、32位、64位等，数据线的条数决定存储器的字长，如果$D_0 \sim D_{k-1}$是存储器的数据线，则字长为k。

字数：存储矩阵中所包含的存储组的个数。地址线的条数决定存储器的字数。若有i条地址线，则存储器的字数为i。

存储容量：存储矩阵能存放的二进制代码的总位数，存储容量＝字数M×字长N(位 bit)。

3. 半导体存储器的译码

译码的作用是产生到存储器"字"的地址，根据译码方式不同译码可以分为线译码和矩阵译码。对于线译码，若地址线为i条，需i线-2^i线译码器，则译码线数＝2^i。对于矩阵译码，将地址线分为两组，分别为行地址译码器和列地址译码器的输入，若行地址线和列地址线各有$\frac{i}{2}$条，则译码线数＝$2\times2^{\frac{i}{2}}$。矩阵译码的结构图如图9.1.3所示。

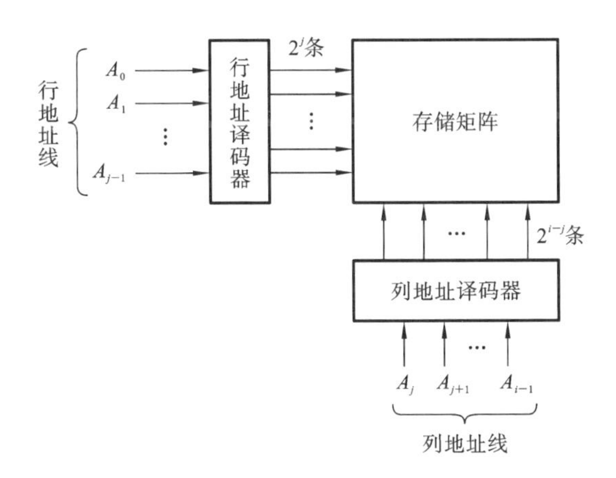

图9.1.3 矩阵译码的结构图

在图9.1.3中，行地址译码器将行地址线译成某一条字线的输出高、低电平信号，以选中一行存储单元(即一个字)。列地址译码器将列地址线译成某一条列译码线的输出高、低电平信号，从字线选中的一行存储单元中选择1位(或几位)。

矩阵译码的优点是译码输出线条数大为减少。在集成电路中，译码线也占用芯片的面积，因此减少译码线的条数可以扩大芯片的集成度。

4. 半导体存储器的输入/输出控制电路

输入/输出控制电路用于控制存储器数据的流向和片选使能信号。其中，写操作通过数据线将外部数据送入存储器的某些存储单元中进行保存；读操作把存在于存储器的某些存储单元中的数据取出送到数据线上，供其他器件或设备使用。

片选控制是低电平有效的。当存储器芯片的$\overline{CS}$=0 时，芯片被选中，正常工作。当存储器芯片的$\overline{CS}$=1 时，芯片禁止，输出为高阻态。

读写控制信号$\overline{WR}$低电平有效。当$\overline{WR}$=0 时是写操作，即写数据到存储器。当$\overline{WR}$=1 时是读操作，即从存储器读出数据到数据总线上。

5. 存储器芯片的一维地址结构

存储器芯片的一维地址结构如图 9.1.4 所示。一维地址结构对应线译码方式。如果有 i 条地址线，则经过地址译码器，译码线数＝2^i，即有 2^i 条字线。

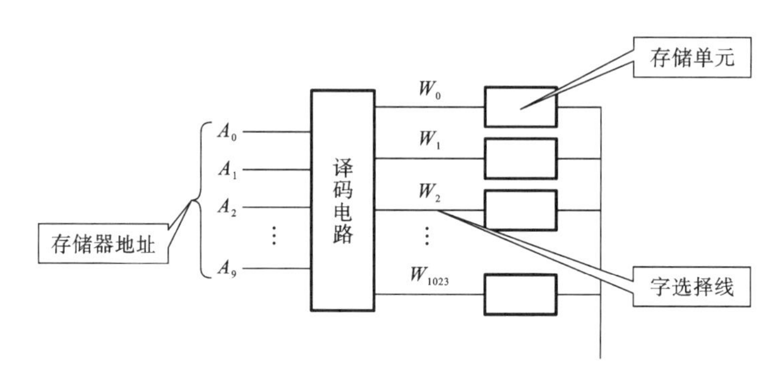

图 9.1.4 一维地址结构

图 9.1.4 中，A_0、A_1、A_2、A_3、A_4、A_5、A_6、A_7、A_8、A_9是存储器芯片的输入地址，经过地址译码器，译码后产生 1024 个字选择线（即图中的W_0、W_1、W_2、…、W_{1023}）。

6. 存储芯片的二维地址结构

存储芯片的二维地址结构如图 9.1.5 和图 9.1.6 所示，它们都采用矩阵译码的方式，由行译码器、列译码器和存储单元组成。

图 9.1.5 展示了行地址位数和列地址位数不等的静态随机存储器（SRAM）的二维结构图，存储器有 4096 个字，每个字 4 位。地址线为 12 位，可分为 2 组：行地址线为 7 位，列地址线为 5 位。行地址译码器有2^7＝128 条字线，可以控制 128 个字；列地址译码器一共有 32 个输出信号，每个输出选中 4 列存储单元，则共可以选择 128 列存储单元。故这个存储单元矩阵的大小为 128×128。

每次译码时，行地址线译码器的某个输出（例如 W_0）有效（＝1），选中存储矩阵中的某一行（第 1 行）；列地址线译码器的某个输出（例如 Y_0）有效（＝1），选中存储矩阵中的连续 4 列存储单元（前 4 列），从而选中某一个字（第 1 个字）。

假如 A_6～A_0 全为 0，则 W_0＝1，选中存储矩阵中的第 1 行；A_{11}～A_7 全为 0，则 Y_0＝1，4 个 MOS 管导通，选中存储矩阵中的前 4 列存储单元，从而选中第 1 个字。

图 9.1.6 所示的是行地址位数和列地址位数相等的二维结构图，动态随机存取存储器（DRAM）有 4096 个字，每个字 4 位。地址线为 12 位，可分为 2 组：行地址线为 6 位，列地址线为 6 位。行地址译码器有2^6＝64 条字线，可以控制 64 个字；列地址译码器一共有 64 个输出信号，每个输出选中 4 列存储单元，则共可以选择 256 列存储单元。故这个存储单元矩阵的大小为 64×256。

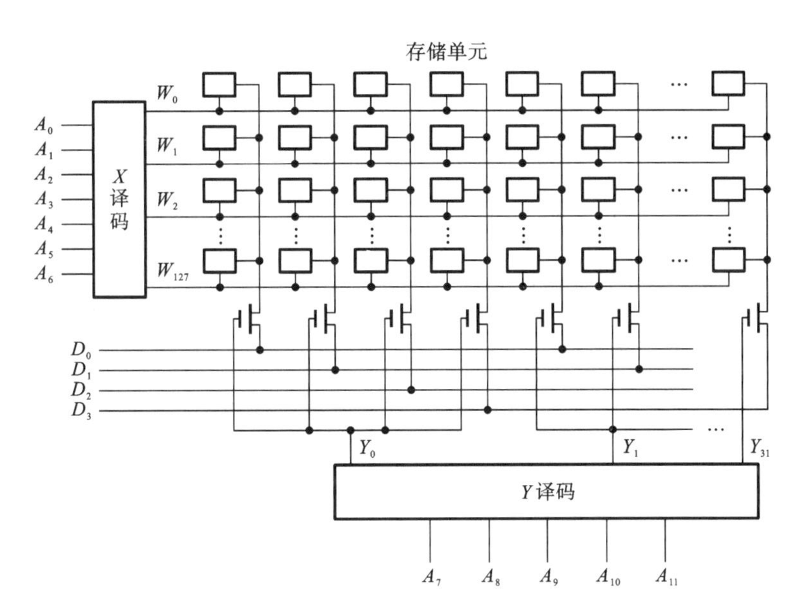

图 9.1.5　行地址位数和列地址位数不等的二维结构

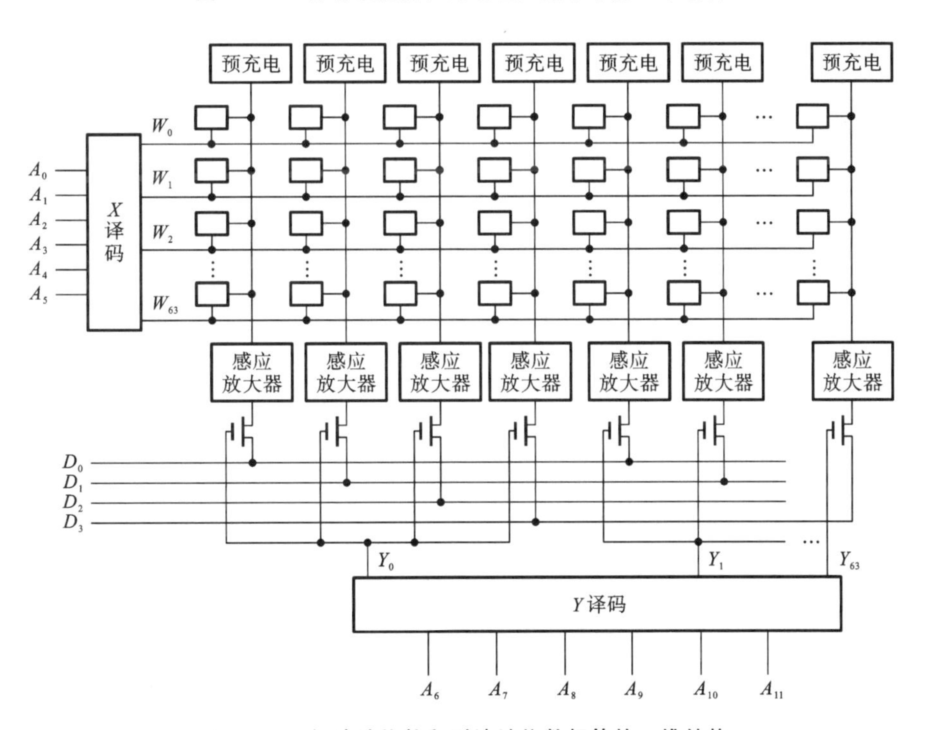

图 9.1.6　行地址位数和列地址位数相等的二维结构

9.1.3　半导体存储器的分类

半导体存储器按照存取功能可分为只读存储器 ROM(Read Only Memory)和随机存储器 RAM(Random Access Memory)。

ROM 只读不写，正常工作状态下只能从中读取数据，但不能修改或重新写入数据。其优点是电路结构简单，掉电后信息不会丢失。其缺点是不能修改或重新写入数据，只适用于存储固定数据。

随机存储器 RAM(Random Access Memory)也叫随机读/写存储器，其可读可写。其优点是，在正常工作状态下，可以快速地随时向存储器写入数据或从中读出数据。其缺点是掉电后信息会丢失。

1. RAM 的分类

根据基本存储电路不同，随机存储器 RAM 可分为静态随机存储器(SRAM)和动态随机存储器(DRAM)。

静态随机存取存储器的基本存储电路为触发器，每个触发器存放一位二进制信息，由若干个触发器组成一个存储单元，再由若干存储单元组成存储器矩阵，加上地址译码器和读/写控制电路就组成了 SRAM。SRAM 的优点是存取速度比 DRAM 快，缺点是集成度不如 DRAM 高。使用时可读可写，不需要刷新。

按制造工艺的不同，SRAM 可分为双极型 SRAM 和 MOS 型 SRAM。双极型 SRAM 制造工艺复杂，集成度较低，功耗大，但存取速度快，主要用于一些高速数字系统。MOS 型 SRAM 功耗低、集成度高，又可分为 NMOS 型的和 CMOS 型的。CMOS 型 SRAM 功耗低，大容量 SRAM 几乎都采用 CMOS 工艺。

动态随机存取存储器的基本存储电路为带驱动晶体管的电容。电容上有无电荷状态被视为逻辑 1 和 0。随着时间的推移，电容上的电荷会逐渐减少，为保持其内容必须周期性地对其进行刷新(对电容充电)。其优点是结构非常简单，集成度远高于 SRAM，其缺点是存取速度不如 SRAM 快。为保持数据，其必须设置刷新电路，硬件系统复杂。与 DRAM 相比，SRAM 无须考虑保持数据而设置刷新电路，故其扩展电路较简单。

2. ROM 的分类

只读存储器的特点：使用时(指正常工作状态下)只能从存储器中读取数据，不能修改或重新写入数据。ROM 可以分为以下几类。

固定 ROM(掩膜 MROM)：数据在生产时写入，出厂后数据不能更改，使用过程中只读不写。

可编程 ROM(Programmable Read Only Memory，PROM)：数据可由用户一次性编程写入，写入后的数据不能再更改，使用过程中只读不写。

光可擦可编程 ROM(Erasable Programmable Read Only Memory，EPROM)：数据可用紫外光擦除并可由用户多次编程写入，使用过程中只读不写。写入操作需要使用专门的编程器完成；数据擦除操作需要使用专门的擦除器完成，擦除速度很慢。

EPROM 的写入需要使用专门的编程器完成。EPROM 的擦除需要使用专门的擦除器完成，将芯片放到擦除器的小抽屉里，擦除器产生的紫外线透过芯片的透明窗口照射到存储器的表面，经过一定的时间，即可将存储的数据擦除。虽然 EPROM 具备可擦除重写的功能，但擦除操作复杂，擦除速度很慢。为克服这些缺点，人们又研制出可以用电信号擦除的可编程 ROM，即 EEPROM。

电可擦可编程ROM(Electricity Erasable Programmable Read Only Memory,EEPROM):数据可用电信号擦除并可由用户多次编程写入,使用过程中只读不写,擦除速度较快。

快闪存储器(Flash Memory):数据可用电信号擦除并可由用户多次编程写入,使用过程中只读不写,擦除速度很快。

9.2 随机存储器

9.2.1 静态随机存储器 SRAM

图9.2.1所示的是6管NMOS静态存储单元电路结构图。6管NMOS静态存储单元的电路结构包括由6个增强型NMOS管组成的存储单元,以及由缓冲器和反相器组成的输入输出控制电路(控制数据的流向)。

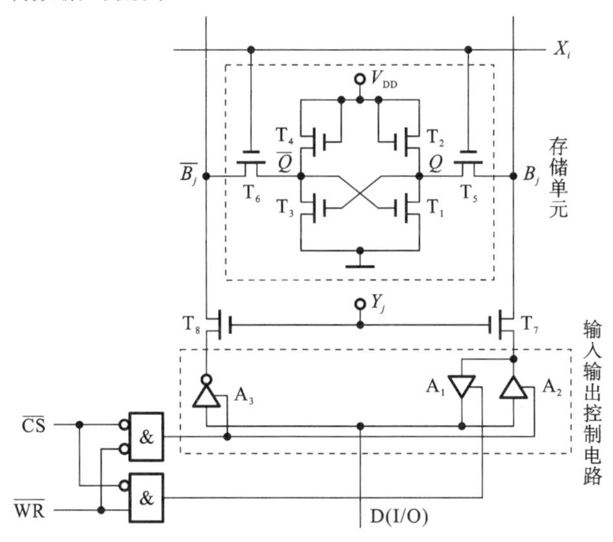

图 9.2.1　6管NMOS静态存储单元电路结构图

图9.2.1中,T_1与T_2、T_3与T_4分别交叉耦合成RS触发器,它们有两个稳定状态,分别用来存储1和0。

矩阵译码:行地址译码器的输出为字线X_i,列地址译码器的输出为Y_j。B_j和$\overline{B_j}$为位线。

若干个存储单元形成一个字,字线用来选中构成一个字的所有存储单元。位线用来将一个字中的某个存储单元的数据输出到数据线上,或者将数据线上的数据存储到存储单元中。

T_5、T_6的开关状态由字线X_i的状态决定。

T_7、T_8的开关状态由列地址译码器的输出Y_j控制,$Y_j=1$时导通,$Y_j=0$时截止。由于CMOS比NMOS的功耗低,目前一般都使用CMOS工艺制作SRAM。

1. 静态随机存储器SRAM写操作的工作原理

在图9.2.1中,写操作的条件是$\overline{CS}=0$,$\overline{WR}=0$,当$X_i=1$,$Y_j=1$时,存储单元所在的一

行和所在的一列同时被选中后，则 T_5、T_6、T_7、T_8 均导通，Q 和 $\bar{Q}$ 与位线B_j和$\overline{B_j}$接通。

由于$\overline{CS}=0$，$\overline{WR}=0$，所以，A_1 的使能端信号为“0”，A_2、A_3 的使能端信号为“1”，故 A_1 截止，A_2 和 A_3 导通，加在 D 端的数据被写入存储单元。

若 $D=1$，则 A_2 输出 1，A_3 输出 0，即$B_j=1$，$\overline{B_j}=0$，$V_{GS3}=1$，$V_{GS1}=0$，所以 T_3 导通，T_1 截止，写入 $Q=1$。

若 $D=0$，则 A_2 输出 0，A_3 输出 1，即$B_j=0$，$\overline{B_j}=1$，$V_{GS3}=0$，$V_{GS1}=1V_{GS1}=1$，所以 T_1 导通，T_3 截止，写入 $Q=0$。

2. 静态随机存储器 SRAM 读操作的工作原理

在图 9.2.1 中，写操作的条件是$\overline{CS}=0$，$\overline{WR}=1$，当$X_i=1$，$Y_j=1$ 时，存储单元所在的一行和所在的一列同时被选中后，则 T_5、T_6、T_7、T_8 均导通，Q 和 $\bar{Q}$ 与位线B_j和$\overline{B_j}$接通。

由于$\overline{CS}=0$，$\overline{WR}=1$，所以，A_1 的使能端信号为“1”，A_2、A_3 的使能端信号为“0”，故 A_1 导通，A_2 和 A_3 截止，Q 经 A_1 送到 D 端，数据被读出。

若 $Q=1$，$\bar{Q}=0$，则B_j为 1，A_1 输入 1，从 D 端输出 $D=1$。

若 $Q=0$，$\bar{Q}=1$，则B_j为 0，A_1 输入 0，从 D 端输出 $D=0$。

9.2.2 动态随机存储器 DRAM

1. 四管动态随机存储单元

SRAM 的存储单元是由 NMOS 管构成基本 RS 触发器来存储二值代码的。而 DRAM 的存储单元是利用 MOS 管的栅极电容可以存储电荷的原理制成的。四管 MOS 动态存储单元结构图如图 9.2.2 所示。

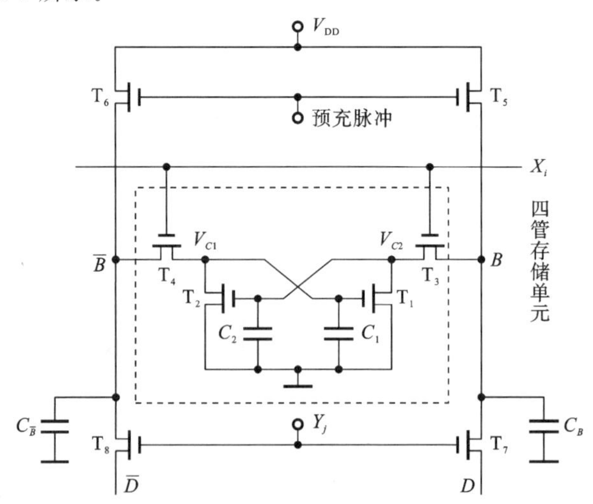

图 9.2.2 四管 MOS 动态存储单元结构图

T_1、T_2 为增强型 NMOS 管，栅极和漏极交叉相连，数据以电荷的形式存储在栅极电容 C_1、C_2 上，C_1、C_2 上的电压控制T_1、T_2 的截止或导通，产生位线 B 和 $\bar{B}$ 上的高、低电平。T_5、

T_6 是对位线的预充电电路。

由于栅极电容的容量(C_1、C_2)很小(几 pF),且存在漏电流,所以电荷保存的时间有限。为了及时补充漏掉的电荷,必须给栅极电容补充电荷,这种操作称为刷新(或再生)。

DRAM 必须辅以必要的刷新控制电路,操作也比较复杂。

(1) 四管 MOS 动态存储单元写操作工作原理。

在图 9.2.2 中,写操作的条件是$\overline{CS}=0$,$\overline{WR}=0$,当$X_i=1$,$Y_j=1$ 时,存储单元所在的一行和所在的一列同时被选中后,T_3、T_4、T_7、T_8 均导通,加到 D 和 $\overline{D}$ 上的数据,通过T_7、T_8 传到位线 B 和 $\overline{B}$,经过T_3、T_4 写入C_1 或C_2。

若 $D=1$,$\overline{D}=0$,则C_2 被充电,C_1 没有被充电,T_1 截止,T_2 导通(接地),$V_{C1}=0$,$V_{C2}=1$,写入数据"1"。

若 $D=0$,$\overline{D}=1$,则C_1 被充电,C_2 没有被充电,T_1 导通(接地),T_2 截止,$V_{C1}=1$,$V_{C2}=0$,写入数据"0"。

(2) 四管 MOS 动态存储单元读操作工作原理。

在图 9.2.2 中,读操作的条件是$\overline{CS}=0$,$\overline{WR}=1$,当$X_i=1$,$Y_j=1$ 时,存储单元所在的一行和所在的一列同时被选中后,T_3、T_4、T_7、T_8 均导通,C_1 或C_2 中存储的电荷以电压的形式经过T_3、T_4 传到位线 B 和 $\overline{B}$,再通过T_7、T_8出现在数据线 D 和 $\overline{D}$ 上。

若$V_{C1}=0$,$V_{C2}=1$,则 $B=1$,$\overline{B}=0$,使 $D=1$,$\overline{D}=0$。

若$V_{C1}=1$,$V_{C2}=0$,则 $B=0$,$\overline{B}=1$,使 $D=0$,$\overline{D}=1$。

(3) 四管 MOS 动态存储单元刷新操作。

为了及时补充漏掉的电荷,避免存储数据丢失,必须给栅极电容补充电荷,即进行刷新,刷新相当于一次读出操作。

在图 9.2.2 中,读操作的条件是$\overline{CS}=0$,$\overline{WR}=1$,当$X_i=1$,$Y_j=1$ 时,存储单元所在的一行和所在的一列同时被选中后,预冲脉冲为高电平"1"。T_5、T_6 是位线的预充电电路。刷新开始时,先在T_5、T_6 的栅极加预充电脉冲,使T_5、T_6 导通,位线 B 和 $\overline{B}$ 与V_{DD}接通,将位线上的分布电容 C_B 和 $C_{\overline{B}}$ 充至高电平。预充脉冲消失后,位线上的高电平短时间内由C_B和$C_{\overline{B}}$维持。

当$X_i=1$,$Y_j=1$ 时,假定存储单元存储的数据为 0,则T_1 导通(接地),T_2 截止,$V_{C1}=1$,$V_{C2}=0$,这时C_B将通过T_3 和T_1 放电,使位线 B 变为低电平,C_2 将不能充电,使V_{C2}保持 0。

因 T_2 截止,$\overline{B}$ 上保持的高电平可以对C_1 充电,使C_1 上的电荷不仅不会丢失,反而得到补充,即刷新,使V_{C1}保持 1。

四管存储单元的优点是外围电路比较简单,刷新时不需要另加外部逻辑,读出信号也较大。缺点是管子多,占用的芯片面积大。

2. 单管 MOS 动态存储单元

单管 MOS 动态存储单元由一只 N 沟道增强型 MOS 管 T 和一个电容 C_S 构成。其电路结构简单,是所有大容量 DRAM 首选的存储单元,其电路图如图 9.2.3 所示。

在图 9.2.3 中,$C_S \ll C_B$,C_S 上有电荷表示 1,无电荷表示 0。字线处于低电平,T 截止,理论上内部保持稳定。

单管 MOS 动态存储单元的优点是元件数量少,集成度高。缺点是需要有高鉴别能力的读出放大器配合工作,外围电路比较复杂。

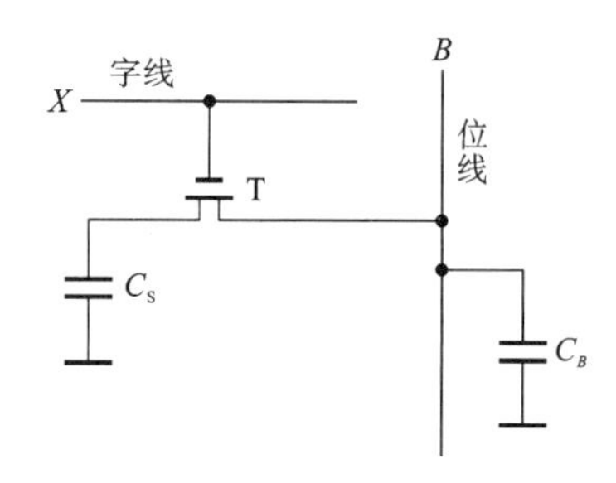

图 9.2.3 单管 MOS 动态存储单元

(1) 单管 MOS 动态存储单元写入的工作原理。

写入时，数据线加高电平 1 或低电平 0，所写数据加到 C_B 上，若字线 $X=1$，T 导通，对 C_B 充电或放电，位线上的数据经过 T 被存入 C_B 中。写 1 时，数据线上为高电平，对 C_B 充电；写 0 时，数据线上为低电平，对 C_B 放电。

若字线 $X=0$，则没选中该存储单元，此时 T 截止，无放电回路，信息存储在 C_B 中，可实现保持功能。

在保存二进制信息"1"的状态下，C_S 有电荷，但 C_S 存在漏电流，C_S 上的电荷会逐渐消失，状态不能长久保持。在电荷泄漏到威胁所保存的数据性质之前，需要补充所泄漏的电荷，以保持数据性质不变。这种电荷的补充称为刷新(或再生)。

(2) 单管 MOS 动态存储单元读出的工作原理。

读出时，先在C_B上加 $V_{pre}=2.5$ V 的正脉冲，对C_B预充电。然后 $X=1$，T 导通，C_S 经 T 向 C_B 提供电荷，使位线获得读出的信号电平。

若电路保存信息 1，$V_{cs}=3.5$ V，电流方向从单元电路内部指向外，C_S 在放电。

若电路保存信息 0，$V_{cs}=0.0$ V，电流方向从外指向单元电路内部，C_S 在充电。

根据数据线上电流的方向可判断单元电路保存的是 1 还是 0。读出过程实际上是 C_S 与 C_B 上的电荷重新分配的过程，也是 C_S 与 C_B 上的电压重新调整的过程。C_B 上的电压，即是数据线上的电压。

设C_S 上原来有正电荷，电压C_S 为高电平，而位线电位 $B=0$，则执行读操作后位线电平将上升为

$$v_B=\frac{C_S}{C_S+C_B}v_{C_S} \tag{9.2.1}$$

由于实际的存储电路位线上总是同时接有很多存储单元，使C_B远大于C_S，所以位线上读出的电压信号很小。

例如，读操作之前，$C_S=5$ V，$C_S/C_B=1/50$，读操作之后，位线上的电平仅有 0.1 V；而且读出以后 C_S 上的电压也只剩下 0.1 V，这是破坏性读出过程。

单管动态存储器，需要在 DRAM 中设置灵敏的读出放大器，将读出信号放大，并将存储单元中原来存储的信号恢复。

刷新由灵敏恢复/读出放大器在读出过程中同时完成。在数据线上增加灵敏恢复/读出放大器后，读出过程实际上就是一次刷新过程。

9.2.3 RAM 典型芯片

1. RAM 典型芯片 Intel 2114

目前单片 SRAM 的存储容量已达数十 M 至数 G 字节。存储器容量的单位 KB、MB、GB、TB 与字节的关系如下：

$$1\ \text{KB}=2^{10}\ \text{B}=1024\ \text{B}$$

$$1\ \text{MB}=1024\ \text{KB}=2^{20}\ \text{B}$$

$$1\ \text{GB}=1024\ \text{MB}=2^{10}\ \text{MB}=20^{30}\ \text{B}$$

$$1\ \text{TB}=1024\ \text{GB}=2^{10}\ \text{GB}=20^{40}\ \text{B}$$

这里仍然以一些早期的存储器芯片产品为例介绍存储器的功能和使用方法。

(1) Intel 2114 概述。

Intel 2114 是一种 1K×4 位 SRAM 芯片，其引脚图如图 9.2.4 所示。

$A_0 \sim A_9$ 为 10 条地址线；$I/O_0 \sim I/O_3$ 为 4 条数据线；$\overline{CS}$ 为片选引脚；$\overline{WE}$为写控制引脚，其为 0 时执行写操作，其为 1 时执行读操作。

V_{CC}为电源引脚；GND 为地引脚。

存储芯片容量的基本描述为字数×每个字的位数，比如 1K×4 位，即 1024 个字，每个字 4 位（二进制位）。这就意味着任一时刻可以（也只能）访问 1024 个独立字中的任意一个字，每次读写的数据位数是一个字的容量（4 位）。

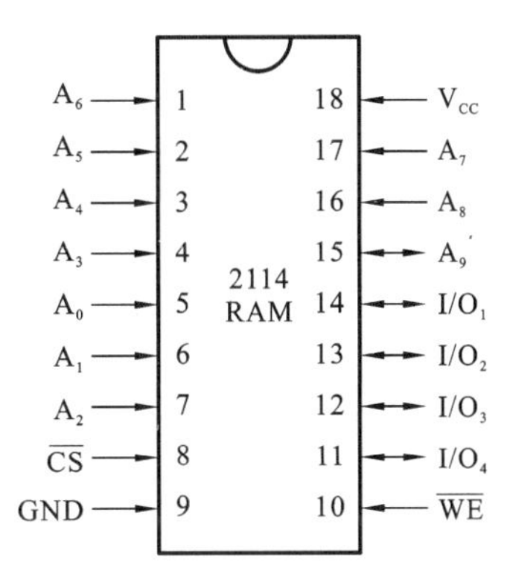

图 9.2.4　Intel 2114 **引脚图**

(2) SRAM 读周期时序。

CPU 对存储器进行读/写操作，首先由地址总线给出地址信号，然后发出读操作或写操作的控制信号，最后在数据总线上进行信息交流，要完成地址线的连接、数据线的连接和控制线的连接。SRAM 读周期时序如图 9.2.5 所示。

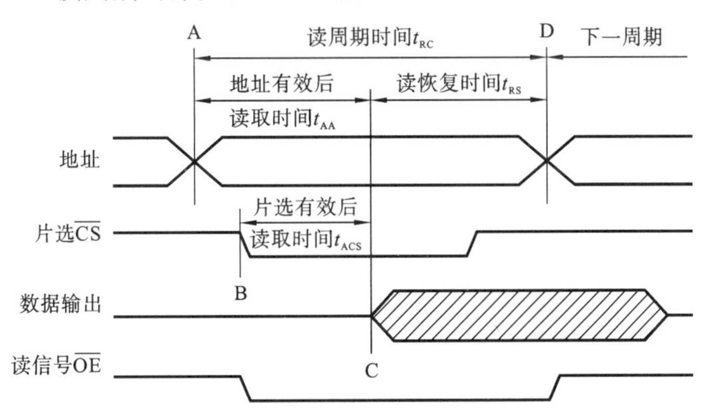

图 9.2.5　SRAM **读周期时序**

存储器读周期时间 t_{RC}＝地址有效后读取时间 t_{AA}＋读恢复时间 t_{RS}。

读取时间是指从地址有效后到数据开始输出到数据总线上的时间间隔；读恢复时间是指从数据开始输出到地址开始改变的时间间隔。

(3) SRAM 写周期时序。

SRAM 写周期时序如图 9.2.6 所示。

写周期时间 t_{WC}＝地址建立时间 t_{AW}＋写脉冲宽度时间 t_{WP}＋恢复时间 t_{RS}

地址建立时间是指地址开始有效到片选有效的时间间隔；写脉冲宽度时间是指片选$\overline{CS}$、写信号$\overline{WR}$同时有效的整个时间间隔；片选$\overline{CS}$、写信号$\overline{WR}$同时无效后经过一段时间，数据和地址信号才改变，这段时间称为恢复时间——如果地址信号先于片选$\overline{CS}$、写信号$\overline{WR}$改变，则很可能将旧数据写入下一地址的存储单元。

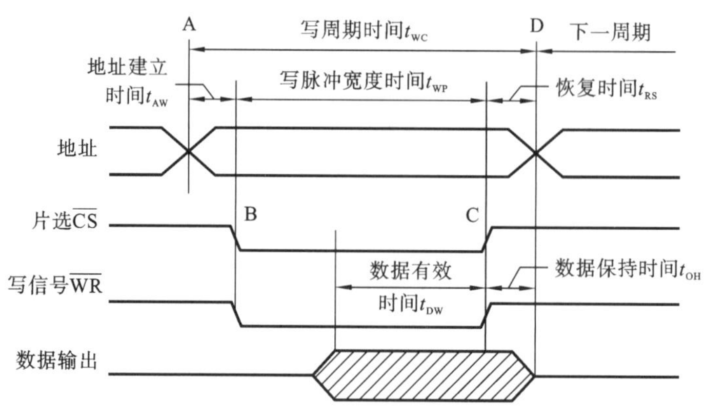

图 9.2.6　SRAM 写周期时序

为了保证在地址变化期间不会发生错误写入而破坏存储器的内容，$\overline{WR}$信号在地址变化期间内必须为高电平，即在地址变化期间不能进行写操作。只有在地址有效后再经过一段时间 t_{AW}后，写信号$\overline{WR}$才能有效——待地址稳定后才开始写操作。并且只有$\overline{WR}$变为高电平后再经过 t_{RS}(恢复时间)，地址信号才能无效。

2. DRAM 典型芯片 Intel 2164

DRAM 的集成度比 SRAM 高，其一般采用矩阵译码方式。

(1) Intel 2164 概述。

Intel 2164(64K×1 位)DRAM 的逻辑符号如图 9.2.7 所示。

$A_0 \sim A_7$ 为地址输入端；$\overline{CAS}$为列地址选通端(Column Address Select)；$\overline{RAS}$为行地址选通端(Row Address Select)；$\overline{WE}$为写允许端(为 0 时执行写操作)。

由于有 64K 个存储字($2^{16}=64K$)，本来需要 16 条地址线，但为了减少器件引脚，仅将 8 条地址线引到芯片外部(芯片内部还是 16 条地址线，分为行地址和列地址两组)。采用地址分时输入的方式，即地址代码分两次从同一组引脚输入。分时操作由行地址选通信号$\overline{RAS}$和列地址选通信号$\overline{CAS}$来控制。

(2) DRAM 的读写时序控制(读周期)。

DRAM 读时序图如图 9.2.8 所示。

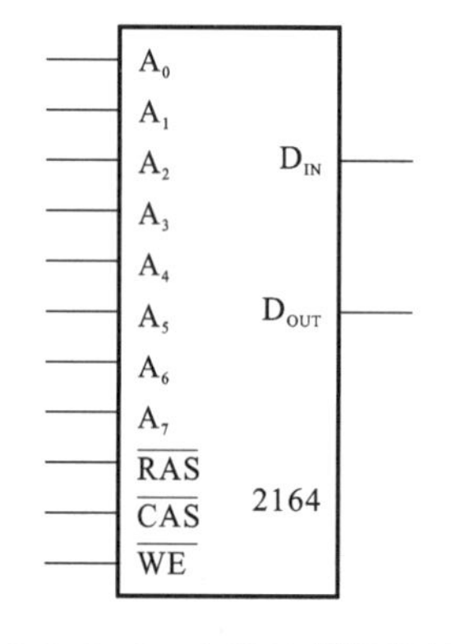

图 9.2.7　Intel 2164 逻辑符号图

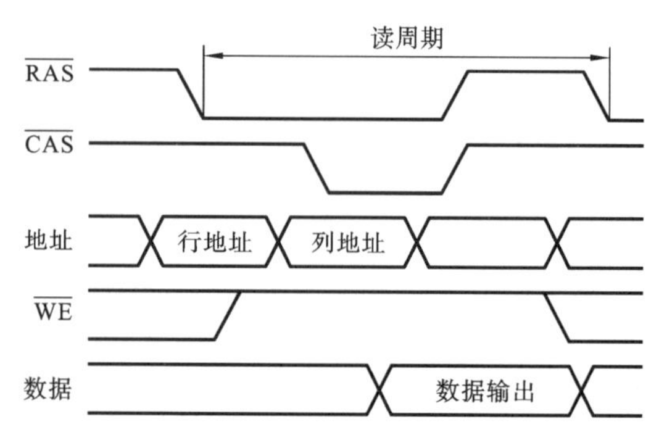

图 9.2.8　DRAM 读时序图

行地址必须在$\overline{RAS}$有效之前有效，列地址也必须在$\overline{CAS}$有效之前有效，且在$\overline{WE}$(为 1)到来之前，$\overline{CAS}$必须为高电平。如果当$\overline{WE}=0$时，$\overline{CAS}$也为 0，则很可能对选中的字或存储单元进行写操作，而不是读操作，这样就改变了存储单元中的内容。

数据线 D_{OUT} 上的数据有效时，数据被读出。

(3) DRAM 的读写时序控制(写周期)。

写周期与读周期的不同之处是，其数据必须提前准备好(提前出现在数据输入线上)。当$\overline{WE}$有效(为 0)之后，输入的数据必须保持到$\overline{CAS}$变为低电平之后(数据提前有效)。

当$\overline{WE}=0$，$\overline{RAS}$和$\overline{CAS}$全部有效时，数据被写入存储器。具体的 DRAM 写时序图如图 9.2.9 所示。

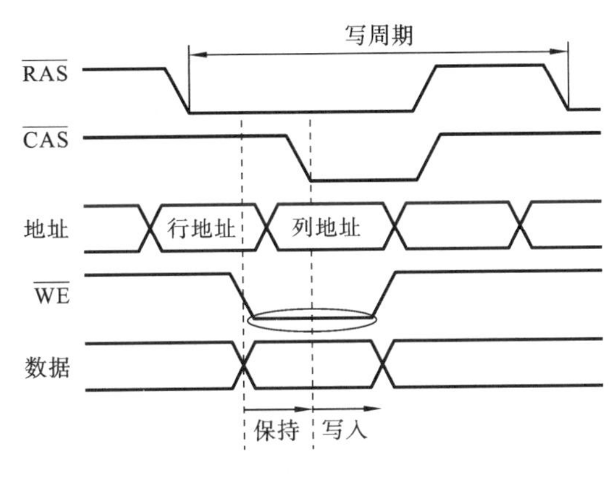

图 9.2.9　DRAM 写时序图

9.2.4　RAM 芯片扩展

存储器芯片的容量是有限的，在字数或字长方面与实际存储器要求有所差距，为了满足实际存储器的容量要求，需要对存储器进行字位扩展，即将若干片 RAM 或 ROM 组合起来，形成容量更大的存储器。计算机中的内存条就是 RAM 扩展后的产品。主要方法如下。

位扩展——例如 Intel 2114 是 1K×4 位的 SRAM，但如果我们要存储若干字长为 8 位的数据，则必须将其位数从 4 位扩展到 8 位。

字扩展——对于 Intel 2114，如果我们想存储 2048 个 4 位二进制数，则必须将其字数从 1024 扩展为 2048。

字位扩展——如果我们想存储 2048 个 8 位二进制数，则必须将 Intel 2114 的字数从 1024 扩展为 2048，将位数从 4 位扩展到 8 位。

1. 位扩展

扩展存储器的位数，字数保持不变，称为位扩展。

【例 9.2.1】　用 2 片 Intel 2114(1K×4 位)SRAM 进行位扩展。

解：用 2 片 Intel 2114(1K×4 位)SRAM 进行位扩展的电路图如图 9.2.10 所示。

基本方法如下。

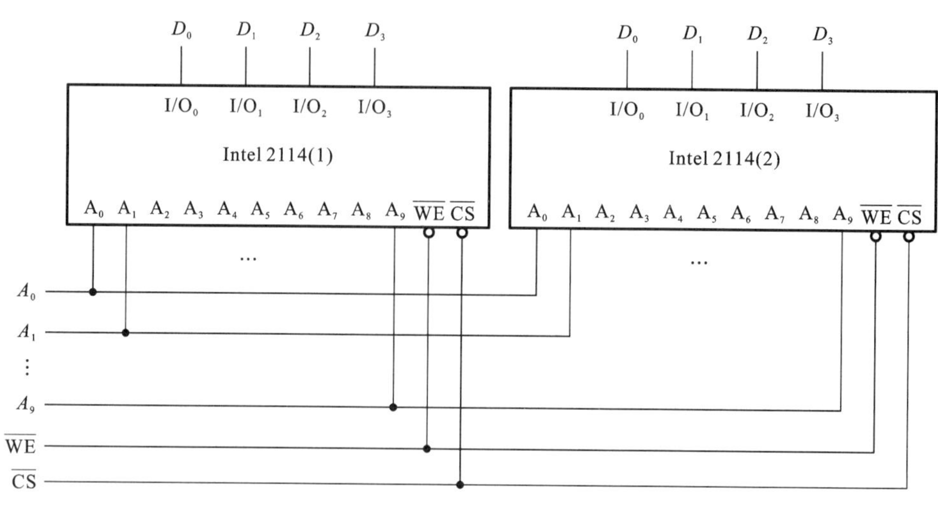

图 9.2.10 SRAM 位扩展

(1) 参与扩展的全部芯片的地址线、片选控制线$\overline{CS}$和写控制线$\overline{WE}$并接。

(2) 把低位芯片的数据线作为低位数据，高位芯片的数据线作为高位数据，数据位同时有效，实现 I/O 数据位数的增加。

在图 9.2.10 中，Intel 2114(1)是低位芯片，Intel 2114(2)是高位芯片。

2. 字扩展

扩展存储器的字数，位数保持不变，称为字扩展。

【例 9.2.2】 将 Intel 2114(1K×4 位)SRAM 扩展为 4K×4 位的。

简单来说，一片 Intel 2114 可以存储 1024 个字，那么要存储 4096 个字，用 4 片 Intel 2114 就可以了。关键是如何选择芯片。

我们知道，译码器的一个重要用途就是对存储器进行地址译码。$1K=2^{10}$，需要 10 条地址线；$4K=2^2\times2^{10}=2^{12}$，需要 12 条地址线，增加了 2 条地址线，则采用 2 线-4 线译码器，对其译码，产生 4 个译码信号来控制 4 个芯片的$\overline{CS}$。

解： 对 Intel 2114(1K×4 位)SRAM 进行字扩展的电路图如图 9.2.11 所示。

当 $A_{11}A_{10}=00$ 时，$\overline{Y_0}=0$，选中片 Intel 2114(1)；

当 $A_{11}A_{10}=01$ 时，$\overline{Y_1}=0$，选中片 Intel 2114(2)；

当 $A_{11}A_{10}=10$ 时，$\overline{Y_2}=0$，选中片 Intel 2114(3)；

当 $A_{11}A_{10}=11$ 时，$\overline{Y_3}=0$，选中片 Intel 2114(4)。

【例 9.2.3】 将 SRAM (16K×8 位)扩展为 64K×8 位的，并画出 CPU 连接图。

$16K=2^4\times2^{10}=2^{14}$，需要 14 根地址线；$64K=2^6\times2^{10}=2^{16}$，需要 16 根地址线，即需要增加 2 根地址线；字数从 16K 扩展为 64K，一片的字数为 16K，则需要 64K/16K=4 片 SRAM；需要一个 2 线-4 线译码器将增加的高位地址信号译码，输出分别接 4 片 SRAM 的$\overline{CS}$端。

解： 图 9.2.12 所示的为 4 片 SRAM(16K×8 位)与 CPU 的连接图。

4 片 SRAM 的地址线 $A_{13}\sim A_0$ 分别并接后与 CPU 的地址线相连，数据线分别并接后与 CPU 的数据线相连，读/写控制线并接在一起与 CPU 的读/写控制线相连。

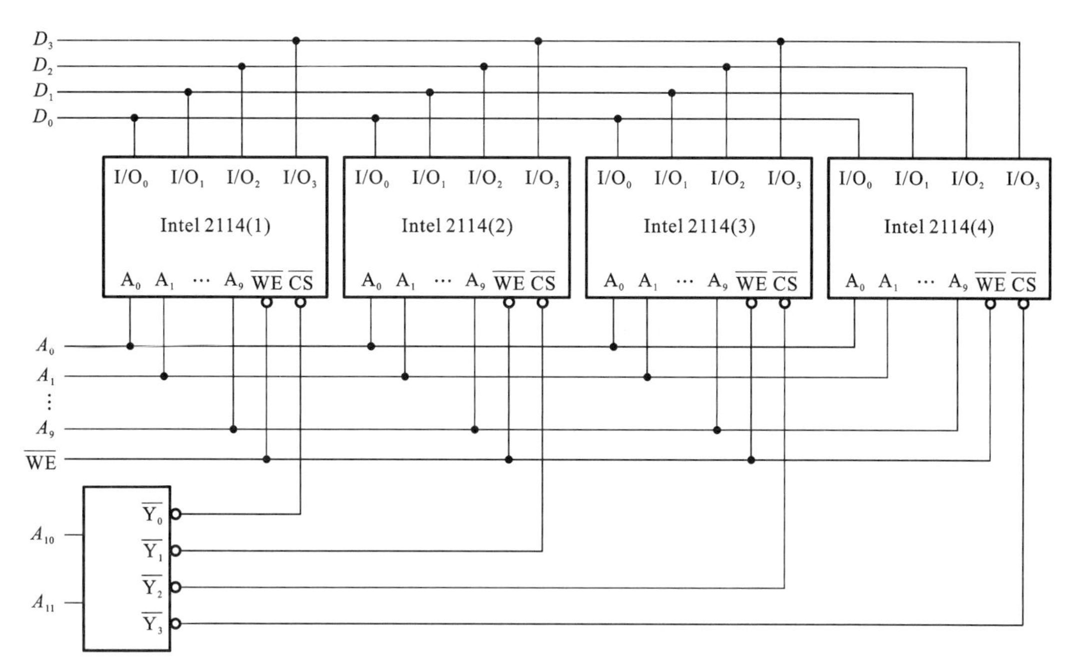

图 9.2.11　SRAM 字扩展

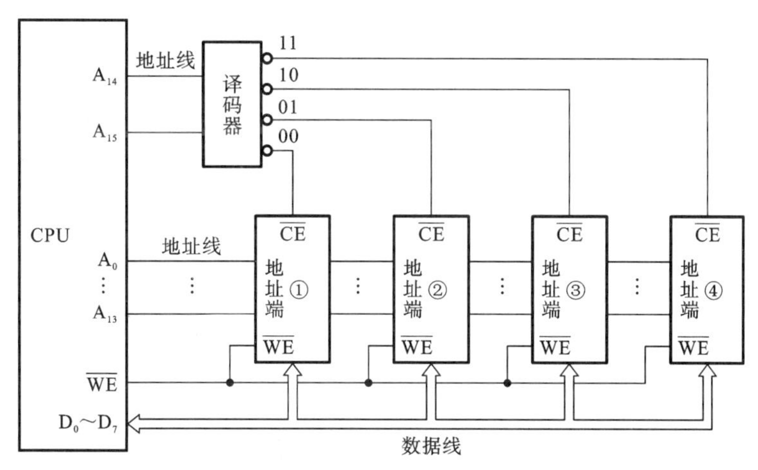

图 9.2.12　4 片 SRAM(16K×8 位)与 CPU 的连接图

片选线的连接——增加的 2 根地址线 A_{15}、A_{14} 分别接 2 线-4 线译码器的输入端 A_1、A_0，译码器的输出端 $\overline{Y}_0$、$\overline{Y}_1$、$\overline{Y}_2$、$\overline{Y}_3$ 分别接 4 片 SRAM 的 $\overline{CE}$ 端。

3. 字位扩展

同时扩展存储器的字数和位数，称为字位扩展。

【例 9.2.4】 将多片 Intel 2114 (1K×4 位)SRAM 扩展为 4K×8 位存储器。

解：(1) 计算扩展需要的芯片数。

扩展需要的芯片数＝扩展后的存储器容量/芯片的容量

＝(要求的字数×字长)/(芯片的字数×字长)

＝(4K×8)/ (1K×4)＝8(片)

(2) 计算扩展需要增加的地址数。

扩展需要增加的地址数=扩展后的存储器地址线数－芯片的地址线数

=12－10=2(条)

送译码器产生 $2^2=4$ 个片选$\overline{CS}$信号。

(3) 对地址线、写控制线进行连线。

(4) 画出与数据线的连线:每 2 片为一组,共用一个片选信号,高位片的数据端接 $D_7 \sim D_4$,低位片的数据端接 $D_3 \sim D_0$,构成 1K×8 位存储器。

(5) 将译码器的输出信号分别与这 4 组芯片的片选端相连,进行字扩展,构成 4K×8 位存储器。

用 8 片 Intel 2114(1K×4)组成 4K×8 位的存储器,具体的连接电路如图 9.2.13 所示。

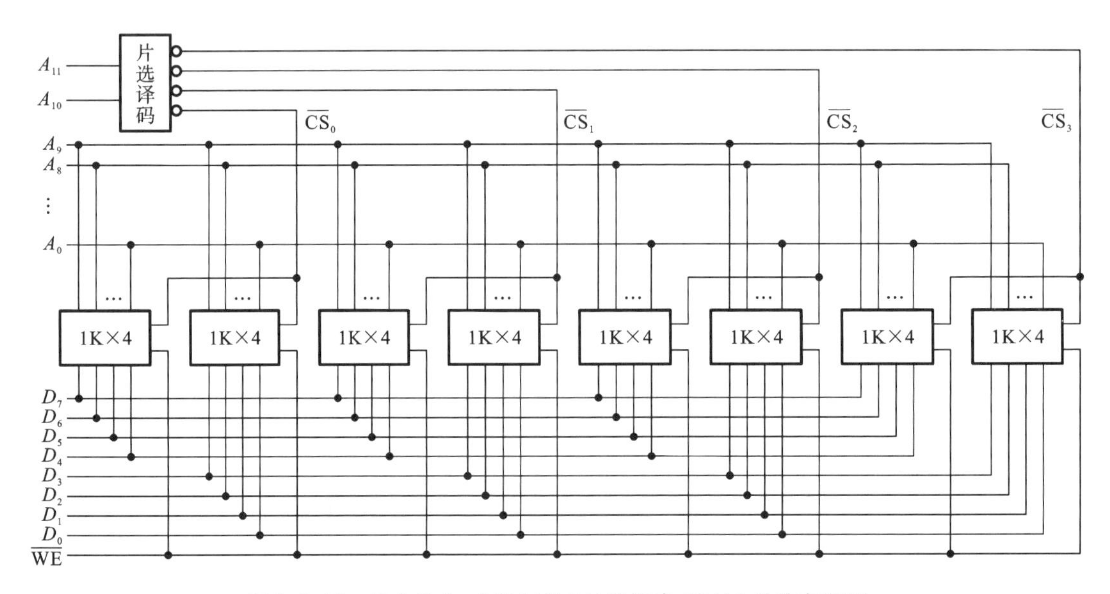

图 9.2.13　用 8 片 Intel 2114(1K×4)组成 4K×8 位的存储器

9.3　只读存储器 ROM

ROM 有固定 ROM、可编程 ROM、光可擦可编程 ROM、电可擦可编程 ROM 等多种类型的,本节介绍 ROM 的结构和应用。ROM 的扩展方法与 RAM 的扩展方法完全相同,这里不做介绍。

9.3.1　ROM 的结构

1. 固定 ROM

固定 ROM 由地址译码器、存储矩阵、输入/输出控制电路 3 部分构成。

存储矩阵中的存储单元可以由半导体二极管构成，需要写入 1 时，则在字线和位线的交叉处连接二极管，不接二极管的交叉点表示数据 0。图 9.3.1 所示的是一个 4×4 位二极管固定的 ROM 的结构图。

地址译码器为 2 线-4 线译码器，地址线 A_1、A_0 经译码后产生 4 个地址码，称为字线。当 $A_1A_0=00$ 时，字线 $\overline{W_0}=0$，即其电位为 0，则与之相连的第一排二极管导通，使位线 $B_3B_2B_1B_0=0100$（因为位线 B_2 与 $\overline{W_0}$ 的交叉点没有二极管，所以 B_2 上的电位为 1）。经过输出控制电路的反相器反相后，输出数据 $D_3D_2D_1D_0=1011$。输出控制电路由三态门构成。

在固定 ROM 中，存储单元除了可以采用半导体二极管外，还可以采用 MOS 管，形成 MOS 管固定 ROM 存储单元，其电路图如图 9.3.2 所示。

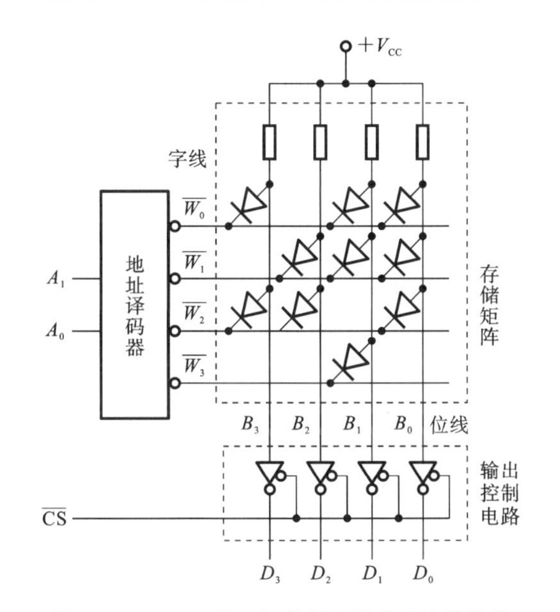

图 9.3.1　4×4 位二极管固定的 ROM 的结构

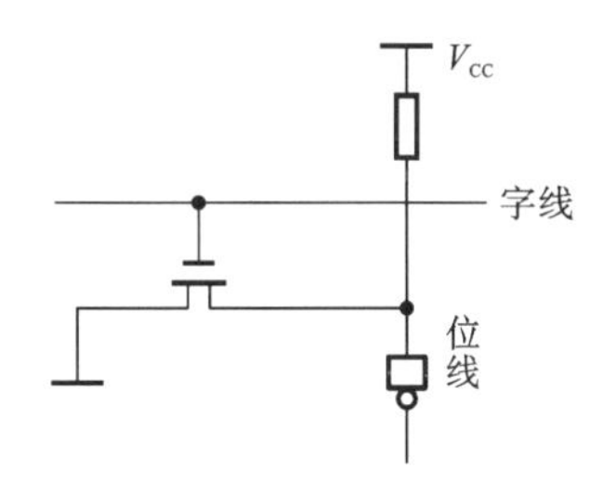

图 9.3.2　MOS 管固定 ROM 存储单元

图 9.3.2 中，字线和位线的交叉处连接 MOS 管，表示存储的数据为 1，不接 MOS 管的交叉点表示数据 0。

2. 可编程 ROM

可编程 ROM 的结构与固定 ROM 的基本相同，区别在于制造 PROM 时，在每个字线和位线的交叉处都连接有一个 MOS 管和一根熔丝，出厂时所有位均为 1。

用户编程时（写入数据），对于要写 0 的单元加入特定的大电流，熔丝被烧断，数据为 0；若保留熔丝，则数据仍为 1。

由于熔丝不可恢复，所以数据由用户编程一次性写入，写入后的数据不能再更改。PROM 存储单元的电路图如图 9.3.3 所示。

3. 光可擦可编程 ROM

用户可以通过专用的编程器多次编程写入数据，且可以用紫外光擦除数据后进行改写，EPROM 适用于需要经常修改 ROM 中内容的场合。

EPROM 存储单元在每个字线和位线的交叉处都连接一个 MOS 管和一个 FAMOS (Floating-gate Avalanche-injection MOS,浮栅雪崩注入式 MOS)管。

擦除数据时,需要把 EPROM 芯片放在专门的擦除器中,在紫外光下照射 15~30 min。EPROM 存储单元的电路图如图 9.3.4 所示。

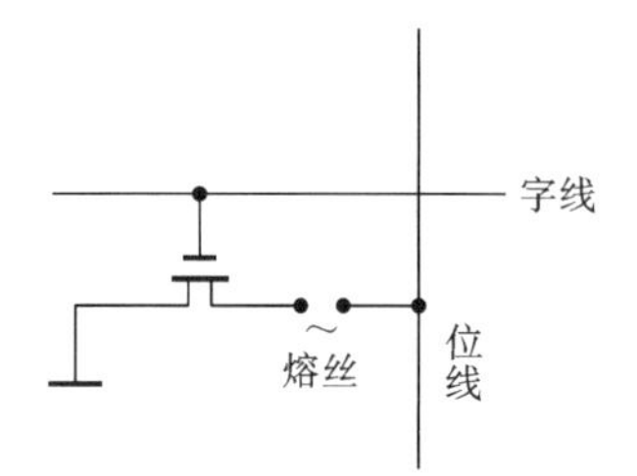

图 9.3.3 PROM 存储单元

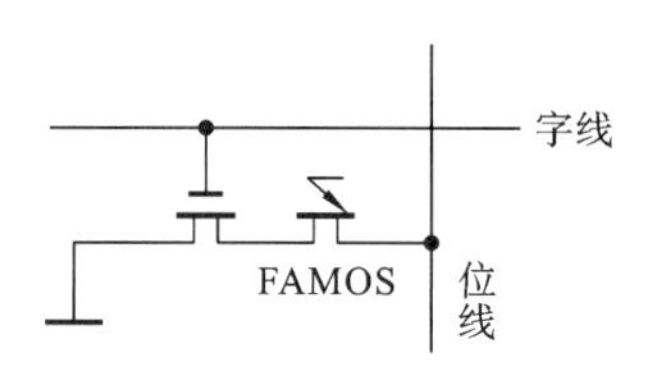

图 9.3.4 EPROM 存储单元

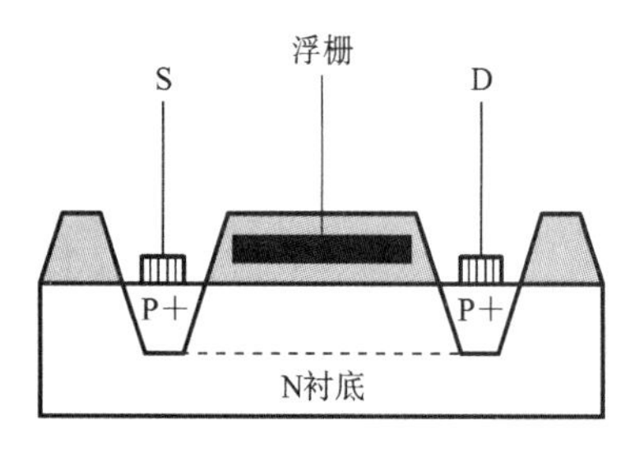

图 9.3.5 FAMOS 的结构示意图

FAMOS 与普通 PMOS 的结构相似,但其栅极没有被引出,而是被二氧化硅绝缘层包围(浮栅)。FAMOS 的结构示意图如图 9.3.5 所示。

当浮栅上没有电荷时,沟道不能形成,FAMOS 截止,位线与字线未连接,则位线通过电阻与电源相接而成为高电位,经输出控制电路反相后,输出数据为 0。

当要写入 1(注入电荷)时,首先在漏极接上足够大的负电压(−30 V 左右),使部分自由电子获得高能量,并高速撞击其他电子,使高能自由电子数量越来越多,产生雪崩效应。一部分高能自由电子越过二氧化硅绝缘层注入浮栅,同时在衬底留下大量空穴,形成 P 沟道。

当漏极电压消失后,由于浮栅周围都是绝缘层,注入浮栅的电荷基本不能泄漏,可以长期保存下来;电荷产生的电场使 P 沟道形成,FAMOS 导通。

4. 电可擦可编程 ROM

虽然 EPROM 具备可擦除重写的功能,但擦除操作复杂,擦除速度很慢(需要 15~30 分钟)。

EEPROM 中的数据可用电擦除,并可由用户多次编程写入。EEPROM 存储单元在每个字线和位线的交叉处都连接一个 MOS 管和一个 SIMOS(Stacked-gate Injection MOS,重叠栅注入式 MOS)管。EEPROM 存储单元的电路图如图 9.3.6 所示。

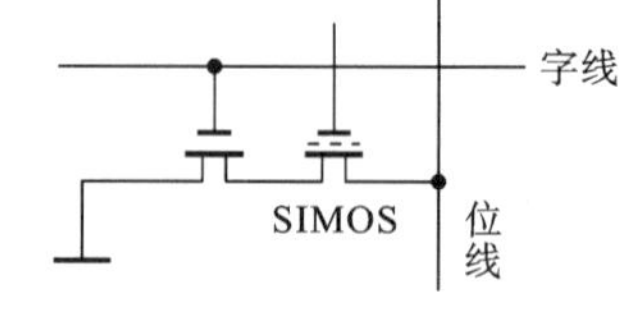

图 9.3.6 EEPROM 存储单元

SIMOS 有 2 个栅极,分别为控制栅 G_c(用于控制数据读出和写入)和浮栅 G_f(用于长期保存注入电荷)。SIMOS 的电路图和结构示意图如图9.3.7所示。

写入数据前,浮栅不带电,表示数据 0。

SIMOS 为 N 沟道增强型 MOS 管,其有 2 个栅极,上面的栅极称为控制栅(用于控制数据读出和写入),下面的栅极(虚线表示)称为浮栅(用于长期保存注入电荷)。

在控制栅上加上正常高电平电压时,漏极、源极之间会形成导电沟道,使 SIMOS 导通。

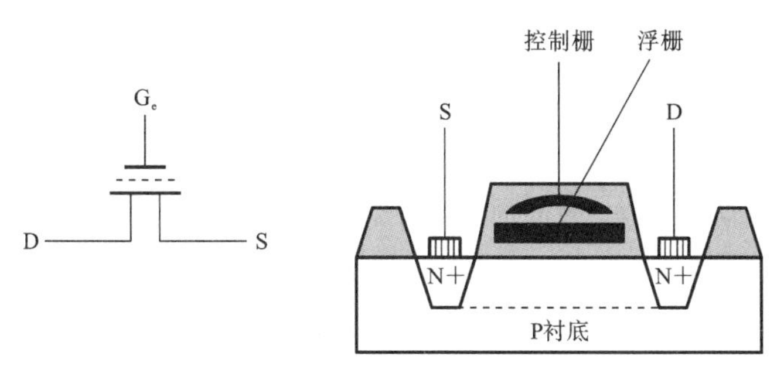

图 9.3.7　SIMOS 的电路图和结构示意图

当要写入 1(注入电荷)时,在漏极、源极间加上高电压(25 V),同时在控制栅上加上高压正脉冲(25 V,25 ms),在栅极电压的作用下,自由电子穿过 SiO_2 绝缘层到达浮栅,被浮栅截获形成注入电子,相当于写入 1。

写入的数据可以用紫外线或 X 射线擦除,也可以用电快速擦除。

在控制栅上加一个高压负脉冲,可以在 SiO_2 层中感应出足够量的正电荷,它们与浮栅中的负电荷中和,将原来存储的 1 擦除。

9.3.2　ROM 的应用

ROM 主要用于存放数据和程序,也可用于实现组合逻辑电路。任何一个组合逻辑都可以用与-或式(最小项表达式)来描述。

由 ROM 的点阵图结构可知,地址译码器的输出包含了输入变量全部的最小项,而每一位数据输出又都是若干个最小项之和,因此,ROM 可以实现任意组合逻辑函数。

【例 9.3.1】 重绘图 9.3.1,分析图 9.3.8 所示电路中输出 D_3 与地址输入的逻辑关系。

解:(1) 单独画出输出 D_3 的结构图,如图 9.3.9 所示,写出输出 D_3 的逻辑表达式。

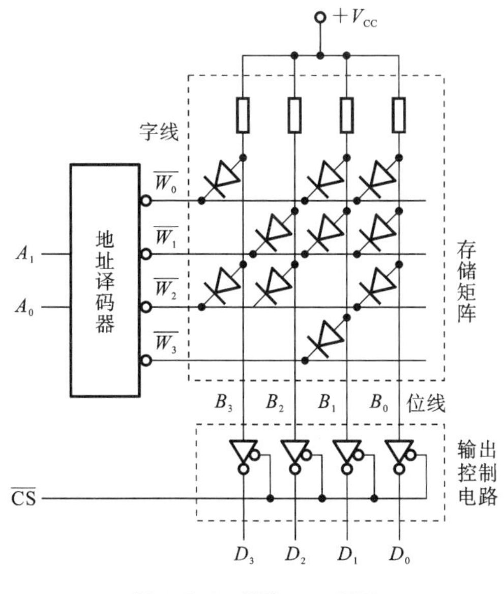

图 9.3.8　【例 9.3.1】图

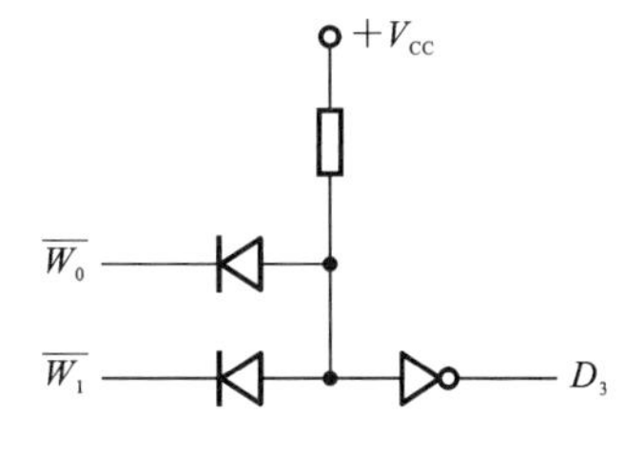

图 9.3.9　输出 D_3 的结构图

（2）写出译码器输出的逻辑表达式。

$$\overline{W_0}=\overline{m_0}=\overline{\overline{A_1}\cdot\overline{A_0}} \tag{9.3.1}$$

$$\overline{W_2}=\overline{m_2}=\overline{A_1\cdot\overline{A_0}} \tag{9.3.2}$$

（3）推导出数据输出与地址输入的逻辑关系。

$$D_3=\overline{\overline{W_0}\cdot\overline{W_2}}=\overline{\overline{\overline{A_1}\cdot\overline{A_0}}\cdot\overline{A_1\,\overline{A_0}}}=\overline{A_1}\cdot\overline{A_0}+A_1\cdot\overline{A_0} \tag{9.3.3}$$

参照上面步骤，可以推导出每个数据输出与地址输入的逻辑关系，从而得出译码器每个输出的逻辑表达式。

$$\overline{W_0}=\overline{m_0}=\overline{\overline{A_1}\cdot\overline{A_0}} \tag{9.3.4}$$

$$\overline{W_1}=\overline{m_1}=\overline{\overline{A_1}\cdot A_0} \tag{9.3.5}$$

$$\overline{W_2}=\overline{m_2}=\overline{A_1\cdot\overline{A_0}} \tag{9.3.6}$$

$$\overline{W_3}=\overline{m_3}=\overline{A_1\cdot A_0} \tag{9.3.7}$$

$$D_2=\overline{\overline{W_1}\cdot\overline{W_2}}=\overline{A_1}\cdot A_0+A_1\cdot\overline{A_0} \tag{9.3.8}$$

$$D_1=\overline{\overline{W_0}\cdot\overline{W_1}\cdot\overline{W_3}}=\overline{A_1}\cdot\overline{A_0}+\overline{A_1}\cdot A_0+A_1\cdot A_0 \tag{9.3.9}$$

$$D_0=\overline{\overline{W_0}\cdot\overline{W_1}\cdot\overline{W_2}}=\overline{A_1}\cdot\overline{A_0}+\overline{A_1}\cdot A_0+A_1\cdot\overline{A_0} \tag{9.3.10}$$

下面将存储矩阵简化为点阵图。

在存储矩阵的交叉处画一个圆点，表示接入一个存储器件；没有存储器件的交叉处则什么也不画。图 9.3.10 和图 9.3.11 所示的分别是存储矩阵的点阵图和地址译码器的点阵图。

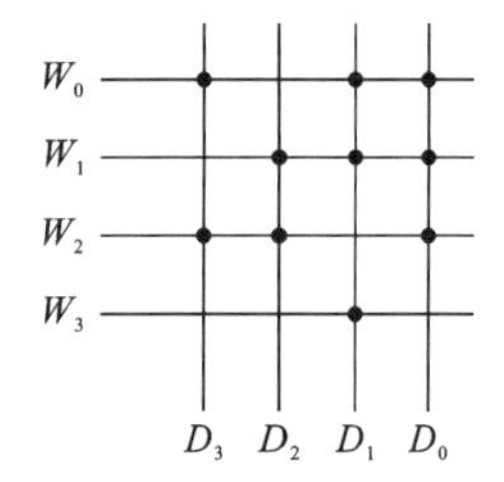

图 9.3.10　存储矩阵的点阵图(或逻辑)

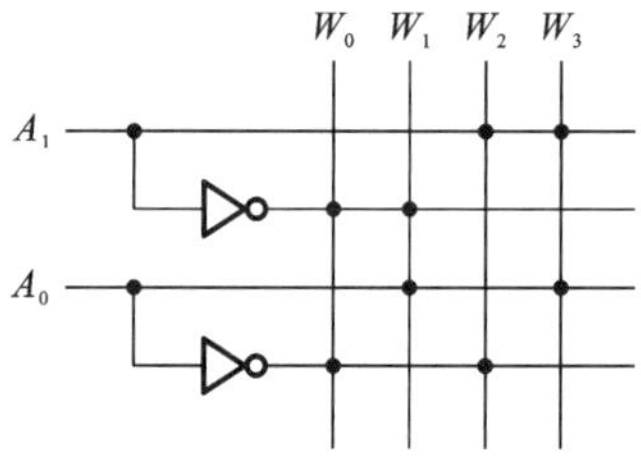

图 9.3.11　地址译码器的点阵图(与逻辑)

存储器的数据输出与地址译码器的输出构成与非逻辑关系：

$$D_3=\overline{\overline{W_0}\cdot\overline{W_2}} \tag{9.3.11}$$

存储器的数据输出与地址译码器输出的非构成或逻辑关系：

$$D_3=W_0+W_2 \tag{9.3.12}$$

地址译码器的输出与输入构成与非逻辑关系：

$$\overline{W_0}=\overline{m_0}=\overline{\overline{A_1}\,\overline{A_0}} \tag{9.3.13}$$

$$\overline{W_2}=\overline{m_2}=\overline{A_1\,\overline{A_0}} \tag{9.3.14}$$

地址译码器输出的非与输入构成与逻辑关系：

$$W_0=\overline{A_1}\cdot\overline{A_0} \tag{9.3.15}$$

$$W_2=A_1\cdot\overline{A_0} \tag{9.3.16}$$

将存储矩阵点阵图与地址译码器点阵图组合起来，就得到整个固定 ROM 的点阵图。把地址译码器实现的逻辑等效为与逻辑，称为与阵列；把存储矩阵实现的逻辑等效为或逻辑，称为或阵列。固定 ROM 的点阵图如图 9.3.12 所示。

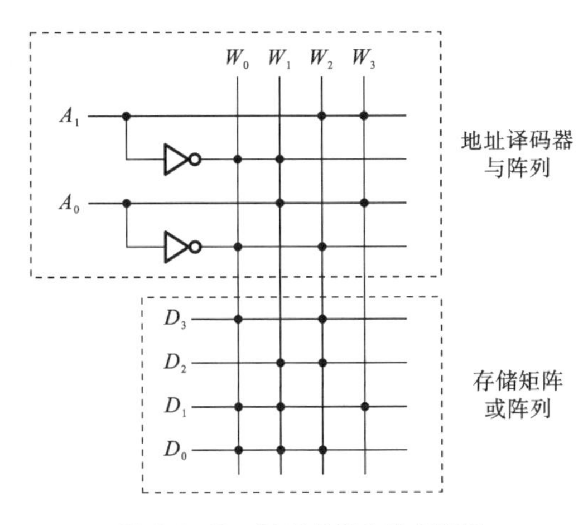

图 9.3.12　固定 ROM 的点阵图

ROM 的结构由一个与阵列和一个或阵列构成。在图 9.3.12 中，有

$$D_3=\overline{A_1}\cdot\overline{A_0}+A_1\cdot\overline{A_0} \tag{9.3.17}$$

由于 ROM 的数据输出与地址输入构成与或逻辑关系，而任何逻辑函数最终都可以转化为与或表达式，因此，可以利用 ROM 实现组合逻辑电路。

任何一个组合逻辑都可以用与或式（最小项表达式）来描述，由 ROM 的点阵图结构可知，地址译码器的输出包含了输入变量全部的最小项，而每一位数据输出又都是若干个最小项之和，因此 ROM 可以实现任意组合逻辑函数。

设计方法如下。

（1）列出真值表。

（2）采用最小项推导法写出输出信号的逻辑函数表达式。

（3）先画出与阵列，行线为输入信号的原变量和反变量，列线为对应输入的各个最小项。再画出或阵列，列线是对应输入的各个最小项，行线是各个输出信号。最后根据某输出包含的最小项，在与这些最小项的列线交叉处画上小圆点。

【例 9.3.2】　用 ROM 设计一个码转换器，实现 4 位二进制码到 4 位循环码（格雷码 3）的转换。

解：（1）列出真值表，如表 9.3.1 所示。

表 9.3.1　【例 9.3.2】真值表

m_i	$A_3A_2A_1A_0$	$B_3B_2B_1B_0$
0	0 0 0 0	0 0 0 0
1	0 0 0 1	0 0 0 1
2	0 0 1 0	0 0 1 1
3	0 0 1 1	0 0 1 0
4	0 1 0 0	0 1 1 0
5	0 1 0 1	0 1 1 1
6	0 1 1 0	0 1 0 1

续表

m_i	$A_3A_2A_1A_0$	$B_3B_2B_1B_0$
7	0 1 1 1	0 1 0 0
8	1 0 0 0	1 1 0 0
9	1 0 0 1	1 1 0 1
10	1 0 1 0	1 1 1 1
11	1 0 1 1	1 1 1 0
12	1 1 0 0	1 0 1 0
13	1 1 0 1	1 0 1 1
14	1 1 1 0	1 0 0 1
15	1 1 1 1	1 0 0 0

(2) 根据表 9.3.1 写出输出信号的逻辑函数表达式：

$$B_3 = \sum_m (8,9,10,11,12,13,14,15) \tag{9.3.18}$$

$$B_2 = \sum_m (4,5,6,7,8,9,10,11) \tag{9.3.19}$$

$$B_1 = \sum_m (2,3,4,5,10,11,12,13) \tag{9.3.20}$$

$$B_0 = \sum_m (1,2,5,6,9,10,13,14) \tag{9.3.21}$$

(3) 根据输出的逻辑函数表达式画出 ROM 点阵图。

在接入存储器件的矩阵交叉点上画一个圆点，代表存储器件。接入存储器件表示存 1，不接存储器件表示存 0。根据某输出包含的最小项，在与这些最小项的列线交叉处画上小圆点，如图 9.3.13 所示。

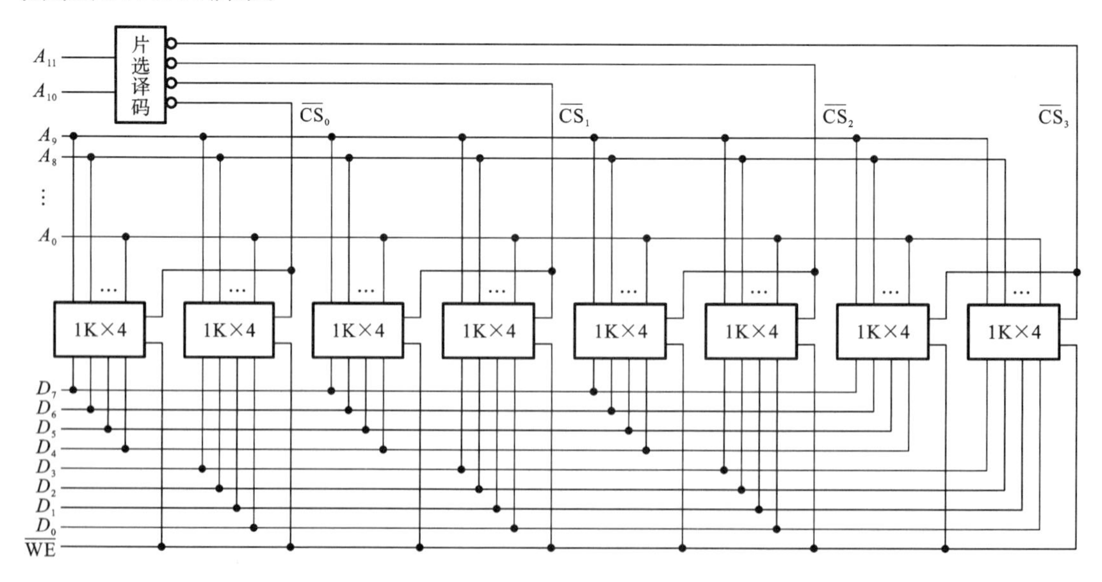

图 9.3.13　4 位二进制码到 4 位循环码点阵图

9.4　基于 Verilog HDL 的存储器设计

9.4.1　RAM 的 HDL 设计

若干个相同宽度的向量构成数组，reg（寄存器）型数组变量即为 memory（存储器）型变量。

memory 型变量定义语句如下：

```
reg[7:0]mymemory[1023:0];
```

经定义后的 memory 型变量可以用下面的语句对存储器单元赋值（即写入）：

```
mymemory[7]=75;    //存储器 mymemory 的第 7 个字被赋值 75
```

memory 型变量相当于一个 RAM。

【例 9.4.1】　写 8×8 位 RAM 的 Verilog HDL 源程序。

解：写 8×8 位 RAM 的 Verilog HDL 源程序如下。

```
module ram8x8(addr,csn,wrn,data,q);
    input 通牒[2:0] addr;                       //字数为2³=8
    input csn,wrn;
    input [7:0]data;                            //输入数据
    output [7:0] q;                             //RAM的输出端
    reg [7:0] q;
    reg [7:0] mymemory [7:0];
    always
      begin
          if (csn==1)   q=8'bzzzzzzzz;          // RAM禁止工作
          else if (wrn==0)                      //写操作
    mymemory [addr]=data;
          else if (wrn==1) q=mymemory[addr];    //读操作
      end
endmodule
```

写 8×8 位 RAM 的仿真波形图如图 9.4.1 所示。

RAM 的仿真波形阶段分析如下。

1. 第 1 阶段

（1）初始时，csn=1，wrn=1，存储器处于禁止工作状态。

（2）输出端为高阻状态（z）。

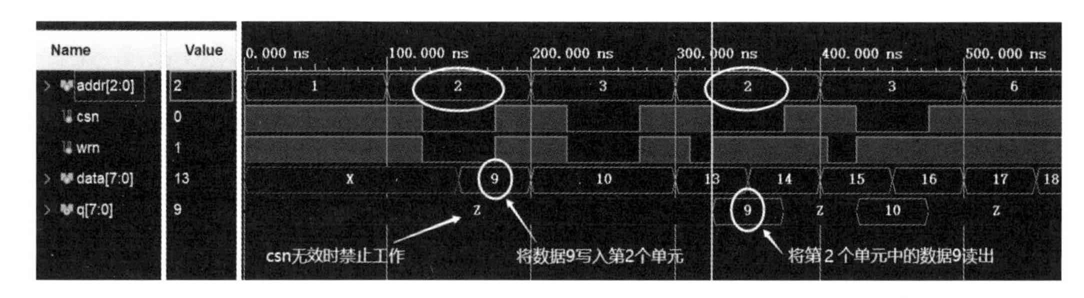

图 9.4.1 写 8×8 位 RAM 的仿真波形图

2. 第 2 阶段

(1) csn=0,wrn=0,存储器处于写操作状态。

(2) 存储器根据地址 addr 的变化(如地址 2 和 3),将数据 data 写入存储器,此时的输出未具体赋值(wrn=0,q 为高阻抗),输出 q 为未知(z)。

3. 第 3 阶段

(1) csn=0,wrn=1,存储器处于读操作状态。

(2) 存储器根据地址 addr 的变化(如地址 2 和 3),将已写入该存储单元的数据送到输出端 q。

9.4.2 ROM 的 HDL 设计

容量不大的 ROM 可以用 case 语句实现。

【例 9.4.2】 用 case 语句实现 8×8 位 ROM(8 个存储字中分别存储 h41,h42,…,h48)。

解: Verilog HDL 代码如下。

```
module rom8x8(addr,ena,q);
      input [2:0] addr;                //字数为2³=8
      input ena;                       //使能控制信号,低电平有效
      output [7:0] q;
      reg  [7:0] q;
      always @ (ena or addr)
         begin
            if (ena)q=8′bzzzz_zzzz;  else
            case (addr)
         0:q=8'b0100_0001;  1:q=8′b0100_0010;
         2:q=8'b0100_0011;  3:q=8′b0100_0100;
         4:q=8'b0100_0101;  5:q=8′b0100_0110;
         6:q=8'b0100_0111;  7:q=8′b0100_1000;
               default :q=8'bzzzz_zzzz;
```

```
            endcase
        end
endmodule
```

仿真波形图如图9.4.2所示，扫描地址递增，扫描出ROM对应的结果。

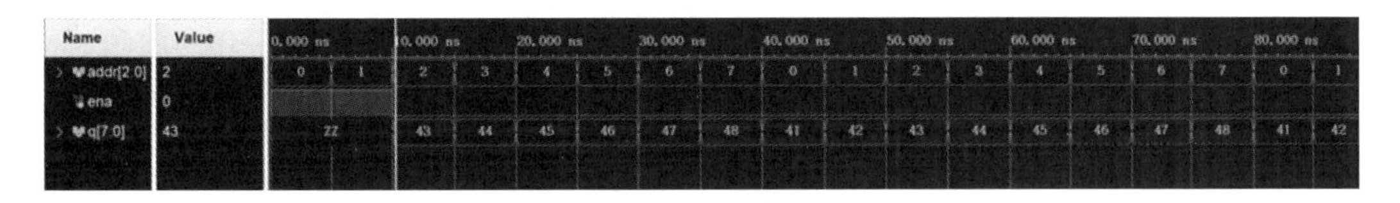

图9.4.2　8×8位ROM的仿真波形图

若ROM中的数据需要修改，则可以通过修改case语句中对q的赋值来实现。

【例9.4.3】 用memory型变量实现8×8位ROM。

解： Verilog HDL代码如下。

```
module rom8x8_mem(addr,ena,q);
      input [2:0] addr;                    //字数为2³=8
      input ena;                           //使能控制信号，低电平有效
      output [7:0] q;
      reg [7:0] q;
      reg [7:0]           ROM [7:0];       //memory型变量，位宽为8位，8个存储字
      always @ (ena or addr)
          begin
    ROM [0]=8'b0100_0001;  ROM [1]=8'b0100_0010;
    ROM [2]=8'b0100_0011;  ROM [3]=8'b0100_0100;
    ROM [4]=8'b0100_0101;  ROM [5]=8'b0100_0110;
    ROM [6]=8'b0100_0111;  ROM [7]=8'b0100_1000;
              if (ena)q='bzzzz_zzzz;       // ROM禁止工作
    else q=ROM [addr];                     //读操作
          end
endmodule
```

引用LPM宏单元库(storage)中参数化的RAM模块lpm_ram_dq可构成任意大小的RAM模块。

(1) 根据要实现的RAM的存储容量确定地址总线和数据总线的宽度。256×8 RAM块表示有256(=2^8)个存储字，每个存储字的位宽为8位，即地址总线和数据总线的宽度均为8位。

(2) 这里模块元件例化的端口对应采取的是信号名对应的方式，即模块端口名与实例端口名一一对应；也可以采取位置对应的方式，即略去模块端口名，在括号中只列出实例端口名，但注意实例端口名的排列顺序应同被调用模块的端口列表中的完全相同。

(3) 不管采用哪种方式，建议令实例端口名同被调用模块的端口名一致，这样直观、不易出错。

(4) 引用模块实例时，参数的传递方法之一是利用defparam定义参数声明语句。

```
defparam 实例化模块名.参数名 1= 常数表达式;
实例化模块名.参数名 2= 常数表达式, …;
```

defparam 语句在编译时可重新定义参数值。一般情况下其是不可综合的,通常用于测试文件中。

引用模块实例时,参数的传递方法之二是利用特殊符号("#"号)加参数的语法来重新定义参数。

```
被引用模块名 # (参数 1,参数 2,…)例化模块名(端口列表);
```

【例 9.4.4】 利用参数化的 RAM 模块 lpm_ram_dq 实现 256×8 RAM。

解:Verilog HDL 代码如下。

```
module ram256x8 (data, address, we, inclock, outclock, q);
      input [7:0]data;
      input [7:0]address;
      input we, inclock, outclock;
      output [7:0]q;
      lpm_ram_dq myram (.q (q),.data (data),.address (address),.we
                        (we),.inclock (inclock),.outclock (outclock));
    defparam myram.lpm_width=8;        //参数的传递,数据总线的宽度
    defparam myram.lpm_widthad=8;      //地址总线的宽度
endmodule
```

9.5 基于 PLD 的数字系统设计

可编程逻辑器件(Programmable Logic Device,PLD)是 20 世纪 70 年代发展起来的一种新型大规模集成电路,其逻辑功能可由用户编程指定,属于半用户定制集成电路。PLD 是构成数字系统的理想器件,在数字系统设计中被广泛使用。

9.5.1 PLD 概述

PLD 具有结构灵活、性能优越、设计简单、功能变更方便等特点。PLD 的发展和应用,不仅简化了数字系统设计过程、降低了系统的体积和成本、提高了系统的可靠性和保密性,而且使用户从被动地选用厂商提供的通用芯片发展到主动地投入到对芯片的设计和使用,从根本上改变了传统的设计方法,使各种逻辑功能的实现变得灵活、方便。PLD 的发展历程如图 9.5.1 所示。

1. PLD 的基本结构

PLD 的基本结构如图 9.5.2 所示,它由一个与阵列和一个或阵列组成,每个输出都是输入的与或函数。阵列中输入线和输出线的交点通过逻辑元件相连接。这些元件是接通还是

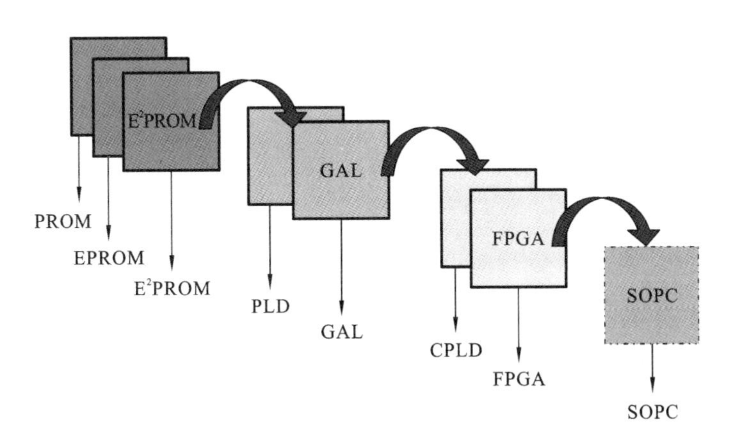

图 9.5.1　PLD 的发展历程

断开，可由厂家根据器件的结构特征决定或由用户根据要求编程决定。

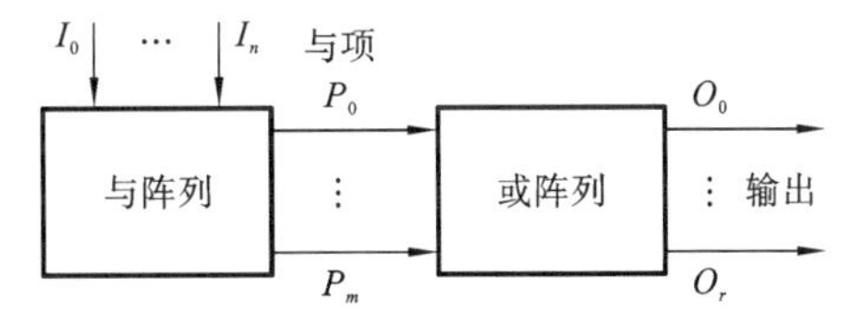

图 9.5.2　PLD 的基本结构

在图 9.5.2 中，与阵列的输入为外部输入变量，它们按一定的规律连接到各个与门的输入端，产生由输入变量构成的各种与项。这些与项作为或阵列的输入，在或阵列中按一定的要求连接到相应或门的输入端，在每个或门的输出端产生输入变量的与或函数表达式。

在上述基本结构的基础上，附加一些其他逻辑元件，如输入缓冲器、输出寄存器、内部反馈、输出宏单元等即可构成各种不同的 PLD 器件。

2. PLD 表示电路的方法

用逻辑电路的一般表示法很难描述 PLD 的内部电路，为了在芯片的内部配置和逻辑图之间建立一一对应关系，需要对描述 PLD 基本结构的有关逻辑符号和规则做某些约定。例如图 9.5.3(a)、(b)、(c)分别给出了与门、输入缓冲器及不同连线的表示方法。

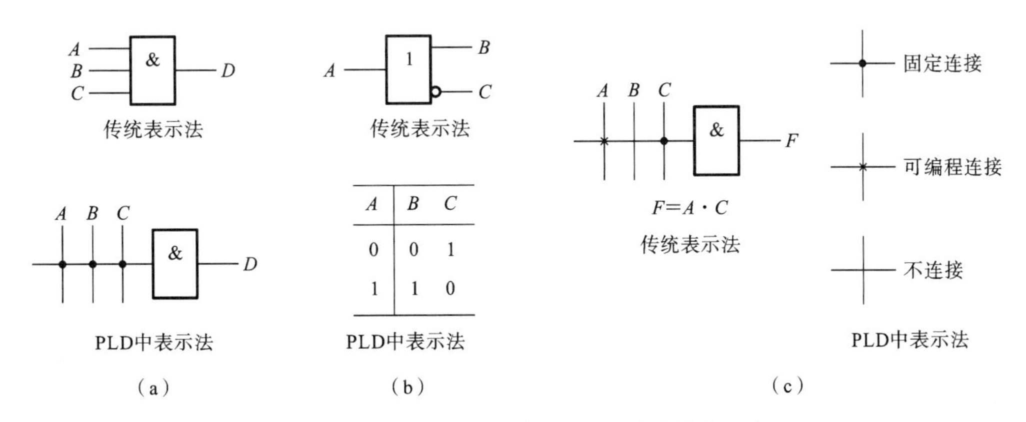

图 9.5.3　与门、输入级缓冲及不同连线的表示法

9.5.2 四类低密度 PLD 器件

可编程只读存储器、可编程逻辑阵列、可编程阵列逻辑和通用阵列逻辑均属于低密度可编程逻辑器件。下面分别介绍它们的结构及有关类型的器件在逻辑设计中的应用。

1. 可编程只读存储器

只读存储器在正常工作时只能读出，不能写入，一般用于保存固定不变的信息。ROM 的优点是断电后信息不会丢失，其属于非易失性存储器。只读存储器写入数据的过程称为编程。常用可编程只读存储器(PROM)的内容可以由用户根据需要在编程设备上写入，其属于可编程逻辑器件。

(1) PROM 的结构。

从存储器的角度，PROM 由地址译码器和存储体两大部分组成。PROM 是由一个固定连接的与门阵列和一个可编程连接的或门阵列组成的组合电路。例如一个 8×3 PROM 的逻辑结构图和阵列图如图 9.5.4 所示。

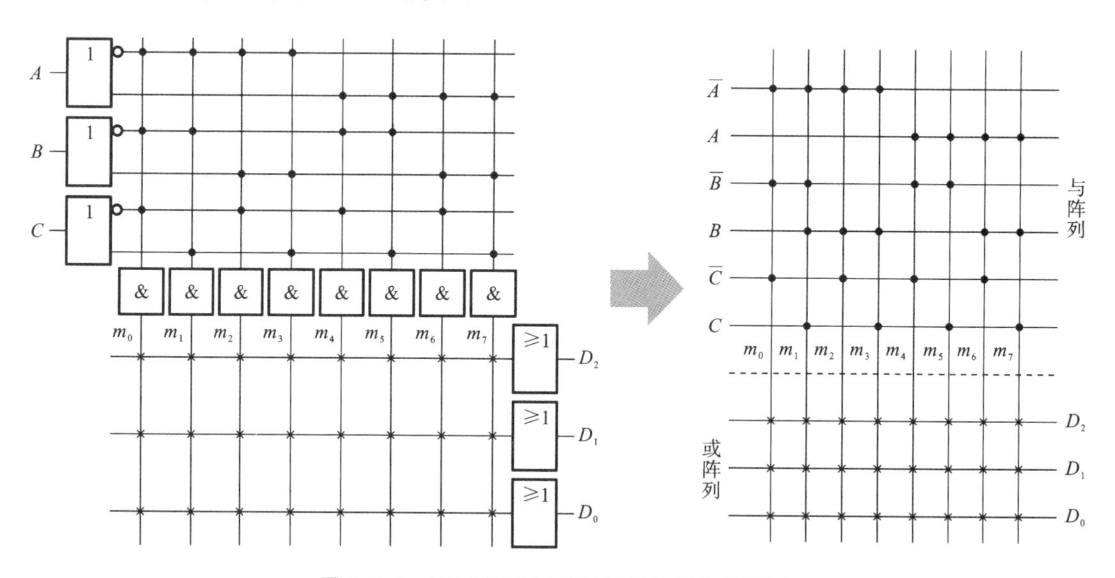

图 9.5.4 8×3 PROM 的逻辑结构图和阵列图

(2) PROM 在逻辑设计中的应用。

由于 PROM 是由一个固定连接的与阵列和一个可编程连接的或阵列组成的，因此，用户只要改变或阵列上连接点的数量和位置，就可以在输出端排列出输入变量的任何一种最小项的组合，实现不同的逻辑函数。因此，采用 PROM 进行逻辑设计时，只需要首先根据逻辑要求列出真值表，然后把真值表的输入作为 PROM 的输入，把要实现的逻辑函数用对 PROM 或阵列进行编程的代码来代替，画出相应的阵列图。下面以一个例子来进行说明。

【例 9.5.1】 利用 PROM 设计一个将 4 位二进制码转换为 Gray 码的逻辑电路。

解：设 4 位二进制码为 $B_3B_2B_1B_0$，4 位 Gray 码为 $G_3G_2G_1G_0$，可列出真值表如表 9.5.1 所示。

表 9.5.1　4 位二进制码与 Gray 码

二进制码	Gray 码	二进制码	Gray 码
$B_3\ B_2\ B_1\ B_0$	$G_3\ G_2\ G_1\ G_0$	$B_3\ B_2\ B_1\ B_0$	$G_3\ G_2\ G_1\ G_0$
0 0 0 0	0 0 0 0	1 0 0 0	1 1 0 0
0 0 0 1	0 0 0 1	1 0 0 1	1 1 0 1
0 0 1 0	0 0 1 1	1 0 1 0	1 1 1 1
0 0 1 1	0 0 1 0	1 0 1 1	1 1 1 0
0 1 0 0	0 1 1 0	1 1 0 0	1 0 1 0
0 1 0 1	0 1 1 1	1 1 0 1	1 0 1 1
0 1 1 0	0 1 0 1	1 1 1 0	1 0 0 1
0 1 1 1	0 1 0 0	1 1 1 1	1 0 0 0

选用容量为 $2^4 \times 4$ 的 PROM 实现给定功能。根据真值表画出的 PROM 的阵列图如图 9.5.5 所示。

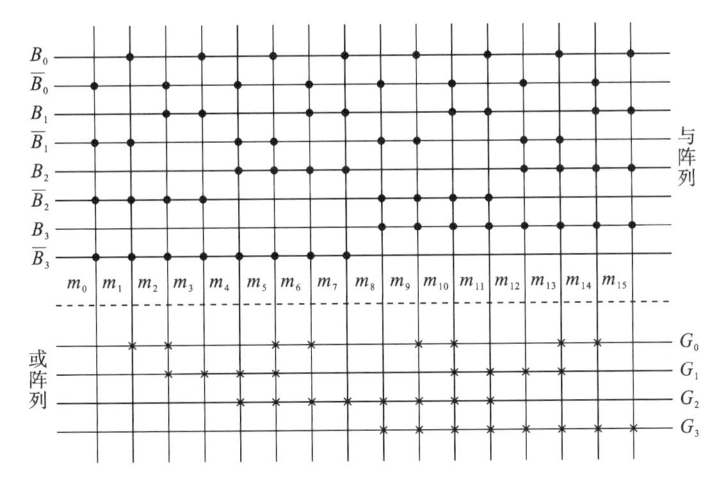

图 9.5.5　根据真值表画出的 PROM 的阵列图

2. 可编程逻辑阵列

从实现逻辑函数的角度看，PROM 的与阵列固定地产生 n 个输入变量的全部最小项。而对于大多数逻辑函数而言，并不需要使用全部最小项。因此，PROM 的与阵列未能获得充分利用而造成硬件浪费，使得芯片面积的利用率不高。为此，在 PROM 的基础上出现了另一种可编程逻辑器件，即可编程逻辑阵列(Programmable Logic Array，PLA)。

(1) PLA 的逻辑结构。

PLA 的逻辑结构与 PROM 的类似，它也由一个与阵列和一个或阵列构成，不同的是，它的与阵列和或阵列都是可编程的。而且，n 个输入变量的与阵列不再产生 $2n$ 个与项，而是有 p 个与门就可产生 p 个与项，每个与项与哪些变量相关可由程序决定。可通过编程令或阵列与其需要的与项相或，形成逻辑函数的与-或表达式。一般 PLA 实现的是函数的最简与-或表达式。图 9.5.6(a)给出了一个有 3 个输入变量、可提供 6 个与项、有 3 个输出变量的 PLA 逻辑结构图,其相应阵列图如图 9.5.6(b)所示。

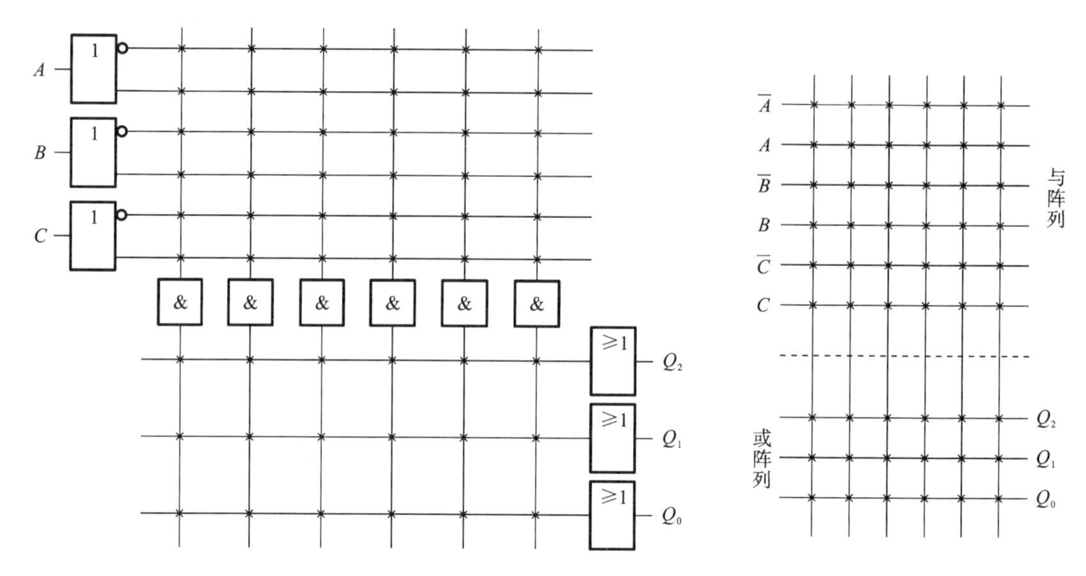

图 9.5.6 容量为 3-6-3 的 PLA 的逻辑结构图和阵列图

PLA 的存储容量不仅与输入变量个数和输出端个数有关,而且还和它的与项数(即与门数)有关,其存储容量用输入变量数(n)、与项数(p)、输出变量数(m)来表示。图 9.5.6 所示的 PLA 的容量为 3-6-3。其他常见的 PLA 器件的容量有 16-48-8 和 14-96-8 等。

(2) PLA 在逻辑设计中的应用。

采用 PLA 可以很方便地实现逻辑函数的功能。一般应首先求出函数的最简与-或表达式,然后再画出阵列逻辑图。

【例 9.5.2】 用 PLA 设计一个将一位十进制数的 8421 码转换成余 3 码的逻辑电路。

解:用 $ABCD$ 表示 8421 码的各位,用 $WXYZ$ 表示余 3 码的各位,可列出转换电路的真值表,如表 9.5.2 所示。

表 9.5.2 8421 码转余 3 码的真值表

$A\ B\ C\ D$	$W\ X\ Y\ Z$	$A\ B\ C\ D$	$W\ X\ Y\ Z$
0 0 0 0	0 0 1 1	1 0 0 0	1 0 1 1
0 0 0 1	0 1 0 0	1 0 0 1	1 1 0 0
0 0 1 0	0 1 0 1	1 0 1 0	d d d d
0 0 1 1	0 1 1 0	1 0 1 1	d d d d
0 1 0 0	0 1 1 1	1 1 0 0	d d d d
0 1 0 1	1 0 0 0	1 1 0 1	d d d d
0 1 1 0	1 0 0 1	1 1 1 0	d d d d
0 1 1 1	1 0 1 0	1 1 1 1	d d d d

根据真值表写出函数表达式,并用多输出函数化简法、卡诺图进行化简,可得到最简与-

或表达式如下：

$$W=A+BC+BD$$

$$X=\overline{B}C+\overline{B}D+B\overline{C}\overline{D}$$

$$Y=CD+\overline{C}\overline{D}$$

$$Z=\overline{D}$$

输出函数包含了 9 个不同的与项，所以，该代码转换电路可用一个容量为 4-9-4 的 PLA 实现，其阵列图如图 9.5.7 所示。

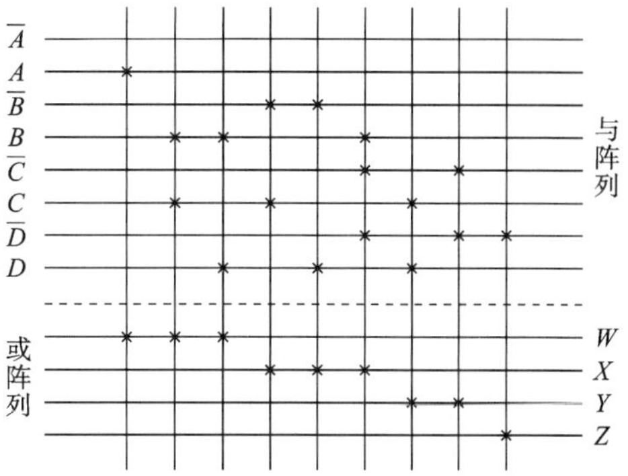

图 9.5.7　【例 9.5.2】PLA 阵列图

3. 可编程阵列逻辑

可编程阵列逻辑(Programmable Array Logic，PAL)是在 PROM 和 PLA 的基础上发展起来的一种可编程逻辑器件。相对于 PROM 而言，其使用更灵活，且易于完成多种逻辑功能，同时它又比 PLA 的工艺简单。

可编程阵列逻辑是一种与阵列可编程、或阵列固定的逻辑器件。图 9.5.8(a)给出了一个三输入三输出 PAL 的逻辑结构图，通常将其表示成图 9.5.8(b)所示的形式。

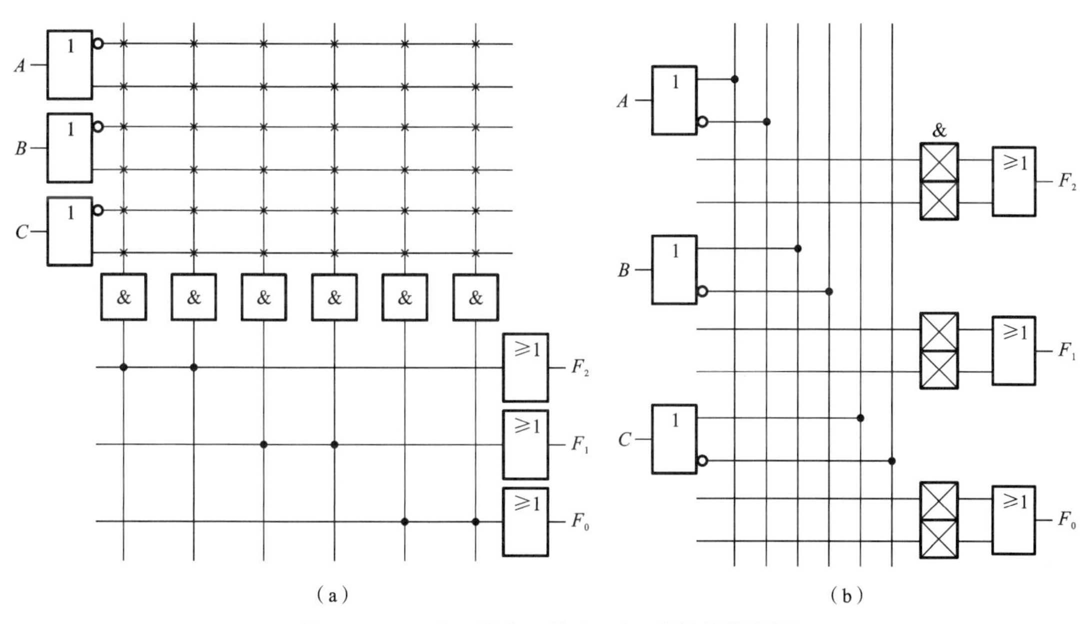

图 9.5.8　一个三输入三输出 PAL 的逻辑结构图

PAL 的基本逻辑结构是一个可编程的与门阵列和一个固定连接的或门阵列。按照输出和反馈结构，其通常可分为 5 种基本类型。

(1) 专用输出的基本门阵列结构。

这种结构类型适用于实现组合逻辑函数。常见产品有 PAL10H8(10 个输入，8 个输出，输出高电平有效)、PAL12L6(12 个输入，6 个输出，输出低电平有效)等。

(2) 带反馈的可编程 I/O 结构。

带反馈的可编程 I/O 结构通常又称为异步可编程 I/O 结构。常见产品有 PAL16L8(10 个输入，8 个输出，6 个反馈输入)、PAL20L10(12 个输入，10 个输出，8 个反馈输入)等。

(3) 带反馈的寄存器输出结构。

带反馈的寄存器输出结构使 PAL 构成了典型的时序网络结构,典型产品为 PAL16R8(8 个输入,8 个寄存器输出,8 个反馈输入,1 个公共时钟,1 个公共选通)。

(4) 增加异或、带反馈的寄存器输出结构。

这种结构在带反馈寄存器输出结构的基础上增加了一个异或门,典型产品为 PAL16RP8(8 个输入,8 个寄存器输出,8 个反馈输入)。

(5) 算术反馈选通结构。

算术 PAL 在综合了前几种 PAL 结构特点的基础上,增加了反馈选通电路,使之能实现多种算术运算功能。算术 PAL 的典型产品有 PAL16A4(8 个输入,4 个寄存器输出,4 个可编程 I/O 输出,4 个反馈输入,4 个算术选通反馈输入)。

4. 通用阵列逻辑

通用阵列逻辑(Generic Array Logic,GAL)是 1985 年由美国 LATTICE 公司开发并商品化的一种新的 PLD 器件。它是在 PAL 器件的基础上综合了 EEPROM 和 CMOS 技术发展起来的一种新型产品。GAL 器件具有 PAL 器件所没有的可反复擦除重新编程、具有结构可组态的特点,这使 GAL 具有可测试性和高可靠性,且具有更高的灵活性。

GAL 的基本结构与 PAL 的相类似,它也用一个可编程的与阵列去驱动一个固定连接的或阵列,GAL 与 PAL 的输出部件结构不同。GAL 在每一个输出端都集成有一个输出逻辑宏单元(Output Logic Macro Cell,OLMC),允许使用者定义每个输出的结构和功能。典型器件有 GAL16V8。

GAL16V8 芯片是具有 8 个固定输入引脚(最多可达 16 个输入引脚)、8 个输出引脚,输出可编程的一种 GAL 器件,其逻辑结构图如图 9.5.9 所示。

由图 9.5.9 可知,它由 8 个输入缓冲器、8 个反馈输入缓冲器、8 个输出逻辑宏单元 OLMC、8 个输出三态缓冲器、与阵列和系统时钟、输出选通信号等组成。其中,与阵列包含 32 列和 64 行,32 列表示 8 个输入的原变量和反变量及 8 个输出反馈信号的原变量和反变量,64 行表示与阵列可产生 64 个与项(8 个输出,每个输出包括 8 个与项)。

(1) 输出逻辑宏单元 OLMC。

OLMC 的逻辑结构图如图 9.5.10 所示。它由一个 8 输入或门、极性选择异或门、D 触发器、4 个多路选择器等组成。

图 9.5.10 中,只要恰当地给出各控制信号的值,就能形成 OLMC 的不同组态。OLMC 给设计者提供了最大的灵活性。具体各控制信号的值是由 GAL 结构控制字中的相应可编程位的状态决定的。

(2) 结构控制字。

图 9.5.11 所示的是 GAL16V8 的控制字结构图,通过控制字可以构成各种功能的组合状态。图 9.5.11 中,XOR(n)和 $AC_1(n)$字段下面的数字分别对应器件的输出引脚号,指相应引脚号对应的宏单元。

通过编程结构控制字中的 SYN、AC_0 和 $AC_1(n)$,输出逻辑宏单元 OLMC(n)可以组成以下 5 种组态。

① 专用输入方式($SYN \cdot AC_0 \cdot AC_1(n)=101$)。

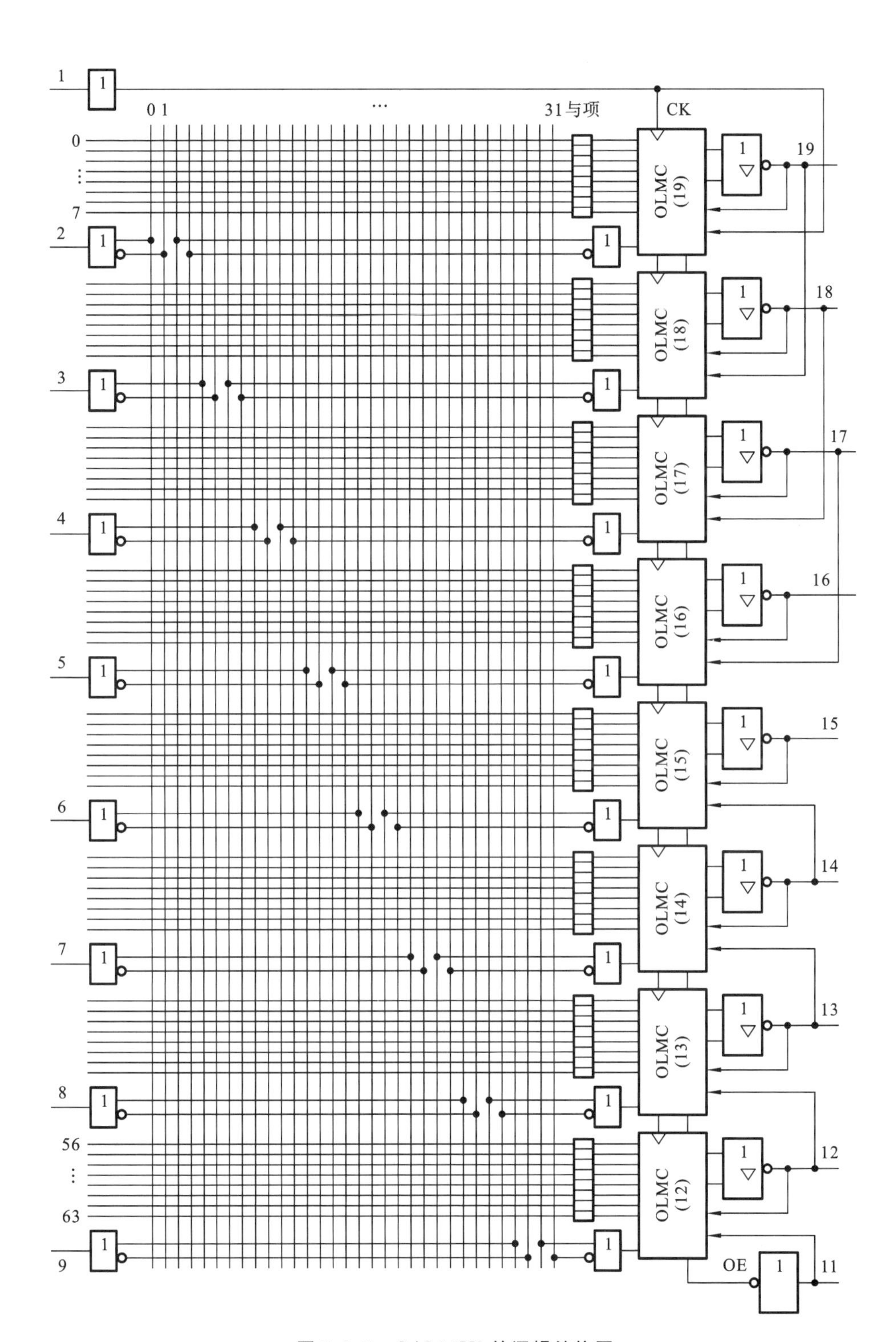

图 9.5.9　GAL16V8 的逻辑结构图

② 专用组合型输出方式(SYN · AC_0 · $AC_1(n)$=100)。

③ 组合型输出方式(SYN · AC_0 · $AC_1(n)$=111)。

④ 寄存器型器件中的组合逻辑输出方式(SYN · AC_0 · $AC_1(n)$=011)。

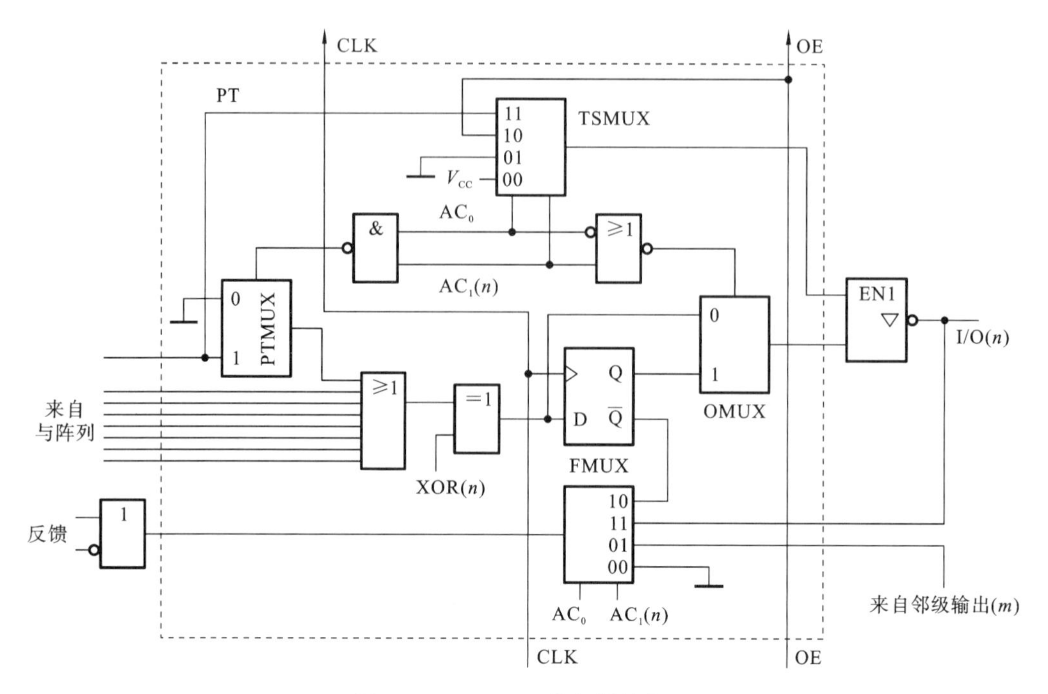

图 9.5.10　OLMC 的逻辑结构图

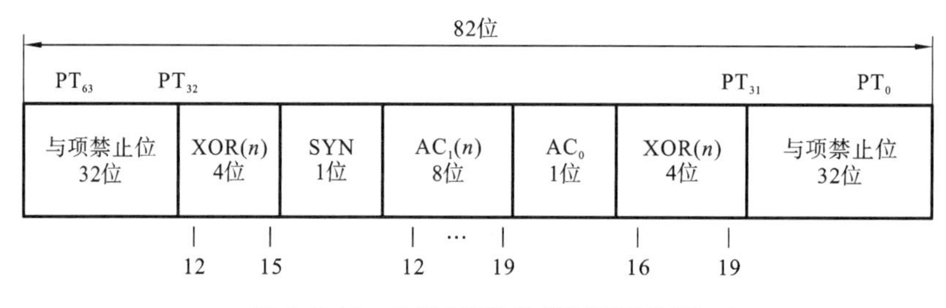

图 9.5.11　GAL16V8 的控制字结构图

⑤ 寄存器型输出方式($SYN \cdot AC_0 \cdot AC_1(n)=010$)。

上述 OLMC 组态的实现是由开发软件和硬件完成的。开发软件将选择与配制控制字的所有位,并自动检查各引线的用法。

(3) 行地址布局。

GAL 器件的可编程阵列包括门阵列、结构控制字、保密位及整体擦除位等。对其进行编程时是由行地址进行映射的。GAL16V8 的行地址布局如图 9.5.12 所示。

9.5.3　复杂可编程逻辑器件

CPLD(Complex Programmable Logic Device)是 Complex PLD 的简称,其为复杂可编程逻辑器件。前面介绍了四种常见的低密度 PLD,随着微电子技术的发展和应用上的需求,简单的低密度 PLD 在性能方面难以满足要求,因此集成度更高、功能更强的 CPLD 迅速发展起来。早期的 CPLD 大多采用 EPROM 编程技术,其编程过程与简单 PLD 的一样,每次编程需要在专用或通用设备上进行。后来采用了 E^2PROM 和快闪存储器技术,这使 CPLD

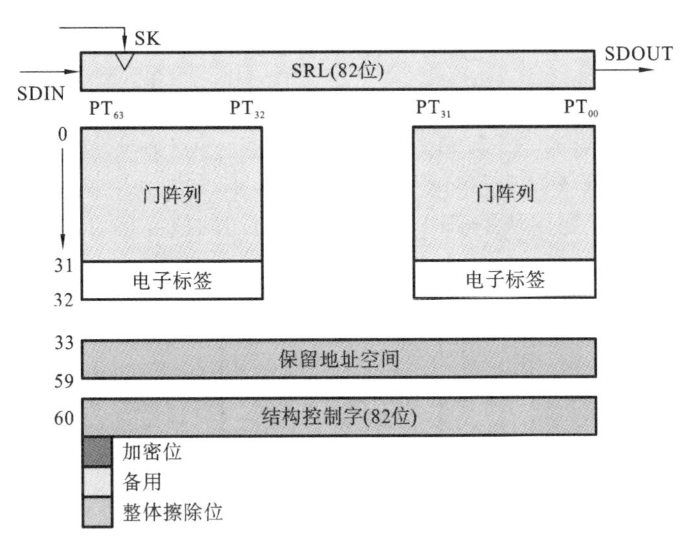

图 9.5.12　GAL16V8 的行地址布局

具备了在线系统编程(In System Programmability,ISP)的特性。

在系统可编程是指没有编程的 ISP 器件可以直接焊接在印制电路板上,然后通过计算机的数据传输端口和专用的编程电缆对焊接在电路板上的 ISP 器件直接进行多次编程,可使器件具有所需要的逻辑功能。这种编程不需要使用专用的编程器,因为已将原来属于编程器的编程电路和升压电路集成在 ISP 器件内部。ISP 技术使得调试过程中不需要反复拔插芯片,从而不会产生引脚弯曲变形现象,提高了可靠性,而且可以随时对焊接在电路板上的 ISP 器件的逻辑功能进行修改,从而加快了数字系统的调试过程。目前,ISP 已成为系统在线远程升级的技术手段。

与简单 PLD(PAL、GAL 等)相比,CPLD 的集成度更高,其具有的输入变量、乘积项和宏单元更多。一般 CPLD 的结构框图如图 9.5.13 所示。

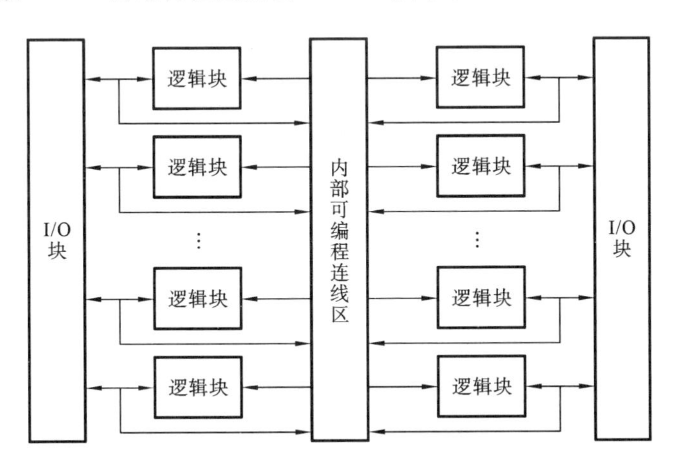

图 9.5.13　CPLD 的结构框图

图 9.5.13 中,逻辑块相当于一个 GAL 器件,CPLD 中有多个逻辑块,这些逻辑块之间可以使用可编程内部连线实现相互连接。为了增强对 I/O 的控制能力,提高引脚的适应性,

CPLD 中还增加了 I/O 控制块。每个 I/O 块中有若干个 I/O 单元。下面对各个模块作简要的介绍。

1. 逻辑块

逻辑块是 CPLD 实现逻辑功能的核心模块，其由与-或阵列和触发器组成，可以实现任何组合或时序逻辑函数。逻辑块是 CPLD 实现逻辑功能的核心模块。CPLD 逻辑块的构成如图 9.5.14 所示。

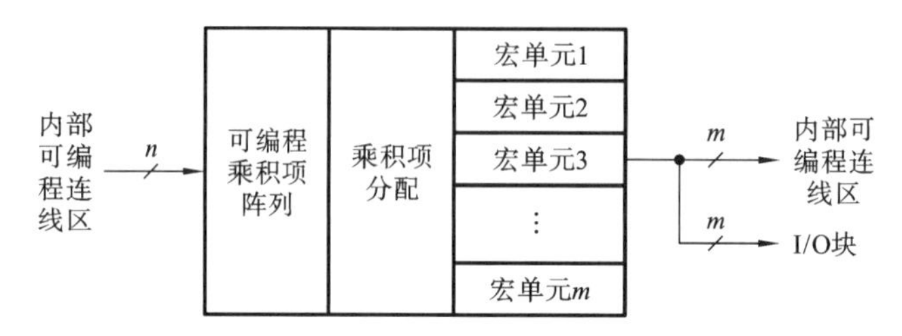

图 9.5.14 CPLD 逻辑块的构成

逻辑块主要由可编程乘积项阵列(即与阵列)、乘积项分配、宏单元三部分组成。对于不同厂商、不同型号的 CPLD，逻辑块中乘积项的输入变量个数 n 和宏单元个数 m 不完全相同。例如，Xilinx 公司的 XC9500 系列中，乘积项输入变量有 36 个，宏单元有 18 个。Altera 公司的 MAX7000 系列中，乘积项输入变量有 36 个，宏单元有 16 个。

(1) 可编程乘积项阵列。

逻辑块中的可编程乘积项阵列与 GAL 中的相似，只是规模上有所差别。

此处，乘积项阵列有 n 个输入，可以产生 n 变量的乘积项。一般一个宏单元对应 5 个乘积项。这样，在逻辑块中共有 $5\times n$ 个乘积项。例如，XC9500 系列的逻辑块中有 90 个 36 变量乘积项，MAX7000 系列的逻辑块中有 80 个 36 变量乘积项。

(2) 乘积项分配。

乘积项分配电路是由可编程的数据选择器和数据分配器构成的。在 GAL 中一个宏单元对应的乘积项是固定的，而在 CPLD 的逻辑块中并不是这样。这里，乘积项阵列中的任何一个乘积项都可以通过可编程的乘积项分配电路分配到任意一个宏单元中，从而增强逻辑功能实现的灵活性。在 XC9500 系列 CPLD 中，理论上可以将 90 个乘积项组合到一个宏单元中，产生 90 个乘积项的与-或式，但此时其余 17 个宏单元将不能使用乘积项了。在 Altera 公司生产的 CPLD 中还有乘积项共享电路，使得同一个乘积项可以被多个宏单元同时使用。

(3) 宏单元。

此处的宏单元与 GAL 中的类似，其中包含一个或门、一个触发器和一些可编程的数据选择器及控制门。或门用来实现与-或阵列的或运算。通过对宏单元编程可实现组合逻辑输出、寄存器输出、清零、置位等工作方式。宏单元的输出不仅送至 I/O 单元，还送到内部可编程连线区，以被其他逻辑块使用。

2. 可编程内部连线

内部可编程连线纵横交错地分布在 CPLD 中，其作用是实现逻辑块与逻辑块之间、逻辑块与 I/O 块之间，以及全局信号到逻辑块和 I/O 块之间的连接。连线区的可编程连接也是基于 E^2CMOS 单元编程实现的。

不同制造商对可编程内部连线区的称呼也不同，Xilinx 公司的称为 Switch Matrix（开关矩阵），Altera 公司的称为 PIA（Programmable Interconnect Array），Lattice 公司的称为 GRP（Global Routing Pool）。当然，它们之间存在一定的差别，但所承担的任务是相同的。这些连线的编程工作是由开发软件的布线程序自动完成的。

3. I/O 单元

I/O 单元是 CPLD 外部封装引脚和内部逻辑间的接口。每个 I/O 单元对应一个封装引脚，通过对 I/O 单元中的可编程单元进行编程，可将引脚定义为输入、输出和双向功能。CPLD 的 I/O 单元简化原理框图如图 9.5.15 所示。

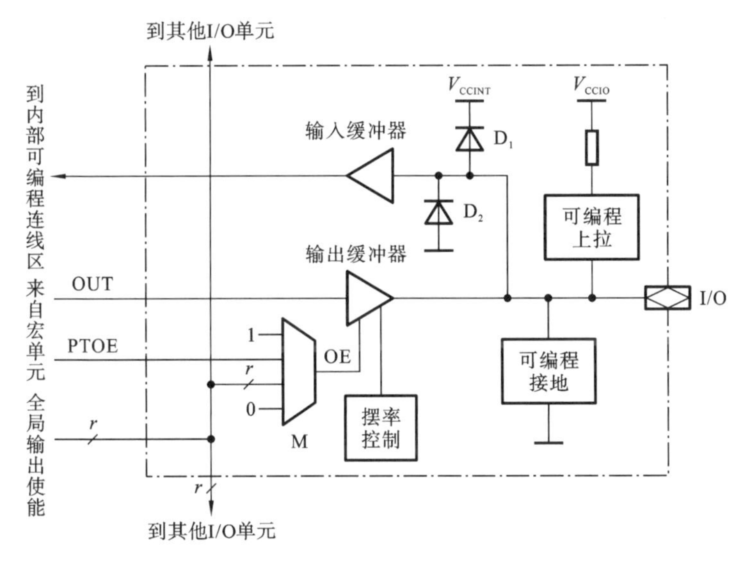

图 9.5.15　CPLD 的 I/O 单元简化原理框图

在图 9.5.15 中，I/O 单元中有输入和输出两条信号通路。当 I/O 引脚作输出时，三态输出缓冲器的输入信号来自宏单元，其使能控制信号 OE 由可编程数据选择器 M 选择其来源。其中，全局输出使能控制信号有多个，对于不同型号的器件，该数量不同（XC9500 系列中，$r=4$；MAX7000 系列中，$r=6$）。

当 OE 为低电平时，输出缓冲器为高阻，I/O 引脚可用作输入，引脚上的输入信号经过输入缓冲器送至内部可编程连线区。图 9.5.15 中的 D_1 和 D_2 是钳位二极管，用于 I/O 引脚的保护。另外，通过编程可以使 I/O 引脚接上拉电阻或接地，也可以控制输出摆率（转换速率 SR）。

快速方式可适应频率较高的信号输出，慢速方式则可减小功耗和降低噪声。V_{CCINT} 是器件内部逻辑电路的工作电压（也称为核心工作电压，Core Voltage），而 V_{CCIO} 的引入，可以使 I/O 引脚兼容多种电源系统。与后面将要介绍的 FPGA 相比，尽管 CPLD 在电路规模和灵活性方面不如 FPGA，但是它的可加密性和传输延时预知性，使得其仍广泛应用于数字系统设计中。

目前，各大生产厂商仍不断地开发出集成度更高、速度更快、功耗更低的 CPLD 新产品，核心工作电压可以低到 1.8 V。

9.5.4　现场可编程门阵列

现场可编程门阵列(Field Programmable Gate Array，FPGA)是另一种可以实现更大规模逻辑电路的可编程器件。它不是像 CPLD 那样采用可编程的与-或阵列来实现逻辑函数，而是采用查找表(LUT)来实现逻辑函数。这种逻辑函数的实现原理避开了与-或阵列结构规模上的限制，使 FPGA 中可以包含数量众多的 LUT 和触发器，从而能够实现更大规模、更复杂的逻辑电路。FPGA 的编程机理也不同于 CPLD 的，它不是基于 E^2PROM 或快闪存储器编程技术的，而是采用 SRAM 实现电路编程。随着生产工艺的进步，FPGA 的功能越来越多，性价比越来越高，目前已成为数字系统设计的首选器件之一。

1. FPGA 两个最基本的单元

组合逻辑及时序逻辑是组成 FPGA 的两个最基本的单元，组合逻辑部分一般采用查找表的形式，时序逻辑部分一般采用触发器(Flip-Flop，FF)的形式。下面分别对这两个部分进行介绍。

(1) 组合逻辑的基本单元。

任何一个组合逻辑都可以表示成真值表的形式(逻辑输入对应逻辑输出)，也就是任意的真值表所反映的内容都能由组合逻辑实现，查找表就能完成这个任务。可用查找表实现组合逻辑，如图 9.5.16 所示。

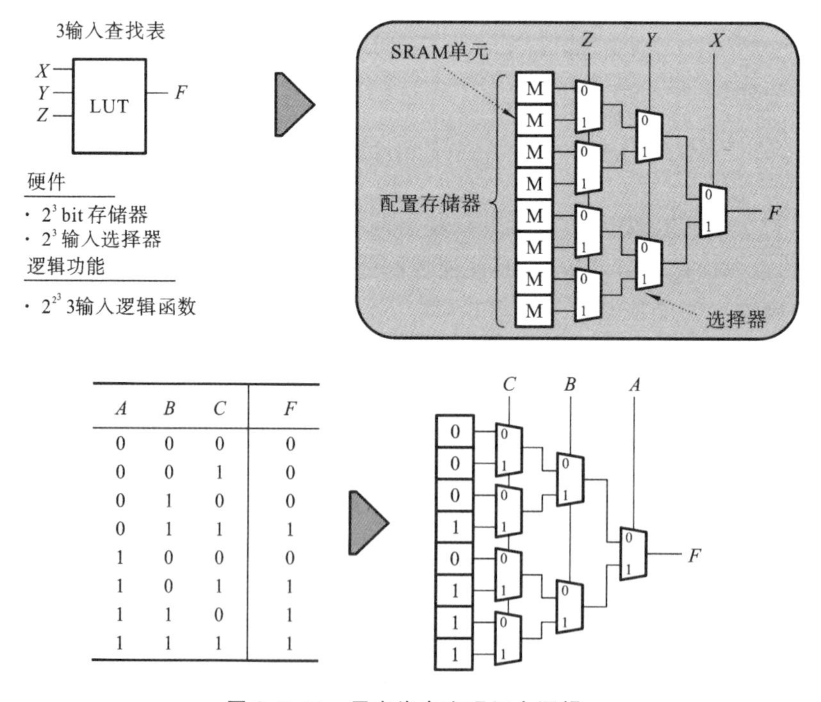

A	B	C	F
0	0	0	0
0	0	1	0
0	1	0	0
0	1	1	1
1	0	0	0
1	0	1	1
1	1	0	1
1	1	1	1

图 9.5.16　用查找表实现组合逻辑

图 9.5.16 中给出了一个 3 输入的查找表，可以实现任意 3 输入的逻辑函数。一般 k 输入的查找表由 2^k 个 SRAM 单元和一个 2^k 输入的数据选择器组成，可以实现 2^{2^k} 种逻辑函数。例如，$k=2$ 时为 16 种，$k=3$ 时为 256 种，$k=4$ 时为 65536 种。图 9.5.16 中还给出了 $AB+AC+BC$ 的一个逻辑示例，使用查找表时需要先根据查找表的输入对真值表进行转换，然后将数值栏（F 栏）直接写入配置内存。当所要实现的逻辑函数的输入数比查找表的输入数多时，可以联合使用多个查找表来完成。

(2) 时序逻辑的基本单元。

时序逻辑的基本单元采用 D 触发器，这种触发器是一种在时钟的上升沿（或下降沿）将输入信号的变化传送至输出的边沿触发器。回顾一下 D-FF 的原理，建立时间与保持时间的概念。D 触发器的逻辑符号和真值表如图 9.5.17 所示。

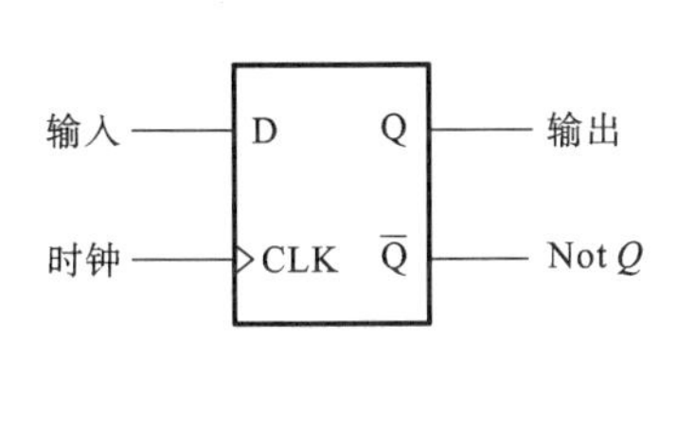

D	CLK	Q	$\overline{Q}$
X	L	Q_n	$\overline{Q_n}$
L	↑	L	H
H	↑	H	L
X	H	Q_n	$\overline{Q_n}$
X	↓	Q_n	$\overline{Q_n}$

X:任意高电平(H)或低电平(L)

↑：L→H（上升沿）

↓：H→L（下降沿）

图 9.5.17　D 触发器的逻辑符号和真值表

从图 9.5.17 所示的 D 触发器的真值表中可以看出，只有在上升沿出现时会产生输入到输出的通路，剩下的时间内，输出均保持不变。D 触发器的原理图和时序图如图 9.5.18 所示。

当 CLK=0 时，主锁存器工作，将输入信号从 D 端保存进来，输出信号 Q 不变；当 CLK=1 时，从锁存器工作，将主锁存器保存的信号输出到 Q 端，输入信号被隔断，因此不发生变化。由于这个过程中的传输门的工作不是完全理想的，因此就需要建立时间与保持时间。

建立时间（setup-time）：CLK=0 时，由于门的传输延时，输入信号没有稳定地保存到主锁存器中，那么当 CLK 从 0 变到 1，输入关闭，输出打开时，主锁存器就只能给输出端口提供一个不稳定的信号。为了避免这种情况的发生，需要输入信号在上升沿到来前就已经稳定。

保持时间（hold-time）：当 CLK 从 0 变到 1 时，由于门的传输延时，门不可能立刻关闭，如果此时发生输入信号的变化，那当门关闭后实际保存的信号就可能是变化后的信号（相当于下一时刻的信号将我们需要的当前信号覆盖了）。为了避免这种情况的发生，需要输入信号在上升沿到来后保持一段时间的稳定。

2. FPGA 的结构

FPGA 的结构如图 9.5.19 所示。

下面对几个重要部分作介绍。

(1) 逻辑块的结构。

大部分逻辑块的基本要素都包含基本逻辑单元（Basic Logic Element，BLE）。BLE 由

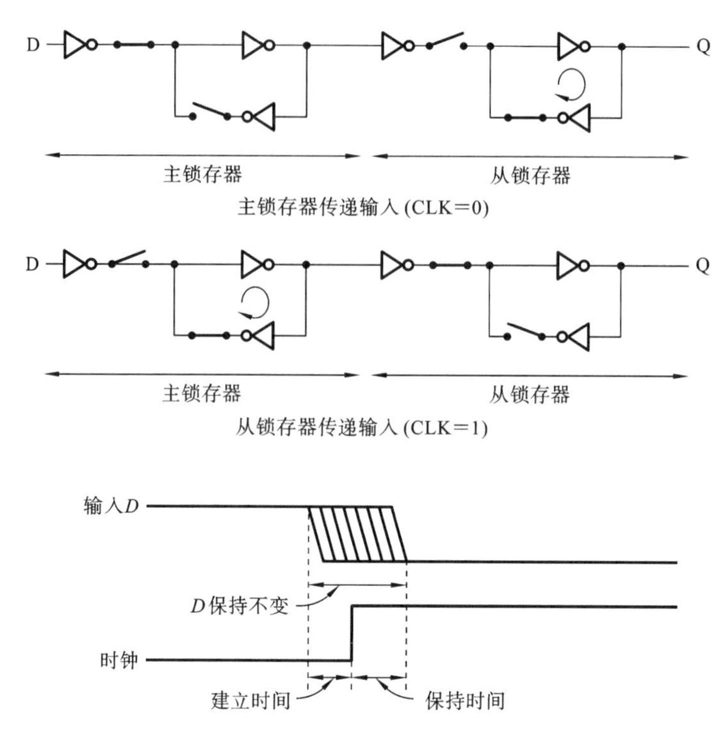

图 9.5.18　D 触发器的原理图和时序图

实现组合电路的查找表，实现时序电路的触发器，以及数据选择器构成。数据选择器在存储单元 M_0 的控制下决定直接输出查找表的值还是输出 FF 中存储的值，如图 9.5.20 所示。

为了提高算术运算电路的性能，FPGA 逻辑块中还包含专用的进位电路，如图 9.5.21 所示。

图 9.5.21(a)中，两个全加器(Full Adder，FA)为专用进位逻辑，FA_0 的进位输入(carry_in)连接相邻逻辑块的进位输出(carry_out)。这条路径称为高速进位链，可以为多位算术运算提供高速的进位信号传输。图 9.5.21(c)所示的是 Xilinx 公司 FPGA 的专用进位逻辑，Xilinx 没有设计专用的全加器电路，而是将查找表和进位生成电路组合来实现加法。为了在不增加查找表输入数的前提下提高逻辑块的功能性，设计了逻辑簇结构，如图 9.5.22 所示。

逻辑簇的最大优势就是在提高逻辑块功能性的同时又不会大幅影响 FPGA 的整体面积。查找表的面积会随着输入 k 的增大呈指数级增长，而增加逻辑簇中可编程逻辑单元的数量 N，逻辑块的面积只按二次函数增长。

(2) I/O 块的结构。

I/O 块放置在芯片的外围。FPGA 的 I/O 口除了固定用途的电源、时钟等专用引脚外，还有用户可以配置的用户 I/O。I/O 块具有输入/输出缓冲、输出驱动、信号方向控制、高阻抗控制等功能，可以使输入/输出信号能在 FPGA 阵列内的逻辑块和 I/O 块内按指定方式传输。I/O 块里还有触发器，可以锁存输入/输出信号。很多 FPGA 还具有应对高速通信的差分信号(Low Voltage Difference Signaling，LVDS)的功能等。

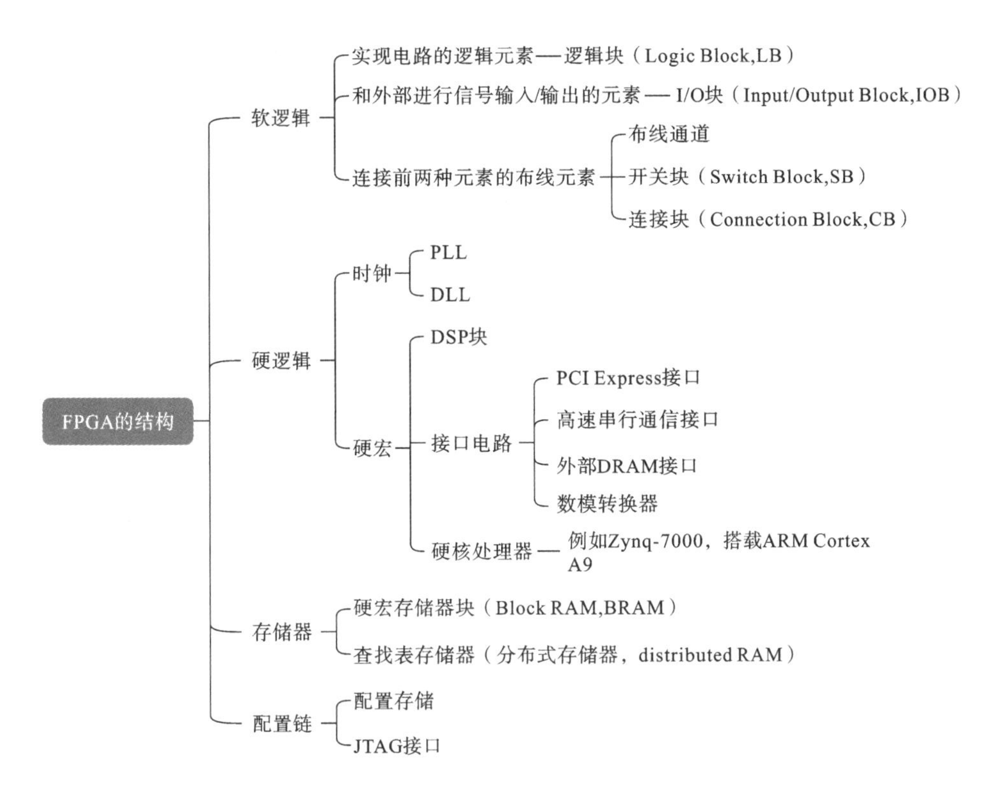

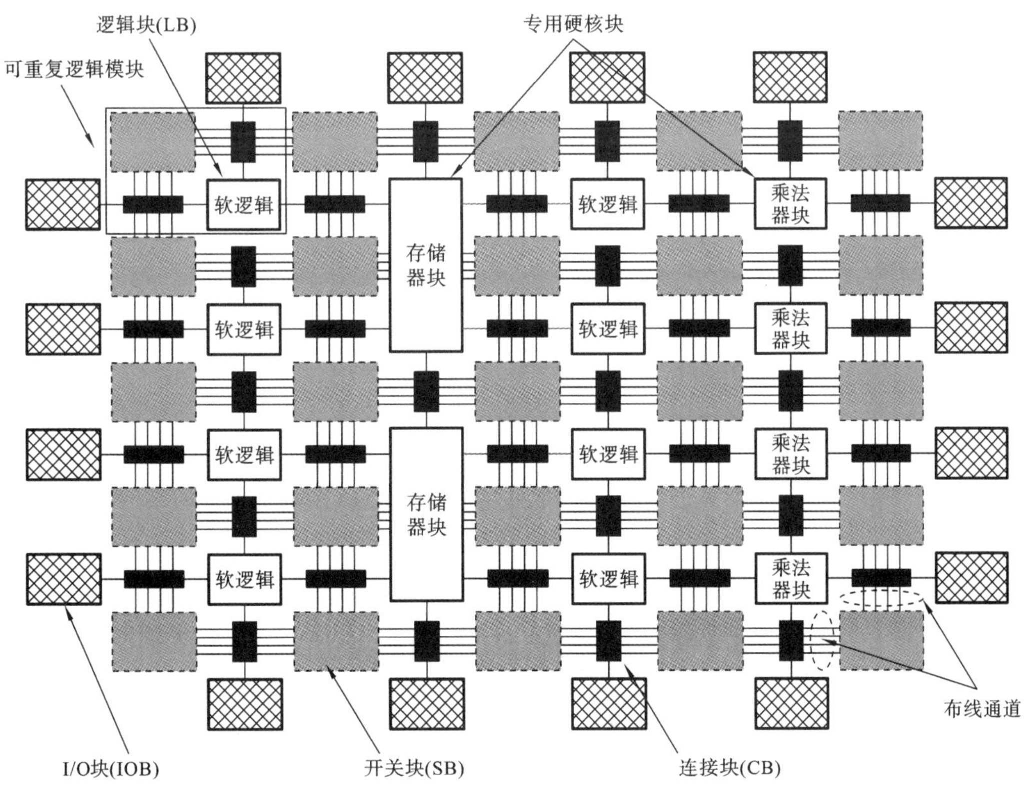

图 9.5.19　FPGA 的一般结构

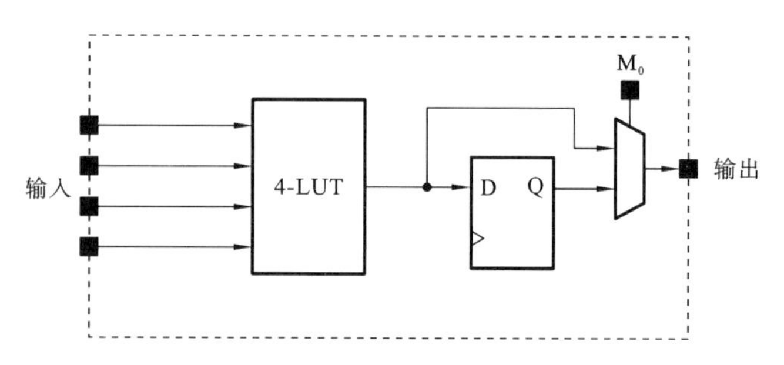

图 9.5.20 基本逻辑单元结构图

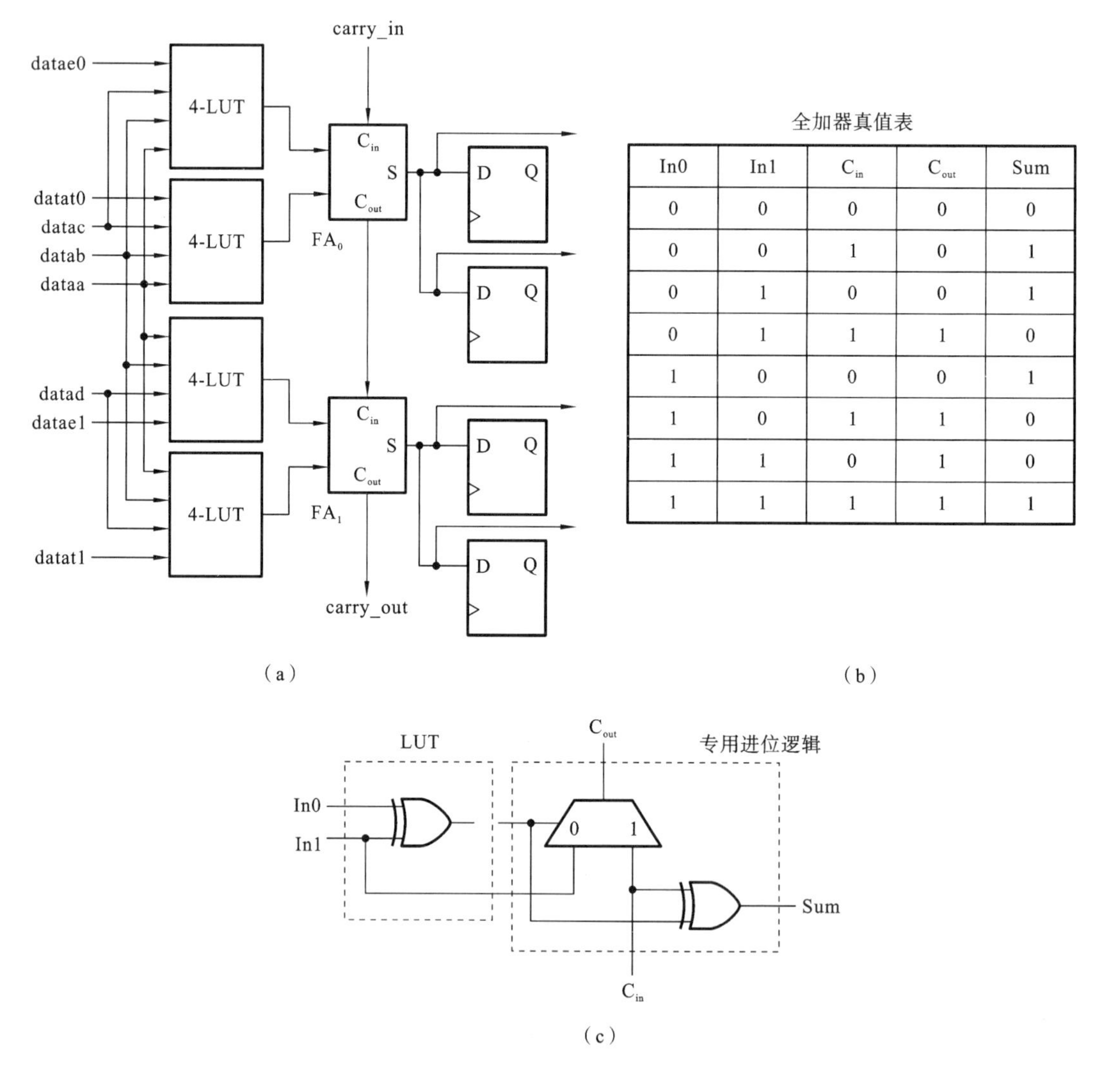

全加器真值表

In0	In1	C_{in}	C_{out}	Sum
0	0	0	0	0
0	0	1	0	1
0	1	0	0	1
0	1	1	1	0
1	0	0	0	1
1	0	1	1	0
1	1	0	1	0
1	1	1	1	1

图 9.5.21 FPGA 逻辑块中的进位电路

(3) 布线结构。

FPGA 的布线结构,如图 9.5.23 所示。

连接块(CB)连接逻辑块和布线通道,分为输入连接块和输出连接块两种,纵向和横向

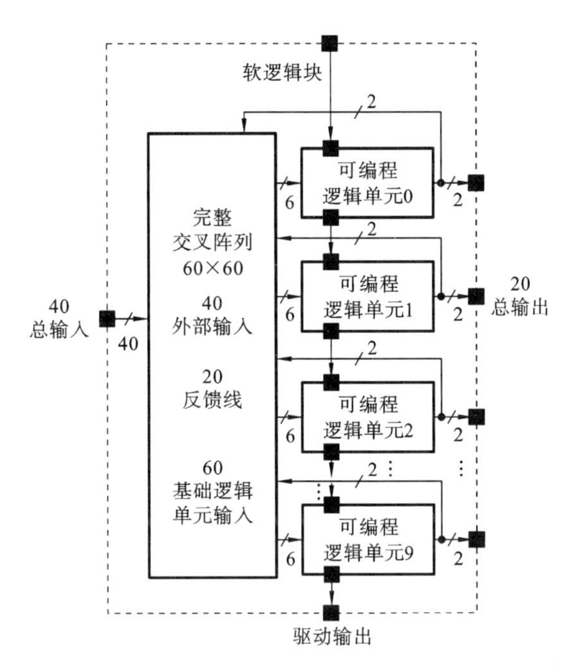

图 9.5.22　逻辑簇结构

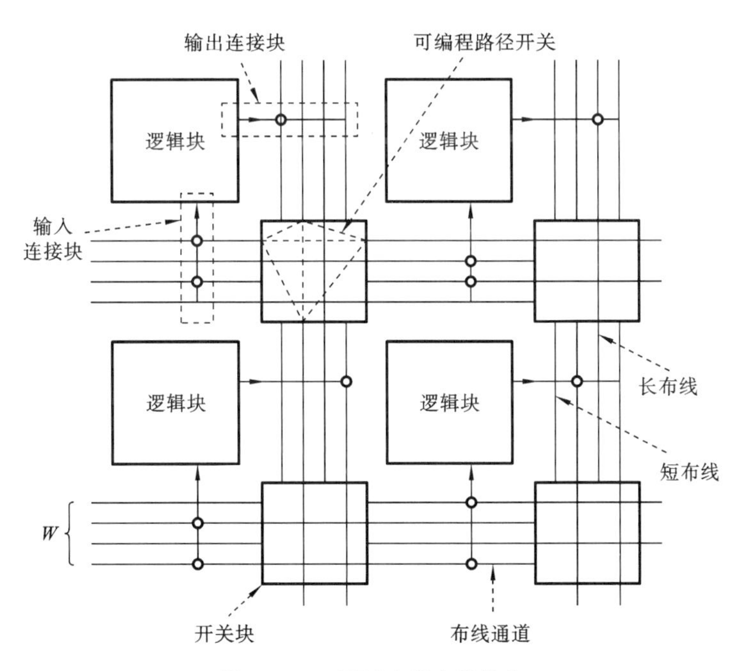

图 9.5.23　FPGA 的布线结构

布线通道的交叉处有开关块(SB)。

① 开关块。

开关块位于横向和纵向布线通道的交叉处,通过可编程开关来控制布线路径。不相交型开关块的拓扑图如图 9.5.24 所示,白色圆点相连的部分有可编程开关,T_0、R_0、B_0、L_0 这四个端口之间可以相互连接,其余类似。

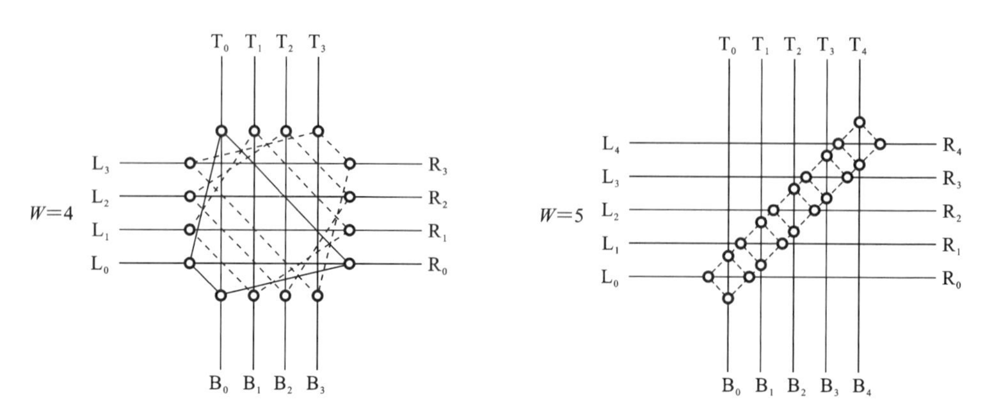

图 9.5.24　不相交型开关块的拓扑图

② 连接块。

连接块也由可编程开关构成，其功能是连接布线通道和逻辑块的输入/输出。需要注意的是，单纯采用全交叉开关矩阵来实现，连接块的面积就会非常大，因此一般使用节省掉一些开关的稀疏矩阵来实现。图 9.5.25 中的连接块由单向线组成，包括 14 根正向连线，14 根反向连线，以及 6 个逻辑块的输入。

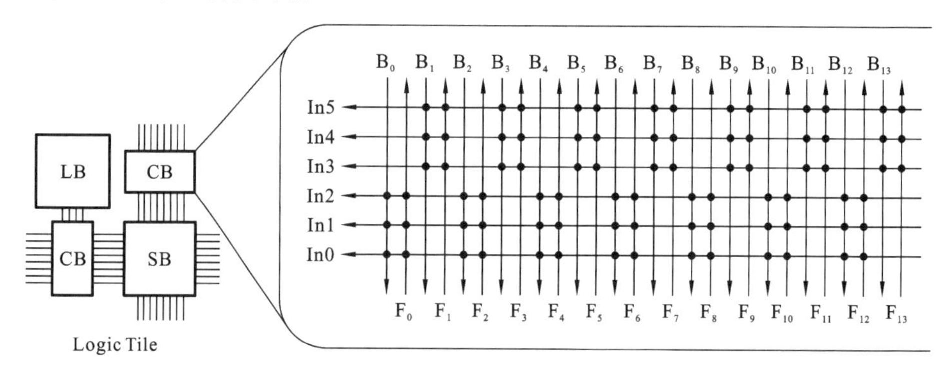

图 9.5.25　连接块的构成

(4) 时钟结构。

① PLL(Phase Locked Loop)。

PLL 的结构图如图 9.5.26 所示。

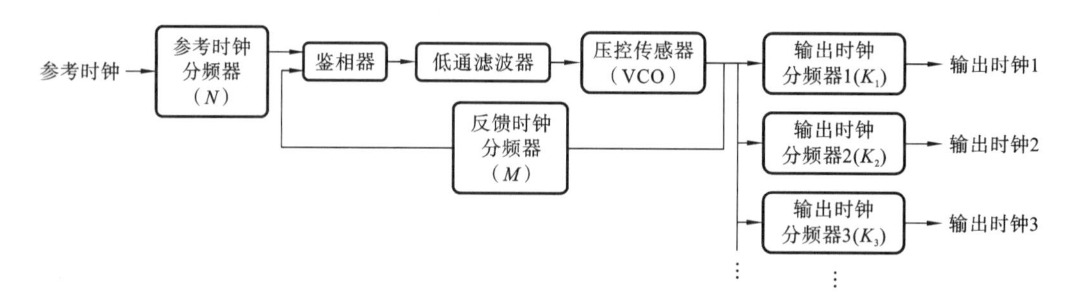

图 9.5.26　PLL **的结构图**

在图 9.5.26 中，生成时钟信号的核心部分是压控传感器 VCO，VCO 是能根据所加的电压调整频率的振荡器。鉴相器可以比较外部输入的基准时钟和 VCO 自身输出时钟间的相位差。如果两个时钟一致则维持 VCO 电压；如果不一致则需要通过控制电路对 VCO 电压进行调整，最终让输出时钟和基准时钟达到一致。为了让输出时钟的频率具有一定的选择性，增加参考时钟分频器(N)，反馈时钟分频器(M)，输出时钟分频器(K_i)，并且可以得到基准频率和输出频率的关系如下：

$$F_i=\frac{M}{N \cdot K_i}F_{\mathrm{ref}}$$

② DLL(Delaylocked Loop)。

DLL 的结构图如图 9.5.27 所示。

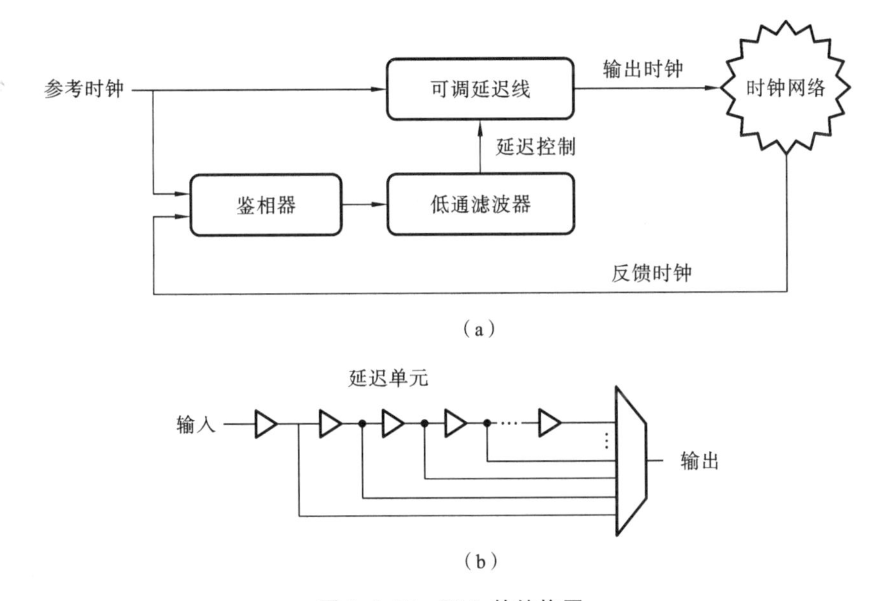

图 9.5.27　DLL 的结构图

DLL 的作用是消除反馈时钟与参考时钟之间存在的相位差，其工作原理是在参考时钟(Reference Clock)和反馈时钟(Controlled Clock)之间插入延迟，直到两个时钟的上升边缘对齐，使两个时钟错位 360°(意味着它们是同步的)。图 9.5.27(b)所示的是一个可变延迟线的示意图，可以通过选择器选择所需延迟量的路径，从而控制具体的延迟量。DLL 网络也可以进行分频，具体的方式与 PLL 的相同。

(5) 存储结构。

存储结构包括硬宏存储器和查找表存储器。

① 硬宏存储器。

硬宏型存储器被称为块存储器(Block RAM，BRAM)，其以硬宏的形式在架构中嵌入存储器块。

② 查找表存储器。

查找表存储器被称为分布式存储器(Distributed RAM)，使用 SLICEM 逻辑块查找表中的真值表作为小型的存储器，能实现 BRAM 不能实现的异步访问，但是一般需要小规模存储器时才采用这种方法(不能占用太多的用来实现逻辑的查找表资源)。

(6) 配置链。

配置链主要包括配置存储器和 JTAG 接口。

① 配置存储器。

FPGA 需要一种在芯片上存储配置数据的机制,一般采用 SRAM 存储配置信息。其优点是没有重写次数的限制,但 SRAM 是易失性存储器,断电后 FPGA 上的电路信息会丢失。因此一般需要在芯片外部另行准备非易失存储器,在上电时自动将配置信息写入 FPGA。

② JTAG 接口。

使用 JTAG 接口进行配置时,要先将配置数据一位一位序列化,再通过边界扫描用的移位寄存器写入 FPGA。这条移位寄存器的路径就称为配置链。

9.5.5 基于 PLD 的设计方法

在 PLD 没有出现之前,数字系统设计采用传统的设计方法,即通过标准集成电路器件搭建电路板来实现系统功能。这种先由器件搭建成电路板,再由电路板搭建成系统的方式称为“自底向上”(Bottom-Up)的设计,其中,数字系统的“积木块”就是具有固定功能的标准集成电路器件。

这种自底向上的设计方法具有诸多缺陷,例如搭成的系统中需要的芯片和器件种类多且数目庞大,更重要的是,在设计中没有灵活性可言,只能根据需要选择合适的集成电路器件,并按照此种器件推荐的电路搭成系统,如 TTL 的 74/54 系列芯片、CMOS 的 4000/4500 系列芯片和一些具有固定功能的大规模集成电路等。

为了克服传统数字系统设计灵活性差的问题,设计者开始采用 PLD 进行数字系统设计。采用 PLD 进行数字系统设计跟传统的积木式设计有本质的不同,它是一种基于芯片的设计,即“自顶向下”(Top-Down)的设计方法。在这种方法下,设计者可直接通过设计 PLD 芯片来实现数字系统功能,将原来由电路板设计完成的大部分工作放在 PLD 芯片的设计中进行,同时,设计者还可以根据实际情况和要求定义器件的内部逻辑关系和引脚。引脚定义的灵活性,大大减轻了系统设计的工作量和难度,提高了工作效率,减少了芯片数量,缩小了系统体积,降低了功耗,提高了系统稳定性和可靠性。

图 9.5.28 所示的是“自顶向下”设计法的示意图,这是目前最为常用的数字电路设计方

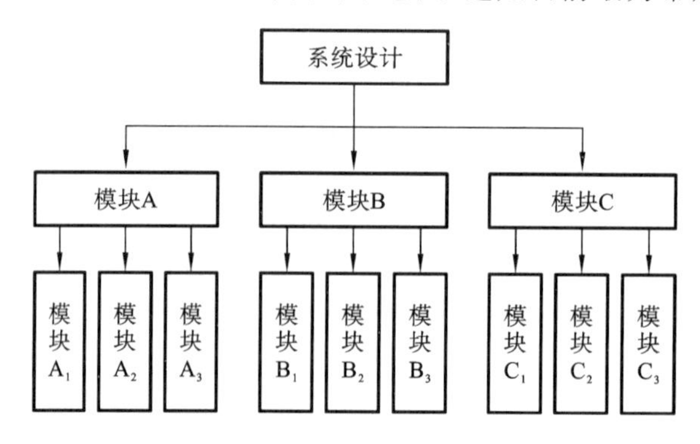

图 9.5.28 “自顶向下”设计法的示意图

法,它采用功能分割的方法从顶向下逐次将设计内容进行分块和细化,在设计过程中采用层次化和模块化设计将使系统设计变得简洁和方便。

层次化设计是指分层次、分模块地进行设计描述,其中,描述器件总功能的模块放在最上层,称为顶层设计;描述器件某一部分功能的模块放在下层,称为底层设计;底层模块还可以再向下分层,直至最后完成硬件电子系统电路的整体设计。

9.5.6 基于PLD的设计流程

基于PLD的设计流程包括四个步骤和三个设计验证过程,如图9.5.29所示。其中,四个步骤分别为设计准备、设计输入、设计处理和设计编程;三个设计验证过程分别为功能仿真、时序仿真和器件测试。

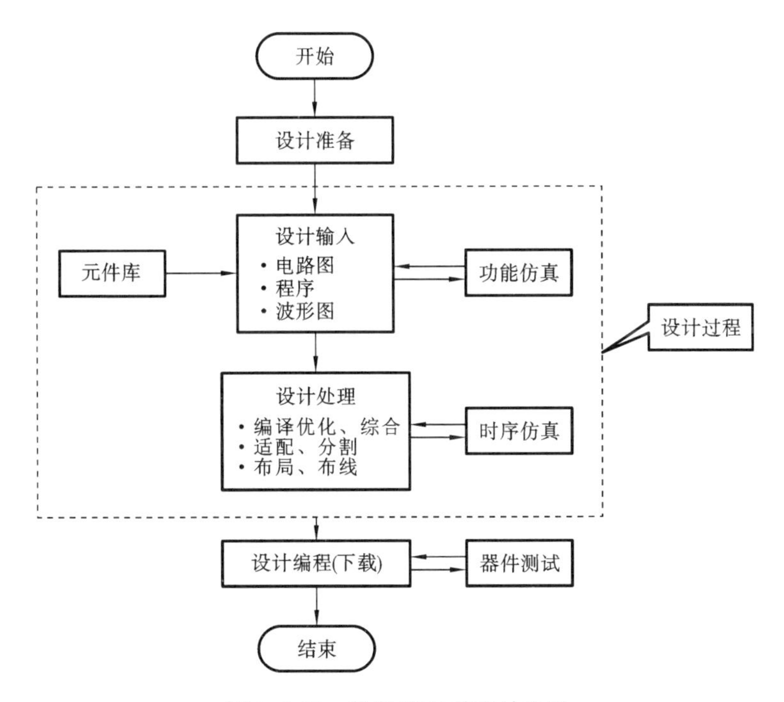

图9.5.29 基于PLD的设计流程

设计准备是指设计者在进行设计之前,依据任务要求,确定系统所要完成的功能及复杂程度,并进行一系列的准备工作,如进行方案论证、系统设计和器件选择。

设计输入在软件开发工具上进行。对于低密度PLD,可采用像ABEL这样的简单开发软件,可采用逻辑方程输入方式;对于高密度PLD,可采用图形(逻辑电路图)输入方式、文本(HDL语言)输入方式和波形图输入方式等。应当注意,在进行设计输入时,应尽量调用设计软件中所提供的元件。

本章思维导图

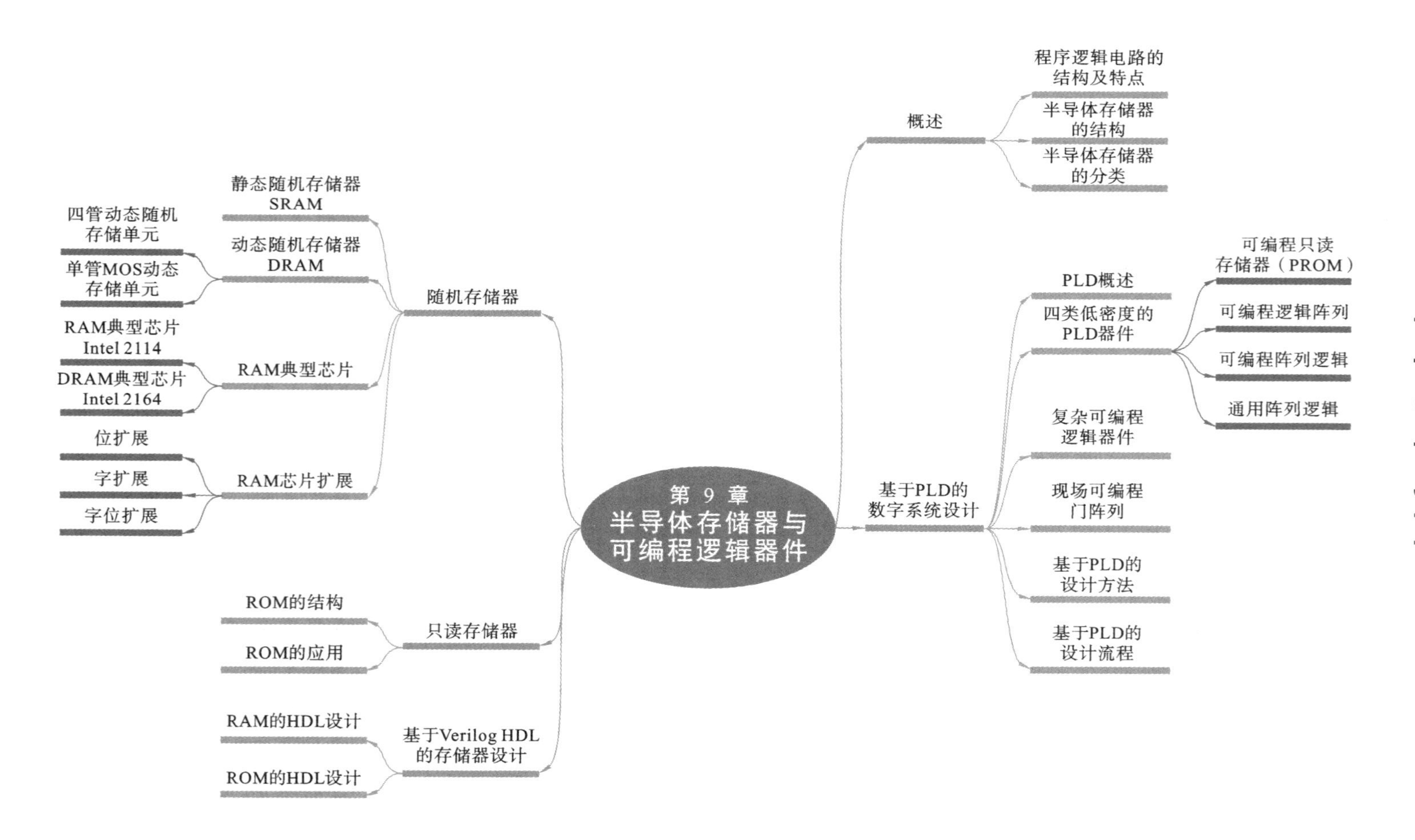

第9章
半导体存储器与可编程逻辑器件
概述
程序逻辑电路的结构及特点
半导体存储器的结构
半导体存储器的分类
基于PLD的数字系统设计
PLD概述
四类低密度的PLD器件
可编程只读存储器（PROM）
可编程逻辑阵列
可编程阵列逻辑
通用阵列逻辑
复杂可编程逻辑器件
现场可编程门阵列
基于PLD的设计方法
基于PLD的设计流程
随机存储器
静态随机存储器SRAM
动态随机存储器DRAM
四管动态随机存储单元
单管MOS动态存储单元
RAM典型芯片
RAM典型芯片Intel 2114
DRAM典型芯片Intel 2164
RAM芯片扩展
位扩展
字扩展
字位扩展
只读存储器
ROM的结构
ROM的应用
基于Verilog HDL的存储器设计
RAM的HDL设计
ROM的HDL设计

习　　题

1. 若一个 ROM 共有 10 根地址线，8 根位线(数据输出线)，则其存储容量为(　　)。

A. 10×8　　B. $10^2\times8$　　C. 10×8^2　　D. $2^{10}\times8$

2. 为了构成 4096×8 的 RAM，需要(　　)片 1024×2 的 RAM。

A. 8　　B. 16　　C. 2　　D. 4

3. (　　)器件中存储的信息在掉电以后即丢失。

A. SRAM　　B. EPROM　　C. EEPROM　　D. Flash

4. 关于半导体存储器的描述，下列说法中错误的是(　　)。

A. RAM 读写方便，但一旦掉电，所存储的内容就会全部丢失

B. ROM 掉电以后数据不会丢失

C. RAM 可分为静态 RAM 和动态 RAM

D. 动态 RAM 不必定时刷新

5. 有一存储系统，容量为 $256K\times32$，设存储器的起始地址全为 0，则最高地址的十六位地址码为______。

6. 用 RAM 实现两个 8 位二进制数相乘，需要______根地址线，______根数据线，其存储容量为______。

7. 在存储器结构中，什么是“字”？什么是“字长”？如何用它们表示存储器的容量？

8. 与 SRAM 和 DRAM 相比，Flash 有何主要优点？

9. 现有如习题图 9.1 所示的 4×4 位 RAM 若干，要把它们拓展成 8×8 位 RAM。

(1) 试问需要几片 4×4 位 RAM？

(2) 搭配少量门电路，画出拓展后的电路图。

10. 试用 4×2 位容量的 ROM 实现半加器逻辑功能，并直接在习题图 9.2 中画出用 ROM 点阵实现的半加器电路。

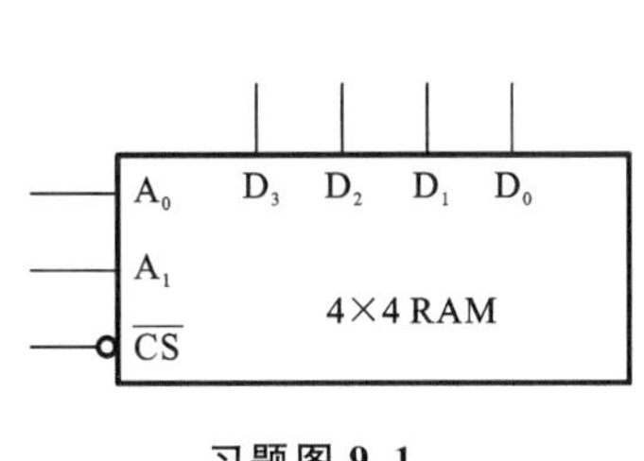

习题图 9.1

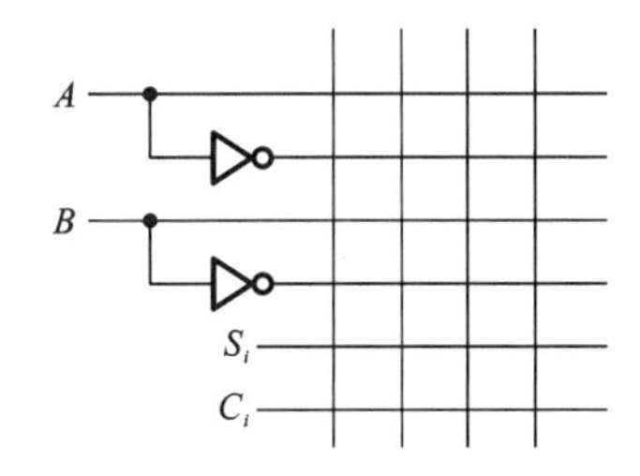

习题图 9.2

11. 用 EPROM 实现二进制码与格雷码的相互转换电路，待转换的代码由 $I_3I_2I_1I_0$ 输入，转换后的代码由 $O_3O_2O_1O_0$ 输出。X 为转换方向的控制位，当 $X=0$ 时，实现二进制码到格雷码的转换；当 $X=1$ 时，实现格雷码到二进制码的转换。

(1) 列出 EPROM 的地址与内容对应的真值表。

(2) 确定输入变量和输出变量与 ROM 地址线和数据线的对应关系。

第 10 章　D/A、A/D 转换器

随着各种类型的处理器在现代控制、通信、检测等许多领域中广泛应用，用数字电路处理模拟信号的情况已经很普遍了。而自然界中的物理量，如压力、温度、湿度等都是模拟量，若要用数字电子技术处理这些模拟信号，则需要把模拟信号转换为数字信号的电路——模数(A/D)转换器。数字化的信号经过处理、传输后被输出，在输出时有时需要把数字信号转换为模拟信号，以供需要模拟量接口的设备使用，这就需用到数模(D/A)转换器。本章主要介绍模数转换器和数模转换器的相关基础知识。

10.1 概　　述

我们将从模拟信号到数字信号的转换称为模数转换，简称 A/D(Analog to Digital)转换；将从数字信号到模拟信号的转换称为数模转换，简称 D/A(Digital to Analog)转换。同时，将实现 A/D 转换的电路称为 A/D 转换器，简写为 ADC(Analog-Digital Converter)；将实现 D/A 转换的电路称为 D/A 转换器，简写为 DAC(Digital-Analog Converter)。

图 10.1.1 展示了 CD 播放器的数模转换过程。

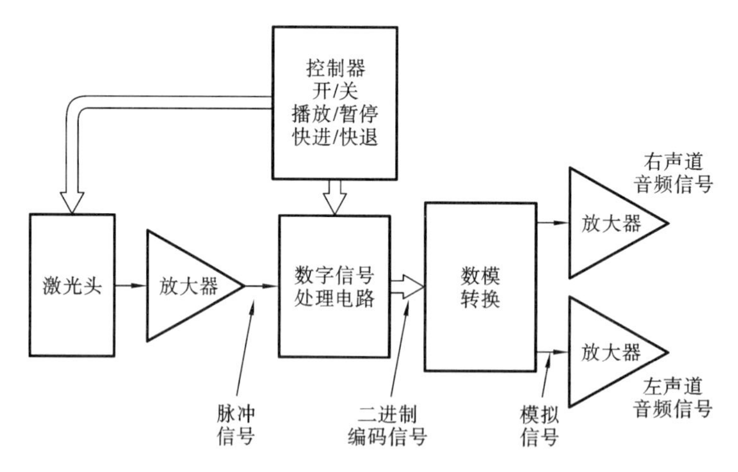

图 10.1.1　CD 播放器的数模转换过程

为了保证数据处理结果的准确性，A/D 转换器和 D/A 转换器必须有足够的转换精度。同时，为了适应快速过程的控制和检测的需要，A/D 转换器和 D/A 转换器还必须有足够快的转换速度。因此，转换精度和转换速度是衡量 A/D 转换器和 D/A 转换器性能的主要指标。

D/A 转换器的类型有很多,如权电阻网络 D/A 转换器、倒 T 形电阻网络 D/A 转换器、权电流型 D/A 转换器、权电容网络 D/A 转换器、开关树型 D/A 转换器等。

A/D 转换器的类型也有很多,如直接 A/D 转换器、间接 A/D 转换器。在直接 A/D 转换器中,输入的模拟电压信号直接被转换成相应的数字信号;而在间接 A/D 转换器中,输入的模拟信号首先被转换成某种中间变量(例如时间、频率等),然后再转换为输出的数字信号。

D/A 转换器数字量的输入方式有并行输入和串行输入两种。A/D 转换器数字量的输出方式有并行输出和串行输出两种。

10.2　D/A 转换器

数模转换电路中输入与输出的关系如图 10.2.1 所示。

输入为二进制码,输出为模拟电压,输出电压与输入二进制码的值成正比。若一个 n 位二进制数用 $D_n = d_{n-1}d_{n-2}\cdots d_1 d_0$ 表示,则从最高位(Most Significant Bit,MSB)到最低位(Least Significant Bit,LSB)的权将依次为 2^{n-1}、2^{n-2}、…、2^1、2^0,则输出与输入的关系如下:

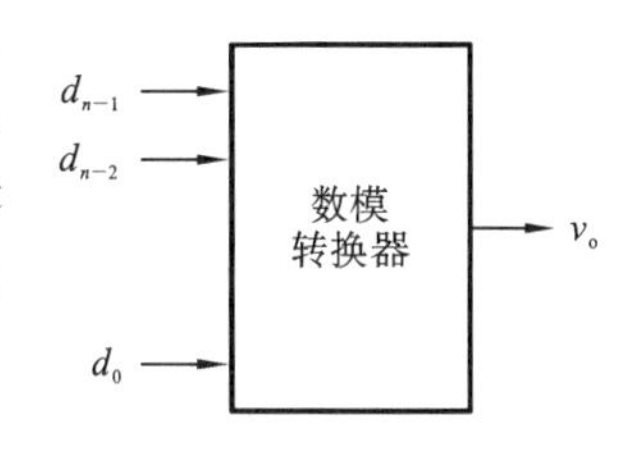

图 10.2.1　数模转换电路中输入与输出的关系

$$D_n = d_{n-1}2^{n-1} + d_{n-2}2^{n-2} + \cdots + d_1 2^1 + d_0 2^0 = \sum_{i=0}^{n-1} d_i 2^i$$

$$v_o = kD_n = k\sum_{i=0}^{n-1} d_i 2^i$$

其中,k 的取值由具体电路决定。

10.2.1　权电阻网络 D/A 转换器

图 10.2.2 所示的是 4 位权电阻网络 D/A 转换器的原理图,它由权电阻网络、4 个模拟开关和 1 个求和放大器组成。

S_3、S_2、S_1 和 S_0 是 4 个电子开关,它们的状态分别受输入代码 d_3、d_2、d_1 和 d_0 的控制,代码为 1 时开关接到参考电压 V_{REF} 上,代码为 0 时开关接地。故 $d_i = 1$ 时有支路电流 I_i 流向求和放大器,$d_i = 0$ 时支路电流为零。

求和放大器是一个接成负反馈的运算放大器。为了简化分析计算,可以把运算放大器近似地看成是理想放大器——即它的开环放大倍数为无穷大,输入电流为零(输入电阻为无穷大),输出电阻为零。当同相输入端 V_+ 的电位高于反相输入端 V_- 的电位时,输出端对地电压 v_o 为正;反之,v_o 为负。

当参考电压经权电阻网络加到 V_- 端时,只要 V_- 端电位(V_-)稍高于 V_+ 端电位(V_+),便在输出端产生负的输出电压 v_o。v_o 经 R_F 反馈到 V_- 端使 V_- 降低,其结果必然使 $V_- \approx V_+ = 0$。

假设运算放大器是理想运放,可以得到

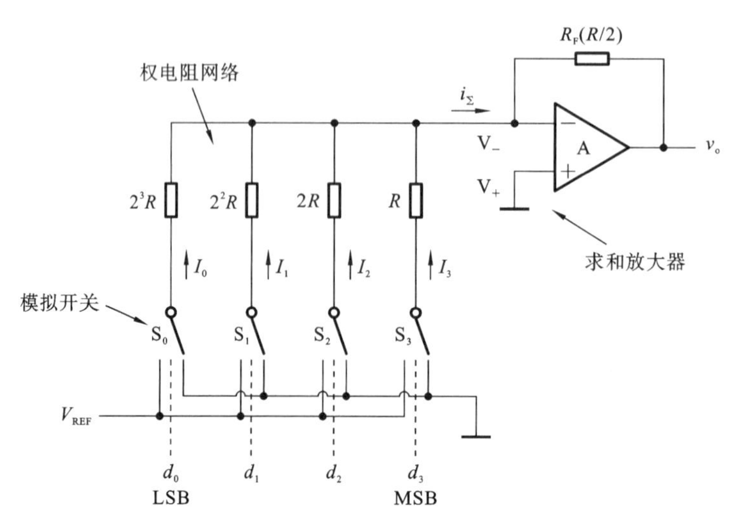

图 10.2.2　4 位权电阻网络 D/A 转换器的原理图

$$v_o = -R_F i_\Sigma = -R_F(I_3 + I_2 + I_1 + I_0) \tag{10.2.1}$$

各支路电流I_i为

$$I_i = d_i \frac{V_{REF}}{R_i}$$

则有

$$\begin{aligned} i_\Sigma &= d_3 \frac{V_{REF}}{2^0 R} + d_2 \frac{V_{REF}}{2^1 R} + d_1 \frac{V_{REF}}{2^2 R} + d_0 \frac{V_{REF}}{2^3 R} \\ &= \frac{V_{REF}}{2^3 R}(d_3 2^3 + d_2 2^2 + d_1 2^1 + d_0 2^0) \end{aligned} \tag{10.2.2}$$

$$v_o = -\frac{V_{REF}}{2^4}(d_3 2^3 + d_2 2^2 + d_1 2^1 + d_0 2^0) \tag{10.2.3}$$

对于 n 位权电阻网络 D/A 转换器，当反馈电阻取 $R/2$ 时，输出电压的计算公式可写为

$$v_o = -\frac{V_{REF}}{2^n}(d_{n-1} 2^{n-1} + d_{n-2} 2^{n-2} + \cdots + d_1 2^1 + d_0 2^0) = -\frac{V_{REF}}{2^n} D_n \tag{10.2.4}$$

式(10.2.4)表明，模拟输出 v_o 与数字输入D_n成正比，实现了从数字量到模拟量的转换。当$D_n = 0$ 时，$v_o = 0$，当$D_n = 11\cdots11$ 时，$v_o = -\frac{2^n - 1}{2^n} V_{REF}$，故$v_o$ 的最大变化范围为 0～$-\frac{2^n - 1}{2^n} V_{REF}$。

由式(10.2.4)还可以看出，当V_{REF}为正电压时输出电压v_o始终为负值。要想得到正的输出电压，可以将V_{REF}取为负值。

这个电路的优点是结构比较简单，所用的电阻元件数很少，缺点是各个电阻的阻值相差较大，尤其是在输入信号的位数较多时，这个问题更加突出。例如，当输入增加到 8 位时，如果取权电阻网络中最小电阻 $R = 10\ \text{k}\Omega$，那么最大的电阻阻值将达到$2^7 R = 1.28\ \text{M}\Omega$，最大电阻和最小电阻相差 128 倍之多。要想在极为宽广的阻值范围内保证每个电阻都有很高的精度是十分困难的，这对于制作集成电路尤其不利。

10.2.2 倒T形电阻网络D/A转换器

为了克服权电阻网络D/A转换器中电阻阻值相差太大的缺点，研制出了如图10.2.3所示的倒T形电阻网络D/A转换器。由图可见，电阻网络中只有R、$2R$两种阻值的电阻，这给集成电路的设计和制作带来了很大的方便。

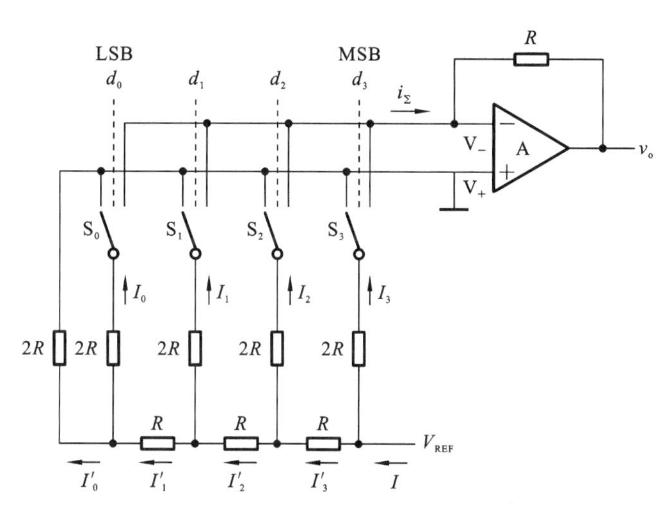

图10.2.3 倒T形电阻网络D/A转换器

由图10.2.3可知，因为求和放大器反相输入端V_-的电位始终接近于零，所以无论开关S_3、S_2、S_1、S_0合到哪一边，都相当于接到了“地”电位上，流过每个支路的电流也始终不变，只是接左流入地，接右流向电阻R。在计算倒T形电阻网络中各支路的电流时，可以将电阻网络等效地画成图10.2.4所示的形式(注意V_-并没有接地，只是电位与“地”相等，因此这时又将V_-端称为“虚地”点)。不难看出，从AA′、BB′、CC′、DD′每个端口向左看过去的等效电阻都是R，因此，从参考电源流入倒T形电阻网络的总电流为$I=V_{REF}/R$，而每个支路的电流依次为$I/2$、$I/4$、$I/8$和$I/16$。

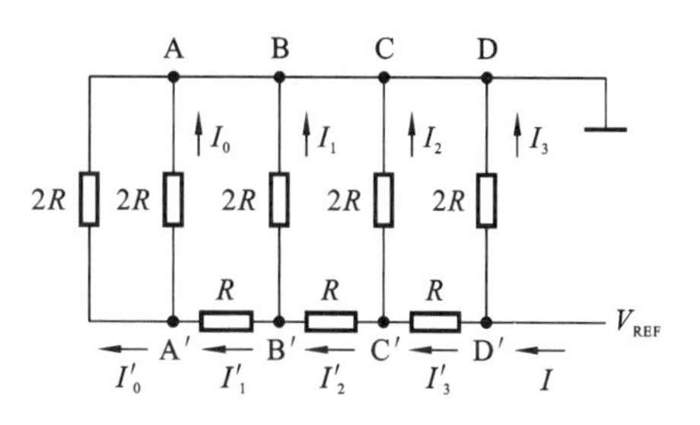

图10.2.4 倒T形电阻网络支路电流的等效电路

图10.2.4中电流存在以下关系：

$$I_0=I'_0=\frac{I'_1}{2}=\frac{I}{16},\quad I_1=I'_1=\frac{I'_2}{2}=\frac{I}{8}$$

$$I_2=I'_2=\frac{I'_3}{2}=\frac{I}{4},\quad I_3=I'_3=\frac{I}{2}$$

$$I=V_{REF}/R$$

如果令$d_i=0$时开关S_i接地(接放大器的V_+端)，而$d_i=1$时开关S_i接放大器的输入端V_-，则由图10.2.3可知

$$i_\Sigma = \frac{I}{2}d_3 + \frac{I}{4}d_2 + \frac{I}{8}d_1 + \frac{I}{16}d_0 = \frac{I}{16}(d_3 2^3 + d_2 2^2 + d_1 2^1 + d_0 2^0)$$

在求和放大器的反馈电阻阻值等于 R 的条件下，输出电压为

$$\begin{aligned} v_o &= -i_\Sigma R = -\frac{I}{2^4}R(d_3 2^3 + d_2 2^2 + d_1 2^1 + d_0 2^0) \\ &= -\frac{V_{REF}}{2^4}(d_3 2^3 + d_2 2^2 + d_1 2^1 + d_0 2^0) \end{aligned} \quad (10.2.5)$$

推广到 n 位输入的倒 T 形电阻网络 D/A 转换器，在求和放大器的反馈电阻阻值为 R 的条件下，输出模拟电压的计算公式为

$$\begin{aligned} v_o &= -\frac{V_{REF}}{2^n}(d_{n-1}2^{n-1} + d_{n-2}2^{n-2} + \cdots + d_1 2^1 + d_0 2^0) \\ &= -\frac{V_{REF}}{2^n}D_n \end{aligned} \quad (10.2.6)$$

式(10.2.6)说明输出的模拟电压与输入的数字量成正比，且可以通过改变 R 来改变比例系数，这解决了权电阻网络 D/A 转换器阻值相差太大的问题。

图 10.2.5 所示的是采用了倒 T 形电阻网络的单片集成 D/A 转换器 AD7520 的引脚图。其输入为 10 位二进制数，采用 CMOS 电路构成模拟开关。

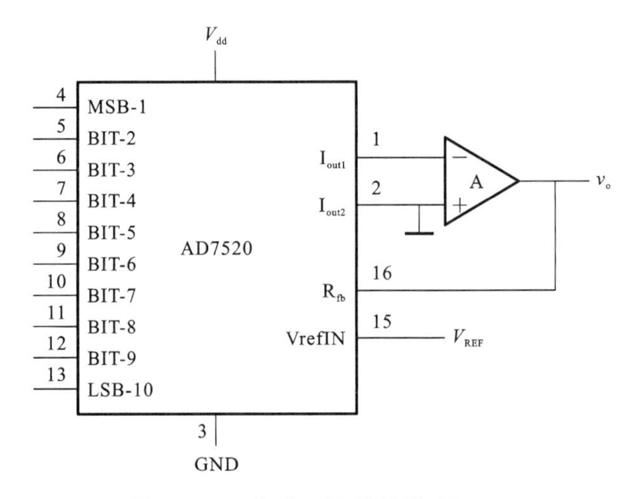

图 10.2.5 集成 D/A 转换器 AD7520

使用 AD7520 时需要外加运算放大器。运算放大器的反馈电阻可以使用 AD7520 内设的反馈电阻 R，也可以另选反馈电阻接到 I_{out1} 与 v_o 之间。外接的参考电压 V_{REF} 必须保证有足够的稳定度，才能确保应有的转换精度。

10.2.3 权电流型 D/A 转换器

在前面分析权电阻网络 D/A 转换器和倒 T 形电阻网络 D/A 转换器的过程中，都把模拟开关当作理想开关处理，没有考虑它们的导通电阻和导通压降。实际上这些开关总有一定的导通电阻和导通压降，而每个开关的情况又不完全相同。若模拟开关的导通电阻和导通压降不相等，则电流有误差，转换就会有误差。

解决这个问题的一种方法就是采用图10.2.6所示的权电流型D/A转换器。在权电流型D/A转换器中，有一组恒流源。每个恒流源中电流的大小依次为前一个的1/2，和输入二进制数对应位的"权"成正比。由于采用了恒流源，每个支路电流的大小不再受开关内阻和压降的影响，从而降低了对开关电路的要求。

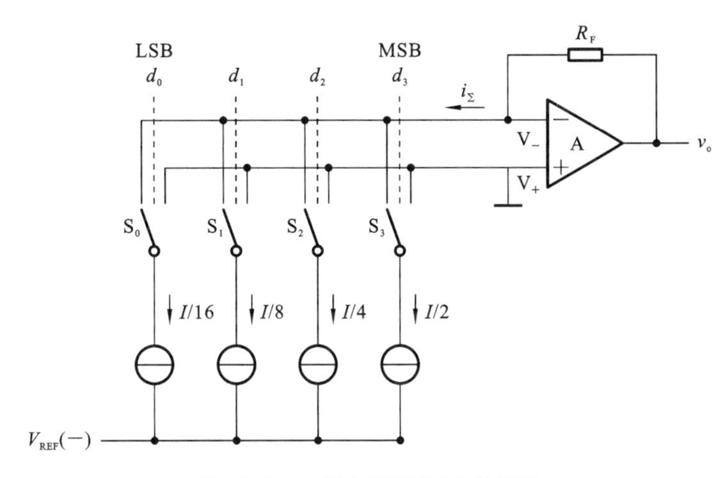

图 10.2.6 权电流型 D/A 转换器

恒流源一般是用三极管集电极电流实现的。要注意该电路的参考电压 V_{REF} 为负值，电流从运放负极流出。权电流型D/A转换器的具体电路如图10.2.7所示。

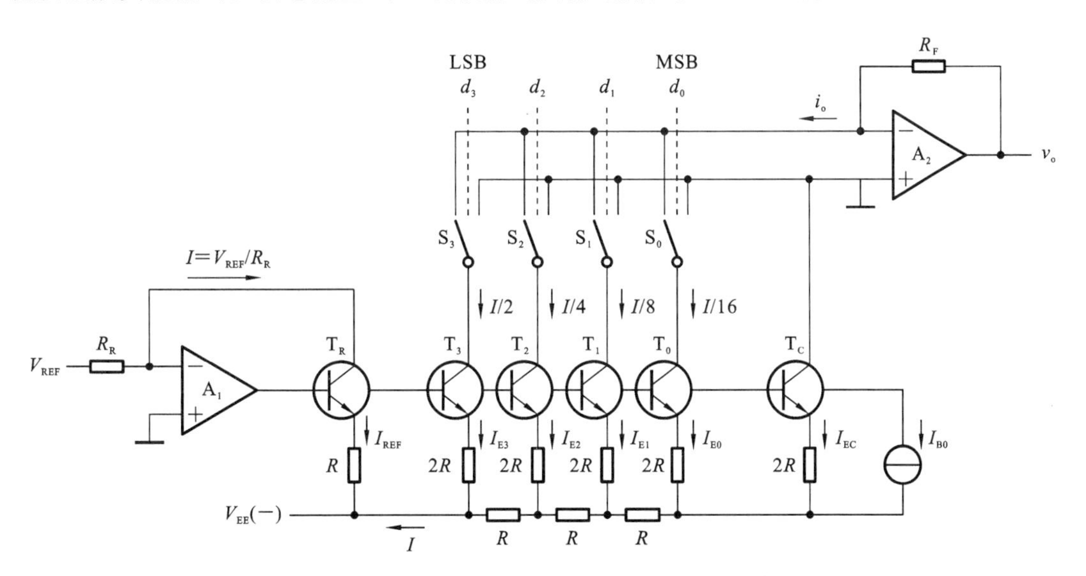

图 10.2.7 利用倒 T 形电阻网络的权电流型 D/A 转换器

放大器 A_1 与三极管 T_R 和电阻 R_R、R 构成基准电流发生电路。基准电流 I_{REF} 由外加的基准电压 V_{REF} 和电阻 R_R 决定。由于 T_3 和 T_R 具有相同的 V_{BE} 而发射极回路电阻成2倍关系，所以它们的发射极电流也必然成2倍关系，故有

$$I=\frac{V_{REF}}{R_R}=2I_{E3}=I_{REF} \tag{10.2.7}$$

恒流源I_{B0}用来为三极管 T 提供基极偏置电流。在该电路中,恒流源需要负电源电流V_{EE}。该电路的输出电压计算公式如下:

$$v_o=\frac{R_F V_{REF}}{2^4 R_R}(d_3 2^3+d_2 2^2+d_1 2^1+d_0 2^0) \tag{10.2.8}$$

对于输入为 n 位二进制数码的这种电路结构的 D/A 转换器,输出电压的计算公式可写为

$$v_o=\frac{R_F V_{REF}}{2^n R_R}(d_{n-1} 2^{n-1}+d_{n-2} 2^{n-2}+\cdots+d_1 2^1+d_0 2^0)=\frac{R_F V_{REF}}{2^n R_R}D_n \tag{10.2.9}$$

图 10.2.8 是采用了权电流型 D/A 转换器的单片集成 D/A 转换器 DAC0808 的引脚图。图中 A1～A8 是 8 位数字量的输入端,I_o 是求和电流的输出端。V_{R+} 和 V_{R-} 接基准电流发生电路中运算放大器的反相输入端和同相输入端。COMP 供外接补偿电容用。V_{CC} 和 V_{EE} 为正、负电源输入端。

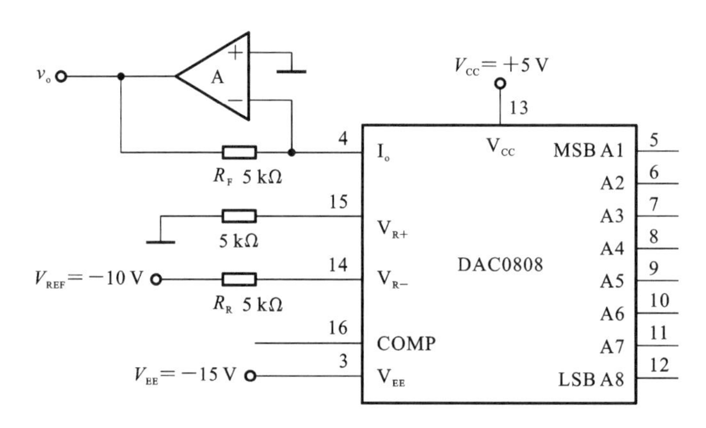

图 10.2.8 DAC0808 的典型应用

用 DAC0808 这类器件构成 D/A 转换电路时需要外接运算放大器和产生基准电流用的R_R,如图 10.2.8 所示。在 $V_{REF}=10$ V、$R_R=5$ kΩ、$R_F=5$ kΩ 的情况下,根据式(10.2.9)可知输出电压为

$$v_o=\frac{R_F V_{REF}}{2^8 R_R}D_n=\frac{10}{2^8}D_n \tag{10.2.10}$$

当输入的数字量在全 0 和全 1 之间变化时,输出模拟电压的变化范围为 0～9.96 V。

10.2.4 D/A 转换器的转换精度与转换速度

1. D/A 转换器的转换精度

以 4 位 DAC 为例画出转换特性曲线,如图 10.2.9 所示。可以看出,输出电压在幅值上是不连续的,一个级差为 $1\text{LSB}=\left|\frac{V_{REF}}{2^4}\right|$,级差越小,转换精度越高,输出越接近于模拟(幅值上连续)信号。

n 位 DAC 的级差为 $1\text{LSB}=\left|\frac{V_{REF}}{2^n}\right|$,$n$ 越大转换精度越高。这里我们可以用 n 表示转换

精度，称之为分辨率。

另外，也可以用D/A转换器能够分辨出来的最小电压(此时输入的数字代码只有最低有效位为1，其余各位都是0)与最大输出电压(此时输入的数字代码的各位全是1)之比给出分辨率：$\frac{1}{2^n-1}$。例如，10位D/A转换器的分辨率可以表示为

$$\frac{1}{2^{10}-1}=\frac{1}{1023}\approx 0.001$$

然而，分辨率只反映了理论精度，实际精度与转换误差有关(例如正向偏差使级差加大，精度减小)。所谓转换误差即指输出电压的实际值与理论值的偏差，一般用最低有效位的倍数表示：

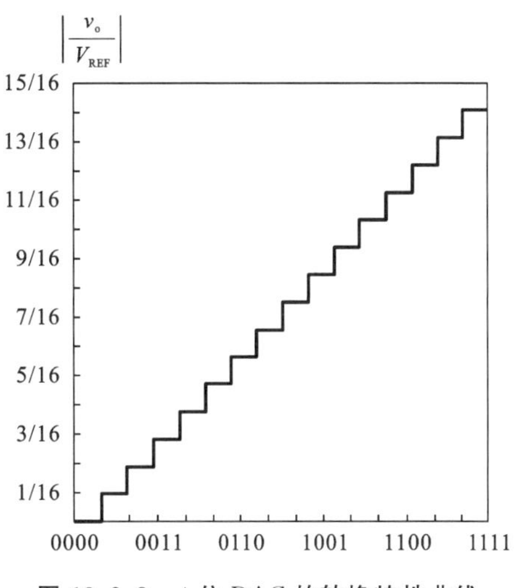

图10.2.9 4位DAC的转换特性曲线

$$\frac{\text{实际值与理论值的最大偏差}}{1\text{LSB}}$$

有时也用输出电压满刻度FSR(Full Scale Range)的百分数表示输出电压误差绝对值的大小：

$$\frac{\text{实际值与理论值的最大偏差}}{\text{FSR}}\times 100\%$$

造成D/A转换器存在转换误差的因素有参考电压V_{REF}存在波动、运算放大器A存在零点漂移、模拟开关存在导通内阻和导通压降、电阻网络中电阻阻值存在偏差，以及三极管特性不一致等。

2. D/A转换器的转换速度

一般用建立时间t_{set}来定量描述D/A转换器的转换速度，t_{set}的定义如下：从输入的数字量发生突变开始，直到输出电压进入与稳态值相差±LSB/2范围内的时间称为建立时间。

在不包含运放的DAC中，t_{set}可达0.1 μs；在包含运放的DAC中，t_{set}可达1.5 μs。所以，当需要外加运放构成DAC时，应采用转换速率快的运放。

10.3 A/D转换器

10.3.1 A/D转换的基本原理

在A/D转换器中，因为输入的模拟信号在时间上是连续的而输出的数字信号是离散的，所以转换只能在一系列选定的瞬间对输入的模拟信号取样，然后再将这些取样值转换成输出的数字量。因此，A/D转换过程中，首先对输入的模拟电压信号取样，然后再将这些取样值转换成输出的数字信号。

1. 取样定理

如图 10.3.1 所示，为了能正确无误地用取样信号 v_s 表示模拟信号 v_i，取样信号必须有足够高的频率。可以证明，为了保证取样信号能恢复为原来的被取样信号，取样信号的频率必须满足：

$$f_s \geqslant 2f_{i(max)} \tag{10.3.1}$$

其中，$f_{i(max)}$ 是输入模拟信号 v_i 的最高频率，式(10.3.1)被称为取样定理。

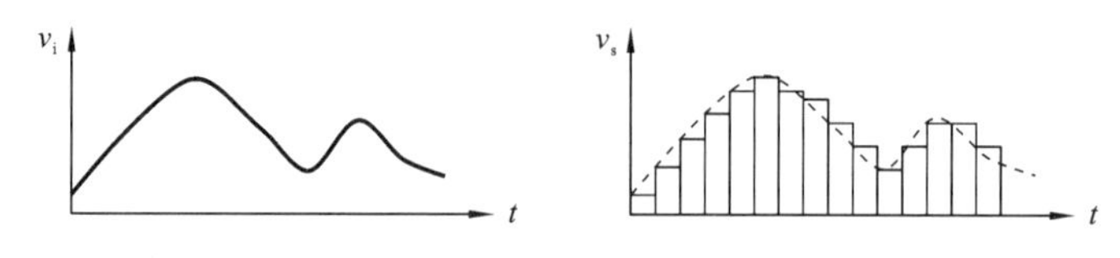

图 10.3.1　取样信号 v_s 和模拟信号 v_i

在满足式(10.3.1)的条件下，可以用低通滤波器将 v_s 还原为 v_i。这个低通滤波器的电压传输系数在低于 $f_{i(max)}$ 的范围内应保持不变，而在 $f_s - f_{i(max)}$ 以前应迅速下降为 0。

因此，A/D 转换器工作时的取样频率必须高于式(10.3.1)所规定的频率。取样频率提高以后，留给每次进行转换的时间也缩短了，这就要求转换电路必须具备更快的工作速度。因此，不能无限制地提高取样频率，通常取 $f_s = (3 \sim 5) \cdot f_{i(max)}$。

由于转换是在取样结束后的保持时间内完成的，所以转换结果所对应的模拟电压是每次取样结束时的 v_i 值。

2. 量化和编码

取样后的信号在数值上还是连续的，而数字信号在数值上是离散的，量化即是将数值上连续的信号变成数值上离散的信号。量化即把取样信号表示为最小单位的整数倍，此最小单位称为量化单位，用 Δ 表示。

把量化结果用代码表示出来，称为编码，这些代码的输出就是 A/D 转换器的输出结果。

既然模拟电压是连续的，那么它就不一定能被 Δ 整除，因而量化过程不可避免地会引入误差。这种误差称为量化误差。将模拟电压信号划分为不同的量化等级时通常有图 10.3.2 所示的两种方法，它们的量化误差相差较大。

(a)

输入信号	二进制代码	代表的模拟电压
1 V		
7/8 V	111	7Δ=7/8 V
6/8 V	110	6Δ=6/8 V
5/8 V	101	5Δ=5/8 V
4/8 V	100	4Δ=4/8 V
3/8 V	011	3Δ=3/8 V
2/8 V	010	2Δ=2/8 V
1/8 V	001	1Δ=1/8 V
0 V	000	0Δ=0 V

(b)

输入信号	二进制代码	代表的模拟电压
1 V		
13/15 V	111	7Δ=14/15 V
11/15 V	110	6Δ=12/15 V
9/15 V	101	5Δ=10/15 V
7/15 V	100	4Δ=8/15 V
5/15 V	011	3Δ=6/15 V
3/15 V	010	2Δ=4/15 V
1/15 V	001	1Δ=2/15 V
0 V	000	0Δ=0 V

图 10.3.2　模拟电压信号的两种量化方法

例如，把0～1 V的模拟电压转换成3位二进制代码，即用000～111表示0～1 V的电压。图10.3.2(a)所示的方法是取$\Delta=\frac{1}{8}$ V，并规定数值在$0\sim\frac{1}{8}$ V之间的模拟电压为$0\cdot\Delta$，用二进制代码000表示；数值在$\frac{1}{8}\sim\frac{2}{8}$ V之间的模拟电压为$1\cdot\Delta$，用二进制代码001表示，以此类推。可以看出，这种量化方法可能带来的最大量化误差为Δ，即$\frac{1}{8}$ V。

为了减小量化误差，通常采用图10.3.2(b)所示的方法改进量化过程。在这种划分量化电平的方法中，取$\Delta=\frac{2}{15}$ V，并规定数值在$0\sim\frac{1}{15}$ V之间的模拟电压为0，即$0\cdot\Delta$，用二进制代码000表示；数值在$\frac{1}{15}\sim\frac{3}{15}$ V之间的模拟电压为$1\cdot\Delta$，即$\frac{2}{15}$ V，用二进制代码001表示，以此类推。可以看到，除输入信号在$0\sim\frac{1}{15}$ V之外，这种方法将每个输出二进制代码所表示的模拟电压规定为它所对应模拟电压范围的中间值，因此最大量化误差为$\frac{1}{2}\cdot\Delta$，即$\frac{1}{15}$ V。

10.3.2 取样保持电路

取样保持电路的基本形式如图10.3.3所示。当$v_L=0$时，S闭合，C_H充电($\tau=RC_H$)，此时$v_o=v_i$，执行取样过程；当$v_L=1$时，S打开，C_H无放电回路，v_o保持不变，执行保持功能。

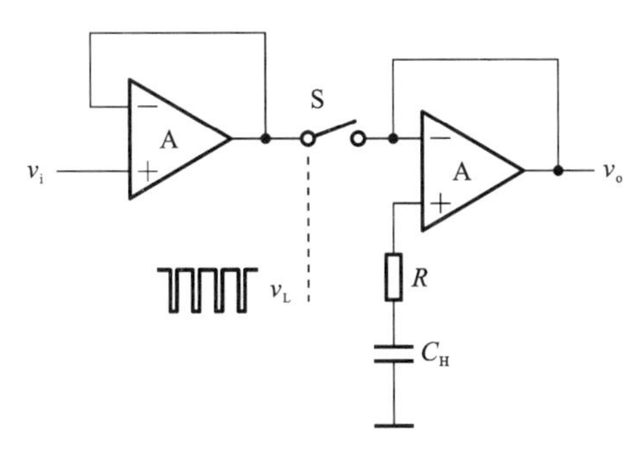

图10.3.3 取样保持电路

10.3.3 直接A/D转换器

直接A/D转换器将输入的模拟电压直接转换为输出的数字量，不需要中间变量，它包括并联比较型A/D转换器和反馈比较型A/D转换器。

1. 并联比较型A/D转换器

并联比较型A/D转换器用比较器实现量化，用编码器实现数字信号输出，它的电路结构如图 10.3.4 所示，它由比较器、寄存器和编码器等部分组成，输入为 $0 \sim V_{REF}$之间的模拟电压，输出为 3 位二进制数编码 $d_2d_1d_0$。比较器部分主要包含$C_1 \sim C_7$，其中，同相输入端接v_i，反相端接参考电压，参考电压的大小由电阻分压得到。寄存器部分主要包含寄存器$FF_1 \sim FF_7$，它们用来暂存量化结果，等待时钟到来，将量化结果统一送编码器编码。寄存器$FF_1 \sim FF_7$ 的输入输出关系满足$Q^{n+1}=D^n$。编码器部分为 8/3 线优先编码器，用于对量化结果进行编码，实现数字量输出。编码器的优先权自上而下逐位降低。

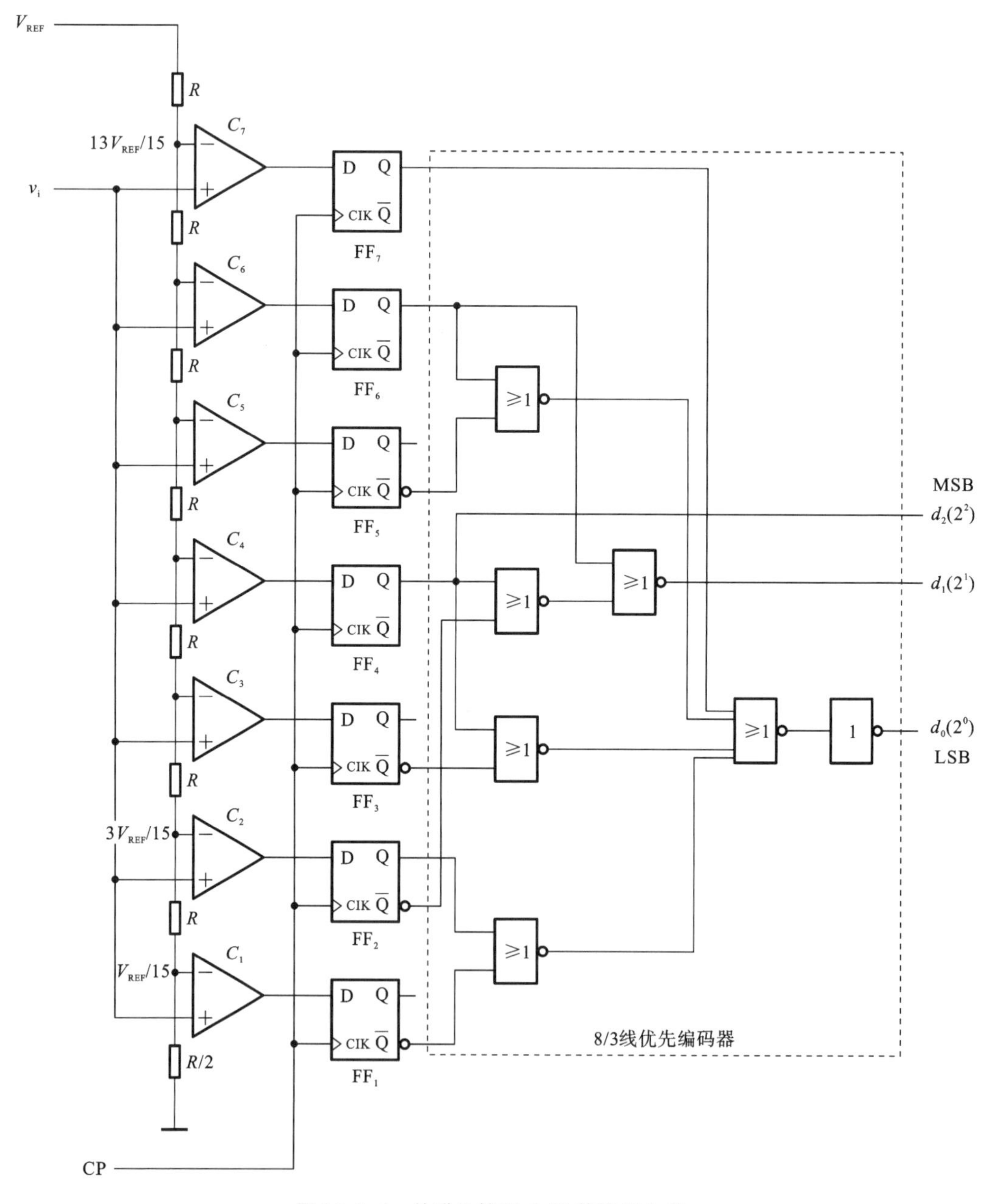

图 10.3.4　并联比较型 A/D 转换器电路

优先编码器是一个组合逻辑电路，根据表 10.3.1 可以写出优先编码器输出与输入之间的逻辑函数式：

$$\begin{cases} d_2 = C_4 \\ d_1 = C_6 + \overline{C_4} C_2 \\ d_0 = C_7 + \overline{C_6} C_5 + \overline{C_4} C_3 + \overline{C_2} C_1 \end{cases} \tag{10.3.2}$$

按照式(10.3.2)即可得到图 10.3.4 中的电路。

表 10.3.1 并联比较型 A/D 转换器电路的代码转换表

v_i	$C_7C_6C_5C_4C_3C_2C_1$	$d_2d_1d_0$
$(0\sim1/15)V_{REF}$	0000000	000
$(1/15\sim3/15)V_{REF}$	0000001	001
$(3/15\sim5/15)V_{REF}$	0000011	010
$(5/15\sim7/15)V_{REF}$	0000111	011
$(7/15\sim9/15)V_{REF}$	0001111	100
$(9/15\sim11/15)V_{REF}$	0011111	101
$(11/15\sim13/15)V_{REF}$	0111111	110
$(13/15\sim1)V_{REF}$	1111111	111

并联比较型 A/D 转换器的最大优点是转换速度快。从 CLK 信号的上升沿算起，图 10.3.4电路完成一次转换所需要的时间只包括一级触发器的翻转时间和三级门电路的传输延迟时间。目前，输出为 8 位的并联比较型 A/D 转换器的转换时间可以达到 50 ns 以下，这是其他类型的 A/D 转换器无法做到的。此外，使用图 10.3.4 所示的这种含有寄存器的 A/D 转换器时可以不用附加采样-保持电路，因为比较器和寄存器这两部分也兼有采样-保持功能。

并联比较型 A/D 转换器的缺点是需要使用很多的电压比较器和触发器。从图 10.3.4 所示的电路中不难得知，输出为 n 位二进制代码的转换器中应当有 2^n-1 个电压比较器和 2^n-1 个触发器，电路的规模随着输出代码位数的增加而指数级增加。如果输出为 10 位二进制代码，则需要用 $2^{10}-1=1023$ 个比较器和 1023 个触发器，以及规模庞大的优先编码电路。

2. 反馈比较型 A/D 转换器

反馈比较型 A/D 转换器也是一种直接 A/D 转换器，它的基本思路是：取一个数字量加到 D/A 转换器上，可得到一个对应的输出模拟电压，再将这个模拟电压和输入的模拟信号电压相比较，如果两者不相等，则调整所取得的数字量，直到两个模拟电压相等为止，最后所取得的数字量就是所求的转换结果。在反馈比较型 A/D 转换器中，经常采用计数型和逐次渐进型两种方案。

图 10.3.5 所示的是计数型 A/D 转换器的方框图，它工作的基本原理是：计数器对脉冲源计数，其输出为数字量，该数字量送入 DAC，转换为模拟信号v_o，与v_i 比较，若$v_o<v_i$，则计数器继续计数，v_o 增加，直至$v_o=v_i$，计数停止，此时的计数值就是 A/D 转换结果。

计数型 A/D 转换器在进行 A/D 转换前，$v_L=0$，门 G 被封锁，计数器不工作，输出为 0，

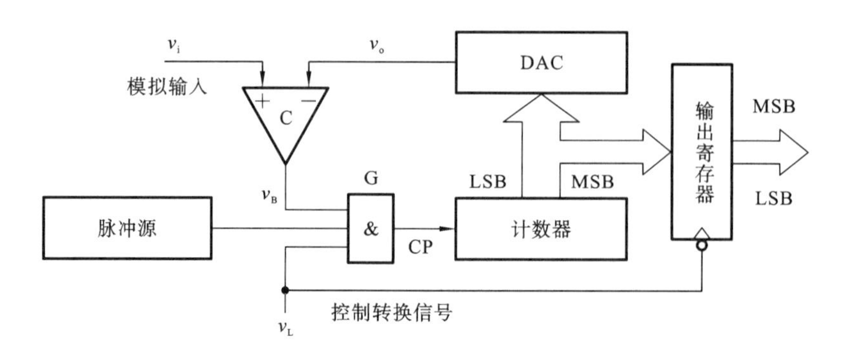

图 10.3.5　计数型 A/D 转换器

$v_o < v_i$，$v_B = 1$。当 A/D 转换开始时，$v_L = 1$，门 G 打开，计数器计数，计数值增加，v_o 增加。当 $v_o > v_i$ 时，$v_B = 0$，门 G 被封锁，计数器停止计数，此时计数器中所存数字就是所求的输出数字信号。

由于在转换过程中，计数器输出在不停地变化，所以不能将计数器的输出直接作为输出信号，为此，在输出端设置了输出寄存器，在每次转换完成后，用转换信号的下降沿将计数器的输出置入输出寄存器中，而以寄存器的状态作为最终的输出信号。

计数型 A/D 转换器的缺点是转换时间过长。当输出为 n 位二进制码时，最长的转换时间可达 $2^n - 1$ 个时钟信号周期。因此，这种方法只能用于对转换速度要求不高的场合。然而由于它的电路非常简单，所以在对转换速度没有严格要求时仍是一种可取的方案。

为了提高转换速度，在计数型 A/D 转换器的基础上又产生了逐次渐进型 A/D 转换器，逐次渐进型 A/D 转换器也属于反馈比较型 A/D 转换器，但它的给出方式有所改变。

图 10.3.6 所示的是逐次渐进型 A/D 转换器的方框图，以 4 位二进制位为例，它工作的基本原理是：逐次渐进寄存器在 v_L、CP 的控制下先输出 1000（以 4 位为例），经 D/A 转换后输出 v_o，若 $v_o > v_i$，则 C 的输出控制信号使寄存器输出 0100；若 $v_o < v_i$，则 C 的输出控制信号使寄存器输出 1100；再经 D/A 转换后输出 v_o。若 $v_o > v_i$，则 C 的输出控制信号使寄存器去掉第二位 1，并使第三位置 1，若 $v_o < v_i$，则 C 的输出控制信号使寄存器保留第二位

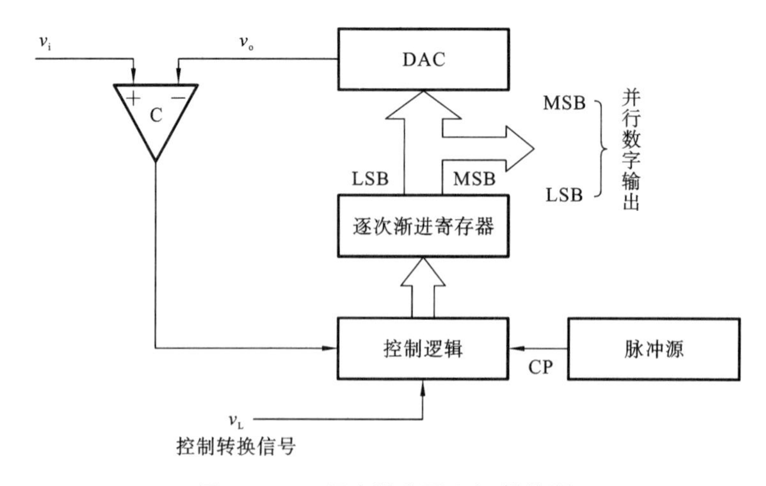

图 10.3.6　逐次渐进型 A/D 转换器

1，并使第三位置1，以此类推。

对于一个n位输出的逐次渐进型A/D转换器，它完成一次A/D转换的时间为$n+2$个时钟周期。因此，它的转换速度比并联比较型A/D转换器的慢，但是比计数型A/D转换器的快得多。在输出位数较多时，逐次渐进型A/D转换器的电路规模比并联比较型A/D转换器的小得多。因此，从综合性能来看，逐次渐进型A/D转换器是目前集成A/D转换器产品中使用较多的一种电路。

10.3.4 间接A/D转换器

1. 双积分型A/D转换器

双积分型A/D转换器是一种间接A/D转换器，它的基本工作原理如图10.3.7所示。将电压v_i转换成与之成正比的时间T，并在此时间内对固定频率的脉冲进行计数，则计数结果D(正比于电压v_i)即为转换结果。例如，对于固定频率$f_c=5$ kHz，输出为4位二进制位的双积分型A/D转换器，输入电压$v_i=1$ V时，转换为时间$T=1$ ms，对应的输出为0101。

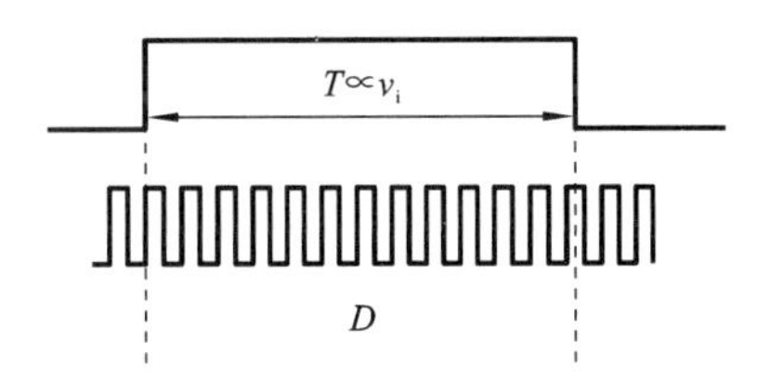

图10.3.7 双积分型A/D转换器

图10.3.8所示的是双积分型A/D转换器的结构框图，它包含积分器、比较器、计数器、控制逻辑和脉冲源几个组成部分。在转换开始前，转换控制信号$v_L=0$，计数器清零，并接通开关S_0，使积分电容C完全放电，$v_o=0$。

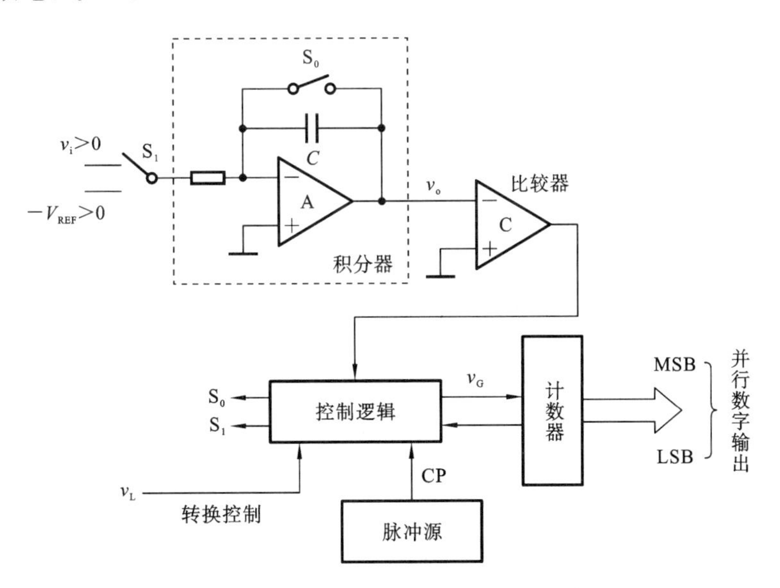

图10.3.8 双积分型A/D转换器的结构框图

$v_L=1$时开始转换，转换操作分两步进行。

第一步，令开关S_1闭合到输入信号电压v_i一侧，积分器对v_i进行固定时间为T_1的积分，积分结束时，积分器的输出电压为

$$v_o = \frac{1}{C}\int_0^{T_1} -\frac{v_i}{R}dt = -\frac{T_1}{RC}v_i \tag{10.3.3}$$

式(10.3.3)说明，在T_1固定的条件下，积分器的输出电压v_o与输入电压v_i成正比。

第二步，令开关 S_1 转接至参考电压$-V_{REF}$一侧，积分器向相反方向积分。如果积分器的输出电压上升到零时所经过的积分时间为T_2，则可得

$$v_o = \frac{1}{C}\int_0^{T_2} \frac{V_{REF}}{R}dt - \frac{T_1}{RC}v_i = 0$$

$$\frac{T_2}{RC}V_{REF} = \frac{T_1}{RC}v_i$$

故得到

$$T_2 = \frac{T_1}{V_{REF}}v_i \tag{10.3.4}$$

可见，反向积分到$v_o=0$的这段时间T_2与输入信号v_i成正比。令计数器在T_2这段时间里对固定频率$f_c=\frac{1}{T_c}$的时钟脉冲 CP 计数，则计数结果也与v_i成正比：

$$D = \frac{T_2}{T_c} = \frac{T_1}{T_c V_{REF}}v_i \tag{10.3.5}$$

式中，D表示计数结果的数字量。若取T_1为T_c的整数倍，即$T_1 = NT_c$，则式(10.3.5)可化简为

$$D = \frac{N}{V_{REF}}v_i \tag{10.3.6}$$

图 10.3.9 所示的是双积分型 A/D 转换器的电压波形图，可以看到，当输入信号电压取为两个不同数值v_i和v_i'时，反向积分的时间分别为T_2和T_2'，且时间长短分别与v_i和v_i'成正比。

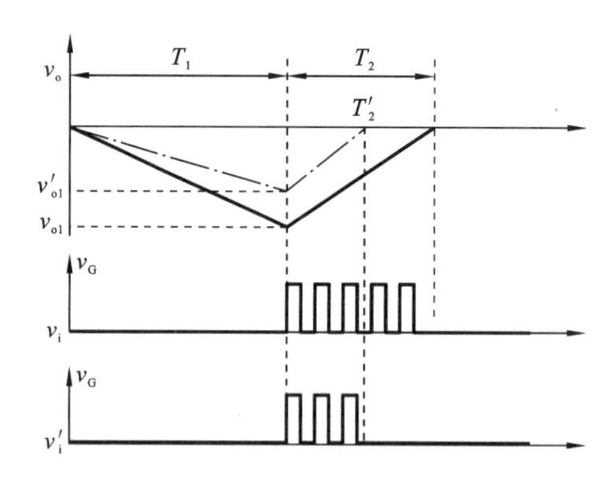

图 10.3.9 双积分型 A/D 转换器的电压波形图

双积分型 A/D 转换器最突出的优点是工作性能稳定。由于转换过程中先后进行了两次积分，由式(10.3.4)可知，双积分型 A/D 转换器的转换结果与R、C的值无关。此外，由式(10.3.6)可知，当T_1为T_c的整数倍时，转换结果D与时钟信号周期T_c无关，只要每次转换过程中T_c不变，那么时钟周期在长时间里发生缓慢变化也不会带来转换误差。因此，可采用精度较低的元器件制成精度很高的双积分型 A/D 转换器。

双积分型 A/D 转换器的另一个优点是抗干扰能力比较强。因为转换器的输入端使用

了积分器，所以其对对称干扰，即平均值为零的各种噪声，有很强的抑制能力。为了能有效抑制来自电网的工频干扰，一般取积分时间为交流电网电压周期的整数倍，即 $T_c = n \cdot 0.02$ s。

双积分型 A/D 转换器的主要缺点是工作速度慢，由于控制电路完成一次 A/D 转换的时间应取在 $2T_1$ 以上，所以对于 n 位二进制输出的双积分型 A/D 转换器，其最长积分时间 $2T_1 = 2^{n+1}T_c$。如果再加上转换前的准备时间（积分电容放电和计数器复位所需要的时间）和输出转换结果的时间，则完成一次 A/D 转换的时间要长于 $2T_1$。双积分型 A/D 转换器的转换速度一般都在每秒几十次以内。

2. 电压-频率变换型 A/D 转换器

电压-频率变换型 A/D 转换器（简称 V-F 型 A/D 转换器）是一种间接 A/D 转换器，它的基本原理如图 10.3.10 所示。将电压 v_i 转换成与之成正比的频率信号，并在固定时间内对其进行计数，则计数结果（正比于电压 v_i）即为转换结果。

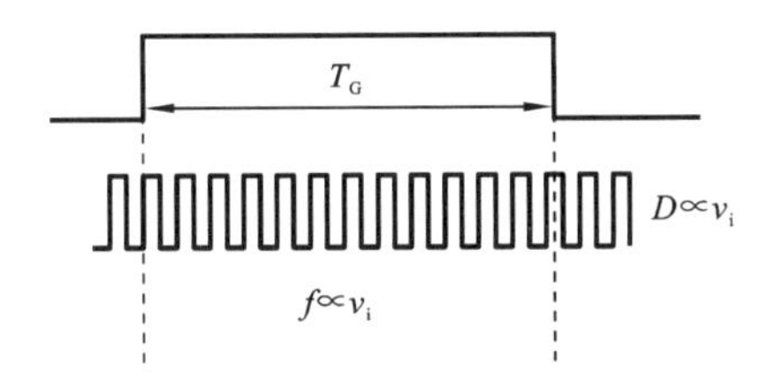

图 10.3.10　V-F 型 A/D 转换器

图 10.3.11 所示的是 V-F 型 A/D 转换器的结构框图，它由压控振荡器（Voltage Controlled Oscillator，VCO）、计数器、寄存器等部分构成。

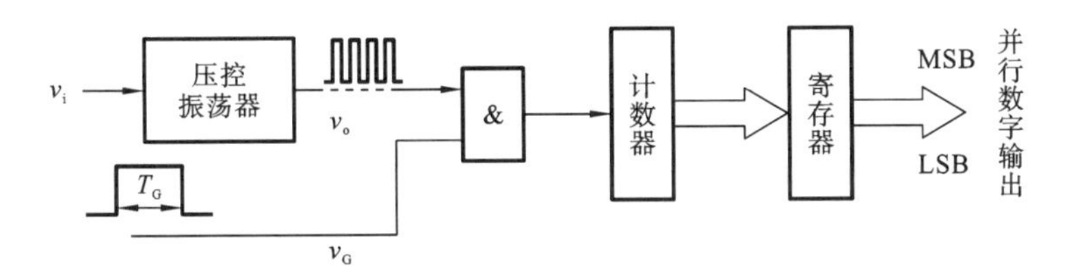

图 10.3.11　V-F 型 A/D 转换器的结构框图

转换过程通过闸门信号 v_G 控制，当 v_G 变成高电平后转换开始，压控振荡器的输出脉冲通过与门给计数器计数。由于压控振荡器的输出脉冲频率与输入的模拟电压成正比，而闸门信号 v_G 是固定宽度为 T_G 的脉冲信号，所以每个 T_G 周期期间内计数器所记录的脉冲数目也与输入的模拟电压成正比。

为了避免在转换过程中输出的数字跳动，通常在电路的输出端设有输出寄存器。每当转换结束时，用 v_G 的下降沿触发单稳态触发器，用单稳态触发器的输出脉冲将计数器置零。

因为压控振荡器的输出信号是一种调频信号，而这种调频信号不仅易于传输和检测，还具有很强的抗干扰能力，所以 V-F 型 A/D 转换器非常适合在遥测、遥控系统中应用。V-F 型 A/D 转换器的缺点是转换速度较慢。

10.3.5 A/D 转换器的转换精度与转换速度

1. A/D 转换器的转换精度

A/D 转换器的转换精度是指 A/D 转换器对输入信号的分辨能力及输出信号与理论值的差异，在单片集成的 A/D 转换器中用分辨率和转换误差来描述转换精度。

分辨率用输出二进制数或十进制数的位数来表示，用来表征 A/D 转换器对输入信号的分辨能力。从理论上讲，n 位二进制输出的 A/D 转换器可以区分输入模拟电压的 2^n 个不同等级大小，能区分输入电压的最小差异为$\frac{1}{2^n}$FSR(满量程输入的$\frac{1}{2^n}$)，所以分辨率所表示的是 A/D 转换器在理论上能达到的精度。例如 A/D 转换器的满量程输入信号是 5 V，如果转换器的输出为 3 位二进制数，则输出有 8 种状态，能分辨出的输入电压的最小差异为$\frac{5}{2^3}=0.625$ V；如果转换器的输出为 10 位二进制数，则输出有 1024 种状态，能分辨出的输入电压的最小差异为$\frac{5}{2^{10}}=0.00488$ V。

转换误差通常以输出误差最大值的形式给出，它表示实际输出的数字量和理论上应有的输出数字量之间的差别，一般以最低有效位的倍数给出。例如给出转换误差小于$\frac{1}{2}$LSB，这就表明实际输出的数字量和理论上应得到的输出数字量之间的误差小于最低有效位的半个字节。

有时也用满量程输出的百分数给出转换误差。例如 A/D 转换器的输出为十进制的$3\frac{1}{2}$位时(即所谓的三位半)，转换误差为$\pm 0.005\%$FSR，则满量程输出为 1999，最大输出误差小于最低位的 1。

通常单片集成 A/D 转换器的转换误差已经综合反映了电路内部各个元器件及单元电路偏差对转换精度的影响，所以无须再分别讨论这些因素各自对转换精度的影响。

2. A/D 转换器的转换速度

A/D 转换器的转换速度主要取决于转换电路的类型，不同类型 A/D 转换器的转换速度相差很大。并联比较型 A/D 转换器的转换速度最快。例如，8 位二进制输出的单片集成 A/D转换器的转换时间可以缩短至 50 ns 以内。逐次渐进型 A/D 转换器的转换速度次之，多数产品的转换时间都在 10～100 μs 之间。个别速度较快的 8 位 A/D 转换器的转换时间可以不超过 1 μs。

相比之下，间接 A/D 转换器的转换速度要慢得多，目前使用的双积分型 A/D 转换器的转换时间多在数十毫秒至数百毫秒之间。

此外，在组成高速 A/D 转换器时还应将取样保持电路的获取时间(即取样信号稳定地建立起来所需要的时间)计入转换时间之内。一般单片集成取样保持电路的获取时间都在几微秒的数量级，这和所选定的保持电容的电容量有很大关系。

本章思维导图

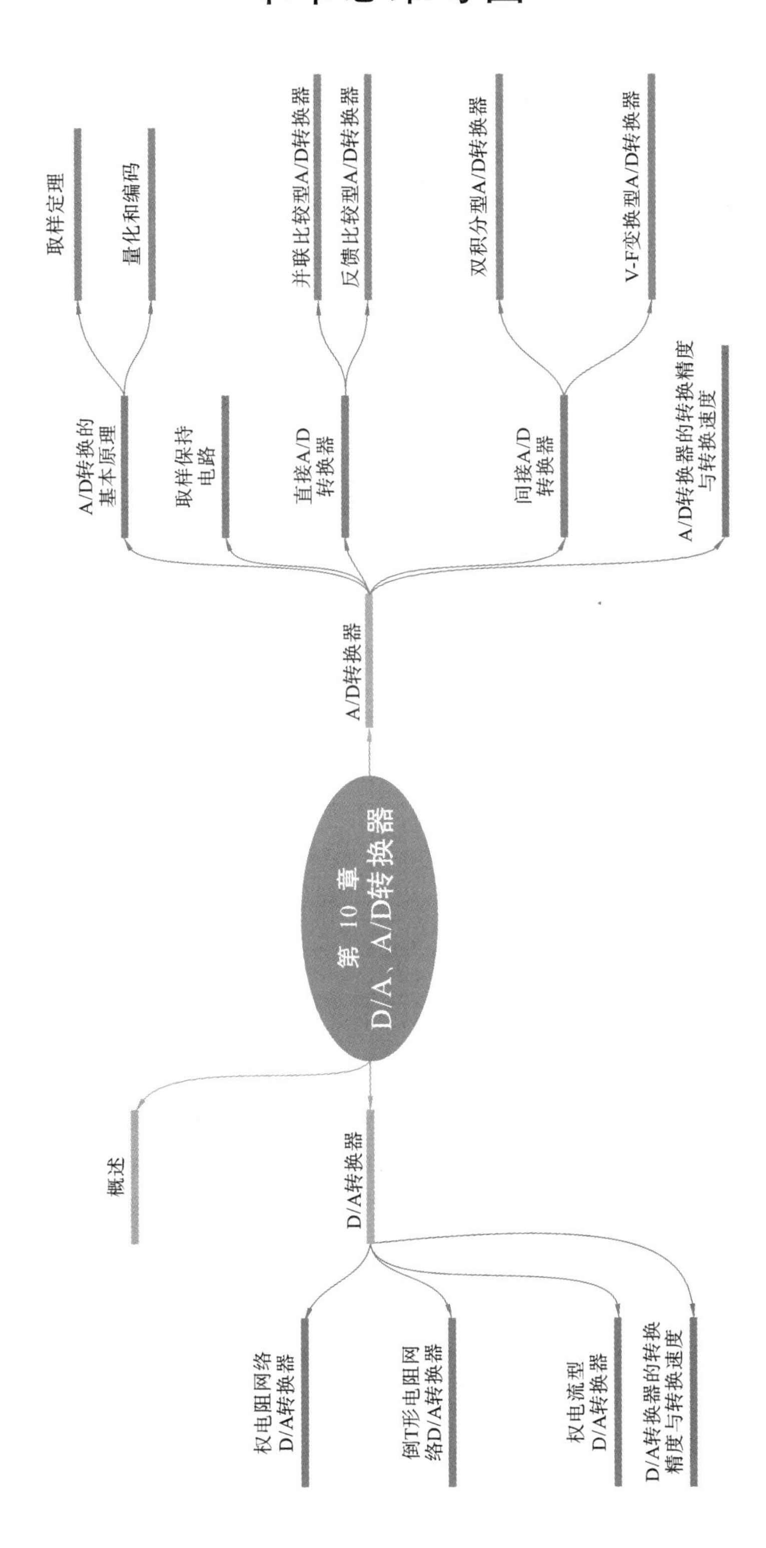
第10章
D/A、A/D转换器
A/D转换器
A/D转换的基本原理
取样定理
量化和编码
取样保持电路
直接A/D转换器
并联比较型A/D转换器
反馈比较型A/D转换器
间接A/D转换器
双积分型A/D转换器
V-F变换型A/D转换器
A/D转换器的转换精度与转换速度
D/A转换器
概述
权电阻网络D/A转换器
倒T形电阻网络D/A转换器
权电流型D/A转换器
D/A转换器的转换精度与转换速度

习　题

1. 实现模数转换和数模转换一般需要经过哪几个过程？按工作原理不同分类，A/D 转换器和 D/A 转换器可分为哪几种？

2. 某个 D/A 转换器满刻度输出电压为 5 V，若要求最小分辨电压为 1 mV，应采用多少位的 D/A 转换器？

3. 在图 10.2.2 所示的 4 位权电阻网络 D/A 转换器中，若取 $V_{REF}=5$ V，求当输入的数字量 $d_3d_2d_1d_0=0110$ 时输出电压的大小。

4. 在图 10.2.3 所示的倒 T 形电阻网络 D/A 转换器中，若取 $V_{REF}=-8$ V，求当输入的数字量 $d_3d_2d_1d_0$ 分别为 0001、0010、0100、1000 时输出电压的大小。

5. 在习题图 10.1 中所示的倒 T 形电阻网络 D/A 转换器中，设 $R_{fb}=R$，外接参考电压 $V_{REF}=-10$ V，为保证 V_{REF} 偏离标准值所引起的误差小于 LSB/2，则 V_{REF} 的相对稳定度应取多少？

6. 如习题图 10.1 所示的双极性 D/A 转换器：

(1) 请写出输出电压 v_o 的表达式；

(2) 当该电路能实现输入为 2 的补码时，V_B、R_B、V_{REF} 和 R_{fb} 应满足什么关系？

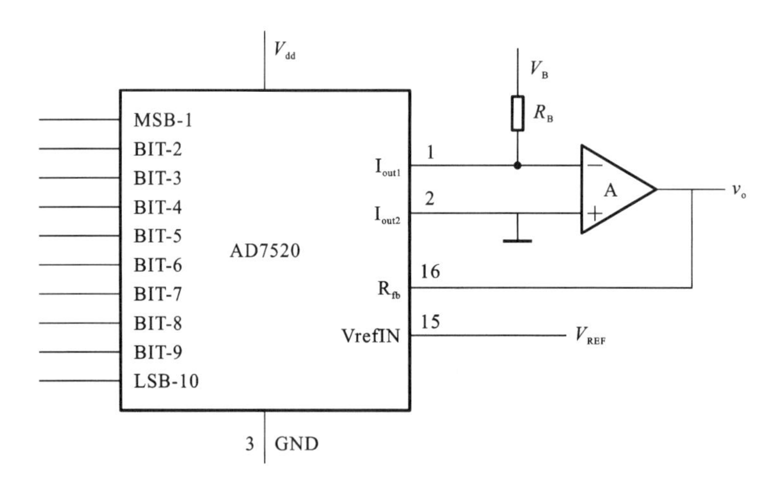

习题图 10.1

7. 在图 10.3.4 所示的并联比较型 A/D 转换电路中，$V_{REF}=7$ V，此时电路的量化单位 Δ 为多少？当 $v_i=2.4$ V 时，输出数字量 $d_2d_1d_0$ 是多少？

8. 现要将图 10.3.4 所示的并联比较型 A/D 转换电路的输出数字量增加到 8 位，并采用图 10.3.2(b) 所示的量化方法，试问最大的量化误差是多少？在保证 V_{REF} 变化时引起的误差小于等于 LSB/2 的条件下，V_{REF} 的相对稳定度 $\left(\frac{\Delta V_{REF}}{V_{REF}}\right)$ 应为多少？

9. 在图 10.3.5 所示的计数型 A/D 转换器中，若输出的数字量为 10 位二进制数，时钟信号频率为10 MHz,则完成一次转换的最长时间是多少？若要求转换时间不得大于50 μs，那么时钟信号频率应该选多少？

10．在图10.3.11所示的V-F型A/D转换器中，预计输入0～5 V的模拟电压，并将其转换为3位十进制数字量输出，输入为5 V时输出应显示500，闸门脉冲v_G的宽度为5 ms，求V-F型A/D转换器的输出频率与输入模拟电压之间的转换比例系数。

第 11 章　Vivado 集成开发环境介绍

Vivado 是 FPGA 厂商赛灵思公司 2012 年发布的新一代从系统到 IC 级的集成设计环境。支持 Block Design、Verilog、VHDL 等多种设计输入方式，内嵌综合器及仿真器，可以完成从设计输入、综合适配、仿真到下载的完整 FPGA 设计流程。本章以 Vivado 2019.1 为例，介绍 Vivado 集成开发环境的安装及使用基本流程。

11.1　Vivado 安装流程

(1) 下载好安装包后，如图 11.1.1 所示，打开 xsetup.exe 程序。

bin	2020/8/25 12:01	文件夹	
data	2020/8/25 12:01	文件夹	
lib	2020/8/25 12:01	文件夹	
payload	2020/8/25 12:05	文件夹	
scripts	2020/8/25 12:05	文件夹	
tps	2020/8/25 12:06	文件夹	
xsetup	2019/10/30 2:37	文件	3 KB
xsetup.exe	2019/10/30 2:37	应用程序	439 KB
xuninstall.exe	2019/10/30 2:37	应用程序	439 KB

图 11.1.1　Vivado 安装程序

(2) 如图 11.1.2 所示，打开后会提示你是否获取最新版的 Vivado 软件，我们仅作学习用，所以不需要，点击 Continue。

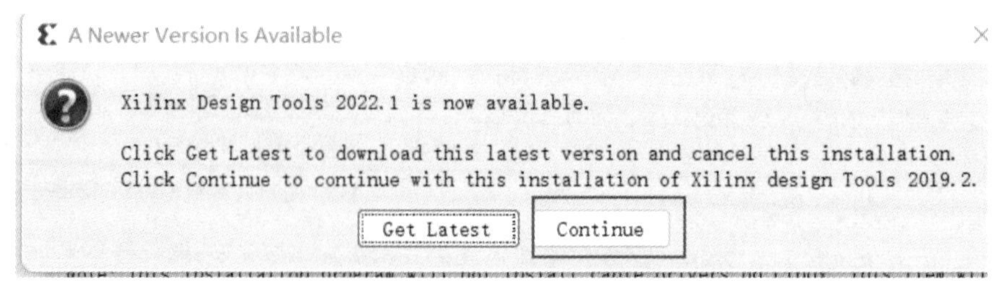

图 11.1.2　Vivado 更新提示

(3) 如图 11.1.3 所示，点击 Next。

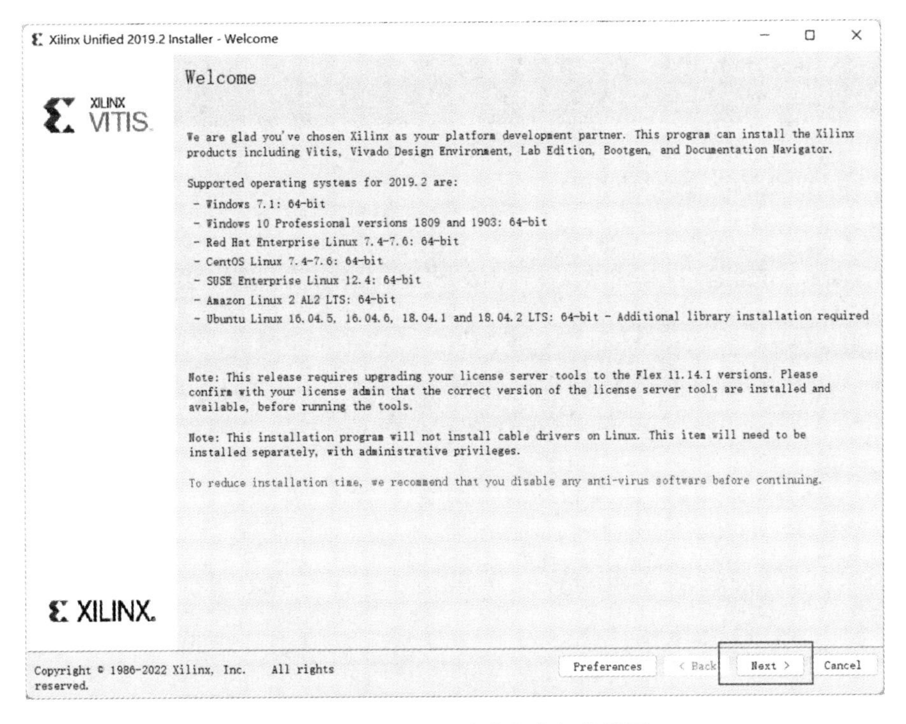

图 11.1.3　Vivado 安装程序初始界面

(4) 如图 11.1.4 所示，三个 I Agree 选项全部勾选，点击 Next。

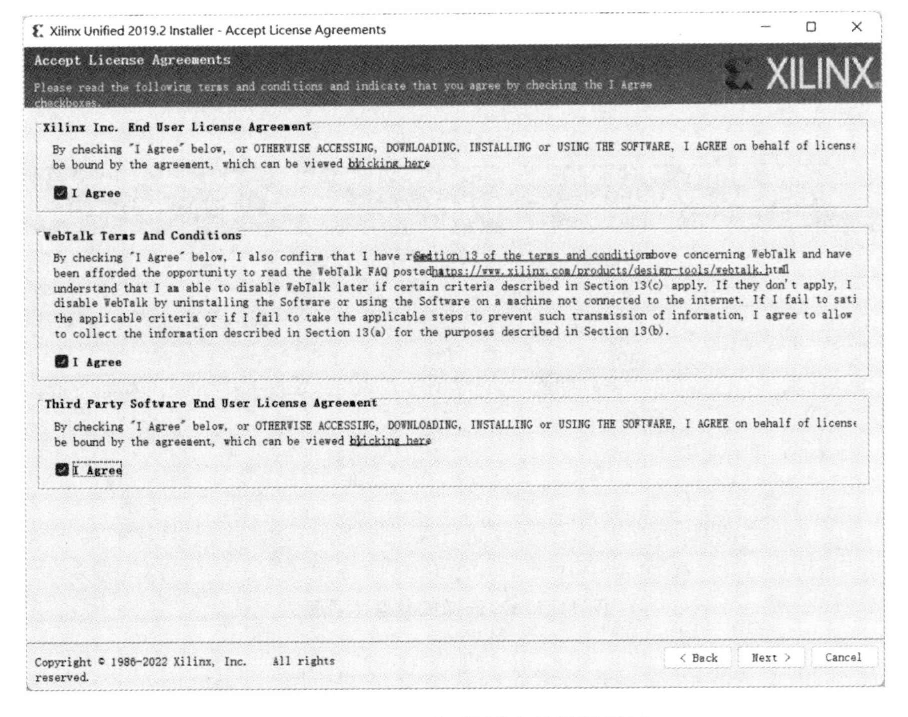

图 11.1.4　Vivado 接受许可协议界面

(5) 如图 11.1.5 所示，选择安装 Vivado，点击 Next。

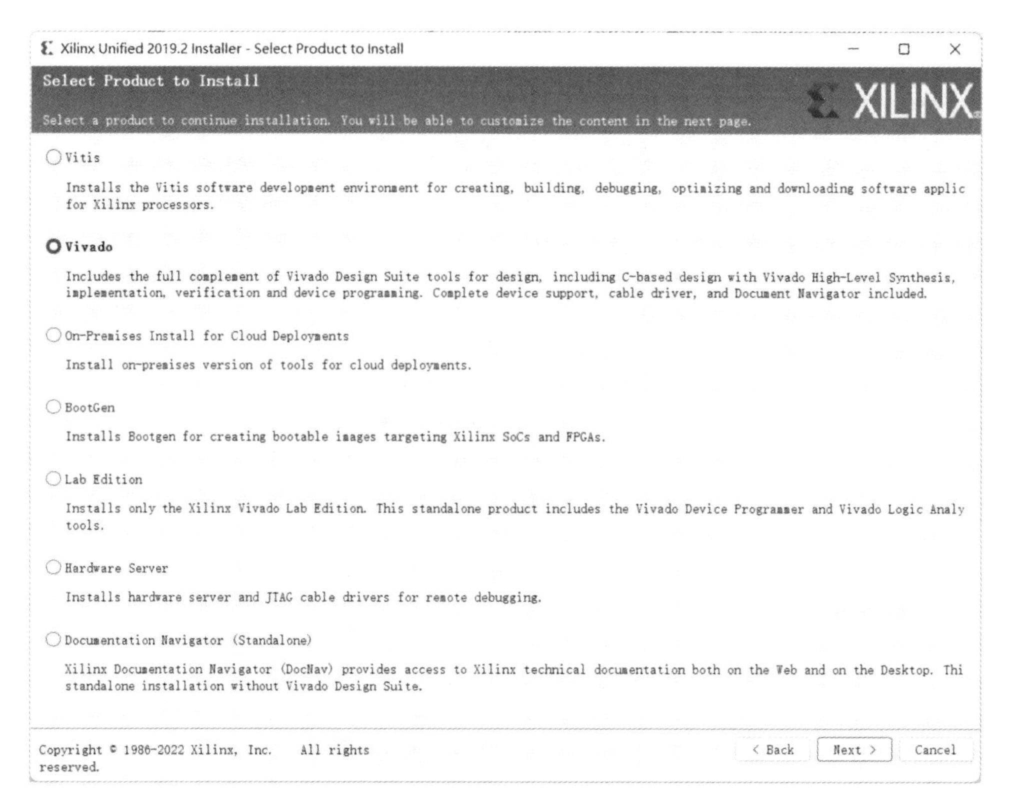

图 11.1.5 选择安装产品界面

(6) 如图 11.1.6 所示，勾选 Vivado HL Design Edition，该版本功能已经足够初步学习使用。

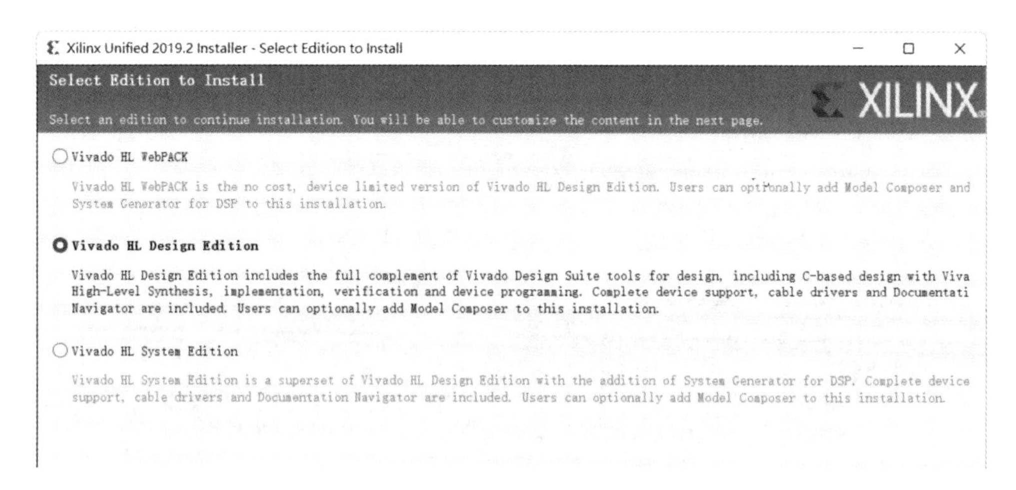

图 11.1.6 选择安装版本界面

(7) 如图 11.1.7 所示，这一步按默认的选项就足够使用，如果电脑空间很足，可以全部勾选，读者也可根据手中已有的开发板进行选择。

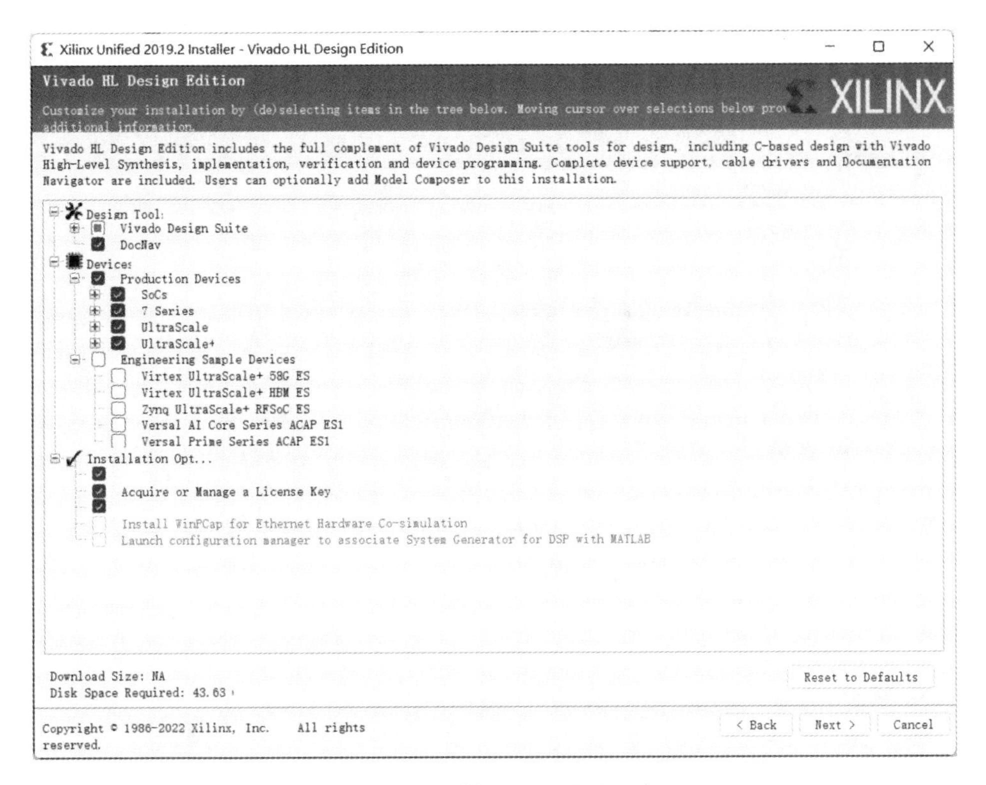

图 11.1.7　选择所需工具和设备

(8) 最后选择合适的硬盘安装即可，如图 11.1.8 所示，推荐勾选 All users。随后点击 Next，若询问是否创建不存在的文件夹，如图 11.1.9 所示，则选 Yes。

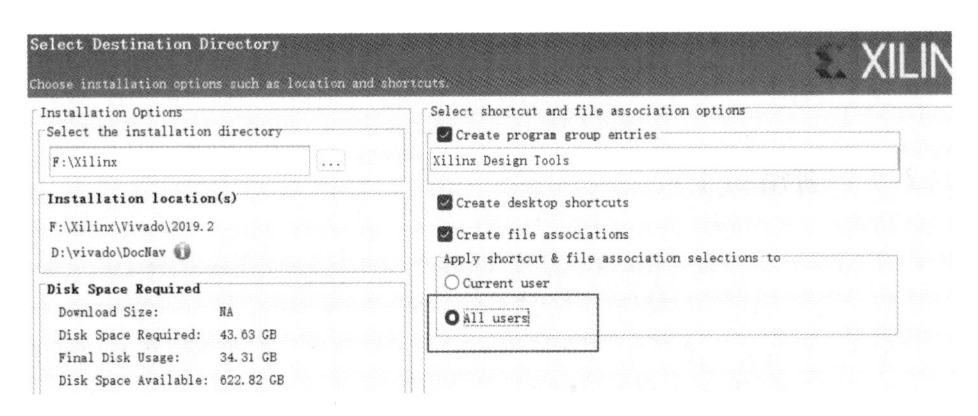

图 11.1.8　选择安装路径

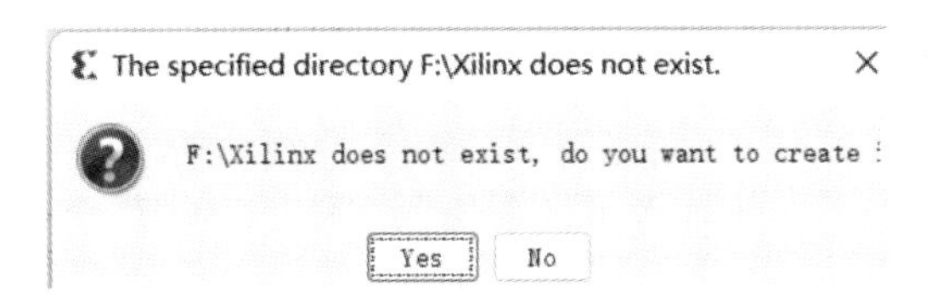

图 11.1.9　确认创建文件夹

(9) 如图 11.1.10 所示，确认安装即可。

图 11.1.10　确认安装

11.2　Vivado 工程设计基本流程

11.2.1　创建新工程

(1) 打开 Vivado 主界面，如图 11.2.1 所示，点击 Quick Start 里的 Create Project。

(2) 出现建立新工程向导对话框，如图 11.2.2 所示，点击 Next。

(3) 这时需要给整个工程起名，并选择该工程的保存路径。工程名及保存路径最好不要带中文，以避免编译工程时出现相关问题。这里我们将整个工程命名为 and_gate。默认勾选 Create project subdirectory，如图 11.2.3 所示，此时会在保存路径中创建一个以工程名为文件名的子文件夹，用来存放编译工程时所产生的文件，点击 Next。

(4) 如图 11.2.4 所示，此时会出现 New Project-Project Type 对话框。该界面内提供了下面可选的工程类型。

RTL Project：选择该选项，设计者可以添加源文件、生成 IP、运行寄存器传输级(RTL)分析等。

Post-synthesis Project：选择该选项，设计者可以添加源文件、查看器件资源、运行设计

图 11.2.1　Vivado 主界面

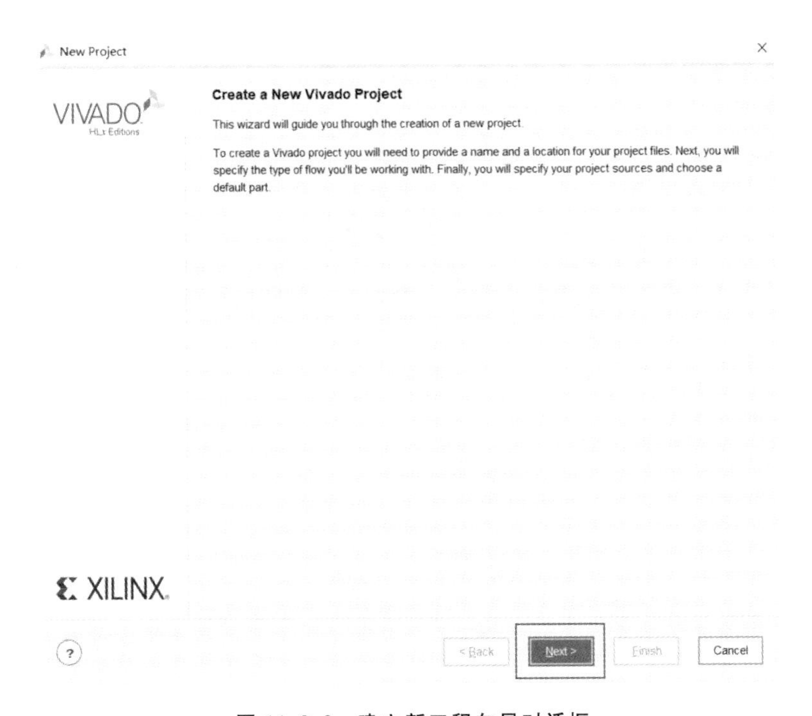

图 11.2.2　建立新工程向导对话框

分析等。

I/O Planning Project：选择该选项，不能指定设计源文件，但是可以查看器件/封装资源。

Imported Project：从 Synplify、XST 或者 ISE 工程文件中，创建一个 Vivado 工程。

默认勾选第一项，创建一个 RTL Project，点击 Next。

(5) 如图 11.2.5 所示，进入 Add Sources 界面，目标语言 Target language 选择 Verilog。虽然这里选择的是 Verilog，但 VHDL 也可以使用，其支持多语言混合编程。

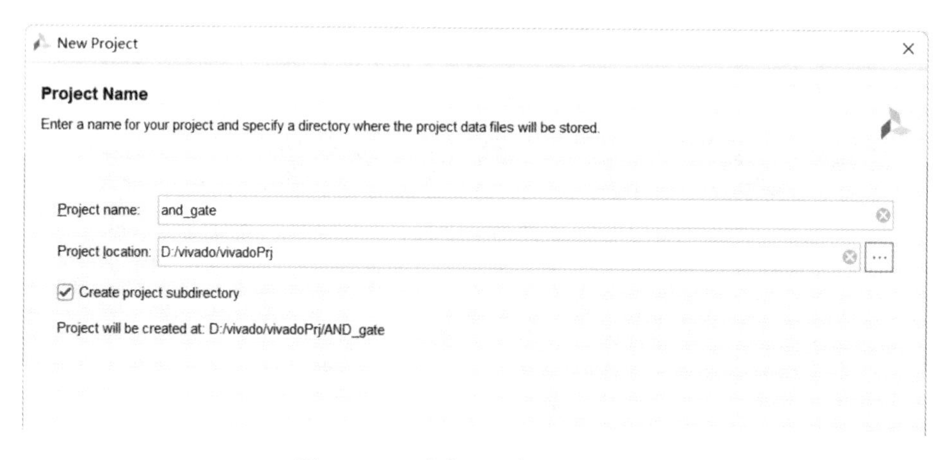

图 11.2.3　确定工程名及保存路径

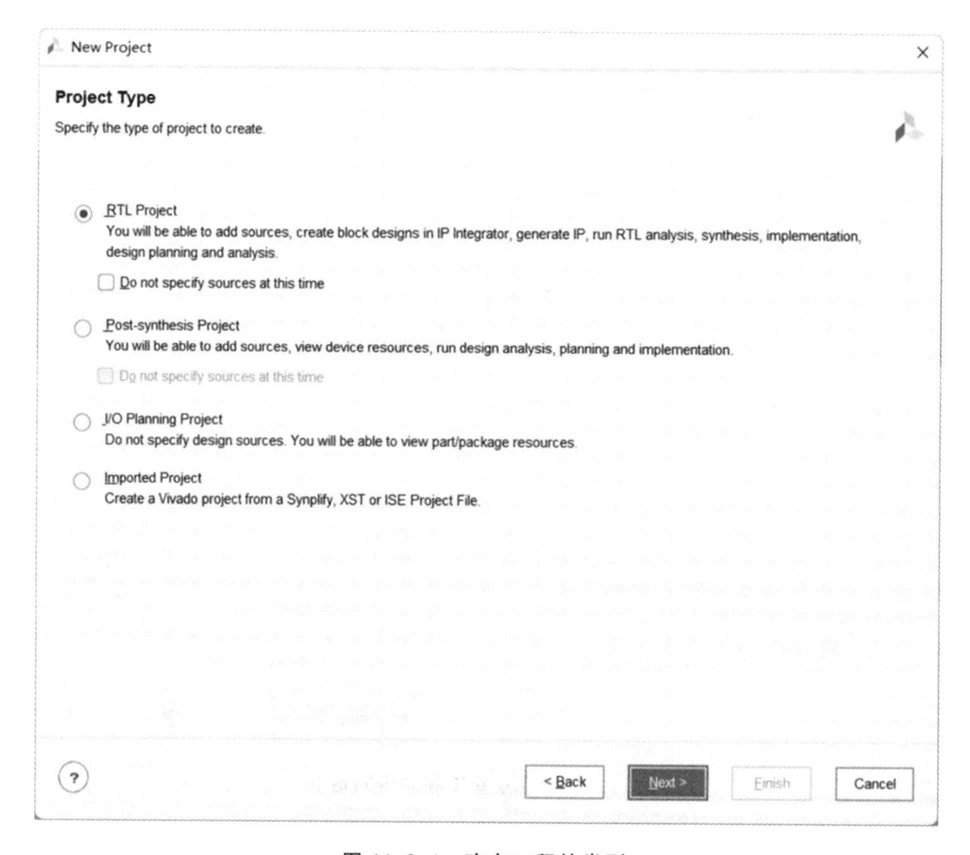

图 11.2.4　确定工程的类型

(6) 点击 Create File，创建一个 Verilog 文件，将 Verilog 文件命名为 and_gate，如图 11.2.6 所示。点击 OK 后，可以看到该 Verilog 文件就被添加到工程里面了。当然也可以先忽略这一步，在创建完工程之后再添加 Verilog 文件。

(7) 点击 Next，进入添加约束文件界面，如图 11.2.7 所示，这里先不添加任何文件。

(8) 进入器件选择界面，如图 11.2.8 所示，在这里可根据实际需要选择一个器件，仅作

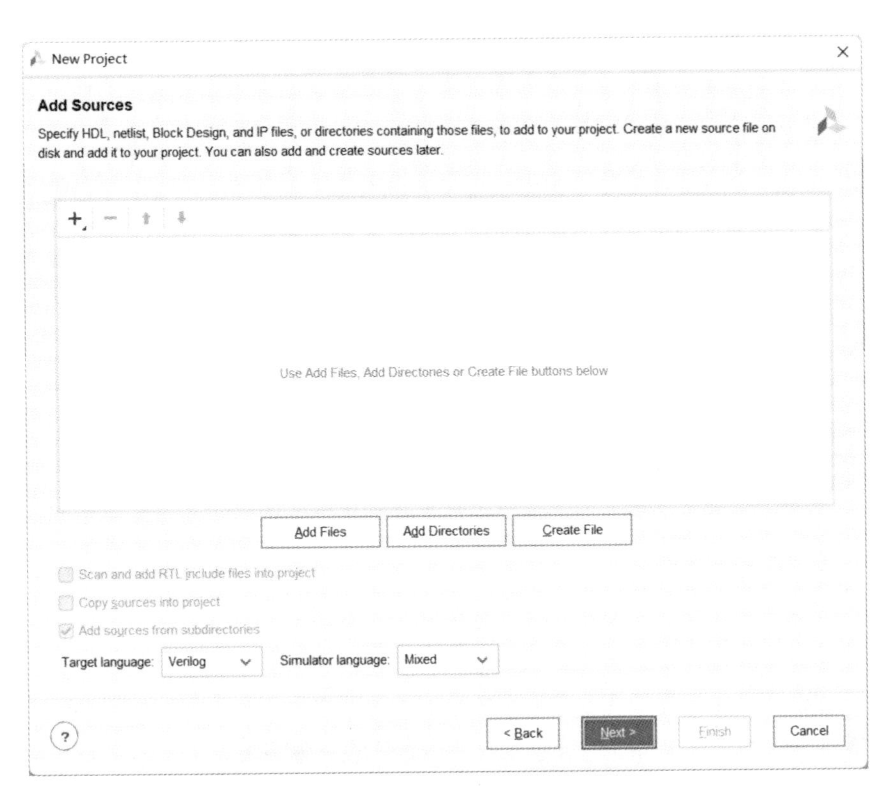

图 11.2.5　选择所用目标语言

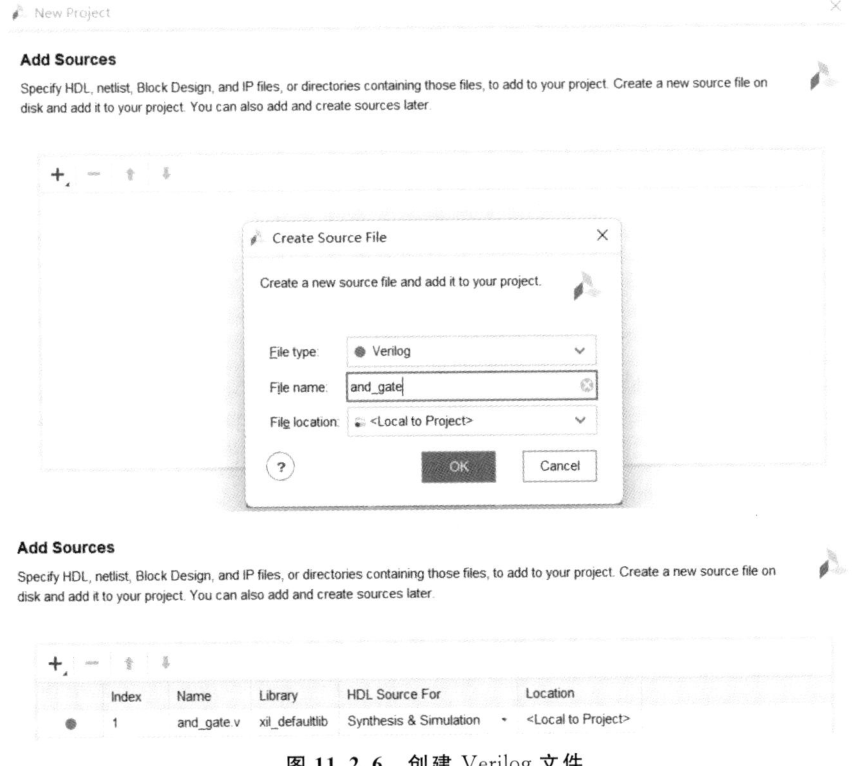

图 11.2.6　创建 Verilog 文件

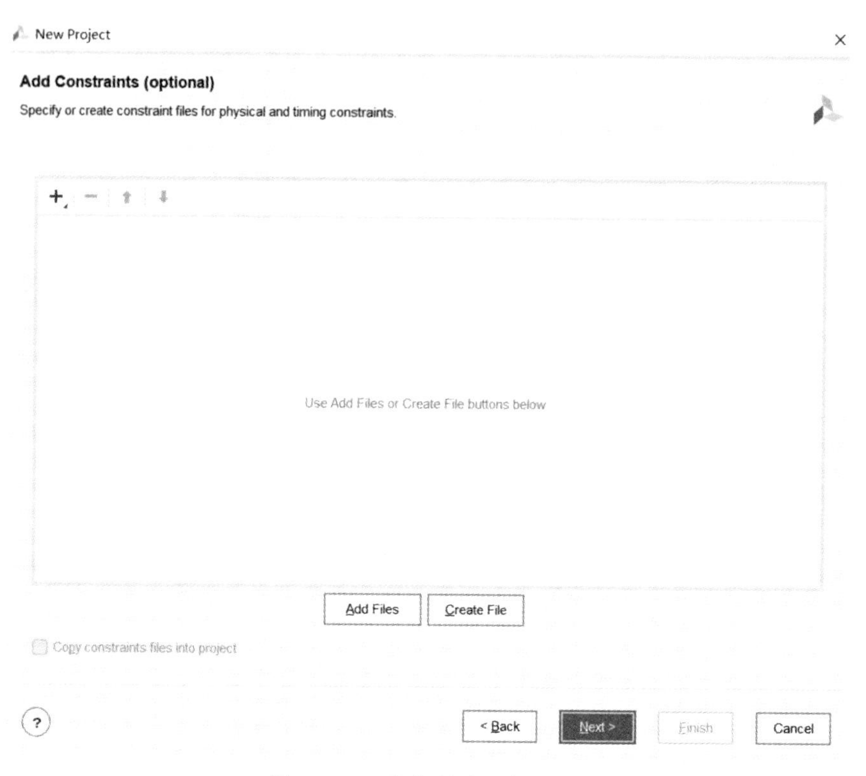

图 11.2.7　添加约束文件界面

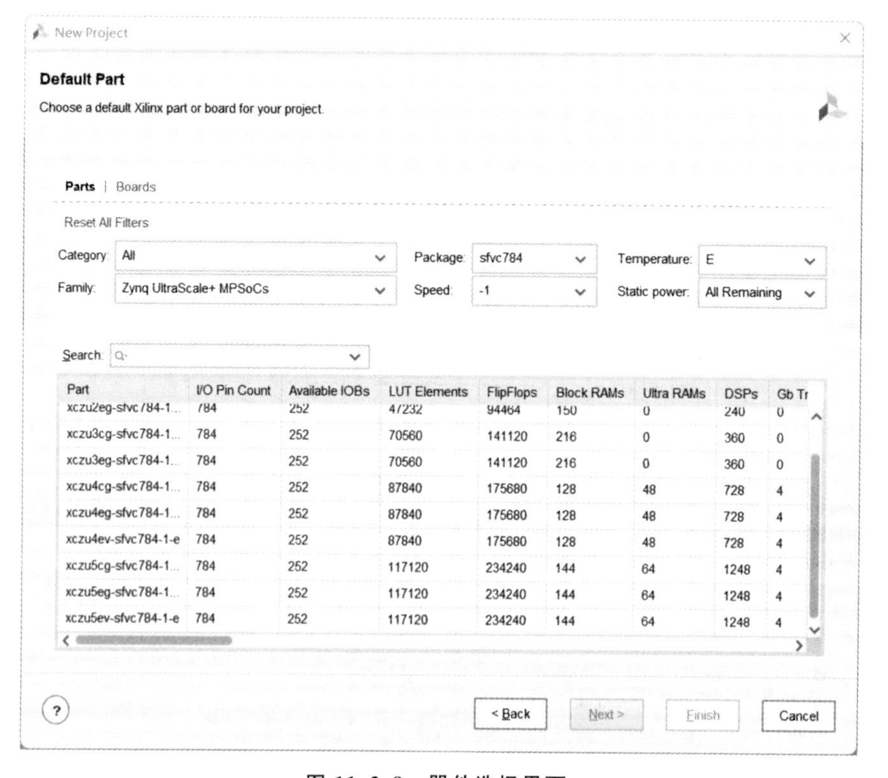

图 11.2.8　器件选择界面

行为级仿真时也可以随便选一个。Speed 的“－1”表示速率等级，数字越大性能越好，速率高的芯片向下兼容速率低的芯片。Temperature 分为两个等级，“E”代表扩展级（商业级），代表 0～100 ℃的温度范围；I 代表工业级，代表－40～100 ℃的温度范围。

（9）如图 11.2.9 所示，点击 Finish，完成名为“and_gate”的工程的创建。

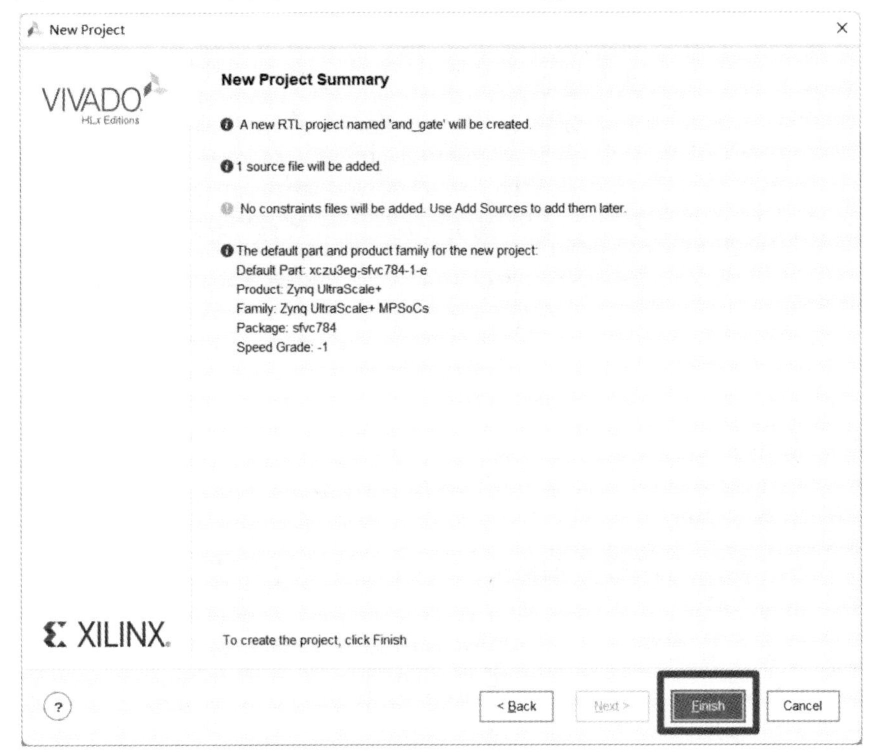

图 11.2.9　完成工程创建

11.2.2　Vivado 设计主界面及功能

（1）Flow Navigator 管理器界面如图 11.2.10 所示，流程处理主界面及功能如下。

① PROJECT MANAGER（工程管理器）：Settings（工程设置）；Add Sources（添加源文件）；Language Template（语言模板）；IP Catalog（IP 目录）。

② IP INTEGRATOR（集成器）：Create Block Design（创建模块设计）；Open Block Design（打开模块设计）；Generator Block Design（生成模块设计）。

③ SIMULATION（仿真）：Run Simulation（运行仿真）。

④ RTL ANALYSIS（RTL 分析）：Open Elaborated Design（打开详细的设计）。

⑤ SYNTHESIS（综合）：Run Synthesis（运行综合）；Open Synthesized Design（打开综合后的设计）。

⑥ IMPLEMENTATION（实现）：Run Implementation（运行实现）；Open Implemented Design（打开实现后的设计）。

⑦ PROGRAM AND DEBUG（编程和调试）：Generate Bitstream（生成比特流）；Open Hardware Manager（打开硬件管理器）。

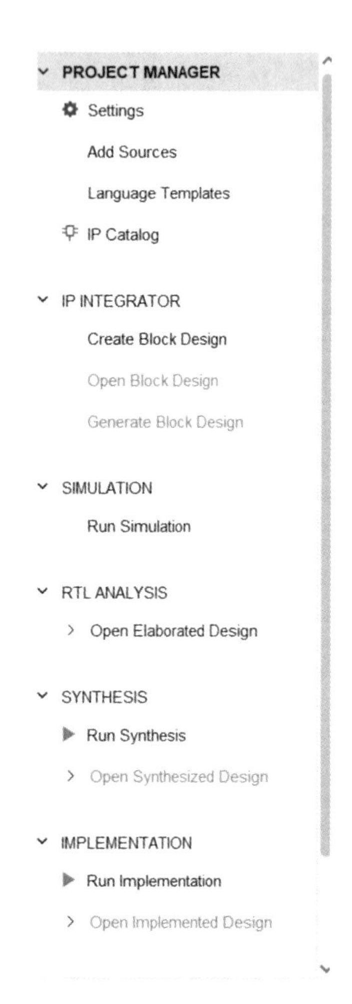

图 11.2.10 Flow Navigator 管理器界面

(2) 工程管理器主界面及功能。

如图 11.2.11 所示，该窗口为 Project Manager(工程管理器主界面)，所有的设计文件及类型，以及这些设计文件之间的关系均显示在该界面窗口下。

① Sources(源窗口)：该窗口允许设计者管理工程源文件，包括添加、删除源文件和对源文件重新进行排序，用于满足指定的设计要求。Design Sources(设计源文件)：显示源文件类型，这些源文件类型包括 Verilog、VHDL、NGC/NGO、EDIF、IP 核、数字信号处理(DSP)模块、嵌入式处理器和 XDC/SDC 约束文件。

Constraint(约束文件)：显示用于对设计进行约束的约束文件。

Simulation Sources(仿真源文件)：显示用于仿真的测试源文件。

② 源窗口视图：如图 11.2.11 所示，源文件窗口提供了下面的视图，用于显示不同的源文件。

Hierarchy(层次)：层次视图显示了设计模块和例化的层次。顶层模块定义了用于编译、综合和实现的设计层次。Vivdao 集成开发环境自动检测顶层的模块，但是设计者可以使用 Set as Top 命令手工定义顶层模块。

IP Sources(IP 源)：IP 源文件显示了由 IP 核所定义的所有文件。

Libraries(库)：库视图显示了保存到各种库的源文件。

Compile Order(编译顺序)：该视图从最开始到结束，显示了所有需要编译的源文件顺序。通常，顶层模块是

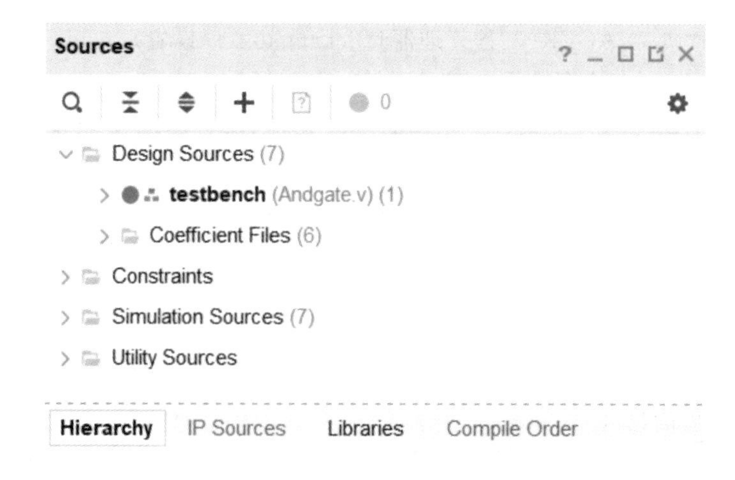

图 11.2.11 Project Manager 源窗口界面

编译的最后文件。基于定义的顶层模块和精细的设计，设计者可以允许 Vivado 集成环境自动确定编译顺序。此外，通过使用 Hierarchy Update 浮动菜单命令，设计者可以人工控制设计的编译顺序，即重新安排源文件的顺序。

③ 工作区窗口。

如图 11.2.12 所示，该窗口给出了设计报告总结，并且可以实现设计输入和设计查看。

图 11.2.12 工作区窗口界面

④ 其他窗口。

图 11.2.13 所示的为其他窗口。

Tcl Console | Messages | Log | Reports | Design Runs

Name	Constraints	Status	WNS	TNS	WHS	THS	TPWS	Total Power	Failed Routes	LUT	FF
synth_1	constrs_1	Not started									
impl_1	constrs_1	Not started									

图 11.2.13 其他窗口

Tcl Console：Tcl 控制台界面，可以在该界面下输入 Tcl 命令来控制设计流程的每一步。

Messages：消息窗口用于显示设计和报告消息。通过不同的头部对消息进行分组，以便设计者可以从不同的工具或者处理过程中快速地定位消息。所显示的消息有一个到相关文件的链接。设计者可以点击链接，在文本编辑器内打开 RTL 源文件。

Log：显示对设计进行编译命令活动的输出状态。这些命令用于综合、实现和仿真。输出显示连续滚动格式，当新的命令运行时，就会覆盖输出显示。当在一个活动运行时启动另一个命令时，会自动打开这个窗口。

Reports：该窗口显示用于当前活动运行的报告。当不同的步骤完成后，对报告进行更新。当执行完不同的步骤时，用不同的头部对报告进行分组，以便进行快速定位。双击报告，将在文本编辑器中打开文件。

Design Runs：设计运行窗口。

注意：如果隐藏了上述窗口，则可以在 Vivado 设计主界面主菜单下，选择 Windows，并打开对应窗口。

11.2.3 创建并添加新的设计文件

本节将演示若在创建工程的过程中没有添加设计文件，如何为工程创建并添加一个 Verilog 设计文件，步骤如下。

(1) 在 Sources 窗口下，点击动按钮或右键，出现浮动菜单，选择 Add Sources；或者在 Vivado 主界面主菜单下，选择 File→Add Sources。

(2) 出现如图 11.2.14 所示的 Add Sources(添加源文件)对话框。该对话框界面提供了下面的选项：

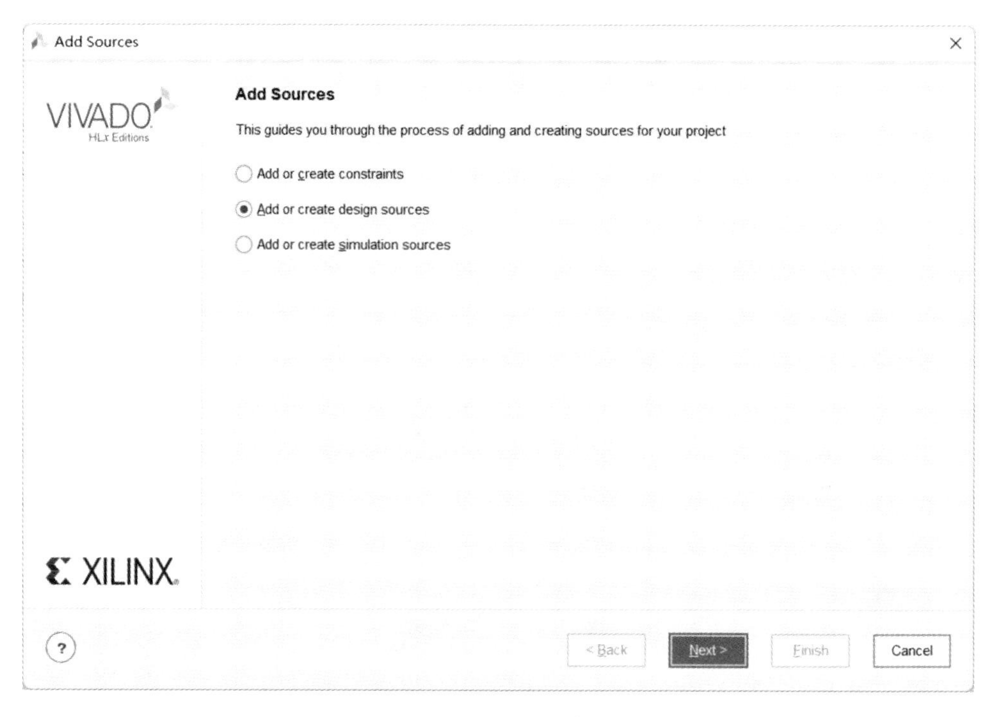

图 11.2.14 添加源文件对话框

① Add or create constraints(添加或者创建约束)；

② Add or create design sources(添加或者创建设计源文件)；

③ Add or create simulation sources(添加或者创建仿真源文件)；

选中 Add or create design sources，点击 Next。

(3) 出现如图 11.2.15 所示的 Add or Create Design Sources(添加或者创建设计源文件)对话框，在该界面中点击 Create File 按钮。

(4) 如图 11.2.16 所示，出现 Create Source File(创建源文件)对话框。在该界面内选择添加文件的类型并输入文件的名字，点击 OK，则会在图 11.2.15 所示的对话框中添加 and_

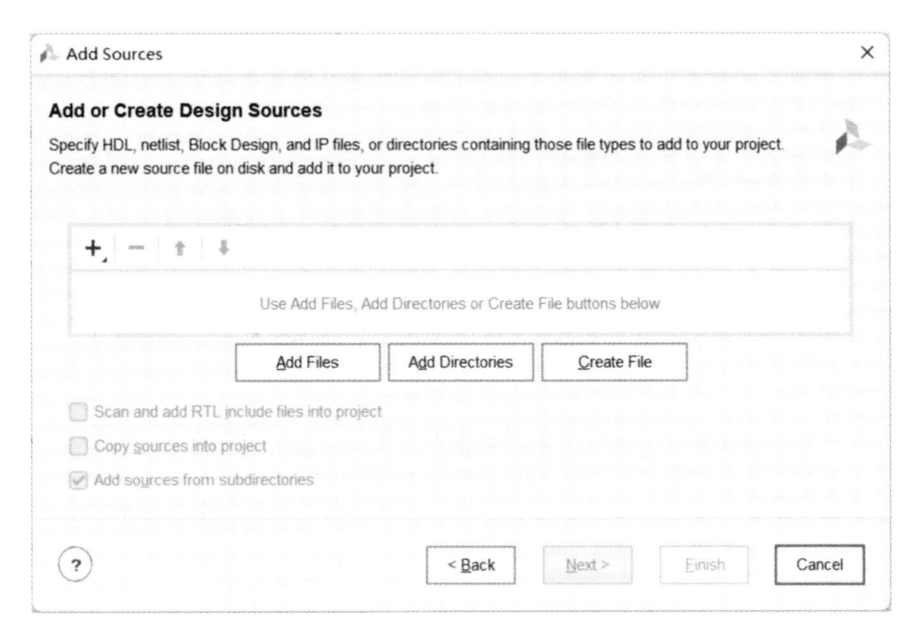

图 11.2.15　添加或者创建设计源文件对话框

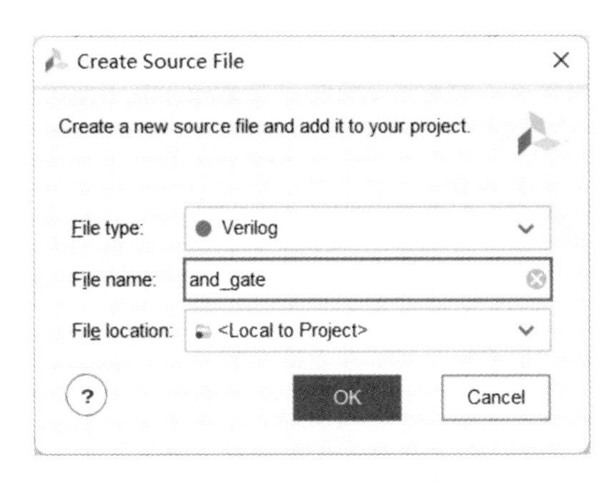

图 11.2.16　创建源文件对话框

gate.v 文件。

(5) 点击添加或者创建设计源文件对话框中的 Finish 按钮，出现 Define Module(定义模块)对话框，添加三个端口，a:input;b:input;z:output，之后点击 OK。

(6) 如图 11.2.18 所示，在源文件窗口中添加了 and_gate.v 文件。双击源文件窗口中的 and_gate.v，打开设计模板，修改设计模板，并添加设计代码。该代码中，两个逻辑变量 a 和 b 进行逻辑与运算。

代码 11.2.1　and_gate.v

```
module top(
    input  a;
        input  b;
        output c;
```

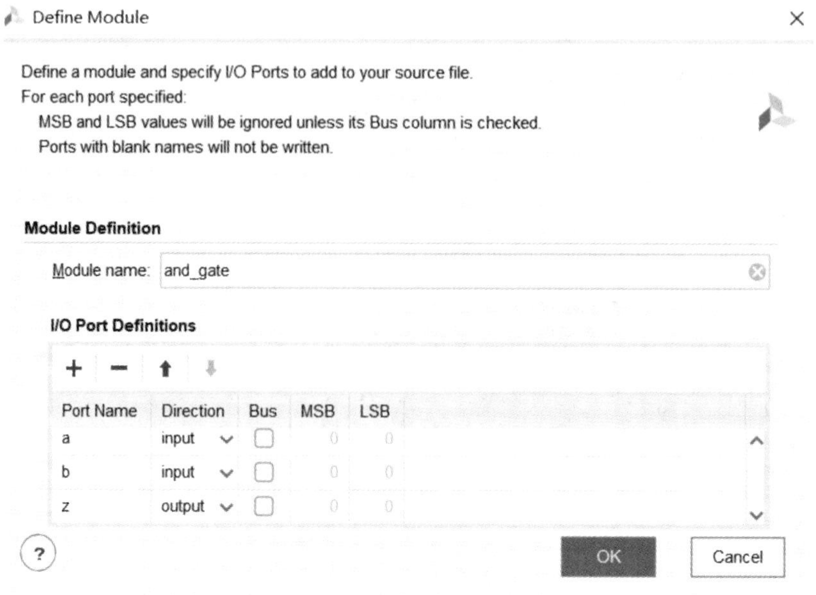

图 11.2.17　定义模块对话框

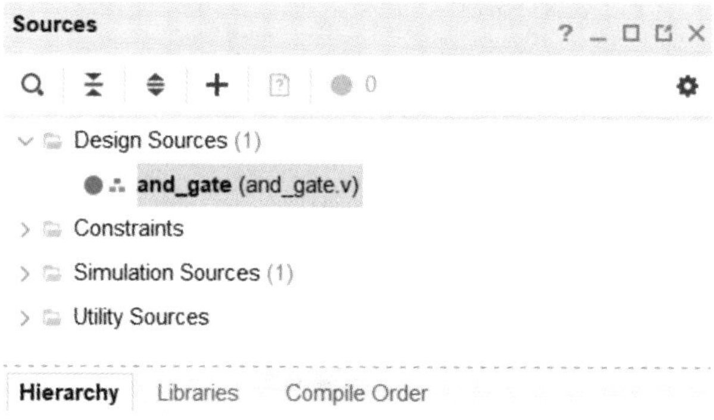

图 11.2.18　新添加了 and_gate.v 文件

```
);
  assign c= a & b;
endmodule
```

11.2.4　RTL 描述和分析

当设计者打开一个详细描述的 RTL 设计时，Vivado 集成环境会编译 RTL 源文件，并加载 RTL 网表，用于交互式分析。设计者可以查看 RTL 结构、语法和逻辑定义。分析和报告能力包括以下内容。

（1）RTL 编译有效性和语法检查；

（2）网表和原理图研究；

（3）设计规则检查；

(4) 使用一个 RTL 端口列表的早期 I/O 引脚规划；

(5) 可以在一个视图中选择一个对象，并交叉检测其他视图中的一个对象。

RTL 的描述和分析步骤如下。

(1) 在源窗口下，选择 and_gate.v 文件。

(2) 如图 11.2.19 所示，在 Vivado 左侧的流程管理窗口找到 RTL ANALYSIS(RTL 分析)并展开。

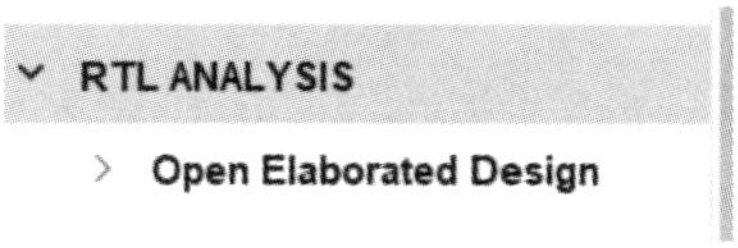

图 11.2.19　执行 RTL 分析

(3) 在展开项中，选择并双击 Open Elaborated Design。

(4) Vivado 开始运行 Elaborated Design。运行完后，Vivado 会自动打开 RTL Schematic，如图 11.2.20 所示，也可以在 Open Elaborated Design 的展开项里打开 Schematic，如图 11.2.21 所示。可以看到对 HDL 进行描述翻译后得到的 RTL 级连接结构。

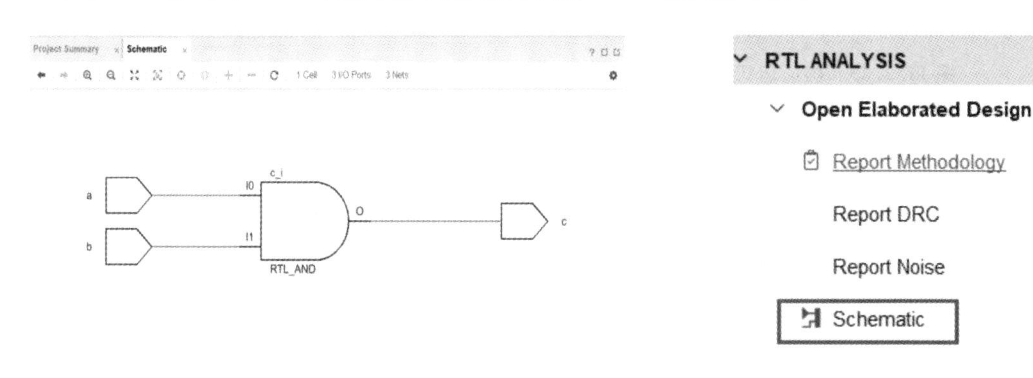

图 11.2.20　RTL 原理图

图 11.2.21　打开原理图

11.2.5　设计综合与分析

本节将对设计进行综合。综合就是将 RTL 级的设计描述转换成门级的描述。Vivado 集成环境下的综合工具基于时间驱动机制，专门对存储器的利用率和性能进行了优化。综合工具支持 SystemVerilog，以及 VHDL 和 Verilog 混合语言描述。该综合工具支持 Xilinx 设计约束 XDC。

实现设计综合的步骤如下。

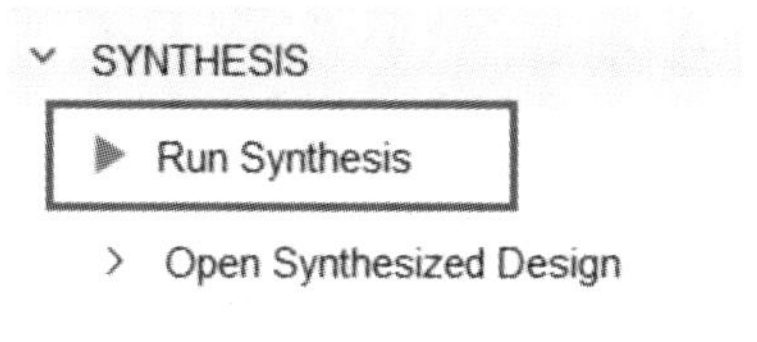

(1) 如图 11.2.22 所示，在流程处理窗口下，找到 Run Synthesis 并点击，弹出如图11.2.23所示的确认运行综合窗口，点击 OK。

图 11.2.22　运行综合位置

(2) 当综合完成后，会弹出如图 11.2.24 所示的综合完成窗口，该界面给出三个选项：

① Run Implementation(运行实现过程)；

② Open Synthesized Design(打开综合后的设计)；

③ View Reports(查看报告)。

选择 Open Synthesized Design 选项，点击 OK。

(3) 如图 11.2.25 所示，出现对话框，提示关闭之前执行 Elaborated Design 后打开的原理图，点击 Yes，Vivado 开始执行综合过程。

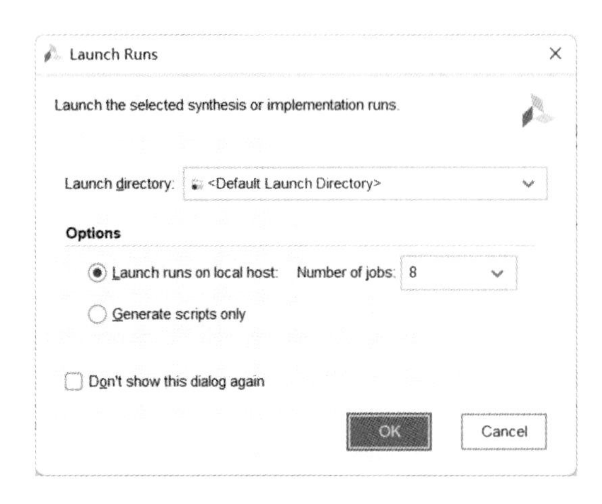

图 11.2.23 确认运行综合窗口

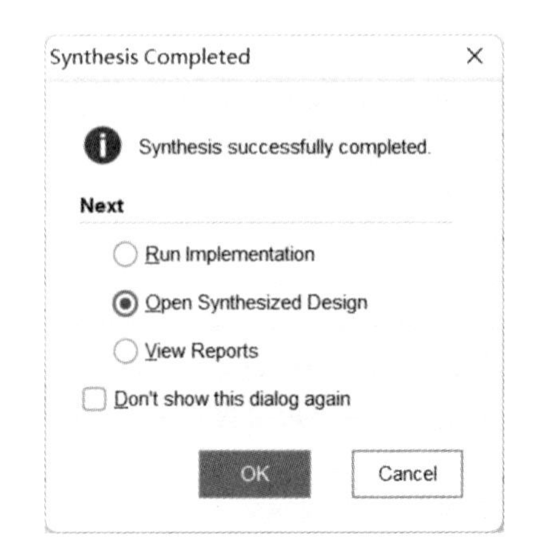

图 11.2.24 综合完成窗口

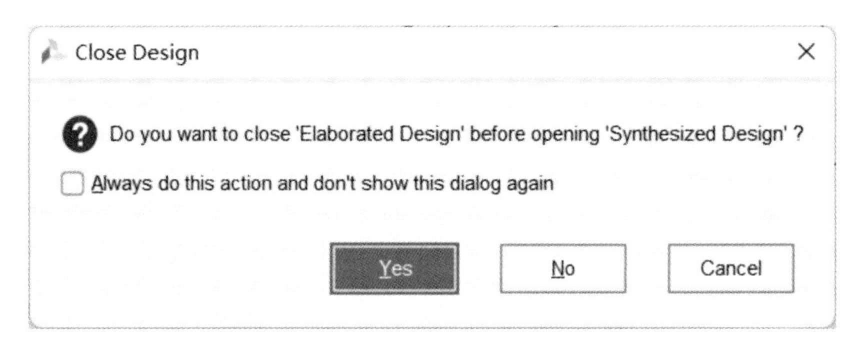

图 11.2.25 提示关闭 Elaborated Design 对话框

图 11.2.26 展开 Open Synthesis Design

(4) 执行完综合过程后，如图 11.2.26 所示，展开 Open Synthesis Design，提供以下选项：

① Constraints Wizard(约束向导)；

② Edit Timing Constraints(编辑时序约束)；

③ Set up Debug(开始调试)；

④ Report Timing Summary(报告时序总结)；

⑤ Report Clock Networks(报告时钟网络)；

⑥ Report Clock Interaction(报告时钟相互作用)；

⑦ Report Methodology(报告设计方法)；

⑧ Report DRC(报告 DRC)；

⑨ Report Noise (报告噪声)；

⑩ Report Utilization(报告利用率)；

⑪ Report Power(报告功耗)；

⑫ Schematic(原理图)。

(5) 点击 Schematic(原理图)选项，会显示设计综合后的网表结构，如图 11.2.27 所示。

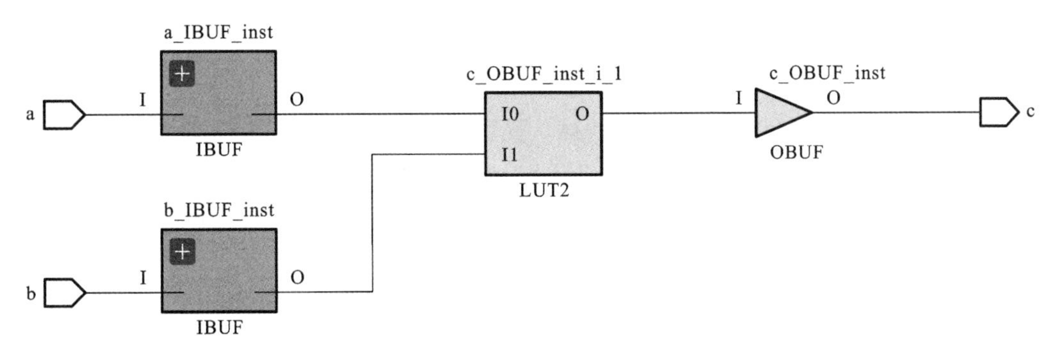

图 11.2.27 该设计的完整网表结构

11.2.6 设计行为级仿真

本节将执行对设计的行为级仿真。对设计进行行为级仿真的主要步骤如下。

(1) 按照前述的操作方法，启动/添加新文件命令。也可以在源文件窗口内选择 Simulation Sources，点击右键，此时会出现浮动菜单，在浮动菜单内选择 Edit Simulation Sets，直接进入第(3)步。

(2) 或如图 11.2.14 所示，出现 Add Sources(添加源文件)对话框。在该界面内选择 Add or create simulation sources(添加或者创建仿真源文件)选项，点击 Next。

(3) 出现 Add or Create Simulation Sources(添加或者创建仿真源文件)对话框，在该界面内点击 Create File 按钮。

(4) 出现 Create Source File(创建源文件)对话框，如图 11.2.28 所示，按下面参数设置后点击 OK。

File type：Verilog；

File name：test；

File location：Local to Project。

Create Source File

Create a new source file and add it to your project.

File type: Verilog

File name: test

File location: <Local to Project>

? OK Cancel

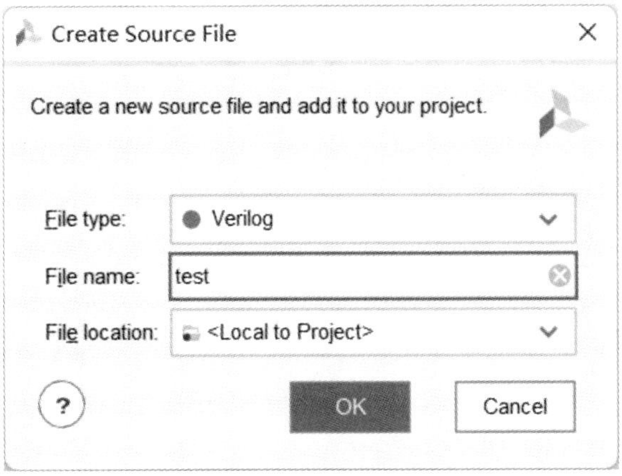

图 11.2.28 创建源文件对话框

(5) 在 Add Sources 对话框中，新添加了名字为 test. v 的仿真源文件，点击 Finish 按钮。

(6) 出现 Define Module(定义模块)对话框，直接点击 OK 按钮。

(7) 出现 Define Module (定义模块)确认提示对话框界面，直接点击 Yes 按钮。

(8) 如图 11.2.29 所示，在源文件窗口的 Simulation Sources 下添加了 test. v 文件，其下面包含设计文件 and_gate. v，它们分别作为仿真测试文件(即仿真源文件)和设计源文件。

注意：编写完仿真测试文件 test. v 后，设计源文件 and_gate. v 才会在 test. v 的下一级。

图 11.2.29 添加仿真源文件后的源窗口

(8) 打开 test. v 文件，在其中添加下面的设计代码。

代码 11.2.2 test. v

```
'timescale 1ns/1ns
 module test();
   reg a;
   reg b;
   wire c;
   initial
       begin
       a=0;
       b=0;
     forever
       begin
           #({$random}%100)
         a=~ a;
         #({$random}%100)
         b=~ b;
       end
     end
and_gate and0(.a(a),.b(b),.c(c));
endmodule
```

(9) 保存 test. v 文件，并在源文件窗口中选中 test. v 文件。

(10) 如图11.2.30所示，在Vivado设计界面左侧的流程向导窗口内，找到并展开SIMULATION。点击Run Simulation(运行仿真)，出现浮动菜单，选择Run Behavioral Simulation(运行行为仿真选项)。此后，Vivado开始运行行为仿真。

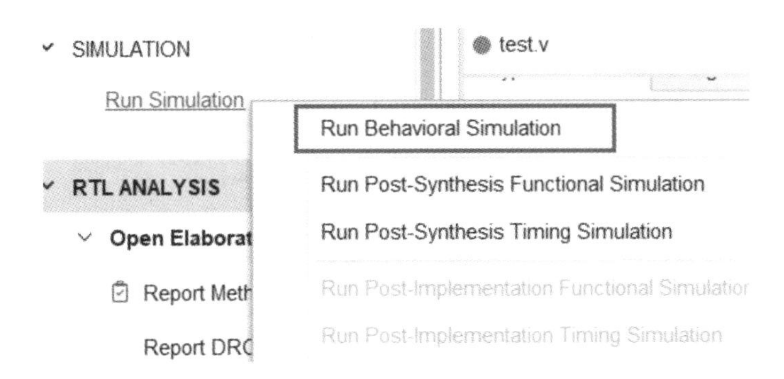

图11.2.30　选择运行行为仿真

(11) 如图11.2.31所示，出现行为仿真波形图。

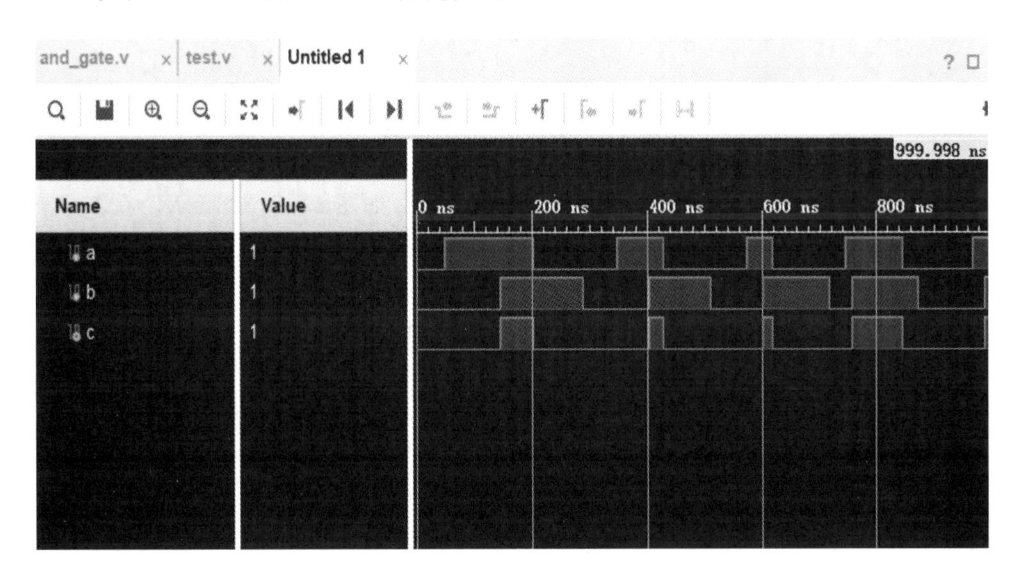

图11.2.31　行为仿真波形图

11.2.7　添加约束条件

1. 添加引脚约束

Vivado使用的约束文件为xdc文件。xdc文件主要用于完成引脚的约束、时钟的约束，以及组的约束。这里我们需要将and_gate.v程序中的输入输出端口分配到FPGA的真实引脚上。

(1) 执行完RTL分析后，在Vivado工具栏中选择Window→I/O Ports，如图11.2.32所示。

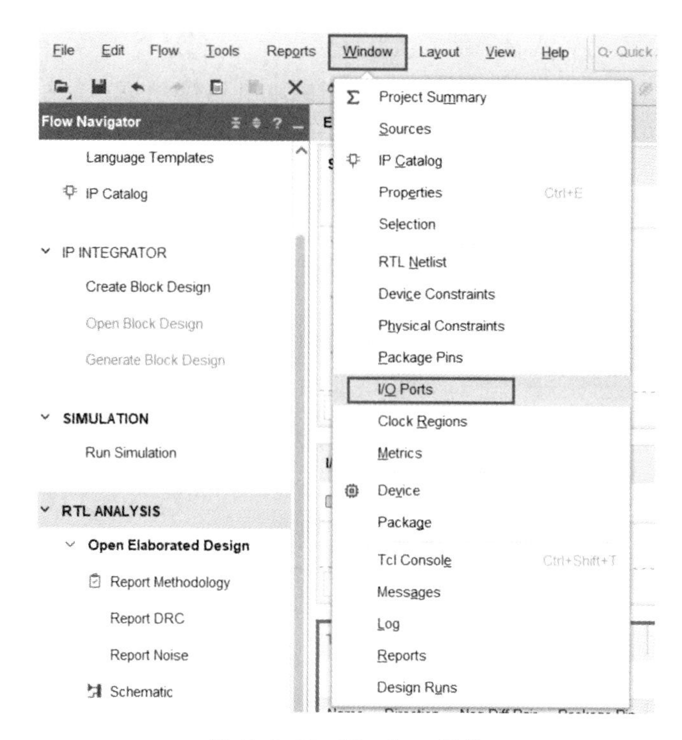

图 11.2.32　Vivado 工具栏

(2) 在弹出的 I/O Ports 中可以看到引脚分配情况，如图 11.2.33 所示。在 I/O Ports 中点击任一端口，可以在原理图中看到对应的端口会被选中。

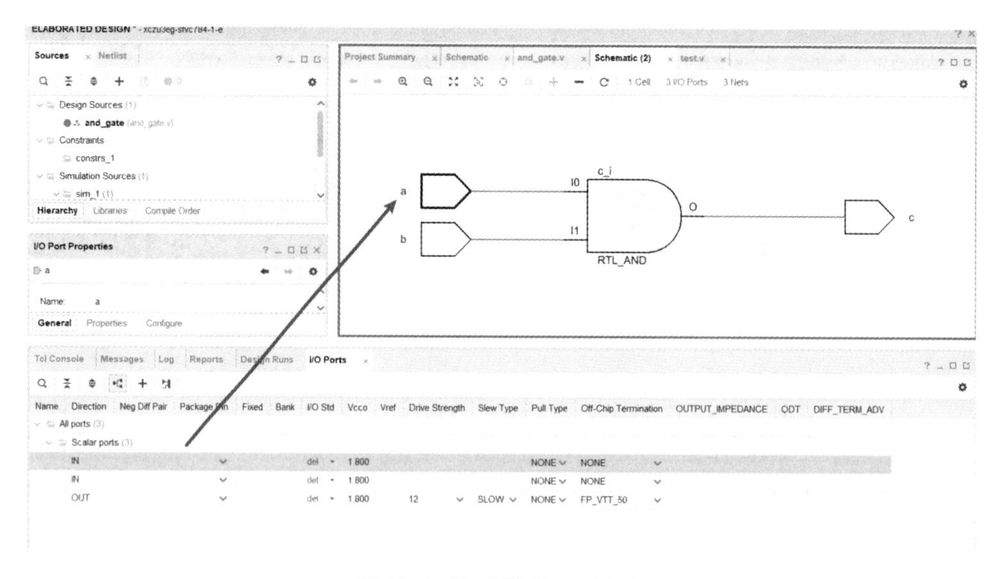

图 11.2.33　I/O Ports 窗口

(3) 如图 11.2.34 所示，在 Package Pin 下输入设计中所定义的每个逻辑端口在 FPGA 上引脚的位置。此外，在 I/O Std(I/O 标准)下，为每个逻辑端口定义其 I/O 电气标准。设置完后点击保存图标。

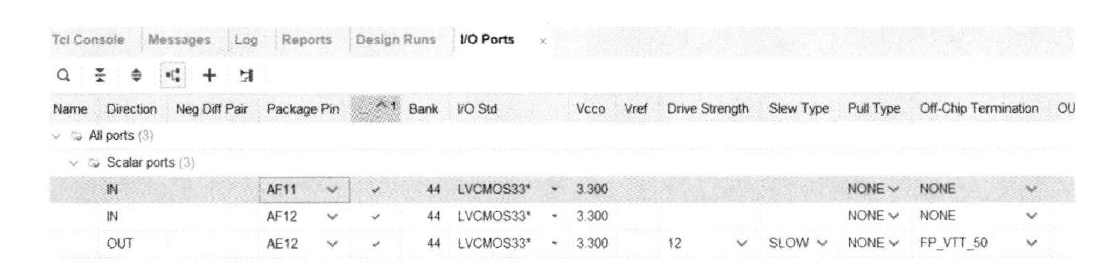

图 11.2.34　进行 I/O 规划

(4) 弹出如图 11.2.35 所示的窗口，要求保存约束文件，文件名填写 andgate，文件类型默认为 XDC，点击 OK。

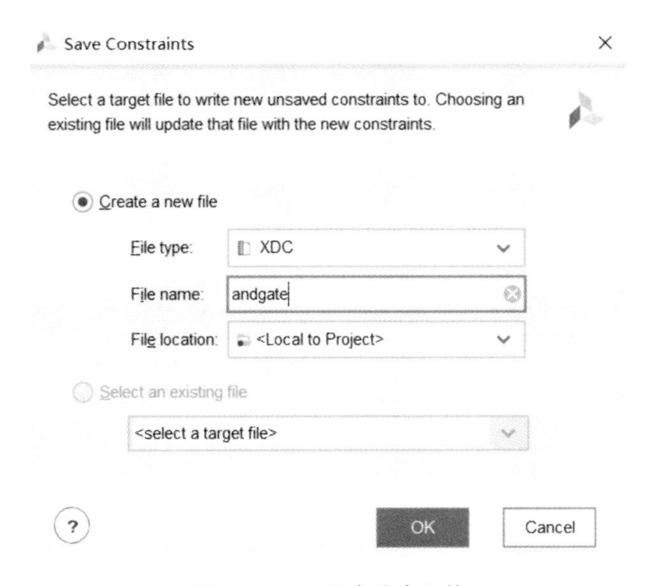

图 11.2.35　保存约束文件

(5) 打开刚才生成的 andgate. xdc 文件，如图 11.2.36 所示，可以看到一个 TCL 脚本。也可以通过自行编写 andgate. xdc 文件的方式来约束引脚。

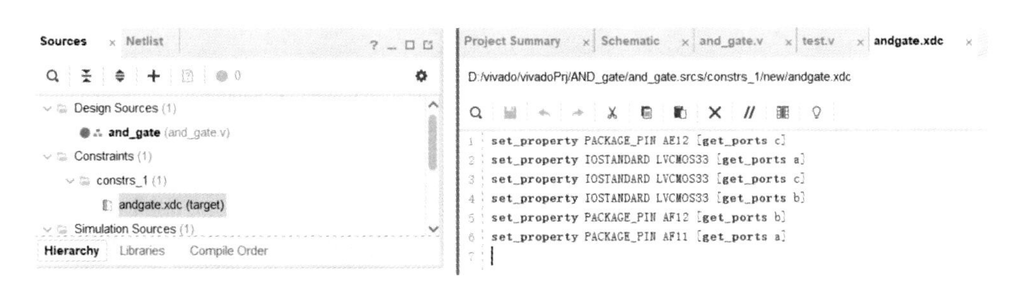

图 11.2.36　打开 xdc 约束文件

下面来介绍一下最基本的 xdc 文件编写语法，对于普通 I/O 口，只需要约束引脚号和电压，引脚约束如下：

```
set_property  PACKAGE_PIN "引脚编号" [get_ports"端口名称"]
```

电平信号约束如下：

```
set_property  IOSTANDARD "电平标准"[get_ports"端口名称"]
```

这里需要注意文字的大小写，如果是数组，端口名称应用{}括起来，端口名称必须和源代码中的名称一致，且端口名称不能和关键字相同。

电平标准中，“LVCMOS33”后面的数字指 FPGA 的 BANK 电压，LED 所在 BANK 电压为 3.3 V，所以电平标准为“LVCMOS33”。Vivado 默认要求为所有 I/O 分配正确的电平标准和引脚编号。

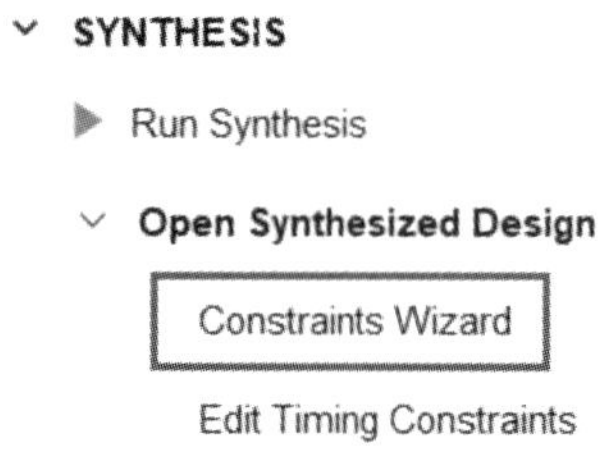

SYNTHESIS
Run Synthesis
Open Synthesized Design
Constraints Wizard
Edit Timing Constraints

图 11.2.37　打开约束向导

2. 添加时序约束

一般而言，除了引脚分配以外，FPGA 设计还有一个重要的约束，那就是时序约束，这里通过向导方式演示如何添加一个时序约束。

(1) 在“Run Synthesis”进行综合之后，点击“Constraints Wizard”进入时序约束向导，如图 11.2.37 所示。

(2) 如图 11.2.38 所示，在弹出的窗口中点击 Next。

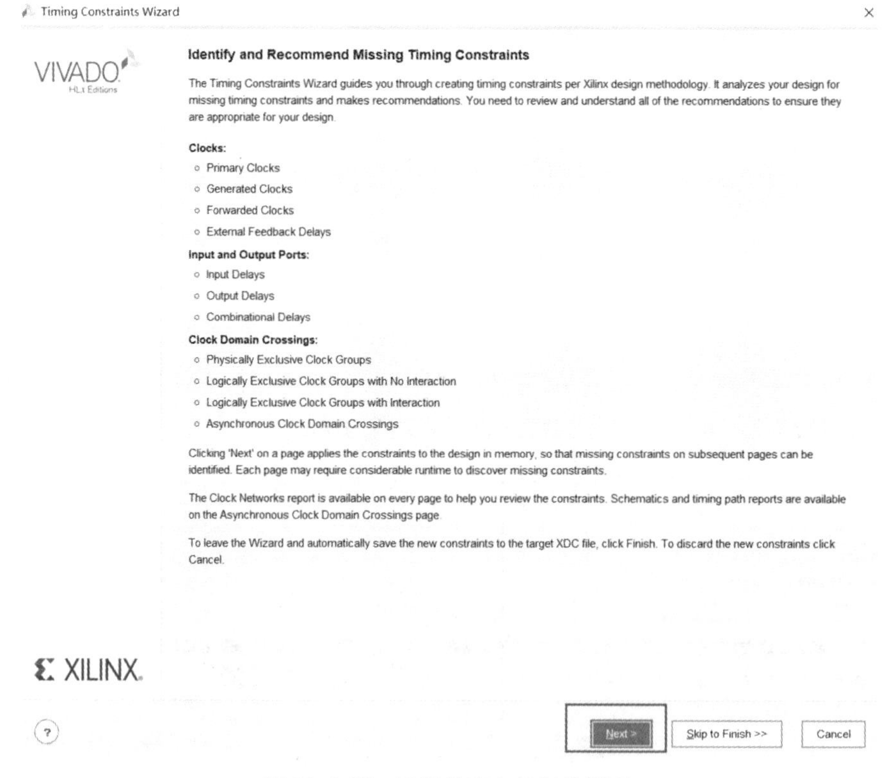

图 11.2.38　时序约束向导初始界面

(3) 若设计中含有时钟，时序约束向导就会在 Recommended Constraints 中显示设计所包含的时钟，如图 11.2.39 所示，在这里按需要设置时钟频率，然后点击 Skip to Finish，并在弹出的窗口中点击 OK，再点击 Finish，即可结束时序约束向导。

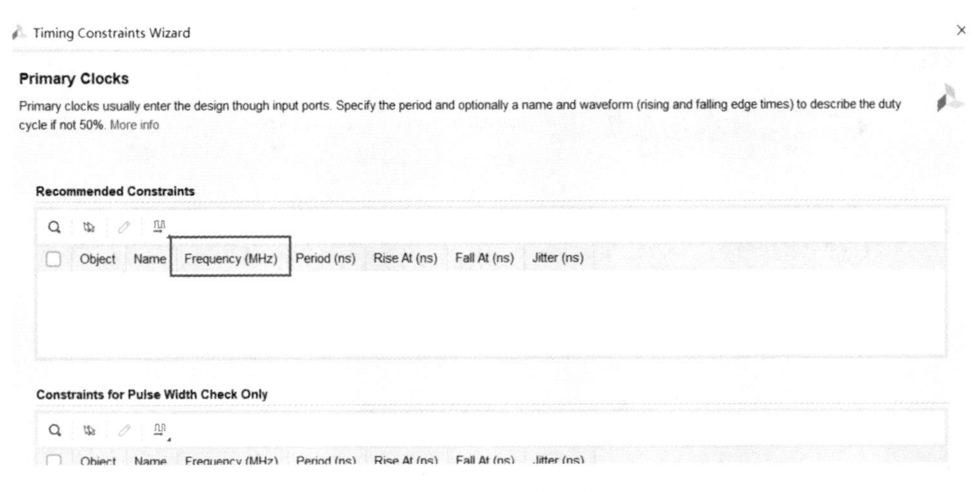

图 11.2.39　时钟设置界面

（4）若设计中有时钟，则约束文件 andgate. xdc 会自动更新，需要文件已经更新，点击 Reload 重新加载文件，并保存文件。

11.2.8　生成 bit 文件并下载到 FPGA 上

（1）编译的过程可以细分为综合、布局布线、生成 bit 文件等，这里我们直接点击 Generate Bitstream 生成 bit 文件，如图 11.2.40 所示。

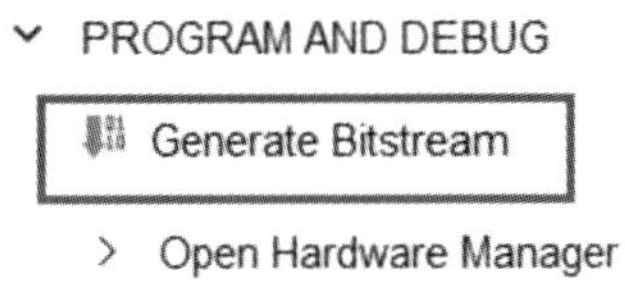

PROGRAM AND DEBUG
Generate Bitstream
Open Hardware Manager

图 11.2.40　开始生成 bit 文件

（2）在弹出的对话框中可以选择任务数量，这与 CPU 核心数有关，一般数字越大，编译越快，如图 11.2.41 所示，点击 OK。

（3）编译过程中没有出现任何错误，编译完成，弹出一个对话框，如图 11.2.42 所示，在此处选择后续操作，可以选择 Open Hardware Manger，当然，也可以选择 Cancel。在这里确认开发板已连接好，并给开发板上电后，选择 OK，直接开始下载。

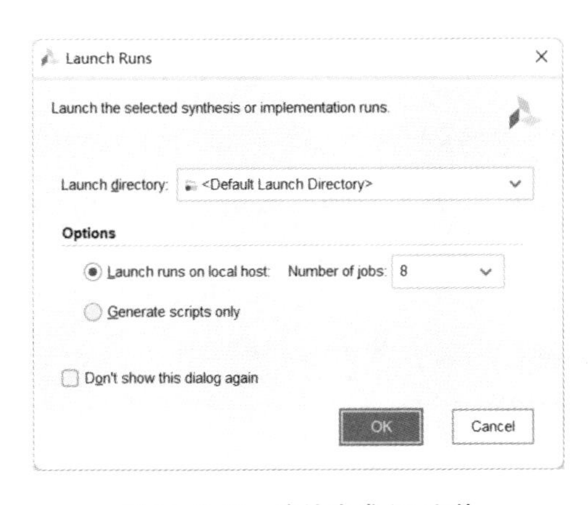

图 11.2.41　确认生成 bit 文件

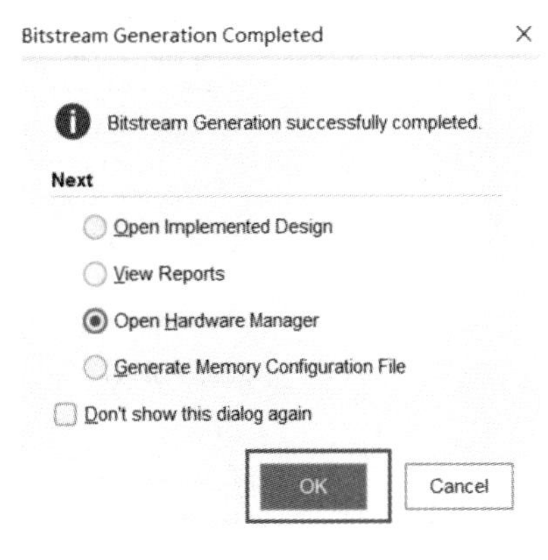

图 11.2.42　确认打开硬件管理器

(4) 如图 11.2.43 所示,在"HARDWARE MANAGER"界面点击"Auto Connect",自动连接设备。

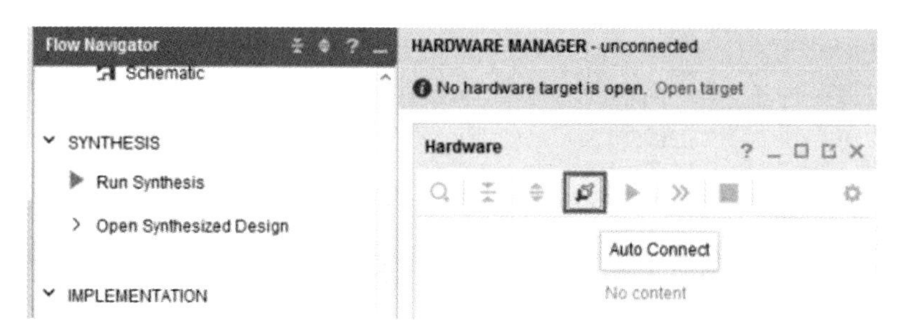

图 11.2.43　自动连接设备

(5) 如图 11.2.44 所示,可以看到 JTAG 扫描到 arm 和 FPGA 内核。

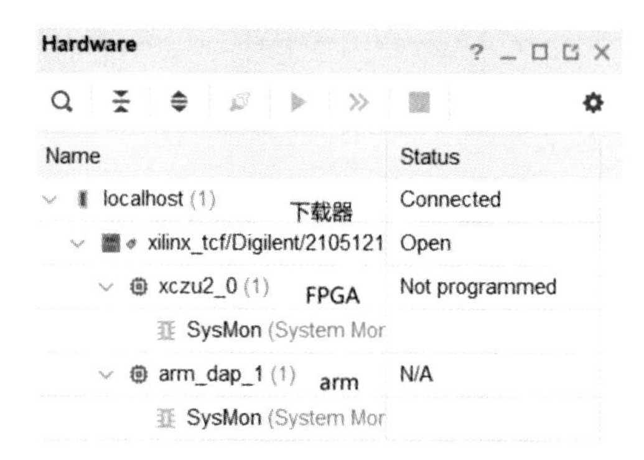

图 11.2.44　硬件设备

(6) 如图 11.2.45 所示,选择 FPGA 芯片,右击 Program Device。

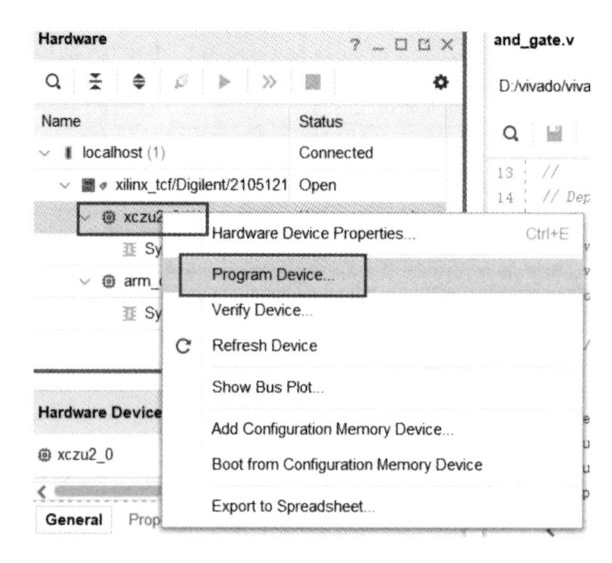

图 11.2.45　硬件设备

(7) 如图 11.2.46 所示，选择 bit 文件，点击 Program，开始将程序下载到开发板上，等待下载完毕即可。

Vivado 工程设计基本流程图如图 11.2.47 所示。

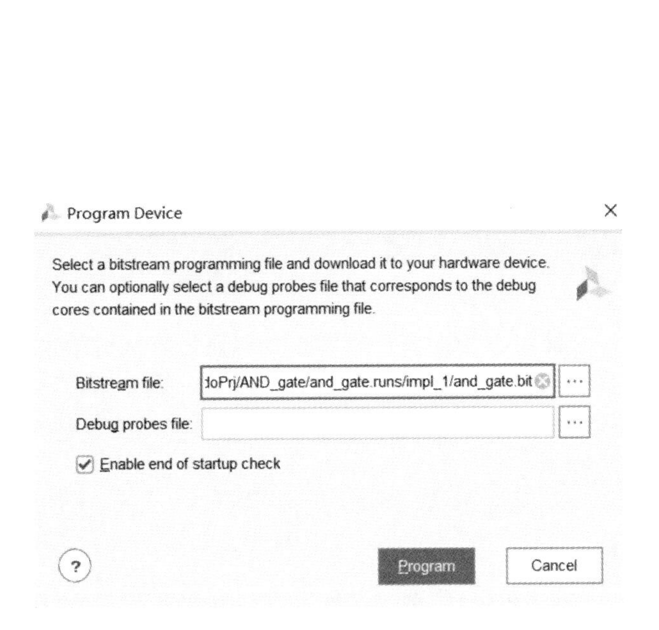

图 11.2.46　硬件设备

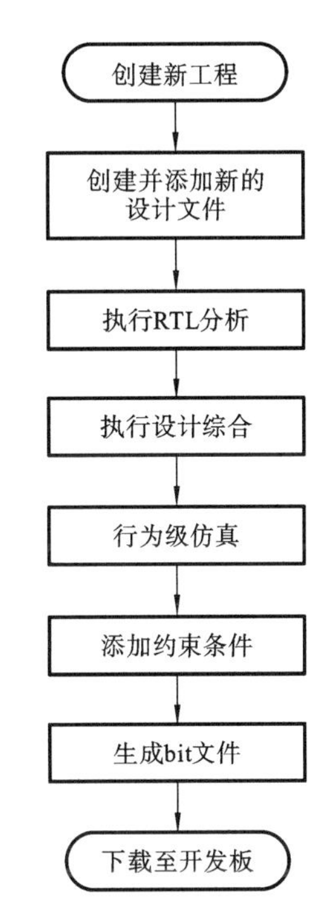

图 11.2.47　Vivado 工程设计基本流程图

本章思维导图

习　　题

1. 请按照本章所示流程进行 Vivado 工程设计的初步学习。
2. 请在第 12 章中选取 1～2 个程序进行 Vivado 工程设计。

第 12 章 Verilog HDL 设计实例

本章将列举一些使用 Verilog HDL 设计的电路及其仿真结果，主要包括分频器、按键消抖电路、串行乘法器、串口通信等模块。

12.1 分 频 器

分频器是数字电路中常用的模块之一，它能将系统的高速时钟信号转换为较低速的信号。流水灯、数码管动态显示、串口等不能使用周期过小的信号，因此需要将时钟分频后再使用。根据分频系数，分频器可分为偶数分频器、奇数分频器和小数分频器。

12.1.1 偶数分频器

若对分频信号占空比(高电平所占比例)没有要求，则使用计数器即可简单实现整数分频。例如设计一个 N(N 为正整数)分频电路，当对占空比没有要求时，保证计数器循环周期为 N 不变，在中间某一计数值完成输出信号电平翻转即可完成电路设计，翻转时刻决定了输出信号的占空比大小。当设计要求输出信号占空比为 50%时，信号需每 $N/2$ 周期进行一次电平跳变，因此奇数分频和偶数分频需要分开讨论。

当 N 为偶数时，$N/2$ 仍为整数，因此使用一个计数器即可完成电路设计，电路 Verilog 代码如下所示。

代码 12.1.1 偶数分频器。

```
module clock_div_even # (
    // 分频系数
    parameter       DIV=8'd6
    )(
    input           clk,
    input           rst_n,
    output  reg     clk_out
    );

    // 跳变计数标志
    localparam     STOP=(DIV>>1) - 1'b1;
    reg      [7:0]    cnt;
```

```
    always @ (posedge clk or negedge rst_n)
        if(! rst_n) begin
            clk_out<=0;
            cnt     <=0;
        end
        else if(cnt==STOP) begin
            clk_out<=! clk_out;     // 输出电平翻转
            cnt     <=0;
        end
        else
            cnt     <=cnt+1'b1;
endmodule
```

上述代码使用parameter类型参数增加了其通用性，调用时可将其更改为其他偶数值。另外，代码中输出电平翻转计数值STOP为分频系数DIV的一半再减1，因为STOP信号从0开始计数，会占用一个周期，所以计数值需要额外减去1。对应的测试代码如下。

代码12.1.2　分频器测试模块。

```
'timescale 1ns/10ps
module test_clock_div;
    reg      clk;
    reg      rst_n;
    wire     clk_out;
    // 模块调用
    clock_div_even #(
        // 传递分频系数
        .DIV        (8'd4)
        ) u_even (
        .clk        (clk),
        .rst_n      (rst_n),
        .clk_out    (clk_out)
        );

    // 定义测试时钟
    always #5 clk=! clk;

    initial begin
        clk=0;
        rst_n=0;
        #20;
        rst_n=1;
        #1000;
        $stop;
    end
```

```
endmodule
```

在测试代码中将分频系数改为 4，其波形如图 12.1.1 所示，每两个周期输出信号翻转一次，其为占空比为 50%的 4 分频电路。

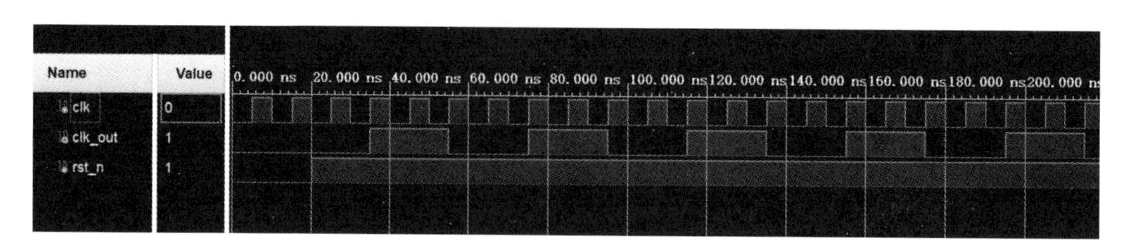

图 12.1.1 偶数分频器仿真波形

12.1.2 奇数分频器

当分频系数 N 为奇数时，若要求输出信号占空比为 50%，则仅用简单计数逻辑无法完成设计，需要增加辅助处理电路。例如占空比为 50%的 5 分频电路，一般使用两个计数器实现，分别输出两个占空比为 60%的 5 分频信号，即高电平占三个时钟周期。当两个信号相位相差半个时钟周期时，使用与逻辑门即可得到高电平占两个半周期的信号，即占空比为 50%，相关代码如下所示。

代码 12.1.3 奇数分频器。

```
module clock_div_odd # (
    //分频系数
    parameter        DIV=8'd5
    )(
    input            clk,
    input            rst_n,
    output           clk_out
    );

    //跳变计数标志
    localparam       STOP1=(DIV>>1) - 1'b1;
    //计数清零值
    localparam       STOP2=DIV - 1'b1;
    reg     [7:0]    cnt_p;
    reg     [7:0]    cnt_n;
    reg              clk_div1;
    reg              clk_div2;

    //时钟上升沿跳变
    always @ (posedge clk or negedge rst_n)
        if(! rst_n) begin
```

```
            clk_div1<=0;
            cnt_p  <=0;
        end
        else if(cnt_p==STOP1) begin
            clk_div1<=!clk_div1;
            cnt_p  <=cnt_p+1'b1;
        end
        else if(cnt_p==STOP2) begin
            clk_div1<=!clk_div1;
            cnt_p  <=0;
        end
        else
            cnt_p  <=cnt_p+1'b1;

    // 时钟下降沿跳变,相差半个时钟周期
always @ (negedge clk or negedge rst_n)
        if(!rst_n) begin
            clk_div2<=0;
            cnt_n  <=0;
        end
        else if(cnt_n==STOP1) begin
            clk_div2<=!clk_div2;
            cnt_n  <=cnt_n+1'b1;
        end
        else if(cnt_n==STOP2) begin
            clk_div2<=!clk_div2;
            cnt_n  <=0;
        end
        else
            cnt_n  <=cnt_n+1'b1;

    // 信号相与输出
    assign clk_out=clk_div1 & clk_div2;
endmodule
```

使用第 12.1.1 节中的测试代码对上述奇数分频器进行仿真测试,调用模块时,分频系数设置为 5,其仿真波形如图 12.1.2 所示。信号 clk_div1 和 clk_div2 分别在时钟上升沿和下降沿跳变,因此之间间隔半个时钟周期,再通过与门获得占空比为 50%的输出信号。

上述奇数分频器使用两个计数器分别计数,占用较多电路资源。由于两个计数器计数周期相同,可舍弃其中一个降低资源占用,更改两路输出信号的跳变计数值即可达到相同的效果。由于在上述设计中两路输出只相隔半个时钟周期,使用寄存器延拍的方法最为简单,代码如下。

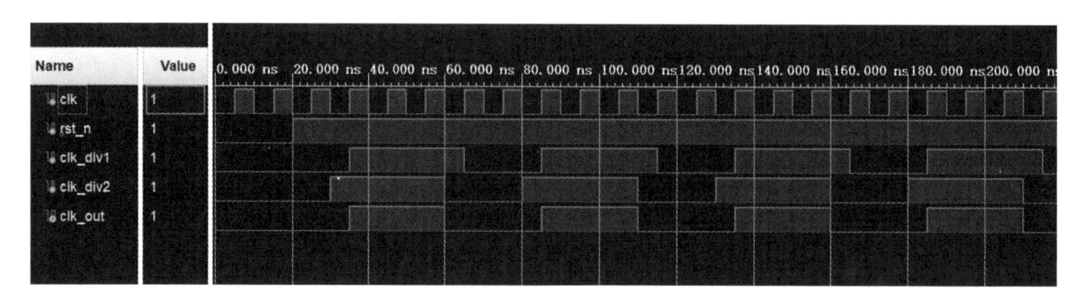

图 12.1.2 奇数分频器仿真波形

代码 12.1.4 延拍法实现奇数分频器。

```
module clock_div_odd2 # (
    parameter       DIV=8'd5                    // 分频系数
    )(
    input           clk,
    input           rst_n,
    output          clk_out
    );

    localparam      STOP1=(DIV>>1)-1'b1;        // 跳变计数标志
    localparam      STOP2=DIV-1'b1;             // 计数清零
    reg    [7:0]    cnt_p;                      // 使用一个计数器
    reg             clk_div1;
    reg             clk_div2;

    always @ (posedge clk or negedge rst_n)     // 时钟上升沿跳变
        if(! rst_n) begin
            clk_div1<=0;
            cnt_p  <=0;
        end
        else if(cnt_p==STOP1) begin
            clk_div1<=! clk_div1;
            cnt_p  <=cnt_p+1'b1;
        end
        else if(cnt_p==STOP2) begin
            clk_div1<=!clk_div1;
            cnt_p  <=0;
        end
        else
            cnt_p  <=cnt_p+1'b1;

    // 时钟下降沿跳变,延拍半个时钟周期
```

```
    always @ (negedge clk or negedge rst_n)
        if(! rst_n)
            clk_div2<=0;
        else
            clk_div2<=clk_div1;

    assign clk_out=clk_div1 & clk_div2;
endmodule
```

上述代码的仿真波形如图 12.1.3 所示，利用寄存器延拍后，信号 clk_div2 延后 clk_div1 半个时钟周期，其输出结果与双计数器法的相同，但使用的寄存器资源和组合逻辑资源更少。

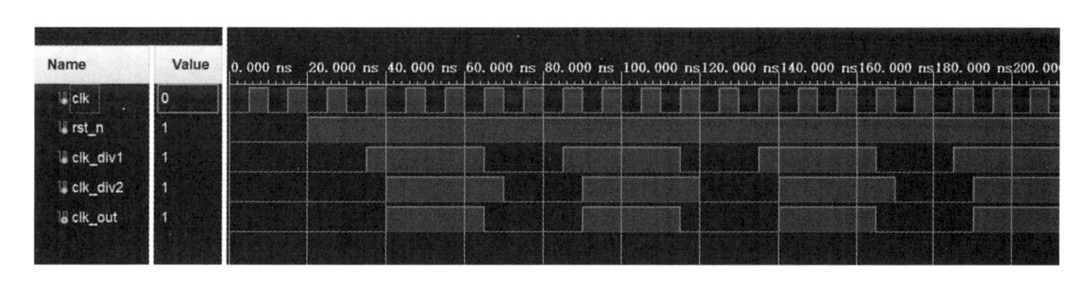

图 12.1.3　延拍法实现奇数分频器仿真波形

另外，除使用与门实现 50% 占空比的奇数分频器之外，使用或门、异或门和同或门也可以实现该逻辑。相关实现方法留给读者思考，此处不再赘述。

12.1.3　半整数分频器

小数分频器的分频系数 N 为非整数，当 N 的小数部分为 0.5 时称其为半整数分频器。对于小数分频器，其占空比很难设计为 50%，因此不做要求。通用的小数分频器可用交替的 $[N]$ 分频信号和 $[N]+1$ 分频信号获得（$[N]$ 代表对小数 N 向下取整），但其输出信号并非等周期的。例如设计一个 3.6 分频电路，需要 2 个 3 分频信号和 3 个 4 分频信号，在这 5 个分频信号周期中，周期值在 3 和 4 中切换，并非等于 3.6。相对的，半整数分频比较特殊，其输出信号周期是不变的，比较稳定，因此其应用范围也更广。

半整数分频器的设计比通用的小数分频器的简单，其不用考虑周期配比问题。使用一个计数器即可完成电路设计，代码如下。

代码 12.1.5　半整数分频器。

```
module clock_div_half # (
    // 分频系数
    parameter         DIV=8'd3
    ) (
    input             clk,
    input             rst_n,
```

```
    output              clk_out
    );

    // 翻转计数标志位
    localparam          STOP1=DIV;
    // 计数器清零
    localparam          STOP2=DIV<<1;
    reg     [8:0]       cnt_p;
    reg                 clk_div1;
    reg                 clk_div2;

    // 时钟上升沿计数
    always @ (posedge clk or negedge rst_n)
        if(! rst_n) begin
            clk_div1<=0;
            cnt_p   <=0;
        end
        else if(cnt_p==STOP1) begin
            clk_div1<=1;
            cnt_p   <=cnt_p+1'b1;
        end
        else if(cnt_p==STOP2) begin
            clk_div1<=0;
            cnt_p   <=0;
        end
        else
            cnt_p   <=cnt_p+1'b1;

    // 时钟下降沿翻转
    always @ (negedge clk or negedge rst_n)
        if(! rst_n)
            clk_div2<=0;
        else if(cnt_p==0)
            clk_div2<=0;
        else if(cnt_p==STOP1)
            clk_div2<=1;

    // 分频信号输出
    assign clk_out=clk_div1^clk_div2;
endmodule
```

上述代码的仿真波形如图 12.1.4 所示，其分频系数 N 设置为 3.5，因此计数器周期相应设置为$[N]+[N]+1=7$。设计中包含两个分频输出信号 clk_div1 和 clk_div2，其高电平占比分别为3/7和4/7,又因为两者分别在不同的时钟边沿翻转,其跳变相隔0.5时钟周期。将两个信号做异或运算即可获得周期为3.5的分频信号。

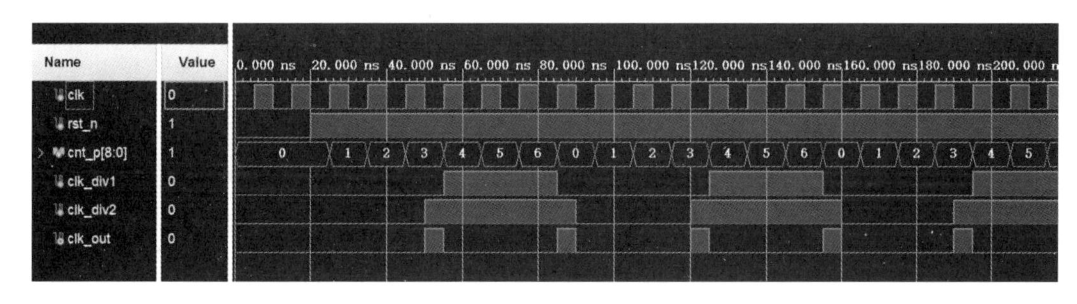

图12.1.4 半整数分频器仿真波形

12.2 按键消抖电路

通常我们使用的开关为机械弹性开关,当我们按下或松开按键时,由于弹片的物理特性,开关不能立即闭合或关断,往往会在断开或闭合的短时间内产生机械抖动,消除这种抖动的过程即称为按键消抖。

下面设计按键消抖电路以去除20 ms抖动。输入时钟为2 MHz的,按键的初始状态为低电平,按下后获得高电平。

设计思路:利用分频器生成200 Hz时钟,用于模拟5 ms延时。在按键按下后每间隔5 ms进行一次采样,共进行五次。五次采样结果若均为高电平,则说明按键结果有效。

分频器设计思路:根据目标时钟与输入时钟的比值设置模为5000的计数器,达到分频的目的。

消抖电路设计:利用多个依次相连的寄存器来模拟持续20 ms的按键采样。只有当多个采样寄存器的值同时为高电平时才判断按键最终结果。

代码12.2.1 按键消抖。

```
module Key_debounce_top (
    input clk,
    input rst,
    input key,
    output key_debounce
);
    wire clk_200hz;
    Clk_200hz U1 (
        .clk(clk),
.rst(rst),
        .clk_200hz(clk_200hz)
    );
    Key_debounce U2 (
```

```
        .clk(clk_200hz),
        .rst(rst),
        .key(key),
        .key_debounce(key_debounce)
    );
endmodule

module Clk_200hz
    (
    input                   rst,
    input                   clk,
    output                  clk_200hz
    );
    reg [13:0]              cnt;
    always @ (posedge clk or negedge rst) begin
        if (! rst) begin
            cnt     <='b0;
        end
        else if (cnt==4999) begin
            cnt     <='b0;
        end
        else begin
            cnt     <=cnt+1'b1;
        end
        end

        reg                 clk_200hz_r;
        always @ (posedge clk or negedge rst) begin
            if (! rst) begin
                clk_200hz_r<=1'b0;
            end
            else if (cnt==4999 ) begin
                clk_200hz_r<=~clk_200hz_r;
            end
        end
        assign clk_200hz=clk_200hz_r;
    endmodule

    module Key_debounce (
        input clk,
        input key,
        input rst,
        output key_debounce
```

```
);
    reg key_r, key_rr, key_rrr, key_rrrr, key_rrrrr;
    always @  (posedge clk or negedge rst)
begin
    if (! rst)
begin
    key_r<=0;
    key_rr<=0;
    key_rrr<=0;
    key_rrrr<=0;
end
else
begin
        key_r<=key;
        key_rr<=key_r;
        key_rrr<=key_rr;
    key_rrrr<=key_rrr;
    key_rrrrr<=key_rrrr;
      end
end
assign key_debounce=key_r && key_rr && key_rrr && key_rrrr && key_rrrrr;
endmodule
```

仿真测试文件如下。测试按键高电平持续 5 ms、10 ms、25 ms 时的输出情况。

代码 12.2.2 仿真测试文件 Key_debounce_tb.v。

```
'timescale 1ns/1ns
module key_debounce_tb();
    reg clk, key;
    wire key_debounce;
    reg rst;

    Key_debounce_top Test (
        .clk(clk),
    .rst(rst),
        .key(key),
.key_debounce(key_debounce));

    initial begin
        clk=0;
        forever #250 clk=~clk;
    end
    initial begin
        rst=0;
```

```
        #1000 rst=1'b1;
    end

    initial begin
        key=0;
        #5000000 key=1;
        #5000000 key=0;
    #5000000 key=1;
    #10000000 key=0;
    #5000000 key=1;
        # 25000000 key=0;

    end
endmodule
```

仿真结果如图 12.2.1 所示。

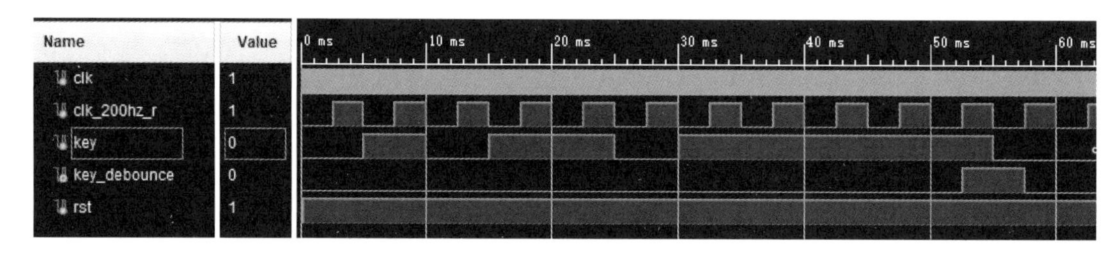

图 12.2.1 按键消抖电路仿真结果

按键高电平持续 5 ms、10 ms 的情况下输出保持不变，持续 25 ms 时输出跳变至高电平。

12.3 串行乘法器

乘法器是处理器设计过程中经常要面对的运算部件。串行乘法器是最简单的乘法器，其算法简单，占用资源较少，但延时较大，常用于低速信号处理。

串行乘法器的算法逻辑与竖式乘法的类似：从乘数的低位开始，每次取一位与被乘数相乘，其乘积作为部分积暂存，乘数的全部有效位都乘完后，再将所有部分积根据对应乘数数位的权值错位累加，得到最后的乘积。

在二进制乘法中，竖式乘法每一行的值要么为零，要么等于被乘数。根据此特性设计串行乘法器算法：每一次乘法的周期数目等于被乘数位数 N。被乘数每周期左移一位，结果存放于 mult1_shift，代表累加的权重不断上升。乘数每周期右移一位，结果存放于 mult2_shift，根据 mult2_shift 的最低位判断累加器是否执行累加。若最低位为 0，累加器 mult1_acc 保持不变；若最低位为 1，累加器累加当前 mult1_shift 的数值。乘法周期结束后，累加器结果即为乘法结果。

代码 12.3.1　串行乘法器。

```
module Multiple
    # (parameter N=4,
          parameter M=4)
     (
      input                        clk,
      input                        rstn,
      input                        data_rdy,   //数据输入使能
      input [N-1:0]                mult1,      //被乘数
      input [M-1:0]                mult2,      //乘数

      output                       res_rdy,    //数据输出使能
      output [N+M-1:0]             res         //乘法结果
    );

    reg [31:0]                     cnt;
    //乘法周期计数器
    wire [31:0]             cnt_temp=(cnt==M)? 'b0:cnt+1'b1;
    always @ (posedge clk or negedge rstn) begin
        if (!rstn) begin
            cnt     <='b0;
        end
        else if (data_rdy) begin
            cnt     <=cnt_temp;
        end
        else if (cnt !=0 ) begin
            cnt     <=cnt_temp;
        end
        else begin
            cnt     <='b0;
        end
    end

    //multiply
    reg [M-1:0]             mult2_shift;    //每个乘法计数周期右移一位,使用最低位判
                                              断累加情况
    reg [M+N-1:0]           mult1_shift;    //每个乘法计数周期左移一位
    reg [M+N-1:0]           mult1_acc;      //累加值,作为乘法结果输出
    always @ (posedge clk or negedge rstn) begin
        if (!rstn) begin
            mult2_shift <='b0;
            mult1_shift <='b0;
```

```
            mult1_acc    <='b0;
        end
        else if (data_rdy && cnt=='b0) begin
            mult1_shift <={{(N){1'b0}}, mult1}<<1;
            mult2_shift <=mult2>>1;
            mult1_acc    <=mult2[0] ? {{(N){1'b0}}, mult1}:'b0;
        end
        else if (cnt ! =M) begin
            mult1_shift <=mult1_shift<<1;  //被乘数左移
            mult2_shift <=mult2_shift>>1;  //乘数右移
            //判断对应乘数是否为 1,为 1 则累加
        mult1_acc        <=mult2_shift[0] ? mult1_acc+ mult1_shift:mult1_acc;
        end
        else begin
            mult2_shift <='b0;
            mult1_shift <='b0;
            mult1_acc    <='b0;
        end
    end

    //results
    reg [M+N-1:0]          res_r;
    reg                    res_rdy_r;
    always @ (posedge clk or negedge rstn) begin
        if (! rstn) begin
            res_r         <='b0;
            res_rdy_r     <='b0;
        end
        else if (cnt==M) begin
            res_r         <=mult1_acc;
            res_rdy_r     <=1'b1;
        end
        else begin
            res_r         <='b0;
            res_rdy_r     <='b0;
        end
    end

    assign res_rdy        =res_rdy_r;
    assign res            =res_r;
endmodule
```

代码 12.3.2 参考仿真测试。

```
'timescale 1ns/1ns
```

```
module Mutiple_test;
    parameter       N=4;
    parameter       M=4;
    reg             clk, rstn;

    //clock
    always begin
        clk=0; #5;
        clk=1; #5;
    end

    //reset
    initial begin
        rstn      =1'b0;
        #8;      rstn      =1'b1;
    end

    reg                     data_rdy_low;
    reg [N-1:0]             mult1_low;
    reg [M-1:0]             mult2_low;
    wire [M+N-1:0]          res_low;
    wire                    res_rdy_low;

    //使用任务周期激励
    task mult_data_in;
        input [M+N-1:0]       mult1_task, mult2_task;
        begin
            wait(! Mutiple_test.U1.res_rdy);  //not output state
            @ (negedge clk );
            data_rdy_low=1'b1;
            mult1_low=mult1_task;
            mult2_low=mult2_task;
            @ (negedge clk );
            data_rdy_low=1'b0;
            wait(Mutiple_test.U1.res_rdy); //test the output state
        end
    endtask

    //driver
    initial begin
        #55;
        mult_data_in(12, 5 );
```

```
        mult_data_in(15, 10 );
        mult_data_in(9, 14 );
        mult_data_in(15, 7);
        mult_data_in(2, 8);
    end

    Multiple  #(.N(N),.M(M))
    U1  (    .clk              (clk),
        .rstn              (rstn),
        .data_rdy          (data_rdy_low),
        .mult1             (mult1_low),
        .mult2             (mult2_low),
        .res_rdy           (res_rdy_low),
        .res               (res_low));

    initial begin
        forever begin
            #100;
            if ($time> =10000)  $finish;
        end
    end

endmodule
```

仿真结果如图 12.3.1 所示。

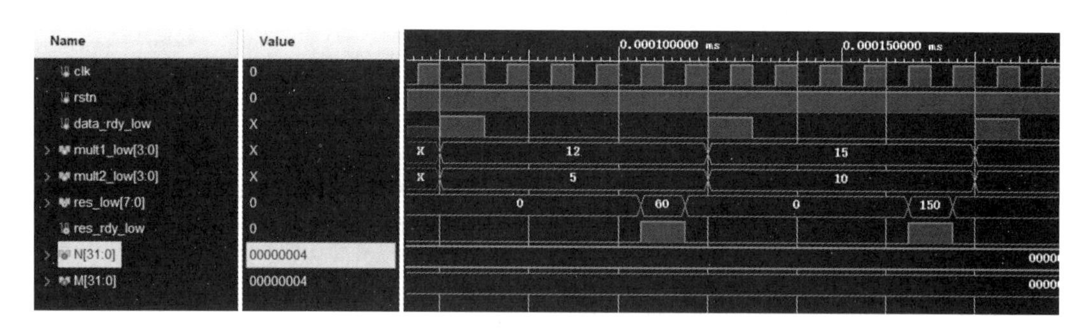

图 12.3.1 串行乘法器仿真结果

运算结果正确,延时为 5~8 个时钟周期。

12.4 串口通信

常用的通信接口分为并行接口和串行接口两种,其中,串行接口按位(bit)发送和接收数据,与多位宽数据传输的并行接口相比速度慢,但其抗干扰能力更强,并且使用的数据线数量也更少。常用的串口协议有通用异步收发器(UART)、集成电路总线(IIC)、串行外设接口(SPI)等协议,本书以 UART 协议为例设计相应的收发电路。

12.4.1　UART 协议原理

UART 协议是一种异步、串行、全双工的通信协议。由于该协议没有时钟信号,因此需要预先约定数据传输速率,即波特率。UART 中有两根数据线,分别为发送线 TXD 和接收线 RXD,其默认为高电平。待传输的数据将按照其二进制格式一位一位地发送及接收,通常规定以一个字符数据为长度进行传输。每个字符数据包含起始位、数据位、校验位和停止位四个部分,各个字符数据之间的传输间隔没有规定,即空闲位的数量是任意的。用 1 表示高电平,用 0 表示低电平,UART 协议的数据帧格式如图 12.4.1 所示。

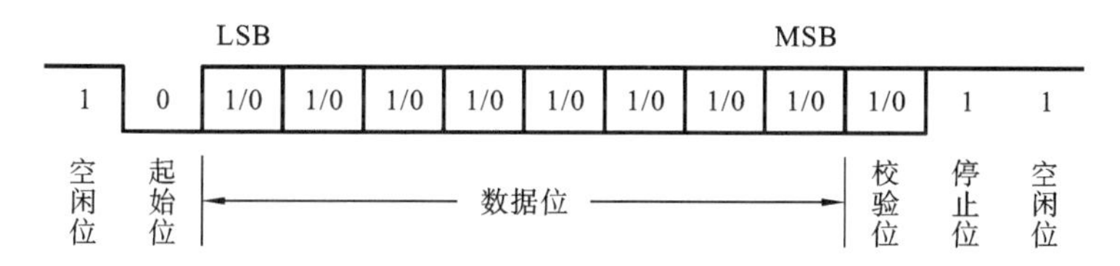

图 12.4.1　串口数据帧格式

(1) 空闲位:表示数据线处于空闲状态,其默认为高电平状态,此时没有数据传输动作。

(2) 起始位:当要开始发送数据时,发送方会将数据线电平拉低(即跳变至 0),并持续一位长度。

(3) 数据位:起始位过后,开始传输数据,数据位长度可以为 5、6、7、8 位,一般选择 8 位(1 字节),数据按照二进制表示从低位(LSB)到高位(MSB)传输。

(4) 校验位:可设置为奇校验或偶校验(数据位加上校验位后,令其中 1 的个数为奇数或偶数),以此来保证数据传输的准确性。此数据位也可以不设置,即不进行奇偶数据校验。

(5) 停止位:数据传输校验完毕后,数据线将拉至高电平,标志一帧数据传输结束,其宽度可设置为 1、1.5 或 2 位。

常用的串口波特率有 9600 bps、19200 bps、115200 bps 等,波特率与比特率稍有区别,波特率是码元变化的速率,而比特率指的是有效数据传输速率。例如,串口设置为 8 位数据,无校验位,1 位停止位,若其波特率设置为 9600 bps,则其比特率为 $9600\times8/(1+8+1)=7680$ bps。

12.4.2　接收电路设计

在 UART 电路设计中,系统时钟频率一般远高于常用的串口波特率,因此需要对其分频以产生对应的数据发送和接收信号。假设系统时钟频率为 50 MHz,串口波特率为 115200 bps,则串口每传输一位信号占 $50000000/115200\approx434$ 个系统时钟周期。同时,为了保证接收电路的稳定性,在每位信号的中间进行数据采样,即计数值至 217 时读取接收的数据。

依据串口数据传输特性,其接收电路可用有限状态机来设计。电路状态转换图如图

12.4.2 所示，初始状态时检测数据接收线 rx 的电平状态，当其从 1 翻转至 0 时代表开始传输数据。计数器 cnt 代表时钟分频累计状态，当满足串口传输一位的宽度后开始接收数据。经过 8 个串口数据传输周期后传输完成，rx 电平拉高为 1，等待停止位发送完毕回到初始化状态。此设计中并没有使用校验位，因此只有四个状态，接收电路 Verilog HDL 代码如下。

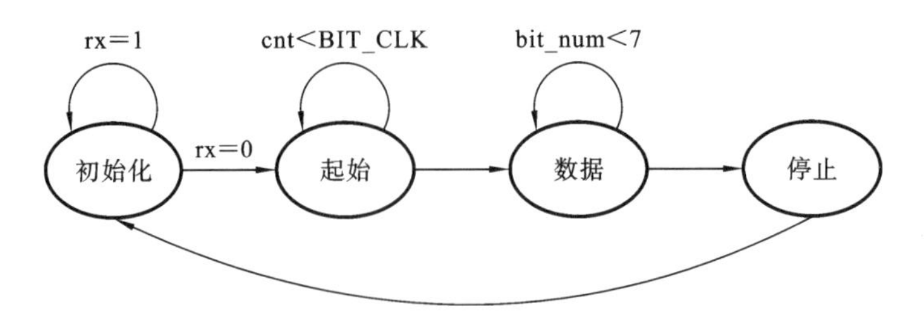

图 12.4.2　串口接收电路状态转换

代码 12.4.1　串口接收模块。

```
module uart_rx # (
    // 计数器位宽
    parameter                        BIT_WIDTH=16
    )(
    input                            clk,
    input                            rst_n,
    // 每一位需要多少个 clk
    input [BIT_WIDTH-1:0]            BIT_CLK,
    input                            rx,
    output reg                       rx_done,
    output reg [7:0]                 rx_data
    );

    localparam  IDLE  =2'b00,        // 检测下降沿,即接收开始
                START=2'b01,         // 起始位
                DATA  =2'b10,        // 数据位
                STOP  =2'b11;        // 停止位

    // 检查 rx 的下降沿到来
    reg [1:0]                        detect_rx_n;

    always @ (posedge clk or negedge rst_n) begin
        if(! rst_n)
            detect_rx_n<=2'b11;
        else
            detect_rx_n<={detect_rx_n[0],rx};
    end
```

```
reg [1:0]           state;
reg [1:0]           next_state;
reg [BIT_WIDTH-1:0] cnt;
// 接收数据量计数
reg [2:0]           bit_num;

// 状态寄存
always @ (posedge clk or negedge rst_n) begin
    if(! rst_n)
        state<=IDLE;
    else
        state<=next_state;
end

// 状态转移
always @ (*) begin
    next_state=state;
    case(state)
        IDLE:begin
            // 检测到下降沿
            if(detect_rx_n==2'b10)
                next_state=START;
        end
        START:begin
            if(cnt==BIT_CLK)
                next_state=DATA;
        end
        DATA:begin
            // 传输完 1Byte
            if(cnt==BIT_CLK && bit_num==3'h7)
                next_state=STOP;
        end
        STOP:begin
            if(cnt=={1'b0,BIT_CLK[BIT_WIDTH-1:1]})
                next_state=IDLE;
        end
    endcase
end

// 每个状态下的操作
always @ (posedge clk or negedge rst_n) begin
    if(! rst_n) begin
        rx_done<=1'b0;
```

```
                rx_data<=1'b0;
                bit_num<=1'b0;
                cnt     <=1;
            end
            else
                case(state)
                    IDLE:begin
                        rx_done<=1'b0;
                        rx_data<=1'b0;
                        bit_num<=3'h0;
                        // 补偿检测下降沿的一个周期
                        cnt     <=2;
                            end
                    START:begin
                        cnt     <=cnt+ 1'b1;
                        if(cnt==BIT_CLK)
                            cnt<=1;
                        end
                    DATA:begin
                        cnt     <=cnt+ 1'b1;
                        // 在每个 bit 的中间采样
                        if(cnt=={1'b0,BIT_CLK[BIT_WIDTH-1:1]})
                            rx_data[bit_num]<=rx;
                        // 计数器复位
                        if(cnt==BIT_CLK) begin
                            cnt<=1;
                            if(bit_num ! =3'h7)
                                bit_num<=bit_num+ 1'b1;
                        end
                    end
                    STOP:begin
                        cnt     <=cnt+ 1'b1;
                        if(cnt=={1'b0,BIT_CLK[BIT_WIDTH-1:1]}) begin
                            cnt<=1;
                            rx_done<=1'b1;
                        end
                    end
                endcase
        end
    endmodule
```

上述代码中使用 detect_rx_n 寄存器对 rx 电平值进行延拍，当其值为 2'b11 时代表一直处于空闲位，而当它变为 2'b10 时代表检测到 rx 出现下降沿，串口传输开始。电路接收状态转换时除了需要比对当前数据传输量 bit_num 之外，还要确定波特率是否满足要求，即分频计数器 cnt 是否计数至 BIT_CLK。

12.4.3 发送电路设计

串口发送电路的设计方法与接收电路的相似，也是用一个有限状态机实现的，其状态转换图可参考图 12.4.2。发送电路对应的 Verilog HDL 代码如下所示。

代码 12.4.2 串口发送模块。

```
module uart_tx # (
    // 计数器位宽
    parameter                    BIT_WIDTH=16
    )(
    input                        clk,
    input                        rst_n,
    // 每一位需要多少个 clk
    input [BIT_WIDTH-1:0]        BIT_CLK,
    input                        tx_start,
    input [7:0]                  tx_data,
    output reg                   tx,
    output reg                   tx_done
    );

    localparam  IDLE  =2'b00,  // 检测发送请求
                START=2'b01,  // 起始位
                DATA  =2'b10,  // 数据位
                STOP  =2'b11;  // 停止位

    reg [1:0]                    state;
    reg [1:0]                    next_state;
    reg [BIT_WIDTH-1:0] cnt;
    // 发送数据量计数
    reg [2:0]             bit_num;
    reg [7:0]             tx_data_reg;

    // 状态寄存
    always @ (posedge clk or negedge rst_n) begin
        if(! rst_n)
            state<=IDLE;
        else
            state<=next_state;
    end
```

```
// 状态转移
always @ (*) begin
    next_state=state;
    case(state)
        IDLE:begin
            // 开始发送信号
            if(tx_start)
                next_state=START;
        end
        START:begin
            if(cnt==BIT_CLK)
                next_state=DATA;
        end
        DATA:begin
            // 每发 1Byte 停止
            if(cnt==BIT_CLK && bit_num==3'h7)
                next_state=STOP;
        end
        STOP:begin
            if(cnt==BIT_CLK)
                next_state=IDLE;
        end
    endcase
end
// 每个状态下的操作
always @ (posedge clk or negedge rst_n) begin
    if(! rst_n) begin
        tx          <=1'b1;
        tx_done     <=1'b0;
        cnt         <=1;
        bit_num     <=3'h0;
        tx_data_reg <=8'h0;
    end
    else
        case(state)
            IDLE:begin
                tx        <=1'b1;
                tx_done   <=1'b0;
                cnt       <=1;
                bit_num   <=3'h0;
                if(tx_start)
                    // 输入进来的数据需要寄存,以免丢失
                    tx_data_reg<=tx_data;
```

```
            end
            START:begin
                //串口起始位
                tx         <=1'b0;
                cnt        <=cnt+1'b1;
                if(cnt==BIT_CLK)
                    cnt<=1;
            end
            DATA:begin
                tx         <=tx_data_reg[bit_num];
                cnt        <=cnt+1'b1;
                //发送量计数
                if(cnt==BIT_CLK) begin
                    cnt<=1;
                    bit_num<=bit_num+1'b1;
                end
            end
            STOP:begin
                //串口停止位
                tx         <=1'b1;
                cnt        <=cnt+1'b1;
                if(cnt==BIT_CLK)begin
                    tx_done<=1'b1;
                    cnt<=1;
                end
            end
        endcase
    end
endmodule
```

在发送电路状态机设计中，不需要在分频计数器 cnt 计数至一半时进行数据采样，只要等计数器清零时切换到下一个待传输的数据比特即可。tx_start 是发送开始标志位，当脉冲到来时开始进行数据传输，tx 电平拉低，向接收方发送起始位，同时 tx_data_reg 寄存器寄存待传输的数据以免数据丢失。

12.4.4　数据收发测试

为了验证设计的 UART 发送和接收电路模块的功能，设计一个名为 uart_top 的顶层模块，将 uart_rx 模块接收到的数据传至 uart_tx 模块重新发送出来。顶层模块中分频系数 BIT_CLK 的值是可变的，根据系统时钟频率 CLK_FREQUENCE 和波特率参数 BUART_RATE 自动计算，对应的代码如下。

代码 12.4.3　串口顶层模块。

```
module uart_top(
    input            clk,
    input            rst_n,
    input            rx,
    output           tx,
    output           tx_done
    );

    //波特率
    parameter BUART_RATE    =115200;
    //系统时钟频率
    parameter CLK_FREQUENCE=50000000;
    //每一位需要多少个 clk
    localparam BIT_CLK        =CLK_FREQUENCE/BUART_RATE;
    //BIT_CLK 的位宽
    localparam BIT_WIDTH      =$ clog2(BIT_CLK);

    wire done;
    wire [7:0] data;

    uart_rx # (               //串口接收模块
        .BIT_WIDTH            (BIT_WIDTH)
        ) u_rx (
        .clk                  (clk),
        .rst_n                (rst_n),
        .BIT_CLK              (BIT_CLK),
        .rx                   (rx),
        .rx_done              (done),
        .rx_data              (data)
        );

    uart_tx # (               //串口发送模块
        .BIT_WIDTH            (BIT_WIDTH)
        ) u_tx (
        .clk                  (clk),
        .rst_n                (rst_n),
        .BIT_CLK              (BIT_CLK),
        .tx_start             (done),
        .tx_data              (data),
        .tx                   (tx),
        .tx_done              (tx_done)
        );
endmodule
```

应当说明，为了完成简单收发测试，上述代码直接将串口接收数据 rx_data 传递给 tx_data，并且接收完成标志 rx_done 直接传递至 tx_start，在实际电路模块中一般不采用这种方法。为了保证数据完整性，uart_tx 模块一般包含繁忙标志 tx_busy，在发送数据的过程中提醒系统目前串口非空闲，无法发送数据。使用一个 FIFO 电路模块寄存待发送的所有数据，再在 tx 空闲时依次完成发送任务。

对整个串口接收发送模块进行功能仿真测试，测试代码如下。

代码 12.4.4　串口测试模块。

```
'timescale 1ns / 10ps              // 设置仿真时间单位及精度
module test_uart;
    reg      clk;
    reg      rst_n;
    reg      tx;
    wire     rx;
    wire     tx_done;

    // 波特率
    parameter BUART_RATE     =115200;
    // 系统时钟频率
    parameter CLK_FREQUENCE=10000000;
    // 每一位需要多少个 clk
    localparam BIT_CLK       =CLK_FREQUENCE/BUART_RATE;
    // 时钟周期
    localparam CLK_PERIOD   =1000000000/CLK_FREQUENCE;

    uart_top # (
        .BUART_RATE      (BUART_RATE),
        .CLK_FREQUENCE   (CLK_FREQUENCE)
        ) u_uart (
        .clk             (clk),
        .rst_n           (rst_n),
        // 发送接收关系调转
        .rx              (tx),
        .tx              (rx),
        .tx_done         (tx_done)
        );

    // 生成时钟
    always #(CLK_PERIOD/2) clk=!clk;
    initial begin
        clk=0;
        rst_n=0;
        tx=1;
        #CLK_PERIOD;
        rst_n=1;
        // 发送一字节数据
        BYTE_1B(8'hAB);
```

```
        // 等待回传完毕
        @(posedge tx_done);
        BYTE_1B(8'h24);
        @(posedge tx_done);
        repeat(BIT_CLK)@(posedge clk);
        $stop;
    end
    task BYTE_1B;    // 发送一字节数据
        integer  j;
        input [7:0] DATA;
        begin
            // 起始位
            tx=0;
            repeat(BIT_CLK)@(posedge clk);
            for(j=8; j>0; j=j-1) begin
                // 8 数据位
                tx=DATA[8-j];
                repeat(BIT_CLK)@(posedge clk);
            end
            // 停止位
            tx=1;
            repeat(BIT_CLK)@(posedge clk);
        end
    endtask
endmodule
```

测试代码中使用 parameter 和 localparam 类型指定系统时钟频率及串口波特率，并由此参数计算串口模块分频系数。在调用 uart_top 模块时，tx 信号和 rx 信号是反接的，因为主机的发送线对于从机来讲就是接收线，反之亦然。为了完成串口逻辑测试，编写了一个名为 BYTE_1B 的任务，内建 for 循环语句完成 1 字节的数据发送。测试中调用两次该任务，分别发送 8′hAB 和 8′h24，其对应的仿真波形如图 12.4.3 所示。

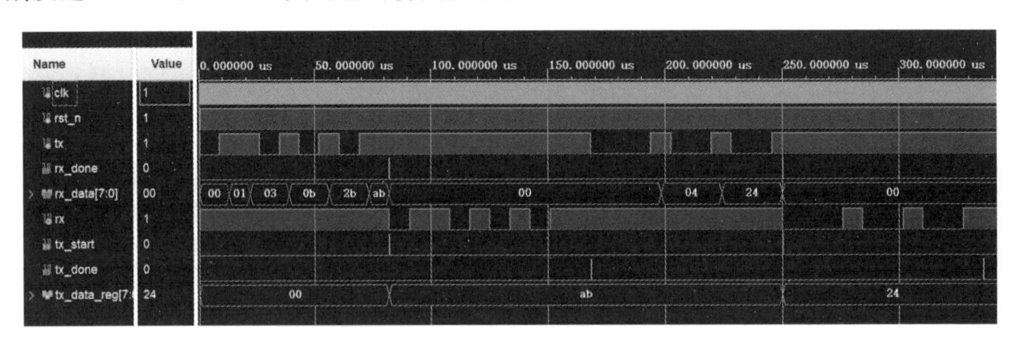

图 12.4.3　串口数据收发测试仿真波形

波形图中测试模块的串口发送线 tx 首先按协议时序发送 8′hAB，串口接收电路将数据接收完后，rx_done 信号拉高一个时钟周期，而后串口发送电路将该数据回传，测试模块的接收线 rx 开始接收对应数据。对于第二次传输的 8′h24 电路行为也类似，整个 UART 接收发送系统的逻辑功能正确。

12.5　安全散列算法

安全散列算法(Secure Hash Algorithm，SHA)是一个密码散列函数家族，包含多个不同的哈希算法，如 SHA-0、SHA-1、SHA-224、SHA-256、SHA-512 等。该算法由美国国家安全局(NSA)设计，并由美国国家标准与技术研究院(NIST)发布，可以计算出一个数字消息所对应的长度固定的字符串(消息摘要)。安全散列算法具有单向性，即可以轻松算出一串消息对应的哈希值，但几乎无法通过哈希值逆推出原消息。其另一个特点是具有防碰撞特性，对于一段消息，仅仅改动一个字符，前后两次运算出的消息摘要值也会发生极大变化，完全找不出其中的变化规律。不过，SHA-0 和 SHA-1 都被证明存在安全漏洞，因此如今 SHA-2 系列算法更常用。

12.5.1　SHA256 算法原理

在这个设计实例中，我们对 SHA256 算法进行电路实现，SHA256 算法属于 SHA-2 系列，其输出的摘要长度固定为 256 位，即 32 字节。在算法处理过程中，数据运算以 32 位为一个单位，每个单位称为一个“字”。SHA256 算法对输入消息进行处理，过程主要分为消息预处理、逻辑迭代运算和摘要值输出这三个部分。算法处理流程如图 12.5.1 所示。

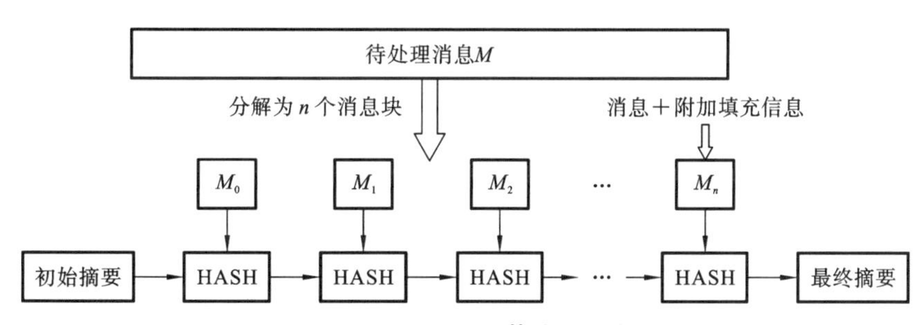

图 12.5.1　SHA256 算法处理流程

(1) 消息预处理。消息预处理主要包含添加填充比特和附加长度信息。将消息按每 512 位二进制数分组，同时在消息末尾添加填充比特，首先添加二进制 1，然后添加若干个二进制 0，使得最后一个消息分组长度为 448 位。必须添加填充比特，因此其长度为 1 ～ 512 位。最后，将原消息长度信息添加至最后一个分组，该长度信息占 64 位，使得最后一组总长度也为 512 位。由该特点可知，SHA256 算法最多能处理的消息长度为 2^{64} 位。

(2) 逻辑迭代运算。对于每个 512 位的消息分组都要进行一次 HASH 运算，同时一次完整的 HASH 运算包含 64 次逻辑迭代运算，算法中涉及的基础逻辑运算有以下几种。

$$\mathrm{Ch}(x,\ y,\ z)=(x\ \&\ y)\ ^\wedge\ (\sim x\ \&\ z)$$

$$\mathrm{Maj}(x,\ y,\ z)=(x\ \&\ y)\ |\ (x\ \&\ z)\ |\ (y\ \&\ z)$$

$$\Sigma 0(x)=S^{2}(x)\ ^\wedge\ S^{13}(x)\ ^\wedge\ S^{22}(x)$$

$$\Sigma 1(x)=S^{6}(x)\ ^\wedge\ S^{11}(x)\ ^\wedge\ S^{25}(x)$$

$$\sigma0(x)=S^7(x)\wedge S^{18}(x)\wedge R^3(x)$$
$$\sigma1(x)=S^{17}(x)\wedge S^{19}(x)\wedge R^{10}(x)$$

其中，S^n 代表将数据循环右移 n 位；R^n 代表将数据右移 n 位，高位补零。逻辑迭代运算过程如图 12.5.2 所示，图中，“田”字格代表舍弃进位的加法运算。每一组 512 位的消息值都能分为 16 个 32 位的字，记作 $W_0 \sim W_{15}$，W_t 是第 t 轮迭代的运算字，从第 17 个运算字开始由以下公式产生：

$$W_t=\sigma1(W_{t-2})+W_{t-7}+\sigma0(W_{t-15})+W_{t-16}$$

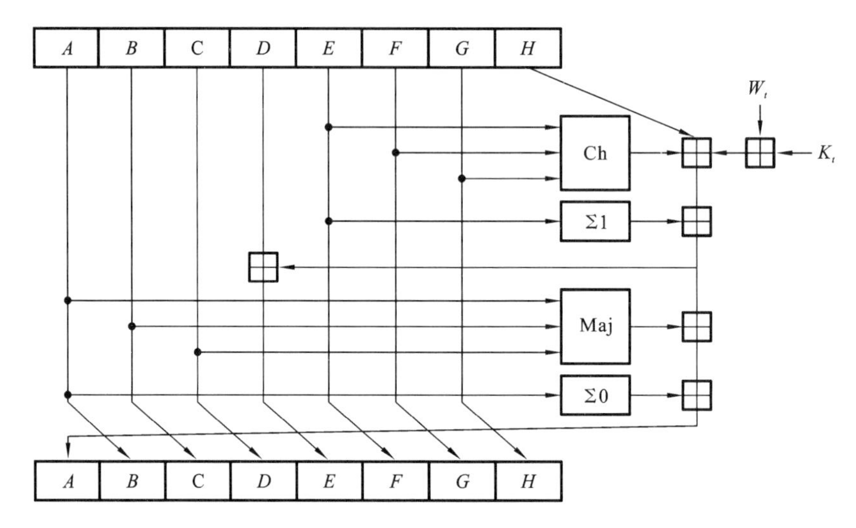

图 12.5.2 逻辑迭代运算过程

迭代运算中，K_t 是一串常量，由 64 个 32 位的数据组成，依据迭代轮数 t 选择序列中的值参与运算，该常量序列用 16 进制数表示如下：

428a2f98	71374491	b5c0fbcf	e9b5dba5
3956c25b	59f111f1	923f82a4	ab1c5ed5
d807aa98	12835b01	243185be	550c7dc3
72be5d74	80deb1fe	9bdc06a7	c19bf174
e49b69c1	efbe4786	0fc19dc6	240ca1cc
2de92c6f	4a7484aa	5cb0a9dc	76f988da
983e5152	a831c66d	b00327c8	bf597fc7
c6e00bf3	d5a79147	06ca6351	14292967
27b70a85	2e1b2138	4d2c6dfc	53380d13
650a7354	766a0abb	81c2c92e	92722c85
a2bfe8a1	a81a664b	c24b8b70	c76c51a3
d192e819	d6990624	f40e3585	106aa070
19a4c116	1e376c08	2748774c	34b0bcb5
391c0cb3	4ed8aa4a	5b9cca4f	682e6ff3
748f82ee	78a5636f	84c87814	8cc70208
90befffa	a4506ceb	bef9a3f7	c67178f2

上述常量是对自然数中的前64个质数(2,3,5,7,…)分别开立方并取结果的小数部分的前32位的二进制数得出的。

对于摘要值*ABCDEFGH*,8个字总共256位,每一组消息的HASH运算及每一轮迭代的输入摘要值都是上一轮迭代的输出摘要值。对于第一组消息的第一次迭代运算,使用8个32位常量h0 ～ h8作为初始摘要值,这8个数分别是:

```
h0=32'h6a09e667
h1=32'hbb67ae85
h2=32'h3c6ef372
h3=32'ha54ff53a
h4=32'h510e527f
h5=32'h9b05688c
h6=32'h1f83d9ab
h7=32'h5be0cd19
```

与K_t常量类似,上述8个数由自然数前8个质数的平方根取小数部分的前32位的二进制数获得。

(3) 摘要值输出。在对所有消息进行分组完成逻辑迭代运算之后,最后令输出的摘要值分别与初始摘要常量做无进位的加法运算即可获得最终的消息摘要值。

12.5.2 基础逻辑运算电路

了解SHA256算法的原理之后,开始设计算法电路。首先对6种基础逻辑运算模块进行设计,其对应的Verilog HDL代码如下。

代码12.5.1 SHA256基础逻辑模块。

```
// sigma0运算,S7^S18^R3
module s0 (
    input  [31:0]  x,
    output [31:0]  y
    );
    /*
    assign y={x[6:0], x[31:7]} ^
            {x[17:0], x[31:18]} ^ {3'b0, x[31:3]};
    */
    assign y[31:29]=x[6:4] ^ x[17:15];
    assign y[28:0 ]={x[3:0], x[31:7]} ^
                    {x[14:0], x[31:18]} ^ x[31:3];
endmodule

// sigma1运算,S17^S19^R10
module s1 (
    input  [31:0]  x,
```

```
    output [31:0]   y
    );
    /*
    assign y={x[16:0], x[31:17]} ^
             {x[18:0], x[31:19]} ^ {10'b0, x[31:10]};
    */
    assign y[31:22]=x[16:7] ^ x[18:9];
    assign y[21:0 ]={x[6:0], x[31:17]} ^
                    {x[8:0], x[31:19]} ^ x[31:10];
endmodule

// SIGMA0 运算,S2^S13^S22
module e0 (
    input  [31:0]   x,
    output [31:0]   y
    );
    assign y={x[1:0], x[31:2]} ^
             {x[12:0], x[31:13]} ^ {x[21:0], x[31:22]};
endmodule

// SIGMA1 运算,S6^S11^S25
module e1 (
    input  [31:0]   x,
    output [31:0]   y
    );
    assign y={x[5:0], x[31:6]} ^
             {x[10:0], x[31:11]} ^ {x[24:0], x[31:25]};
endmodule

// CH 运算,二选一数据选择器逻辑
module CH  (
    input  [31:0]   x,
    input  [31:0]   y,
    input  [31:0]   z,
    output [31:0]   o
    );
    //assign o=z ^ (x & (y ^ z));
    assign o= (x & y) | (~x & z);
endmodule

// Maj 运算,三输入多数门逻辑
module Maj (
    input  [31:0]   x,
```

```
    input  [31:0]  y,
    input  [31:0]  z,
    output [31:0]  o
    );
    //assign o= (x & y) | (x & z) | (y & z);
    assign o= (x & y) | (z & (x | y));
endmodule
```

基础逻辑运算单元中涉及循环移位和移位操作，在 Verilog HDL 中使用字符拼接功能即可实现，无需额外的逻辑单元。对于这 6 个基础模块，有些运算能被化简，注释部分也给出了不同的实现方法。

12.5.3　单层循环电路

此模块主要实现图 12.5.2 中的算法逻辑迭代功能，单个消息分组需要循环运行 64 次，将旧信息摘要与输入消息和常量参数混合运算获得新信息摘要值。由于大部分消息字 W_t 需要由输入消息迭代产生，因此此模块还包括新消息字的生成电路，代码如下。

代码 12.5.2　SHA256 循环电路模块。

```
// 用于单个字的选取,32 位
// P(0)=[31:0]     P(1)=[63:32]
// 'define P(x) (((x)+1)*(32)-1):((x)*(32))
'define P(x) ((x)*32)+:32

module sha256_round (
    input          [31:0 ]  k,           // Kt 常量
    input          [511:0]  rx_w,        // 输入 Wt 序列
    input          [255:0]  rx_state,    // 输入摘要值
    output         [511:0]  tx_w,        // 输出 Wt 序列
    output         [255:0]  tx_state     // 输出摘要值
    );

    wire [31:0]  e0_w;
    wire [31:0]  e1_w;
    wire [31:0]  ch_w;
    wire [31:0]  maj_w;
    wire [31:0]  s0_w;
    wire [31:0]  s1_w;
    wire [31:0]  t1;
    wire [31:0]  t2;
    wire [31:0]  new_w;

    // 摘要迭代逻辑电路
```

```
e0 u_e0 (
    .x        (rx_state['P(7)]),
    .y        (e0_w)
    );
e1 u_e1 (
    .x        (rx_state['P(3)]),
    .y        (e1_w)
    );
CH u_CH (
    .x        (rx_state['P(3)]),
    .y        (rx_state['P(2)]),
    .z        (rx_state['P(1)]),
    .o        (ch_w)
    );
Maj u_Maj (
    .x        (rx_state['P(7)]),
    .y        (rx_state['P(6)]),
    .z        (rx_state['P(5)]),
    .o        (maj_w)
    );
//用于生成新 Wt
s0 u_s0 (
    .x        (rx_w[479:448]),
    .y        (s0_w)
    );
s1 u_s1 (
    .x        (rx_w[63:32]),
    .y        (s1_w)
    );

//迭代运算中间值
assign t1=rx_state['P(0)]+e1_w+
          ch_w+rx_w[511:480]+k;
assign t2=maj_w+e0_w;
//新生成的 Wt
assign new_w=s1_w+rx_w[223:192]+
             s0_w+rx_w[511:480];

wire [31:0]  tx3;
wire [31:0]  tx7;

//新生成的摘要字 E
assign tx3=rx_state['P(4)]+t1;
```

```
    // 新生成的摘要字 A
    assign tx7=t1+t2;
    // 将生成的 Wt 添加进序列尾部,移出头部已迭代的 Wt
    assign tx_w={rx_w[479:0], new_w};
    // 新摘要值输出
    assign tx_state={tx7, rx_state[255:160],
                     tx3, rx_state[127:32]};
endmodule
'undef P          // 删除宏定义
```

12.5.4　算法顶层电路设计

算法顶层模块主要用来控制循环电路的运算,单层循环电路模块没有时钟输入,是一个纯组合逻辑的电路模块。顶层模块生成控制逻辑,对迭代电路输入输出信号进行分配与处理。同时完成与外部电路的交互,在最后一轮迭代完成输出最终信息摘要值时,还要做一次无进位的求和运算。电路顶层代码如下。

代码 12.5.3　SHA256 顶层模块。

```
// 用于单个字的选取,32 位
'define P(x) ((x)*32)+:32

module sha256 (
    input                   clk,
    input                   rst_n,
    input                   start,
    input        [511:0]    rx_input,         // 输入消息
    output                  done,             // 完成标志
    output reg [255:0]      tx_hash           // HASH 值
       );

       // Kt 常量序列
    localparam ks={
       32'h428a2f98, 32'h71374491, 32'hb5c0fbcf, 32'he9b5dba5,
       32'h3956c25b, 32'h59f111f1, 32'h923f82a4, 32'hab1c5ed5,
       32'hd807aa98, 32'h12835b01, 32'h243185be, 32'h550c7dc3,
       32'h72be5d74, 32'h80deb1fe, 32'h9bdc06a7, 32'hc19bf174,
       32'he49b69c1, 32'hefbe4786, 32'h0fc19dc6, 32'h240ca1cc,
       32'h2de92c6f, 32'h4a7484aa, 32'h5cb0a9dc, 32'h76f988da,
       32'h983e5152, 32'ha831c66d, 32'hb00327c8, 32'hbf597fc7,
       32'hc6e00bf3, 32'hd5a79147, 32'h06ca6351, 32'h14292967,
       32'h27b70a85, 32'h2e1b2138, 32'h4d2c6dfc, 32'h53380d13,
       32'h650a7354, 32'h766a0abb, 32'h81c2c92e, 32'h92722c85,
       32'ha2bfe8a1, 32'ha81a664b, 32'hc24b8b70, 32'hc76c51a3,
```

```
    32'hd192e819, 32'hd6990624, 32'hf40e3585, 32'h106aa070,
    32'h19a4c116, 32'h1e376c08, 32'h2748774c, 32'h34b0bcb5,
    32'h391c0cb3, 32'h4ed8aa4a, 32'h5b9cca4f, 32'h682e6ff3,
    32'h748f82ee, 32'h78a5636f, 32'h84c87814, 32'h8cc70208,
    32'h90befffa, 32'ha4506ceb, 32'hbef9a3f7, 32'hc67178f2
    };

// 初始 HASH 值
localparam h0=32'h6a09e667;
localparam h1=32'hbb67ae85;
localparam h2=32'h3c6ef372;
localparam h3=32'ha54ff53a;
localparam h4=32'h510e527f;
localparam h5=32'h9b05688c;
localparam h6=32'h1f83d9ab;
localparam h7=32'h5be0cd19;

reg         [  7:0]  round_cnt;
wire        [255:0]  state_in;
wire        [255:0]  state_out;
reg         [255:0]  state_r;
wire        [511:0]  w_in;
wire        [511:0]  w_out;
reg         [511:0]  w_r;
reg                  run;

// 迭代轮数计数
always@(posedge clk or negedge rst_n)
    if(!rst_n)
        round_cnt<=8'd0;
    else if(round_cnt==8'd63)
        round_cnt<=8'd0;
    else if((run || start) && (!done))
        round_cnt<=round_cnt+1'b1;
    else
        round_cnt<=8'd0;

// 运行标志
always@(posedge clk or negedge rst_n)
    if(!rst_n)
        run<=1'b0;
    else if(start)
        run<=1'b1;
    else if(done)
        run<=1'b0;
```

```
        else
            run<=run;

    // 每一轮消息输入
    assign w_in=(round_cnt==8'd0)?rx_input:w_r;
    // 摘要值输入
    assign state_in=(round_cnt==8'd0)?
                        {h0,h1,h2,h3,h4,h5,h6,h7}:state_r;
    assign done=(round_cnt==8'd63)?1'b1:1'b0;

    sha256_round u_sha256_round (
        .k          (ks[32*(63-round_cnt)+:32]),
        .rx_w       (w_in),
        .rx_state   (state_in),
        .tx_w       (w_out),
        .tx_state   (state_out)
        );

    // 消息与摘要值迭代寄存
    always@(posedge clk or negedge rst_n)
        if(! rst_n) begin
            w_r     <=512'h0;
            state_r<=256'h0;
        end
        else begin
            w_r     <=w_out;
            state_r<=state_out;
        end

        // 最终 HASH 值输出
    always@(*) begin
        tx_hash=0;
        if(round_cnt==8'd63) begin
            tx_hash['P(7)]=h0+state_out['P(7)];
            tx_hash['P(6)]=h1+state_out['P(6)];
            tx_hash['P(5)]=h2+state_out['P(5)];
            tx_hash['P(4)]=h3+state_out['P(4)];
            tx_hash['P(3)]=h4+state_out['P(3)];
            tx_hash['P(2)]=h5+state_out['P(2)];
            tx_hash['P(1)]=h6+state_out['P(1)];
            tx_hash['P(0)]=h7+state_out['P(0)];
        end
    end
endmodule
'undef P            // 删除宏定义
```

值得注意的是，顶层模块设计并不包含附加比特填充和消息长度填充，因此在输入时需要预先填充。模块输入消息固定为 512 比特长度，限制了此电路处理更长信息的能力。读者若有兴趣，可对代码做少许修改，采用固定 32 位或 64 位数据总线输入方式，增加标志信号及输入消息缓存区，每达到 512 位做一次 HASH 运算，再层层循环至最后一个数据分组，这样就能实现 SHA256 算法的完整功能。

12.5.5 算法功能测试验证

SHA256 加密电路对应的测试电路代码如下所示，在 initial 过程块中拉高开始运行标志位的同时准备好输入的消息。不过因为所设计的 SHA256 算法中不包含附加信息填充逻辑，因此需要手动添加附加信息。

代码 12.5.4 测试模块。

```
'timescale 1ns/10ps
module test_sha256;
    reg              clk;
    reg              rst_n;
    reg              start;
    reg     [511:0]  rx_input;
    wire             done;
    wire    [255:0]  tx_hash;

    // SHA256 模块调用
    sha256 u_hash(
        .clk            (clk),
        .rst_n          (rst_n),
        .start          (start),
        .rx_input       (rx_input),
        .done           (done),
        .tx_hash        (tx_hash)
    );

    // 主时钟生成
    always # 5 clk= ! clk;

    initial begin
        clk=0;
        rst_n=0;
        start=0;
        rx_input=0;
        # 18;
        rst_n=1;
```

```
        @ (negedge clk);
        // 拉高开始加密标志
        start=1;
        // rx_input="ABCD1234";
        // 对输入消息添加附加信息
        rx_input={"ABCD1234", 1'b1, 447'd64};
        @ (negedge clk);
        // 拉低开始加密标志
        start=0;
        // 等待加密完成
        # 1000;
        $ stop;
    end
endmodule
```

测试中以字符串"ABCD1234"为例输入该电路模块，其 SHA256 算法对应哈希值为 256′h1635c8525afbae58c37bede3c9440844e9143727cc7c160bed665ec378d8a262。如图 12.5.3 所示，该电路的仿真波形中，tx_hash 信号输出值与实际值完全相等，该算法功能正确。

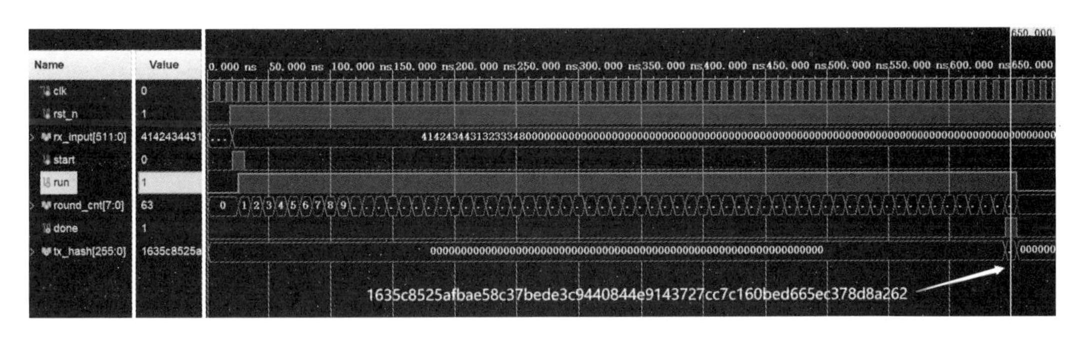

图 12.5.3　SHA256 算法加密波形

本章思维导图

习　题

1. 使用 Verilog HDL 语言设计一个奇偶校验器。序列从 Din 端口串行输入，长度为 8 位，可通过 odd 端口设置校验模式，当 odd=1 时为奇校验，当 odd=0 时为偶校验。load 信号作为串行输入使能信号，完成校验后并行输出 8 位数据及校验位。

2. 使用 Verilog HDL 语言设计一个可重叠的序列检测器。数据串行输入，当检测到序列中包含 6′b100110 时，检测端口输出一个脉冲。例如输入串行序列 01010011001101 时会有两个脉冲输出。

3. 使用 Verilog HDL 语言设计一个 SPI 接口驱动电路。使用标准四线 SPI 协议，即 SCLK，CS，MOSI 和 MISO 四个端口。

4. 使用 Verilog HDL 语言设计 AES 加解密电路。加密及解密模块都采用 128 位宽的明文和密钥输入，输出密文也为 128 位。

参考文献

[1] Ciletti M D,Mano M M. Digital design[M]. Hoboken: Prentice-Hall, 2007.

[2] Tietze U, Schenk C. Electronic circuits: handbook for design and application[M]. Berlin, Heidelberg: Springer-Verlag, 2008.

[3] Katz R H,Borriello G. Contemporary Logic Design[M]. Upper Saddle River, New Jersey: Pearson Prentice Hall, 2005.

[4] Jain R P. Modern digital electronics[M]. New Delhi: Tata McGraw-Hill Education, 2003.

[5] Ciletti, M D. Advanced digital design with the Verilog HDL [M]. Upper Saddle River, New Jersey: Pearson Prentice Hall, 2004.

[6] Stephen Brown,Zvonko Vranesic. 数字逻辑基础与 VHDL 设计[M]. 北京:清华大学出版社,2011.

[7] John M. Yarbrough. 数字逻辑应用与设计[M]. 北京:机械工业出版社, 2002.

[8] Sung-MoKang, YusufLeblebici, ChulwooKim,等. CMOS 数字集成电路:分析与设计[M]. 北京:电子工业出版社,2015.

[9] Donald E,Thomas,Philip R Moorby. 硬件描述语言 Verilog[M]. 4 版. 刘明业, 蒋敬旗, 刁岚松,译. 北京:清华大学出版社,2001.

[10] 孟宪元, 陈彰林, 陆佳华. Xilinx 新一代 FPGA 设计套件 Vivado 应用指南[M]. 北京:清华大学出版社,2014.

[11] 康华光. 电子技术基础,数字部分[M]. 6 版. 北京:高等教育出版社,2014.

[12] 阎石. 数字电子技术基础[M]. 5 版. 北京:高等教育出版社,2006.

[13] 康磊,李润洲. 数字电路设计及 Verilog HDL 实现[M]. 2 版. 西安:电子科技大学出版社,2019.

[14] 欧阳星明,于俊清. 数字逻辑[M]. 4 版. 武汉:华中科技大学出版社,2009.

[15] 詹瑾瑜,江维,李晓瑜. 数字逻辑[M]. 3 版. 北京:机械工业出版社,2017.